올림피아드, 수학경시대회 대비 필독서

Titu Andreescu
Dorin Andrica

복소수의 모든 것

― 복소수로 접근한 기하 대수 ―

띠투 안드레스쿠·도라 안드리카 지음
황운구·박철호·권민정·홍은하 번역

Complex Numbers from A to⋯Z

[저자약력]

황운구(수학교육학 박사)

현 대전동신과학고등학교 교사
전 공주대학교 겸임교수, 전 충남고등학교 등 근무
저서 및 번역
파스칼삼각형(지오북스), 택시기하학(지오북스)
종이접기수학(신한출판미디어), 수학 속 수수께끼(지오북스)
수학 속 패러독스(지오북스)
어떻게 비눗방울 안으로 들어갈까?(신한출판미디어)
사이클로이드(지오북스)
해시계(과학정원)

박철호(수학교육학 박사)

현 부산교육연구원 연구위원
양운고 수석교사, 동국대(경주)시간강사, 부산교육연구소 소장 등 역임
저서
수학수업나침반(경문사)
수학학습나침반(경문사)

권민정(이학 박사)

현 경기과학고등학교 교사
전 부경대학교 겸임교수, 부산국제고 등 근무

홍은하(수학교육학 석사)

현 계림고등학교 교사
전 울진중학교, 경주여자고등학교 근무

복소수의 모든 것
- 복소수로 접근한 기하 대수 -

초판발행　2024년 11월 30일
저　자　Titu Andreescu, Dorin Andrica
변　역　황운구 박철호 권민정 홍은하
펴낸곳　지오북스
등　록　2016년 3월 7일 제395-2016-000014호
전　화　02)381-0706 / 팩스　02)371-0706
이메일　emotion-books@naver.com
홈페이지　www.geobooks.co.kr
ISBN　979-11-94145-15-8
정　가　35,000 원

이 책은 저작권법으로 보호받는 저작물입니다.
이 책의 내용을 전부 또는 일부를 무단으로 전재하거나 복제할 수 없습니다.
파본이나 잘못된 책은 바꿔드립니다.

실수에서 두 진리 사이의 최단 경로는 복소수를 통과하는 것이다.
- 자크 아다마르(Jacques Hadamard) -

서문

이 책의 첫 번째 판과 비교하여 이번 판에서 크게 달라진 부분은 다음과 같다.

- ▶ 중요한 새로운 문항 다수 추가
- ▶ 첫 번째 판의 많은 문항에 대한 풀이 수정
- ▶ 여러 문항에 대한 다양한 풀이 제공
- ▶ 4.6.5 절 "Blundon의 부등식" 추가. 이 절은 앞 절에서 제공한 거리 공식을 기반으로 한 기본적인 삼각 부등식에 대한 완전히 새로운 기하적 증명을 포함한다.
- ▶ 인쇄상의 실수와 Latex의 부적절한 표현 수정
- ▶ 참고문헌에 새로운 목록 추가

이 책에 대해 공감을 표현해 준 모든 독자들과 이 책의 개선을 위해 적절한 평가와 제안을 해 준 모든 독자에게 감사를 표하고 싶다. 또한 이번 판의 교정을 주의깊게 봐 준 Catalin Barbu, Dumitru Olteanu, Cosmin Pohoata, Daniel Vacaretu에게 특별히 크게 감사의 말을 전한다. 행복한 독서가 되기를 바란다.

Richardson, TX
Cluj-Napoca, Romania

Titu Andreescu
Dorin Andrica

제 1판의 서문

대수방정식의 해결은 역사적으로 수학자들이 가장 좋아하는 주제 중 하나이다. 선형방정식(일차방정식)은 항상 실수 범위에서 해결되지만, $x^2 + 1 = 0$과 같이 모든 이차방정식이 이와 같은 성질을 갖는 것은 아니다. 18세기까지 수학자들은 실수 범위에서 해결되지 않는 이차방정식은 회피하였다. 레온하르트 오일러는 그의 유명한 저서 《초등대수(Element of Algebra)》에서 "수" $\sqrt{-1}$을 "아무것도 아닌 것은 아니고, 아무것도 아닌 것 보다 크지 않고, 아무것도 아닌 것 보다 작지 않다"고 소개함으로써 그런 분위기를 깨뜨렸다. 그리고 "그럼에도 불구하고 이 숫자는 항상 우리의 마음에 존재한다. 이 수는 상상 속에 존재하고 우리는 그 수에 대한 충분한 아이디어를 가지고 있다. ... 어떤 것도 우리가 이 상상 속의 수를 사용하고 계산에 적용하는 것을 막을 수 없다."는 것을 알아차렸다. 오일러는 $\sqrt{-1}$을 i로 정의하고 단위 허수(the imaginary unit)라고 불렀으며 이것은 수학에서 가장 많이 사용하는 기호가 되었다. 이 기호를 사용하여 복소수를 $z = a + bi$ (단, a, b는 실수)로 정의한다. 복소수에 대한 연구는 오늘날까지도 계속되고 있으며 지난 2세기 반 동안 매우 정교해졌다. 실제로 복소수가 없는 현대 수학을 상상하는 것은 불가능하다. 모든 수학의 영역-역학, 이론물리학, 유체동역학, 화학을 포함하는-에서 복소수는 어떤 방식으로든 사용되고 있다.

이 책의 주 목적은 독자들에게 매력적인 과제를 소개하는 것이다. 이 책은 복소수에 대한 주요 개념과 기본적인 결과 사이의 원활한 연결을 제공한다. 독자들은 복소수를 대수적 방정식의 풀이에 어떻게 적용할 수 있는지를 배우고, 복소수의 기하적 해석과 이를 포함한 연산을 이해하는 기회를 갖게 된다. 이 책의 이론을 다루는 부분은 풍부한 연습문제와 다양한 수준의 문제와 함께 구성되어 있다. 3장과 4장에서는 유클리드 기하에서의 중요한 활용을 다루고 있으며 복소수를 이용하여 많은 기하학적 문제들을 효율적이고 우아하게 해결하였다. 이 책에서 제공하는 풍부한 예제, 개인적인 방식으로 제시한 많은 주제, 수많은 독창적인 문제, 그리고 선택된 문제의 풀이에 대한 자세한 관심은 이 책의 중요한 특징 중 일부이다.

제안한 해결 방법 중에는, 예를 들면, 실수와 복소수의 곱과 복소수와 복소수 사이의 곱에 대한 방법이 있다. 복소수의 언어로는 각각 스칼라 곱과 외적으로 표현된다. 이 둘을 사용하면 복소수를 포함하는 수많은 문제를 효율적으로 해결할 수 있다. 이 부분을 학습하고 나면 독자들은 이러한 방법을 사용할 수 있게 된 것에 대해 감사할 것이다.

이 책의 가장 큰 특징은 5장으로, 여기에서는 주어진 방법으로 해결한 올림피아드 문제와 주요 수학경시대회 문제를 선정하여 제시하였다. 이 작업이 복소수의 모든 면을 보여주지도 않고, 복소해석학이라기 보다는 오히려 그 연구를 향한 디딤돌이라고 보기 때문에 복소수 $z = \sin t + i\cos t$를 표준표기법 e^{it} 또는 멱급수로 표현하지 않았다.

이 책에는 저자들의 독특한 경험이 반영되어 있다. 또한 이 책을 통해 풍부한 문제 해결 방법의 핵심을 포함한, 그렇지만 대부분의 서구 대중에게는 잘 알려지지 않은, 방대한 수학 도서를 제공한다.

이 책의 일부는 루마니아 버전인 2001년 밀레니엄에서 출판한 도린 안트리카와 타투 안드레스쿠의 저서 "복소수를 향한 새로운 관점"에 근거를 두고 있다. 우리는 루마니아 편집본의 제목과 약 35%의 내용을 있는 그대로 사용하고 있다. 심지어 이 35%에 해당하는 부분도 상당히 개선되었으며 최신 자료로 내용이 더욱 강화되었다.

이 책은 고등학교 학생들과 그들의 선생님, 대학생, 올림피아드나 윌리엄 로웰 퍼트넘 수학경시대회와 같은 수학경시대회 준비생, 그들의 코치, 그리고 수학의 본질에 관심이 있는 모든 이들을 대상으로 하고 있다.

이 책은 능력있는 고등학교 교사를 위한 복소수와 유클리드 기하와 같은 강좌를 개설하여 미래의 교육자에게 총명한 학생이나 수학 동아리에서 그들이 할 수 있는 것에 대한 아이디어를 제공할 수도 있다.

특별히 최종 원고의 교정에 도와준 Daniel Vacaretu, Nicolae Bisboaca, Gabriel Dospinescu, 와 Ioan Serdean에게 감사한다. 또한 이 출판물의 개선에 직접적으로 기여한 적절한 제안을 해준 관계자들에게도 깊은 감사를 보낸다.

루마니아, 클루지나포카, 텍사스 리처드슨에서
티투 안드레스쿠, 도린 안드리카 보냄.

기호 표시

$\mathbb{Z}$	정수 집합
$\mathbb{N}$	자연수 집합
$\mathbb{Q}$	유리수 집합
$\mathbb{R}$	실수 집합
$\mathbb{R}^*$	0이 아닌 실수 집합
$\mathbb{R}^2$	실수 성분을 갖는 2차원 평면 집합
$\mathbb{C}$	복소수 집합
$\mathbb{C}^*$	0을 제외한 복소수 집합
$[a, b]$	$a \leq x \leq b$를 만족하는 실수 x
(a, b)	$a < x < b$를 만족하는 실수 x
$\overline{z}$	z의 켤레 복소수
$\overrightarrow{AB}$	벡터 AB
$area[F]$	도형 F의 넓이
U_n	단위 n 제곱근 n개인 집합
$C(\mathrm{P}, R)$	중심이 P이고 반지름이 R인 원

저자들에 대해서

티투 안드레스쿠(Titu Andreescu)는 루마니아 티미소아라의 웨스트 대학(the West University of Timisoara)에서 학사, 석사, 박사 학위를 받았다. 그의 박사학위 논문 주제는 "Research on Diophantine Analysis and Applications.(디오판틴 분석과 응용에 관한 연구)"였다 안드레스쿠 교수는 현재 달라스(Dallas)에 있는 텍사스 대학(University of Texas)에서 지도하고 있다. 1998년부터 2003년까지 미국 수학 올림피아드의 회장을 지냈으며, 1993년부터 2002년까지 10년간 미국 국제 수학 올림피아드 팀 코치를, 1995년부터 2002년까지 미국 수학 올림피아드 팀의 지도자를 역임했다.

2002년, 티투는 세계에서 가장 권위 있는 수학 대회의 운영 기관인 IMO 자문 위원회의 회원으로 선출되었다. 티투는 1994년 고등학교 수학 교육으로 이디스 메이 슬리프 상(the Edyth May Sliffe Award[1])을 받았고, 1995년에 수학 올림피아드 여름 프로그램의 코치로서 미국 팀을 준비와 1994년 홍공 IMO에서 우수한 성적을 거두는 것에 대한 탁월한 공로를 인정받아 MAA 회장으로부터 감사장을 받았다. 수많은 교과서와 문제집에 대한 티투의 기여는 세계적으로 인정받고 있다.

도린 안드리카(Dorin Andrica)는 1992년 루마니아 클루지나포카에 있는 바베스-보여이 대학교(University of Babeș-Bolyai)에서 "critical points and applications to the geometry of differentiable submanifolds(미분 가능한 부분 다양체의 기하학에 대한 임계점과 응용)"에 대한 논문으로 박사 학위를 받았다. 안드리카 교수는 1995년부터 2009년까지 바베스-보여이 대학교에서 기하학과 학과장을 역임했다. 도린은 다양한 수준의 수학 교과서, 문제 책, 논문, 과학 논문

---

[1] (역자주) 이 상은 Edyth May Sliffe 상은 미국 수학 협회(Mathematical Association of America)에서 매년 미국의 20명의 교사에게 수여합니다

을 집필하고 기고하였다. 도린은 오스트리아, 불가리아, 체코, 이집트, 프랑스, 독일, 그리스, 네덜란드, 사우디아라비아, 세르비아, 튀르키예, 미국 등 전 세계 대학 회의에 초청 강사로 활동하고 있다. 그는 루마니아 수학 올림피아드 위원회의 회원이며 여러 국제 학술지의 편집 위원회 위원이다. 도린은 2001-2005년에 캐나다-미국 수학 캠프(Canada-USA Mathcamps), 2006-2011년에는 Awesome Math 캠프에서 정규 교수로 활동하였다.

역자 서문

저(황운구)와 박철호 선생님, 권민정 선생님, 홍은하 선생님과 함께 거의 1년여 동안 번역을 하였고 다시 1년간 수정을 거쳐 이제야 출판을 하게 되었다. 역시 수정이 더 어렵다는 것을 새삼 다시 느낀다. 복소수를 기하학에 적용하는 아이디어가 매우 좋아 선생님들과 이 책을 선택하였고 올림피아드 문제도 접해보고 이를 해결하기 위한 아이디어를 배우게 되어 우리에게는 매우 좋은 공부가 되었다. 현 교육과정의 복소수에 적용한다 해도 기하학의 새로운 탐구를 할 수 있을 것이다. 물론 기초 기하학의 내용을 공부해야 하는 어려움이 있지만 그럼에도 불구하고 복소수를 활용하여 기하학을 탐구하는 그 아이디어가 너무나 신선하고 창의적이어서 앞으로 관련된 많은 문제를 해결하는 데 도움을 받을 수 있기를 바란다.

거의 한 달에 한 번씩 줌(zoom)으로 세미나를 진행하면서, 다들 어렵고 힘든 일도 있었지만 서로 양보하고 서로 협력하였기에 이번 결실을 이루었다. 많은 시간을 함께 연구한 세 분의 선생님께 감사의 말을 전한다.

대전동신과학고 교사 황운구

차례

서문	ii
제 1판의 서문	iii
기호 표시	v
저자들에 대해서	vi
역자 서문	viii

1장. 대수 형태의 복소수	**1**
1.1 복소수의 대수적 표현	1
1.1.1 복소수 정의	1
1.1.2 덧셈에 관한 성질	2
1.1.3 곱셈에 관한 성질	3
1.1.4 복소수의 대수적 형식	5
1.1.5 허수 i 의 거듭제곱	6
1.1.6 켤레복소수	7
1.1.7 복소수의 절댓값	9
1.1.8 이차방정식 풀이	14
1.1.9 연습문제	17
1.2 대수적 연산의 기하적 해석	22
1.2.1 복소수의 기하적 해석	22
1.2.2 절댓값의 기하적 해석	23
1.2.3 대수적 연산의 기하적 해석	24
1.2.4 연습문제	27

2장. 삼각함수 형식으로 표현된 복소수   28

2.1 극좌표로 표현된 복소수   28

    2.1.1 평면에서 극좌표   28
    2.1.2 극좌표로 표현된 복소수   30
    2.1.3 극좌표에서의 복소수 연산   34
    2. 복소수의 거듭제곱   35
    2.1.4 곱셈의 기하적 해석   38
    2.1.5 연습문제   39

2.2 1(unity)의 n 제곱근   41

    2.2.1 복소수의 n 제곱근 정의   41
    2.2.2 1의 n 제곱근   43
    2.2.3 이항방정식   51
    2.2.4 연습문제   51

3장 복소수와 기하   54

3.1 몇 가지 단순한 기하적 표현과 성질   54

    3.1.1 두 점 사이의 거리   54
    3.1.2 선분, 반직선, 직선   54
    3.1.3 주어진 비율로 선분 분할하기   58
    3.1.4 각의 측정   58
    3.1.5 두 직선 사이의 각   61
    3.1.6 점의 회전   61

3.2 같은 직선 위, 수직 그리고 동일한 원 위에 있을 조건   66

3.3 닮은 삼각형   69

3.4 정삼각형   72

3.5 복소평면에서의 해석기하학 일부   78

    3.5.1 직선의 방정식   78
    3.5.2 두 점에 의해 결정되는 직선의 방정식   80
    3.5.3 삼각형의 넓이   81

3.5.4 점과 방향이 주어진 직선의 방정식   83
3.5.5 점에서 직선으로의 수선의 발   84
3.5.6 점과 직선 사이의 거리   85

3.6 원   85

3.6.1 원의 방정식   85
3.6.2 한 점의 원에 대한 방멱(The power of a point)   87
3.6.3 두 원 사이의 각   87

4장 복소수와 기하에 대한 자세한 설명   90

4.1 복소수의 내적   90
4.2 두 복소수의 외적   96
4.3 볼록다각형의 넓이   100
4.4 삼각형에서 체바 선분의 교점과 중요한 몇 가지 점들   104
4.5 오일러의 구점원(Nine-point circle)   107
4.6 삼각형의 중요한 몇 가지 거리   112

4.6.1 삼각형의 기본 불변량   112
4.6.2 외심과 내심 사이의 거리   114
4.6.3 외심과 나겔 점 사이의 거리   115
4.6.4 외심과 수심 사이의 거리   117
4.6.5 블런던(Blundon)의 부등식   118

4.7 삼각형의 평면에 있는 두 점 사이의 거리   121

4.7.1 무게중심의 좌표(Barycentric Coordinates)   121
4.7.2 무게중심 좌표에서 두 점 사이의 거리   122

4.8 무게중심 좌표계에서 삼각형 넓이   125
4.9 수직극 삼각형   131

4.9.1 심슨-월리스 직선과 페달 삼각형   131
4.9.2 수직극성의 필요충분조건   138

4.10 안티페달 삼각형의 넓이 … 142
4.11 라그랑주의 정리와 응용 … 147
4.12 내접다각형에서 오일러의 중심 … 154
4.13 복소 평면에서 기하적인 몇 가지 변환 … 156
    4.13.1 평행이동 … 156
    4.13.2 실수축 대칭 … 157
    4.13.3 점 대칭 … 157
    4.13.4 회전 … 158
    4.13.5 복소평면의 등거리변환(Isometric Transformation) … 158
    4.13.6 몰리의 정리(Morley's Theorem) … 160
    4.13.7 중심 닮음 변환 … 163
    4.13.8 연습문제 … 164

5장 올림피아드 문제 … 165

5.1 켤레 복소수와 복소수의 절댓값과 관련된 문제들 … 165
5.2 대수적 방정식과 다항식 … 181
5.3 대수적 항등식의 기하적 성질 … 187
5.4 기하적 문제의 풀이 … 196
5.5 삼각비 문제의 풀이 … 218
5.6 의 제곱근에 관한 자세한 설명 … 225
5.7 다각형과 관련된 문제 … 235
5.8 복소수와 조합론 … 243
5.9 다양한 문제들 … 251

6장 답, 힌트와 제시된 문제의 풀이들 … 261

용어 정리   390

참고 문헌   398

1장. 대수 형태의 복소수

1.1 복소수의 대수적 표현

1.1.1 복소수 정의

이 책에서는, 실수 집합 $\mathbb{R}$의 정의와 기본 성질을 바탕으로 논리적으로 설명하겠다.

$\mathbb{R}^2$은 집합 $\mathbb{R}^2 = \mathbb{R} \times \mathbb{R} = \{(x, y) | x, y \in \mathbb{R}\}$로 정의한다. $\mathbb{R}^2$의 두 원소 (x_1, y_1), (x_2, y_2)에 대하여 $(x_1, y_1) = (x_2, y_2)$이기 위한 필요충분조건은 $x_1 = x_2$, $y_1 = y_2$이다. 집합 $\mathbb{R}^2$에서의 덧셈과 곱셈은 아래와 같이 정의한다.

모든 $z_1 = (x_1, y_1) \in \mathbb{R}^2$, $z_2 = (x_2, y_2) \in \mathbb{R}^2$에 대하여
$$z_1 + z_2 = (x_1, y_1) + (x_2, y_2) = (x_1 + x_2, y_1 + y_2) \in \mathbb{R}^2$$
$$z_1 \cdot z_2 = (x_1, y_1) \cdot (x_2, y_2) = (x_1 x_2 - y_1 y_2, x_1 y_2 + x_2 y_1) \in \mathbb{R}^2$$

원소 $z_1 + z_2 \in \mathbb{R}^2$은 z_1과 z_2의 **합**이라 하고, 원소 $z_1 \cdot z_2 \in \mathbb{R}^2$은 z_1과 z_2의 **곱**이라 하며 간단히 $z_1 z_2$라 쓴다.

참고.

(1) $z_1 = (x_1, 0) \in \mathbb{R}^2$이고 $z_2 = (x_2, 0) \in \mathbb{R}^2$이면 $z_1 z_2 = (x_1 x_2, 0)$이다.

(2) $z_1 = (0, y_1) \in \mathbb{R}^2$이고 $z_2 = (0, y_2) \in \mathbb{R}^2$이면 $z_1 z_2 = (-y_1 y_2, 0)$이다.

예제.

(1) $z_1 = (-5, 6)$, $z_2 = (1, -2)$라고 두면
$$z_1 + z_2 = (-5, 6) + (1, -2) = (-5 + 1, 6 - 2) = (-4, 4)$$
$$z_1 z_2 = (-5, 6) \cdot (1, -2) = (-5 + 12, 10 + 6) = (7, 16)$$

(2) $z_1 = \left(-\dfrac{1}{2}, 1\right)$, $z_2 = \left(-\dfrac{1}{3}, \dfrac{1}{2}\right)$이라 두면

$$z_1 + z_2 = \left(-\frac{1}{2} - \frac{1}{3}, 1 + \frac{1}{2}\right) = \left(-\frac{5}{6}, \frac{3}{2}\right),$$

$$z_1 z_2 = \left(\frac{1}{6} - \frac{1}{2}, -\frac{1}{4} - \frac{1}{3}\right) = \left(-\frac{1}{3}, -\frac{7}{12}\right)$$

정의 덧셈 연산과 곱셈 연산이 부여된 집합 $\mathbb{R}^2$을 복소수 집합이라고 부르고 $\mathbb{C}$ 로 나타낸다. 모든 원소 $z = (x, y) \in \mathbb{C}$ 를 **복소수**라 한다.

$$\mathbb{C}^* \text{ 은 집합 } \mathbb{C} \setminus \{(0, 0)\}^{1)}\text{를 나타낸다.}$$

1.1.2 덧셈에 관한 성질

복소수의 덧셈은 다음 성질을 만족한다.

(a) 교환법칙 모든 $z_1, z_2 \in \mathbb{C}$에 대하여 $z_1 + z_2 = z_2 + z_1$이 성립한다.

(b) 결합법칙 모든 $z_1, z_2, z_3 \in \mathbb{C}$에 대하여 $(z_1 + z_2) + z_3 = z_1 + (z_2 + z_3)$이 성립한다.

복소수 집합에서의 결합법칙이 성립함을 증명하기 위하여 $z_1 = (x_1, y_1) \in \mathbb{C}$, $z_2 = (x_2, y_2) \in \mathbb{C}$, $z_3 = (x_3, y_3) \in \mathbb{C}$ 라 두자. 그러면

$$\begin{aligned}(z_1 + z_2) + z_3 &= [(x_1, y_1) + (x_2, y_2)] + (x_3, y_3) \\ &= (x_1 + x_2, y_1 + y_2) + (x_3, y_3) \\ &= ((x_1 + x_2) + x_3, (y_1 + y_2) + y_3)\end{aligned}$$

이고,

$$\begin{aligned}z_1 + (z_2 + z_3) &= (x_1, y_1) + [(x_2, y_2) + (x_3, y_3)] \\ &= (x_1, y_1) + (x_2 + x_3, y_2 + y_3) \\ &= (x_1 + (x_2 + x_3), y_1 + (y_2 + y_3))\end{aligned}$$

이다. 이때 실수의 덧셈에 대한 결합 법칙이 성립하므로 복소수의 덧셈에 대한 결합 법칙이 성립한다.

(c) 덧셈의 항등원 모든 $z = (x, y) \in \mathbb{C}$에 대하여,

$$z + 0 = 0 + z$$

을 만족하는 복소수의 항등원 $0 = (0, 0)$ 은 오직 하나 존재한다.

(d) 덧셈의 역원 모든 복소수 $z = (x, y)$ 각각에 대하여,

$$z + (-z) = (-z) + z = 0$$

을 만족하는 $-z = (-x, -y) \in \mathbb{C}$ 가 유일하게 존재한다.

(a), (c)와 (d)는 쉽게 증명할 수 있을 것이다.

---

1)(역자주) $\mathbb{C} \setminus \{(0, 0)\}$ 은 우리나라 고등학교 교육과정에서는 $\mathbb{C} - \{(0, 0)\}$ 의 의미로 차집합을 의미한다.

$z_1 - z_2 = z_1 + (-z_2)$를 z_1과 z_2의 **차**라고 부른다. 복소수 z_1 과 z_2 에 대하여 $z_1 - z_2$는 복소수의 **뺄셈**이라 하고 다음과 같이 정의한다.

$$z_1 - z_2 = (x_1, y_1) - (x_2, y_2) = (x_1 - x_2, y_1 - y_2) \in \mathbb{C}$$

1.1.3 곱셈에 관한 성질

복소수의 곱셈은 다음과 같은 성질을 만족한다.

(a) **교환법칙** 모든 $z_1, z_2 \in \mathbb{C}$ 에 대하여 $z_1 \cdot z_2 = z_2 \cdot z_1$ 이다.

(b) **결합법칙** 모든 $z_1, z_2, z_3 \in \mathbb{C}$ 에 대하여 $(z_1 \cdot z_2) \cdot z_3 = z_1 \cdot (z_2 \cdot z_3)$ 이 성립한다.

(c) **곱셈의 항등원** 모든 $z \in \mathbb{C}$ 에 대하여,

$$z \cdot 1 = 1 \cdot z = z$$

을 만족하는 곱셈의 항등원 $1 = (1, 0) \in \mathbb{C}$ 는 오직 하나 존재한다.

간단한 대수적 조작으로 다음 등식이 성립함을 보일 수 있다.

$$z \cdot 1 = (x, y) \cdot (1, 0) = (x \cdot 1 - y \cdot 0, x \cdot 0 + y \cdot 1) = (x, y) = z$$
$$1 \cdot z = (1, 0) \cdot (x, y) = (1 \cdot x - 0 \cdot y, 0 \cdot y + 1 \cdot x) = (x, y) = z$$

(d) **곱셈의 역원** 복소수 $z = (x, y) \in \mathbb{C}^*$ 각각에 대하여,

$$z \cdot z^{-1} = z^{-1} \cdot z = 1$$

을 만족하는 $z^{-1} = (x', y') \in \mathbb{C}$ 이 유일하게 존재한다.

$z^{-1} = (x', y')$을 구하기 위해 필요한 조건은 $(x, y) \neq (0, 0)$ 이다. 즉, $x \neq 0$ 또는 $y \neq 0$의 필요충분조건은 $x^2 + y^2 \neq 0$ 임을 의미한다는 것에 주의하자. 관계식 $z \cdot z^{-1} = 1$ 은 $(x, y) \cdot (x', y') = (1, 0)$ 으로 다음 식을 의미한다.

$$\begin{cases} x x' - y y' = 1 \\ y x' + x y' = 0 \end{cases}$$

연립방정식의 해 x', y'를 각각 구하면 다음과 같다.

$$x' = \frac{x}{x^2 + y^2}, \ y' = -\frac{y}{x^2 + y^2}$$

결과적으로 복소수 $z = (x, y) \in \mathbb{C}^*$의 곱셈에 대한 역원은 다음과 같다.

$$z^{-1} = \frac{1}{z} = \left(\frac{x}{x^2 + y^2}, -\frac{y}{x^2 + y^2} \right) \in \mathbb{C}^*$$

교환법칙에 의해서 $z^{-1} \cdot z = 1$도 얻는다.

두 복소수 $z_1 = (x_1, y_1) \in \mathbb{C}$, $z = (x, y) \in \mathbb{C}^*$ 에 대하여 나눗셈이라 하는 새로운 수 $\frac{z_1}{z}$ 는 다음과 같이 정의한다.

$$\frac{z_1}{z} = z_1 \cdot z^{-1} = (x_1, y_1) \cdot \left(\frac{x}{x^2+y^2}, -\frac{y}{x^2+y^2}\right)$$

$$= \left(\frac{x_1 x + y_1 y}{x^2+y^2}, \frac{-x_1 y + y_1 x}{x^2+y^2}\right) \in \mathbb{C}$$

예제.

(1) $z = (1, 2)$ 이면

$$z^{-1} = \left(\frac{1}{1^2+2^2}, \frac{-2}{1^2+2^2}\right) = \left(\frac{1}{5}, \frac{-2}{5}\right)$$

(2) $z_1 = (1, 2)$ 이고 $z_2 = (3, 4)$ 이면

$$\frac{z_1}{z_2} = \left(\frac{3+8}{9+16}, \frac{-4+6}{9+16}\right) = \left(\frac{11}{25}, \frac{2}{25}\right)$$

복소수 $z = (x, y) \in \mathbb{C}^*$ 에 대하여 지수가 정수인 거듭제곱은 다음과 같이 표현한다.

$$z^0 = 1 , \ z^1 = z , \ z^2 = z \cdot z$$

모든 $n > 0$인 정수에 대하여 $z^n = \underbrace{z \cdot z \cdot \cdots \cdot z}_{n \text{ 개}}$

모든 $n < 0$인 정수에 대하여 $z^n = (z^{-1})^{-n}$ 이다.

모든 복소수 $z_1, z_2, z_3 \in \mathbb{C}^*$ 와 모든 정수 m, n에 대하여 다음 성질이 성립한다.

(1) $z^m \cdot z^n = z^{m+n}$

(2) $\dfrac{z^m}{z^n} = z^{m-n}$

(3) $(z^m)^n = z^{mn}$

(4) $(z_1 \cdot z_2)^n = z_1^n \cdot z_2^n$

(5) $\left(\dfrac{z_1}{z_2}\right)^n = \dfrac{z_1^n}{z_2^n}$

$z = 0$ 일 때 모든 정수 $n > 0$에 대하여 $0^n = 0$ 이라 정의한다.

(e) 분배법칙 모든 $z_1, z_2, z_3 \in \mathbb{C}$에 대하여 $z_1 \cdot (z_2 + z_3) = z_1 \cdot z_2 + z_1 \cdot z_3$ 이 성립한다.

복소수의 집합 $\mathbb{C}$ 에서 덧셈 연산과 곱셈 연산이 위의 성질을 만족하므로 복소수 집합이 체(field)임을 알 수 있다.

1.1.4 복소수의 대수적 형식

복소수를 순서쌍으로 표현하면 대수적 연산을 하기가 불편하기 때문에 복소수의 다른 표현을 더 선호한다.

새로운 대수적 표현을 소개하기 위하여, $\mathbb{R}^2$ 에서 정의된 덧셈과 곱셈과 함께 집합 $\mathbb{R} \times \{0\}$ 을 생각하자. 함수
$$f : \mathbb{R} \to \mathbb{R} \times \{0\}, \ f(x) = (x, 0)$$
은 일대일대응이고, 덧셈과 곱셈의 정의는 다음과 같다.
$$(x, 0) + (y, 0) = (x+y, 0), \ (x, 0) \cdot (y, 0) = (xy, 0)$$
이제 $\mathbb{R} \times \{0\}$ 에서의 연산이 실수에서의 연산과 유사함을 알아차렸을 것이다. 따라서 순서쌍 $(x, 0)$ 을 임의의 실수 $x \in \mathbb{R}$ 와 같이 취급할 수 있다. 따라서 위의 일대일대응에 의하여 $(x, 0) = x$ 로 표기한다. $i = (0, 1)$ 이라 하면 다음을 얻는다.
$$\begin{aligned} z = (x, y) &= (x, 0) + (0, y) = (x, 0) + (y, 0) \cdot (0, -1) \\ &= x + yi = (x, 0) + (0, 1) \cdot (y, 0) = x + iy \end{aligned}$$
이런 방법으로 다음 결과를 얻을 수 있다.

성질 모든 복소수 $z = (x, y)$ 는 다음과 같은 형식으로 유일하게 표현할 수 있다.
$$z = x + iy \ (\text{단, } x, y \text{ 는 실수이고, } i^2 = -1 \text{ 이다.})$$
$i^2 = -1$ 은 곱셈의 정의로부터 직접 구할 수 있다.
$$i^2 = i \cdot i = (0, 1) \cdot (0, 1) = -1$$
$x + yi$ 라는 표현은 복소수 $z = (x, y)$ 의 **대수적 표현**이라고 하고 복소수 집합
$$\mathbb{C} = \{x + yi \mid x \in \mathbb{R}, y \in \mathbb{R}, i^2 = -1\}$$
로 나타낸다. 이제부터 복소수 $z = (x, y)$ 는 $x + yi$ 로 나타낸다. 실수 $x = \mathrm{Re}(z)$ 는 복소수 z 의 **실수부**, 같은 방법으로 $y = \mathrm{Im}(z)$ 는 복소수 z 의 허수부라 부른다. $y \in \mathbb{R}^*$ 에 대하여 iy 형태의 복소수는 **순허수**라고 부르고, 복소수 i 는 **단위허수**라 한다.

다음 성질은 쉽게 증명할 수 있다.
(a) $z_1 = z_2$ 일 필요충분조건은 $\mathrm{Re}(z_1) = \mathrm{Re}(z_2), \ \mathrm{Im}(z_1) = \mathrm{Im}(z_2)$
(b) $z \in \mathbb{R}$ 일 필요충분조건은 $\mathrm{Im}(z) = 0$
(c) $z \in \mathbb{C} - \mathbb{R}$ 일 필요충분조건은 $\mathrm{Im}(z) \neq 0$

대수적 표현을 사용하면 다음과 같이 복소수의 일반적인 연산을 할 수 있다.

1. 덧셈
$$z_1 + z_2 = (x_1 + iy_1) + (x_2 + iy_2) = (x_1 + x_2) + (y_1 + y_2)i \in \mathbb{C}$$
두 복소수의 합에서 실수부(허수부)는 주어진 수의 실수부(허수부)의 합임을 알 수 있다.
$$\mathrm{Re}(z_1 + z_2) = \mathrm{Re}(z_1) + \mathrm{Re}(z_2)$$

$$\operatorname{Im}(z_1 + z_2) = \operatorname{Im}(z_1) + \operatorname{Im}(z_2)$$

2. 곱셈

$$z_1 \cdot z_2 = (x_1 + y_1 i)(x_2 + y_2 i) = (x_1 x_2 - y_1 y_2) + (x_1 y_2 + x_2 y_1)i \in \mathbb{C}$$

다르게 표현하면,

$$\operatorname{Re}(z_1 \cdot z_2) = \operatorname{Re}(z_1) \cdot \operatorname{Re}(z_2) - \operatorname{Im}(z_1) \cdot \operatorname{Im}(z_2)$$
$$\operatorname{Im}(z_1 \cdot z_2) = \operatorname{Im}(z_1) \cdot \operatorname{Re}(z_2) + \operatorname{Im}(z_2) \cdot \operatorname{Re}(z_1)$$

임의의 실수 λ 와 복소수 $z = x + iy$ 에 대하여

$$\lambda \cdot z = \lambda(x + yi) = \lambda x + \lambda y i \in \mathbb{C}$$

은 실수와 복소수의 곱이다. 임의의 복소수 z, z_1, z_2 와 임의의 실수 λ, λ_1, λ_2 에 대하여 다음 성질들은 자명하다.

(1) $\lambda(z_1 + z_2) = \lambda z_1 + \lambda z_2$
(2) $\lambda_1(\lambda_2 z) = (\lambda_1 \lambda_2)z$
(3) $(\lambda_1 + \lambda_2)z = \lambda_1 z + \lambda_2 z$

실제로 (1)과 (3)은 복소수 곱셈에서 분배법칙의 특별한 경우이고, (2)는 복소수 곱셈의 결합법칙에서 유도된다.

3. 뺄셈

$$z_1 - z_2 = (x_1 + iy_1) - (x_2 + iy_2) = (x_1 - x_2) + (y_1 - y_2)i \in \mathbb{C}$$

즉, 다음 성질이 성립한다.

$$\operatorname{Re}(z_1 - z_2) = \operatorname{Re}(z_1) - \operatorname{Re}(z_2)$$
$$\operatorname{Im}(z_1 - z_2) = \operatorname{Im}(z_1) - \operatorname{Im}(z_2)$$

1.1.5 허수 i 의 거듭제곱

지수가 정수인 복소수의 거듭제곱에 관한 공식은 복소수의 대수적 형식 $z = x + yi$ 를 보존한다. $z = i$ 로 두면 다음을 얻는다.

$$i^0 = 1, \quad i^1 = i, \quad i^2 = -1, \quad i^3 = -1 \cdot i = -i$$
$$i^4 = i^3 \cdot i = 1, \quad i^5 = i^4 \cdot i = i, \quad i^6 = i^5 \cdot i = -1, \quad i^7 = i^6 \cdot i = -i$$

모든 양의 정수 n 에 대하여 수학적 귀납법으로 다음을 증명할 수 있다.

$$i^{4n} = 1; \quad i^{4n+1} = i; \quad i^{4n+2} = -1; \quad i^{4n+3} = -i$$

따라서 음이 아닌 모든 정수 n 에 대하여 $i^n \in \{-1, 1, -i, i\}$ 이다. 만약 n 이 음의 정수이면 다음이 성립한다.

$$i^n = (i^{-1})^{-n} = \left(\frac{1}{i}\right)^{-n} = (-i)^{-n}$$

예제.
(1) $i^{105} + i^{23} + i^{20} - i^{34} = i^{4\cdot 26+1} + i^{4\cdot 5+3} + i^{4\cdot 5} - i^{4\cdot 8+2} = i - i + 1 + 1 = 2$
(2) 정수 x, y에 대하여 $z = x + yi$일 때 방정식 $z^3 = 18 + 26i$의 해를 구하시오.

풀이. $(x+yi)^3 = (x+yi)^2(x+yi) = (x^2 - y^2 + 2xyi)(x+yi)$
$$= (x^3 - 3xy^2) + (3x^2y - y^3)i = 18 + 26i$$

복소수 상등의 정의를 이용하면 다음과 같다.
$$\begin{cases} x^3 - 3xy = 18 - 3xy^{\wedge}2 \\ 3x^2y - y^3 = 26 \end{cases}$$

위의 방정식 $18(3x^2y - y^3) = 26(x^3 - 3xy^2)$에서 $y = tx$로 두면 $x \neq 0$, $y \neq 0$일 때 $18(3t - t^3) = 26(1 - 3t^2)$이고 이 식을 정리하면
$$(3t-1)(3t^2 - 12t - 13) = 0$$

위 방정식에서 유리수 해는 $t = \dfrac{1}{3}$뿐이므로 $x = 3$, $y = 1$ 즉, $z = 3 + i$이다.

1.1.6 켤레복소수

복소수 $z = x + yi$에 대하여 $\bar{z} = x - yi$를 z의 복소켤레 또는 일반적으로 **켤레복소수**(complex conjugate)라 부른다.

성질.
(1) $z = \bar{z}$일 필요충분조건은 $z \in \mathbb{R}$이다.
(2) 모든 복소수에 대하여 $z = \bar{\bar{z}}$이다.
(3) 모든 복소수에 대하여 $z \cdot \bar{z}$는 음이 아닌 실수이다.
(4) $\overline{z_1 + z_2} = \overline{z_1} + \overline{z_2}$ (합의 켤레는 켤레의 합이다.)
(5) $\overline{z_1 \cdot z_2} = \overline{z_1} \cdot \overline{z_2}$ (곱의 켤레는 켤레의 곱이다.)
(6) 0이 아닌 모든 복소수 z에 대하여 $\overline{z^{-1}} = (\bar{z})^{-1}$이다.
(7) $\overline{\left(\dfrac{z_1}{z_2}\right)} = \dfrac{\overline{z_1}}{\overline{z_2}}$ (나눗셈의 켤레는 켤레의 나눗셈과 같다.)
(8) 모든 복소수 z에 대하여 $\text{Re}(z) = \dfrac{z + \bar{z}}{2}$, $\text{Im}(z) = \dfrac{z - \bar{z}}{2i}$

증명.

(1) $z = x+yi$ 이면 $\overline{z} = x-yi$ 이고 $z = \overline{z}$ 이므로 $x+yi = x-yi$ 이다.
따라서 $2yi = 0$ 이므로 $y = 0$ 이다. 결과적으로 $z = x \in R$ 이다.

(2) $\overline{z} = x-yi$ 이고, $\overline{\overline{z}} = x-(-y)i = x+yi = z$

(3) $z \cdot \overline{z} = (x+yi)(x-yi) = x^2+y^2 \geq 0$

(4) $\overline{z_1+z_2} = \overline{(x_1+x_2)+(y_1+y_2)i} = (x_1+x_2)-(y_1+y_2)i$
$= (x_1-y_1i)+(x_2-y_2i) = \overline{z_1}+\overline{z_2}$

(5) $\overline{z_1 \cdot z_2} = \overline{(x_1x_2-y_1y_2)+(x_1y_2+x_2y_1)i} = (x_1x_2-y_1y_2)-(x_1y_2+x_2y_1)i$
$= (x_1-y_1i)(x_2-y_2i) = \overline{z_1} \cdot \overline{z_2}$

(6) $z \cdot \dfrac{1}{z} = 1$ 이므로 $\overline{\left(z \cdot \dfrac{1}{z}\right)} = \overline{1}$ 이고 $\overline{z} \cdot \overline{\left(\dfrac{1}{z}\right)} = 1$ 이다. 이것은 $\overline{(z^{-1})} = (\overline{z})^{-1}$ 을 의미한다.

(7) $\overline{\left(\dfrac{z_1}{z_2}\right)} = \overline{\left(z_1 \cdot \dfrac{1}{z_2}\right)} = \overline{z_1} \cdot \overline{\left(\dfrac{1}{z_2}\right)} = \overline{z_1} \cdot \dfrac{1}{\overline{z_2}} = \dfrac{\overline{z_1}}{\overline{z_2}}$

(8) $z+\overline{z} = (x+yi)+(x-yi) = 2x$, $z-\overline{z} = (x+yi)-(x-yi) = 2yi$ 로부터 다음을 얻는다.
$$\operatorname{Re}(z) = \dfrac{z+\overline{z}}{2}, \quad \operatorname{Im}(z) = \dfrac{z-\overline{z}}{2i}$$
□

성질 (4), (5)는 다음 성질로 쉽게 확장할 수 있다.

(4′) $\overline{\left(\sum_{k=1}^{n} z_k\right)} = \sum_{k=1}^{n} \overline{z_k}$

(5′) 모든 $z_k \in \mathbb{C}$ 에 대하여 $\overline{\left(\prod_{k=1}^{n} z_k\right)} = \prod_{k=1}^{n} \overline{z_k}$ 이다(단, $k = 1, 2, \cdots, n$).

(5′)의 결과와 (6)으로 부터 다음을 얻는다.

(5″) 임의의 정수 n 과 $z \in \mathbb{C}$ 에 대하여 $\overline{(z^n)} = (\overline{z})^n$ 이다. $n < 0$ 이면 $z \neq 0$ 일 때 성립한다.

참고.

(a) 복소수 $z \in \mathbb{C}^*$ 의 곱셈의 역원을 구하기 위하여 다음과 같이 접근할 수 있다.
$$\dfrac{1}{z} = \dfrac{\overline{z}}{z \cdot \overline{z}} = \dfrac{x-yi}{x^2+y^2} = \dfrac{x}{x^2+y^2} - \dfrac{y}{x^2+y^2}i$$

(b) 다음과 같이 켤레복소수를 활용하면 두 복소수의 나눗셈을 할 수 있다.
$$\dfrac{z_1}{z_2} = \dfrac{z_1 \cdot \overline{z_2}}{z_2 \cdot \overline{z_2}} = \dfrac{(x_1+y_1i)(x_2-y_2i)}{x_2^2+y_2^2} = \dfrac{x_1x_2+y_1y_2}{x_2^2+y_2^2} + \dfrac{-x_1y_2+x_2y_1}{x_2^2+y_2^2}i$$

예제.

(1) $z = \dfrac{5+5i}{3-4i} + \dfrac{20}{4+3i}$ 을 계산하시오.

풀이.
$$z = \frac{(5+5i)(3+4i)}{9-16i^2} + \frac{20(4-3i)}{16-9i^2} = \frac{-5+35i}{25} + \frac{80-60i}{25}$$
$$= \frac{75-25i}{25} = 3-i$$

(2) z_1, z_2 가 복소수라고 하자. $E = z_1 \cdot \overline{z_2} + \overline{z_1} \cdot z_2$ 는 실수임을 증명하시오.

풀이.
$$\overline{E} = \overline{z_1 \cdot \overline{z_2} + \overline{z_1} \cdot z_2} = \overline{z_1} \cdot z_2 + z_1 \cdot \overline{z_2} = E$$

이므로 E 는 실수이다.

1.1.7 복소수의 절댓값

복소수 $z = x + y_i$ 에 대하여 $|z| = \sqrt{x^2+y^2}$ 를 복소수의 **절댓값**(modulus 또는 absolute value)로 정의한다. 예를 들면, 다음 세 복소수 $z_1 = 4+3i$, $z_2 = -3i$, $z_3 = 2$ 의 절댓값은 다음과 같다.

$$|z_1| = \sqrt{4^2+3^2} = 5, \quad |z_2| = \sqrt{0^2+(-3)^2} = 3, \quad |z_3| = \sqrt{2^2} = 2$$

성질.
(1) $-|z| \leq \text{Re}(z) \leq |z|$, $-|z| \leq \text{Im}(z) \leq |z|$.
(2) 모든 복소수 $z \in \mathbb{C}$ 에 대하여 $|z| \geq 0$ 이다. 또한 $|z| = 0$ 이기 위한 필요충분조건은 $z = 0$ 이다.
(3) $|z| = |-z| = |\overline{z}|$
(4) $z \cdot \overline{z} = |z|^2$
(5) $|z_1 \cdot z_2| = |z_1| \cdot |z_2|$ (곱의 절댓값은 절댓값의 곱).
(6) $|z_1| - |z_2| \leq |z_1 + z_2| \leq |z_1| + |z_2|$
(7) $|z^{-1}| = |z|^{-1}$, $z \neq 0$
(8) $\left|\dfrac{z_1}{z_2}\right| = \dfrac{|z_1|}{|z_2|}$, $z_2 \neq 0$ (나눗셈의 절댓값은 절댓값의 나눗셈)
(9) $|z_1| - |z_2| \leq |z_1 - z_2| \leq |z_1| + |z_2|$

증명. (1)부터 (4)까지는 쉽게 확인할 수 있다.

(5) $|z_1 \cdot z_2|^2 = (z_1 \cdot z_2)\overline{(z_1 \cdot z_2)} = (z_1 \cdot \overline{z_1})(z_2 \cdot \overline{z_2}) = |z_1|^2 \cdot |z_2|^2$ 이다.

모든 $z \in \mathbb{C}$ 에 대하여 $|z| \geq 0$ 이므로 $|z_1 \cdot z_2| = |z_1| \cdot |z_2|$ 이다.

(6) $|z_1 + z_2|^2 = (z_1 + z_2)\overline{(z_1 + z_2)} = (z_1 + z_2)(\overline{z_1} + \overline{z_2}) = |z_1|^2 + z_1\overline{z_2} + \overline{z_1}z_2 + |z_2|^2$

이고 $\overline{z_1 \cdot \overline{z_2}} = \overline{z_1} \cdot \overline{\overline{z_2}} = \overline{z_1} \cdot z_2$ 이므로

$$z_1\overline{z_2} + \overline{z_1}z_2 = 2\operatorname{Re}(z_1\overline{z_2}) \leq 2|z_1 \cdot z_2| = 2|z_1||z_2|$$

$$|z_1 + z_2|^2 \leq (|z_1| + |z_2|)^2$$

결과적으로 $|z_1 + z_2| \leq |z_1| + |z_2|$ 이다.

⟨성질 6⟩의 왼쪽 부등식을 얻기 위해서 다음 식을 살펴보자.

$$|z_1| = |z_1 + z_2 + (-z_2)| \leq |z_1 + z_2| + |-z_2| = |z_1 + z_2| + |z_2|$$

따라서 다음 부등식이 성립한다.

$$|z_1| - |z_2| \leq |z_1 + z_2|$$

(7) $z \cdot \dfrac{1}{z} = 1$ 이면 $|z| \cdot \left|\dfrac{1}{z}\right| = 1$ 이고, $\left|\dfrac{1}{z}\right| = \dfrac{1}{|z|}$ 이므로 $|z^{-1}| = |z|^{-1}$ 이다.

(8) $\left|\dfrac{z_1}{z_2}\right| = \left|z_1 \cdot \dfrac{1}{z_2}\right| = |z_1 \cdot z_2^{-1}| = |z_1| \cdot |z_2|^{-1} = \dfrac{|z_1|}{|z_2|}$

(9) $|z_1| = |z_1 - z_2 + z_2| \leq |z_1 - z_2| + |z_2|$ 이므로 $|z_1 - z_2| \geq |z_1| - |z_2|$ 이다.

반면, $|z_1 - z_2| = |z_1 + (-z_2)| \leq |z_1| + |-z_2| = |z_1| + |z_2|$ 이다. □

주의.

(1) 부등식 $|z_1 + z_2| \leq |z_1| + |z_2|$ 에서 등호는 $\operatorname{Re}(z_1\overline{z_2}) = |z_1||z_2|$ 일 때 성립한다.

이는 $z_1 = tz_2$ (t 는 음이 아닌 실수)임을 의미한다.

(2) 성질 (5)와 (6)으로 부터 다음을 쉽게 얻을 수 있다.

(5′) $\left|\displaystyle\prod_{k=1}^{n} z_k\right| = \displaystyle\prod_{k=1}^{n} |z_k|$

(6′) 임의의 복소수 $z_k \in \mathbb{C}$, $k = 1, 2, \ldots, n$ 에 대하여 $\left|\displaystyle\sum_{k=1}^{n} z_k\right| \leq \displaystyle\sum_{k=1}^{n} |z_k|$ 이다.

(5′)와 (7)의 결과로부터 다음을 얻는다.

(5″) 임의의 정수 n 과 복소수 z 에 대하여 $n < 0$ 일 때 $z \neq 0$ 이라 가정하면 $|z^n| = |z|^n$ 이다.

문제 1. 모든 복소수 z_1, z_2 에 대하여 다음 등식이 성립함을 보이시오.

$$|z_1 + z_2|^2 + |z_1 - z_2|^2 = 2(|z_1|^2 + |z_2|^2)$$

풀이. 위의 성질 (4)를 이용하면

$$|z_1+z_2|^2+|z_1-z_2|^2=(z_1+z_2)(\overline{z_1}+\overline{z_2})+(z_1-z_2)(\overline{z_1}-\overline{z_2})$$
$$=|z_1|^2+z_1\cdot\overline{z_2}+z_2\cdot\overline{z_1}+|z_2|^2+|z_1|^2-z_1\cdot\overline{z_2}-z_2\cdot\overline{z_1}+|z_2|^2$$
$$=2\big(|z_1|^2+|z_2|^2\big)$$

문제 2. $|z_1|=|z_2|=1$ 이고, $z_1z_2\neq-1$ 이면 $\dfrac{z_1+z_2}{1+z_1z_2}$ 는 실수임을 보이시오.

풀이. 다시 위의 성질 (4)를 이용하면, $z_1\cdot\overline{z_1}=|z_1|^2=1$ 이고 $\overline{z_1}=\dfrac{1}{z_1}$ 이다. 마찬가지로, $\overline{z_2}=\dfrac{1}{z_2}$ 이다. 이제 문제에서 구하려는 수를 A 라 두면,

$$\overline{A}=\frac{\overline{z_1}+\overline{z_2}}{1+\overline{z_1}\cdot\overline{z_2}}=\frac{\dfrac{1}{z_1}+\dfrac{1}{z_2}}{1+\dfrac{1}{z_1}\cdot\dfrac{1}{z_2}}=\frac{z_1+z_2}{1+z_1z_2}=A$$

이므로 A는 실수이다.

문제 3. 양의 실수 a 에 대하여 $M_a=\left\{z\in\mathbb{C}^*\mid\left|z+\dfrac{1}{z}\right|=a\right\}$ 라 하자. $z\in M_a$ 일 때 $|z|$ 의 최솟값과 최댓값을 구하시오.

풀이. $a=\left|z+\dfrac{1}{z}\right|$ 의 양변을 제곱하면

$$a^2=\left|z+\frac{1}{z}\right|^2=\left(z+\frac{1}{z}\right)\left(\overline{z}+\frac{1}{\overline{z}}\right)=|z|^2+\frac{z^2+(\overline{z})^2}{|z|^2}+\frac{1}{|z|^2}$$
$$=\frac{|z|^4+(z+\overline{z})^2-2|z|^2+1}{|z|^2}$$

따라서

$$|z|^4-(a^2+2)|z|^2+1=-(z+\overline{z})^2\leq0$$

결과적으로

$$|z|^2\in\left[\frac{a^2+2-\sqrt{a^4+4a^2}}{2},\frac{a^2+2+\sqrt{a^4+4a^2}}{2}\right]$$

즉, $|z|\in\left[\dfrac{-a+\sqrt{a^2+4}}{2},\dfrac{a+\sqrt{a^2+4}}{2}\right]$ 이므로 $|z|$ 의 최댓값은 $\dfrac{a+\sqrt{a^2+4}}{2}$, 최솟값은 $\dfrac{-a+\sqrt{a^2+4}}{2}$ 이다. 복소수 z 가 $z=-\overline{z}$ 를 만족할 때 극값을 갖는다.

문제 4. 임의의 복소수 에 대하여 다음 부등식이 성립함을 보이시오.
$$|1+z| \geq \frac{1}{\sqrt{2}} \text{ 또는 } |z^2+1| \geq 1$$

풀이. 귀류법으로 증명하기 위하여 $|1+z| < \frac{1}{\sqrt{2}}$ 이고 $|z^2+1| < 1$ 라고 가정하자. 실수 a, b 에 대하여 $z = a+bi$ 라 두면 $z^2 = a^2 - b^2 + 2abi$ 이다. 그러면
$$(1+a^2-b^2)^2 + 4a^2b^2 < 1 \text{ 이고 } (1+a)^2 + b^2 < \frac{1}{2}$$
이므로
$$(a^2+b^2)^2 + 2(a^2-b^2) < 0 \text{ 이고 } 2(a^2+b^2) + 4a + 1 < 0$$
이 두 부등식을 더하면 $(a^2+b^2)^2 + (2a+1)^2 < 0$ 인데 이는 a, b 가 모두 실수이므로 불가능하다.

문제 5. $|z| = 1$ 을 만족하는 임의의 복소수 에 대하여 다음 부등식이 성립함을 증명하시오.
$$\sqrt{3} \leq |1+z| + |1-z+z^2| \leq \frac{13}{4}$$

풀이. $t = |1+z| \in [0, 2]$ 라 하면
$$t^2 = (1+z)(1+\overline{z}) = 2 + 2\operatorname{Re}(z)$$
이므로 $\operatorname{Re}(z) = \frac{t^2-2}{2}$ 이다. 그러면
$$|1-z+z^2|^2 = (1-z+z^2)(1-\overline{z}+\overline{z^2}) = (1-z+z^2)\left(1-\frac{1}{z}+\frac{1}{z^2}\right)$$
$$= \left(\frac{z^2-z+1}{z}\right)^2 = \left(z+\frac{1}{z}-1\right)^2 = (z+\overline{z}-1)^2$$
$$= [2\operatorname{Re}(z)-1]^2 = (t^2-3)^2$$
이므로 $|1-z+z^2| = |t^2-3|$ 이다. 이제 함수의 극값을 찾을 수 있다(〈그림 1.1〉).
$$f : [0, 2] \to \mathbb{R}, \quad f(t) = t + |t^2-3| = \begin{cases} -t^2+t+3, & t \in [0, \sqrt{3}) \\ t^2+t-3, & t \in [\sqrt{3}, 2] \end{cases}$$
〈그림 1.1〉에 나타낸 함수 f 의 그래프에서
$$f(\sqrt{3}) = \sqrt{3} \leq t + |t^2-3| \leq f\left(\frac{1}{2}\right) = \frac{13}{4}$$

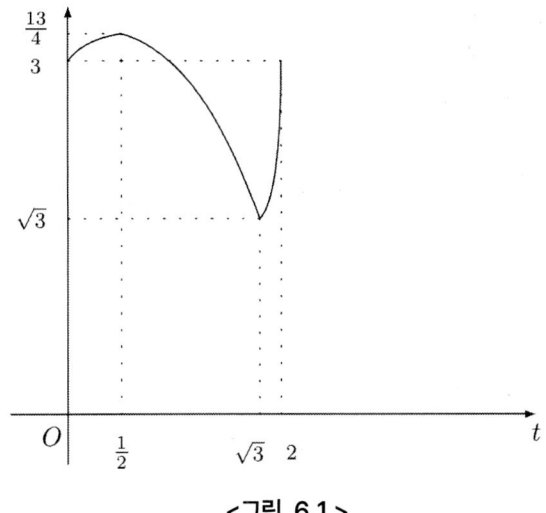

<그림 6.1.>

문제 6. 집합 $H = \{z \in \mathbb{C} \mid z = x - 1 + xi, x \in \mathbb{R}\}$이라 하자. 모든 $\omega \in H$에 대하여, $|z| \leq |\omega|$인 $z \in H$가 유일하게 존재함을 보이시오.

풀이. $\omega = y - 1 + yi$(단, $y \in \mathbb{R}$)이라 하자.

모든 $y \in \mathbb{R}$에 대하여, $(x-1)^2 + x^2 \leq (y-1)^2 + y^2$인 $x \in \mathbb{R}$이 유일하게 존재함을 보이면 충분하다.

다시 말해서, 실수에서 실수로의 함수 $f : \mathbb{R} \to \mathbb{R}$를 $f(y) = (y-1)^2 + y^2$으로 정의하면 $y = x$에서 함수 f가 최솟값을 갖는다.

$$f(y) = (y-1)^2 + y^2 = 2y^2 - 2y + 1 = 2\left(y - \frac{1}{2}\right)^2 + \frac{1}{2}$$

따라서 $x = \frac{1}{2}$이고, $z = -\frac{1}{2} + \frac{1}{2}i$이다.

문제 7. 서로 다른 세 복소수 x, y, z는
$$y = tx + (1-t)z, \ t \in (0, 1)$$
을 만족할 때, 다음 부등식이 성립함을 보이시오.
$$\frac{|z| - |y|}{|z - y|} \geq \frac{|z| - |x|}{|z - x|} \geq \frac{|y| - |x|}{|y - x|}$$

풀이. $y = tx + (1-t)z$는 $z - y = t(z - x)$와 동치이다. 부등식을 풀면 다음과 같다.[2]

---

[2] (역자주) 복소평면에서 세 복소수 x, y, z는 일직선 상에 있으며 복소수 y는 $y = tx + (1-t)z$이므로 두 점 z, x를 이은 선분의 내부에 있는 점이다. 따라서 양변에 절댓값을 취하면 삼각 부등식에 의해서
$$|y| \leq (1-t)|z| + t|x|$$

$$\frac{|z|-|y|}{|z-y|} \geq \frac{|z|-|x|}{|z-x|}$$

$$|z|-|y| \geq t(|z|-|x|)$$

$$|y| \leq (1-t)|z| + t|x|$$

마지막 부등식은 $y = (1-t)z + tx$ 에 삼각부등식을 적용한 꼴이다.

두 번째 부등식도 $y = tx + (1-t)z$ 를 $y - x = (1-t)(z-x)$로 나타내면 같은 방법으로 증명할 수 있다.

1.1.8 이차방정식 풀이

계수가 실수인 이차방정식

$$ax^2 + bx + c = 0 \, , \, a \neq 0$$

에서 판별식이 $\Delta = b^2 - 4ac < 0$인 경우에 대하여 이차방정식의 해를 구할 수 있다.

완전제곱식으로 나타내면 쉽게 다음 형태를 얻을 수 있다.

$$a\left[\left(x+\frac{b}{2a}\right)^2 + \frac{-\Delta}{4a^2}\right] = 0$$

따라서

$$\left(x+\frac{b}{2a}\right)^2 - i^2\left(\frac{\sqrt{-\Delta}}{2a}\right)^2 = 0$$

$$x_1 = \frac{-b+i\sqrt{-\Delta}}{2a}, \, x_2 = \frac{-b-i\sqrt{-\Delta}}{2a}$$

이 두 해는 서로 켤레복소수이고, 다음과 같이 나타낼 수 있다.

$$ax^2 + bx + c = a(x - x_1)(x - x_2)$$

이 식은 $\Delta < 0$인 경우에도 성립한다. 이제 계수가 복소수인 이차방정식

$$az^2 + bz + c = 0, \, a \neq 0$$

에 대하여 생각하자. 계수가 실수인 이차방정식처럼 계산하면

$$a\left[\left(z+\frac{b}{2a}\right)^2 - \frac{\Delta}{4a^2}\right] = 0$$

이 성립한다. 이를 정리하면

$$|z|-|y| \geq t(|z|-|x|) \quad (*)$$

다음으로 $y = tx + (1-t)z$를 $z - y = t(z-x)$로 나타낼 수 있고 양변에 절댓값을 취하면

$$|z-y| = t|z-x|$$

이 식을 부등식 (*)에 대입하여 정리하면 다음 부등식을 얻는다

$$\frac{|z|-|y|}{|z-y|} \geq \frac{|z|-|x|}{|z-x|}$$

$$\left(z + \frac{b}{2a}\right)^2 = \frac{\Delta}{4a^2} \quad \text{또는} \quad (2az + b)^2 = \Delta \tag{**}$$

$\Delta = b^2 - 4ac$도 역시 이 이차방정식의 판별식이다. $y = 2az + b$라고 하고 이를 식 (**)에 대입하자.

$$y^2 = \Delta = u + vi \text{ (단, } u, v \text{는 실수)}$$

위 방정식의 해는 다음과 같다.[3]

$$y_{1,2} = \pm\left(\sqrt{\frac{r+u}{2}} + \operatorname{sgn}(v)\sqrt{\frac{r-u}{2}}i\right)$$

단, $r = |\Delta|$이고 $\operatorname{sgn}(v)$는 실수 v의 부호이다. 이것을 다시 식에 대입하면 해라는 것을 확인할 수 있다.

$$y_{1,2}^2 = \frac{r+u}{2} + 2 \cdot i \cdot \frac{1}{2}\sqrt{r^2 - u^2} \cdot \operatorname{sgn}(v) - \frac{r-u}{2}$$
$$= u + i|v|\operatorname{sgn}(v) = u + iv$$

따라서 주어진 방정식의 근은 다음과 같다.

$$z_{1,2} = \frac{1}{2a}(-b + y_{1,2})$$

그리고 a, b, c가 복소수 집합 $\mathbb{C}$ 의 원소일 때에도 근과 계수의 관계

$$z_1 + z_2 = -\frac{b}{a}, \quad z_1 z_2 = \frac{c}{a}$$

와 인수분해공식

$$az^2 + bz + c = a(z - z_1)(z - z_2)$$

이 성립한다.

문제 1. z가 복소수일 때, 다음 이차방정식의 해를 구하시오.

$$z^2 - 8(1-i)z + 63 - 16i = 0$$

풀이. $\Delta' = (4 - 4i)^2 - 1 \cdot (63 - 16i) = -63 - 16i$

이고 $r = |\Delta'| = \sqrt{63^2 + 16^2}$, 여기서 $\Delta' = \left(\frac{b}{2}\right)^2 - ac$ 이다. 다음 방정식

$$y^2 = -63 - 16i$$

---

[3] (역자주) 실수 x, y에 대하여 $z = x + yi$라고 하자. u, v가 실수일 때, $z^2 = u + vi$의 해를 구해보자.
$$(x + yi)^2 = u + vi$$
$$x^2 - y^2 + 2xyi = u + vi$$
따라서 $\begin{cases} x^2 - y^2 = u \\ 2xy = v \end{cases}$ 인 x, y를 구하면 된다. 이때, 이원이차연립방정식을 풀면 해는 아래와 같다.
$$x = \pm\sqrt{\frac{r+u}{2}}, \quad y = \pm\operatorname{sgn}(v)\sqrt{\frac{r-u}{2}} \text{ (복호동순)}. \text{ 단, } r = |\Delta|, \operatorname{sgn}(v) \text{는 실수 } v \text{의 부호이다.}$$

의 해는
$$y_{1,2} = \pm\left(\sqrt{\frac{65-63}{2}} + i\sqrt{\frac{65+63}{2}}\right) = \pm(1-8i)$$

따라서 $z_{1,2} = 4 - 4i \pm (1-8i)$이고 정리하면 이차방정식의 해는 다음과 같다.
$$z_1 = 5 - 12i \,,\, z_2 = 3 + 4i$$

문제 2. $q \neq 0$인 복소수 p, q 에 대하여, 복소방정식 $z^2 + pz + q^2 = 0$ 의 두 근 z_1, z_2가 $|z_1| = |z_2|$ 일 때 $\dfrac{p}{q}$가 실수임을 증명하시오.

(1999년 로마 수학 올림피아드, 최종 시험)

풀이. 복소방정식 $z^2 + pz + q^2 = 0$의 두 근 z_1, z_2가 $|z_1| = |z_2|$ 이므로 $r = |z_1| = |z_2|$ 라고 하자. 그러면
$$\frac{p^2}{q^2} = \frac{(z_1+z_2)^2}{z_1 z_2} = \frac{z_1}{z_2} + \frac{z_2}{z_1} + 2 = \frac{z_1 \overline{z_2}}{r^2} + \frac{\overline{z_1} z_2}{r^2} + 2 = 2 + \frac{2}{r^2}\text{Re}(z_1 \overline{z_2})$$

은 실수이다. 또한 $\text{Re}(z_1 \overline{z_2}) \geq -|z_1 z_2| = -r^2$ 이므로 $\dfrac{p^2}{q^2} \geq 0$ 이다. 따라서 $\dfrac{p}{q}$ 는 실수이다.

문제 3. 0이 아닌 서로 다른 복소수 a, b, c가 $|a| = |b| = |c|$ 를 만족한다.
(a) 복소방정식 $az^2 + bz + c = 0$ 의 한 근의 절댓값이 1이면, $b^2 = ac$ 임을 보이시오.
(b) 두 복소방정식 $az^2 + bz + c = 0$, $bz^2 + cz + a = 0$ 이 각각 절댓값이 1 인 근을 가지면, $|a-b| = |b-c| = |c-a|$ 임을 보이시오.

풀이.

(a) 복소방정식 $az^2 + bz + c = 0$ 의 두 근을 z_1, z_2 라 할 때, z_1 이 절댓값이 1 인 근이라 하면 $|z_1| = 1$ 이다.

$z_2 = \dfrac{c}{a} \cdot \dfrac{1}{z_1}$ 이므로 $|z_2| = \left|\dfrac{c}{a}\right| \cdot \dfrac{1}{|z_1|} = 1$이 성립한다.

따라서 $z_1 + z_2 = -\dfrac{b}{a}$ 이고, 가정에 의해서 $|a| = |b|$ 이므로 $|z_1 + z_2|^2 = 1$ 이 성립한다. $|z_1 + z_2|^2 = 1$ 이고 이것은 다음 식과 동치이다.
$$(z_1 + z_2)(\overline{z_1} + \overline{z_2}) = 1, \text{ 즉 } (z_1+z_2)\left(\frac{1}{z_1} + \frac{1}{z_2}\right) = 1$$
$$(z_1+z_2)^2 = z_1 z_2 \,,\, \text{즉 } \left(\frac{b}{a}\right)^2 = \frac{c}{a}$$

이것으로부터 $b^2 = ac$ 를 얻는다.

(b) 위의 (a)에 의해서 두 복소방정식은 각각 $b^2 = ac$, $c^2 = ab$ 를 만족한다. 양변을 곱하면 $b^2c^2 = a^2bc$ 이므로 $a^2 = bc$ 이다. 따라서 다음 식이 성립한다.
$$a^2 + b^2 + c^2 = ab + bc + ca \tag{1}$$
식 (1)을 정리하면 아래와 같다.
$$(a-b)^2 + (b-c)^2 + (c-a)^2 = 0$$
양변에 $2(a-b)(b-c)$를 더하고 간단히 하면,
$$(a-b)^2 + 2(a-b)(b-c) + (b-c)^2 + (c-a)^2 = 2(a-b)(b-c)$$
따라서 $(a-c)^2 = (a-b)(b-c)$이다. 절댓값을 취하고 $\alpha = |b-c|$, $\beta = |c-a|$, $\gamma = |a-b|$ 이라 두면 $\beta^2 = \gamma\alpha$ 이다. 비슷한 방법으로 $\alpha^2 = \beta\gamma$, $\gamma^2 = \alpha\beta$ 이다. 이제 이 세 식을 더하면 $\alpha^2 + \beta^2 + \gamma^2 = \alpha\beta + \beta\gamma + \gamma\alpha$ 이고 정리하면 $(\alpha-\beta)^2 + (\beta-\gamma)^2 + (\gamma-\alpha)^2 = 0$이다. 따라서 $\alpha = \beta = \gamma$이다.

1.1.9 연습문제

1. 복소수 $z_1 = (1, 2)$, $z_2 = (-2, 3)$, $z_3 = (1, -1)$ 에 대하여 다음 값을 구하시오.
   (a) $z_1 + z_2 + z_3$ (b) $z_1 z_2 + z_2 z_3 + z_3 z_1$ (c) $z_1 z_2 z_3$
   (d) $z_1^2 + z_2^2 + z_3^2$ (e) $\dfrac{z_1}{z_2} + \dfrac{z_2}{z_3} + \dfrac{z_3}{z_1}$ (f) $\dfrac{z_1^2 + z_2^2}{z_2^2 + z_3^2}$

2. 다음 방정식을 푸시오.
   (a) $z + (-5, 7) = (2, -1)$ (b) $(2, 3) + z = (-5, -1)$
   (c) $z \cdot (2, 3) = (4, 5)$ (d) $\dfrac{z}{(-1, 3)} = (3, 2)$

3. 복소수 범위에서 다음의 방정식을 푸시오.
   (a) $z^2 + z + 1 = 0$ (b) $z^3 + 1 = 0$

4. $z = (0, 1) \in \mathbb{C}$ 일 때, 양의 정수 n 에 대하여, $\sum_{k=0}^{n} z^k$ 을 구하시오.

5. 다음 방정식을 푸시오.
   (a) $z \cdot (1, 2) = (-1, 3)$ (b) $(1, 1) \cdot z^2 = (-1, 7)$

6. $z = (a, b) \in \mathbb{C}$에 대하여, z^2, z^3, z^4 을 계산하시오.

7. $z_0 = (a, b) \in \mathbb{C}$에 대하여, $z^2 = z_0$ 를 만족하는 $z \in \mathbb{C}$ 를 구하시오.

8. $z = (1, -1)$ 일 때, 음이 아닌 정수 n 에 대하여 z^n 을 구하시오.

9. 다음 식을 만족하는 실수 x, y 를 각각 구하시오.
(a) $(1-2i)x + (1+2i)y = 1+i$
(b) $\dfrac{x-3}{3+i} + \dfrac{y-3}{3-i} = i$
(c) $(4-3i)x^2 + (3+2i)xy = 4y^2 - \dfrac{1}{2}x^2 + (3xy - 2y^2)i$

10. 다음을 계산하시오.
(a) $(2-i)(-3+2i)(5-4i)$
(b) $(2-4i)(5+2i) + (3+4i)(-6-i)$
(c) $\left(\dfrac{1+i}{1-i}\right)^{16} + \left(\dfrac{1-i}{1+i}\right)^8$
(d) $\left(\dfrac{-1+i\sqrt{3}}{2}\right)^6 + \left(\dfrac{1-i\sqrt{7}}{2}\right)^6$
(e) $\dfrac{3+7i}{2+3i} + \dfrac{5-8i}{2-3i}$

11. 다음을 계산하시오.
(a) $i^{2000} + i^{1999} + i^{201} + i^{82} + i^{47}$
(b) $n \geq 1$에 대하여 $E_n = 1 + i + i^2 + i^3 + \cdots + i^n$ 을 구하시오.
(c) $i^1 \cdot i^2 \cdot i^3 \cdots i^{2000}$
(d) $i^{-5} + (-i)^{-7} + (-i)^{13} + i^{-100} + (-i)^{94}$

12. 아래 복소방정식의 해를 구하시오.
(a) $z^2 = i$
(b) $z^2 = -i$
(c) $z^2 = \dfrac{1}{2} - i\dfrac{\sqrt{2}}{2}$

13. $z + \dfrac{1}{z} \in \mathbb{R}$ 를 만족하는 $z \neq 0$ 인 복소수를 모두 구하시오.

14. 다음은 실수가 됨을 증명하시오.
(a) $E_1 = (2+i\sqrt{5})^7 + (2-i\sqrt{5})^7$
(b) $E_2 = \left(\dfrac{19+7i}{9-i}\right)^n + \left(\dfrac{20+5i}{7+6i}\right)^n$

15. 다음을 증명하시오.
(a) $|z_1+z_2|^2 + |z_2+z_3|^2 + |z_3+z_1|^2 = |z_1|^2 + |z_2|^2 + |z_3|^2 + |z_1+z_2+z_3|^2$
(b) $|1+z_1\overline{z_2}|^2 + |z_1-z_2|^2 = (1+|z_1|^2)(1+|z_2|^2)$

(c) $|1+z_1\overline{z_2}|^2 - |z_1+z_2|^2 = (1-|z_1|^2)(1-|z_2|^2)$

(d) $|z_1+z_2+z_3|^2 + |-z_1+z_2+z_3|^2 + |z_1-z_2+z_3|^2 + |z_1+z_2-z_3|^2$
$= 4(|z_1|^2 + |z_2|^2 + |z_3|^2)$

16. $z \in \mathbb{C}^*$ 에 대하여 $\left|z^3+\dfrac{1}{z^3}\right| \le 2$ 이면 $\left|z+\dfrac{1}{z}\right| \le 2$ 임을 증명하시오.

17. 다음 식을 만족하는 복소수 z 를 모두 구하시오.
$$|z|=1, \quad \left|z^2+\overline{z}^2\right|=1$$

18. 다음 식을 만족하는 복소수 z 를 구하시오.
$$4z^2+8|z|^2=8$$

19. 복소수 방정식 $z^3=\overline{z}$ 의 해를 구하시오.

20. $\mathrm{Re}(z)>1$ 인 $z\in\mathbb{C}$ 에 대하여, 다음 부등식을 증명하시오.
$$\left|\dfrac{1}{z}-\dfrac{1}{2}\right|<\dfrac{1}{2}$$

21. 실수 a, b, c 와 복소수 $w=-\dfrac{1}{2}+i\dfrac{\sqrt{3}}{2}$ 에 대하여 다음을 계산하시오.
$$(a+bw+cw^2)(a+bw^2+cw)$$

22. 다음 방정식의 해를 구하시오.
  (a) $|z|-2z=3-4i$
  (b) $|z|+z=3+4i$
  (c) $z^3=2+11i$ (단, $z=x+yi$ 이고, x, y 는 정수이다.)
  (d) $iz^2+(1+2i)z+1=0$
  (e) $z^4+6(1+i)z^2+5+6i=0$
  (f) $(1+i)z^2+2+11i=0$

23. 복소방정식
$$z^3+(3+i)z^2-3z-(m+i)=0$$
이 적어도 하나의 실수 근을 가지도록 하는 실수 m 의 값을 구하시오.

24. 복소수

$$(z-2)(\bar{z}+i)$$

가 실수인 모든 복소수 z를 구하시오.

25. $|z| = \left|\dfrac{1}{z}\right|$을 만족하는 복소수 z를 모두 구하시오.

26. 복소수 z_1, z_2가 $|z_1+z_2| = \sqrt{3}$, $|z_1| = |z_2| = 1$을 만족한다. $|z_1 - z_2|$을 계산하시오.

27. 다음 등식을 만족하는 모든 양의 정수 n을 구하시오.
$$\left(\dfrac{-1+i\sqrt{3}}{2}\right)^n + \left(\dfrac{-1-i\sqrt{3}}{2}\right)^n = 2$$

28. $n > 2$인 정수 n에 대하여,
$$z^{n-1} = i\bar{z}$$
를 만족하는 근의 개수를 구하시오.

29. 복소수 z_1, z_2, z_3에 대하여
$$|z_1| = |z_2| = |z_3| = R > 0$$
라 하자. 다음 부등식을 증명하시오.
$$|z_1 - z_2| \cdot |z_2 - z_3| + |z_3 - z_1| \cdot |z_1 - z_2| + |z_2 - z_3| \cdot |z_3 - z_1| \leq 9R^2$$

30. 복소수 u, v, w, z에 대하여 $|u| < 1$, $|v| = 1$, $w = \dfrac{v(u-z)}{u \cdot z - 1}$라 하자.
$|w| < 1$일 필요충분조건은 $|z| \leq 1$임을 보이시오.

31. 복소수 z_1, z_2, z_3는 $z_1 + z_2 + z_3 = 0$, $|z_1| = |z_2| = |z_3| = 1$을 만족한다.
$$z_1^2 + z_2^2 + z_3^2 = 0$$
이 성립함을 보이시오.

32. 복소수 $z_1, z_2, \cdots, z_n$은 $|z_1| = |z_2| = \cdots = |z_n| = r > 0$을 만족한다.
$$E = \dfrac{(z_1+z_2)(z_2+z_3)\cdots(z_{n-1}+z_n) \cdot (z_n + z_1)}{z_1 z_2 \cdots z_n}$$
가 실수임을 보이시오.

33. 서로 다른 복소수 z_1, z_2, z_3이 $|z_1| = |z_2| = |z_3| > 0$을 만족한다.
$z_1 + z_2 z_3$, $z_2 + z_1 z_3$, $z_3 + z_1 z_2$가 실수일 때, $z_1 z_2 z_3 = 1$임을 보이시오.

34. x_1, x_2가 방정식 $x^2 - x + 1 = 0$의 근일 때, 다음을 계산하시오.
   (a) $x_1^{2000} + x_2^{2000}$ (b) $x_1^{1999} + x_2^{1999}$ (c) $x_1^n + x_2^n$ (단, n은 자연수)

35. 다음 다항식들을 인수분해하시오.
   (a) $x^4 + 16$ (b) $x^3 - 27$ (c) $x^3 + 8$ (d) $x^4 + x^2 + 1$

36. 아래의 복소수를 근을 하는 계수가 모두 실수인 이차방정식을 구하시오.
   (a) $(2+i)(3-i)$ (b) $\dfrac{5+i}{2-i}$ (c) $i^{51} + 2i^{80} + 3i^{45} + 4i^{38}$

37. 흘라우카 부등식(Hlawka's inequality) 임의의 복소수 z_1, z_2, z_3에 대하여 다음 부등식이 성립함을 보이시오.
$$|z_1 + z_2| + |z_2 + z_3| + |z_3 + z_1| \leq |z_1| + |z_2| + |z_3| + |z_1 + z_2 + z_3|$$

38. $i = 1, 2, 3, \cdots, n$에 대하여 복소수 x_i, y_i는 $|x_i| = |y_i| = 1$을 만족한다. x, y, z_i를 다음과 같이 정의하자.
$$x = \frac{1}{n}\sum_{i=1}^{n} x_i \;,\; y = \frac{1}{n}\sum_{i=1}^{n} y_i, \; z_i = xy_i + yx_i - x_iy_i$$

이때, $\sum_{i=1}^{n} |z_i| \leq n$이 성립함을 보이시오.

1.2 대수적 연산의 기하적 해석

1.2.1 복소수의 기하적 해석

지금까지 복소수 $z = (x, y) = x + yi$를 실수의 순서쌍 $(x, y) \in \mathbb{R} \times \mathbb{R}$로 정의하였다. 이를 통해 자연스럽게 복소수 $z = x + yi$를 평면 $\mathbb{R} \times \mathbb{R}$ 위의 점 $M(x, y)$으로 대응시킬 수 있다.

좀 더 형식적인 도입을 위해 xy 좌표평면 위의 모든 점의 집합을 $\mathbb{R}^2$이라 하고 일대일 함수 $\varphi : \mathbb{C} \to \mathbb{R}^2$, $\varphi(z) = M(x, y)$를 생각하자.

정의. 점 $M(x, y)$를 복소수 $z = x + yi$의 **기하적 상**(geometric image)이라 하고, 복소수 $z = x + yi$는 점 $M(x, y)$의 **복소좌표**(complex coordinate)라 한다. $M(z)$는 점 M의 복소좌표가 복소수 z임을 나타내는 기호이다.

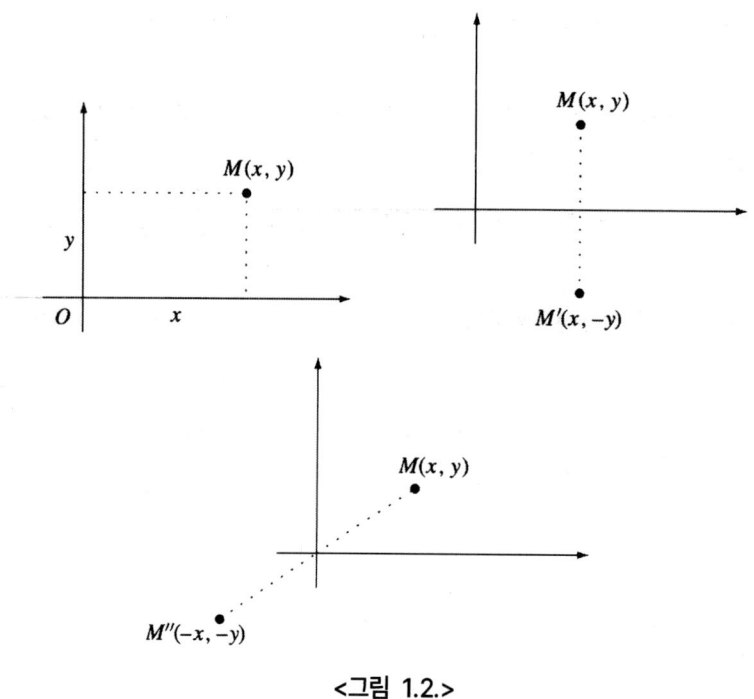

<그림 1.2.>

복소수 $z = x + yi$의 켤레복소수 $\bar{z}$의 기하적 상은 점 $M(x, y)$를 x축에 대하여 대칭시킨 점 $M'(x, -y)$이다(<그림 1.2> 참고).

복소수 $z = x + yi$의 덧셈에 대한 역원 $-z$의 기하적 상은 점 $M(x, y)$를 원점에 대하여 대칭시킨 점 $M''(-x, -y)$이다(<그림 1.2> 참고).

일대일대응 함수 φ에 대하여, 집합 $\mathbb{R}$은 x축 위로 대응되고 **실수축**(real axis)이라 한다. 순허수는 y축에 대응되고 **허수축**(imaginary axis)이라 한다. 평면 $\mathbb{R}^2$ 위의 모든 점은 복소수와 일대일대응이 되는데, 이 평면을 복소평면(complex plane)이라 한다.

한편 복소수 $z = x+yi$ 의 기하적 상 $M(x, y)$에 대하여 벡터 $\vec{v} = \overrightarrow{OM}$ 을 복소수 z와 일대일 대응시킬 수 있다(〈그림 1.3〉 참고).

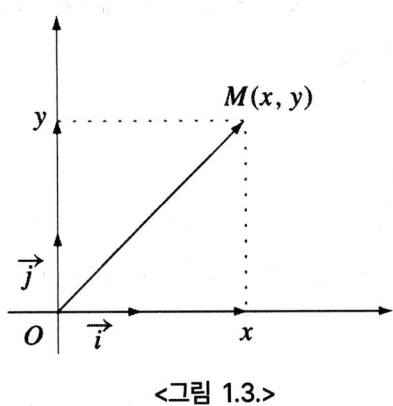

<그림 1.3.>

시점이 원점 O 인 벡터의 집합을 V_0 라 하면 일대일대응 함수 φ' 를 다음과 같이 정의할 수 있다.
$$\varphi' : \mathbb{C} \to V_0, \ \varphi'(z) = \overrightarrow{OM} = \vec{v} = x\vec{i} + y\vec{j}$$
(단, $\vec{i}$, $\vec{j}$는 각각 x축, y축의 단위 벡터이다.)

1.2.2 절댓값의 기하적 해석

복소수 $z = x+yi$ 의 복소평면 위의 기하적 상을 $M(x, y)$라 하자. 유클리드 거리 OM을 구하는 식은
$$\mathrm{OM} = \sqrt{(x_M - x_O)^2 + (y_M - y_O)^2}$$
이므로 $\mathrm{OM} = \sqrt{x^2 + y^2} = |z| = |\vec{v}|$ 이다. 다시 말하면 복소수 $z = x+yi$ 의 절댓값 $|z|$ 는 선분 OM 의 길이 또는 벡터 $\vec{v} = x\vec{i} + y\vec{j}$ 의 크기이다.

주의.
(a) 양의 실수 r 에 대하여 절댓값이 r 인 복소수의 집합은 복소평면에서 중심이 O 이고 반지름이 r 인 원 $C(O\,;\,r)$ 에 대응된다.
(b) $|z| < r$ 인 복소수 z 는 원 C 내부의 점에 대응되고 $|z| > r$ 인 복소수 z 는 원 C 외부의 점에 대응된다.

예제. $z_k = \pm \dfrac{1}{2} \pm \dfrac{\sqrt{3}}{2} i$, $k = 1, 2, 3, 4$는 $|z_1| = |z_2| = |z_3| = |z_4| = 1$ 이므로 복소평면에서 원점이 중심인 단위원 위의 네 점으로 표현된다.

1.2.3 대수적 연산의 기하적 해석

(a) 덧셈과 뺄셈

복소수 $z_1 = x_1 + y_1 i$, $z_2 = x_2 + y_2 i$ 와 각 복소수에 대응되는 벡터 $\vec{v_1} = x_1 \vec{i} + y_1 \vec{j}$, $\vec{v_2} = x_2 \vec{i} + y_2 \vec{j}$ 에 대하여 복소수의 합은

$$z_1 + z_2 = (x_1 + x_2) + (y_1 + y_2)i$$

이고 벡터의 합은 다음과 같다.

$$\vec{v_1} + \vec{v_2} = (x_1 + x_2)\vec{i} + (y_1 + y_2)\vec{j}$$

따라서 복소수의 합 $z_1 + z_2$ 은 벡터의 합 $\vec{v_1} + \vec{v_2}$ 에 대응된다(〈그림 1.4〉참고).

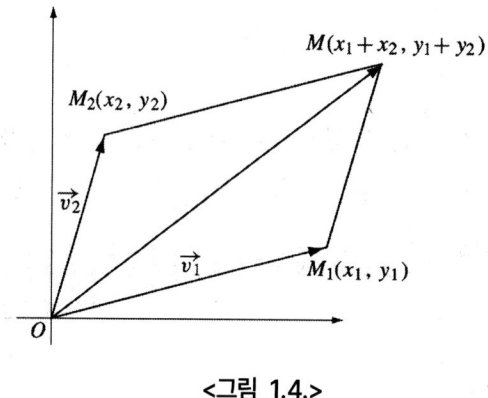

<그림 1.4.>

예제.

(1) $(3 + 5i) + (6 + i) = 9 + 6i$ 이므로 합의 기하적 상은 <그림 1.5>와 같다.

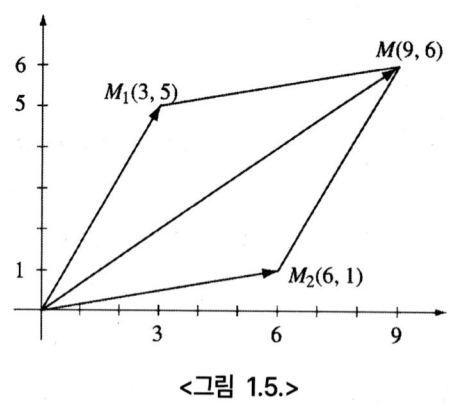

<그림 1.5.>

(2) $(6-2i) + (-2+5i) = 4 + 3i$ 이다. 따라서 이 두 복소수 합의 기하적 상은 점 $M(4,3)$ 이다(<그림 1.6> 참고). 반면 복소수 z_1 과 z_2 의 차는

$$z_1 - z_2 = (x_1 - x_2) + (y_1 - y_2)i$$

이고 벡터 $\vec{v_1}$ 과 $\vec{v_2}$ 의 차는

$$\vec{v_1} - \vec{v_2} = (x_1 - x_2)\vec{i} + (y_1 - y_2)\vec{j}$$

따라서 복소수의 차 $z_1 - z_2$ 는 벡터의 차 $\vec{v_1} - \vec{v_2}$ 에 대응된다.

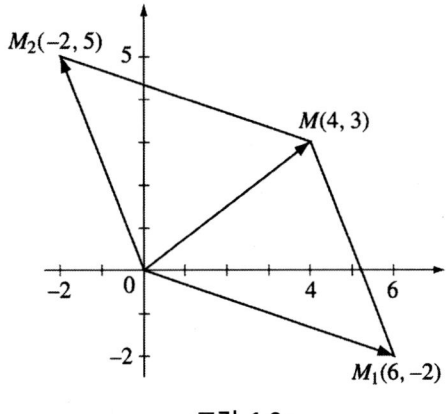

<그림 1.6.>

(3) $(-3+i) - (2+3i) = (-3+i) + (-2-3i) = -5 - 2i$ 이므로 두 복소수 차의 기하적 상은 <그림 1.7>에 표현된 점 $M(-5, -2)$ 이다.

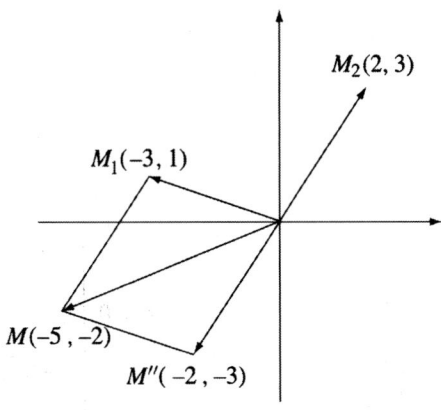

<그림 1.7.>

(4) $(3-2i) - (-2-4i) = (3-2i) + (2+4i) = 5+2i$ 이므로 이 두 복소수 차의 기하적 상으로 점 $M_2(-2,-4)$를 얻는다(<그림 1.8> 참고).

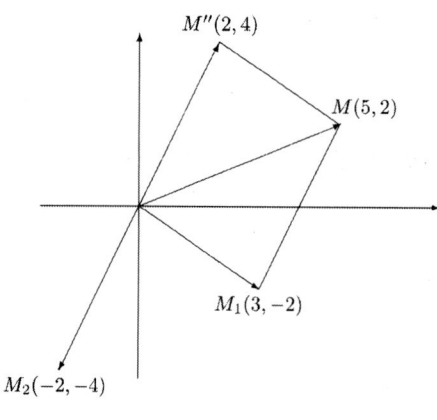

<그림 1.8.>

참고. 점 $M_1(x_1, y_1)$과 $M_2(x_2, y_2)$ 사이의 거리는 복소수 $z_1 - z_2$의 절댓값 또는 벡터 $\vec{v_1} - \vec{v_2}$의 길이와 같다. 실제로 다음과 같다.

$$|M_1 M_2| = |z_1 - z_2| = |\vec{v_1} - \vec{v_2}| = \sqrt{(x_2 - x_1)^2 + (y_2 - y_1)^2}$$

(b) 복소수의 실수배

복소수 $z = x + iy$에 대응되는 벡터를 $\vec{v} = x\vec{i} + y\vec{j}$라 하자. λ가 실수이면, 복소수의 실수배 $\lambda z = \lambda x + i\lambda y$는 벡터 $\lambda \vec{v} = \lambda x \vec{i} + \lambda y \vec{j}$에 대응된다. $\lambda > 0$이면 $\lambda\vec{v}$와 $\vec{v}$는 서로 방향이 같고 $|\lambda \vec{v}| = \lambda |\vec{v}|$이다. $\lambda < 0$이면 벡터 $\lambda \vec{v}$의 방향은 반대 방향으로 바뀌고 $|\lambda \vec{v}| = -\lambda |\vec{v}|$이다. 당연히 $\lambda = 0$이면 $\lambda \vec{v} = \vec{0}$이다(<그림 1.9>).

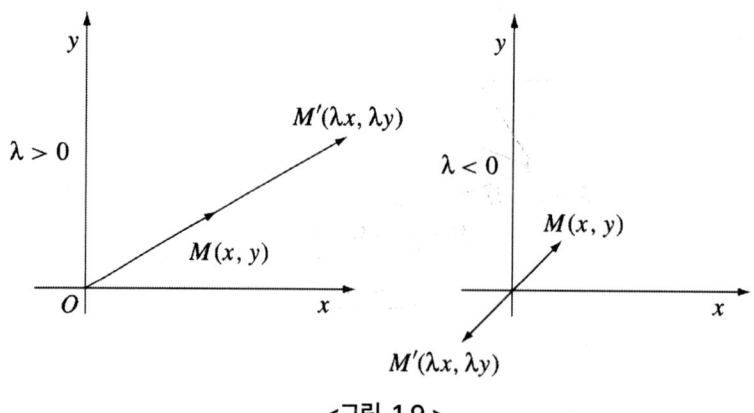

<그림 1.9.>

예제.

(1) $3(1+2i) = 3 + 6i$ 이므로 $M'(3, 6)$은 3과 $z = 1 + 2i$ 곱의 기하적 상이다.

(2) $-2(-3 + 2i) = 6 - 4i$ 이므로 -2와 $z = -3 + 2i$ 곱의 기하적 상은 $M'(6, -4)$이다(<그림 1.10>).

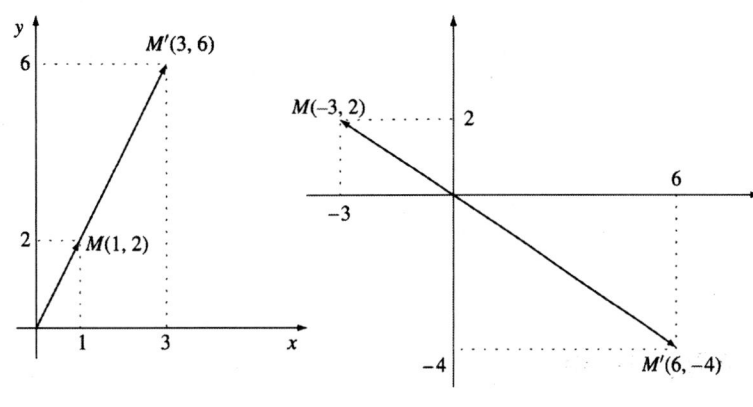

<그림 1.10.>

1.2.4 연습문제

1. 다음 복소수의 기하적 상을 찾으시오.

$$z_1 = 3 + i, \ z_2 = -4 + 2i, \ z_3 = -5 - 4i, \ z_4 = 5 - i,$$
$$z_5 = 1, \ z_6 = -3i, \ z_7 = 2i, \ z_8 = -4.$$

2. 다음 방정식에 대한 기하적 상을 찾으시오.

(a) $(-5 + 4i) + (2 - 3i) = -3 + i$ (b) $(4 - i) + (-6 + 4i) = -2 + 3i$
(c) $(-3 - 2i) - (-5 + i) = 2 - 3i$ (d) $(8 - i) - (5 + 3i) = 3 - 4i$
(e) $2(-4 + 2i) = -8 + 4i$ (f) $-3(-1 + 2i) = 3 - 6i$

3. 다음 각 경우에 대한 복소수 z의 기하적 상을 찾으시오.

(a) $|z - 2| = 3$ (b) $|z + i| < 1$ (c) $|z - 1 + 2i| > 3$
(d) $|z - 2| - |z + 2| < 2$ (e) $0 < \text{Re}(iz) < 1$ (f) $-1 < \text{Im}(z) < 1$
(g) $\text{Re}\left(\dfrac{z-2}{z-1}\right) = 0$ (h) $\dfrac{1 + \overline{z}}{z} \in \mathbb{R}$

4. 복소평면에서 다음 조건을 만족하는 점 $P(x, y)$의 집합을 구하시오.

$$\left| \sqrt{x^2 + 4} + i\sqrt{y - 4} \right| = \sqrt{10}$$

5. $z_1 = 1 + i$, $z_2 = -1 - i$ 일 때 삼각형 $z_1 z_2 z_3$ 가 정삼각형이 되도록 하는 복소수 z_3를 구하시오.

6. 세 점 z, z^2, z^3을 꼭짓점으로 갖는 삼각형이 직각 삼각형이 되도록 하는 복소수 z의 기하적 상을 찾으시오.

7. $\left| z + \dfrac{1}{z} \right| = 2$를 만족하는 복소수 z의 기하적 상을 찾으시오.

2장. 삼각함수 형식으로 표현된 복소수

2.1 극좌표로 표현된 복소수

2.1.1 평면에서 극좌표

원점이 아닌 점 M(x, y)와 좌표평면을 생각하자.

실수 $r = \sqrt{x^2+y^2}$ 은 점 M의 **극좌표 반지름**(polar radius)[4], 벡터 $\overrightarrow{OM}$ 과 x 축 사이의 방향각 $t^* \in [0, 2\pi)$ 를 편각(polar argument), 순서쌍 (r, t^*)를 점 M의 **극좌표**(polar coordinates)라 하고, 이것을 M(r, t^*)로 표현하자.

함수 $h : \mathbb{R} \times \mathbb{R} - \{(0, 0)\} \to (0, \infty) \times [0, 2\pi)$, $h((x, y)) = (r, t^*)$ 는 일대일 대응임을 알 수 있다. 원점 O 는 반지름이 0인 점이고, 원점의 편각 t^* 는 정의하지 않는다. 삼각함수의 정의를 이용하여 다음을 알 수 있다.

$$x = r\cos t^*, \quad y = r\sin t^*$$

따라서 극좌표로부터 직교좌표를 쉽게 얻을 수 있다(〈그림 2.1〉 참조).

역으로 M(x, y)을 생각해보자. 반지름은 다음과 같다.

$$r = \sqrt{x^2+y^2}$$

편각을 구하기 위해서 다음의 몇 가지 경우로 나누어 생각해보자.

(a) 만약 $x \neq 0$ 이면, $\tan t^* = \dfrac{y}{x}$ 이므로[5]

$$t^* = \arctan\frac{y}{x} + k\pi \quad \left(\text{단, } k = \begin{cases} 0 & (x > 0, \ y \geq 0 \text{ 일 때}) \\ 1 & (x < 0, \ y \text{는 임의의 값일 때}) \\ 2 & (x > 0, \ y < 0 \text{ 일 때}) \end{cases}\right)$$

---

[4] (역자주) 편의상 극좌표 반지름을 반지름이라고 부르겠다.

[5] (역자주) 복소수 $z = x + yi$가 복소평면의 제2사분면에 있을 경우 원점과 동경의 기울기는 $\dfrac{y}{x}$이며 $t^* \in \left(\dfrac{\pi}{2}, \pi\right)$, $\tan t^* = \dfrac{y}{x}$이다. arctan함수를 이용하려면 각의 범위를 arctan함숫값의 범위인 $\left(-\dfrac{\pi}{2}, \dfrac{\pi}{2}\right)$이어야 하지만 $t^* \in \left(\dfrac{\pi}{2}, \pi\right)$ 이므로 tan함수의 주기 π만큼 더하여 $t^* = \arctan\left(\dfrac{y}{x}\right) + \pi$ 이다.

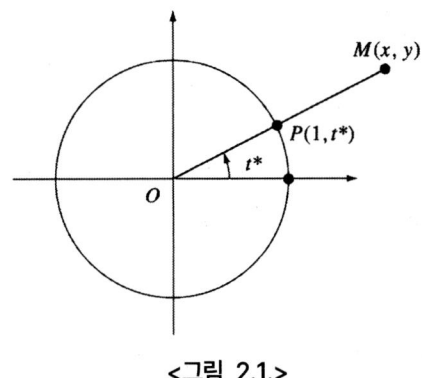

<그림 2.1.>

(b) 만약 $x=0$ 이고 $y \neq 0$ 일 때

$$t^* = \begin{cases} \dfrac{\pi}{2} & (y > 0) \\ \dfrac{3\pi}{2} & (y < 0) \end{cases}$$

예제.

(1) $M_1(2,\ -2)$, $M_2(-1,\ 0)$, $M_3(-2\sqrt{3},\ -2)$, $M_4(\sqrt{3},\ 1)$, $M_5(3,\ 0)$, $M_6(-2,\ 2)$, $M_7(0,\ 1)$, $M_8(0,\ -4)$ 의 극좌표를 구하시오.

풀이. 각각의 경우에 대하여 다음을 얻는다.

$r_1 = \sqrt{2^2 + (-2)^2} = 2\sqrt{2}$, $t_1^* = \arctan(-1) + 2\pi = -\dfrac{\pi}{4} + 2\pi = \dfrac{7\pi}{4}$

$\therefore\ M_1\left(2\sqrt{2},\ \dfrac{7\pi}{4}\right)$

$r_2 = 1$, $t_2^* = \arctan 0 + \pi = 0 + \pi = \pi$ $\therefore\ M_2(1,\ \pi)$

$r_3 = 4$, $t_3^* = \arctan\dfrac{\sqrt{3}}{3} + \pi = \dfrac{\pi}{6} + \pi = \dfrac{7\pi}{6}$ $\therefore\ M_3\left(4,\ \dfrac{7\pi}{6}\right)$

$r_4 = 2$, $t_4^* = \arctan\dfrac{\sqrt{3}}{3} + 0 = \dfrac{\pi}{6}$ $\therefore\ M_4\left(24,\ \dfrac{\pi}{6}\right)$

$r_5 = 3$, $t_5^* = \arctan 0 + 0 = 0$ $\therefore\ M_5(3,\ 0)$

$r_6 = 2\sqrt{2}$, $t_6^* = \arctan(-1) + \pi = -\dfrac{\pi}{4} + \pi = \dfrac{3\pi}{4}$ $\therefore\ M_6\left(2\sqrt{2},\ \dfrac{3\pi}{4}\right)$

$r_7 = 1$, $t_7^* = \dfrac{\pi}{2}$ $\therefore\ M_7\left(1,\ \dfrac{\pi}{2}\right)$

$r_8 = 4$, $t_8^* = \dfrac{3\pi}{2}$ $\therefore\ M_8\left(4,\ \dfrac{3\pi}{2}\right)$

(2) 극좌표로 주어진 다음 점들의 직교좌표를 구하시오.

$$M_1\left(2,\ \dfrac{2\pi}{3}\right),\ M_2\left(3,\ \dfrac{7\pi}{4}\right),\ M_3(1,\ 1)$$

풀이. 각 점에 대하여 다음을 얻는다.
$$x_1 = 2\cos\frac{2\pi}{3} = 2\left(-\frac{1}{2}\right) = -1, \ y_1 = 2\sin\frac{2\pi}{3} = 2\left(\frac{\sqrt{3}}{2}\right) = \sqrt{3}.$$
따라서 $M_1(-1, \sqrt{3})$ 이다.
$$x_2 = 3\cos\frac{7\pi}{4} = \frac{3\sqrt{2}}{2}, \ y_2 = 3\sin\frac{7\pi}{4} = -\frac{3\sqrt{2}}{2}.$$
따라서 $M_2\left(\frac{3\sqrt{2}}{2}, -\frac{3\sqrt{2}}{2}\right)$ 이다.

$x_3 = \cos 1$, $y_3 = \sin 1$ 이므로 $M_3(\cos 1, \sin 1)$ 이다.

2.1.2 극좌표로 표현된 복소수

복소수 $z = x + iy$ 를 극좌표로 나타내면 다음과 같다.
$$z = r(\cos t^* + i\sin t^*) \ (단, \ r \in [0, \infty), \ t^* \in [0, 2\pi))$$
이것은 복소수의 기하적 상을 극좌표로 나타낸 것이다.

복소수(z)의 기하적 상의 편각 t^*는 복소수 z의 **주편각**(principal (or reduced) argument)라고 부르며, 기호로는 $\arg z$ 로 나타낸다. 복소수 z 의 기하적 상의 반지름 r 은 복소수 z 의 절댓값(modulus)와 같다. $z \neq 0$ 인 복소수에서 반지름과 편각($\arg z$)는 유일하게 결정된다.

임의의 정수 k 에 대하여, $z = r(\cos t^* + i\sin t^*)$ 와 $t = t^* + 2k\pi$ 를 생각해보자.
$$z = r[\cos(t - 2k\pi) + i\sin(t - 2k\pi)] = r(\cos t + i\sin t)$$
즉, 모든 복소수는 $z = r(\cos t + i\sin t)$ (단, $r \geq 0$, $t \in \mathbb{R}$) 로 표현할 수 있다. 집합 $\text{Arg}\,z = \{t \mid t^* + 2k\pi, \ k \in \mathbb{Z}\}$ 는 복소수 z 의 확장된 편각(extended argument)라고 부른다. 따라서 0이 아닌 두 복소수 z_1, z_2 가 다음과 같이 표현될 때,
$$z_1 = r_1(\cos t_1 + i\sin t_1), \ z_2 = r_2(\cos t_2 + i\sin t_2)$$
두 복소수가 같을 필요충분조건은 $r_1 = r_2$ 이고 $t_1 - t_2 = 2k\pi$ 인 어떤 정수 k 가 존재한다.

예제 1. 다음 복소수들의 극좌표 표현을 구하고 확장된 편각을 구하시오(〈그림 2.2〉).
(a) $z_1 = -1 - i$ (b) $z_2 = 2 + 2i$
(c) $z_3 = -1 + \sqrt{3}\,i$ (d) $z_4 = 1 - \sqrt{3}\,i$

풀이.

(a) 〈그림 2.2〉와 같이 점 P_1 은 제3 사분면에 있다. 따라서 $r_1 = \sqrt{(-1)^2 + (-1)^2} = \sqrt{2}$ 이고
$$t_1^* = \arctan\frac{y}{x} + \pi = \arctan 1 + \pi = \frac{\pi}{4} + \pi = \frac{5\pi}{4}$$

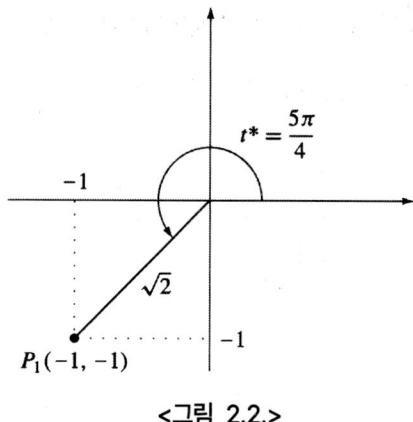

<그림 2.2.>

따라서 다음과 같다.
$$z_1 = \sqrt{2}\left(\cos\frac{5\pi}{4} + i\sin\frac{5\pi}{4}\right), \ \mathrm{Arg}\,z_1 = \left\{\frac{5\pi}{4} + 2k\pi \mid k \in \mathbb{Z}\right\}$$

(b) 점 $P_2(2,2)$는 제1 사분면에 있다. 따라서
$$r_2 = \sqrt{2^2+2^2} = 2\sqrt{2}, \ t_2{}^* = \arctan 1 = \frac{\pi}{4}$$

이고,
$$z_2 = 2\sqrt{2}\left(\cos\frac{\pi}{4} + i\sin\frac{\pi}{4}\right), \ \mathrm{Arg}\,z_2 = \left\{\frac{\pi}{4} + 2k\pi \mid k \in \mathbb{Z}\right\}$$

(c) <그림 2.3>과 같이 점 $P_3(-1, \sqrt{3})$는 제2 사분면에 있다. 따라서
$$r_3 = 2 \text{ 이고 } t_3{}^* = \arctan(-\sqrt{3}) + \pi = -\frac{\pi}{3} + \pi = \frac{2\pi}{3}$$

이고,
$$z_3 = 2\left(\cos\frac{3\pi}{3} + i\sin\frac{2\pi}{3}\right), \ \mathrm{Arg}\,z_3 = \left\{\frac{2\pi}{3} + 2k\pi \mid k \in \mathbb{Z}\right\}$$

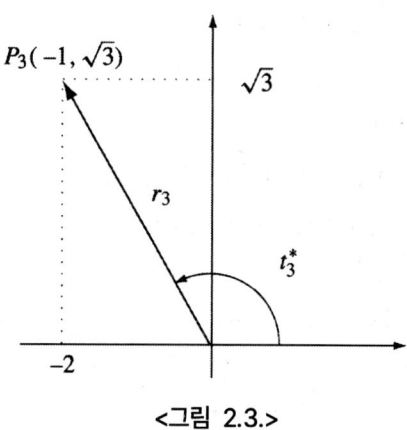

<그림 2.3.>

(d) <그림 2.4>와 같이 점 $P_4(1, -\sqrt{3})$은 제4 사분면에 있으므로

$$r_4 = 2, \ t_4^* = \arctan(-\sqrt{3}) + 2\pi = -\frac{\pi}{3} + 2\pi = \frac{5\pi}{3}$$

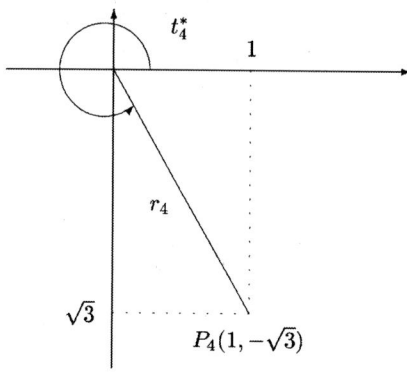

<그림 2.4.>

따라서

$$z_4 = 2\left(\cos\frac{5\pi}{3} + i\sin\frac{5\pi}{3}\right) \text{이고, } \mathrm{Arg}z_4 = \left\{\frac{5\pi}{3} + 2k\pi \mid k \in \mathbb{Z}\right\}$$

예제 2. 다음 수들의 극좌표 표현을 구하고 확장된 편각을 구하시오.
(a) $z_1 = 2i$ (b) $z_2 = -1$ (c) $z_3 = 2$ (d) $z_4 = -3i$

풀이.
(a) 점 $P_1(0, 2)$는 양의 y축 위에 있다. 따라서

$$r_1 = 2, \ t_1^* = \frac{\pi}{2}, \ z_1 = 2\left(\cos\frac{\pi}{2} + i\sin\frac{\pi}{2}\right)$$

$$\mathrm{Arg}z_1 = \left\{\frac{\pi}{2} + 2k\pi \mid k \in \mathbb{Z}\right\}$$

(b) 점 $P_2(-1, 0)$는 음의 x축 위에 있다. 따라서

$$r_2 = 1, \ t_2^* = \pi, \ z_2 = 2(\cos\pi + i\sin\pi)$$

$$\mathrm{Arg}z_2 = \{\pi + 2k\pi \mid k \in \mathbb{Z}\}$$

(c) 점 $P_3(2, 0)$는 양의 x축 위에 있다. 따라서 다음과 같다.

$$r_3 = 2 \text{이고 } t_3^* = 0, \ z_3 = 2(\cos 0 + i\sin 0)$$

$$\mathrm{Arg}z_3 = \{2k\pi \mid k \in \mathbb{Z}\}$$

(d) 점 $P_4(0, -3)$는 음의 y축 위에 있다. 따라서

$$r_4 = 3 \text{이고 } t_4^* = \frac{3\pi}{2}, \ z_4 = 3\left(\cos\frac{3\pi}{2} + i\sin\frac{3\pi}{2}\right)$$

$$\mathrm{Arg}z_4 = \left\{\frac{3\pi}{2} + 2k\pi \mid k \in \mathbb{Z}\right\}$$

참고. 다음 공식은 기억하자.
$$1 = \cos 0 + i \sin 0, \ i = \cos \frac{\pi}{2} + i \sin \frac{\pi}{2},$$
$$-1 = \cos \pi + i \sin \pi, \ -i = \cos \frac{3\pi}{2} + i \sin \frac{3\pi}{2}$$

문제 1. 다음 복소수의 극좌표 표현을 구하시오.
$$z = 1 + \cos a + i \sin a, \ a \in (0, 2\pi)$$

풀이. 주어진 복소수의 절댓값은 다음과 같다.
$$|z| = \sqrt{(1+\cos a)^2 + \sin^2 a} = \sqrt{2(1+\cos a)} = \sqrt{4\cos^2 \frac{a}{2}} = 2 \left| \cos \frac{a}{2} \right|$$

z의 편각은 다음과 같이 세 경우로 나누어 구할 수 있다.

(a) 만약 $a \in (0, \pi)$ 이면 $\frac{a}{2} \in \left(0, \frac{\pi}{2}\right)$이고 점 $\mathrm{P}\left(1+\cos a, \sin a\right)$는 제1사분면 위에 있다. 그러면
$$t^* = \arctan \frac{\sin a}{1+\cos a} = \arctan \left(\tan \frac{a}{2} \right) = \frac{a}{2}$$

이고,
$$z = 2 \cos \frac{a}{2} \left(\cos \frac{a}{2} + i \sin \frac{a}{2} \right) \quad 6)$$

(b) 만약 $a \in (\pi, 2\pi)$이면 $\frac{a}{2} \in \left(\frac{\pi}{2}, \pi \right)$이고 점 $\mathrm{P}\left(1+\cos a, \sin a\right)$는 제4사분면 위에 있다. 그러면
$$t^* = \arctan \left(\tan \frac{a}{2} \right) + 2\pi = \frac{a}{2} - \pi + 2\pi = \frac{a}{2} + \pi,$$
$$z = -2\cos \frac{a}{2} \left[\cos \left(\frac{a}{2} + \pi \right) + i \sin \left(\frac{a}{2} + \pi \right) \right] \quad 7)$$

(c) 만약 $a = \pi$이면 $z = 0$이다.

---

6)(역자주) ① $\dfrac{\sin a}{1+\cos a} = \dfrac{2\sin \frac{a}{2} \cos \frac{a}{2}}{2\cos^2 \frac{a}{2}} = \dfrac{\sin \frac{a}{2}}{\cos \frac{a}{2}} = \tan \frac{a}{2}$ 이다.

② arctan 함수를 이용하려면 각의 범위는 arctan 함숫값의 범위인 $\left(-\frac{\pi}{2}, \frac{\pi}{2} \right)$이어야 하는데 $\frac{a}{2} \in \left(0, \frac{\pi}{2} \right)$이므로 $\arctan \left(\tan \frac{a}{2} \right) = \frac{a}{2}$ 이다.

7)(역자주) ① arctan 함수를 이용하려면 각의 범위는 arctan 함숫값의 범위인 $\left(-\frac{\pi}{2}, \frac{\pi}{2} \right)$이어야 하는데 $\frac{a}{2} \in \left(\frac{\pi}{2}, \pi \right)$이므로 tan 함수의 주기 π만큼 뺀 값인 $\arctan \left(\tan \frac{a}{2} \right) = \frac{a}{2} - \pi$ 이다.

② 점 P가 제4사분면 위의 점이므로 〈그림 2.4〉에서와 같이 $t^* = \arctan \left(\tan \frac{a}{2} \right) + 2\pi$이다.

문제 2. $|z|=1$이고 $\left|\dfrac{z}{\overline{z}}+\dfrac{\overline{z}}{z}\right|=1$인 모든 복소수를 찾으시오.

풀이. $z=\cos x+i\sin x,\ x\in[0,2\pi)$라 하자. 그러면

$$1=\left|\dfrac{z}{\overline{z}}+\dfrac{\overline{z}}{z}\right|=\dfrac{|z^2+\overline{z}^2|}{|z|^2}=|\cos 2x+i\sin 2x+\cos 2x-i\sin 2x|=2|\cos 2x|$$

이므로,

$$\cos 2x=\dfrac{1}{2}\ \text{또는}\ \cos 2x=-\dfrac{1}{2}$$

여기서 $\cos 2x=\dfrac{1}{2}$이면

$$x_1=\dfrac{\pi}{6},\ x_2=\dfrac{5\pi}{6},\ x_3=\dfrac{7\pi}{6},\ x_4=\dfrac{11\pi}{6}$$

이고, $\cos 2x=-\dfrac{1}{2}$이면

$$x_5=\dfrac{\pi}{3},\ x_6=\dfrac{2\pi}{3},\ x_7=\dfrac{4\pi}{3},\ x_8=\dfrac{5\pi}{3}$$

이다. 따라서 8개의 해를 가지며 다음과 같다.

$$z_k=\cos x_k+i\sin x_k\ (\text{단},\ k=1,2,\cdots,8)$$

2.1.3 극좌표에서의 복소수 연산

1. 곱셈

성질. $z_1=r_1(\cos t_1+i\sin t_1)$이고 $z_2=r_2(\cos t_2+i\sin t_2)$이면

$$z_1 z_2=r_1 r_2\left[\cos(t_1+t_2)+i\sin(t_1+t_2)\right] \tag{1}$$

이 성립한다.

증명.

$$z_1 z_2=r_1 r_2(\cos t_1+i\sin t_1)(\cos t_2+i\sin t_2)$$
$$=r_1 r_2\left[(\cos t_1\cos t_2-\sin t_1\sin t_2)+i(\sin t_1\cos t_2+\sin t_2\cos t_1)\right]$$
$$=r_1 r_2\left[\cos(t_1+t_2)+i\sin(t_1+t_2)\right]$$

□

주의.

(a) $|z_1 z_2|=|z_1|\cdot|z_2|$

(b) $\arg(z_1 z_2) = \arg z_1 + \arg z_2 - 2k\pi$ (단, $k = \begin{cases} 0, \arg z_1 + \arg z_2 < 2\pi \\ 1, \arg z_1 + \arg z_2 \geq 2\pi \end{cases}$)

(c) $\text{Arg}(z_1 \cdot z_2) = \{\arg z_1 + \arg z_2 + 2k\pi : k \in \mathbb{Z}\}$ 라고 쓸 수 있다.

(d) 식 (1)은 2개 이상의 복소수의 곱으로 확장할 수 있다.
$$z_k = r_k(\cos t_k + i \sin t_k), \ (단, \ k = 1,\ 2,\ \cdots,\ n)\text{이면}$$
$$z_1 z_2 \ldots z_k = r_1 r_2 \ldots r_k [\cos(t_1 + t_2 + \cdots + t_k) + i \sin(t_1 + t_2 + \cdots + t_k)]$$
증명은 수학적 귀납법을 이용한다. 이 공식은 다음과 같이 쓸 수 있다.
$$\prod_{k=1}^{n} z_k = \prod_{k=1}^{n} r_k \left(\cos \sum_{k=1}^{n} t_k + i \sin \sum_{k=1}^{n} t_k \right) \tag{2}$$

예제. $z_1 = 1 - i$이고 $z_2 = \sqrt{3} + i$라 하자. 그러면
$$z_1 = \sqrt{2}\left(\cos \frac{7\pi}{4} + i \sin \frac{7\pi}{4}\right),\ z_2 = 2\left(\cos \frac{\pi}{6} + i \sin \frac{\pi}{6}\right)$$
$$z_1 z_2 = 2\sqrt{2}\left[\cos\left(\frac{7\pi}{4} + \frac{\pi}{6}\right) + i \sin\left(\frac{7\pi}{4} + \frac{\pi}{6}\right)\right] = 2\sqrt{2}\left(\cos \frac{23\pi}{12} + i \sin \frac{23\pi}{12}\right)$$

2. 복소수의 거듭제곱

성질. (드 무와브르[8])
$z = r(\cos t + i \sin t)$, $n \in \mathbb{N}$에 대하여, 다음 식이 성립한다.
$$z^n = r^n(\cos nt + i \sin nt) \tag{3}$$

증명. $z = z_1 = z_2 = \cdots = z_n$라 하고 공식 (2)를 적용하면 다음이 성립한다.
$$z^n = \underbrace{r \cdot r \cdots \cdot r}_{n\text{개}}(\cos(\underbrace{t + t + \cdots + t}_{n\text{개}}) + i \sin(\underbrace{t + t + \cdots + t}_{n\text{개}})) = r^n(\cos nt + i \sin nt) \quad \square$$

참고.

(a) $|z^n| = |z|^n$

(b) 만약 $r = 1$이면 $(\cos t + i \sin t)^n = \cos nt + i \sin nt$

(c) $\text{Arg } z^n = \{n \arg z + 2k\pi : k \in \mathbb{Z}\}$

예제. $(1+i)^{1000}$을 계산하시오.

---

[8] 아브라함 드 무와브르(Abraham de Moivre: 1667-1754), 프랑스 수학자, 확률 이론과 삼각법의 선구자이다.

풀이. $1+i$의 극형식 표현은 $\sqrt{2}\left(\cos\dfrac{\pi}{4}+i\sin\dfrac{\pi}{4}\right)$ 즉, $1+i=\sqrt{2}\left(\cos\dfrac{\pi}{4}+i\sin\dfrac{\pi}{4}\right)$이고 드 무와브르 공식을 적용하면 다음이 성립한다.

$$(1+i)^{1000}=(\sqrt{2})^{1000}\left(\cos 1000\dfrac{\pi}{4}+i\sin 1000\dfrac{\pi}{4}\right)=2^{500}(\cos 250\pi+i\sin 250\pi)=2^{500}$$

문제. 다음 식이 성립함을 보이시오.

$$\sin 5t=16\sin^5 t-20\sin^3 t+5\sin t, \quad \cos 5t=16\cos^5 t-20\cos^3 t+5\cos t$$

풀이. 드 무와브르 정리를 확장하여 사용하면 $(\cos t+i\sin t)^5=\cos 5t+i\sin 5t$이다. 이항정리에 의해서

$$(\cos t+i\sin t)^5=\cos^5 t+5i\cos^4 t\sin t+10i^2\cos^3 t\sin^2 t$$
$$+10i^3\cos^2 t\sin^3 t+5i^4\cos t\sin^4 t+i^5\sin^5 t$$

이므로 다음이 성립한다.

$$\cos 5t+i\sin 5t=\cos^5 t+5i\cos^4 t\sin t+10i^2\cos^3 t\sin^2 t$$
$$+10i^3\cos^2 t\sin^3 t+5i^4\cos t\sin^4 t+i^5\sin^5 t$$

따라서

$$\cos 5t+i\sin 5t=\cos^5 t+5i\cos^4 t\sin t+10i^2\cos^3 t\sin^2 t$$
$$+10i^3\cos^2 t\sin^3 t+5i^4\cos t\sin^4 t+i^5\sin^5 t$$
$$=\cos^5 t+5i\cos^4 t\sin t-10\cos^3 t\sin^2 t$$
$$-10i\cos^2 t\sin^3 t+5\cos t\sin^4 t+i\sin^5 t$$
$$=\cos^5 t-10\cos^3 t\sin^2 t+5\cos t\sin^4 t$$
$$+i(5\cos^4 t\sin t-10\cos^2 t\sin^3 t+\sin^5 t)$$
$$\cos 5t+i\sin 5t=\cos^5 t-10\cos^3 t(1-\cos^2 t)+5\cos t(1-\cos^2 t)^2$$
$$+i(5(1-\sin^2 t)^2\sin t-10(1-\sin^2 t)\sin^3 t+\sin^5 t)$$

간단한 대수 연산에 의해 결론을 얻을 수 있다.

3. 나눗셈

성질. 두 복소수가 $z_1=r_1(\cos t_1+i\sin t_1)$이고 $z_2=r_2(\cos t_2+i\sin t_2)\neq 0$이면 다음 식이 성립한다.

$$\dfrac{z_1}{z_2}=\dfrac{r_1}{r_2}\left[\cos(t_1-t_2)+i\sin(t_1-t_2)\right]$$

증명.

$$\frac{z_1}{z_2} = \frac{r_1(\cos t_1 + i\sin t_1)}{r_2(\cos t_2 + i\sin t_2)} = \frac{r_1(\cos t_1 + i\sin t_1)(\cos t_2 - i\sin t_2)}{r_2(\cos^2 t_2 + \sin^2 t_2)}$$

$$= \frac{r_1}{r_2}\left[(\cos t_1 \cos t_2 + \sin t_1 \sin t_2) + i(\sin t_1 \cos t_2 - \sin t_2 \cos t_1)\right]$$

$$= \frac{r_1}{r_2}\left[\cos(t_1 - t_2) + i\sin(t_1 - t_2)\right] \qquad \square$$

주의.

(a) $\left|\dfrac{z_1}{z_2}\right| = \dfrac{r_1}{r_2} = \dfrac{|z_1|}{|z_2|}$

(b) $\operatorname{Arg}\left(\dfrac{z_1}{z_2}\right) = \{\arg z_1 - \arg z_2 + 2k\pi \mid k \in \mathbb{Z}\}$

(c) $z_1 = 1$, $z_2 = z$라 하면 다음 식이 성립한다.

$$\frac{1}{z} = z^{-1} = \frac{1}{r}\left[\cos(-t) + i\sin(-t)\right]$$

(d) 드 무와브르의 공식을 $n < 0$인 정수까지 확장하면 다음과 같다.

$$z^n = r^n(\cos nt + i\sin nt)$$

문제. $z = \dfrac{(1-i)^{10}(\sqrt{3}+i)^5}{(-1-i\sqrt{3})^{10}}$ 을 계산하시오.

풀이.

$$z = \frac{(\sqrt{2})^{10}\left(\cos\dfrac{7\pi}{4} + i\sin\dfrac{7\pi}{4}\right)^{10} \cdot 2^5\left(\cos\dfrac{\pi}{6} + i\sin\dfrac{\pi}{6}\right)^5}{2^{10}\left(\cos\dfrac{4\pi}{3} + i\sin\dfrac{4\pi}{3}\right)^{10}}$$

$$= \frac{2^{10}\left(\cos\dfrac{35\pi}{2} + i\sin\dfrac{35\pi}{2}\right) \cdot \left(\cos\dfrac{5\pi}{6} + i\sin\dfrac{5\pi}{6}\right)}{2^{10}\left(\cos\dfrac{40\pi}{3} + i\sin\dfrac{40\pi}{3}\right)}$$

$$= \frac{\cos\dfrac{55\pi}{3} + i\sin\dfrac{55\pi}{3}}{\cos\dfrac{40\pi}{3} + i\sin\dfrac{40\pi}{3}} = \cos 5\pi + i\sin 5\pi = -1$$

2.1.4 곱셈의 기하적 해석

복소수
$$z_1 = r_1(\cos t_1^* + i\sin t_1^*), \ z_2 = r_2(\cos t_2^* + i\sin t_2^*)$$
와 각각의 기하적 상 $M_1(r_1, t_1^*)$, $M_2(r_2, t_2^*)$에 대하여, 원 $C(O;1)$과 두 반직선 OM_1, OM_2의 교점을 각각 P_1, P_2라 하자. 편각이 $t_1^* + t_2^*$이고 $P_3 \in C(O;1)$인 것과 점 $M_3 \in (OP_3{}^{9)}$를 선택하자. 이 경우 $OM_3 = OM_1 \cdot OM_2$이고, z_3의 극좌표는 M_3이다. 점 $M_3(r_1 r_2, t_1^* + t_2^*)$는 z_1, z_2의 곱에 대한 기하적 상이다.

A를 복소수 1의 기하적 상이라 하자.
$$\frac{OM_3}{OM_1} = \frac{OM_2}{1}, \ \frac{OM_3}{OM_1} = \frac{OM_2}{OA}$$
이고 $\angle M_2 OM_3 = \angle AOM_1$이므로 삼각형 OAM_1과 $OM_2 M_3$은 닮음이다(〈그림 2.5〉 참조).

나눗셈의 기하적 상을 작도하기 위해서는 $\dfrac{z_3}{z_2}$의 기하적 상이 M_1임을 상기하자.

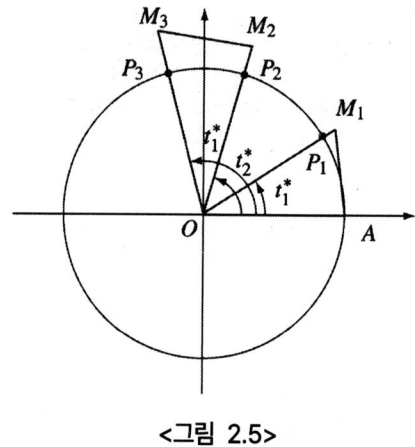

〈그림 2.5〉

---

9) (역자주) $(OP_3$은 반직선 $\overrightarrow{OP_3}$을 나타내며 시점이 O이고 점 P_3을 지나는 반직선이다.

2.1.5 연습문제

1. 직교좌표계의 점을 극좌표계 점으로 나타내시오.
(a) $M_1(-3, 3)$ (b) $M_2(-4\sqrt{3}, -4)$ (c) $M_3(0, -5)$
(d) $M_4(-2, -1)$ (e) $M_5(4, -2)$

2. 극좌표계의 점을 직교좌표계 점으로 나타내시오.
(a) $P_2\left(2, \dfrac{\pi}{3}\right)$ (b) $P_2\left(4, 2\pi - \arcsin\dfrac{3}{5}\right)$ (c) $P_3(2, \pi)$
(d) $P_4(3, -\pi)$ (e) $P_5\left(1, \dfrac{\pi}{2}\right)$ (f) $P_6\left(4, \dfrac{3\pi}{2}\right)$

3. $\arg(\overline{z})$와 $\arg(-z)$를 $\arg(z)$로 표현하시오.

4. 각 경우의 복소수에 대한 기하적 도형을 그리시오.
(a) $|z| = 2$ (b) $|z+i| \geq 2$ (c) $|z-i| \leq 3$
(d) $\pi < \arg z < \dfrac{5\pi}{4}$ (e) $\arg z \geq \dfrac{3\pi}{2}$ (f) $\arg z < \dfrac{\pi}{2}$
(g) $\arg(-z) \in \left(\dfrac{\pi}{6}, \dfrac{\pi}{3}\right)$ (h) $|z+1+i| < 3$ 그리고 $0 < \arg z < \dfrac{\pi}{6}$

5. 다음 복소수를 극형식으로 나타내시오.
(a) $z_1 = 6 + i6\sqrt{3}$ (b) $z_2 = -\dfrac{1}{4} + i\dfrac{\sqrt{3}}{4}$ (c) $z_3 = -\dfrac{1}{2} - i\dfrac{\sqrt{3}}{2}$
(d) $z_4 = 9 - i9\sqrt{3}$ (e) $z_5 = 3 - 2i$ (f) $z_6 = -4i$

6. 다음 복소수를 극형식으로 나타내시오.
(a) $z_1 = \cos a - i\sin a,\ a \in [0, 2\pi)$
(b) $z_2 = \sin a + i(1 + \cos a),\ a \in [0, 2\pi)$
(c) $z_3 = \cos a + \sin a + i(\sin a - \cos a),\ a \in [0, 2\pi)$
(d) $z_4 = 1 - \cos a + i\sin a,\ a \in [0, 2\pi)$

7. 다음 복소수를 극형식 형태로 나타내시오.
(a) $\left(\dfrac{1}{2} - i\dfrac{\sqrt{3}}{2}\right)(-3 + 3i)(2\sqrt{3} + 2i)$ (b) $(1+i)(-2-2i) \cdot i$
(c) $-2i \cdot (-4 + 4\sqrt{3}i) \cdot (3 + 3i)$ (d) $3 \cdot (1-i)(-5+5i)$

8. 다음 복소수에 대하여, $|z|$, $\arg z$, $\operatorname{Arg} z$, $\arg \overline{z}$, $\arg(-z)$를 구하시오.
(a) $z = (1-i)(6+6i)$ (b) $z = (7 - 7\sqrt{3}i)(-1-i)$

9. 다음 복소수의 $|z|$, $\arg z$를 구하시오.

(a) $z = \dfrac{(2\sqrt{3}+2i)^8}{(1-i)^6} + \dfrac{(1+i)^6}{(2\sqrt{3}-2i)^8}$

(b) $z = \dfrac{(-1+i)^4}{(\sqrt{3}-i)^{10}} + \dfrac{1}{(2\sqrt{3}+2i)^4}$

(c) $z = (1+i\sqrt{3})^n + (1-i\sqrt{3})^n$

10. 드 무와브르 공식 "$z = r(\cos t + i \sin t)$일 때, 모든 자연수에 n에 대하여 $z^n = r^n(\cos nt + i \sin nt)$가 성립한다."가 n이 음의 정수일 때도 성립함을 보이시오.

11. 다음 복소수를 극형식으로 나타내시오.

(a) $(1 - \cos a + i \sin a)^n$ (단, $a \in [0, 2\pi)$, $n \in \mathbb{N}$)

(b) $z^n + \dfrac{1}{z^n}$ (단, $z + \dfrac{1}{z} = \sqrt{3}$)

12. $z + \dfrac{1}{z} = 2\cos 3°$를 만족하는 복소수 z에 대하여, $z^{2000} + \dfrac{1}{z^{2000}}$보다 큰 최소 정수를 구하시오.

(2000 AIME II, 문제 9)

13. 모든 실수 t에 대하여 $(\sin t + i \cos t)^n = \sin nt + i \cos nt$을 만족하는 1000이하의 양의 정수 n의 개수를 구하시오.

(2005 AIME II, 문제 9)

14. $n = 1, 2, 3, \cdots$ 에 대하여 x_n, y_n이 모두 실수일 때, $(1-\sqrt{3}i)^n = x_n + iy_n$ 라고 하자.

(a) $x_n y_{n-1} - x_{n-1} y_n = 4^{n-1}\sqrt{3}$ 임을 보이시오.

(b) $x_n x_{n-1} + y_n y_{n-1}$을 계산하시오.

2.2 1(unity)의 n 제곱근

2.2.1 복소수의 n 제곱근 정의

$n \geq 2$인 양의 정수 n과 $z_0 \neq 0$인 복소수 z_0에 대하여, 복소 방정식

$$Z^n - z_0 = 0 \tag{1}$$

는 z_0의 n 제곱근을 정의하기 위해 사용된다. 따라서 방정식 (1)의 임의의 해 Z를 복소수 z_0의 n 제곱근이라 한다.

정리. $r > 0$과 $t^* \in [0, 2\pi)$에 대하여 $z_0 = r(\cos t^* + i \sin t^*)$라 하자. 다음 공식에 의해 z_0는 n개의 서로 다른 n 제곱근을 갖는다.

$$Z_k = \sqrt[n]{r}\left(\cos \frac{t^* + 2k\pi}{n} + i \sin \frac{t^* + 2k\pi}{n}\right) \quad (\text{단, } k = 0, 1, \cdots, n-1)$$

증명. 확장된 편각의 복소수 Z를 극좌표로 표현하면

$$Z = \rho(\cos \varphi + i \sin \varphi)$$

정의에 의해 $Z^n = z_0$, 또는 $\rho^n(\cos n\varphi + i \sin n\varphi) = r(\cos t^* + i \sin t^*)$이다.

따라서 $\rho^n = r$, $n\varphi = t^* + 2k\pi$ (단, $k \in \mathbb{Z}$)이므로

$$\rho = \sqrt[n]{r}, \quad \varphi_k = \frac{t^*}{n} + k\frac{2\pi}{n} \quad (\text{단, } k \in \mathbb{Z})$$

방정식 (1)의 근은 다음과 같다.

$$Z_k = \sqrt[n]{r}(\cos \varphi_k + i \sin \varphi_k), \quad k \in \mathbb{Z}$$

이제 $0 \leq \varphi_0 < \varphi_1 < \cdots < \varphi_{n-1} < 2\pi$이므로 φ_k, $k \in \{0, 1, \cdots, n-1\}$은 축소된 편각, 즉 $\varphi_k^* = \varphi_k$이다. 지금까지 z_0의 서로 다른 n개의 근은 다음과 같다.

$$Z_0, Z_1, \cdots, Z_{n-1}$$

어떤 정수 k에 대하여 $r \in \{0, 1, \cdots, n-1\}$은 k를 n으로 나눈 나머지라 하자. 그러면 $k = nq + r$, $q \in \mathbb{Z}$이고

$$\varphi_k = \frac{t^*}{n} + (nq + r)\frac{2\pi}{n} = \frac{t^*}{n} + r\frac{2\pi}{n} + 2q\pi = \varphi_r + 2q\pi$$

$Z_k = Z_r$ 임이 자명하므로

$$\{Z_k \mid k \in \mathbb{Z}\} = \{Z_0, Z_1, \ldots, Z_{n-1}\}$$

정리하면 z_0의 n 제곱근은 정확하게 n개 존재한다. □

0이 아닌 복소수 z_0의 n 제곱근의 기하적 상은 중심이 원점이고 반지름이 $\sqrt[n]{r}$인 원에 내접하는 정 n각형의 꼭짓점이다.

이를 증명하기 위해 복소좌표가 $Z_0, Z_1, \ldots, Z_{n-1}$인 점을 $M_0, M_1, \ldots, M_{n-1}$이라 하자. $OM_k = |Z_k| = \sqrt[n]{r}$, $k \in \{0, 1, \ldots, n-1\}$이므로 점 M_k는 원 $C(O; \sqrt[n]{r})$ 위에 있다. 반면에 호 $\widehat{M_k M_{k+1}}$의 길이는 모든 $k \in \{0, 1, \ldots, n-2\}$에 대하여

$$\arg Z_{k+1} - \arg Z_k = \frac{t^* + 2(k+1)\pi - (t^* + 2k\pi)}{n} = \frac{2\pi}{n}$$

이고, 마지막 호 $\widehat{M_{n-1} M_0}$의 길이는

$$\frac{2\pi}{n} = 2\pi - (n-1)\frac{2\pi}{n}$$

모든 호 $\widehat{M_0 M_1}, \widehat{M_1 M_2}, \cdots, \widehat{M_{n-1} M_0}$의 길이가 같으므로 다각형 $M_0 M_1 \cdots M_{n-1}$은 정다각형이다.

예제. $z = 1 + i$의 세제곱근을 찾고 복소평면에 나타내시오.

풀이. $z = 1 + i$의 극좌표 표현은

$$z = \sqrt{2}\left(\cos\frac{\pi}{4} + i \sin\frac{\pi}{4}\right)$$

z의 세제곱근은

$$Z_k = \sqrt[6]{2}\left[\cos\left(\frac{\pi}{12} + k\frac{2\pi}{3}\right) + i \sin\left(\frac{\pi}{12} + k\frac{2\pi}{3}\right)\right] \quad (\text{단, } k = 0, 1, 2)$$

구체적으로 나타내면 다음과 같다.

$$Z_0 = \sqrt[6]{2}\left(\cos\frac{\pi}{12} + i \sin\frac{\pi}{12}\right),$$
$$Z_1 = \sqrt[6]{2}\left(\cos\left(\frac{3\pi}{4}\right) + i \sin\left(\frac{3\pi}{4}\right)\right),$$
$$Z_2 = \sqrt[6]{2}\left(\cos\left(\frac{17\pi}{12}\right) + i \sin\left(\frac{17\pi}{12}\right)\right)$$

극좌표계에서 Z_0, Z_1, Z_2의 기하적 상은

$$M_0\left(\sqrt[6]{2}, \frac{\pi}{12}\right), M_1\left(\sqrt[6]{2}, \frac{3\pi}{4}\right), M_2\left(\sqrt[6]{2}, \frac{17\pi}{12}\right)$$

그 결과인 정삼각형 $M_0 M_1 M_2$은 〈그림 2.6〉과 같다.

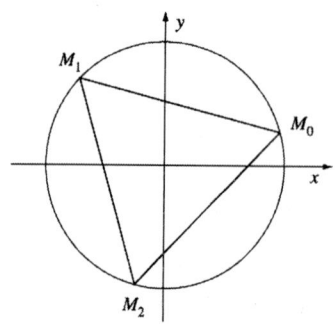

<그림 2.6.>

2.2.2 1의 n제곱근

방정식 $Z^n - 1 = 0$의 근을 **1의 n 제곱근**이라 한다. $1 = \cos 0 + i \sin 0$이므로 복소수 n 제곱근의 공식으로부터 유도한 1의 n 제곱근은

$$\varepsilon_k = \cos \frac{2k\pi}{n} + i \sin \frac{2k\pi}{n} \quad (단, \ k \in \{0, 1, 2, \dots, n-1\})$$

다음이 성립하는 것은 자명하다.

$$\varepsilon_0 = \cos 0 + i \sin 0 = 1,$$

$$\varepsilon_1 = \cos \frac{2\pi}{n} + i \sin \frac{2\pi}{n} = \varepsilon,$$

$$\varepsilon_2 = \cos \frac{4\pi}{n} + i \sin \frac{4\pi}{n} = \varepsilon^2,$$

$$\dots$$

$$\varepsilon_{n-1} = \cos \frac{2(n-1)\pi}{n} + i \sin \frac{2(n-1)\pi}{n} = \varepsilon^{n-1}$$

집합 $\{1, \varepsilon, \varepsilon^2, \dots, \varepsilon^{n-1}\}$을 U_n이라 하자. 집합 U_n은 원소 ε으로 만들어진다, 즉 U_n의 원소는 ε의 거듭제곱이다. 앞에서 언급한 대로, 1의 n 제곱근의 기하적 상은 한 꼭짓점이 1에 있는 단위원에 내접하는 정 n 각형이다. 몇 개의 n에 대해서 간단히 살펴보자.

(1) $n = 2$일 때, 방정식 $Z^2 - 1 = 0$의 근은 1과 -1이고, 이것이 1의 제곱근이다.

(2) $n = 3$일 때, 1의 세제곱근, 즉 방정식 $Z^3 - 1 = 0$의 근은

$$\varepsilon_k = \cos \frac{2k\pi}{3} + i \sin \frac{2k\pi}{3} \quad (단, \ k = 0, 1, 2)$$

따라서 $\quad \varepsilon_0 = 1,$

$$\varepsilon_1 = \cos \frac{2\pi}{3} + i \sin \frac{2\pi}{3} = -\frac{1}{2} + i \frac{\sqrt{3}}{2} = \varepsilon,$$

$$\varepsilon_2 = \cos \frac{4\pi}{3} + i \sin \frac{4\pi}{3} = -\frac{1}{2} - i \frac{\sqrt{3}}{2} = \varepsilon^2$$

이 점은 〈그림 2.7〉과 같이 원 $C(O; 1)$에 내접하는 정삼각형의 꼭짓점이다.

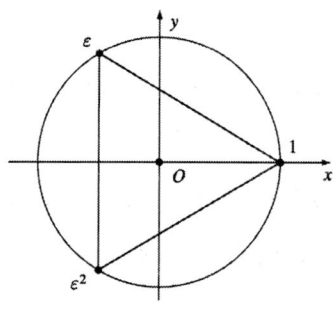

〈그림 2.7.〉

(3) $n=4$일 때, 1의 네제곱근은

$$\varepsilon_k = \cos\frac{2k\pi}{4} + i\sin\frac{2k\pi}{4}, \text{ (단, } k=0, 1, 2, 3)$$

따라서

$$\varepsilon_0 = \cos 0 + i\sin 0 = 1, \quad \varepsilon_1 = \cos\frac{\pi}{2} + i\sin\frac{\pi}{2} = i,$$

$$\varepsilon_2 = \cos\pi + i\sin\pi = -1, \quad \varepsilon_3 = \cos\frac{3\pi}{2} + i\sin\frac{3\pi}{2} = -i$$

이다. $U_4 = \{1, i, i^2, i^3\} = \{1, i, -1, -i\}$이고 1의 네제곱근의 기하적 상은 원 $C(O;1)$에 내접하는 정사각형의 꼭짓점이다(〈그림 2.8〉).

n보다 작은 모든 정수 m에 대하여 $\varepsilon_k^m \neq 1$인 근 $\varepsilon_k \in U_n$를 **원시근(primitive)**이라 한다.

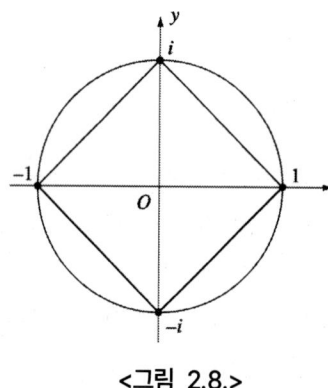

<그림 2.8.>

성질 1.

(a) $n|q$이면[10] $Z^n - 1 = 0$의 모든 근은 $Z^q - 1 = 0$의 근이다.

(b) $Z^m - 1 = 0$과 $Z^n - 1 = 0$의 공통근은 $Z^d - 1 = 0$, $d = \gcd(m, n)$이다. 즉, $U_m \cap U_n = U_d$이다.

(c) $Z^m - 1 = 0$의 원시근은 $\varepsilon_k = \cos\frac{2k\pi}{m} + i\sin\frac{2k\pi}{m}$이다(단, $0 \leq k \leq m$, $\gcd(k, m) = 1$).

증명.

(a) $q = pn$이면 $Z^q - 1 = (Z^n)^p - 1 = (Z^n - 1)(Z^{(p-1)n} + Z^{(p-2)n} + \cdots + Z^n + 1)$이므로 $Z^n - 1 = 0$의 모든 근은 $Z^q - 1 = 0$의 근이다.

(b) $\varepsilon_p = \cos\frac{2p\pi}{m} + i\sin\frac{2p\pi}{m}$는 $Z^m - 1 = 0$의 근, $\varepsilon_q' = \cos\frac{2q\pi}{n} + i\sin\frac{2q\pi}{n}$는 $Z^n - 1 = 0$의 근이라 하자. $|\varepsilon_p| = |\varepsilon_q'| = 1$이므로 $\varepsilon_p = \varepsilon_q'$와 $\arg\varepsilon_p = \arg\varepsilon_q'$은 서로 동치, 즉 어떤 정수 r

---

10)(역자주) n은 q의 약수이다.

에 대하여 $\dfrac{2p\pi}{m} = \dfrac{2q\pi}{n} + 2r\pi$ 임은 서로 동치이다. 이 관계식은 $\dfrac{p}{m} - \dfrac{q}{n}$
$= r$, 즉 $pn - qm = rmn$과 동치이다. 반면에 $\gcd(m',n') = 1$ 인 m', n'에 대하여 $m = m'd$, $n = n'd$라 하자. 관계식 $pn - qm = rmn$으로부터 $n'p - m'q = rm'n'd$이다. 따라서 $m' \mid n'p$ 이고 $\gcd(m',n') = 1$이므로 $m' \mid p$이다. 즉, 어떤 양의 정수 p'에 대하여 $p = p'm'$이고

$$\arg \varepsilon_p = \dfrac{2p\pi}{m} = \dfrac{2p'm'\pi}{m'd} = \dfrac{2p'\pi}{d}, \quad \varepsilon_p^d = 1$$

이다. 역으로 성질 (a)에 의하여 $d \mid m$이고 $d \mid n$이므로 $Z^d - 1 = 0$의 모든 근은 $Z^m - 1 = 0$과 $Z^m - 1 = 0$의 근이다.

(c) 먼저 $\varepsilon_k^p = 1$을 만족하는 가장 작은 양의 정수 p를 구하자. $\varepsilon_k^p = 1$이므로 어떤 양의 정수 q에 대하여 $\dfrac{2kp\pi}{m} = 2q\pi$이다. 즉, $\dfrac{kp}{m} = q \in \mathbb{Z}$이다. $d = \gcd(k,m)$라 하고 $\gcd(k',m') = 1$을 만족하는 k', m'에 대하여 $k = k'd$, $m = m'd$라 하면 $\dfrac{k'dp}{m'd} = \dfrac{k'p}{m'} \in \mathbb{Z}$이다. k'과 m'은 서로소이므로 $m' \mid p$이다. 따라서 $\varepsilon_k^p = 1$을 만족하는 가장 작은 양의 정수 p는 $p = m'$이다. $m = m'd$에 대입하면 $p = \dfrac{m}{d}$, $d = \gcd(k,m)$이다.

만약 ε_k가 1의 원시근이면 $\varepsilon_k^p = 1$로부터 $p = \dfrac{m}{\gcd(k,m)}$이고 이것으로부터 $p = m$, 즉 $\gcd(k,m) = 1$임을 얻는다. □

참고. 2.2.2절의 성질 1(b)로부터 방정식 $Z^m - 1 = 0$과 $Z^n - 1 = 0$이 유일한 공통근 1을 갖는다는 것과 $\gcd(m,n) = 1$이라는 것은 서로 동치이다.

성질 2. $\varepsilon \in U_n$이 1의 원시근이면 방정식 $z^n - 1 = 0$의 근은 임의의 양의 정수 r에 대하여 ε^r, ε^{r+1}, $\ldots$, ε^{r+n-1}이다.

증명. r이 양의 정수이고 $h \in \{0, 1, \ldots, n-1\}$이라 하면 $(\varepsilon^{r+h})^n = (\varepsilon^n)^{r+h} = 1$, 즉 ε^{r+h}는 $Z^n - 1 = 0$의 근이다.

이제 ε^r, ε^{r+1}, $\ldots$, ε^{r+n-1}이 모두 서로 다르다는 것만 보이면 된다. 수학적 귀류법을 이용하기 위해 $r + h_1 \neq r + h_2$, $h_1 > h_2$일 때 $\varepsilon^{r+h_1} = \varepsilon^{r+h_2}$라 가정하자. 그러면 $\varepsilon^{r+h_2}(\varepsilon^{h_1 - h_2} - 1) = 0$이다. $\varepsilon^{r+h_1} \neq 0$이므로 $\varepsilon^{h_1 - h_2} = 1$이다. $h_1 - h_2 < n$이고 ε은 $Z^n - 1 = 0$의 원시근이므로 모순[11]이다. □

---

[11] (역자주) 원시근은 n보다 작은 모든 정수 m에 대하여 $\varepsilon^m \neq 1$이다. 따라서 원시근 ε에 대하여 $\varepsilon^{h_1 - h_2} = 1$이면 $h_1 - h_2 = 0$ 또는 $h_1 - h_2$는 n의 배수이어야 한다. 그런데 $h_1 - h_2 < n$이므로 $h_1 - h_2 = 0$ 또는 $h_1 = h_2$이다. 이것은 $h_1 > h_2$라는 가정에 모순이므로 $r + h_1 \neq r + h_2$, $h_1 > h_2$일 때 $\varepsilon^{r+h_1} \neq \varepsilon^{r+h_2}$, 즉 ε^r, ε^{r+1}, $\cdots$, ε^{r+n-1}은 모두 서로 다르다.

성질 3. $\varepsilon_0, \varepsilon_1, \cdots, \varepsilon_{n-1}$을 1의 n제곱근이라 하자. 모든 $k > 0$인 정수에 대해서 다음이 성립함을 증명하시오.
$$\sum_{j=0}^{n-1} \varepsilon_j^k = \begin{cases} n & (n \mid k) \\ 0 & (n \nmid k) \end{cases}$$

증명.
$\varepsilon = \cos \frac{2\pi}{n} + i \sin \frac{2\pi}{n}$이라 하자. 그러면 $\varepsilon \in U_n$이고 ε은 n차 원시근이다.
$\varepsilon^m = 1$ 일 필요충분조건은 n은 m의 약수이다.

(경우 1) n이 k의 약수가 아니라고 가정하자.
$$\sum_{j=0}^{n-1} \varepsilon_j^k = \sum_{j=0}^{n-1} (\varepsilon^j)^k = \sum_{j=0}^{n-1} (\varepsilon^k)^j = \frac{1-(\varepsilon^k)^n}{1-\varepsilon^k} = \frac{1-(\varepsilon^n)^k}{1-\varepsilon^k} = 0$$

(경우 2) 만약 n이 k의 약수이면 양의 정수 q에 대하여 $k = qn$라 하자.
$$\sum_{j=0}^{n-1} \varepsilon_j^k = \sum_{j=0}^{n-1} \varepsilon_j^{qn} = \sum_{j=0}^{n-1} (\varepsilon_j^n)^q = \sum_{j=0}^{n-1} 1 = n$$
□

성질 4. 소수 p에 대하여 $\varepsilon = \cos \frac{2\pi}{p} + i \sin \frac{2\pi}{p}$라 하자. $a_0, a_1, \cdots, a_{p-1}$이 0이 아닌 정수일 때,
$$a_0 + a_1\varepsilon + \cdots + a_{p-1}\varepsilon^{p-1} = 0$$
일 필요충분조건은 $a_0 = a_1 = \cdots = a_{p-1}$이다.

증명. 만약 $a_0 = a_1 = \cdots = a_{p-1}$이면 성질3에 의하여 자명하다. 역으로 다항식 $f, g \in \mathbb{Z}[X]$[12]을 $f = a_0 + a_1 X + \cdots + a_{p-1}X^{p-1}$, $g = 1 + X + \cdots + X^{p-1}$라 하자. 만약 다항식 f, g가 공약수를 가지면 $\gcd(f,g)$[13]가 g의 약수이다. 그러나 g가 $\mathbb{Z}$ 위에서 기약다항식[14]임은 잘 알려져 있다 (**아이젠슈타인 기약 판정법**(Eisenstein's irreducibility criterion)[15]). 결과적으로 $\gcd(f,g) = g$이므로 g는 f의 인수이다. 그러므로 $g = kf$인 0이 아닌 정수 k가 존재한다. 즉, $a_0 = a_1 = \cdots = a_{p-1}$이다. □

---

[12] (역자주) $\mathbb{Z}[X] = \{a_0 + a_1 X + \cdots + a_n X^n : a_j \in \mathbb{Z}, j = 0, \cdots, n\}$ 정수 계수를 가지는 다항식의 집합
[13] (역자주) $\gcd(f,g)$는 f, g의 최대공통인수를 말한다.
[14] (역자주) $\mathbb{Z}$ 위에서 기약다항식이란 정수 계수를 가지는 다항식으로 인수분해되지 않는 다항식을 말한다.
[15] (역자주) 아이젠슈타인 기약 판정법(Eisenstein's irreducibility criterion)
$f = a_0 + a_1 X + \cdots + a_n X^n \in \mathbb{Z}[X]$ 일 때, 소수 p가 존재하여 다음 조건을 만족하면 다항식 f는 유리계수 다항식의 집합에서 기약다항식이다.
  (1) p가 $a_0, a_1, \cdots, a_{n-1}$의 약수이다. (2) p가 a_n의 약수는 아니다. (3) p^2은 a_0의 약수가 아니다.
  특히, $a_1, \cdots, a_n$이 서로소이면 f는 $\mathbb{Z}[X]$에서 기약다항식이다.

2.2 1(unity)의 n제곱근

문제 1. $(a+bi)^{2002} = a - bi$를 만족하는 실수인 순서쌍 (a,b)의 개수를 구하시오.

(미국 수학 경시대회 12A, 2002, 문제24)

풀이. $z = a + bi$, $\overline{z} = a - bi$ 이고 $|z| = \sqrt{a^2 + b^2}$이라 하면, $z^{2002} = \overline{z}$이다.

$$|z|^{2002} = |z^{2002}| = |\overline{z}| = |z|$$

이므로 $|z|(|z|^{2001} - 1) = 0$이다.

결과적으로 $|z| = 0$ 즉 $(a,b) = (0,0)$ 이거나 $|z| = 1$이다. $|z| = 1$인 경우 $z^{2002} = \overline{z}$으로부터 $z^{2003} = \overline{z} \cdot z = |z|^2 = 1$이다. 다항식 $z^{2003} = 1$은 2003개의 서로 다른 해를 가진다. 그러므로 조건을 만족하는 순서쌍 총 개수는 $1 + 2003 = 2004$이다.

문제 2. 두 개의 정다각형이 같은 원에 내접한다. 첫 번째 정다각형은 1982개의 변을 가지고 두 번째 정다각형은 2973개의 변을 가진다. 만약 두 다각형이 공통 꼭짓점을 가진다면 공통 꼭짓점의 개수를 구하시오.

풀이. 공통 꼭짓점의 수는 연립방정식 $\begin{cases} z^{2973} - 1 = 0 \\ z^{2973} - 1 = 0 \end{cases}$의 해의 개수와 같다. 2.2.2절의 성질1(b)를 적용하면 $\gcd(1982, 2973) = 991$이다.

문제 3. $\varepsilon \in U_n$은 n차 원시근이고 복소수 z는 모든 $k = 0, 1, \cdots, n-1$에 대하여 $|z - \varepsilon^k| \leq 1$을 만족한다고 하자. $z = 0$임을 증명하시오.

풀이. 주어진 조건으로부터 $(z - \varepsilon^k)\overline{(z - \varepsilon^k)} \leq 1$이므로[16] $k = 0, 1, \cdots, n-1$에 대하여 $|z|^2 \leq z\overline{\varepsilon^k} + \overline{z}\varepsilon^k$ 이므로

$$n|z|^2 \leq z\overline{\left(\sum_{k=0}^{n-1} \varepsilon^k\right)} + \overline{z} \cdot \sum_{k=0}^{n-1} \varepsilon^k = 0$$

따라서 $z = 0$이다.

문제 4. 다각형 $P_0 P_1 \cdots P_{n-1}$은 반지름이 1인 원에 내접하는 정다각형이라 하자. 다음을 증명하시오.

(a) $\overline{P_0 P_1} \cdot \overline{P_0 P_2} \cdots \overline{P_0 P_{n-1}} = n$

(b) $\sin \dfrac{\pi}{n} \sin \dfrac{2\pi}{n} \cdots \sin \dfrac{(n-1)\pi}{n} = \dfrac{n}{2^{n-1}}$

(c) $\sin \dfrac{\pi}{2n} \sin \dfrac{3\pi}{2n} \cdots \sin \dfrac{(2n-1)\pi}{2n} = \dfrac{1}{2^{n-1}}$

---

[16](역자주) (좌변) $(z - \varepsilon^k)\overline{(z - \varepsilon^k)} = (z - \varepsilon^k)(\overline{z} - \overline{\varepsilon^k}) = |z|^2 - z\overline{\varepsilon^k} - \overline{z}\varepsilon^k + 1$

풀이.

(a) 일반성을 잃지 않고, 정다각형의 꼭짓점을 1의 n제곱근의 기하적 상이라 하고, $P_0 = 1$이라 가정하자. $\varepsilon = \cos\dfrac{2\pi}{n} + i\sin\dfrac{2\pi}{n}$에 대하여 다항식 $f(z)$를

$$f(z) = z^n - 1 = (z-1)(z-\varepsilon)\cdots(z-\varepsilon^{n-1})$$라 하면 다음 식은 자명하다.

$$n = f'(1) = (1-\varepsilon)(1-\varepsilon^2)\cdots(1-\varepsilon^{n-1})$$

각 변의 길이를 알면 원하는 결과를 얻는다.

(b) $\begin{aligned}1 - \varepsilon^k &= 1 - \cos\dfrac{2k\pi}{n} - i\sin\dfrac{2k\pi}{n} = 2\sin^2\dfrac{k\pi}{n} - 2i\sin\dfrac{k\pi}{n}\cos\dfrac{k\pi}{n} \\ &= 2\sin\dfrac{k\pi}{n}\left(\sin\dfrac{k\pi}{n} - i\cos\dfrac{k\pi}{n}\right)\end{aligned}$

이므로 모든 $k = 1, 2, \cdots, n-1$에 대하여 $|1 - \varepsilon^k| = 2\sin\dfrac{k\pi}{n}$이다. 그리고 (a)에 의해서 주어진 삼각 항등식을 얻는다.[17]

(c) 1의 $2n$제곱근의 기하적 상을 꼭짓점으로 가지고 같은 원에 내접하는 정다각형을 정다각형 $Q_0Q_1\cdots Q_{2n-1}$이라 하자. (a)에 의하면

$$\overline{Q_0Q_1}\cdot\overline{Q_0Q_2}\cdot\cdots\cdot\overline{Q_0Q_{2n-1}} = 2n$$

이다. 이때 다각형 $Q_0Q_2\cdots Q_{2n-2}$도 정다각형이므로

$$\overline{Q_0Q_2}\cdot\overline{Q_0Q_4}\cdot\cdots\cdot\overline{Q_0Q_{2n-2}} = n$$

이다. 두 관계를 조합해보면 다음과 같다.

$$\overline{Q_0Q_1}\cdot\overline{Q_0Q_3}\cdot\cdots\cdot\overline{Q_0Q_{2n-1}} = 2$$

(b)의 계산을 유사하게 따라가면 모든 $k = 1, 2, \cdots, n$에 대하여 다음이 성립한다.

$$\overline{Q_0Q_{2k-1}} = 2\sin\dfrac{(2k-1)\pi}{2n}$$

n을 양의 정수라 하고 $\varepsilon_n = \cos\dfrac{2\pi}{n} + i\sin\dfrac{2\pi}{n}$이라 하자. **$n$차 원분 다항식**(cyclotomic polynomial)은 다음과 같이 정의한다.

$$\phi_n(x) = \prod_{\substack{1 \leq k \leq n-1 \\ \gcd(k,n) = 1}}(x - \varepsilon_n^k)$$

---

[17](역자주) $n = f'(1) = (1-\varepsilon)(1-\varepsilon^2)\cdots(1-\varepsilon^{n-1})$이고 $|1-\varepsilon^k| = 2\sin\dfrac{k\pi}{n}$이므로 $n = |1-\varepsilon||1-\varepsilon^2|\cdots|1-\varepsilon^{n-1}|$

$= 2\sin\dfrac{\pi}{n} \cdot 2\sin\dfrac{2\pi}{n}\cdots 2\sin\dfrac{(n-1)\pi}{n}$이며

$n = 2^{n-1}\left[\sin\dfrac{\pi}{n}\sin\dfrac{2\pi}{n}\cdots\sin\dfrac{(n-1)\pi}{n}\right]$이다.

자명하게 $\phi_n(x)$의 차수는 $\varphi(n)$이다. φ는 오일러 파이(phi) 함수(Euler's totient function)이다[18]. 다항식 $\phi_n(x)$는 최고차항의 계수가 1이고 정수 계수를 가지며 유리계수를 가지는 다항식으로 더 이상 인수분해 되지 않는다. 1차에서 16차까지 원분다항식은 아래와 같다

$$\phi(x) = x - 1,$$
$$\phi_2(x) = x + 1,$$
$$\phi_3(x) = x^2 + x + 1,$$
$$\phi_4(x) = x^2 + 1,$$
$$\phi_5(x) = x^5 + x^4 + x^3 + x^2 + x + 1,$$
$$\phi_6(x) = x^2 - x + 1,$$
$$\phi_7(x) = x^7 + x^6 + x^5 + x^4 + x^3 + x^2 + x + 1,$$
$$\phi_8(x) = x^4 + 1,$$
$$\phi_9(x) = x^6 + x^3 + 1,$$
$$\phi_{10}(x) = x^4 - x^3 + x^2 - x + 1,$$
$$\phi_{11}(x) = x^{10} + x^9 + x^8 + \cdots + x + 1,$$
$$\phi_{12}(x) = x^4 - x^2 + 1,$$
$$\phi_{13}(x) = x^{12} + x^{11} + x^{10} + \cdots + x + 1,$$
$$\phi_{14}(x) = x^6 - x^5 + x^4 - x^3 + x^2 - x + 1,$$
$$\phi_{15}(x) = x^8 - x^7 + x^5 - x^4 + x^3 - x + 1,$$
$$\phi_{16}(x) = x^8 + 1$$

다음과 같은 원분다항식의 성질은 이미 알려져 있다.

(1) $q > 1$일 때 q가 홀수인 정수이면 $\phi_{2q}(x) = \phi_q(-x)$ 이다.

(2) $n > 1$일 때, 소수 p와 양의 정수 k에 대하여, $\phi_n(1) = \begin{cases} p, & n = p^k \\ 1, & \text{그외} \end{cases}$ 이다.

---

[18](역자주) $\varphi(n)$는 오일러 함수이다. 오일러 함수는 1부터 n까지의 양의 정수 중에서 n과 서로소인 것의 개수를 나타내는 함수이다. $\varphi(n)$의 값은 다음과 같다.
$n = p_1^{k_1} p_2^{k_2} \cdots p_n^{k_n}$으로 소인수분해 될 때
$\varphi(n) = (p_1 - 1)p_1^{k_1 - 1}(p_2 - 1)p_2^{k_2 - 1} \cdots (p_n - 1)p_n^{k_n - 1}$ 이다.

다음 문제는 2.2.2절의 문제4(b)의 삼각 항등식을 확장한 것이다.

문제 5. 다음 항등식은 성립한다.

(a) n이 소수의 거듭제곱꼴로 나타낼 수 없을 때[19], $\displaystyle\prod_{\substack{1 \le k \le n-1 \\ \gcd(k,n)=1}} \sin\frac{k\pi}{n} = \frac{1}{2^{\varphi(n)}}$ 이다.

(b) n이 홀수인 양의 정수일 때, $\displaystyle\prod_{\substack{1 \le k \le n-1 \\ \gcd(k,n)=1}} \cos\frac{k\pi}{n} = \frac{(-1)^{\frac{\varphi(n)}{2}}}{2^{\varphi(n)}}$ 이다.

풀이.

(a) 2.2.2절의 문제4(b)로부터

$$1 - \varepsilon_n^k = 2\sin\frac{k\pi}{n}\left(\sin\frac{k\pi}{n} - i\cos\frac{k\pi}{n}\right) = \frac{2}{i}\sin\frac{k\pi}{n}\left(\cos\frac{k\pi}{n} + i\sin\frac{k\pi}{n}\right)$$

이고 다음이 성립한다.

$$1 = \phi_n(1) = \prod_{\substack{1 \le k \le n-1 \\ \gcd(k,n)=1}} (1 - \varepsilon_n^k) = \prod_{\substack{1 \le k \le n-1 \\ \gcd(k,n)=1}} \frac{2}{i}\sin\frac{k\pi}{n}\left(\cos\frac{k\pi}{n} + i\sin\frac{k\pi}{n}\right)$$

$$= \frac{2^{\varphi(n)}}{i^{\varphi(n)}}\left(\prod_{\substack{1 \le k \le n-1 \\ \gcd(k,n)=1}} \sin\frac{k\pi}{n}\right)\left(\cos\frac{\varphi(n)}{2}\pi + i\sin\frac{\varphi(n)}{2}\pi\right)$$

$$= \frac{2^{\varphi(n)}}{(-1)^{\frac{\varphi(n)}{2}}}\left(\prod_{\substack{1 \le k \le n-1 \\ \gcd(k,n)=1}} \sin\frac{k\pi}{n}\right)(-1)^{\frac{\varphi(n)}{2}}$$

이다. 여기서 $\varphi(n)$이 짝수라는 사실과 잘 알려진 다음 관계식을 사용했다.

$$\sum_{\substack{1 \le k \le n-1 \\ \gcd(k,n)=1}} k = \frac{1}{2}n\varphi(n)$$

따라서 주어진 식이 성립한다.

(b) $k = 0, 1, \cdots, n-1$에 대하여

$$1 + \varepsilon_n^k = 1 + \cos\frac{2k\pi}{n} + i\sin\frac{2k\pi}{n} = 2\cos^2\frac{2k\pi}{n} + 2i\sin\frac{k\pi}{n}\cos\frac{k\pi}{n}$$

$$= 2\cos\frac{k\pi}{n}\left(\cos\frac{k\pi}{n} + i\sin\frac{k\pi}{n}\right)$$

n이 홀수이기 때문에 $\phi_{2n}(x) = \phi_n(-x)$이고 $\phi_n(-1) = \phi_{2n}(1) = 1$이다. 그러면 다음 식이 성립한다.

$$1 = \phi_n(-1) = \prod_{\substack{1 \le k \le n-1 \\ \gcd(k,n)=1}} (1 - \varepsilon_n^k) = (-1)^{\varphi(n)}\prod_{\substack{1 \le k \le n-1 \\ \gcd(k,n)=1}} (1 + \varepsilon_n^k)$$

---

[19] (역자주) 모든 양의 정수 m과 어떤 소수 p가 존재하여 $n \ne p^m$일 때

$$= (-1)^{\varphi(n)} \prod_{\substack{1 \le k \le n-1 \\ \gcd(k,n)=1}} 2\cos\frac{k\pi}{n}\left(\cos\frac{k\pi}{n} + i\sin\frac{k\pi}{n}\right)$$

$$= (-1)^{\varphi(n)} 2^{\varphi(n)} \left(\prod_{\substack{1 \le k \le n-1 \\ \gcd(k,n)=1}} \cos\frac{k\pi}{n}\right)\left(\cos\frac{\varphi(n)}{2}\pi + i\sin\frac{\varphi(n)}{2}\pi\right)$$

$$= (-1)^{\frac{\varphi(n)}{2}} 2^{\varphi(n)} \prod_{\substack{1 \le k \le n-1 \\ \gcd(k,n)=1}} \cos\frac{k\pi}{n}$$

따라서 주어진 식이 성립한다.

2.2.3 이항방정식

$a \in \mathbb{C}^*$, $n \ge 2$인 정수에 대하여 이항방정식은 $Z^n + a = 0$꼴의 방정식이다. Z에 대하여 푼다는 것은 복소수 $-a$의 n제곱근을 찾는 것을 의미한다. 이것은, 사실, 계수가 복소수인 n차 다항 방정식이다. 잘 알려진 대수학의 기본정리로부터 이 방정식은 정확하게 n개의 서로 다른 복소수 근을 가진다.

예제.

(1) $Z^3 + 8 = 0$의 해를 구하시오.

$-8 = 8(\cos\pi + i\sin\pi)$이므로 해는 다음과 같다.

$$Z_k = 2\left(\cos\frac{\pi + 2k\pi}{3} + i\sin\frac{\pi + 2k\pi}{3}\right) \quad \text{(단, } k \in \{0, 1, 2\}\text{)}$$

(2) $Z^6 - Z^3(1+i) + i = 0$의 해를 구하시오.

주어진 방정식은 다음과 같이 인수분해된다.

$$(Z^3 - 1)(Z^3 - i) = 0$$

Z에 관한 이항방정식 $Z^3 - 1 = 0$와 $Z^3 - i = 0$을 풀면 다음과 같은 해를 얻는다.

$$\varepsilon_k = \cos\frac{2k\pi}{3} + i\sin\frac{2k\pi}{3} \quad \text{(단, } k \in \{0, 1, 2\}\text{)}$$

$$Z_k = \cos\frac{\frac{\pi}{2} + 2k\pi}{3} + i\sin\frac{\frac{\pi}{2} + 2k\pi}{3} \quad \text{(단, } k \in \{0, 1, 2\}\text{)}$$

2.2.4 연습문제

1. 다음 주어진 복소수의 제곱근을 구하시오.

(a) $z = 1 + i$ (b) $z = i$ (c) $z = \dfrac{1}{\sqrt{2}} + \dfrac{i}{\sqrt{2}}$

(d) $z = -2(1 + i\sqrt{3})$ (e) $z = 7 - 24i$

2. 다음 주어진 복소수의 세제곱근을 구하시오.
(a) $z = -i$ (b) $z = -27$ (c) $z = 2 + 2i$
(d) $z = \dfrac{1}{2} - i\dfrac{\sqrt{3}}{2}$ (e) $z = 18 + 26i$

3. 다음 주어진 복소수의 네제곱근을 구하시오.
(a) $z = 2 - i\sqrt{12}$ (b) $z = \sqrt{3} + i$ (c) $z = i$
(d) $z = -2i$ (e) $z = -7 + 24i$

4. 복소수 $z = 1$의 5제곱근, 6제곱근, 7제곱근, 8제곱근, 12제곱근을 구하시오.

5. $U_n = \{\varepsilon_0, \varepsilon_1, \varepsilon_2, \cdots, \varepsilon_{n-1}\}$에 대하여 다음이 성립함을 보이시오.
(a) 모든 $j, k \in \{0, 1, 2, \cdots, n-1\}$에 대하여 $\varepsilon_j \cdot \varepsilon_k \in U_n$이다.
(b) 모든 $j \in \{0, 1, 2, \cdots, n-1\}$에 대하여 $\varepsilon_j^{-1} \in U_n$이다.

6. 다음 복소방정식의 해를 구하시오.
(a) $z^3 - 125 = 0$ (b) $z^4 + 16 = 0$ (c) $z^3 + 64i = 0$ (d) $z^3 - 27i = 0$

7. 다음 복소방정식의 해를 구하시오.
(a) $z^7 - 2iz^4 - iz^3 - 2 = 0$
(b) $z^6 + iz^3 + i - 1 = 0$
(c) $(2 - 3i)z^6 + 1 + 5i = 0$
(d) $z^{10} + (-2 + i)z^5 - 2i = 0$

8. 복소방정식 $z^4 = 5(z-1)(z^2 - z + 1)$의 해를 구하시오.

9. 복소수 z가 $z^n + z^{n-1} + \cdots + 1 = 0$을 만족할 때, 다음 식이 성립함을 보이시오.
$$nz^{n-1} + (n-1)z^{n-2} + \cdots + 2z + 1 = \dfrac{n+1}{z^2 - z}$$

10. 복소수 z가 $\left(z + \dfrac{1}{z}\right)\left(z + \dfrac{1}{z} + 1\right) = 1$을 만족하고 n이 정수일 때, 다음 식을 계산하시오.
$$\left(z^n + \dfrac{1}{z^n}\right)\left(z^n + \dfrac{1}{z^n} + 1\right)$$

11. 복소방정식
$$z^{1997} - 1 = 0$$
을 만족하는 해 중에서 임의의 서로 다른 두 해를 v, w라 하자. $\sqrt{2+\sqrt{3}} \leq |v+w|$일 확률을 $\dfrac{m}{n}$이라 할 때, $m+n$의 값을 구하시오(단, m, n은 서로소).

(1997년 AIME, 문제 14)

12. 복소방정식 $\left(\dfrac{z-i}{2z-i}\right)^4 = 1$의 근이 복소수 z_1, z_2, z_3, z_4일 때,
$$(z_1^2+1)(z_2^2+1)(z_3^2+1)(z_4^2+1)$$
의 값을 구하시오.

13. 방정식 $x^{10} + (13x - 10^{10}) = 0$의 10개의 근을 $r_1, \overline{r_1}, r_2, \overline{r_2}, r_3, \overline{r_3}, r_4, \overline{r_4}, r_5, \overline{r_5}$라고 할 때,
$$\frac{1}{r_1\overline{r_1}} + \frac{1}{r_2\overline{r_2}} + \frac{1}{r_3\overline{r_3}} + \frac{1}{r_4\overline{r_4}} + \frac{1}{r_5\overline{r_5}}$$
의 값을 구하시오(단, $\overline{r}$은 복소수 r의 켤레복소수).

(1994년 AIME 문제 13)

14. 실수인 상수 a, b, c, d에 대하여 방정식
$$x^4 + ax^3 + bx^2 + cx + d = 0$$
의 네 개의 근이 모두 실수해가 아니고, 이 네 개의 근 중 두 근의 곱이 $13+i$이고, 다른 두 근의 합은 $3+4i$이다. 상수 b를 구하시오(단, $i = \sqrt{-1}$). (1995년 AIME 문제 5)

3장 복소수와 기하

3.1 몇 가지 단순한 기하적 표현과 성질

3.1.1 두 점 사이의 거리

기하적 상이 M_1, M_2인 복소수 z_1, z_2에 대하여, 두 점 M_1, M_2 사이의 거리는 다음과 같이 주어진다.
$$M_1 M_2 = |z_1 - z_2|$$

거리함수 $d : \mathbb{C} \times \mathbb{C} \to [0, \infty)$는
$$d(z_1, z_2) = |z_1 - z_2|$$
으로 정의하고 다음 성질을 만족한다.

(a) (0 이상) 모든 $z_1, z_2 \in \mathbb{C}$에 대하여 $d(z_1, z_2) \geq 0$이다.
$$d(z_1, z_2) = 0 \text{ 일 필요충분조건은 } z_1 = z_2 \text{ 이다.}$$

(b) (대칭성) 모든 $z_1, z_2 \in \mathbb{C}$에 대하여 $d(z_1, z_2) = d(z_2, z_1)$이다.

(c) (삼각부등식) 모든 $z_1, z_2 \in \mathbb{C}$에 대하여 $d(z_1, z_2) \leq d(z_1, z_3) + d(z_3, z_2)$이다.

위의 식 (c)를 정당화하기 위하여 다음을 관찰하자.
$$|z_1 - z_2| = |(z_1 - z_3) + (z_3 - z_2)| \leq |z_1 - z_3| + |z_3 - z_2|$$

절댓값의 성질에서 등호가 성립할 필요충분조건은
$$z_3 - z_1 = k(z_2 - z_3)$$
을 만족하는 실수 k가 존재한다는 것이다.

3.1.2 선분, 반직선, 직선

복소좌표가 a, b인 서로 다른 두 점을 각각 A, B라고 하자. 다음을 만족할 때, 복소좌표가 z인 점 M은 두 점 A, B 사이에 있다고 한다.

$$|a-z| + |z-b| = |a-b| \quad (단\ z \neq a,\ z \neq b)$$

점 M이 점 A와 점 B 사이에 있을 때, A $-$ M $-$ B로 표현하자.

집합 (AB) = $\{M \mid A-M-B\}$는 점 A, B에 의해 결정되는 **열린 선분**이라 한다.

집합 [AB] = $\{M \mid A-M-B\} \cup \{A, B\}$는 점 A, B에 의해 결정되는 **닫힌 선분**이라 한다.

정리 1. A(a), B(b)는 서로 다른 두 점이라고 가정하자. 다음 명제는 모두 동치이다.

(1) M $\in$ (AB)

(2) $z - a = k(b - z)$를 만족하는 유일한 양의 실수 k가 존재한다.

(3) $z = (1-t)a + tb$을 만족하는 유일한 어떤 실수 $t \in (0,1)$가 존재한다(단, z는 점 M의 복소수 좌표).

증명. 먼저 (1)과 (2)가 동치임을 증명하자. 실제로 M $\in$ (AB)일 필요충분조건이 $|a-z| + |z-b| = |a-b|$ 임을 알고 있다. 이것은 $d(a,z) + d(z,b) = d(a,b)$와 동치이므로 $z - a = k(b-z)$를 만족하는 유일한 양의 실수 k가 존재한다.

(2)와 (3)이 동치임을 증명하기 위하여 $t = \dfrac{k}{k+1} \in (0,1)$ 또는 $k = \dfrac{t}{1-t} > 0$로 두자. 그러면 $z - a = k(b - z)$일 필요충분조건은 $z = \dfrac{1}{k+1}a + \dfrac{k}{k+1}b$이다. 이것은 $z = (1-t)a + tb$을 의미한다. □

집합 (AB = $\{M \mid A-M-B$ 또는 $A-B-M\}$은 **열린 반직선**이라고 부른다.

정리 2. A(a), B(b)는 서로 다른 두 점이라고 가정하자. 다음 명제는 모두 동치이다.

(1) M $\in$ (AB

(2) $z = (1-t)a + tb$를 만족하는 유일한 양의 실수 t가 존재한다.

(3) $\arg(z-a) = \arg(b-a)$

(4) $\dfrac{z-a}{b-a} \in \mathbb{R}^+$

증명. (1) $\Rightarrow$ (2) $\Rightarrow$ (3) $\Rightarrow$ (4) $\Rightarrow$ (1)임을 보이면 된다.

(1) $\Rightarrow$ (2). M $\in$ (AB 이므로 A $-$ M $-$ B 또는 A $-$ B $-$ M 이다. 따라서
$$z = (1-t)a + tb \text{ 또는 } b = (1-l)a + lz$$
을 만족하는 실수 $t, l \in (0, 1)$이 존재한다. 따라서 첫 번째 경우는 증명되었다. 두 번째 경우에 대해 증명하기 위해 $t = \dfrac{1}{l}$로 놓으면
$$z = tb - (t-1)a = (1-t)a + tb$$
이므로 유일한 양의 실수가 존재함을 보였다.

(2) $\Rightarrow$ (3). $z = (1-t)a + tb$, $t > 0$라 놓으면 다음 식을 유도할 수 있다.

$$z - a = t(b-a),\ t > 0$$

따라서 다음 식이 성립한다.

$$\arg(z-a) = \arg(b-a)$$

(3) ⇒ (4). 편각의 성질에 의하여,

$$\arg \frac{z-a}{b-a} = \arg(z-a) - \arg(b-a) + 2k\pi$$

을 만족하는 어떤 정수 k가 존재한다. 위에서 $\arg(z-a) = \arg(b-a)$이므로 $\arg \frac{z-a}{b-a} = 2k\pi\ (k \in \mathbb{Z})$이다. $\arg \frac{z-a}{b-a} \in [0, 2\pi)$이므로 $k = 0$이고 $\arg \frac{z-a}{b-a} = 0$이다. 따라서 $\frac{z-a}{b-a} \in \mathbb{R}^+$이다.

(4) ⇒ (1). $t = \frac{z-a}{b-a} \in \mathbb{R}^+$라고 하면 다음이 성립한다.

$$z = a + t(b-a) = (1-t)a + tb,\ t > 0$$

만약 $t \in (0, 1)$이면 M ∈ (AB) ⊂ (AB이다. $t = 1$이면 $z = b$이고 M = B ∈ (AB이다. 마지막으로 $t > 1$일 때, $l = \frac{1}{t} \in (0, 1)$라 놓으면, $b = lz + (1-l)a$이므로 A − B − M이고 M ∈ (AB이다. □

정리 3. A(a), B(b)는 서로 다른 두 점이라고 가정하면 다음 명제는 모두 동치이다.
(1) M(z)는 직선 AB 위에 있다.
(2) $\frac{z-a}{b-a} \in \mathbb{R}$
(3) $z = (1-t)a + tb$를 만족하는 실수 t가 존재한다.
(4) $\begin{vmatrix} z-a & \overline{z}-\overline{a} \\ b-a & \overline{b}-\overline{a} \end{vmatrix} = 0$
(5) $\begin{vmatrix} z & \overline{z} & 1 \\ a & \overline{a} & 1 \\ b & \overline{b} & 1 \end{vmatrix} = 0$

증명. (1) ⇔ (2) ⇔ (3)임을 증명하기 위하여 C − A − B인 점 C에 대하여 (AB ∪ {A} ∪ (AC 인 직선 AB를 생각하자. 여기에 정리 2를 적용하면 (1) ⇔ (2) ⇔ (3)이 성립함을 알 수 있다.

다음으로 (2) ⇔ (4) ⇔ (5)를 증명하자.

$\frac{z-a}{b-a} \in \mathbb{R}$일 필요충분조건은 $\frac{z-a}{b-a} = \overline{\left(\frac{z-a}{b-a}\right)}$이다. 다시 말하면 $\frac{z-a}{b-a} = \frac{\overline{z}-\overline{a}}{\overline{b}-\overline{a}}$ 또는 $\begin{vmatrix} z-a & \overline{z}-\overline{a} \\ b-a & \overline{b}-\overline{a} \end{vmatrix} = 0$이다. 따라서 (2) ⇔ (4)이다.

행렬식의 정의에서
$$\begin{vmatrix} z & \overline{z} & 1 \\ a & \overline{a} & 1 \\ b & \overline{b} & 1 \end{vmatrix} = 0 \text{ 일 필요충분조건은 } \begin{vmatrix} z-a & \overline{z}-\overline{a} & 0 \\ a & \overline{a} & 1 \\ b-a & \overline{b}-\overline{a} & 0 \end{vmatrix} = 0$$

이고, 행렬식의 성질에 의하여 3열에 대하여 행렬식을 정리하면,
$$\begin{vmatrix} z-a & \overline{z}-\overline{a} \\ b-a & \overline{b}-\overline{a} \end{vmatrix} = 0$$

이다. 따라서 (4) $\Leftrightarrow$ (5)이다. □

문제 1. z_1, z_2, z_3는 $|z_1| = |z_2| = |z_3| = R$, $z_2 \neq z_3$을 만족하는 복소수라고 하자. 다음을 증명하시오.
$$\min_{a \in \mathbb{R}} |az_2 + (1-a)z_3 - z_1| = \frac{1}{2R}|z_1 - z_2| \cdot |z_1 - z_3|$$

(루마니아 수학 경시대회 최종 문제, 1984)

풀이. $a \in \mathbb{R}$에 대하여, $z = az_2 + (1-a)z_3$, 이라 하자. 복소수 z_1, z_2, z_3, z에 대응하는 점을 각각 A_1, A_2, A_3, A라고 하면, 가정에 의하여 삼각형 $A_1 A_2 A_3$의 외심은 복소평면의 원점이다.

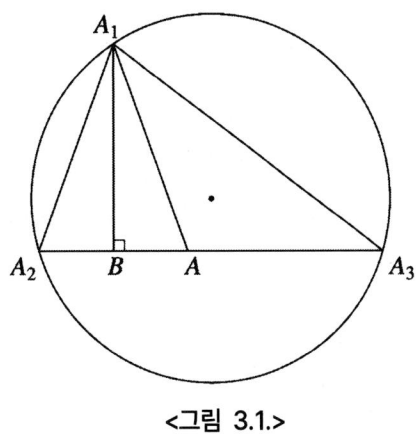

<그림 3.1.>

<그림 3.1>과 같이 직선 $A_2 A_3$ 위에 점 A가 있으면 선분 $\overline{A_1 A} = |z - z_1|$는 삼각형 $A_1 A_2 A_3$의 수선 $A_1 B$ 보다 크거나 같음을 알 수 있다.

따라서 다음을 보이면 증명은 충분하다.
$$\overline{A_1 B} = \frac{1}{2R}|z_1 - z_2||z_1 - z_3| = \frac{1}{2R}\overline{A_1 A_2} \cdot \overline{A_1 A_3}$$

실제로 R은 삼각형 $A_1 A_2 A_3$의 외심의 반지름이므로 다음이 성립한다.

$$\overline{A_1B} = \frac{2\operatorname{area}[A_1A_2A_3]}{\overline{A_2A_3}} = \frac{2\dfrac{\overline{A_1A_2}\cdot\overline{A_2A_3}\cdot\overline{A_3A_1}}{4R}}{\overline{A_2A_3}} = \frac{\overline{A_1A_2}\cdot\overline{A_3A_1}}{2R}$$

따라서 주어진 식이 성립한다.[20]

3.1.3 주어진 비율로 선분 분할하기

서로 다른 두 점 $A(a)$와 $B(b)$에 대하여 점 $M(z)$가 선분 AB를 비율 $k\in\mathbb{R}\setminus\{1\}$로 나누면 다음과 같은 벡터 관계가 성립한다.

$$\overrightarrow{MA} = k\overrightarrow{MB}$$

이 관계를 복소수로 나타내면 다음과 같다.

$$a - z = k(b - z) \quad \text{또는} \quad (1-k)z = a - kb$$

따라서 다음을 얻는다.

$$z = \frac{a - kb}{1 - k}$$

$k < 0$이면, 점 M은 선분 AB 위에 있고, $k \in (0, 1)$이면 $M \in (AB\setminus[AB])$이다. 마지막으로, $k > 1$이면, $M \in (BA\setminus[AB])$이다.

결과적으로 $k = -1$이면, 선분 AB의 중점의 좌표로 $z_M = \dfrac{a+b}{2}$를 얻는다.

예제. $A(a)$, $B(b)$, $C(c)$는 복소평면에서 한 직선 위에 있지 않은 점이라고 하자. 선분 AB의 중점 M의 복소좌표는 $z_M = \dfrac{a+b}{2}$이다. 삼각형 ABC의 무게중심 G는 중선 CM을 $2:1$로 내분하고, 무게중심의 복소좌표는 $k = -2$일 때이다. 즉,

$$z_G = \frac{c + 2z_M}{1+2} = \frac{a+b+c}{3}$$

3.1.4 각의 측정

삼각형의 방향은 각 꼭짓점의 순서에 따라 결정된다. 꼭짓점이 반시계 방향의 순서로 놓여있으면 **양의 방향**이다. 그렇지 않으면 그 삼각형은 **음의 방향**이라 한다. 복소평면에서 원점이 아닌 두 점 $M_1(z_1)$, $M_2(z_2)$에 대하여 점 M_1과 M_2가 반시계 방향의 순서로 놓여있으면 각 $\angle M_1OM_2$은 양의 방향 또는 바른 방향이다(⟨그림 3.2⟩).

---

[20] (역자주) $\operatorname{area}[A_1A_2A_3]$는 삼각형 $A_1A_2A_3$의 넓이를 의미한다.

정리. 양의 방향각 $\angle M_1 O M_2$ 의 크기는 $\arg \dfrac{z_2}{z_1}$ 와 같다.

증명. 간단하게 표현하기 위하여 각의 크기를 각의 표현으로 대신하겠다. 다음 두 경우를 생각하자.

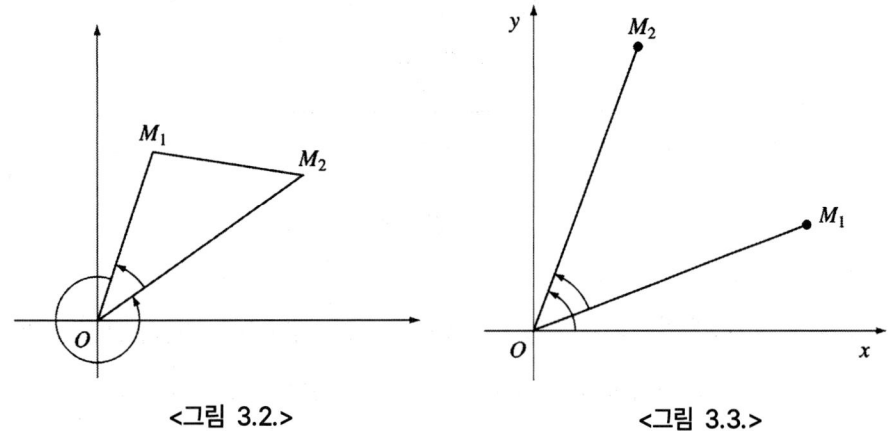

<그림 3.2.> <그림 3.3.>

(a) 삼각형 $M_1 O M_2$ 가 음의 방향(<그림 3.2>)이면, 양의 방향각 $\angle M_1 O M_2$ 의 크기는 다음과 같다.

$$\angle M_1 O M_2 = \angle x O M_2 - \angle x O M_1 = \arg(z_2) - \arg(z_1) = \arg \frac{z_2}{z_1}$$

(b) 삼각형 $M_1 O M_2$ 가 양의 방향(<그림 3.3>)이면, 삼각형 $M_2 O M_1$ 은 음의 방향이므로 양의 방향각 $\angle M_1 O M_2$ 의 크기는 다음과 같다.

$$\angle M_1 O M_2 = 2\pi - \angle M_2 O M_1 = 2\pi - \arg \frac{z_1}{z_2}$$

$$\angle M_1 O M_2 = 2\pi - \angle M_2 O M_1 = 2\pi - \arg \frac{z_1}{z_2} = 2\pi - \left(2\pi - \arg \frac{z_2}{z_1}\right) = \arg \frac{z_2}{z_1}$$

주의. 위의 정리는 세 점 O, M_1, M_2가 한 직선 위에 있는 경우에도 성립한다. □

예제.

(a) $z_1 = 1+i$, $z_2 = -1+i$ 라 하면,

$$\frac{z_2}{z_1} = \frac{-1+i}{1+i} = \frac{(-1+i)(1-i)}{2} = i$$

이므로 $\angle M_1 O M_2$, $\angle M_2 O M_1$ 의 크기는 각각 다음과 같다(<그림 3.4>).

$$\angle M_1 O M_2 = \arg i = \frac{\pi}{2}, \quad \angle M_2 O M_1 = \arg(-i) = \frac{3\pi}{2}$$

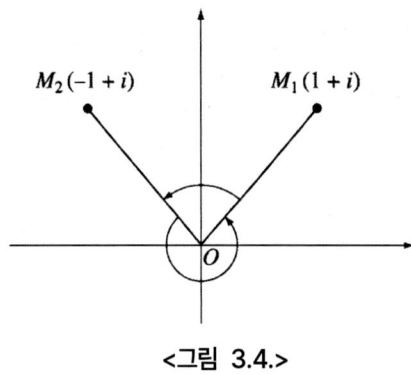

<그림 3.4.>

(b) $z_1 = i$, $z_2 = 1$ 이라 하면, $\angle M_1OM_2$, $\angle M_2OM_1$ 의 크기는 각각 다음과 같다(<그림 3.5>).

$$\angle M_1OM_2 = \arg(-i) = \frac{3\pi}{2}, \quad \angle M_2OM_1 = \arg i = \frac{\pi}{2}$$

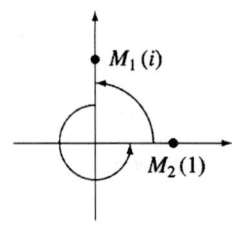

<그림 3.5.>

정리. 서로 다른 세 점 $M_1(z_1)$, $M_2(z_2)$, $M_3(z_3)$에 대하여 방향각 $\angle M_2M_1M_3$ 의 크기는 $\arg\dfrac{z_3 - z_1}{z_2 - z_1}$ 이다.

증명. 벡터 $-z_1$ 만큼 이동하면 점 M_1, M_2, M_3는 복소좌표가 O, $z_2 - z_1$, $z_3 - z_1$인 세 점 O, M_2', M_3'에 각각 대응한다. $\angle M_2M_1M_3 = \angle M_2'OM_3'$ 이므로 다음을 얻는다.

$$\angle M_2'OM_3' = \arg\frac{z_3 - z_1}{z_2 - z_1} \qquad \square$$

예제. $z_1 = 4 + 3i$, $z_2 = 4 + 7i$, $z_3 = 8 + 7i$ 에 대하여

$$\frac{z_2 - z_1}{z_3 - z_1} = \frac{4i}{4 + 4i} = \frac{i(1-i)}{2} = \frac{1+i}{2}$$

이므로 다음 식이 성립한다.

$$\angle M_3M_1M_2 = \arg\frac{1+i}{2} = \frac{\pi}{4},$$

$$\angle M_2M_1M_3 = \arg\frac{2}{1+i} = \arg(1-i) = \frac{7\pi}{4}$$

참고. 극좌표 표현을 사용하면 위의 결과로부터 $\dfrac{z_3-z_1}{z_2-z_1}$ 의 복소좌표를 얻을 수 있다.

$$\dfrac{z_3-z_1}{z_2-z_1} = \left|\dfrac{z_3-z_1}{z_2-z_1}\right|\left(\cos\left(\arg\dfrac{z_3-z_1}{z_2-z_1}\right) + i\sin\left(\dfrac{z_3-z_1}{z_2-z_1}\right)\right)$$

$$= \left|\dfrac{z_3-z_1}{z_2-z_1}\right|(\cos\angle M_2M_1M_3 + i\sin\angle M_2M_1M_3)$$

3.1.5 두 직선 사이의 각

네 개의 서로 다른 점 $M_i(z_i)$, $i \in \{1, 2, 3, 4\}$ 에 대하여 두 직선 M_1M_3, M_2M_4 에 의해 결정되는 두 각의 크기는 $\arg\dfrac{z_3-z_1}{z_4-z_2}$ 또는 $\arg\dfrac{z_4-z_2}{z_3-z_1}$ 과 같다. 이것은 앞 절에서 사용한 아이디어를 이용하여 증명할 수 있다.

3.1.6 점의 회전

각 α 에 대하여 다음과 같이 주어진 복소수를 생각하자.

$$\varepsilon = \cos\alpha + i\sin\alpha$$

복소수 $z = r(\cos t + i \sin t)$의 기하적 상을 M이라 하자.

복소수의 곱 $z\varepsilon = r(\cos(t+\alpha) + i\sin(t+\alpha))$ 에 대하여 다음이 성립한다.

$$|z\varepsilon| = r,\ \arg(z\varepsilon) = \arg z + \alpha$$

이것으로부터 $z\varepsilon$의 기하적 상 M'은 M을 원점에 대하여 각 α 만큼 회전한 것임을 알 수 있다(〈그림 3.6〉).

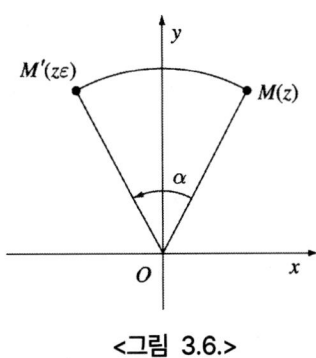

<그림 3.6.>

이제 다음 결과를 얻기 위한 준비가 다 되었다.

성질. 점 B를 각 α 만큼 점 A를 중심으로 회전한 점을 C라 하자. 점 A, B, C의 좌표를 각각 a, b, c라 하면 다음을 얻는다.

$$c = a + (b-a)\varepsilon, \text{ 여기서 } \varepsilon = \cos\alpha + i\sin\alpha$$

증명. 벡터 $-a$만큼 이동하면 점 A, B, C는 각각 좌표가 O, $b-a$, $c-a$인 O, B′, C′인 점에 대응한다(〈그림 3.7〉 참고). 점 C′은 점 B′을 각 α만큼 원점을 중심으로 회전한 것이므로 $c-a = (b-a)\varepsilon$ 또는 $c = a + (b-a)\varepsilon$ 이다.

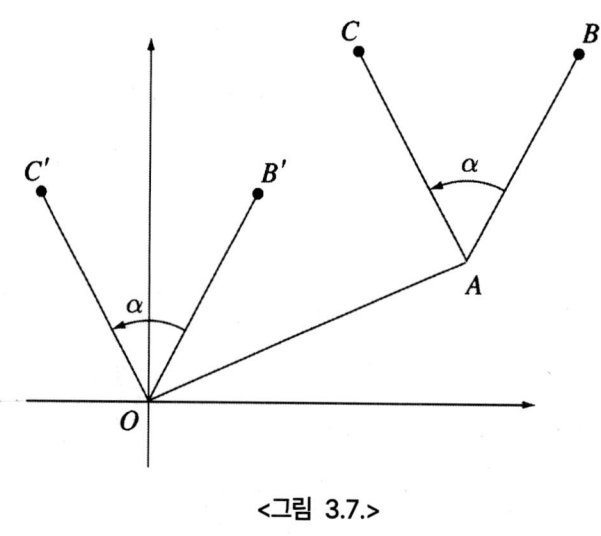

<그림 3.7.>

위 성질에서 제시된 공식을 **회전공식**이라 하자.

문제 1. 두 정사각형 ABCD와 BNMK는 서로 겹치지 않고 점 E는 선분 AN의 중점이라 하자. 점 B에서 직선 CK에 내린 수선의 발을 점 F라 할 때, 세 점 E, F, B가 모두 한 직선 위에 있음을 증명하시오.

풀이. 점 F를 원점, CK를 실수축, FB를 허수축으로 하는 복소평면을 생각하자(〈그림 3.8〉).

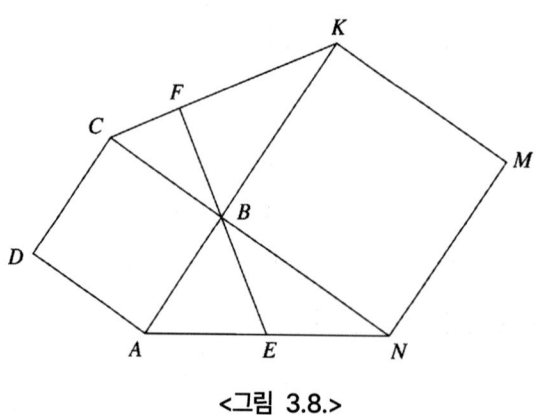

<그림 3.8.>

c, k, $b \in \mathbb{R}$에 대하여 세 점 C, K, B의 복소좌표를 각각 c, k, bi라 하자. 점 B를 중심으로 각 $\theta = \dfrac{\pi}{2}$만큼 회전하면 점 C는 점 A에 대응하므로 점 A의 복소좌표는 $a = b(1+i) + ci$이다. 마찬가지로 점 N은 점 K를 각 $\theta = -\dfrac{\pi}{2}$만큼 점 B를 중심으로 회전한 점이므로 점 N의 복소좌표는

$$n = b(-1+i) - ki$$

선분 AN의 중점 E의 복소좌표는

$$e = \frac{a+n}{2} = bi + \frac{c-k}{2}i$$

이므로 점 E는 직선 FB 위에 있다.

문제 2. 임의의 사각형 ABCD의 각 변 AB, BC, CD, DA를 한 변으로 하고 중심이 각각 O_1, O_2, O_3, O_4인 외부의 정사각형에 대하여 다음을 증명하시오.

$$O_1O_3 \perp O_2O_4 \text{ 이고 } O_1O_3 = O_2O_4$$

(판 아우벌(Van Aubel)의 정리)

풀이. 중심이 O_1, O_2, O_3, O_4인 정사각형을 각각 $ABMM'$, $BCNN'$, $CDPP'$, $DAQQ'$이라 하자(〈그림 3.9〉).

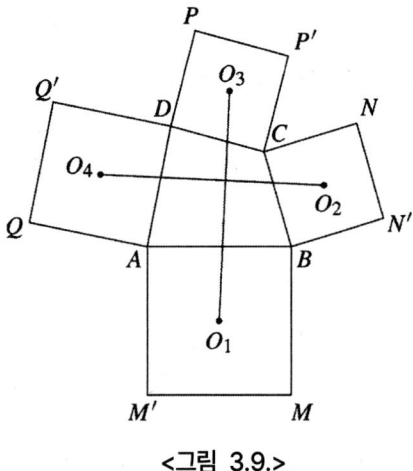

<그림 3.9.>

중심 O_1의 좌표를 o_1으로 나타내는 것과 같이 대문자로 표현된 중심의 좌표를 해당 문자에 대한 소문자로 표현하자.

점 M은 점 A를 각 $\theta = \dfrac{\pi}{2}$만큼 점 B를 중심으로 회전하여 얻은 것이므로 $m = b + (a-b)i$ 이다. 마찬가지로

$$n = c + (b-c)i, \quad p = d + (c-d)i, \quad q = a + (d-a)i$$

따라서
$$o_1 = \frac{a+m}{2} = \frac{a+b+(a-b)i}{2}, \ o_2 = \frac{b+c+(b-c)i}{2},$$
$$o_3 = \frac{c+d+(c-d)i}{2}, \ o_4 = \frac{d+a+(d-a)i}{2}$$
이므로
$$\frac{o_3 - o_1}{o_4 - o_2} = \frac{c+d-a-b+i(c-d-a+b)}{a+d-b-c+i(d-a-b+c)} = -i \in i\mathbb{R}^*$$
따라서 $O_1O_3 \perp O_2O_4$ 이고
$$\left|\frac{o_3 - o_1}{o_4 - o_2}\right| = |-i| = 1$$
이므로 $\overline{O_1O_3} = \overline{O_2O_4}$ 이다.

문제 3. 삼각형 ABC의 외부에 $\angle PBC = \angle CAQ = 45°$, $\angle BCP = \angle QCA = 30°$, $\angle ABR = \angle RAB = 15°$을 만족하는 삼각형 ABR, BCP, CAQ 가 존재한다. 이때, $\angle QRP = 90°$이고 RQ = RP 임을 증명하시오.

풀이. 점 R 을 복소평면의 원점이라 하고 점 P 에서 직선 BC 에 내린 수선의 발을 M이라 하자(〈그림 3.10〉).

대문자로 표시한 점의 좌표를 소문자에 대응하여 나타낸다. MP = MB 이고 $\frac{MC}{MP} = \sqrt{3}$ 으로부터
$$\frac{p-m}{b-m} = i \text{ 이고 } \frac{c-m}{p-m} = i\sqrt{3}$$

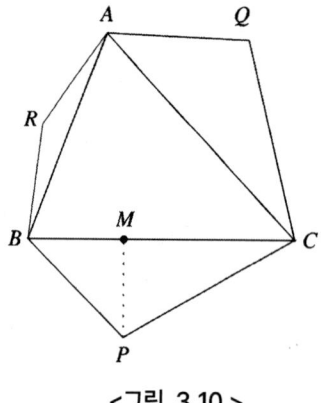

<그림 3.10.>

그러므로
$$p = \frac{c+\sqrt{3}b}{1+\sqrt{3}} + \frac{b-c}{1+\sqrt{3}}i$$

같은 방법으로 다음을 구할 수 있다.
$$q = \frac{c+\sqrt{3}a}{1+\sqrt{3}} + \frac{a-c}{1+\sqrt{3}}i$$

점 B 는 점 R 을 중심으로 점 A 를 각 $\theta = 150°$ 회전해서 얻어지므로
$$b = a\left(-\frac{\sqrt{3}}{2} + \frac{1}{2}i\right)$$

간단한 대수적 조작으로 $\frac{p}{q} = i \in \mathbb{R}^*$ 를 보이면 RP $\perp$ RQ 임을 알 수 있다. 마찬가지로, $|p| = |iq| = |q|$, RP = RQ 이다.

문제 4. 점 $(0, 0)$, $(a, 11)$ 과 $(b, 37)$ 은 정삼각형의 꼭짓점이다. ab 의 값을 구하시오.

(1994년 AIME, 문제 8)

풀이. 복소평면 위의 점으로 생각해 보자. 점 $b + 37i$ 는 점 $a + 11i$ 를 원점을 중심으로 60° 회전한 점이므로
$$(a+11i)(\cos 60° + i\sin 60°) = (a+11i)\left(\frac{1}{2} + \frac{\sqrt{3}i}{2}\right) = b + 37i$$

실수부는 실부수끼리, 허수부는 허수부끼리 같다고 하면,
$$b = \frac{a}{2} - \frac{11\sqrt{3}}{2},$$
$$37 = \frac{11}{2} + \frac{a\sqrt{3}}{2}$$

연립방정식의 해를 풀면, $a = 21\sqrt{3}$, $b = 5\sqrt{3}$ 이므로 ab 의 값은 315 이다.

주의. 점 $b + 37i$ 는 점 $a + 11i$ 를 원점을 중심으로 $-60°$ 회전한 점으로 생각하여 해결하는 또 다른 방법이 있다. 그러나 이 삼각형은 첫 번째 풀이의 삼각형을 y 축에 대하여 대칭이동한 것이고 a, b 의 부호가 반대이다. 그렇지만 곱 ab의 값은 변하지 않는다.

문제 5. 볼록사각형 ABCD 에 대하여 점 P는 사각형 ABCD 의 외부에 있으면서 각 APB 는 직각, 점 P에서 점 A 까지의 거리와 점 P에서 점 B까지의 거리는 같은 점이다. 또 사각형 ABCD 의 다른 세 모서리 각각에 대하여 같은 조건을 만족하는 점 Q, R, S를 생각하자. 점 J, K, L과 M을 변 PQ, QR, RS 와 SP 각각의 중점이라 할 때, 사각형 JKLM이 정사각형임을 증명하시오.[21]

(American Mathematical Monthly)

풀이. 판 아우벨의 정리(Van Aubel's theorem)의 정리에 의해서 직선 PR 와 QS 는 수직이고, 선분

---
[21](역자주)

PR 와 QS 의 길이는 같다. 직선 PR 와 QS 의 교점을 O 라 하자. 일반성을 잃지 않고, $|PR| = |QS| = 1$이라고 가정하자. 중심이 점 O이고 축이 직선 PR와 QS인 새로운 데카르트 좌표계를 생각하자.

이 경우, 1 보다 작은 양의 실수 u, v 에 대하여 $Q = (u, 0)$, $S = (u-1, 0)$, $R = (0, v)$, $P = (0, v-1)$ 이다. 그러면

$$J = \left(\frac{u}{2}, \frac{v-1}{2}\right), K = \left(\frac{u}{2}, \frac{v}{2}\right), L = \left(\frac{u-1}{2}, \frac{v}{2}\right), J = \left(\frac{u-1}{2}, \frac{v-1}{2}\right)$$

이며, 피타고라스 정리를 이용하여 거리가 같음을 보일 수 있고 이를 통해 사각형 JKLM 이 정사각형임을 유추할 수 있다.

3.2 같은 직선 위, 수직 그리고 동일한 원 위에 있을 조건

서로 다른 네 점을 $M_i(z_i)$, $i \in \{1, 2, 3, 4\}$ 라 하자.

성질 1. 점 M_1, M_2, M_3이 같은 직선 위에 있을 필요충분조건은 $\dfrac{z_3 - z_1}{z_2 - z_1} \in \mathbb{R}^*$이다.

증명. 점 M_1, M_2, M_3이 같은 직선 위에 있으려면 $\angle M_2 M_1 M_3 \in \{0, \pi\}$ 이다. 이에 따라 arg $\dfrac{z_3 - z_1}{z_2 - z_1} \in \{0, \pi\}$ 이며, $\dfrac{z_3 - z_1}{z_2 - z_1} \in \mathbb{R}^*$이므로 주어진 조건을 만족한다. □

성질 2. 직선 $M_1 M_2$와 $M_3 M_4$가 수직일 필요충분조건은 $\dfrac{z_1 - z_2}{z_3 - z_4} \in i\mathbb{R}^*$ 이다.

증명. $M_1 M_2 \perp M_3 M_4$일 필요충분조건은

$$(M_1 M_2 \text{와 } M_3 M_4 \text{가 이루는 각의 크기}) \in \left\{\frac{\pi}{2}, \frac{3\pi}{2}\right\}$$

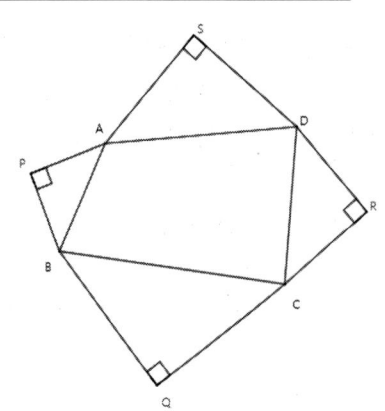

이것은 $\arg \dfrac{z_1 - z_2}{z_3 - z_4} \in \left\{\dfrac{\pi}{2}, \dfrac{3\pi}{2}\right\}$ 와 동치이다. 따라서 $\dfrac{z_1 - z_2}{z_3 - z_4} \in i\mathbb{R}^*$ 이다. □

주의. $M_2 = M_4$ 라고 가정하자. $M_1M_2 \perp M_3M_2$ 일 필요충분조건은 $\dfrac{z_1 - z_2}{z_3 - z_2} \in i\mathbb{R}^*$ 이다.

예제.

(1) 점 $M_1(2-i)$, $M_2(-1+2i)$, $M_3(-2-i)$, $M_4(1+2i)$ 라 하자. 간단한 대수적 계산을 통해 다음을 알 수 있다.
$$\frac{z_1 - z_2}{z_3 - z_4} = i$$
따라서 $M_1M_2 \perp M_3M_4$ 이다.

(2) 점 $M_1(2-i)$, $M_2(-1+2i)$, $M_3(1+2i)$, $M_4(-2-i)$ 이라 하면 $\dfrac{z_1 - z_2}{z_3 - z_4} = -i$ 이고, 결국 $M_1M_2 \perp M_3M_4$ 이다.

문제 1. 삼각형의 꼭짓점 A, B, C의 좌표를 z_1, z_2, z_3라 하자. $w_1 = z_1 - z_2$이고 $w_2 = z_3 - z_1$일 때, $\angle A = 90°$일 필요충분조건이 $\operatorname{Re}(w_1 \cdot \overline{w_2}) = 0$ 임을 보이시오.

풀이. $\angle A = 90°$ 일 필요충분조건은 $\dfrac{z_2 - z_1}{z_3 - z_1} \in i\mathbb{R}$ 이므로 $\dfrac{w_1}{-w_2} \in i\mathbb{R}$ 이다. 즉 $\operatorname{Re}\left(\dfrac{w_1}{-w_2}\right) = 0$ 이다. $\operatorname{Re}\left(\dfrac{w_1 \cdot \overline{w_2}}{-|w_2|^2}\right) = 0$ 또는 $\operatorname{Re}(w_1 \cdot \overline{w_2}) = 0$ 을 의미한다.

성질 3. 서로 다른 점 $M_1(z_1)$, $M_2(z_2)$, $M_3(z_3)$, $M_4(z_4)$가 동일한 원 위의 점이거나 같은 직선 위의 점이기 위한 필요충분조건은 다음과 같다.
$$k = \frac{z_3 - z_2}{z_1 - z_2} : \frac{z_3 - z_4}{z_1 - z_4} \in \mathbb{R}^*$$

증명. 네 점이 모두 동일한 직선 위에 있다고 가정하자. 네 점을 원 위에 배열하는 서로 다른 방법은 $(4-1)! = 3! = 6$ 이다. 네 점이 M_1, M_2, M_3, M_4의 순서로 주어졌다고 하면 M_1, M_2, M_3, M_4가 동일한 원 위에 있을 필요충분조건은
$$\angle M_1M_2M_3 + \angle M_3M_4M_1 \in \{3\pi, \pi\}$$
$$\arg \frac{z_3 - z_2}{z_1 - z_2} + \arg \frac{z_1 - z_4}{z_3 - z_4} \in \{3\pi, \pi\}$$

또한

3장 복소수와 기하

$$\arg \frac{1}{z} = \begin{cases} 2\pi - \arg z, & z \in \mathbb{C}^* \setminus \mathbb{R}_+ \\ 0, & z \in \mathbb{R}^*_+ \end{cases}$$

이므로 다음 식이 성립한다.

$$\arg \frac{z_3 - z_2}{z_1 - z_2} - \arg \frac{z_3 - z_4}{z_1 - z_4} \in \{-\pi, \pi\}$$

즉, $k < 0$ 이다.

네 점의 모든 배열에 대하여 비슷하게 증명할 수 있다. $k > 0$ 인 경우가 세 가지, $k < 0$ 인 경우가 또 세 가지 있다. □

k 의 값을 네 점 $M_1(z_1)$, $M_2(z_2)$, $M_3(z_3)$, $M_4(z_4)$의 **조화비**(Cross ratio)라 부른다.

주의.

(1) 점 M_1, M_2, M_3, M_4 가 같은 직선 위에 있을 필요충분조건은 다음과 같다.

$$\frac{z_3 - z_2}{z_1 - z_2} \in \mathbb{R}^* \text{ 이고 } \frac{z_3 - z_4}{z_1 - z_4} \in \mathbb{R}^*$$

(2) 점 M_1, M_2, M_3, M_4 가 같은 원 위에 있을 필요충분조건은 다음과 같다.

$$k = \frac{z_3 - z_2}{z_1 - z_2} : \frac{z_3 - z_4}{z_1 - z_4} \in \mathbb{R}^* \text{ 이지만}, \frac{z_3 - z_2}{z_1 - z_2} \notin \mathbb{R} \text{ 이고 } \frac{z_3 - z_4}{z_1 - z_4} \notin \mathbb{R}$$

예제.

(1) 복소수 1, i, -1, $-i$의 기하적 상은 같은 원 위에 있다. 실제로, 조화비 $k = \dfrac{-1-i}{1-i} : \dfrac{1-i}{1+i}$
$= -1 \in \mathbb{R}^*$ 이고 $\dfrac{-1-i}{1-i} \notin \mathbb{R}$, $\dfrac{1-i}{1+i} \notin \mathbb{R}$ 임은 분명하다.

(2) 점 $M_1(2-i)$, $M_2(3-2i)$, $M_3(-1+2i)$과 $M_4(-2+3i)$ 은 같은 직선 위에 있다. 따라서, k
$= \dfrac{-4+4i}{-1+i} : \dfrac{1-i}{4-4i} = 16 \in \mathbb{R}^*$ 이고 $\dfrac{-4+4i}{-1+i} = 4 \in \mathbb{R}^*$ 이다.

문제 2. 복소수 z 에 대하여, 복소좌표가 z, z^2, z^3, z^4 인 점이 모두 이 순서대로 같은 원 위에 있을 때, z 를 구하시오.

풀이. 복소좌표가 z, z^2, z^3, z^4 인 점들이 이 순서대로 원에 내접하는 사각형의 꼭짓점이면

$$\frac{z^3 - z^2}{z - z^2} : \frac{z^3 - z^4}{z - z^4} \in \mathbb{R}^*$$

을 만족한다. 따라서

$$-\frac{1 + z + z^2}{z} \in \mathbb{R}^*, \text{ 즉 } -1 - \left(z + \frac{1}{z}\right) \in \mathbb{R}^*$$

이므로 $z + \frac{1}{z} \in \mathbb{R}$, 즉 $z + \frac{1}{z} = \bar{z} + \frac{1}{\bar{z}}$ 이다. 따라서 $(z - \bar{z})(|z|^2 - 1) = 0$ 이므로 $z \in \mathbb{R}$ 또는 $|z| = 1$임을 알 수 있다.

만약 $z \in \mathbb{R}$ 이면 복소좌표가 z, z^2, z^3, z^4 인 점들은 같은 직선 위에 있다. 따라서 $|z| = 1$인 경우만 고려하면 된다.

$t = \arg z \in [0, 2\pi)$라 하면 복소좌표 z, z^2, z^3, z^4 인 점이 이 순서대로 단위원 위에 있을 필요충분조건은 $t \in \left(0, \frac{2\pi}{3}\right) \cup \left(\frac{4\pi}{3}, 2\pi\right)$이라는 것을 보이면 된다.

(a) $t \in \left(0, \frac{\pi}{2}\right)$이면
$$0 < t < 2t < 3t < 4t < 2\pi \text{ 또는 } 0 < \arg z < \arg z^2 < \arg z^3 < \arg z^4 < 2\pi$$

(b) $t \in \left[\frac{\pi}{2}, \frac{2\pi}{3}\right)$이면
$$0 \le 4t - 2\pi < t < 2t < 3t < 2\pi \text{ 또는 } 0 \le \arg z^4 < \arg z < \arg z^2 < \arg z^3 < 2\pi$$

(c) $t \in \left[\frac{2\pi}{3}, \pi\right)$이면
$$0 \le 3t - 2\pi < t \le 4t - 2\pi < 2t < 2\pi \text{ 또는 } 0 \le \arg z^3 < \arg z \le \arg z^4 < \arg z^2 < 2\pi$$

같은 방법으로 $t \in [\pi, 2\pi)$인 경우도 분석할 수 있다. 따라서 주어진 성질을 만족하는 복소수는 다음과 같다.
$$z = \cos t + i \sin t, \quad t \in \left(0, \frac{2\pi}{3}\right) \cup \left(\frac{4\pi}{3}, 2\pi\right)$$

3.3 닮은 삼각형

복소평면 위의 6개의 점 $A_1(a_1)$, $A_2(a_2)$, $A_3(a_3)$, $B_1(b_1)$, $B_2(b_2)$, $B_3(b_3)$ 에 대하여 삼각형 $A_1A_2A_3$와 $B_1B_2B_3$가 닮음이면 $k \in \{1, 2, 3\}$에 대하여 $\angle A_k = \angle B_k$이다.

성질 1. 두 삼각형 $A_1A_2A_3$와 $B_1B_2B_3$가 같은 방향의 닮음일 필요충분조건은
$$\frac{a_2 - a_1}{a_3 - a_1} = \frac{b_2 - b_1}{b_3 - b_1} \tag{1}$$

증명. $\triangle A_1A_2A_3 \sim \triangle B_1B_2B_3$일 필요충분조건은 $\frac{A_1A_2}{A_1A_3} = \frac{B_1B_2}{B_1B_3}$, $\angle A_3A_1A_2 = \angle B_3B_1B_2$ 이다. 이것은 $\left|\frac{a_2 - a_1}{a_3 - a_1}\right| = \left|\frac{b_2 - b_1}{b_3 - b_1}\right|$이고 $\arg \frac{a_2 - a_1}{a_3 - a_1} = \arg \frac{b_2 - b_1}{b_3 - b_1}$ 임을 의미한다. 따라서 다음 식이 성립한다.

$$\frac{a_2 - a_1}{a_3 - a_1} = \frac{b_2 - b_1}{b_3 - b_1}$$

□

주의.
(1) 조건 (1)의 필요충분조건은 다음과 같다.
$$\begin{vmatrix} 1 & 1 & 1 \\ a_1 & a_2 & a_3 \\ b_1 & b_2 & b_3 \end{vmatrix} = 0$$

(2) 두 삼각형 $A_1(0)$, $A_2(1)$, $A_3(2i)$ 와 $B_1(0)$, $B_2(-i)$, $B_3(-2)$ 은 닮음이지만, 방향이 반대 이다. 이 경우는 조건 (1)을 만족하지 않는다. 실제로 계산을 하면 다음과 같다.
$$\frac{a_2 - a_1}{a_3 - a_1} = \frac{1-0}{2i-0} = \frac{1}{2i} \neq \frac{b_2 - b_1}{b_3 - b_1} = \frac{-i-0}{-2-0} = \frac{i}{2}$$

성질 2. 삼각형 $A_1 A_2 A_3$ 와 삼각형 $B_1 B_2 B_3$ 가 반대 방향으로 닮은 삼각형일 필요충분조건은 다음과 같다.
$$\frac{a_2 - a_1}{a_3 - a_1} = \frac{\overline{b_2} - \overline{b_1}}{\overline{b_3} - \overline{b_1}}$$

증명. 점 B_1, B_2, B_3 를 x 축에 대하여 대칭시킨 점을 각각 $M_1(\overline{b_1})$, $M_2(\overline{b_2})$, $M_3(\overline{b_3})$ 라고 하자. 삼각형 $B_1 B_2 B_3$ 와 삼각형 $M_1 M_2 M_3$ 는 서로 방향이 반대인 닮은 삼각형이다. 따라서 삼각형 $A_1 A_2 A_3$ 와 삼각형 $M_1 M_2 M_3$ 는 서로 방향이 같은 닮은 삼각형이다. 따라서 〈성질 1〉에 의하여 주어진 식이 성립한다.

문제 1. 삼각형 ABC 의 변 AB, BC, CA 위에 방향이 같은 닮은 삼각형 ADB, BEC, CFA 를 작도 하자. 삼각형 ABC 와 삼각형 DEF 의 무게중심이 같음을 보이시오.

풀이. 여기에서 각 점은 대문자로 나타내고 그 점의 복소좌표는 소문자로 나타내기로 하자. 〈성질 1〉에 의하여 삼각형 ADB, BEC, CFA 는 방향이 같은 닮은 삼각형이므로
$$\frac{d-a}{b-a} = \frac{e-b}{c-b} = \frac{f-c}{a-c} = z$$

결과적으로 다음이 성립한다.
$$d = a + (b-a)z, \ e = b + (c-b)z, \ f = c + (a-c)z$$

따라서
$$\frac{d+e+f}{3} = \frac{a+b+c}{3}$$

이므로 두 삼각형 ABC, DEF 의 무게중심은 같다.

문제 2. 삼각형 ABC의 변 AB, BC, CA의 중점을 각각 M, N, P라고 하자. 선분 AB, BC, CA의 수직이등분선 위에 점 C′, A′, B′이 다음 식을 만족한다.
$$\frac{\mathrm{MC'}}{\mathrm{AB}} = \frac{\mathrm{NA'}}{\mathrm{BC}} = \frac{\mathrm{PB'}}{\mathrm{CA}}$$
두 삼각형 ABC, A′B′C′의 무게중심이 같음을 보이시오.

풀이. $\frac{\mathrm{MC'}}{\mathrm{AB}} = \frac{\mathrm{NA'}}{\mathrm{BC}} = \frac{\mathrm{PB'}}{\mathrm{CA}}$ 로부터 다음을 알 수 있다.
$$\tan(\angle \mathrm{C'AB}) = \tan(\angle \mathrm{A'BC}) = \tan(\angle \mathrm{B'CA})$$
따라서 삼각형 AC′B, BA′C, CB′A는 닮음이다. 그러므로 〈문제 2〉에 의하여 두 삼각형 ABC, A′B′C′의 무게중심은 같다.

문제 3. 삼각형 ABO는 무게중심이 S인 정삼각형이고 삼각형 A′B′O′는 S ≠ A′, S ≠ B′를 만족하는 같은 방향의 또 다른 정삼각형이다. 선분 A′B와 AB′의 중점을 각각 M, N이라고 하자. 삼각형 SB′M과 삼각형 SA′N이 닮음임을 증명하시오.

(30회 IMO-최종후보문제)

풀이. 삼각형 ABO의 외접원의 반지름을 R이라 하고
$$\varepsilon = \cos\frac{2\pi}{3} + i\sin\frac{2\pi}{3}$$
라고 하자. 점 S가 원점이고, 점 O가 양의 실수 축 위에 있는 복소평면을 생각하자. 이 경우, 점 O, A, B의 복소좌표는 각각 $R, R\varepsilon, R\varepsilon^2$이 된다(〈그림 3.11〉).

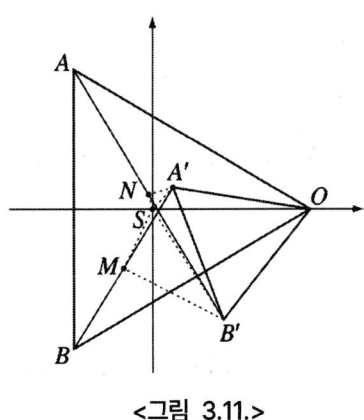

<그림 3.11.>

B′의 복소좌표를 $R + z$라 하면 점 A′의 복소좌표는 $R - z\varepsilon$이다. 따라서 중점 M, N의 좌표는 다음과 같다.

$$z_\mathrm{M} = \frac{z_\mathrm{B} + z_{\mathrm{A}'}}{2} = \frac{R\varepsilon^2 + R - z\varepsilon}{2} = \frac{R(\varepsilon^2+1) - z\varepsilon}{2} = \frac{-R\varepsilon - z\varepsilon}{2} = \frac{-\varepsilon(R+z)}{2}$$

$$z_\mathrm{N} = \frac{z_\mathrm{A} + z_{\mathrm{B}'}}{2} = \frac{R\varepsilon + R + z}{2} = \frac{R(\varepsilon+1)+z}{2} = \frac{-R\varepsilon^2 + z}{2} = \frac{z - \dfrac{R}{\varepsilon}}{2} = \frac{R - z\varepsilon}{-2\varepsilon}$$

$$\frac{z_{\mathrm{B}'} - z_\mathrm{S}}{z_\mathrm{M} - z_\mathrm{S}} = \overline{\frac{z_{\mathrm{A}'} - z_\mathrm{S}}{z_\mathrm{N} - z_\mathrm{S}}}$$

가 성립할 필요충분조건은

$$\frac{R+z}{\dfrac{-\varepsilon(R+z)}{2}} = \overline{\frac{R - z\varepsilon}{\dfrac{R - z\varepsilon}{-2\varepsilon}}}$$

마지막 관계식으로부터 $\varepsilon \cdot \bar\varepsilon = 1$, 즉 $|\varepsilon|^2 = 1$이므로 삼각형 SB′M과 삼각형 SA′N은 반대 방향의 닮음이다.

3.4 정삼각형

성질 1. 삼각형 $A_1 A_2 A_3$의 꼭짓점에 대응하는 복소좌표를 z_1, z_2, z_3라고 하자. 다음 명제는 모두 동치다.

(a) $A_1 A_2 A_3$는 정삼각형이다.

(b) $|z_1 - z_2| = |z_2 - z_3| = |z_3 - z_1|$

(c) $z_1^2 + z_2^2 + z_3^2 = z_1 z_2 + z_2 z_3 + z_3 z_1$

(d) $\dfrac{z_2 - z_1}{z_3 - z_1} = \dfrac{z_3 - z_2}{z_1 - z_2}$

(e) $\dfrac{1}{z - z_1} + \dfrac{1}{z - z_2} + \dfrac{1}{z - z_3} = 0$ (단, $z = \dfrac{z_1 + z_2 + z_3}{3}$)

(f) $(z_1 + \varepsilon z_2 + \varepsilon^2 z_3)(z_1 + \varepsilon^2 z_2 + \varepsilon z_3) = 0$ (단, $\varepsilon = \cos\dfrac{2\pi}{3} + i\sin\dfrac{2\pi}{3}$)

(g) $\begin{vmatrix} 1 & 1 & 1 \\ z_1 & z_2 & z_3 \\ z_2 & z_3 & z_1 \end{vmatrix} = 0$

증명. 삼각형 $A_1 A_2 A_3$가 정삼각형일 필요충분조건은 삼각형 $A_1 A_2 A_3$와 삼각형 $A_2 A_3 A_1$이 같은 방향의 닮음으로 다음 식이 성립한다.

$$\begin{vmatrix} 1 & 1 & 1 \\ z_1 & z_2 & z_3 \\ z_2 & z_3 & z_1 \end{vmatrix} = 0$$

따라서 (a) ⇔ (g)이다.

행렬식을 계산하면 다음을 얻는다.
$$0 = \begin{vmatrix} 1 & 1 & 1 \\ z_1 & z_2 & z_3 \\ z_2 & z_3 & z_1 \end{vmatrix} = z_1 z_2 + z_2 z_3 + z_3 z_1 - (z_1^2 + z_2^2 + z_3^2)$$
$$= -(z_1 + \varepsilon z_2 + \varepsilon^2 z_3)(z_1 + \varepsilon^2 z_2 + \varepsilon z_3)$$

따라서 (g)⇔(c)⇔(f)가 성립한다.

간단한 계산을 통하여 (d)⇔(c)임을 보일 수 있고 (a)⇔(b)는 정삼각형이므로 자명하다. (a)⇔(e)의 증명은 독자에게 남기겠다. □

다음 결과는 위의 주제를 다듬어 정리한 내용이다.

성질 2. z_1, z_2, z_3은 양의 방향을 갖는 삼각형의 꼭짓점 A_1, A_2, A_3의 복소좌표라 하면 다음 명제들은 모두 동치이다.
(a) $A_1 A_2 A_3$는 정삼각형이다.
(b) $z_3 - z_1 = \varepsilon(z_2 - z_1)$ (단, $\varepsilon = \cos\dfrac{\pi}{3} + i\sin\dfrac{\pi}{3}$)
(c) $z_2 - z_1 = \varepsilon(z_3 - z_1)$ (단, $\varepsilon = \cos\dfrac{5\pi}{3} + i\sin\dfrac{5\pi}{3}$)
(d) $z_1 + \varepsilon z_2 + \varepsilon^2 z_3 = 0$ (단, $\varepsilon = \cos\dfrac{2\pi}{3} + i\sin\dfrac{2\pi}{3}$)

증명. $A_1 A_2 A_3$가 양의 방향의 정삼각형일 필요충분조건은 점 A_3는 점 A_1을 중심으로 점 A_2를 $\dfrac{\pi}{3}$만큼 회전시켜 얻은 점이라는 것이다. 즉, 다음 식이 성립한다.
$$z_3 = z_1 + \left(\cos\frac{\pi}{3} + i\sin\frac{\pi}{3}\right)(z_2 - z_1)$$

따라서 (a)⇔(b)이다(〈그림 3.12〉).

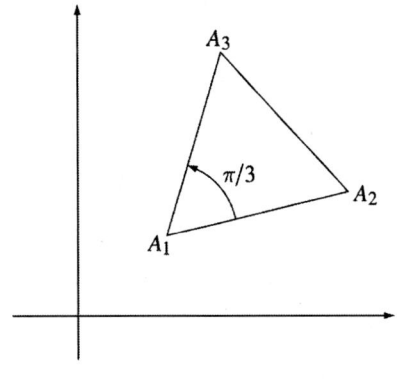

<그림 3.12.>

점 A_1을 중심으로 점 A_3를 $\dfrac{5\pi}{3}$ 만큼 회전시키면 점 A_2가 된다. 위와 같은 방법으로 (a)⇔(c)임을 보일 수 있다.

(b)⇔(d)임을 증명하기 위하여 (b)는 다음과 같음과 동치이다.

$$z_3 = z_1 + \left(\dfrac{1}{2} + i\dfrac{\sqrt{3}}{2}\right)(z_2 - z_1) = \left(\dfrac{1}{2} - i\dfrac{\sqrt{3}}{2}\right)z_1 + \left(\dfrac{1}{2} + i\dfrac{\sqrt{3}}{2}\right)z_2$$

따라서 다음 식이 성립한다.

$$\begin{aligned} z_1 + \varepsilon z_2 + \varepsilon^2 z_3 &= z_1 + \left(-\dfrac{1}{2} + i\dfrac{\sqrt{3}}{2}\right)z_2 + \left(-\dfrac{1}{2} - i\dfrac{\sqrt{3}}{2}\right)z_3 \\ &= z_1 + \left(-\dfrac{1}{2} + i\dfrac{\sqrt{3}}{2}\right)z_2 + \left(-\dfrac{1}{2} - i\dfrac{\sqrt{3}}{2}\right)\left[\left(\dfrac{1}{2} - i\dfrac{\sqrt{3}}{2}\right)z_1 + \left(\dfrac{1}{2} + i\dfrac{\sqrt{3}}{2}\right)z_2\right] \\ &= z_1 + \left(-\dfrac{1}{2} + i\dfrac{\sqrt{3}}{2}\right)z_2 - z_1 + \left(\dfrac{1}{2} - i\dfrac{\sqrt{3}}{2}\right)z_2 = 0 \end{aligned}$$

그러므로 (b)⇔(d)이다. □

성질 3. z_1, z_2, z_3은 음의 방향을 갖는 삼각형의 꼭짓점 A_1, A_2, A_3의 복소좌표라 하면 다음 명제들은 모두 동치이다.

(a) $A_1A_2A_3$는 정삼각형이다.

(b) $z_3 - z_1 = \varepsilon(z_2 - z_1)$ (단, $\varepsilon = \cos\dfrac{5\pi}{3} + i\sin\dfrac{5\pi}{3}$)

(c) $z_2 - z_1 = \varepsilon(z_3 - z_1)$ (단, $\varepsilon = \cos\dfrac{\pi}{3} + i\sin\dfrac{\pi}{3}$)

(d) $z_1 + \varepsilon z_2 + \varepsilon^2 z_3 = 0$ (단, $\varepsilon = \cos\dfrac{2\pi}{3} + i\sin\dfrac{2\pi}{3}$)

증명. 정삼각형 $A_1A_2A_3$가 음의 방향을 가질 필요충분조건은 삼각형 $A_1A_3A_2$가 양의 방향을 갖는 정삼각형이다. 여기에 〈성질 2〉를 적용하면 위의 성질은 모두 성립한다. □

성질 4. z_1, z_2, z_3은 정삼각형 $A_1A_2A_3$의 꼭짓점의 복소좌표라 하자. 다음 명제는 서로 동치이다.

(1) $A_1A_2A_3$는 정삼각형이다.

(2) $z_1 \cdot \overline{z_2} = z_2 \cdot \overline{z_3} = z_3 \cdot \overline{z_1}$

(3) $z_1^2 = z_2 \cdot z_3$ 이고, $z_2^2 = z_1 \cdot z_3$, $z_3^2 = z_1 \cdot z_2$

증명. (2)⇒(1), (3)⇒(1), (3)⇔(2)의 순서로 보이겠다.

(2)⇒(1). 주어진 식에 절댓값을 취하면 다음을 얻는다.

$$|z_1| \cdot |\overline{z_2}| = |z_2| \cdot |\overline{z_3}| = |z_3| \cdot |\overline{z_1}|$$

위의 식과 동치이므로 다음이 성립한다.

$$|z_1| \cdot |z_2| = |z_2| \cdot |z_3| = |z_3| \cdot |z_1|$$

$$|z_1| = |z_2| = |z_3| = r$$

$$\overline{z_1} = \frac{r^2}{z_1}, \ \overline{z_2} = \frac{r^2}{z_2}, \ \overline{z_3} = \frac{r^2}{z_3}$$

이것을 (2)의 식에 대입하면

$$\frac{z_1}{z_2} = \frac{z_2}{z_3} = \frac{z_3}{z_1}$$

$$z_1^2 = z_2 \cdot z_3, \ z_2^2 = z_1 \cdot z_3, \ z_3^2 = z_1 \cdot z_2$$

이 식을 모두 더하면

$$z_1^2 + z_2^2 + z_3^2 = z_1 \cdot z_2 + z_2 \cdot z_3 + z_1 \cdot z_2$$

이므로 삼각형 $A_1 A_2 A_3$ 는 정삼각형이다.

위의 과정에서 (2) $\Rightarrow$ (3)임을 보였고 이 증명은 거꾸로 진행해도 참이므로 (2) $\Leftrightarrow$ (3)이다. 따라서 (3) $\Rightarrow$ (1)이므로 주어진 성질이 성립한다. □

문제 1. 0이 아닌 복소수 z_1, z_2, z_3는 각각 삼각형 $A_1 A_2 A_3$의 꼭짓점을 나타내는 좌표라 하자. $z_1^2 = z_2 z_3$, $z_2^2 = z_1 z_3$이면 삼각형 $A_1 A_2 A_3$이 정삼각형임을 보이시오.

풀이. $z_1^2 = z_2 z_3$, $z_2^2 = z_1 z_3$을 곱하면 $z_1^2 z_2^2 = z_1 z_2 z_3^2$이므로 결과적으로 $z_3^2 = z_1 \cdot z_2$이다. 따라서

$$z_1^2 + z_2^2 + z_3^2 = z_1 \cdot z_2 + z_2 \cdot z_3 + z_1 \cdot z_2$$

이고 〈성질 1〉에 의하여 삼각형 $A_1 A_2 A_3$ 은 정삼각형이다.

문제 2. 복소수 z_1, z_2, z_3 은 각각 삼각형 $A_1 A_2 A_3$ 의 꼭짓점의 좌표라 하자. $|z_1| = |z_2| = |z_3|$ 이고 $z_1 + z_2 + z_3 = 0$ 이면 삼각형 $A_1 A_2 A_3$ 은 정삼각형임을 보이시오.

풀이 1. 모든 복소수 z_1, z_2에 대하여 다음 등식은 성립한다(1.1.7절 문제 1 참고).

$$|z_1 - z_2|^2 + |z_1 + z_2|^2 = 2(|z_1|^2 + |z_2|^2) \tag{1}$$

$z_1 + z_2 + z_3 = 0$ 이므로 $z_1 + z_2 = -z_3$ 이고 $|z_1 + z_2| = |z_3|$ 이다.

$|z_1| = |z_2| = |z_3|$ 과 식 (1)을 이용하면 $|z_1 - z_2|^2 = 3|z_1|^2$ 이다. 같은 방법으로 관계식 $|z_2 - z_3|^2 = 3|z_1|^2$, $|z_3 - z_1|^2 = 3|z_1|^2$ 을 얻는다.

따라서 $|z_1 - z_2| = |z_2 - z_3| = |z_3 - z_1|$ 이고 삼각형 $A_1 A_2 A_3$ 은 정삼각형이다.

풀이 2. 켤레복소수를 이용하면[22] $\frac{1}{z_1}+\frac{1}{z_2}+\frac{1}{z_3}=0$이다. 이 식과 가정을 이용하면[23] $z_1^2+z_2^2+z_3^2$
$= z_1z_2+z_2z_3+z_3z_1 = 0$이다. 따라서 정리 1 (c)에 의해서 삼각형 $A_1A_2A_3$은 정삼각형이다.

풀이 3. 조건 $|z_1|=|z_2|=|z_3|$이므로 삼각형 $A_1A_2A_3$의 외심을 복소평면의 원점으로 둘 수 있다. 그러면 삼각형 $A_1A_2A_3$의 수심 H 의 좌표가 $z_H = z_1+z_2+z_3 = 0 = z_O$ 이므로 H = O이다. 따라서 삼각형 $A_1A_2A_3$은 정삼각형이다.[24]

문제 3. 임의의 삼각형 ABC의 외부영역에 각 변을 한 변으로 하는 정삼각형 AC′B, BA′C, CB′A 를 그리자. 정삼각형 AC′B, BA′C, CB′A의 각 무게중심을 꼭짓점으로 하는 삼각형이 정삼각형임을 보이시오. (나폴레옹 문제)

풀이. 삼각형 ABC의 꼭짓점 A, B, C 의 복소좌표를 각각 a, b, c 라 하자(⟨그림 3.13⟩).

---

[22](역자주) $r = |z_1|=|z_2|=|z_3|$이라 하자. $z_1+z_2+z_3=0$이므로 $\overline{z_1+z_2+z_3}=\overline{0}$ 이고
$\overline{z_1}+\overline{z_2}+\overline{z_3}=0$이다. 또한 $z\bar{z}=|z|^2$이므로 $\bar{z}=\frac{|z|^2}{z}$이다. 따라서 식 (1)은 $\frac{r^2}{z_1}+\frac{r^2}{z_2}+\frac{r^2}{z_3}=0$ 와 동치이므로 $\frac{1}{z_1}+\frac{1}{z_2}+\frac{1}{z_3}=0$이다.

[23](역자주) 위의 식 양변에 $z_1z_2z_3$을 곱하면 $z_1z_2+z_2z_3+z_3z_1 = 0$ 이다. 그런데
$$(z_1+z_2+z_3)^2 = z_1^2+z_2^2+z_3^2+2(z_1z_2+z_2z_3+z_3z_1)$$
이므로 $z_1+z_2+z_3=0$ 과 $z_1z_2+z_2z_3+z_3z_1=0$ 을 이용하면 $z_1^2+z_2^2+z_3^2=0$이다. 따라서
$$z_1^2+z_2^2+z_3^2 = 0 = z_1z_2+z_2z_3+z_3z_1$$

[24](역자주) 다른 풀이.
삼각형 $A_1A_2A_3$ 세 꼭짓점이 중심이 원점인 원 위에 있고, 복소좌표를 각각 z_1, z_2, z_3라 하자. 점 H 의 복소좌표를 $z_H = z_1+z_2+z_3$ 라 할 때, H가 수심이라는 것을 보이려면 선분 A_1H와 A_2A_3가 서로 수직임을 보이면 된다. 왜냐하면 A_2H와 A_3A_1과 A_3H와 A_1A_2도 비슷하게 증명되기 때문이다.
A_1H와 A_2A_3를 복소수로 나타내면 각각 z_H-z_1, z_2-z_3이므로 $\arg\left(\frac{z_H-z_1}{z_2-z_3}\right)=90°$ 즉, $\frac{z_H-z_1}{z_2-z_3}\in i\mathbb{R}$ 임을 보이면 된다.

$$z=\frac{z_H-z_1}{z_2-z_3}=\frac{z_2+z_3}{z_2-z_3}, \quad \bar{z}=\overline{\left(\frac{z_2+z_3}{z_2-z_3}\right)}=\frac{\overline{z_2}+\overline{z_3}}{\overline{z_2}-\overline{z_3}}=\frac{\frac{r^2}{z_2}+\frac{r^2}{z_3}}{\frac{r^2}{z_2}-\frac{r^2}{z_3}}=\frac{\frac{1}{z_2}+\frac{1}{z_3}}{\frac{1}{z_2}-\frac{1}{z_3}}=\frac{z_3+z_2}{z_3-z_2}=-z$$

즉, $\bar{z}=-z$이므로 $z\in i\mathbb{R}$이다. 따라서 $z_H = z_1+z_2+z_3$은 삼각형 $A_1A_2A_3$의 수심이다.

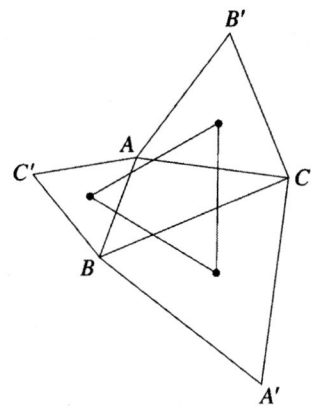

<그림 3.13.>

AC′B, BA′C, CB′A은 정삼각형이므로 성질 2 (d)에 의해서 다음 식이 성립한다.
$$a + c'\varepsilon + b\varepsilon^2 = 0, \ b + a'\varepsilon + c\varepsilon^2 = 0, \ c + b'\varepsilon + a\varepsilon^2 = 0 \tag{1}$$
(단, a', b', c'은 각각 점 A′, B′, C′의 복소좌표)

정삼각형 A′BC, AB′C, ABC′의 무게중심을 각각 a'', b'', c''이라고 하면 각 좌표는
$$a'' = \frac{1}{3}(a' + b + c), \ b'' = \frac{1}{3}(a + b' + c), \ c'' = \frac{1}{3}(a + b + c')$$
이다. 이제 $c'' + a''\varepsilon + b''\varepsilon^2 = 0$임을 확인하면 된다.
$$3(c'' + a''\varepsilon + b''\varepsilon^2) = (a + b + c') + (a' + b + c)\varepsilon + (a + b' + c)\varepsilon^2$$
$$= (b + a'\varepsilon + c\varepsilon^2) + (c + b'\varepsilon + a\varepsilon^2)\varepsilon + (a + c'\varepsilon + b\varepsilon^2)\varepsilon^2 = 0$$

문제 4. 임의의 삼각형 ABC의 각 변을 한 변으로 하는 정n각형 세 개가 삼각형의 외부에 있다고 하자. 정n각형의 무게중심이 정삼각형의 꼭짓점이 되게 하는 모든 자연수 n을 구하시오(단, $n \geq 3$).

(1990년 발칸(Balkan) 수학 올림피아드 최종 후보 문제)

풀이. 세 변 BC, CA, AB를 각각 한 변으로 하는 정n각형의 무게중심을 각각 A_0, B_0, C_0라 하자(<그림 3.14>).

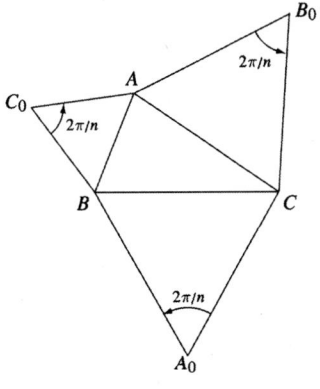

<그림 3.14.>

77

그러면 $\angle AC_0B = \angle BA_0C = \angle AB_0C = \dfrac{2\pi}{n}$ 이다.

$$\varepsilon = \cos\dfrac{2\pi}{n} + i\sin\dfrac{2\pi}{n}$$

라 하고 점 A, B, C, A_0, B_0, C_0의 복소평면 좌표를 각각 a, b, c, a_0, b_0, c_0라 하자. 회전 공식 성질 2 (b)에 의해서,

$$a = c_0 + (b-c_0)\varepsilon, \quad b = a_0 + (c-a_0)\varepsilon, \quad c = b_0 + (a-b_0)\varepsilon$$

이므로

$$a_0 = \dfrac{b-c\varepsilon}{1-\varepsilon}, \quad b_0 = \dfrac{c-a\varepsilon}{1-\varepsilon}, \quad c_0 = \dfrac{a-b\varepsilon}{1-\varepsilon}$$

삼각형 $A_0B_0C_0$가 정삼각형일 필요충분조건은

$$a_0^2 + b_0^2 + c_0^2 = a_0b_0 + b_0c_0 + c_0a_0$$

a_0, b_0, c_0에 각각 대입하면 다음 식을 얻는다.

$$(b-c\varepsilon)^2 + (c-a\varepsilon)^2 + (a-b\varepsilon)^2 = (b-c\varepsilon)(c-a\varepsilon) + (c-a\varepsilon)(a-b\varepsilon) + (a-b\varepsilon)(c-a\varepsilon)$$

위 식은 다음 식과 동치이다.

$$(1+\varepsilon+\varepsilon^2)[(a-b)^2 + (b-c)^2 + (c-a)^2] = 0$$

따라서 $1+\varepsilon+\varepsilon^2 = 0$, 즉 $\dfrac{2\pi}{n} = \dfrac{2\pi}{3}$ 이므로 $n = 3$이다. 그러므로 $n = 3$ 일 때만 주어진 성질이 성립한다.

3.5 복소평면에서의 해석기하학 일부

3.5.1 직선의 방정식

성질 1. 복소평면에서의 직선의 방정식은 다음과 같다.

$$\overline{\alpha} \cdot \overline{z} + \alpha z + \beta = 0 \quad (\text{단 } \alpha \in \mathbb{C}^*,\ \beta \in \mathbb{R},\ z = x+iy \in \mathbb{C} \text{ 이다.})$$

증명. 2차원 좌표평면에서의 직선의 방정식은

$$Ax + By + C = 0 \quad (\text{단, } A, B, C \in \mathbb{R} \text{ 이고 } A^2 + B^2 \neq 0)$$

$z = x+iy$ 라 두면 $x = \dfrac{z+\overline{z}}{2}$, $y = \dfrac{z-\overline{z}}{2i}$ 이다. 그러므로 다음과 같이 정리할 수 있다.

$$A\dfrac{z+\overline{z}}{2} - B\dfrac{z-\overline{z}}{2}i + C = 0, \quad \overline{z}\left(\dfrac{A+Bi}{2}\right) + z\left(\dfrac{A-Bi}{2}\right) + C = 0$$

$\alpha = \dfrac{A-Bi}{2} \in \mathbb{C}^*$, $\beta = C \in \mathbb{R}$ 이라 하면 $|\alpha|^2 = \dfrac{A^2+B^2}{4} \neq 0$이므로 $\alpha \neq 0$이고,

3.5 복소평면에서의 해석기하학 일부

$$\overline{\alpha} \cdot \overline{z} + \alpha \cdot z + \beta = 0 \qquad \square$$

$\alpha = \overline{\alpha}$ 이면 $B = 0$ 이고 수직인 직선이다. $\alpha \neq \overline{\alpha}$ 이면 직선의 **각 계수**(angular coefficient) m을 다음과 같이 정의한다.

$$m = -\frac{A}{B} = \frac{\alpha + \overline{\alpha}}{\frac{\alpha - \overline{\alpha}}{i}} = \frac{\alpha + \overline{\alpha}}{\alpha - \overline{\alpha}} i$$

성질 2. 복소평면에서의 두 직선 d_1, d_2의 방정식은 각각

$$\overline{\alpha_1} \cdot \overline{z} + \alpha_1 \cdot z + \beta_1 = 0, \quad \overline{\alpha_2} \cdot \overline{z} + \alpha_2 \cdot z + \beta_2 = 0$$

이다. 그러면 두 직선 d_1, d_2가

(1) 평행할 필요충분조건은 $\dfrac{\overline{\alpha_1}}{\alpha_1} = \dfrac{\overline{\alpha_2}}{\alpha_2}$

(2) 수직일 필요충분조건은 $\dfrac{\overline{\alpha_1}}{\alpha_1} + \dfrac{\overline{\alpha_2}}{\alpha_2} = 0$

(3) 한 점에서 만날 필요충분조건은 $\dfrac{\overline{\alpha_1}}{\alpha_1} \neq \dfrac{\overline{\alpha_2}}{\alpha_2}$

증명.

(1) $d_1 \parallel d_2$ 일 필요충분조건은 $m_1 = m_2$이다. 그러므로

$$\frac{\alpha_1 + \overline{\alpha_1}}{\alpha_1 - \overline{\alpha_1}} i = \frac{\alpha_2 + \overline{\alpha_2}}{\alpha_2 - \overline{\alpha_2}} i, \quad \alpha_2 \overline{\alpha_1} = \alpha_1 \overline{\alpha_2}, \quad \frac{\overline{\alpha_1}}{\alpha_1} = \frac{\overline{\alpha_2}}{\alpha_2}$$

(2) $d_1 \perp d_2$ 일 필요충분조건은 $m_1 m_2 = -1$ 이다. 그러므로

$$\alpha_2 \overline{\alpha_1} + \alpha_2 \overline{\alpha_2} = 0, \quad \frac{\overline{\alpha_1}}{\alpha_1} + \frac{\overline{\alpha_2}}{\alpha_2} = 0$$

(3) d_1, d_2가 한 점에서 만나기 위한 필요충분조건은 $m_1 \neq m_2$ 이다. 그러므로 $\dfrac{\overline{\alpha_1}}{\alpha_1} \neq \dfrac{\overline{\alpha_2}}{\alpha_2}$ $\qquad \square$

각 계수에 대한 결과는 **기울기**(slope)의 성질과 일치한다. 비 $m_d = -\dfrac{\overline{\alpha}}{\alpha}$ 를 방정식이

$$\overline{\alpha} \cdot \overline{z} + \alpha \cdot z + \beta = 0$$

인 직선 d의 **복소수 각 계수**(complex angular coefficient)라 한다.

3.5.2 두 점에 의해 결정되는 직선의 방정식

성질. 두 점 $P_1(z_1)$, $P_2(z_2)$ 에 의해 결정되는 직선의 방정식은

$$\begin{vmatrix} z_1 & \overline{z_1} & 1 \\ z_2 & \overline{z_2} & 1 \\ z & \overline{z} & 1 \end{vmatrix} = 0$$

증명. 두 점 $P_1(x_1, y_1)$, $P_2(x_2, y_2)$에 의해서 결정되는 직선의 방정식은

$$\begin{vmatrix} x_1 & y_1 & 1 \\ x_2 & y_2 & 1 \\ x & y & 1 \end{vmatrix} = 0$$

이를 복소수로 바꾸어 나타내면

$$\begin{vmatrix} \dfrac{z_1 + \overline{z_1}}{2} & \dfrac{z_1 - \overline{z_1}}{2i} & 1 \\ \dfrac{z_2 + \overline{z_2}}{2} & \dfrac{z_2 - \overline{z_2}}{2i} & 1 \\ \dfrac{z + \overline{z}}{2} & \dfrac{z - \overline{z}}{2i} & 1 \end{vmatrix} = 0$$

이고 이것을 간단히 정리하면 다음과 같다.

$$\dfrac{1}{4i} \begin{vmatrix} z_1 + \overline{z_1} & z_1 - \overline{z_1} & 1 \\ z_2 + \overline{z_2} & z_2 - \overline{z_2} & 1 \\ z + \overline{z} & z - \overline{z} & 1 \end{vmatrix} = 0$$

$$\begin{vmatrix} z_1 & \overline{z_1} & 1 \\ z_2 & \overline{z_2} & 1 \\ z & \overline{z} & 1 \end{vmatrix} = 0$$

주의.
(1) 세 점 $M_1(z_1)$, $M_2(z_2)$, $M_3(z_3)$가 동일직선 위에 있을 필요충분조건은

$$\begin{vmatrix} z_1 & \overline{z_1} & 1 \\ z_2 & \overline{z_2} & 1 \\ z_3 & \overline{z_3} & 1 \end{vmatrix} = 0$$

(2) 복소평면에서 복소수 좌표 z_1, z_2인 두 점에 의해서 결정되는 직선의 복소수 각 계수는

$$m = \dfrac{z_2 - z_1}{\overline{z_2} - \overline{z_1}}$$

더욱이 직선의 방정식은

$$\begin{vmatrix} z_1 & \overline{z_1} & 1 \\ z_2 & \overline{z_2} & 1 \\ z & \overline{z} & 1 \end{vmatrix} = 0$$

이고 이 행렬식을 풀면 식

$$z_1\overline{z_2} + z_2\overline{z} + z\overline{z_1} - z\overline{z_2} - z_1\overline{z} - z_2\overline{z_1} = 0$$

과 필요충분조건이다. 이것을 다시 간단히 하면 아래와 같다.

$$\overline{z}(z_2 - z_1) - z(\overline{z_2} - \overline{z_1}) + z_1\overline{z_2} - z_2\overline{z_1} = 0$$

복소수 각 계수의 정의를 사용하면 다음과 같다.

$$m = \frac{z_2 - z_1}{\overline{z_2} - \overline{z_1}}$$

3.5.3 삼각형의 넓이

정리. 꼭짓점의 좌표가 z_1, z_2, z_3인 삼각형 $A_1A_2A_3$의 넓이는

$$\frac{i}{4} \begin{vmatrix} z_1 & \overline{z_1} & 1 \\ z_2 & \overline{z_2} & 1 \\ z_3 & \overline{z_3} & 1 \end{vmatrix} \tag{1}$$

의 절댓값과 같다.

증명. 데카르트 좌표평면을 사용하면, 꼭짓점이 (x_1, y_1), (x_2, y_2), (x_3, y_3)인 삼각형 $A_1A_2A_3$의 넓이는 다음 행렬식의 절댓값과 같다.

$$\triangle = \frac{1}{2} \begin{vmatrix} x_1 & y_1 & 1 \\ x_2 & y_2 & 1 \\ x_3 & y_3 & 1 \end{vmatrix}$$

이때, $x_k = \dfrac{z_k + \overline{z_k}}{2}$, $y_k = \dfrac{z_k - \overline{z_k}}{2i}$에 $k = 1, 2, 3$을 대입하면

$$\triangle = \frac{1}{8i} \begin{vmatrix} z_1 + \overline{z_1} & z_1 - \overline{z_1} & 1 \\ z_2 + \overline{z_2} & z_2 - \overline{z_2} & 1 \\ z_3 + \overline{z_3} & z_3 - \overline{z_3} & 1 \end{vmatrix} = -\frac{1}{4i} \begin{vmatrix} z_1 & \overline{z_1} & 1 \\ z_2 & \overline{z_2} & 1 \\ z_3 & \overline{z_3} & 1 \end{vmatrix} = \frac{i}{4} \begin{vmatrix} z_1 & \overline{z_1} & 1 \\ z_2 & \overline{z_2} & 1 \\ z_3 & \overline{z_3} & 1 \end{vmatrix}$$

이므로 주어진 식을 만족한다.

꼭짓점의 좌표가 z_1, z_2, z_3인 양의 방향 삼각형 $A_1A_2A_3$이 다음 부등식을 만족함은 쉽게 알 수 있다.

$$\frac{i}{4} \begin{vmatrix} z_1 & \overline{z_1} & 1 \\ z_2 & \overline{z_2} & 1 \\ z_3 & \overline{z_3} & 1 \end{vmatrix} > 0$$

따름정리. 꼭짓점의 좌표가 z_1, z_2, z_3인 양의 방향 삼각형 $A_1A_2A_3$의 넓이는 다음과 같다.

$$\text{area}[A_1A_2A_3] = \frac{1}{2}\text{Im}(\overline{z_1}z_2 + \overline{z_2}z_3 + \overline{z_3}z_1) \tag{2}$$

증명. 위의 정리에 있는 행렬식 값은

$$\begin{vmatrix} z_1 & \overline{z_1} & 1 \\ z_2 & \overline{z_2} & 1 \\ z_3 & \overline{z_3} & 1 \end{vmatrix} = z_1\overline{z_2} + z_2\overline{z_3} + z_3\overline{z_1} - z_2\overline{z_3} - z_1\overline{z_3} - z_2\overline{z_1}$$

$$= \left[(z_1\overline{z_2} + z_2\overline{z_3} + z_3\overline{z_1}) - \overline{(z_1\overline{z_2} + z_2\overline{z_3} + z_3\overline{z_1})}\right]$$

$$= 2i\,\text{Im}(z_1\overline{z_2} + z_2\overline{z_3} + z_3\overline{z_1}) = -2i\,\text{Im}(\overline{z_1}z_2 + \overline{z_2}z_3 + \overline{z_3}z_1)$$

이다. 구한 결과를 식 (1)에 대입하면 주어진 식을 얻는다. □

4.3절에서 공식 (2)가 확장되어 양의 방향 다각형 $A_1A_2 \cdots A_n$에도 적용할 수 있음을 살펴볼 것이다.

문제 1. 삼각형 $A_1A_2A_3$와 직선 A_2A_3, A_1A_3, A_1A_2에 놓여있는 점을 각각 M_1, M_2, M_3이라 하자. M_1, M_2, M_3이 $\overline{A_2A_3}$, $\overline{A_1A_3}$, $\overline{A_1A_2}$를 각각 λ_1, λ_2, λ_3의 비로 나눈다고 가정하자. 그러면

$$\frac{\text{area}[M_1M_2M_3]}{\text{area}[A_1A_2A_3]} = \frac{1-\lambda_1\lambda_2\lambda_3}{(1-\lambda_1)(1-\lambda_2)(1-\lambda_3)} \tag{3}$$

이 성립함을 보여라.

풀이. 점 M_1, M_2, M_3의 좌표는 $m_1 = \dfrac{a_2 - \lambda_1 a_3}{1-\lambda_1}$, $m_2 = \dfrac{a_3 - \lambda_2 a_1}{1-\lambda_2}$, $m_3 = \dfrac{a_1 - \lambda_3 a_2}{1-\lambda_3}$이다. 공식 (2)를 적용하면, 다음을 얻는다.

$$\text{area}[M_1M_2M_3] = \frac{1}{2}\text{Im}(\overline{m_1}m_2 + \overline{m_2}m_3 + \overline{m_3}m_1)$$

$$= \frac{1}{2}\text{Im}\left[\frac{(\overline{a_2}-\lambda_1\overline{a_3})(a_3-\lambda_2 a_1)}{(1-\lambda_1)(1-\lambda_2)} + \frac{(\overline{a_3}-\lambda_2\overline{a_1})(a_1-\lambda_3 a_2)}{(1-\lambda_2)(1-\lambda_3)} + \frac{(\overline{a_1}-\lambda_3\overline{a_2})(a_2-\lambda_1 a_3)}{(1-\lambda_3)(1-\lambda_1)}\right]$$

$$= \frac{1}{2}\text{Im}\left[\frac{1-\lambda_1\lambda_2\lambda_3}{(1-\lambda_1)(1-\lambda_2)(1-\lambda_3)}(\overline{a_3}a_2 + \overline{a_2}a_3 + \overline{a_3}a_1)\right]$$

$$= \frac{1-\lambda_1\lambda_2\lambda_3}{(1-\lambda_1)(1-\lambda_2)(1-\lambda_3)}\text{area}[A_1A_2A_3]$$

주의. 공식 (3)으로 부터 잘 알려진 메넬라우스의 정리(Theorem of Menelaus)를 얻는다.
점 M_1, M_2, M_3이 동일한 직선 위에 있기 위한 필요충분조건은 $\lambda_1\lambda_2\lambda_3 = 1$ 즉,

$$\frac{M_1A_2}{M_1A_3} \cdot \frac{M_2A_3}{M_2A_1} \cdot \frac{M_3A_1}{M_3A_2} = 1$$

문제 2. a, b, c를 삼각형의 꼭짓점 A, B, C의 좌표라 하자. $|a|=|b|=|c|=1$이고 $\alpha \in \left(0, \frac{\pi}{2}\right)$가 존재해서 $a + b\cos\alpha + c\sin\alpha = 0$이다.

$$1 < \text{area}[ABC] \le \frac{1+\sqrt{2}}{2}$$

이 성립함을 보이시오. (로마 수학 올림피아드 최종 문제, 2003)

풀이. 주어진 식을 살펴보면
$$1 = |a|^2 = |b\cos\alpha + c\sin\alpha|^2 = (b\cos\alpha + c\sin\alpha)(\overline{b}\cos\alpha + \overline{c}\sin\alpha)$$
$$= |b|^2\cos^2\alpha + |c|^2\sin^2\alpha + (b\overline{c}+\overline{b}c)\sin\alpha\cos\alpha = 1 + \frac{b^2+c^2}{bc}\cos\alpha\sin\alpha$$

이다. $b^2+c^2=0$이므로 $b=\pm ic$이다. 공식 (2)를 적용하면,
$$\text{area}[ABC] = \frac{1}{2}|\text{Im}(\overline{a}b + \overline{b}c + \overline{c}b)|$$
$$= \frac{1}{2}|\text{Im}[(-\overline{b}\cos\alpha - \overline{c}\sin\alpha)b + \overline{b}c - \overline{c}(b\cos\alpha + c\sin\alpha)]|$$
$$= \frac{1}{2}|\text{Im}(-\cos\alpha - \sin\alpha - b\overline{c}\sin\alpha - b\overline{c}\cos\alpha + \overline{b}c)|$$
$$= \frac{1}{2}|\text{Im}[(\overline{b}c - (\sin\alpha + \cos\alpha)b\overline{c})]| = \frac{1}{2}|\text{Im}[(1+\sin\alpha+\cos\alpha)\overline{b}c]|$$
$$= \frac{1}{2}(1+\sin\alpha+\cos\alpha)|\text{Im}(\overline{b}c)| = \frac{1}{2}(1+\sin\alpha+\cos\alpha)|\text{Im}(\pm ic\overline{c})|$$
$$= \frac{1}{2}(1+\sin\alpha+\cos\alpha)|\text{Im}(\pm i)| = \frac{1}{2}(1+\sin\alpha+\cos\alpha)$$
$$= \frac{1}{2}\left[\left(1+\sqrt{2}\left(\frac{\sqrt{2}}{2}\sin\alpha + \frac{\sqrt{2}}{2}\cos\alpha\right)\right)\right] = \frac{1}{2}\left(1+\sqrt{2}\sin\left(\alpha+\frac{\pi}{4}\right)\right)$$

따라서 $\alpha \in \left(0, \frac{\pi}{2}\right)$이고 $\frac{\pi}{4} < \alpha + \frac{\pi}{4} < \frac{3\pi}{4}$이므로 $\frac{\sqrt{2}}{2} < \sin\left(\alpha+\frac{\pi}{4}\right) \le 1$이다.

3.5.4 점과 방향이 주어진 직선의 방정식

성질 1. 직선 $d: \overline{\alpha}z + \alpha \cdot z + \beta = 0$이고 점 $P_0(z_0)$라 하자. d에 평행하고 점 P_0를 지나는 직선의 방정식은 다음과 같다.

$$z - z_0 = -\frac{\overline{\alpha}}{\alpha}(\overline{z} - \overline{z_0})$$

증명. 데카르트 좌표계에서 직선 d에 평행이고 점 $P_0(x_0, y_0)$를 지나는 직선의 방정식은 $y - y_0 = i \cdot \dfrac{\alpha - \overline{\alpha}}{\alpha + \overline{\alpha}}(x - x_0)$이다. 그러면

$$\frac{z - \overline{z}}{2i} - \frac{z_0 - \overline{z_0}}{2i} = i \cdot \frac{\alpha - \overline{\alpha}}{\alpha + \overline{\alpha}} \left(\frac{z + \overline{z}}{2} - \frac{z_0 + \overline{z_0}}{2} \right)$$

이를 정리하면 $(\alpha - \overline{\alpha})(z - z_0 - \overline{z} + \overline{z_0}) = -(\alpha + \overline{\alpha})(z - \overline{z} - z_0 - \overline{z_0})$이다. 이로부터 $\alpha(z - z_0) = -\overline{\alpha}(\overline{z} - \overline{z_0})$임을 알 수 있다. 이를 간단히 하면 $z - z_0 = -\dfrac{\overline{\alpha}}{\alpha}(\overline{z} - \overline{z_0})$이다. □

성질 2. 직선 $d : \overline{\alpha}z + \alpha \cdot z + \beta = 0$ 이고 점 $P_0(z_0)$ 라 하자. d 에 수직이고 점 P_0 를 지나는 직선의 방정식은 다음과 같다.

$$z - z_0 = \frac{\overline{\alpha}}{\alpha}(\overline{z} - \overline{z_0})$$

증명. 데카르트 좌표에서 직선 d 에 수직이고 점 $P_0(x_0, y_0)$ 를 지나는 직선의 방정식은

$$y - y_0 = -\frac{1}{i} \cdot \frac{\alpha - \overline{\alpha}}{\alpha + \overline{\alpha}}(x - x_0)$$

$$\frac{z - \overline{z}}{2i} - \frac{z_0 - \overline{z_0}}{2i} = i \cdot \frac{\alpha - \overline{\alpha}}{\alpha + \overline{\alpha}} \left(\frac{z + \overline{z}}{2} - \frac{z_0 + \overline{z_0}}{2} \right)$$

이를 정리하면

$$(\alpha + \overline{\alpha})(z - z_0 - \overline{z} + \overline{z_0}) = -(\alpha - \overline{\alpha})(z - z_0 + \overline{z} - \overline{z_0}),$$
$$(z + z_0)(\alpha + \overline{\alpha} + \alpha - \overline{\alpha}) = -(\overline{z} - \overline{z_0})(-\alpha + \overline{\alpha} + \alpha + \overline{\alpha})$$

이 식을 간단히 하면 $\alpha(z - z_0) = \overline{\alpha}(\overline{z} - \overline{z_0})$ 즉, $z - z_0 = \dfrac{\overline{\alpha}}{\alpha}(\overline{z} - \overline{z_0})$이다. □

3.5.5 점에서 직선으로의 수선의 발

성질. 직선 $d : \overline{\alpha}z + \alpha z + \beta = 0$ 이고 점 $P_0(z_0)$ 라 하자. 점 P_0 에서 직선 d 에 내린 수선의 발의 좌표는 다음과 같다.

$$z = \frac{\alpha z_0 - \overline{\alpha z_0} - \beta}{2\alpha}$$

증명. 점 z 는 다음 연립방정식의 해이다.

$$\begin{cases} \overline{\alpha} \cdot \overline{z} + \alpha \cdot z + \beta = 0 \\ \alpha(z - z_0) = \overline{\alpha}(\overline{z} - \overline{z_0}) \end{cases}$$

첫 번째 방정식을 정리하면 $\overline{z} = \dfrac{-\alpha z - \beta}{\overline{\alpha}}$ 이다. 이를 두 번째 방정식에 대입하여 정리하면

$$\alpha z - \alpha z_0 = -\alpha z - \beta - \overline{\alpha} \cdot \overline{z_0}$$

따라서 주어진 식 $z = \dfrac{\alpha z_0 - \overline{\alpha z_0} - \beta}{2\alpha}$ 을 얻는다. □

3.5.6 점과 직선 사이의 거리

성질. $\alpha \in \mathbb{C}^*$ 에 대하여 점 $P_0(z_0)$ 에서 직선 $d : \overline{\alpha}\overline{z} + \alpha \cdot z + \beta = 0$ 까지의 거리는

$$D = \dfrac{|\alpha z_0 + \overline{\alpha} \cdot \overline{z_0} + \beta|}{2\sqrt{\alpha \cdot \overline{\alpha}}}$$

증명. 이전의 결과를 사용하면 다음과 같이 나타낼 수 있다.

$$D = \left| \dfrac{\alpha z_0 - \overline{\alpha} \cdot \overline{z_0} - \beta}{2\alpha} - z_0 \right| = \left| \dfrac{-\alpha z_0 - \overline{\alpha}\overline{z_0} - \beta}{2\alpha} \right|$$
$$= \dfrac{|\alpha \cdot z_0 + \overline{\alpha z_0} + \beta|}{2|\alpha|} = \dfrac{|\alpha z_0 + \overline{\alpha} \cdot \overline{z_0} + \beta|}{2\sqrt{\alpha \cdot \overline{\alpha}}}$$

□

3.6 원

3.6.1 원의 방정식

성질. $\alpha \in \mathbb{C}^*$ 이고 $\beta \in \mathbb{R}$, $\beta < |\alpha|^2$ 에 대하여 복소평면에서 원의 방정식은 다음과 같다.

$$z \cdot \overline{z} + \alpha \cdot z + \overline{\alpha} \cdot \overline{z} + \beta = 0$$

증명. 데카르트 평면에서 원의 방정식은 $m, n, p \in \mathbb{R}$, $p < \dfrac{m^2 + n^2}{4}$ 에 대하여

$$x^2 + y^2 + mx + ny + p = 0$$

$x = \dfrac{z + \overline{z}}{2}$ 와 $y = \dfrac{z - \overline{z}}{2i}$ 를 대입하면 다음과 같다.

$$|z|^2 + m\dfrac{z + \overline{z}}{2} + n\dfrac{z - \overline{z}}{2i} + p = 0$$

$$z \cdot \bar{z} + z\frac{m-ni}{2} + \bar{z}\frac{m+ni}{2} + p = 0$$

위의 방정식에서 $\alpha = \dfrac{m-ni}{2} \in \mathbb{C}$, $\beta = p \in \mathbb{R}$ 라고 하면 주어진 원의 방정식을 얻는다. □

원의 반지름은

$$r = \sqrt{\frac{m^2}{4} + \frac{n^2}{4} - p} = \sqrt{\alpha\bar{\alpha} - \beta}$$

원의 방정식은 다음과 같다.

$$(\bar{z} + \alpha)(z + \bar{\alpha}) = r^2$$

여기서 $\gamma = -\bar{\alpha} = -\dfrac{m}{2} - \dfrac{n}{2}i$ 라 놓으면 다음과 같이 반지름이 r 이고 중심이 γ 인 원의 방정식으로 나타낼 수 있다.

$$(\bar{z} - \bar{\gamma})(z - \gamma) = r^2$$

문제. 삼각형 $A_1A_2A_3$의 꼭짓점의 좌표를 각각 z_1, z_2, z_3이라 하자. z_0을 삼각형 $A_1A_2A_3$의 외심이라 하면 다음 식이 성립한다.

$$z_0 = \frac{\begin{vmatrix} 1 & 1 & 1 \\ z_1 & z_2 & z_3 \\ |z_1|^2 & |z_2|^2 & |z_3|^2 \end{vmatrix}}{\begin{vmatrix} 1 & 1 & 1 \\ z_1 & z_2 & z_3 \\ \bar{z_1} & \bar{z_2} & \bar{z_3} \end{vmatrix}} \tag{1}$$

풀이. 점 $P_0(z_0)$를 지나고 직선 A_1A_2에 수직인 직선의 방정식은 다음과 같다.

$$z(\bar{z_1} - \bar{z_2}) + \bar{z}(z_1 - z_2) = z_0(\bar{z_1} - \bar{z_2}) + \bar{z_0}(z_1 - z_2) \tag{2}$$

이 공식을 변 A_2A_3, A_1A_3의 중점과 직선 A_2A_3, A_1A_3에 적용하면 다음 방정식을 얻는다.

$$z(\bar{z_2} - \bar{z_3}) + \bar{z}(z_2 - z_3) = |z_2|^2 - |z_3|^2,$$
$$z(\bar{z_3} - \bar{z_1}) + \bar{z}(z_3 - z_1) = |z_3|^2 - |z_1|^2$$

위의 두 식으로부터 $\bar{z}$를 소거하면 다음 식을 얻는다.

$$z\left[(\bar{z_2} - \bar{z_3})(z_1 - z_3) + (\bar{z_3} - \bar{z_1})(z_2 - z_3)\right]$$
$$= (z_1 - z_3)(|z_2|^2 - |z_3|^2) + (z_2 - z_3)(|z_3|^2 - |z_1|^2)$$

따라서 다음 식이 성립한다.

$$z\begin{vmatrix} 1 & 1 & 1 \\ z_1 & z_2 & z_3 \\ \bar{z_1} & \bar{z_2} & \bar{z_3} \end{vmatrix} = \begin{vmatrix} 1 & 1 & 1 \\ z_1 & z_2 & z_3 \\ |z_1|^2 & |z_2|^2 & |z_3|^2 \end{vmatrix}$$

주의. 이 공식은 다음 형태의 방정식으로 나타낼 수 있다.

$$z_0 = \frac{z_1\overline{z_1}(z_2-z_3)+z_2\overline{z_2}(z_3-z_1)+z_3\overline{z_3}(z_1-z_2)}{\begin{vmatrix} 1 & 1 & 1 \\ z_1 & z_2 & z_3 \\ \overline{z_1} & \overline{z_2} & \overline{z_3} \end{vmatrix}} \tag{3}$$

3.6.2 한 점의 원에 대한 방멱(The power of a point)

성질. $\alpha \in \mathbb{C}$와 $\beta \in \mathbb{R}$에 대하여 점 $P_0(z_0)$이고 원의 방정식

$$z \cdot \overline{z} + \alpha \cdot z + \overline{\alpha} \cdot \overline{z} + \beta = 0$$

라 하자. 원에 대한 점 P_0의 방멱은 다음과 같다.

$$\rho(z_0) = z_0 \cdot \overline{z_0} + \alpha \cdot z_0 + \overline{\alpha} \cdot \overline{z_0} + \beta$$

증명. 점 $O(-\overline{\alpha})$을 원의 중심이라 하자. 반지름이 r인 원에 대한 점 P_0의 방멱은 $\rho(z_0) = \overline{OP_0}^2 - r^2$으로 정의한다. 그러면

$$\rho(z_0) = \overline{OP_0}^2 - r^2 = |z_0 + \overline{\alpha}|^2 - r^2 = z_0\overline{z_0} + \alpha z_0 + \overline{\alpha z_0} + \alpha\overline{\alpha} - \alpha\overline{\alpha} + \beta$$
$$= z_0\overline{z_0} + \alpha z_0 + \overline{\alpha} \cdot \overline{z_0} + \beta$$

□

$\alpha_1, \alpha_2 \in \mathbb{C}$, $\beta_1, \beta_2 \in \mathbb{R}$에 대하여 두 원의 방정식이 다음과 같이 주어져 있다.

$$z \cdot \overline{z} + \alpha_1 \cdot z + \overline{\alpha_1} \cdot \overline{z} + \beta_1 = 0, \quad z \cdot \overline{z} + \alpha_2 \cdot z + \overline{\alpha_2} \cdot \overline{z} + \beta_2 = 0$$

이때, 두 원에 대한 방멱이 같은 점의 자취를 **근축**(radicals axis)이라 한다.

만약 $P(z)$가 근축 위의 점이라 하면

$$z \cdot \overline{z} + \alpha_1 \cdot z + \overline{\alpha_1} \cdot \overline{z} + \beta_1 = z \cdot \overline{z} + \alpha_2 \cdot z + \overline{\alpha_2} \cdot \overline{z} + \beta_2$$

이고 이 식을 정리하면, 직선의 방정식 $(\alpha_1 - \alpha_2) \cdot z + (\overline{\alpha_1} - \overline{\alpha_2}) \cdot \overline{z} + \beta_1 - \beta_2 = 0$ 이 된다.

3.6.3 두 원 사이의 각

$\alpha_1, \alpha_2 \in \mathbb{C}$, $\beta_1, \beta_2 \in \mathbb{R}$에 대하여, 두 점에서 만나는 두 원의 방정식을

$$z \cdot \overline{z} + \alpha_1 \cdot z + \overline{\alpha_1} \cdot \overline{z} + \beta_1 = 0, \quad z \cdot \overline{z} + \alpha_2 \cdot z + \overline{\alpha_2} \cdot \overline{z} + \beta_2 = 0$$

라 하자. 두 원이 이루는 각 θ는 두 원의 교점에서 각 원에 그은 두 접선이 이루는 각으로 정의한다.

성질. 다음 공식이 성립한다(〈그림 3.15〉).

$$\cos\theta = \left| \frac{\beta_1 + \beta_2 - (\alpha_1\overline{\alpha_2} + \overline{\alpha_1}\alpha_2)}{2r_1r_2} \right|$$

증명. 점 T를 교점이라 하고 두 원의 중심을 각각 점 $O_1(-\overline{\alpha_1})$, $O_2(-\overline{\alpha_2})$이라 하자.

각 θ는 $\angle O_1TO_2$ 또는 $\pi - \angle O_1TO_2$이다. 따라서 다음 식이 성립한다.

$$\cos\theta = |\cos\angle O_1TO_2| = \frac{|r_1^2 + r_2^2 - O_1O_2^2|}{2r_1r_2} = \frac{|\alpha_1\overline{\alpha_1} - \beta_1 + \alpha_2\overline{\alpha_2} - \beta_2 - |\overline{\alpha_1} - \overline{\alpha_2}|^2|}{2r_1r_2}$$

$$= \frac{|\alpha_1\overline{\alpha_1} + \alpha_2\overline{\alpha_2} - \beta_1 - \beta_2 - \overline{\alpha_1}\alpha_1 - \alpha_2\overline{\alpha_2} + \overline{\alpha_1}\alpha_2 + \alpha_1\overline{\alpha_2}|}{2r_1r_2} = \frac{|\beta_1 + \beta_2 - (\alpha_1\overline{\alpha_2} + \overline{\alpha_1}\alpha_2)|}{2r_1r_2} \quad \square$$

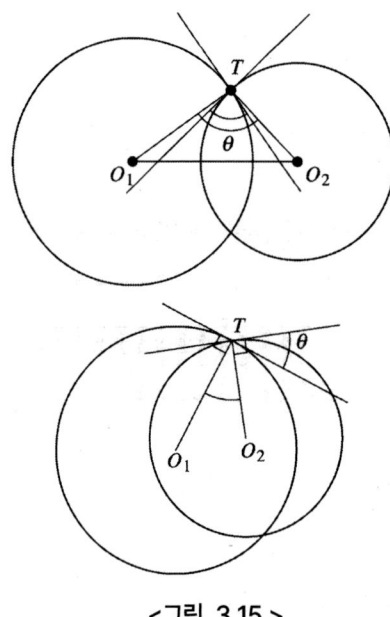

<그림 3.15.>

두 원이 수직일 필요충분조건은

$$\beta_1 + \beta_2 = \alpha_1\overline{\alpha_2} + \overline{\alpha_1}\alpha_2$$

임을 주목하자.

문제. 실수 a, b에 대하여 $|b| \leq 2a^2$일 때, z에 관한 다음 식을 만족하는 집합은

$$|z^2 - a^2| = |2az + b|$$

서로 수직인 두 원의 합집합임을 보이시오.

풀이. 관계식 $|z^2 - a^2| = |2az + b|$은 $|z^2 - a^2|^2 = |2az + b|^2$와 같다. 즉,

$$(z^2 - a^2)(\overline{z}^2 - \overline{a}^2) = (2az + b)(2a\overline{z} + b)$$

마지막의 관계식을 다음과 같이 쓸 수 있다.
$$|z|^4 - a^2(z^2 + \overline{z}^2) + a^4 = 4a^2|z|^2 + 2ab(z+\overline{z}) + b^2,$$
$$|z|^4 - a^2[(z+\overline{z})^2 - 2|z|^2] + a^4 = 4a^2|z|^2 + 2ab(z+\overline{z}) + b^2,$$
$$|z|^4 - 2a^2|z|^2 + a^4 = a^2(z+\overline{z})^2 + 2ab(z+\overline{z}) + b^2$$

즉, $(|z|^2 - a^2)^2 = (a(z+\overline{z}) + b)^2$ 이다. 이를 정리하면
$$z \cdot \overline{z} - a^2 = a(z+\overline{z}) + b \text{ 또는 } z \cdot \overline{z} - a^2 = -a(z+\overline{z}) - b$$
이다. 이것은 $(z-a)(\overline{z}-a) = 2a^2 + b$ 또는 $(z+a)(\overline{z}+a) = 2a^2 - b$ 와 같다.

마지막으로
$$|z-a|^2 = 2a^2 + b \text{ 또는 } |z+a|^2 = 2a^2 - b \tag{1}$$

인데 $|b| \leq 2a^2$ 이므로 $2a^2 + b \geq 0$ 또는 $2a^2 - b \geq 0$ 이다. 따라서 식 (1)은 다음과 같다.
$$|z-a| = \sqrt{2a^2 + b} \text{ 또는 } |z+a| = \sqrt{2a^2 - b}$$

그러므로 $|z^2 - a^2| = |2az + b|$ 을 만족하는 z 를 좌표로 하는 점의 중심 C_1, C_2의 좌표가 각각 a, $-a$ 이고 반지름이 각각 $R_1 = \sqrt{2a^2 + b}$, $R_2 = \sqrt{2a^2 - b}$ 인 두 원 위에 있다. 또한 피타고라스 정리를 사용하면
$$\overline{C_1 C_2} = 4a^2 = \left(\sqrt{2a^2 + b}\right)^2 + \left(\sqrt{2a^2 - b}\right)^2 = R_1^2 + R_2^2$$

이므로 두 원은 서로 수직이다. □

4장 복소수와 기하에 대한 자세한 설명

4.1 복소수의 내적

두 벡터의 스칼라 곱에 대한 개념은 잘 알려져 있다. 이제 복소수의 영역에서 이에 대응되는 연산을 소개하려고 한다. 이 연산을 사용하면 많은 문제에 대한 해결이 상당히 쉬워진다는 것을 알 수 있다.

정의. 복소수 a, b에 대하여

$$a \cdot b = \frac{1}{2}(\bar{a}b + a\bar{b})$$

을 **두 복소수의 내적**(real product)이라 부른다. 다음은 쉽게 보일 수 있다.

$$\overline{a \cdot b} = \frac{1}{2}(\bar{a}b + a\bar{b}) = a \cdot b$$

즉 $a \cdot b$는 실수이므로 이 연산을 내적(real product)이라고 부르는 것은 자연스럽다.

복소평면에서의 점을 $A(a)$, $B(b)$라 하고, $\theta = \angle AOB$를 벡터 $\overrightarrow{OA}$, $\overrightarrow{OB}$의 사잇각이라 하자. 그러면 다음이 성립한다.

$$a \cdot b = |a||b|\cos\theta = \overrightarrow{OA} \cdot \overrightarrow{OB}$$

a, b를 극형식으로 표현하면 다음과 같으므로

$$a = |a|(\cos t_1 + i\sin t_1), \quad b = |b|(\cos t_2 + i\sin t_2)$$

이고 다음 식이 성립한다.

$$a \cdot b = \frac{1}{2}(\bar{a}b + a\bar{b}) = \frac{1}{2}|a||b|\left[\cos(t_1 - t_2) - i\sin(t_1 - t_2) + \cos(t_1 - t_2) + i\sin(t_1 - t_2)\right]$$

$$= |a||b|\cos(t_1 - t_2) = |a||b|\cos\theta = \overrightarrow{OA} \cdot \overrightarrow{OB}$$

성질 1. 복소수 a, b, c, z에 대하여 다음 관계식이 성립한다.

(1) $a \cdot a = |a|^2$

(2) (교환법칙) $a \cdot b = b \cdot a$

(3) (덧셈에 대한 분배법칙) $a \cdot (b+c) = a \cdot b + a \cdot c$

(4) (결합법칙) 모든 실수 α에 대하여 $(\alpha a) \cdot b = a \cdot (\alpha b)$

(5) A의 복소좌표가 a이고 B의 복소좌표가 b일 때,

$a \cdot b = 0$일 필요충분조건은 $\mathrm{OA} \perp \mathrm{OB}$이다.

(6) $(az) \cdot (bz) = |z|^2 (a \cdot b)$

주의. 점 A, B의 복소좌표를 a, b라 하면 내적 $a \cdot b$은 지름이 AB인 원에 대한 원점의 방멱과 같다 (3.6.2절 참조).

실제로, 선분 AB의 중점 $\mathrm{M}\left(\dfrac{a+b}{2}\right)$은 이 원의 중심이고, $r = \dfrac{1}{2}\overline{\mathrm{AB}} = \dfrac{1}{2}|a-b|$은 이 원의 반지름이다. 이 원에 대한 원점의 방멱을 구하면 다음과 같다.

$$\overline{\mathrm{OM}}^2 - r^2 = \left|\frac{a+b}{2}\right|^2 - \left|\frac{a-b}{2}\right|^2$$
$$= \frac{(a+b)(\bar{a}+\bar{b})}{4} - \frac{(a-b)(\bar{a}-\bar{b})}{4} = \frac{1}{2}(\bar{a}b + a\bar{b}) = a \cdot b$$

성질 2. 서로 다른 네 점을 $\mathrm{A}(a)$, $\mathrm{B}(b)$, $\mathrm{C}(c)$, $\mathrm{D}(d)$라 하면 다음 명제들은 동치이다.

(1) $\mathrm{AB} \perp \mathrm{CD}$

(2) $(b-a) \cdot (d-c) = 0$

(3) $\dfrac{b-a}{d-c} \in i\mathbb{R}^*$ (또는 $\mathrm{Re}\left(\dfrac{b-a}{d-c}\right) = 0$)

증명. OABM과 OCDN은 평행사변형이 되도록 점 $\mathrm{M}(b-a)$, $\mathrm{N}(d-c)$을 잡자. $\mathrm{AB} \perp \mathrm{CD}$일 필요충분조건은 $\mathrm{OM} \perp \mathrm{ON}$이다. 내적의 성질 1 (5)를 이용하면 $m \cdot n = (b-a) \cdot (d-c) = 0$이므로 $\mathrm{OM} \perp \mathrm{ON}$이다. (2) $\Leftrightarrow$ (3)은 내적의 정의에 의해 성립한다. □

성질 3. 삼각형 ABC의 외심을 복소평면의 원점으로 두자. 점 A, B, C의 복소좌표를 a, b, c라 하면 수심 H의 좌표는 $h = a + b + c$이다.

증명. 복소수의 내적을 이용하면, 주어진 삼각형의 수선 AA', BB', CC'의 방정식은 다음과 같다.

$\mathrm{AA}': (z-a) \cdot (b-c) = 0$, $\mathrm{BB}': (z-b) \cdot (c-a) = 0$, $\mathrm{CC}': (z-c) \cdot (a-b) = 0$

좌표가 $h = a + b + c$인 점이 세 수선 위에 있음을 보이자. $(h-a) \cdot (b-c) = 0$일 필요충분조건은 $(b+c) \cdot (b-c) = 0$이고, 이것은 $b \cdot b - c \cdot c = 0$, $|b|^2 = |c|^2$이다. 이는 원점이 삼각형 ABC 외심이므로 성립한다. 유사하게, $\mathrm{H} \in \mathrm{BB}'$, $\mathrm{H} \in \mathrm{CC}'$임을 보일 수 있다. □

주의. 만약 삼각형 ABC의 꼭짓점의 좌표를 a, b, c라 하고 외심 O의 좌표를 o라 하면 삼각형의 수심은 $h = a+b+c-2o$이다.

실제로, 시점이 외심이고 종점이 점 A인 벡터와 방향이 반대이고 종점이 삼각형 ABC의 외접원 위에 있는 점을 A′라 하면 사각형 HBA′C는 평행사변형이다.[25] 평행사변형의 대각선의 교점을 M이라 하면

$$z_M = \frac{b+c}{2} = \frac{z_H + z_{A'}}{2} = \frac{z_H + 2o - a}{2}$$

이므로 $z_H = a+b+c-2o$이다.

문제 1. ABCD를 볼록사각형이라 하자.
$$\overline{AB}^2 + \overline{CD}^2 = \overline{AD}^2 + \overline{BC}^2$$
일 필요충분조건이 AC⊥BD임을 보이시오.

풀이. 복소수의 내적의 성질을 이용하면
$$\overline{AB}^2 + \overline{CD}^2 = \overline{AD}^2 + \overline{BC}^2$$
일 필요충분조건은
$$(b-a)\cdot(b-a) + (d-c)\cdot(d-c) = (c-b)\cdot(c-b) + (a-d)\cdot(a-d)$$
이다. 이 식을 정리하면
$$a\cdot b + c\cdot d = b\cdot c + d\cdot a \text{이고 } (c-d)\cdot(d-b) = 0$$
이다. 이는 AC⊥BD와 동치이다.

문제 2. 육각형의 변 AB, BC, CD, DE, EF, FA의 중점을 M, N, P, Q, R, S라 하자.
$$\overline{RN}^2 = \overline{MQ}^2 + \overline{PS}^2$$
일 필요충분조건이 MQ⊥PS이 성립함을 보이시오. (로마 수학 올림피아드 최종 문제, 1994)

풀이. 육각형의 꼭짓점의 좌표를 a, b, c, d, e, f라 하자(⟨그림 4.1⟩). 점 M, N, P, Q, R, S의 좌표는 다음과 같다.

$$m = \frac{a+b}{2}, \; n = \frac{b+c}{2}, \; p = \frac{c+d}{2},$$

$$q = \frac{d+e}{2}, \; r = \frac{e+f}{2}, \; s = \frac{f+a}{2}$$

---

[25] (역자주) $\overline{BA'} = a+b = \overline{HC}$, $\overline{CA'} = a+c = \overline{BH}$이므로 두 쌍의 대변의 길이가 같으므로 사각형 HBA′C는 평행사변형이다.

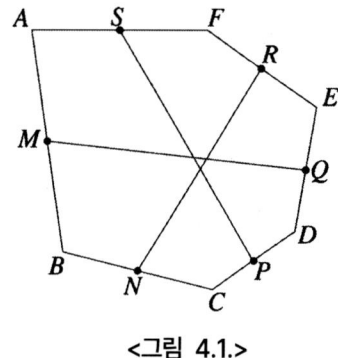

<그림 4.1.>

복소수의 곱셈의 내적의 성질을 이용하면
$$\overline{RN}^2 = \overline{MQ}^2 + \overline{PS}^2$$
일 필요충분조건은
$$(e+f-b-c)\cdot(e+f-b-c)$$
$$=(d+e-a-b)\cdot(d+e-a-b)+(f+a-c-d)\cdot(f+a-c-d)$$
이고 이를 정리하면
$$(d+e-a-b)\cdot(f+a-c-d)=0$$
이므로 $MQ \perp PS$이다.

문제 3. 중심이 O이고 반지름이 R인 원 위의 점 A_1, A_2, $\cdots$, A_n을 꼭짓점으로 하는 정다각형이 있다. 평면 위의 모든 점 M에 대하여 다음 관계식이 성립함을 보이시오.
$$\sum_{k=1}^{n}\overline{MA_k}^2 = n\left(\overline{OM}^2 + R^2\right)$$

풀이. 원점이 O인 복소평면에서 점 A_1을 x축 위의 점이라 하고 $R\varepsilon_k$을 점 A_k의 좌표라 하자(단, $k=1, 2, \cdots, n$이고 ε_k는 1의 n제곱근). 점 M의 좌표를 m이라 하고 복소수의 내적의 성질을 이용하면

$$\sum_{k=1}^{n}\overline{MA_k}^2 = \sum_{k=1}^{n}(m-R\varepsilon_k)\cdot(m-R\varepsilon_k)$$
$$= \sum_{k=1}^{n}\left(m\cdot m - 2R\varepsilon_k \cdot m + R^2\varepsilon_k\cdot\varepsilon_k\right)$$
$$= n|m|^2 - 2R\left(\sum_{k=1}^{n}\varepsilon_k\right)\cdot m + R^2\sum_{k=1}^{n}|\varepsilon_k|^2$$
$$= n\cdot\overline{OM}^2 + nR^2 = n\left(\overline{OM}^2 + R^2\right)$$

이때, $\sum_{k=1}^{n}\varepsilon_k = 0$이다(2.2.2절 참조).

주의. 만약 점 M이 정다각형의 외접원 위의 점이면 $\sum_{k=1}^{n}\overline{MA_k}^2 = 2nR^2$이다.

문제 4. 삼각형 ABC의 외심을 O라 하자. 점 D를 선분 AB의 중점이라 하고, 점 E를 삼각형 ACD의 무게중심이라 하자. 직선 CD와 OE가 수직일 필요충분조건이 $\overline{AB} = \overline{AC}$임을 보이시오. (발칸 수학 올림피아드, 1985년)

풀이. 복소평면의 원점을 O라 하고 a, b, c, d, e를 점 A, B, C, D, E의 좌표라 하자. 그러면 다음 식이 성립한다.
$$d = \frac{a+b}{2}, \quad e = \frac{a+c+d}{3} = \frac{3a+b+2c}{6}$$
복소수의 내적의 성질을 이용하자. 삼각형 ABC의 외접원 반지름을 R이라 하면
$$a \cdot a = b \cdot b = c \cdot c = R^2$$
직선 CD와 OE가 수직일 필요충분조건은 $(d-c) \cdot e = 0$이고 이것은 다음과 같다.
$$(a+b-2c) \cdot (3a+b+2c) = 0,$$
$$3a \cdot a + a \cdot b + 2a \cdot c + 3a \cdot b + b \cdot b + 2b \cdot c - 6a \cdot c - 2b \cdot c - 4c \cdot c = 0$$
이를 정리하면
$$a \cdot b = a \cdot c \tag{1}$$
한편, $\overline{AB} = \overline{AC}$와 동치인 명제는 다음과 같다.
$$|b-a|^2 = |c-a|^2 \text{ 즉, } (b-a) \cdot (b-a) = (c-a) \cdot (c-a),$$
$$b \cdot b - 2a \cdot b + a \cdot a = c \cdot c - 2a \cdot c + a \cdot a$$
이를 정리하면
$$a \cdot b = a \cdot c \tag{2}$$
(1)과 (2)의 관계로부터 CD ⊥ OE일 필요충분조건은 $\overline{AB} = \overline{AC}$이다.

문제 5. 서로 다른 복소수 a, b, c에 대하여 $|a| = |b| = |c|$와 $|b+c-a| = |a|$를 만족한다고 하자. $b+c = 0$임을 보이시오.

풀이. 복소수 a, b, c의 기하적 상을 A, B, C, 삼각형 ABC의 외심을 원점, 외접원의 반지름을 R이라 하자. 그러면
$$a\bar{a} = b\bar{b} = c\bar{c} = R^2$$
복소수의 내적의 성질을 이용하면 $|b+c-a| = |a|$와 동치인 명제는 다음과 같다.
$$|b+c-a|^2 = |a|^2,$$
$$(b+c-a) \cdot (b+c-a) = |a|^2,$$

$$|a|^2+|b|^2+|c|^2+2b\cdot c-2a\cdot c-2a\cdot b=|a|^2,$$
$$2(R^2+b\cdot c-a\cdot c-a\cdot b)=0,$$
$$(a-b)\cdot(a-c)=0$$

이므로 AB⊥AC 즉, ∠BAC = 90°이다. 그러므로 선분 BC는 삼각형 ABC의 외접원의 지름이므로 $b+c=0$이다.

문제 6. 볼록 사각형 ABCD의 변 AB, BC, CD, DA의 중점을 각각 E, F, G, H라 하자. 두 선분 AB, CD가 수직일 필요충분조건은

$$\overline{BC}^2+\overline{AD}^2=2\left(\overline{EG}^2+\overline{FH}^2\right)$$

임을 보이시오.

풀이. 블록 사각형 ABCD의 네 꼭짓점 A, B, C, D의 복소좌표를 각각 a, b, c, d라 하자. 그러면 네 변 AB, BC, CD, DA의 중점 E, F, G, H을 각각 e, f, g, h라 하면

$$e=\frac{a+b}{2},\ f=\frac{b+c}{2},\ g=\frac{c+d}{2},\ h=\frac{d+a}{2}$$

또한 식
$$\overline{BC}^2+\overline{AD}^2=2\left(\overline{EG}^2+\overline{FH}^2\right)$$
를 복소수 내적을 이용하여 나타내면 다음과 같다.

$$(c-b)\cdot(c-b)+(d-a)\cdot(d-a)$$
$$=\frac{1}{2}(c+d-a-b)\cdot(c+d-a-b)+\frac{1}{2}(a+d-b-c)\cdot(a+d-b-c)$$

위 식을 정리하면 다음과 같다.

$$c\cdot c+b\cdot b+d\cdot d+a\cdot a-2b\cdot c-2a\cdot d=a\cdot a+b\cdot b+c\cdot c+d\cdot d-2a\cdot c-2b\cdot d$$

이를 간단히 하면 다음과 같다.

$$a\cdot d+b\cdot c=a\cdot c+b\cdot d$$

따라서 $(a-b)\cdot(d-c)=0$의 필요충분조건은 AB⊥CD임을 얻는다.

문제 7. 삼각형 ABC의 무게중심을 G라 하고, 세 변 BC, CA, AB의 중점을 각각 A_1, B_1, C_1이라고 하자. 이때, 복소평면 위의 임의의 점 M에 대하여,

$$\overline{MA}^2+\overline{MB}^2+\overline{MC}^2+9\overline{MG}^2=4\left(\overline{MA_1}^2+\overline{MB_1}^2+\overline{MC_1}^2\right)$$

이 성립함을 보이시오.

풀이. 세 꼭짓점 A, B, C, 중점인 A_1, B_1, C_1, 무게중심 G, 임의의 점 M의 복소좌표를 각각 a, b, c, a_1, b_1, c_1, g, m이라 하면

$$g = \frac{a+b+c}{3}, \ a_1 = \frac{b+c}{2}, \ b_1 = \frac{c+a}{2}, \ c_1 = \frac{a+b}{2}$$

이다. 복소수의 내적을 이용하면 다음과 같다.

$$\begin{aligned}
(\text{좌변}) &= \overline{MA}^2 + \overline{MB}^2 + \overline{MC}^2 + 9\overline{MG}^2 \\
&= (m-a)\cdot(m-a) + (m-b)\cdot(m-b) + (m-c)\cdot(m-c) \\
&\quad + 9\left(m - \frac{a+b+c}{3}\right)\cdot\left(m - \frac{a+b+c}{3}\right) \\
&= 12|m|^2 - 8(a+b+c)\cdot m + 2(|a|^2 + |b|^2 + |c|^2) + 2a\cdot b + 2b\cdot c + 2c\cdot a \\
(\text{우변}) &= 4\left(\overline{MA_1}^2 + \overline{MB_1}^2 + \overline{MC_1}^2\right) \\
&= 4\Bigg[\left(m - \frac{b+c}{2}\right)\cdot\left(m - \frac{b+c}{2}\right) + \left(m - \frac{c+a}{2}\right)\cdot\left(m - \frac{c+a}{2}\right) \\
&\quad + \left(m - \frac{a+b}{2}\right)\cdot\left(m - \frac{a+b}{2}\right)\Bigg] \\
&= 12|m|^2 - 8(a+b+c)\cdot m + 2(|a|^2 + |b|^2 + |c|^2) + 2a\cdot b + 2b\cdot c + 2c\cdot a
\end{aligned}$$

좌변과 우변의 식이 같으므로 주어진 식이 성립한다.

참고. 위 문제에 대한 일반화는 비슷한 방법으로 보일 수 있다.

다각형 $A_1 A_2 \cdots A_n$의 무게중심을 G라 하고, 선분 $A_i A_j$의 중점을 점 A_{ij}라 하자($i < j$, $i, j \in \{1, 2, \cdots, n\}$). 복소평면 위의 임의의 점 M에 대하여

$$(n-2)\sum_{k=1}^{n}\overline{MA_k}^2 + n^2 \overline{MG}^2 = 4\sum_{i<j}\overline{MA_{ij}}^2$$

이 성립한다. 이것의 일반화는 4.11의 정리 3에 있다.

4.2 두 복소수의 외적

두 벡터의 외적(cross product)은 수학과 과학의 여러 분야에서 다양하게 응용되는 벡터 대수의 중요한 개념이다. 이제 이 연산을 복소수에 이 연산을 적용할 것이다. 여러분은 이 새로운 해석이 넓이나 세 점이 동일 선상에 있는 문제를 해결하는 데 있어서 여러 장점을 가지고 있음을 알게 될 것이다.

정의. 복소수 a, b에 대하여, **복소수의 외적(complex product)** $a \times b$를

$$a \times b = \frac{1}{2}(\overline{a}\,b - a\overline{b})$$

라고 정의한다. 그러면,

$$a \times b + \overline{a \times b} = \frac{1}{2}(\overline{a}\,b - a\overline{b}) + \frac{1}{2}(a\overline{b} - \overline{a}\,b) = 0$$

이고 정의에 의해서 $\mathrm{Re}(a \times b) = 0$이므로 복소수의 외적(complex product)이라고 한다.

원점을 O라 하고, 복소수 a, b의 복소평면 위의 점을 각각 A(a), B(b), $\theta = \angle \mathrm{AOB}$을 $\overrightarrow{\mathrm{OA}}$, $\overrightarrow{\mathrm{OB}}$의 사잇각이라 하자.

$$a \times b = \varepsilon i |a||b| \sin\theta \quad (단, \varepsilon = \begin{cases} -1, & 삼각형\ \mathrm{OAB}가\ 양의\ 방향을\ 따를\ 때 \\ 1, & 삼각형\ \mathrm{OAB}가\ 음의\ 방향을\ 따를\ 때 \end{cases})$$

사실, $a = |a|(\cos t_1 + i \sin t_1)$, $b = |b|(\cos t_2 + i \sin t_2)$라고 하면,

$$a \times b = i|a||b|\sin(-t_1 + t_2) = \varepsilon i |a||b| \sin\theta$$

복소수의 내적과 복소수의 외적은 라그랑주 공식에 의해서 다음과 같이 나타낼 수 있다.

$$|a \cdot b|^2 + |a \times b|^2 = |a|^2 |b|^2$$

다음 명제들은 쉽게 증명할 수 있다.

성질 1. 복소수 a, b, c에 대하여 다음 명제가 성립한다.
(1) $a \times b = 0$의 필요충분조건은 $a = 0$ 또는 $b = 0$ 또는 $a = \lambda b$(단, λ는 실수).
(2) $a \times b = -b \times a$ (교환법칙이 성립하지 않는다.)
(3) $a \times (b + c) = a \times b + a \times c$ (덧셈에 대한 분배법칙)
(4) $\alpha(a \times b) = (\alpha a) \times b = a \times (\alpha b)$ (단, α는 임의의 실수)
(5) 원점 O가 아닌 서로 다른 두 점 A(a), B(b)에 대하여, $a \times b = 0$의 필요충분조건은 O, A, B는 일직선상에 있는 것이다.

주의.
(a) <그림 4.2>와 같이 원점 O가 아닌 서로 다른 두 점 A(a), B(b)에 대하여, 복소수의 외적 $a \times b$의 값을 다음과 같이 기하적으로 계산을 할 수 있다.

$$a \times b = \begin{cases} 2i \cdot \mathrm{area}[\mathrm{AOB}], & 삼각형\ \mathrm{AOB}가\ 양의\ 방향을\ 따를\ 때. \\ -2i \cdot \mathrm{area}[\mathrm{AOB}], & 삼각형\ \mathrm{AOB}가\ 음의\ 방향을\ 따를\ 때. \end{cases}$$

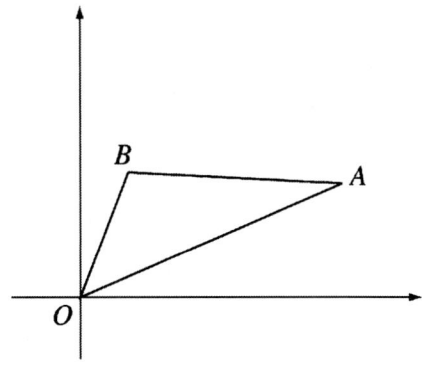

<그림 4.2.>

삼각형 OAB는 양의 방향이면

$$2i \cdot \text{area}[AOB] = i \cdot \overline{OA} \cdot \overline{OB} \cdot \sin(\angle AOB)$$
$$= i|a| \cdot |b| \cdot \sin\left(\arg\frac{b}{a}\right) = i \cdot |a| \cdot |b| \cdot \text{Im}\left(\frac{b}{a}\right) \cdot \frac{|a|}{|b|}$$
$$= \frac{1}{2}|a|^2\left(\frac{b}{a} - \frac{\overline{b}}{\overline{a}}\right) = \frac{1}{2}(\overline{a}b - a\overline{b}) = a \times b$$

삼각형 OAB는 음의 방향이면, 삼각형 OBA가 양의 방향의 경우와 같으므로 다음 식이 성립한다.

$$2i \cdot \text{area}[OBA] = b \times a = -a \times b$$

(b) 복소평면 위의 세 점 $A(a)$, $B(b)$, $C(c)$에 대하여, 삼각형 ABC의 넓이를 복소수의 외적으로 다음과 같이 나타낼 수 있다.

$$\text{area}[ABC] = \begin{cases} \dfrac{1}{2i}(a \times b + b \times c + c \times a) & \text{, 삼각형 ABC가 양의 방향을 따를 때} \\ -\dfrac{1}{2i}(a \times b + b \times c + c \times a) & \text{, 삼각형 ABC가 음의 방향을 따를 때} \end{cases}$$

삼각형 ABC가 양의 방향을 따를 때, 이를 간단히 하면 다음과 같다.

$$\text{area}[ABC] = \frac{1}{2}\text{Im}(\overline{a}b + \overline{b}c + \overline{c}a)$$

위의 공식을 증명하기 위해서, 세 점 A, B, C를 $-c$ 만큼 평행이동하자. 세 점 A, B, C를 이렇게 평행이동 한 점을 각각 A′, B′, C′이라고 하면 각각의 복소좌표는 $a-c$, $b-c$, 0이다. 두 삼각형 ABC와 A′B′C′은 양의 방향으로 같다.

삼각형 ABC의 양의 방향이라고 하자.

$$\text{area}[ABC] = \text{area}[A'B'C'] = \frac{1}{2i}[(a-c) \times (b-c)]$$
$$= \frac{1}{2i}[(a-c) \times b - (a-c) \times c] = \frac{1}{2i}[c \times (a-c) - b \times (a-c)]$$
$$= \frac{1}{2i}(c \times a - c \times c - b \times a + b \times c) = \frac{1}{2i}(a \times b + b \times c + c \times a)$$

삼각형 ABC의 음의 방향도 비슷한 방법으로 증명할 수 있다.

성질 2. 서로 다른 세 점 $A(a)$, $B(b)$, $C(c)$에 대하여, 다음 명제들은 서로 동치이다.
(1) 세 점 A, B, C가 한 직선 위에 있다.
(2) $(b-a) \times (c-a) = 0$
(3) $a \times b + b \times c + c \times a = 0$

증명. 서로 다른 세 점 $A(a)$, $B(b)$, $C(c)$가 한 직선 위에 있을 필요충분조건은 $\text{area}[ABC] = 0$으로 즉, $a \times b + b \times c + c \times a = 0$이다. 그리고 이 식은 $(b-a) \times (c-a) = 0$와 같다. □

성질 3. 어느 세 점도 한 직선 위에 있지 않은 네 점 $A(a)$, $B(b)$, $C(c)$, $D(d)$에 대하여, $AB \parallel CD$일 필요충분조건은 $(b-a) \times (d-c) = 0$이다.

증명. 사각형 OABM과 OCDN이 평행인 두 점 $M(m)$, $N(n)$을 잡자. 그러면 $m = b-a$, $n = d-c$이다.[26] 선분 AB와 선분 CD가 평행일 필요충분조건은 O, M, N이 한 직선 상에 있는 것이다. 그러므로 성질 1 (5)에 의에서 $0 = m \times n = (b-a) \times (d-c)$이다. □

문제 1. 삼각형 ABC에서 두 변 AB, AC 위의 각각 점 D, E가

$$\frac{\overline{AD}}{\overline{AB}} = \frac{\overline{AE}}{\overline{AC}} = \frac{3}{4}$$

을 만족한다. 반직선 (BE, (CD 위의 점 E′, D′는 각각 $\overline{EE'} = 3\overline{BE}$ 그리고 $\overline{DD'} = 3\overline{CD}$를 만족한다. 이때 다음을 증명하시오.
(1) 세 점 D′, A, E′이 한 직선 위에 있다.
(2) $\overline{AD'} = \overline{AE'}$

풀이. 네 점 D, E, D′, E′의 복소좌표는 다음과 같다.

$$d = \frac{a+3b}{4}, \quad e = \frac{a+3c}{4}, \quad e' = 4e - 3b = a + 3c - 3b, \quad d' = 4d - 3c = a + 3b - 3c$$

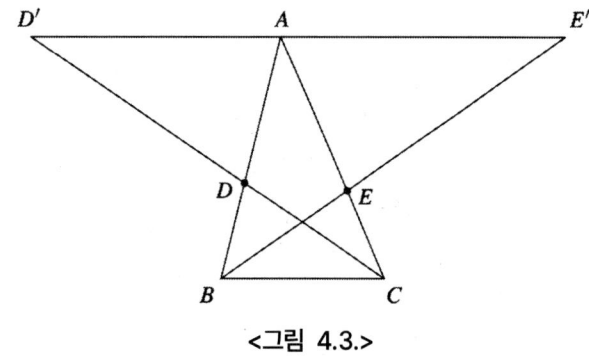

<그림 4.3.>

---

26)(역자주) 다음 그림은 사각형 OABM과 OCDN이 평행인 두 점 $M(m)$, $N(n)$을 잡은 예이다.

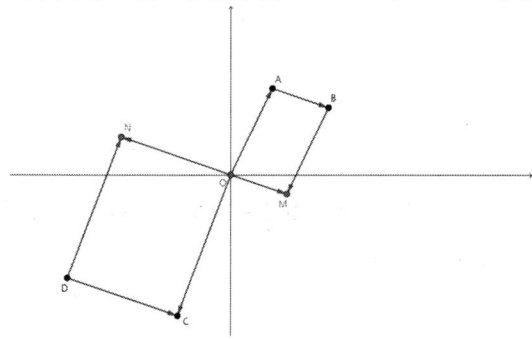

(1) $(a-d')\times(e'-d') = (3c-3b)\times(6c-6b) = 18(c-b)\times(c-b) = 0$ 이므로 4.2.절의 성질 2에 의해서 세 점 D', A, E'는 한 직선 위에 있다.

(2) $\dfrac{\overline{AD'}}{\overline{D'E'}} = \left|\dfrac{a-d'}{e'-d'}\right| = \dfrac{1}{2}$ 이므로 점 A는 선분 $D'E'$의 중점이다.

문제 2. 볼록오각형 ABCDE에 대하여, 선분 BC, CD, DE, EA, MP, NQ의 중점을 각각 M, N, P, Q, X, Y라고 하자. XY ∥ AB이 성립함을 보이시오.

풀이. 꼭짓점 A, B, C, D, E의 복소좌표를 각각 a, b, c, d, e라 하자(〈그림 4.4〉 참조). 점 M, N, P, Q, X, Y의 복소좌표는 각각

$$m = \frac{b+c}{2},\ n = \frac{c+d}{2},\ p = \frac{d+e}{2},\ q = \frac{e+a}{2},\ x = \frac{b+c+d+e}{4},\ y = \frac{c+d+e+a}{4}$$

그러므로 다음 식이 성립한다.

$$\frac{y-x}{b-a} = \frac{\frac{a-b}{4}}{b-a} = -\frac{1}{4} \in \mathbb{R}$$

이를 간단히 하면 다음 식과 같다.

$$(y-x)\times(b-a) = -\frac{1}{4}(b-a)\times(b-a) = 0$$

4.2절 성질 3에 의해서 XY ∥ AB이다.

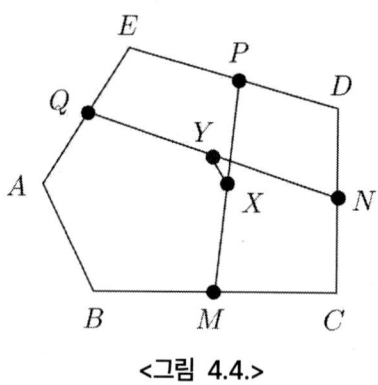

〈그림 4.4.〉

4.3 볼록다각형의 넓이

다각형 내부에 있는 임의의 점 M에 대하여 MA_kA_{k+1}가 양의 방향을 가진 삼각형일 때, $A_1A_2\cdots A_n$을 볼록다각형이라고 부른다. 단, $k = 1, 2, \cdots, n$이고, $A_{n+1} = A_1$이다.

정리. 양의 방향을 가진 볼록다각형 $A_1A_2\cdots A_n$ 에 대응하는 복소수 꼭짓점 좌표를 각각 $a_1, a_2 \cdots a_n$ 이라고 하면 다음이 성립한다.

$$\text{area}[A_1A_2\cdots A_n] = \frac{1}{2}\text{Im}(\overline{a_1}a_2 + \overline{a_2}a_3 + \cdots + \overline{a_{n-1}}a_n + \overline{a_n}a_1)$$

증명. n에 관한 수학적 귀납법을 사용하여 증명하겠다. $n=3$인 경우, 위에서 복소수 외적을 통하여 증명하였다. 이제 $n=k$에 대하여 성립한다고 가정하고

$$\text{Im}(\overline{a_k}a_1 + \overline{a_1}a_k) = 0$$

임을 이용하면 다음 식이 성립한다.

$$\text{area}[A_1A_2\cdots A_kA_{k+1}] = \text{area}[A_1A_2\cdots A_k] + \text{area}[A_kA_{k+1}A_1]$$
$$= \frac{1}{2}\text{Im}(\overline{a_1}a_2 + \overline{a_2}a_3 + \cdots + \overline{a_{k-1}}a_k + \overline{a_k}a_1) + \frac{1}{2}\text{Im}(\overline{a_k}a_{k+1} + \overline{a_{k+1}}a_1 + \overline{a_1}a_k)$$
$$= \frac{1}{2}\text{Im}(\overline{a_1}a_2 + \overline{a_2}a_3 + \cdots + \overline{a_{k-1}}a_k + \overline{a_k}a_{k+1} + \overline{a_{k+1}}a_1) + \frac{1}{2}\text{Im}(\overline{a_k}a_1 + \overline{a_1}a_k)$$
$$= \frac{1}{2}\text{Im}(\overline{a_1}a_2 + \overline{a_2}a_3 + \cdots + \overline{a_{k-1}}a_k + \overline{a_k}a_{k+1} + \overline{a_{k+1}}a_1)$$

따라서 $n=k+1$에 대하여 성립한다.

또 다른 증명. 다각형 내부의 점 M 을 선택하자. 3.5.3절의 공식 2를 적용하면 다음을 얻을 수 있다. 이때 M 에 대응하는 복소수는 z 이다.

$$\text{area}[A_1A_2\cdots A_n] = \sum_{k=1}^{n}\triangle MA_kA_{k+1} = \frac{1}{2}\sum_{k=1}^{n}\text{Im}(\overline{z}a_k + \overline{a_k}a_{k+1} + \overline{a_{k+1}}z)$$
$$= \frac{1}{2}\sum_{k=1}^{n}\text{Im}(\overline{a_k}a_{k+1}) + \frac{1}{2}\sum_{k=1}^{n}\text{Im}(\overline{z}a_k + \overline{a_{k+1}}z)$$
$$= \frac{1}{2}\sum_{k=1}^{n}\text{Im}(\overline{a_k}a_{k+1}) + \frac{1}{2}\text{Im}\left(\overline{z}\sum_{k=1}^{n}a_k + z\sum_{j=1}^{n}\overline{a_j}\right) = \frac{1}{2}\sum_{k=1}^{n}\text{Im}(\overline{a_k}a_{k+1})$$

임의의 복소수에서 $\text{Im}(\overline{z}\omega + \overline{\omega}z) = 0$ 이므로 위의 등식은 성립한다. □

참고. 위의 공식으로부터 점 $A_1(a_1), A_2(a_2), \cdots, A_n(a_n)$ 이 같은 직선 위에 있을 필요충분조건은

$$\text{Im}(\overline{a_1}a_2 + \overline{a_2}a_3 + \cdots + \overline{a_{n-1}}a_n + \overline{a_n}a_1) = 0$$

이다. 이 결과에 대하여 다음 반례를 살펴보면 정리의 전제(볼록다각형)는 핵심적인 요소라는 것을 알 수 있다.

반례. 다음과 같은 복소좌표를 갖는 점 $a_1 = 0$, $a_2 = 1$, $a_3 = i$, $a_4 = 1+i$ 는 일직선 위에 있지 않지만, $\text{Im}(\overline{a_1}a_2 + \overline{a_2}a_3 + \overline{a_3}a_4 + \overline{a_4}a_1) = \text{Im}(1) = 0$ 이다.[27]

문제 1. $P_0 P_1 \cdots P_{n-1}$은 꼭짓점 $1, \varepsilon, \cdots, \varepsilon^{n-1}$을 가지는 다각형이고, $Q_0 Q_1 \cdots Q_{n-1}$은 꼭짓점 $1, 1+\varepsilon, \cdots, 1+\varepsilon+\cdots+\varepsilon^{n-1}$을 가지는 다각형이다(단, $\varepsilon = \cos\dfrac{2\pi}{n} + i\sin\dfrac{2\pi}{n}$). 두 다각형의 넓이의 비를 구하시오.

풀이. $a_k = 1 + \varepsilon + \cdots + \varepsilon^k$, $k = 0, 1, \cdots, n-1$을 생각하자.

$$\begin{aligned}
\text{area}[Q_0 Q_1 \cdots Q_{n-1}] &= \frac{1}{2}\sum_{k=0}^{n-1} \text{Im}(\overline{a_k} a_{k+1}) \\
&= \frac{1}{2}\text{Im}\sum_{k=0}^{n-1}\left(\frac{(\overline{\varepsilon})^{k+1} - 1}{\overline{\varepsilon} - 1} \cdot \frac{\varepsilon^{k+2} - 1}{\varepsilon - 1}\right) \\
&= \frac{1}{2|\varepsilon - 1|^2}\text{Im}\sum_{k=0}^{n-1}\left(\varepsilon - (\overline{\varepsilon})^{k+1} - \varepsilon^{k+2} + 1\right) \\
&= \frac{1}{2|\varepsilon - 1|^2}\text{Im}(n\varepsilon + n) = \frac{1}{2|\varepsilon - 1|^2} n\sin\frac{2\pi}{n} \\
&= \frac{n}{8\sin^2\dfrac{\pi}{n}} 2\sin\frac{\pi}{n}\cos\frac{\pi}{n} = \frac{n}{4}\cot\frac{\pi}{n}
\end{aligned}$$

따라서

$$\sum_{k=0}^{n-1}(\overline{\varepsilon})^{k+1} = 0, \quad \sum_{k=0}^{n-1}\varepsilon^{k+2} = 0$$

이므로 위의 등식은 성립한다.

한편, 다음은 자명하다.

$$\text{area}[P_0 P_1 \cdots P_{n-1}] = n\triangle P_0 O P_1 = \frac{n}{2}\sin\frac{2\pi}{n} = n\sin\frac{\pi}{n}\cos\frac{\pi}{n}$$

따라서,

---

27)(역자주) 반례에 해당하는 다각형은 볼록다각형이 아니다. 그림과 같은 다각형이다.

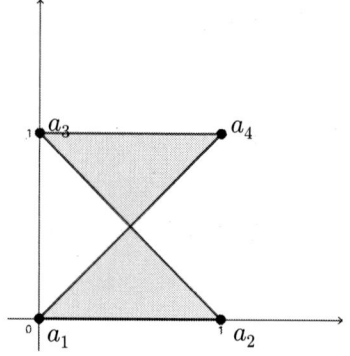

$$\frac{\text{area}[P_0P_1\cdots P_{n-1}]}{\text{area}[Q_0Q_1\cdots Q_{n-1}]} = \frac{n\sin\frac{\pi}{n}\cos\frac{\pi}{n}}{\frac{n}{4}\cot\frac{\pi}{n}} = 4\sin^2\frac{\pi}{n} \tag{1}$$

주의.
모든 $k = 0, 1, \cdots, n-1$ 에 대하여 다음 식이 성립한다.
(1) $\overline{Q_kQ_{k+1}} = |a_{k+1} - a_k| = |\varepsilon^{k+1}| = 1$
(2) $\overline{P_kP_{k+1}} = |\varepsilon_{k+1} - \varepsilon_k| = |\varepsilon^k(\varepsilon-1)| = |\varepsilon^k||\varepsilon-1| = 2\sin\frac{\pi}{n}$
(3) $\dfrac{\overline{P_kP_{k+1}}}{\overline{Q_kQ_{k+1}}} = 2\sin\frac{\pi}{n}$

즉, 다각형 $P_0P_1\cdots P_{n-1}$ 과 다각형 $Q_0Q_1\cdots Q_{n-1}$ 은 닮음이므로 식 (1)이 성립한다.

문제 2. $A_1A_2\cdots A_n$ $(n \geq 5)$ 은 볼록다각형이라고 하자. B_k 는 선분 A_kA_{k+1} 의 중점이라고 하자. 단, $k = 1, 2, \cdots, n$ 이고, $A_{n+1} = A_1$ 이다. 이 경우 다음 부등식이 성립함을 보이시오.

$$\text{area}[B_1B_2\cdots B_n] \geq \frac{1}{2}\text{area}[A_1A_2\cdots A_n]$$

풀이. a_k 와 b_k 는 각각 점 A_k, B_k, $k = 1, 2, \cdots, n$ 에 대응하는 복소좌표라고 하자. $B_1B_2\cdots B_n$ 은 볼록다각형임은 분명하다. 또, $A_1A_2\cdots A_n$ 이 양의 방향이면 $B_1B_2\cdots B_n$ 도 양의 방향을 가짐은 당연하다. 다각형 $A_1A_2\cdots A_n$ 의 내부에 원점 O 를 잡으면 가정에 의하여 $b_k = \frac{1}{2}(a_k + a_{k+1})$ 임은 자명하다(단, $k = 1, 2, \cdots, n$).

$$\text{area}[B_1B_2\cdots B_n] = \frac{1}{2}\text{Im}\sum_{k=1}^{n}(\overline{b_k}b_{k+1}) = \frac{1}{8}\text{Im}\sum_{k=1}^{n}(\overline{a_k} + \overline{a_{k+1}})(a_{k+1} + a_{k+2})$$

$$= \frac{1}{8}\text{Im}\sum_{k=1}^{n}(\overline{a_k}a_{k+1}) + \frac{1}{8}\text{Im}\sum_{k=1}^{n}(\overline{a_{k+1}}a_{k+2}) + \frac{1}{8}\text{Im}\sum_{k=1}^{n}(\overline{a_k}a_{k+2})$$

$$= \frac{1}{2}\text{area}[A_1A_2\cdots A_n] + \frac{1}{8}\text{Im}\sum_{k=1}^{n}(\overline{a_k}a_{k+2})$$

$$= \frac{1}{2}\text{area}[A_1A_2\cdots A_n] + \frac{1}{8}\sum_{k=1}^{n}\text{Im}(\overline{a_k}a_{k+2})$$

$$= \frac{1}{2}\text{area}[A_1A_2\cdots A_n] + \frac{1}{8}\sum_{k=1}^{n}\overline{OA_k}\cdot\overline{OA_{k+2}}\sin(\angle A_kOA_{k+2})$$

$$\geq \text{area}\left[\frac{1}{2}A_1A_2\cdots A_n\right]$$

이때,

$$\text{Im}\left(\sum_{k=1}^{n} \overline{a_k} a_{k+1}\right) = \text{Im}\sum_{k=1}^{n} \overline{a_{k+1}} a_{k+2} = 2\,\text{area}[A_1 A_2 \cdots A_n]$$

이므로 위의 식이 성립한다.

따라서 $\sin(\angle A_k O A_{k+1}) \geq 0$, $A_{n+2} = A_2$ (단, $k = 1, 2, \cdots, n$)이므로 위의 식이 성립한다.

4.4 삼각형에서 체바 선분의 교점과 중요한 몇 가지 점들

성질. 삼각형 ABC에서 선분 BC, CA, AB 위의 점들 A′, B′, C′을 생각해 보자.
선분 AA′, BB′, CC′은 점 Q에서 서로 교차한다.

$$\frac{\overline{BA'}}{\overline{A'C}} = \frac{p}{n},\ \frac{\overline{CB'}}{\overline{B'A}} = \frac{m}{p},\ \frac{\overline{AC'}}{\overline{C'B}} = \frac{n}{m}$$

이라 하고, 점 A, B, C의 복소좌표를 각각 a, b, c라고 하자. 같은 방법으로 점 Q의 복소좌표를 q라고 하면 다음이 성립한다.

$$q = \frac{ma + nb + pc}{m + n + p}$$

증명. 점 A′, B′, C′의 복소좌표는

$$a' = \frac{nb + pc}{n + p},\ b' = \frac{ma + pc}{m + p},\ c' = \frac{ma + nb}{m + n}$$

이다. 점 Q의 복소좌표 q가 $q = \dfrac{ma + nb + pc}{m + n + p}$일 때, 선분 AA′, BB′, CC′은 점 Q에서 만남을 보일 것이다. 점 A, Q, A′이 일직선 위에 있을 필요충분조건은 $(q - a) \times (a' - a) = 0$이다. 이것은 다음과 같다.

$$\left(\frac{ma + nb + pc}{m + n + p} - a\right) \times \left(\frac{nb + pc}{n + p} - a\right) = 0$$

또는 복소수의 외적의 정의를 이용하면 다음과 같은 자명한 결과를 얻는다.

$$(nb + pc - (n + p)a) \times (nb + pc - (n + p)a) = 0$$

같은 방법으로 점 Q는 선분 BB′, CC′ 위에 있음을 알 수 있다. 이것으로 증명은 완성되었다. □

삼각형에서 중요한 몇 가지 점들

(1) 만약에 Q = G, 즉, 삼각형 ABC의 무게중심이라고 하자. 우리는 $m = n = p$임을 알고 있으므로 무게중심 G의 좌표를 구할 수 있다.

$$z_G = \frac{a + b + c}{3}$$

(2) 삼각형 ABC 의 선분의 길이를 $\overline{BC} = \alpha$, $\overline{CA} = \beta$, $\overline{AB} = \gamma$ 라고 하자. 만약에 Q = I, 즉 내심이라고 하자. 각의 이등분선의 성질을 이용하면, $m = \alpha$, $n = \beta$, $p = \gamma$ 가 된다. 따라서 내심 I 의 좌표는 다음과 같다.

$$z_I = \frac{\alpha a + \beta b + \gamma c}{\alpha + \beta + \gamma} = \frac{1}{2s}(\alpha a + \beta b + \gamma c) \quad (\text{단, } s = \frac{1}{2}(\alpha + \beta + \gamma) \text{ 이다.})$$

(3) 만약에 Q = H, 즉 삼각형 ABC 의 수심이라고 하자. 쉽게 다음 관계식을 구할 수 있다.

$$\frac{\overline{BA'}}{\overline{A'C}} = \frac{\tan C}{\tan B}, \quad \frac{\overline{CB'}}{\overline{B'A}} = \frac{\tan A}{\tan C}, \quad \frac{\overline{AC'}}{\overline{C'B}} = \frac{\tan B}{\tan A}$$

이것은 다음을 의미한다. $m = \tan A$, $n = \tan B$, $p = \tan C$ 이므로 수심 H 의 좌표는 다음과 같다.

$$z_H = \frac{(\tan A)a + (\tan B)b + (\tan C)c}{\tan A + \tan B + \tan C}$$

주의. 이것은 삼각형 ABC 가 직각삼각형인 경우, 위의 공식은 또한 극한으로 확장될 수 있다. 실제로 $A \to \frac{\pi}{2}$ 인 경우에, $\tan A \to \pm\infty$, $\frac{(\tan B)b + (\tan C)c}{\tan A} \to 0$, $\frac{\tan B + \tan C}{\tan A} \to 0$ 이므로 $z_H = a$ 이다. 즉, 삼각형 ABC 의 수심은 꼭짓점 A 이다.

(4) *제르곤 점(Gergone Point)* [28] J 는 삼각형 ABC 에서 내접원이 $\overline{BC}$, $\overline{CA}$, $\overline{AB}$ 에 접하는 접점을 각각 A′, B′, C′ 라고 할 때, $\overline{AA'}$, $\overline{BB'}$, $\overline{CC'}$ 는 한 점에서 만나는 교점이다. 이때, 다음이 성립한다.

$$\frac{\overline{BA'}}{\overline{A'C}} = \frac{\frac{1}{s-\gamma}}{\frac{1}{s-\beta}}, \quad \frac{\overline{CB'}}{\overline{B'A}} = \frac{\frac{1}{s-\alpha}}{\frac{1}{s-\gamma}}, \quad \frac{\overline{AC'}}{\overline{C'B}} = \frac{\frac{1}{s-\beta}}{\frac{1}{s-\alpha}}$$

위의 명제로부터 제르곤 점의 좌표은 다음과 같이 구할 수 있다.

$$z_J = \frac{\gamma_\alpha a + \gamma_\beta b + \gamma_\gamma c}{\gamma_\alpha + \gamma_\beta + \gamma_\gamma}$$

여기서 γ_α, γ_α, γ_α는 세 방접원의 반지름을 나타낸다. 다음 공식이 성립하는 것은 어렵지 않게 증명할 수 있다.

$$\gamma_\alpha = \frac{K}{s-\alpha}, \quad \gamma_\beta = \frac{K}{s-\beta}, \quad \gamma_\gamma = \frac{K}{s-\gamma}$$

여기서 $K = $ ABC 의 넓이, $s = \frac{1}{2}(\alpha + \beta + \gamma)$ 이다.

(5) *레모이네 점(Lemoine Point)* [29] K 는 삼각형에서 세 대칭중선(각의 이등분선을 대칭축으로 중선을 대

---

[28] Joseph Diez Gergonne(1771-1895), 프랑스 수학자, 1810년에 학술지 Annales de Mathématiques Pures et Appliquées을 창간했다.
[29] Émile Michel Hyacinthe Lemoine(1840-1912), 프랑스 수학자, 기하에 중요한 공헌을 했다.

칭한 선)의 교점이다. 명제의 기호를 사용하여 우리는 다음을 얻을 수 있다.

$$\frac{\overline{BA'}}{\overline{A'C}} = \frac{\gamma^2}{\beta^2}, \quad \frac{\overline{CB'}}{\overline{B'A}} = \frac{\alpha^2}{\gamma^2}, \quad \frac{\overline{AC'}}{\overline{C'B}} = \frac{\beta^2}{\alpha^2}$$

이것은 다음 식을 의미한다.

$$z_K = \frac{\alpha^2 a + \beta^2 b + \gamma^2 c}{\alpha^2 + \beta^2 + \gamma^2}$$

(6) 나겔 점(Nagel Point) [30] N 은 체바선분 $\overline{AA'}$, $\overline{BB'}$, $\overline{CC'}$ 의 교점이다. 여기서 A′, B′, C′ 는 삼각형의 변 $\overline{BC}$, $\overline{CA}$, $\overline{AB}$ 에 접하는 방접원과의 교점이다. 따라서

$$\frac{\overline{BA'}}{\overline{A'C}} = \frac{s-\gamma}{s-\beta}, \quad \frac{\overline{CB'}}{\overline{B'A}} = \frac{s-\alpha}{s-\gamma}, \quad \frac{\overline{AC'}}{\overline{C'B}} = \frac{s-\beta}{s-\alpha}$$

위의 명제에서 언급한 것을 사용하여 N 의 복소좌표를 구하면 다음과 같다.

$$z_N = \frac{(s-\alpha)a + (s-\beta)b + (s-\gamma)c}{(s-\alpha)+(s-\beta)+(s-\gamma)} = \frac{1}{s}\{(s-\alpha)a + (s-\beta)b + (s-\gamma)c\}$$

$$= \left(1-\frac{\alpha}{s}\right)a + \left(1-\frac{\beta}{s}\right)b + \left(1-\frac{\gamma}{s}\right)c$$

문제. 삼각형 ABC 의 선분의 길이를 $\overline{BC} = \alpha$, $\overline{CA} = \beta$, $\overline{AB} = \gamma$ 라 하고, $\alpha < \beta < \gamma$ 라고 가정하자. 만약 삼각형 ABC 의 외심을 O, 내심을 I, 수심을 H 라고 하면 다음을 증명하시오.

$$\text{area}[OHI] = \frac{1}{8r}(\alpha-\beta)(\beta-\gamma)(\gamma-\alpha) \quad (단, r 은 내접원의 반지름이다.)$$

풀이. 중심 O 에서 양의 방향을 가진 삼각형 ABC 를 생각해보자. 복소수의 외적과 수심과 내적의 복소좌표를 이용하면 다음을 얻는다.

$$\text{area}[OHI] = \frac{1}{2i}(z_I \times z_H) = \frac{1}{2i}\left[\frac{\alpha a + \beta b + \gamma c}{\alpha+\beta+\gamma} \times (a+b+c)\right]$$

$$= \frac{1}{4si}\{(\alpha-\beta)a \times b + (\beta-\gamma)b \times c + (\gamma-\alpha)c \times a\}$$

$$= \frac{1}{2s}[(\alpha-\beta)\text{area}[OAB] + (\beta-\gamma)\text{area}[OBC] + (\gamma-\alpha)\text{area}[OCA]]$$

$$= \frac{1}{2s}\left[(\alpha-\beta)\frac{R^2\sin 2C}{2} + (\beta-\gamma)\frac{R^2\sin 2A}{2} + (\gamma-\alpha)\frac{R^2\sin 2B}{2}\right]$$

$$= \frac{R^2}{4s}[(\alpha-\beta)\sin 2C + (\beta-\gamma)\sin 2A + (\gamma-\alpha)\sin 2B]$$

$$= \frac{1}{8r}(\alpha-\beta)(\beta-\gamma)(\gamma-\alpha) [31]$$

---

30) Christian Heinrich von Nagel(1803-1882), 독일 수학자. 그의 삼각 기하학에 대한 공헌은 책
 The Development of Modern Triangle Geometry [21]에 소개됐다.
31) (역자주)

4.5 오일러의 구점원[32](Nine-point circle)

주어진 삼각형 ABC 의 외심 O 를 복소평면의 원점이라 하고 꼭짓점 A, B, C 의 좌표를 각각 a, b, c 라 하자. 4.1절의 성질 3에서 살펴보았듯이 수심 H 의 좌표는 $z_H = a+b+c$ 이다.

변 BC, CA, AB 의 중점을 각각 A_1, B_1, C_1, 꼭짓점 A, B, C 에서 변 BC, CA, AB 에 내린 수선의 발을 각각 A', B', C', 선분 AH, BH, CH 의 중점을 각각 A'', B'', C''이라 하자(〈그림 4.5〉).

$$\frac{R^2}{4s}[(\alpha-\beta)\sin 2C + (\beta-\gamma)\sin 2A + (\gamma-\alpha)\sin 2B]$$

$$= \frac{R^2}{4s}\left\{2(\alpha-\beta)\frac{\gamma}{2R}\frac{\alpha^2+\beta^2-\gamma^2}{2\alpha\beta} + 2(\beta-\gamma)\frac{\alpha}{2R}\frac{\beta^2+\gamma^2-\alpha^2}{2\beta\gamma} + 2(\gamma-\alpha)\frac{\gamma}{2R}\frac{\alpha^2+\gamma^2-\beta^2}{2\alpha\gamma}\right\}$$

$$= \frac{R^2}{4s}\left\{\frac{(\alpha\gamma^2-\beta\gamma^2)(\alpha^2+\beta^2-\gamma^2)+(\alpha^2\beta-\alpha^2\gamma)(\beta^2+\gamma^2-\alpha^2)+(\beta^2\gamma-\beta^2\alpha)(\alpha^2+\gamma^2-\beta^2)}{2R\alpha\beta\gamma}\right\}$$

위의 식에서 R 하나를 약분하고, $R = \frac{\alpha\beta\gamma}{4sr}$ 을 대입하고, 괄호 안의 분자를 T 로 두고 정리하면

$$\frac{T}{32s^2r} = \frac{T}{8(\alpha+\beta+\gamma)^2 r} \quad (1)$$

이제 T를 인수분해하면 된다.
T를 전개한 다음에 α 에 관하여 내림차순으로 정리하면

$$(\gamma-\beta)\alpha^4 + (\gamma^2-\beta^2)\alpha^3 + (\beta^3-\gamma^3)\alpha^2 + (\beta^4-\gamma^4)\alpha + \beta\gamma^4 + \beta^2\gamma^3 - \beta^4\gamma - \beta^3\gamma^2$$

α 에 대하여 조립제법을 사용하여 인수분해하면

$$(\alpha-\beta)\{(\gamma-\beta)\alpha^3 + (\gamma^2+\beta\gamma-2\beta^2)\alpha^2 + (\beta\gamma^2+\beta^2\gamma-\beta^3-\gamma^3)\alpha + \beta^2\gamma^2 + \beta^3\gamma - \beta\gamma^3 - \gamma^4\}$$

중괄호 안을 전개한 후 β 에 대하여 내림차순으로 정리하면

$$(\alpha-\beta)\{(\gamma-\alpha)\beta^3 + (\gamma^2+\alpha\gamma-2\alpha\beta^2)\beta^2 + (-\alpha^3-\gamma^3+\alpha^2\gamma+\alpha\gamma^2)\beta + \alpha^2\gamma^2 + \alpha^3\gamma - \alpha\gamma^3 - \gamma^4\}$$

조립제법을 적용하여 인수분해하면

$$(\alpha-\beta)(\beta-\gamma)\{(\gamma-\alpha)\beta^2 + (2\gamma^2-2\alpha^2)\beta + \gamma^3 - \alpha^3 - \alpha^2\gamma + \alpha\gamma^2\}$$

중괄호 안에서 $\gamma-\alpha$ 를 공통인수로 묶어내면

$$(\alpha-\beta)(\beta-\gamma)(\gamma-\alpha)\{\alpha^2+\beta^2+\gamma^2+2\alpha\beta+2\beta\gamma+2\gamma\alpha\} = (\alpha-\beta)(\beta-\gamma)(\gamma-\alpha)(\alpha+\beta+\gamma)^2$$

이 결과를 (1)에 대입하여 정리하면 다음과 같다.

$$\frac{T}{8(\alpha+\beta+\gamma)^2 r} = \frac{1}{8r}(\alpha-\beta)(\beta-\gamma)(\gamma-\alpha)$$

---

32) (역자주) 삼각형의 세변의 중점과 세 개의 수선의 발이 동일 원주상에 있다는 것은 오일러(L. Euler)에 의해 발견되어 구점원을 오일러의 원이라고도 하며, 포이에르바하의 원이라고도 한다.
-출처. 사이언스 올
https://www.scienceall.com/%EA%B5%AC%EC%A0%90%EC%9B%90nine-point-circle/

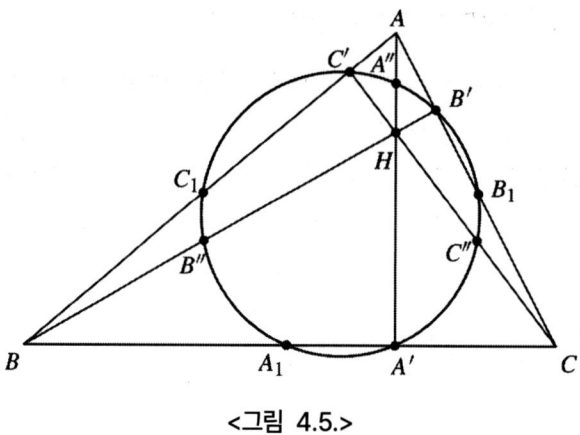

<그림 4.5.>

점 A_1, B_1, C_1, A'', B'', C''의 좌표가

$$z_{A_1} = \frac{1}{2}(b+c), \quad z_{B_1} = \frac{1}{2}(c+a), \quad z_{C_1} = \frac{1}{2}(a+b)$$

$$z_{A''} = a + \frac{1}{2}(b+c), \quad z_{B''} = b + \frac{1}{2}(c+a), \quad z_{C''} = c + \frac{1}{2}(a+b)$$

임은 명백하다. 그러나 A', B', C'의 좌표를 찾는 것은 그렇게 쉽지 않다.

성질. 삼각형 ABC의 외접원 위의 점을 $X(x)$라 하자. X를 직선 BC 위로 사영시킨 점을 P라 하면 P의 좌표는 다음과 같다.

$$p = \frac{1}{2}\left(x - \frac{bc}{R^2}\bar{x} + b + c\right) \quad \text{(단, } R \text{은 삼각형 ABC의 외접원의 반지름)}$$

증명. 복소수의 외적과 내적을 이용하여 직선 BC와 직선 XP의 방정식을 다음과 같이 나타낼 수 있다.

$$\text{직선 BC} : (z-b) \times (c-b) = 0,$$
$$\text{직선 XP} : (z-x) \cdot (c-b) = 0$$

P의 좌표 p는 두 방정식을 모두 만족하기 때문에

$$(p-b) \times (c-b) = 0 \text{이고 } (p-x) \cdot (c-b) = 0$$

이 방정식은 다음 식들과 각각 동치이다.

$$(p-b)(\bar{c}-\bar{b}) - (\bar{p}-\bar{b})(c-b) = 0, \quad (p-x)(\bar{c}-\bar{b}) + (\bar{p}-\bar{x})(c-b) = 0$$

위의 두 식을 더하면,

$$(2p - b - x)(\bar{c}-\bar{b}) + (\bar{b}-\bar{x})(c-b) = 0$$

이것으로부터 다음 식이 성립한다.

$$p = \frac{1}{2}\left[b + x + \frac{c-b}{\bar{c}-\bar{b}}(\bar{x}-\bar{b})\right]$$

$$= \frac{1}{2}\left[b+x+\frac{c-b}{\frac{R^2}{c}-\frac{R^2}{b}}(\overline{x}-\overline{b})\right]$$

$$= \frac{1}{2}\left[b+x-\frac{bc}{R^2}(\overline{x}-\overline{b})\right]$$

$$= \frac{1}{2}\left(x-\frac{bc}{R^2}\overline{x}+b+c\right) \qquad \square$$

위의 성질로부터, 좌표 A′, B′, C′은 각각 다음과 같다.

$$z_{A'}=\frac{1}{2}\left(a+b+c-\frac{bc\overline{a}}{R^2}\right),\ z_{B'}=\frac{1}{2}\left(a+b+c-\frac{ca\overline{b}}{R^2}\right),\ z_{C'}=\frac{1}{2}\left(a+b+c-\frac{ab\overline{c}}{R^2}\right)$$

정리 1 (구점원). 임의의 삼각형 ABC에 대하여 9개의 점 A_1, B_1, C_1, A′, B′, C′, A″, B″, C″은 모두 같은 원 위에 있고, 그 원의 중심은 선분 OH의 중점, 반지름은 외접원의 반지름의 $\frac{1}{2}$이다.

증명. 점 O_9을 선분 OH의 중점이라 하자. 처음 가정을 사용하면 $z_{O_9}=\frac{1}{2}(a+b+c)$이다. 또 삼각형 ABC의 외접원의 반지름을 R이라 하면 $|a|=|b|=|c|=R$임을 알고 있다. $\overline{O_9 A_1}=|z_{A_1}-z_{O_9}|=\frac{1}{2}|a|=\frac{1}{2}R$이고 역시 $\overline{O_9 B_1}=\overline{O_9 C_1}=\frac{1}{2}R$이다. $O_9 A''$도 다음과 같이 나타낼 수 있고 $\overline{O_9 A''}=|z_{A''}-z_{O_9}|=\frac{1}{2}|a|=\frac{1}{2}R$이다. 마찬가지로 $\overline{O_9 B''}=\overline{O_9 C''}=\frac{1}{2}R$이 성립한다. 선분 $O_9 A'$의 길이를 계산하는 것도 어렵지 않다.

$$\overline{O_9 A'}=|z_{A'}-z_{O_9}|=\left|\frac{1}{2}\left(a+b+c-\frac{bc\overline{a}}{R^2}\right)-\frac{1}{2}(a+b+c)\right|$$

$$=\frac{|bc\overline{a}|}{2R^2}=\frac{1}{2R^2}|\overline{a}||b||c|=\frac{R^3}{2R^2}=\frac{1}{2}R$$

같은 방법으로 $\overline{O_9 B'}=\overline{O_9 C'}=\frac{1}{2}R$이다. 따라서

$$\overline{O_9 A_1}=\overline{O_9 B_1}=\overline{O_9 C_1}=\overline{O_9 A'}=\overline{O_9 B'}=\overline{O_9 C'}=\overline{O_9 A''}=\overline{O_9 B''}=\overline{O_9 C''}=\frac{1}{2}R$$

이므로 주어진 정리가 성립한다. $\square$

정리 2.
(1) (삼각형의 오일러[33] 직선) 임의의 삼각형 ABC에서 점 O, G, H는 한 직선 위에 존재한다.
(2) (삼각형의 나겔 직선) 임의의 삼각형 ABC에서 점 I, G, N은 한 직선 위에 존재한다.

---

33) 레온하르트 오일러(Leonhard Euler, 1707–1783), 역대 가장 중요한 수학자 중 하나이다. 현대 미적분학의 많은 부분을 만들었고 증명을 추가하고 전체를 일관된 형식으로 배열함으로써 현존하는 순수수학의 거의 모든 영역에 크게 기여하였다. 오일러는 다양한 수학적 주제로 엄청난 양의 글을 남겼다. 오일러가 수학에 기여한 바를 더 자세히 알고 싶다면 윌리엄 던햄의 책 오일러 : Master of us All [33]을 추천한다.

증명.

(1) 외심 O 를 복소 평면의 원점이라 하면 $z_O = 0$, $z_G = \dfrac{1}{3}(a+b+c)$, $z_H = a+b+c$ 이다. 따라서 3.2절의 성질 2 또는 4.2절에 의하여 이 점들은 모두 한 직선 위에 존재한다.

(2) $z_I = \dfrac{\alpha}{2s}a + \dfrac{\beta}{2s}b + \dfrac{\gamma}{2s}c$, $z_G = \dfrac{a+b+c}{3}$, $z_N = \left(1-\dfrac{\alpha}{s}\right)a + \left(1-\dfrac{\beta}{s}\right)b + \left(1-\dfrac{\gamma}{s}\right)c$ 이므로 $z_N = 3z_G - 2z_I$ 로 나타낼 수 있다. 위에서 언급한 결과와 복소수의 외적의 성질을 적용하면

$$(z_G - z_I) \times (z_N - z_I) = (z_G - z_I) \times [3(z_N - z_I)] = 0$$

이다. 따라서 점 I, G, N 은 모두 한 직선 위에 존재한다. □

참고. $\overline{NG} = 2\overline{GI}$ 임을 이용하면 삼각형 OGI 와 삼각형 HGN 은 서로 닮았다. 따라서 직선 OI 와 NH 는 서로 평행하고 〈그림 4.6〉에 나타난 것과 같이 삼각형 ABC 의 기초적인 형태를 얻을 수 있다.

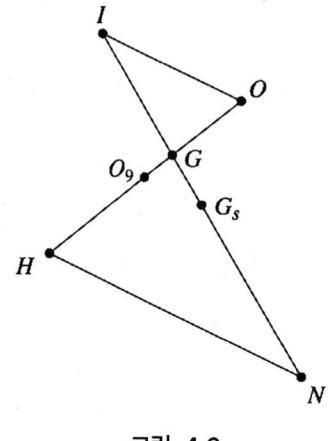

<그림 4.6.>

만약 G_s 가 선분 IN 의 중점이면 그 좌표는 다음과 같다.

$$z_{G_s} = \dfrac{1}{2}(z_I + z_N) = \dfrac{\beta+\gamma}{4s}a + \dfrac{\gamma+\alpha}{4s}b + \dfrac{\alpha+\beta}{4s}c$$

점 G_s 를 삼각형 ABC 의 스피커 점(Spiecker point)이라 한다. 점 G_s 는 삼각형 ABC 각 변의 중점을 연결한 삼각형 $A_1B_1C_1$ 의 내심이 되는 것은 쉽게 보일 수 있다.

문제 1. 삼각형 ABC 의 외심을 M 이라 하자. 삼각형 MBC, 삼각형 MCA, 삼각형 MAB 의 구점원의 중심은 삼각형 ABC 와 닮은 삼각형의 꼭짓점임을 보이시오.

풀이. 세 점 A′, B′, C′ 을 각각 삼각형 MBC, 삼각형 MCD, 삼각형 MAB 의 구점원의 중심이라고 하자. 삼각형 ABC 의 외심을 복소평면의 원점으로 두고 점의 이름은 대문자로, 그 점의 좌표는 대응되는 소문자로 나타내자. 그러면 M 은 삼각형 ABC 의 외심이므로 다음 관계가 성립한다.

$$a' = \frac{m+b+c}{2}, \quad b' = \frac{m+c+a}{2}, \quad c' = \frac{m+a+b}{2}$$

따라서

$$\frac{b'-a'}{c'-a'} = \frac{a-b}{a-c} = \frac{b-a}{c-a}$$

이므로 삼각형 A′B′C′ 과 삼각형 ABC 는 서로 닮은 삼각형이다.

문제 2. 삼각형 ABC 가 직각삼각형이라는 것과 삼각형의 외접원과 구점원이 서로 접한다는 것이 서로 동치임을 보이시오.

풀이. 복소평면의 원점을 삼각형 ABC 의 외심이라 하고 꼭짓점 A, B, C 의 좌표를 각각 a, b, c 라 하자. 이제 삼각형 ABC 의 외접원이 삼각형 ABC 의 구점원과 접한다는 것은 $\overline{OO_9} = \frac{R}{2}$ 라는 사실과 동치이다. 그러면 $\overline{OO_9}^2 = \frac{R^2}{4}$ 이므로 $|a+b+c|^2 = R^2$ 이다.

삼각형 ABC 의 각 변의 길이를 각각 α, β, γ 라 두고 내적의 성질을 이용하면 다음을 얻는다.

$$\begin{aligned}
|a+b+c|^2 &= (a+b+c) \cdot (a+b+c) \\
&= |a|^2 + |b|^2 + |c|^2 + 2(a \cdot b + b \cdot c + c \cdot a) \\
&= 3R^2 + 2(a \cdot b + b \cdot c + c \cdot a) \\
&= 3R^2 + (2R^2 - \alpha^2 + 2R^2 - \beta^2 + 2R^2 - \gamma^2) \\
&= 9R^2 - (\alpha^2 + \beta^2 + \gamma^2)
\end{aligned}$$

이를 유도할 때 사용한 공식 $a \cdot b = R^2 - \frac{\gamma^2}{2}$, $b \cdot c = R^2 - \frac{\alpha^2}{2}$, $c \cdot a = R^2 - \frac{\beta^2}{2}$ 는 복소수의 실수배의 정의로부터 쉽게 유도할 수 있다(4.6.2절의 보조정리 참고).

삼각형 ABC 가 직각삼각형이므로 $\alpha^2 + \beta^2 + \gamma^2 = 8R^2$ 이다.

따라서 이것은 $\sin^2 A + \sin^2 B + \sin^2 C = 2$ 와 동치이다.[34] 또한 다음 세 명제와 동치이다.

$$1 - \cos 2A + 1 - \cos 2B + 1 - \cos 2C = 4$$
$$2\cos(A+B)\cos(A-B) + 2\cos^2 C = 0$$
$$4\cos A \cos B \cos C = 0$$

이것으로부터 원하는 결과를 얻을 수 있다.

---

[34] (역자주) $\alpha^2 + \beta^2 + \gamma^2 = 8R^2$ 인 이유
삼각형 ABC 가 직각삼각형이므로 $\sin A = 1$, $\sin B = \cos C$, $\sin C = \cos B$ 이다.
따라서 $\sin^2 A + \sin^2 B + \sin^2 C = 1 + \sin^2 B + \cos^2 B = 1 + 1 = 2$ 이다.
외심의 성질에 의해서 $\sin A = \frac{\alpha}{2R}$, $\sin B = \frac{\beta}{2R}$, $\sin C = \frac{\gamma}{2R}$ 이므로
$\sin^2 A + \sin^2 B + \sin^2 C = \frac{\alpha^2 + \beta^2 + \gamma^2}{4R^2}$ 이다.
좌변이 2이므로 $\alpha^2 + \beta^2 + \gamma^2 = 8R^2$ 이다.

문제 3. 사각형 ABCD 는 한 원에 내접하는 사각형이라 하고 E_a, E_b, E_c, E_d 는 각각 삼각형 BCD, CDA, DAB, ABC 의 구점원의 중심이라 하자. 직선 AE_a, BE_b, CE_c, DE_d 는 한 점에서 만난다는 것을 보이시오.

풀이. 복소평면의 원점을 사각형 ABCD의 외접원의 중심 O라 하자. 그러면 구점원의 중심 좌표는
$$e_a = \frac{1}{2}(b+c+d), \ e_b = \frac{1}{2}(c+d+a), \ e_c = \frac{1}{2}(d+a+b), \ e_d = \frac{1}{2}(a+b+c)$$
이다. 직선 AE_a 의 관계식은 $AE_a : z = ka + (1-k)e_a$ (단, $k \in \mathbb{R}$)이다.

같은 방법으로 직선 BE_b, CE_c, DE_d 의 관계식도 나타낼 수 있다. 각 직선의 관계식에서 $k = \frac{1}{3}$ 이면 $z = \frac{1}{3}(a+b+c+d)$ 이므로 좌표가 $\frac{1}{3}(a+b+c+d)$ 인 점은 네 개의 직선에 동시에 놓여있다. 따라서 직선 AE_a, BE_b, CE_c, DE_d 는 한 점에서 만난다.

4.6 삼각형의 중요한 몇 가지 거리

4.6.1 삼각형의 기본 불변량

변의 길이가 각각 α, β, γ 인 삼각형 ABC 에 대하여 둘레 길이의 절반은
$$s = \frac{1}{2}(\alpha + \beta + \gamma)$$
이고 내접원의 반지름은 r, 외접원의 반지름은 R 이다. s, r, R 의 값을 삼각형 ABC 의 **기본 불변량** *(fundamental invariants)* 이라 한다.

정리. 변의 길이 α, β, γ 는 다음 삼차방정식의 근이다.
$$t^3 - 2st^2 + (s^2 + r^2 + 4Rr)t - 4sRr = 0$$

증명. α 가 다음 방정식을 만족함을 보이자. 우선
$$\alpha = 2R\sin A = 4R\sin\frac{A}{2}\cos\frac{A}{2}, \ s - \alpha = r\cot\frac{A}{2} = r\frac{\cos\frac{A}{2}}{\sin\frac{A}{2}}$$

이고[35]
$$\cos^2\frac{A}{2} = \frac{\alpha(s-\alpha)}{4Rr}, \ \sin^2\frac{A}{2} = \frac{\alpha r}{4R(s-\alpha)}$$

---
35) (역자주)

이다. $\cos^2\dfrac{A}{2} + \sin^2\dfrac{A}{2} = 1$이므로

$$\frac{\alpha(s-\alpha)}{4Rr} + \frac{\alpha r}{4R(s-\alpha)} = 1$$

이다. 따라서 $\alpha^3 - 2s\alpha^2 + (s^2 + r^2 + 4Rr)\alpha - 4sRr = 0$이다. β와 γ에 대해서도 같은 과정을 통해 삼차방정식의 근임을 보일 수 있다. □

위의 정리로부터 근과 계수의 관계를 이용하면 다음 관계식을 얻는다.

$$\alpha + \beta + \gamma = 2s,$$
$$\alpha\beta + \beta\gamma + \gamma\alpha = s^2 + r^2 + 4Rr,$$
$$\alpha\beta\gamma = 4sRr$$

따름정리. 임의의 삼각형 ABC에 대하여 다음 관계식이 성립한다.
$$\alpha^2 + \beta^2 + \gamma^2 = 2(s^2 - r^2 - 4Rr), \quad \alpha^3 + \beta^3 + \gamma^3 = 2s(s^2 - 3r^2 - 6Rr)$$

증명.
$$\alpha^2 + \beta^2 + \gamma^2 = (\alpha+\beta+\gamma)^2 - 2(\alpha\beta+\beta\gamma+\gamma\alpha) = 4s^2 - 2(s^2 + r^2 + 4Rr)$$
$$= 2s^2 - 2r^2 - 8Rr = 2(s^2 - r^2 - 4Rr)$$

이고 두 번째 항등식은 다음과 같다.
$$\alpha^3 + \beta^3 + \gamma^3 = (\alpha+\beta+\gamma)(\alpha^2+\beta^2+\gamma^2 - \alpha\beta - \beta\gamma - \gamma\alpha) + 3\alpha\beta\gamma$$
$$= 2s(2s^2 - 2r^2 - 8Rr - s^2 - r^2 - 4Rr) + 12sRr$$
$$= 2s(s^2 - 3r^2 - 6Rr)$$
□

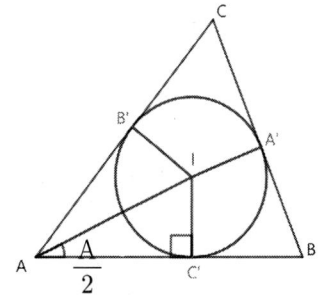

오른쪽 그림에서 내심의 성질에 의해 $\overline{AC'} = \overline{AB'}$이다. $\overline{AB'} = x$라 하자. 그러면 $\overline{B'C} = \overline{CA'} = \beta - x$이고 $\overline{BC'} = \overline{A'B} = \gamma - x$이다. $\overline{BC} = \overline{CA'} + \overline{A'B}$이므로 $\alpha = \beta - x + \gamma - x$이다.

따라서 $x = \dfrac{1}{2}(-\alpha + \beta + \gamma) = s - \alpha$이다.

삼각형 AC'I는 직각삼각형이므로 $\tan\dfrac{A}{2} = \dfrac{r}{s-\alpha}$이다.

따라서 $s - \alpha = r\cot\dfrac{A}{2}$이다.

4.6.2 외심과 내심 사이의 거리

삼각형 ABC 의 외심을 복소평면의 원점 O 라 하고 꼭짓점 A, B, C 의 복소좌표를 각각 a, b, c 라 하자.

보조정리. 좌표를 이용한 내적은 다음과 같다.
$$a \cdot b = R^2 - \frac{\gamma^2}{2}, \quad b \cdot c = R^2 - \frac{\alpha^2}{2}, \quad c \cdot a = R^2 - \frac{\beta^2}{2}$$
(단, $\overline{BC} = \alpha$, $\overline{CA} = \beta$, $\overline{AB} = \gamma$)

증명. 내적의 성질을 이용하면 다음식을 얻는다.
$$\gamma^2 = |a-b|^2 = (a-b) \cdot (a-b)$$
$$= a \cdot a - 2a \cdot b + b \cdot b = |a|^2 - 2a \cdot b + |b|^2 = 2R^2 - 2a \cdot b$$
위의 식을 정리하면 첫 번째 공식을 얻는다. 나머지 공식도 같은 방법으로 구할 수 있다. □

공식을 간단히 사용하기 위하여 다음과 같은 순환 합의 기호($\sum_{cyc}$)을 도입하자.
$$\sum_{cyc} f(x_1, x_2, x_3) = f(x_1, x_2, x_3) + f(x_2, x_3, x_1) + f(x_3, x_1, x_2)$$
여기서 변수들은 순환적인 순열을 이룬다.

정리 (오일러). 다음 공식이 성립한다.
$$\overline{OI}^2 = R^2 - 2Rr$$

증명. 내심의 좌표는 다음과 같이 주어진다.
$$z_I = \frac{\alpha}{2s}a + \frac{\beta}{2s}b + \frac{\gamma}{2s}c$$
$$\overline{OI}^2 = |z_I|^2 = \left(\frac{\alpha}{2s}a + \frac{\beta}{2s}b + \frac{\gamma}{2s}c\right) \cdot \left(\frac{\alpha}{2s}a + \frac{\beta}{2s}b + \frac{\gamma}{2s}c\right)$$
$$= \frac{1}{4s^2}(\alpha^2 + \beta^2 + \gamma^2)R^2 + 2\frac{1}{4s^2}\sum_{cyc}(\alpha\beta)a \cdot b$$
앞의 보조정리를 이용하면, 다음을 얻는다.
$$\overline{OI}^2 = \frac{1}{4s^2}(\alpha^2 + \beta^2 + \gamma^2)R^2 + \frac{2}{4s^2}\sum_{cyc}(\alpha\beta)\left(R^2 - \frac{\gamma^2}{2}\right)$$
$$= \frac{1}{4s^2}(\alpha + \beta + \gamma)^2 R^2 - \frac{1}{4s^2}\sum_{cyc}\alpha\beta\gamma^2 = R^2 - \frac{1}{4s^2}\alpha\beta\gamma(\alpha + \beta + \gamma)$$
$$= R^2 - \frac{1}{2s}\alpha\beta\gamma = R^2 - 2\frac{\alpha\beta\gamma}{4K} \cdot \frac{K}{s} = R^2 - 2R \cdot r$$

여기서 삼각형 ABC의 넓이를 K라고 하면, $K = \dfrac{\alpha\beta\gamma}{4R} = \dfrac{1}{2}(\alpha+\beta+\gamma)r = sr$ 에서
$$R = \frac{\alpha\beta\gamma}{4K},\ r = \frac{K}{s}$$
을 이용하였다. 여기서 $\alpha+\beta+\gamma = 2s$ 이다. □

따름정리 (오일러의 부등식). 모든 삼각형 ABC 에서 다음 부등식이 성립한다.
$$R \geq 2r$$
(단, 등호는 삼각형 ABC 가 정삼각형일 때 성립한다.)

증명. 위의 정리로부터 $\overline{OI}^2 = R(R-2r) \geq 0$ 따라서 $R \geq 2r$ 이다. 등호는 $R - 2r = 0$일 때 성립할 필요충분조건은 $\overline{OI} = 0$, 즉, O = I 따라서 삼각형 ABC 는 정삼각형이다. □

4.6.3 외심과 나겔 점 사이의 거리

정리 1. 점 N 이 삼각형 ABC 의 나겔 점이면 다음이 성립한다.
$$\overline{ON} = R - 2r$$

증명. 삼각형에서 나겔 점의 좌표는 다음과 같이 주어진다.
$$z_N = \left(1 - \frac{\alpha}{s}\right)a + \left(1 - \frac{\beta}{s}\right)b + \left(1 - \frac{\gamma}{s}\right)c$$

따라서[36]

---

[36] (역자주) $R^2 \sum_{cyc}\left(1-\dfrac{\alpha}{s}\right)^2 + 2\sum_{cyc}\left(1-\dfrac{\alpha}{s}\right)\left(1-\dfrac{\beta}{s}\right)\left(R^2 - \dfrac{\gamma^2}{2}\right)$ 의 계산에서

첫째, $R^2 \sum_{cyc}\left(1-\dfrac{\alpha}{s}\right)^2 = R^2\left(3 - \dfrac{2(\alpha+\beta+\gamma)}{s} + \dfrac{\alpha^2+\beta^2+\gamma^2}{s^2}\right)$ ⋯ ①

둘째, $2\sum_{cyc}\left(1-\dfrac{\alpha}{s}\right)\left(1-\dfrac{\beta}{s}\right)\left(R^2 - \dfrac{\gamma^2}{2}\right) = 2R^2\sum_{cyc}\left(1-\dfrac{\alpha}{s}\right)\left(1-\dfrac{\beta}{s}\right) - E$ 이므로

$2R^2\sum_{cyc}\left(1-\dfrac{\alpha}{s}\right)\left(1-\dfrac{\beta}{s}\right)$ 의 계산만 확인하면 된다. (E의 계산은 뒤에 나옴)

$2R^2\sum_{cyc}\left(1-\dfrac{\alpha}{s}\right)\left(1-\dfrac{\beta}{s}\right) = 2R^2\left(3 - \dfrac{2(\alpha+\beta+\gamma)}{s} + \dfrac{\alpha\beta+\beta\gamma+\gamma\alpha}{s^2}\right)$ ⋯ ②

①+②하면

$R^2\left(9 - 6\dfrac{\alpha+\beta+\gamma}{s} + \dfrac{2(\alpha\beta+\beta\gamma+\gamma\alpha)+\alpha^2+\beta^2+\gamma^2}{s^2}\right) = R^2\left(3 - \dfrac{\alpha+\beta+\gamma}{s}\right)^2 = R^2$ 이다.

$$\overline{ON}^2 = |z_N|^2 = z_N \cdot \overline{z_N} = R^2 \sum_{cyc}\left(1-\frac{\alpha}{s}\right)^2 + 2\sum_{cyc}\left(1-\frac{\alpha}{s}\right)\left(1-\frac{\beta}{s}\right)a \cdot b$$

$$= R^2 \sum_{cyc}\left(1-\frac{\alpha}{s}\right)^2 + 2\sum_{cyc}\left(1-\frac{\alpha}{s}\right)\left(1-\frac{\beta}{s}\right)\left(R^2 - \frac{\gamma^2}{2}\right)$$

$$= R^2\left(3 - \frac{\alpha+\beta+\gamma}{s}\right)^2 - \sum_{cyc}\left(1-\frac{\alpha}{s}\right)\left(1-\frac{\beta}{s}\right)\gamma^2$$

$$= R^2 - \sum_{cyc}\left(1-\frac{\alpha}{s}\right)\left(1-\frac{\beta}{s}\right)\gamma^2 = R^2 - E$$

E는 다음과 같이 계산한다.

$$E = \sum_{cyc}\left(1 - \frac{\alpha+\beta}{s} + \frac{\alpha\beta}{s^2}\right)\gamma^2 = \sum_{cyc}\gamma^2 - \frac{1}{s}\sum_{cyc}(\alpha+\beta)\gamma^2 + \frac{1}{s^2}\sum_{cyc}\alpha\beta\gamma^2$$

$$= \sum_{cyc}\gamma^2 - \frac{1}{s}\sum_{cyc}(2s-\gamma)\gamma^2 + \frac{2\alpha\beta\gamma}{s} = -\sum_{cyc}\alpha^2 + \frac{1}{s}\sum_{cyc}\alpha^3 + 8\frac{\alpha\beta\gamma}{4K} \cdot \frac{K}{s}$$

$$= -\sum_{cyc}\alpha^2 + \frac{1}{s}\sum_{cyc}\alpha^3 + 8R \cdot r$$

4.6.1의 따름정리를 이용하면, 우리는 다음과 같은 결론을 내릴 수 있다.

$$E = -2(s^2 - r^2 - 4Rr) + 2(s^2 - 3r^2 - 6Rr) + 8Rr = -4r^2 + 4Rr$$

따라서 $\overline{ON}^2 = R^2 - E = R^2 - 4Rr + 4r^2 = (R-2r)^2$. 오일러의 부등식에 의하여 $\overline{ON} = R - 2r$이다. □

정리 2 (포이에르바흐).[37] 임의의 삼각형에서 내접원과 오일러의 구점원은 접한다.

증명. 〈그림 4.5〉을 이용하면, 다음을 알 수 있다.

$$\frac{1}{2} = \frac{\overline{GI}}{\overline{GN}} = \frac{\overline{GO_9}}{\overline{GO}}$$

따라서 삼각형 GIO_9와 삼각형 GNO는 닮음이다. 이것은 직선 IO_9와 ON이 평행하고 $\overline{IO_9} = \frac{1}{2}\overline{ON}$이다. 앞의 〈정리 1〉을 적용하면 $\overline{IO_9} = \frac{1}{2}(R-2r) = \frac{R}{2} - r = R_9 - r$

따라서 내접원은 구점원에 내접한다. □

---

[37] 칼 빌헬름 포이에르바흐(Karl Wilhelm Feuerbach, 1800-1834), 독일의 기하학자로 1822년에 정리 2의 결과를 발표했다.

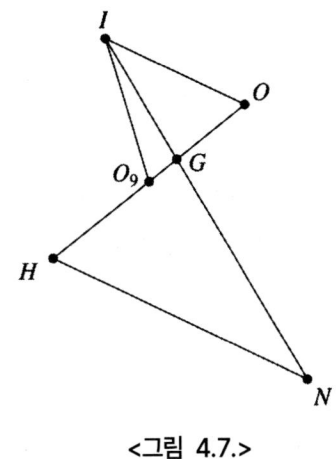

<그림 4.7.>

내접원과 구점원이 접하는 점을 ϕ로 나타내고 포이에르바흐 점이라고 부른다(<그림 4.7.> 참조).[38]

4.6.4 외심과 수심 사이의 거리

정리. 점 H가 삼각형 ABC의 수심이면 다음이 성립한다.
$$\overline{OH}^2 = 9R^2 + 2r^2 + 8Rr - 2s^2$$

증명. 외심이 복소평면의 원점이라고 하면 수심의 복소좌표는 다음과 같다.
$$z_H = a + b + c$$

내적을 이용하여 다음을 알 수 있다.
$$\overline{OH}^2 = |z_H|^2 = z_H \cdot z_H = (a+b+c) \cdot (a+b+c) = \sum_{cyc}|a|^2 + 2\sum_{cyc} a \cdot b = 3R^2 + 2\sum_{cyc} a \cdot b$$

4.6.1의 보조정리를 이용하면 다음이 성립한다.
$$\overline{OH}^2 = 3R^2 + 2\sum_{cyc}\left(R^2 - \frac{\gamma^2}{2}\right) = 9R^2 - (\alpha^2 + \beta^2 + \gamma^2)$$
$$= 9R^2 - 2(s^2 - r^2 - 4Rr) = 9R^2 + 2r^2 + 8Rr - 2s^2 \qquad \square$$

---

[38] (역자주) 포이에르바흐 점의 위치는 다음 그림과 같다.

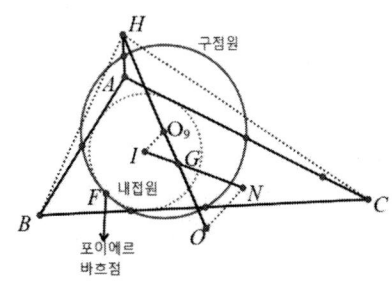

따름정리 1. 다음 공식은 성립한다.

(1) $\overline{OG}^2 = R^2 + \dfrac{2}{9}r^2 + \dfrac{8}{9}Rr - \dfrac{2}{9}s^2$ (2) $\overline{OO_9}^2 = \dfrac{9}{4}R^2 + \dfrac{1}{2}r^2 + 2Rr - \dfrac{1}{2}s^2$

따름정리 2. 모든 삼각형 ABC 에서 다음 부등식이 성립한다.
$$(\alpha^2 + \beta^2 + \gamma^2) \leq 9R^2 \quad (\text{단, 등호는 정삼각형일 때 성립한다.})$$

4.6.5 블런던(Blundon)의 부등식

주어진 삼각형 ABC 의 외심을 O, 무게중심을 G, 내심을 I, 나겔 점을 N, 둘레 길이의 절반을 s, 외접원의 반지름을 R, 내접원의 반지름을 r 이라고 하자. 삼각형의 기본 부등식이라고 불리는 부등식의 기하학적인 증명을 다루겠다. 이것은 두 개의 부등식[39]을 포함하고 있는데, E. 루스(E. Rouce)에 의하여 1851년에 처음으로 증명되었고, 라모스의 삼각형에서 둘레의 길이, 외심의 반지름, 내심의 반지름이 될 필요충분조건을 묻는 질문에 답하는 과정에서 증명된 내용이다. 가장 간단하고 표준적인 증명은 W. J. 블런던(W. J. Blundon)에 의하여 완성되었는데, 그것은 삼차방정식의 근의 조건을 이용한 증명이다.

x_1, x_2, x_3 는 다음 삼차방정식의 근이다.
$$x^3 + a_1 x^2 + a_2 x + a_3 = 0$$

위의 방정식의 세 근이 삼각형의 변의 길이가 될 필요충분조건은 다음을 만족해야 한다.

(i) $18 a_1 a_2 a_3 + a_1^2 a_1^2 - 27 a_3^2 - 4 a_2^3 - 4 a_1^3 a_3 > 0$

(ii) $-a_1 > 0$, $a_2 > 0$, $-a_3 > 0$

(iii) $a_1^3 - 4 a_1 a_2 + 8 a_3 > 0$

다음 결과들은 삼각형의 기본 부등식의 기하학적인 증명을 내포하고 있는데, 참고 문헌[15]에 제시되어 있다.

정리 1. 삼각형 ABC 가 정삼각형이 아닐 때, 다음 관계가 성립한다.
$$\cos(\angle \mathrm{ION}) = \frac{2R^2 + 10Rr - r^2 - s^2}{2(R-r)\sqrt{R^2 - 2Rr}}$$

증명. N, G, I 가 일직선 위에 있고 나겔 직선이라고 불리는 것은 알려진 사실이다. (4.5절의 정리 2 참조) 그리고 $\overline{NI} = 3\overline{GI}$ 이다. 삼각형 ION 에 스튜어트 정리[40]를 적용하면, 다음을 얻는다.

---

[39] (역자주) 삼각형의 기본불변량 s^2의 최솟값과 최댓값을 제공하는 $A \leq s^2 \leq B$ 형태의 부등식을 말한다.

[40] (역자주) 오른쪽 그림과 같은 삼각형에서 슈튜어트 정리를 적용하면
$n\overline{OI}^2 + m\overline{ON}^2 = (m+n)\overline{OG}^2 + n\overline{IG}^2 + m\overline{GN}^2$ 가 성립한다.

$$\overline{ON}^2 \cdot \overline{GI} + \overline{OI}^2 \cdot \overline{NG} - \overline{OG}^2 \cdot \overline{NI} = \overline{GN} \cdot \overline{IG}^2 + \overline{IG} \cdot \overline{GN}^2 = \overline{GI} \cdot \overline{GN} \cdot \overline{NI}$$

위의 식에 $\overline{NI} = 3\overline{GI}$ 을 대입하면

$$\overline{ON}^2 \cdot \overline{GI} + \overline{OI}^2 \cdot 2\overline{GI} - \overline{OG}^2 \cdot 3\overline{GI} = 6\overline{GI}^3$$

위의 식의 양변을 $\overline{GI}$ 로 나누면

$$\overline{ON}^2 + 2\overline{OI}^2 - 3\overline{OG}^2 = 6\overline{GI}^2$$

위의 식에 내심과 외심, 외심과 나겔점, 외심과 무게중심의 거리를 이용하면 다음을 얻는다.

$$\overline{GI}^2 = \frac{1}{6}\left(\frac{\alpha^2 + \beta^2 + \gamma^2}{3} - 8Rr + 4r^2\right) = \frac{1}{6}\left(\frac{2(s^2 - r^2 - 4Rr)}{3} - 8Rr + 4r^2\right)$$

그러므로 다음을 얻는다.

$$\overline{NI}^2 = 9\overline{GI}^2 = 5r^2 + s^2 - 16Rr$$

삼각형 ION 에 코사인 법칙을 적용하여 다음을 얻는다.

$$\cos(\angle ION) = \frac{\overline{ON}^2 + \overline{OI}^2 - \overline{NI}^2}{2\overline{ON} \cdot \overline{OI}} = \frac{(R-2r)^2 + (R^2 - 2Rr) - (5r^2 + s^2 - 16Rr)}{2(R-2r)\sqrt{R^2 - 2Rr}}$$

$$= \frac{2R^2 + 10Rr - r^2 - s^2}{2(R-2r)\sqrt{R^2 - 2Rr}}$$

만약 삼각형 ABC 가 정삼각형이면 점 I, O, N 은 모두 일치한다. 이 경우 삼각형 ION 은 한 개의 점이 되고, $\cos(\angle ION) = 1$ 로 확장할 수 있다. □

정리 2 블런돈 부등식(Blundon 부등식).
삼각형의 기본 불변량 s, R, r에 대하여 삼각형이 존재하기 위한 조건은 다음과 같다.
$$2R^2 + 10Rr - r^2 - 2(R-2r)\sqrt{r^2 - 2Rr} \leq s^2 \leq 2R^2 + 10Rr - r^2 + 2(R-2r)\sqrt{R^2 - 2Rr}$$

증명.
만약 $R = 2r$이면 그 삼각형은 정삼각형이므로 등호가 성립한다.
만약 $R - 2r \neq 0$이면 $-1 \leq \cos(\angle ION) \leq 1$이라는 사실로부터 주어진 부등식이 성립한다. □

정삼각형은 주어진 부등식의 등호가 자명하게 성립한다. 정삼각형이 아닌 삼각형을 가정하자. 즉, $R - 2r \neq 0$이다. $T(R, r)$을 외접원의 반지름이 R, 내접원의 반지름이 r인 모든 삼각형의 집합이라 하자. **블런돈 부등식**은 $T(R,r)$에 포함되는 삼각형의 둘레의 반인 s의 구간을 제공한다. s의 최솟값과 최댓값은 다음과 같다.

$$s_{\min}^2 = 2R^2 + 10Rr - r^2 - 2(R-2r)\sqrt{r^2 - 2Rr}$$
$$s_{\max}^2 = 2R^2 + 10Rr - r^2 + 2(R-2r)\sqrt{R^2 - 2Rr}$$

만약 고정된 외심 O 에서 내심 I 까지 길이가 $\overline{OI} = \sqrt{R^2 - 2Rr}$ 인 $T(R, r)$에 포함된 삼각형이 둘레의

길이의 반을 최솟값으로 가진다고 하면 $\cos(\angle ION) = 1$인 경우와 동치이다. 즉, 점 I, O, N은 모두 같은 직선 위의 점이고, 점 I, N는 시점이 O인 반직선에 속한다. 점 O, G, H가 삼각형의 오일러 직선에 속한다는 성질을 이용하면 점 O, I, G가 같은 직선 위의 점이고, 이 경우 삼각형 ABC는 이등변삼각형이다. 〈그림 4.8〉에서 이 삼각형을 $A_{min}B_{min}C_{min}$이라고 표기하였다. 또한, $T(R, r)$에 포함된 삼각형 중에서 삼각형의 둘레의 길이의 반을 최댓값으로 가진다고 하면 $\cos(\angle ION) = -1$인 경우와 동치이다. 즉, 점 I, O, N은 모두 같은 직선 위의 점이고, 점 O는 점 I 와 N 사이에 있다. 다시 삼각형의 오일러 직선을 이용하면 삼각형 ABC가 이등변삼각형임을 알 수 있다. 〈그림 4.8〉에서 이 삼각형을 $A_{max}B_{max}C_{max}$ 이라고 표기하였다.

$\overline{B_{min}C_{min}} > \overline{B_{max}C_{max}}$ 임에 주목하자. $T(R, r)$에 포함된 모든 삼각형은 이 극 삼각형 사이에 있다. (〈그림 4.8.〉참조) 퐁슬레의 폐포정리(Poncelet's closure theorem)[41]에 따르면 그 삼각형들은 원 $C(O; R)$을 외접원으로 가지고 원 $C(I; r)$을 내접원으로 갖는다.

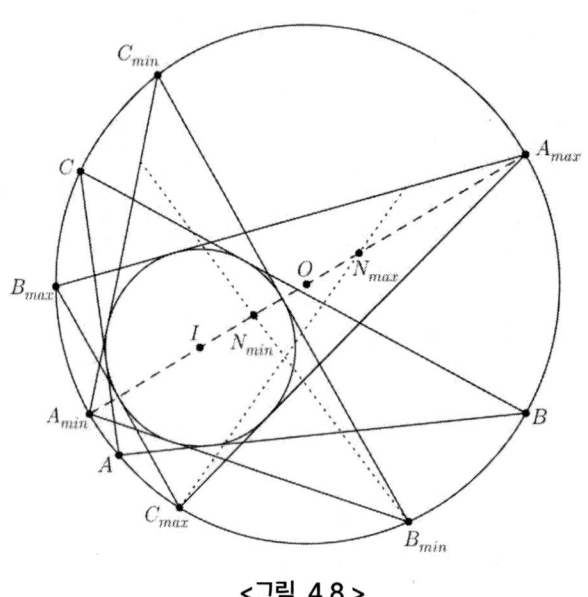

<그림 4.8.>

---

[41] (역자주) 하나의 타원 C와 그 내부에 또다른 타원 D가 주어져 있을 때, 내부의 타원 D에 외접하고, 외부의 타원 C에 내접하는(*) n각형을 찾을 수 있다고 가정하자.
그러면 타원 C의 임의의 점을 꼭짓점으로 갖는, 같은 성질을 갖는 n각형이 존재한다.
즉, 내부의 타원 D에 외접하고, 외부의 타원 C에 내접하는(*)의 성질을 갖는 하나의 n각형이 존재하면, 그러한 n각형이 무한히 많이 존재한다.

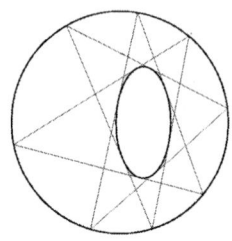

4.7 삼각형의 평면에 있는 두 점 사이의 거리

4.7.1 무게중심의 좌표(Barycentric Coordinates)

삼각형 ABC에서 각 변 BC, CA, AB의 길이를 α, β, γ 라 하자.

성질. 점 A, B, C의 좌표를 a, b, c라 하고, 점 P를 삼각형과 같은 평면에 속한 점이라 하자. 만약 점 P의 좌표를 z_P라 하면 실수 μ_a, μ_b, μ_c가 존재해서 다음을 만족한다.

$$z_P = \mu_a a + \mu_b b + \mu_c c \text{이고 } \mu_a + \mu_b + \mu_c = 1$$

증명. 점 P가 삼각형 ABC의 내부의 점이라 할 때, $\overline{AP}$의 연장선과 $\overline{BC}$가 만나는 점을 A′라 하자. $k_1 = \dfrac{\overline{PA}}{\overline{PA'}}$, $k_2 = \dfrac{\overline{A'B}}{\overline{A'C}}$ 라 하면 다음은 자명하다.

$$z_P = \frac{a + k_1 z_{A'}}{1 + k_1}, \quad z_{A'} = \frac{b + k_2}{1 + k_2}$$

따라서 이 경우 다음과 같이 나타낼 수 있다.

$$z_P = \frac{1}{1+k_1}a + \frac{k_1}{(1+k_1)(1+k_2)}b + \frac{k_1 k_2}{(1+k_1)(1+k_2)}c$$

또한

$$\mu_a = \frac{1}{1+k_1}, \quad \mu_b = \frac{k_1}{(1+k_1)(1+k_2)}, \quad \mu_c = \frac{k_1 k_2}{(1+k_1)(1+k_2)}$$

라 하면

$$\mu_a + \mu_b + \mu_c = \frac{1}{1+k_1} + \frac{k_1}{(1+k_1)(1+k_2)} + \frac{k_1 k_2}{(1+k_1)(1+k_2)}$$

$$= \frac{1 + k_1 + k_2 + k_1 k_2}{(1+k_1)(1+k_2)} = 1$$

이 과정을 점 P가 삼각형 ABC의 외부에 있을 때 적용해도 성립한다.

만약 점 P가 삼각형 ABC의 변 위의 점 또는 연장선 위의 점이면 다음과 같다.

$k = \dfrac{\overline{PB}}{\overline{PC}}$ 일 때, $z_P = \dfrac{1}{1+k}b + \dfrac{k}{1+k}c = 0 \cdot a + \dfrac{1}{1+k}b + \dfrac{k}{1+k}c$ □

실수 μ_a, μ_b, μ_c를 삼각형 ABC의 점 P에 대한 **절대 무게중심 좌표(Absolute barycentric coordinate)**라고 부른다.

실수 μ_a, μ_b, μ_c의 부호는 점 P가 속한 평면의 영역에 의존한다. 삼각형 ABC에 의해 7개의 영역으로 평면이 나뉜다.

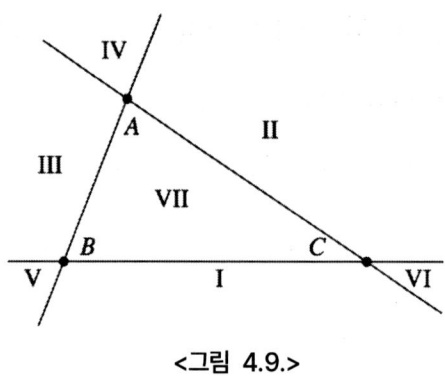

<그림 4.9.>

다음 표에 실수 μ_a, μ_b, μ_c의 부호를 나타내었다.[42]

	I	II	III	IV	V	VI	VII
μ_a	−	+	+	+	−	−	+
μ_b	+	−	+	−	+	−	+
μ_c	+	+	−	−	−	+	+

4.7.2 무게중심 좌표에서 두 점 사이의 거리

간단한 공식을 위해 위에서 정의한 순환의 합 기호 $\sum_{cyc} f(x_1, x_2, \cdots, x_n)$를 사용할 것이다. 예를 들면 다음과 같다.

$$\sum_{cyc} f(x_1, x_2, x_3) = f(x_1, x_2, x_3) + f(x_2, x_3, x_1) + f(x_3, x_1, x_2)$$

정리 1. 평면 위의 삼각형 ABC와 점 P_1, P_2의 좌표를 z_{P_1}, z_{P_2}라 하자. 만약 $k = 1, 2$에 대하여 α_k, β_k, γ_k는 실수이고 $\alpha_k + \beta_k + \gamma_k = 1$인 $z_{P_k} = \alpha_k a + \beta_k b + \gamma_k c$ 는 다음을 만족한다. (단, $\overline{BC} = \alpha$, $\overline{AC} = \beta$, $\overline{AB} = \gamma$이다.)

---

[42] (역자주) 축과 인접한 두 영역의 부호를 따른다. 예를 들어 변 BC 위의 점의 무게중심 좌표는 $\mu_a = 0$이고 영역 I, VII에서 μ_b, μ_c의 부호는 양수이다.

	BC축	AC축	AB축	A	B	C
μ_a	0			1	0	0
μ_b		0		0	1	0
μ_c			0	0	0	1

$$\overline{P_1P_2}^2 = -\sum_{cyc}(\alpha_2 - \alpha_1)(\beta_2 - \beta_1)\gamma^2$$

증명. 삼각형 ABC의 외심 O를 복소평면의 원점으로 잡자. 복소수 내적의 성질을 사용하면 다음과 같다.

$$\overline{P_1P_2}^2 = |z_{P_2} - z_{P_1}|^2 = |(\alpha_2 - \alpha_1)a + (\beta_2 - \beta_1)b + (\gamma_2 - \gamma_1)c|^2$$

$$= \sum_{cyc}(\alpha_2 - \alpha_1)^2 a \cdot a + 2\sum_{cyc}(\alpha_2 - \alpha_1)(\beta_2 - \beta_1)a \cdot b$$

$$= \sum_{cyc}(\alpha_2 - \alpha_1)^2 R^2 + 2\sum_{cyc}(\alpha_2 - \alpha_1)(\beta_2 - \beta_1)\left(R^2 - \frac{\gamma^2}{2}\right)$$

$$= R^2(\alpha_2 + \beta_2 + \gamma_2 - \alpha_1 - \beta_1 - \gamma_1)^2 - \sum_{cyc}(\alpha_2 - \alpha_1)(\beta_2 - \beta_1)\gamma^2$$

$$= -\sum_{cyc}(\alpha_2 - \alpha_1)(\beta_2 - \beta_1)\gamma^2$$

이때, $\alpha_2 + \beta_2 + \gamma_2 = \alpha_1 + \beta_1 + \gamma_1 = 1$이므로 위의 식이 성립한다. □

정리 2. 삼각형 ABC의 변 BC 위의 점 A_1, A_2, 변 CA 위의 점 B_1, B_2, 변 AB 위의 점 C_1, C_2가 있다. 직선 AA_1, BB_1, CC_1은 한 점 P_1에서 만나고 직선 AA_2, BB_2, CC_2는 한 점 P_2에서 만난다. 만약 $k = 1, 2$에 대하여 m_k, n_k, p_k가 0이 아닌 실수일 때,

$$\frac{\overline{BA_k}}{\overline{A_kC}} = \frac{p_k}{n_k}, \quad \frac{\overline{CB_k}}{\overline{B_kA}} = \frac{m_k}{p_k}, \quad \frac{\overline{AC_k}}{\overline{C_kB}} = \frac{n_k}{m_k}$$

라 하자. $S_k = m_k + n_k + p_k$이면 다음이 성립한다.

$$\overline{P_1P_2}^2 = \frac{1}{S_1^2 S_2^2}\left[S_1 S_2 \sum_{cyc}(n_1 p_2 + p_1 n_2)a^2 - S_1 \sum_{cyc} n_2 p_2 a^2 - S_2^2 \sum_{cyc} n_1 p_1 a^2\right]$$

증명. 점 P_1과 P_2의 좌표는 다음과 같다.

$$z_{P_k} = \frac{m_k a + n_k b + p_k c}{m_k + n_k + p_k} \quad (단, k = 1, 2)$$

이 경우, 두 점 P_1과 P_2의 절대무게중심 좌표는 다음과 같다.

$$\alpha_k = \frac{m_k}{m_k + n_k + p_k} = \frac{m_k}{S_k}, \quad \beta_k = \frac{n_k}{m_k + n_k + p_k} = \frac{n_k}{S_k}, \quad \gamma_k = \frac{p_k}{m_k + n_k + p_k} = \frac{p_k}{S_k}$$

(단, $k = 1, 2$)

4.7.2절의 정리 1의 공식에 위의 값을 대입하면 다음과 같다.

$$\overline{P_1P_2}^2 = -\sum_{cyc}\left(\frac{n_2}{S_2} - \frac{n_1}{S_1}\right)\left(\frac{p_2}{S_2} - \frac{p_1}{S_1}\right)\alpha^2$$

$$= -\frac{1}{S_1^2 S_2^2}\sum_{\text{cyc}}(S_1 n_2 - S_2 n_1)(S_1 p_2 - S_2 p_1)\alpha^2$$

$$= -\frac{1}{S_1^2 S_2^2}\sum_{\text{cys}}\left[S_1^2 n_2 p_2 + S_2^2 n_1 p_1 - S_1 S_2(n_1 p_2 + n_2 p_1)\alpha^2\right]$$

$$= \frac{1}{S_1^2 S_2^2}\left[S_1 S_2 \sum_{\text{cyc}}(n_1 p_2 + n_2 p_1)\alpha^2 - S_1^2 \sum_{\text{cyc}} n_2 p_2 \alpha^2 - S_2^2 \sum_{\text{cyc}} n_1 p_1 \alpha^2\right] \qquad \square$$

따름정리 1. $k = 1, 2$에 대하여 실수 $\alpha_k, \beta_k, \gamma_k$가 $\alpha_k + \beta_k + \gamma_k = 1$을 만족할 때, 다음 부등식이 성립한다.

$$\sum_{\text{cyc}}(\alpha_2 - \alpha_1)(\beta_2 - \beta_1)\gamma^2 \leq 0$$

(단, 등호는 $\alpha_1 = \alpha_2$, $\beta_1 = \beta_2$, $\gamma_1 = \gamma_2$일 때 성립한다.)

따름정리 2.

$$\sum_{\text{cyc}}(n_1 p_2 + p_1 n_2)^2 \geq \frac{S_1}{S_2}\sum_{\text{cyc}} n_2 p_2 \alpha^2 + \frac{S_2}{S_1}\sum_{\text{cyc}} n_1 p_1 \alpha^2$$

(단, 등호가 성립할 조건은 $\dfrac{p_1}{n_1} = \dfrac{p_2}{n_2}$, $\dfrac{m_1}{p_1} = \dfrac{m_2}{p_2}$, $\dfrac{n_1}{m_1} = \dfrac{n_2}{m_2}$ 이다.)

응용.

(1) 4.7.2절의 정리2를 이용하여 선분 GI의 길이를 구하자. 4.6.5절에서 사용했듯이 여기서 점 G는 삼각형의 무게중심이고 I는 내심이다.

$m_1 = n_1 = p_1 = 1$이고 $m_2 = \alpha$, $n_2 = \beta$, $n_3 = \gamma$이면 다음이 성립한다.

$$S_1 = \sum_{\text{cyc}} m_1 = 3, \quad S_2 = \sum_{\text{cyc}} m_2 = \alpha + \beta + \gamma = 2s$$

$$\sum_{\text{cyc}}(n_1 p_2 + n_2 p_1)\alpha^2 = (\beta + \gamma)\alpha^2 + (\gamma + \alpha)\beta^2 + (\alpha + \beta)\gamma^2$$

$$= (\alpha + \beta + \gamma)(\alpha\beta + \beta\gamma + \gamma\alpha) - 3\alpha\beta\gamma$$

$$= 2s(s^2 + r^2 + 4rR) - 12sRr$$

$$= 2s^3 + 2sr^2 - 4sRr$$

한편,

$$\sum_{\text{cyc}} n_2 p_2 \alpha^2 = \alpha^2 \beta\gamma + \beta^2 \gamma\alpha + \gamma^2 \alpha\beta = \alpha\beta\gamma(\alpha + \beta + \gamma) = 8s^2 Rr,$$

$$\sum_{\text{cyc}} n_1 p_1 \alpha^2 = \alpha^2 + \beta^2 + \gamma^2 = 2s^2 - 2\gamma^2 - 8rR$$

이므로 이를 정리하면 다음과 같다.

$$\overline{\mathrm{GI}}^2 = \frac{1}{9}\left(s^2 + 5r^2 - 16Rr\right)$$

(2) 삼각형 ABC의 변의 길이를 α, β, γ라 할 때 다음 부등식이 성립함을 보이자.

$$\sum_{\mathrm{cyc}}(2\alpha - \beta - \gamma)(2\beta - \alpha - \gamma)\gamma^2 \leq 0$$

4.7.2절의 따름정리 1에서 $P_1 = G$, $P_2 = I$라 두자. 그러면 $\alpha_1 = \beta_1 = \gamma_1 = \frac{1}{3}$이고 $\alpha_2 = \frac{\alpha}{2s}$, $\beta_2 = \frac{\beta}{2s}$, $\gamma_2 = \frac{\gamma}{2s}$이므로 위의 부등식이 성립한다. 부등식의 등호가 성립할 필요충분조건은 $P_1 = P_2$이므로 $G = I$인 경우이다. 즉, 삼각형이 정삼각형일 때 등호가 성립한다.

4.8 무게중심 좌표계에서 삼각형 넓이

삼각형 ABC의 세 꼭짓점을 a, b, c이고, 세 변 BC, CA, AB의 길이를 각각 α, β, γ라고 하자.

정리. $P_j(z_{P_j})$는 삼각형 ABC의 세 점이다($j = 1, 2, 3$). $z_{P_j} = \alpha_j a + \beta_j b + \gamma_j c$이며, α_j, β_j, γ_j는 P_j의 무게중심 좌표이다. 삼각형 ABC와 삼각형 $P_1P_2P_3$이 서로 같은 방향을 가지면 다음이 성립한다(4.2절 참조).

$$\frac{\mathrm{area}[P_1P_2P_3]}{\mathrm{area}[ABC]} = \begin{vmatrix} \alpha_1 & \beta_1 & \gamma_1 \\ \alpha_2 & \beta_2 & \gamma_2 \\ \alpha_3 & \beta_3 & \gamma_3 \end{vmatrix}$$

증명. 두 삼각형 ABC와 $P_1P_2P_3$가 같은 양의 방향을 갖는다고 하자. 복소평면의 원점을 O라 하면, 복소수의 외적에 의해서 다음 식이 성립한다.

$$2i\,\mathrm{area}[P_1OP_2] = z_{P_1} \times z_{P_2} = (\alpha_1 a + \beta_1 b + \gamma_1 c) \times (\alpha_2 a + \beta_2 b + \gamma_2 c)$$

$$= (\alpha_1\beta_2 - \alpha_2\beta_1)a \times b + (\beta_1\gamma_2 - \beta_2\gamma_1)b \times c + (\gamma_1\alpha_2 - \gamma_2\alpha_1)c \times a$$

$$= \begin{vmatrix} a \times b & b \times c & c \times a \\ \gamma_1 & \alpha_1 & \beta_1 \\ \gamma_2 & \alpha_2 & \beta_2 \end{vmatrix}$$

$$= \begin{vmatrix} a \times b & b \times c & 2i\,\mathrm{area}[ABC] \\ \gamma_1 & \alpha_1 & 1 \\ \gamma_2 & \alpha_2 & 1 \end{vmatrix}$$

유사한 방법으로, 다음 식을 유도할 수 있다.

$$2i \cdot area[P_2OP_3] = \begin{vmatrix} a \times b & b \times c & 2i\,\mathrm{area}[ABC] \\ \gamma_2 & \alpha_2 & 1 \\ \gamma_3 & \alpha_3 & 1 \end{vmatrix}$$

$$2i \cdot area[P_3OP_1] = \begin{vmatrix} a \times b & b \times c & 2i \cdot area[ABC] \\ \gamma_3 & \alpha_3 & 1 \\ \gamma_1 & \alpha_1 & 1 \end{vmatrix}$$

원점 O가 삼각형 $P_1P_2P_3$ 내부에 놓여 있다고 가정하자. 그러면 다음이 성립한다.

$$area[P_1P_2P_3] = area[P_1OP_2] + area[P_2OP_3] + area[P_3OP_1]$$

$$= \frac{1}{2i}(\alpha_1 - \alpha_2 + \alpha_2 - \alpha_3 + \alpha_3 - \alpha_1)a \times b - \frac{1}{2i}(\gamma_1 - \gamma_2 + \gamma_2 - \gamma_3 + \gamma_3 - \gamma_1)b \times c$$

$$+ (\gamma_1\alpha_2 - \gamma_2\alpha_1 + \gamma_2\alpha_3 - \gamma_3\alpha_2 + \gamma_3\alpha_1 - \gamma_1\alpha_3)area[ABC]$$

$$= (\gamma_1\alpha_2 - \gamma_2\alpha_1 + \gamma_2\alpha_3 - \gamma_3\alpha_2 + \gamma_3\alpha_1 - \gamma_1\alpha_3)area[ABC]$$

$$= area[ABC]\begin{vmatrix} 1 & \gamma_1 & \alpha_1 \\ 1 & \gamma_2 & \alpha_2 \\ 1 & \gamma_3 & \alpha_3 \end{vmatrix} = area[ABC]\begin{vmatrix} \alpha_1 & \beta_1 & \gamma_1 \\ \alpha_2 & \beta_2 & \gamma_2 \\ \alpha_3 & \beta_3 & \gamma_3 \end{vmatrix}$$

따라서

$$area[P_1P_2P_3] = area[ABC]\begin{vmatrix} \alpha_1 & \beta_1 & \gamma_1 \\ \alpha_2 & \beta_2 & \gamma_2 \\ \alpha_3 & \beta_3 & \gamma_3 \end{vmatrix}$$

이고 이 명제는 성립한다. □

따름정리 1. 삼각형 ABC에 대하여, 세 선분 BC, CA, AB 위의 각각의 점 A_1, B_1, C_1는 다음을 만족한다(〈그림 4.10〉).

$$\frac{\overline{A_1B}}{\overline{A_1C}} = k_1, \quad \frac{\overline{B_1C}}{\overline{B_1A}} = k_2, \quad \frac{\overline{C_1A}}{\overline{C_1B}} = k_3$$

$\overline{AA_1} \cap \overline{BB_1} = \{P_1\}$, $\overline{BB_1} \cap \overline{CC_1} = \{P_2\}$, $\overline{CC_1} \cap \overline{AA_1} = \{P_3\}$이면 다음 식이 성립한다.

$$\frac{area[P_1P_2P_3]}{area[ABC]} = \frac{(1 - k_1k_2k_3)^2}{(1 + k_1 + k_1k_2)(1 + k_2 + k_2k_3)(1 + k_3 + k_3k_1)}$$

증명. 잘 알려진 메넬라우스 정리를 삼각형 AA_1B에 적용하자.

$$\frac{\overline{C_1A}}{\overline{C_1B}} \cdot \frac{\overline{CB}}{\overline{CA_1}} \cdot \frac{\overline{P_3A_1}}{\overline{P_3A}} = 1$$

$$\frac{\overline{P_3A}}{\overline{P_3A_1}} = \frac{\overline{C_1A}}{\overline{C_1B}} \cdot \frac{\overline{CB}}{\overline{CA_1}} = k_3(1 + k_1)$$

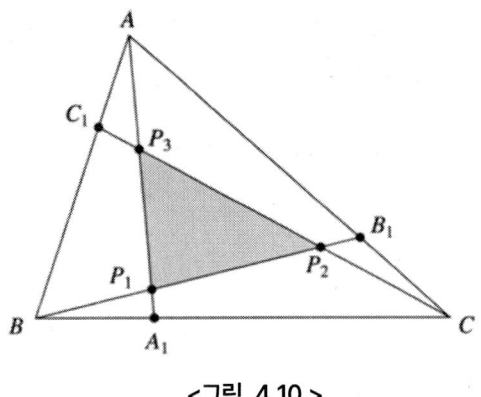

<그림 4.10.>

점 P_3의 좌표는 다음과 같다.

$$z_{P_3} = \frac{a + k_3(1+k_1)z_{A_1}}{1+k_3(1+k_1)} = \frac{a + k_3(1+k_1) \cdot \frac{b+k_1c}{1+k_1}}{1+k_3+k_3k_1} = \frac{a+k_3b+k_3k_1c}{1+k_3+k_3k_1}$$

비슷한 방법으로 나머지 두 점에 대하여 구하면 다음과 같다.

$$z_{P_1} = \frac{k_1k_2a+b+k_1c}{1+k_1+k_1k_2}, \quad z_{P_2} = \frac{k_2a+k_2k_3b+c}{1+k_2+k_2k_3}$$

두 삼각형 ABC, $P_1P_2P_3$는 같은 방향을 갖는다. 그러므로 위의 정리를 적용하면 다음과 같다.

$$\frac{\text{area}[P_1P_2P_3]}{\text{area}[ABC]} = \frac{1}{(1+k_1+k_1k_2)(1+k_2+k_2k_3)(1+k_3+k_3k_1)} \begin{vmatrix} k_1k_2 & 1 & k_1 \\ k_2 & k_2k_3 & 1 \\ 1 & k_3 & k_3k_1 \end{vmatrix}$$

$$= \frac{(1-k_1k_2k_3)^2}{(1+k_1+k_1k_2)(1+k_2+k_2k_3)(1+k_3+k_3k_1)} \qquad \square$$

주의. 제 23회 푸트남(Putnam) 수학 대회 문제인 4.9.2절 문제 3은 4.8절의 따름정리 1에서 $k_1 = k_2 = k_3 = k$인 경우이다.

세 변 BC, CA, AB 위의 임의의 점을 각각 A_j, B_j, C_j이라고 하면 이 세 점 A_j, B_j, C_j는 아래의 식을 만족한다.

$$\frac{\overline{BA_j}}{\overline{A_jC}} = \frac{p_j}{n_j}, \quad \frac{\overline{CB_j}}{\overline{B_jA}} = \frac{m_j}{p_j}, \quad \frac{\overline{AC_j}}{\overline{C_jB}} = \frac{n_j}{m_j} \quad (\text{단, } j = 1, 2, 3)$$

따름정리 2. 세 선분 AA_j, BB_j, CC_j의 교점을 P_j라고 하고($j = 1, 2, 3$), 두 삼각형 ABC, $P_1P_2P_3$이 같은 방향을 가지면,

$$\frac{\text{area}[P_1P_2P_3]}{\text{area}[ABC]} = \frac{1}{S_1S_2S_3}\begin{vmatrix} m_1 & n_1 & p_1 \\ m_2 & n_2 & p_2 \\ m_3 & n_3 & p_3 \end{vmatrix}$$

이 성립한다(단, $S_j = m_j + n_j + p_j$, $j = 1, 2, 3$).

증명. 삼각형 좌표로 점 P_j를 나타내면 아래와 같다.

$$z_{P_j} = \frac{m_j a + n_j b + p_j c}{m_j + n_j + p_j} = \frac{1}{S_j}(m_j a + n_j b + p_j c) \quad (\text{단, } j = 1, 2, 3)$$

이 절 처음에 있는 정리로부터 바로 성립한다. □

따름정리 3. 삼각형 ABC에 대하여, 선분 AA′, BB′, CC′이

$$\frac{\overline{A'B}}{\overline{A'C}} = m, \quad \frac{\overline{B'C}}{\overline{B'A}} = n, \quad \frac{\overline{C'A}}{\overline{C'B}} = p$$

을 만족한다고 하자. 그러면

$$\frac{\text{area}[A'B'C']}{\text{area}[ABC]} = \frac{1 + mnp}{(1+m)(1+n)(1+p)}$$

이 성립한다.

증명. 점 A′, B′, C′의 좌표는 다음과 같다.

$$z_{A'} = \frac{1}{1+m}b + \frac{m}{1+m}c, \quad z_{B'} = \frac{1}{1+n}c + \frac{n}{1+n}a, \quad z_{C'} = \frac{1}{1+p}a + \frac{p}{1+p}b$$

4.8절 따름정리 2에 의해서 다음 식이 성립한다.

$$\frac{\text{area}[A'B'C']}{\text{area}[ABC]} = \frac{1}{(1+m)(1+n)(1+p)}\begin{vmatrix} 0 & 1 & m \\ n & 0 & 1 \\ 1 & p & 0 \end{vmatrix}$$

$$= \frac{1 + mnp}{(1+m)(1+n)(1+p)} \qquad □$$

응용. (1) (슈타인하우스[43]) 삼각형 ABC에 대하여, 선분 BC, CA, AB 위의 점을 각각 A_j, B_j, C_j이라고 하자($j = 1, 2, 3$).

$$\frac{\overline{BA_1}}{\overline{A_1C}} = \frac{2}{4}, \quad \frac{\overline{CB_1}}{\overline{B_1A}} = \frac{1}{2}, \quad \frac{\overline{AC_1}}{\overline{C_1B}} = \frac{4}{1}$$

$$\frac{\overline{BA_2}}{\overline{A_2C}} = \frac{4}{1}, \quad \frac{\overline{CB_2}}{\overline{B_2A}} = \frac{2}{4}, \quad \frac{\overline{AC_2}}{\overline{C_2B}} = \frac{1}{2}$$

---

[43] 후고 디오니지 슈타인하우스(Hugo Dyonizy Steinhaus, 1887-1972)는 폴란드 수학자로, 함수 해석학과 현대 수학의 다른 여러 분야에서 많은 기여를 하였다.

$$\frac{\overline{BA_3}}{\overline{A_3C}} = \frac{1}{2}, \quad \frac{\overline{CB_3}}{\overline{B_3A}} = \frac{4}{1}, \quad \frac{\overline{AC_3}}{\overline{C_3B}} = \frac{2}{4}$$

이라고 하자.

선분 AA_j, BB_j, CC_j의 교점을 점 P_j라고 하고, 두 삼각형 ABC, $P_1P_2P_3$이 같은 방향을 가지면 따름정리 3에 의해서 다음 식이 성립한다.

$$\frac{\text{area}[P_1P_2P_3]}{\text{area}[ABC]} = \frac{1}{7\cdot 7\cdot 7}\begin{vmatrix} 1 & 4 & 2 \\ 2 & 1 & 4 \\ 4 & 2 & 1 \end{vmatrix} = \frac{49}{7^3} = \frac{1}{7}$$

(2) 삼각형 ABC에서, 선분 BC, CA, AC 위의 점을 각각 A′, B′, C′이라고 하고 체바 선분 AA′, BB′, CC′가 한 점 P에서 만나며, 삼각형 A′B′C′의 넓이를 K_P이라고 하자. 따름정리 2에 의해서 삼각형의 여러 유명한 점으로 만든 체바 직선의 교점으로 만들어진 삼각형 A′B′C′ 넓이를 구할 수 있다.

(i) 삼각형 ABC의 내심을 I라고 하면,

$$K_I = \frac{1 + \frac{\gamma}{\beta}\cdot\frac{\beta}{\alpha}\cdot\frac{\alpha}{\gamma}}{\left(1+\frac{\gamma}{\beta}\right)\left(1+\frac{\beta}{\alpha}\right)\left(1+\frac{\alpha}{\gamma}\right)}\cdot area[ABC]$$

$$= \frac{2\alpha\beta\gamma}{(\alpha+\beta)(\beta+\gamma)(\gamma+\alpha)}area[ABC] = \frac{2\alpha\beta\gamma sr}{(\alpha+\beta)(\beta+\gamma)(\gamma+\alpha)}$$

이 성립한다.

(ii) 삼각형 ABC의 수심을 H라고 하면,

$$K_H = \frac{1+\frac{\tan C}{\tan B}\cdot\frac{\tan B}{\tan A}\cdot\frac{\tan A}{\tan C}}{\left(1+\frac{\tan C}{\tan B}\right)\left(1+\frac{\tan B}{\tan A}\right)\left(1+\frac{\tan A}{\tan C}\right)}\cdot area[ABC]$$

$$= (2\cos A\cos B\cos C)area[ABC] = (2\cos A\cos B\cos C)sr$$

이 성립한다.

(iii) 삼각형 ABC의 나겔 점을 N이라 하면,

$$K_N = \frac{1+\frac{s-\gamma}{s-\beta}\cdot\frac{s-\alpha}{s-\gamma}\cdot\frac{s-\beta}{s-\alpha}}{\left(1+\frac{s-\gamma}{s-\beta}\right)\left(1+\frac{s-\alpha}{s-\gamma}\right)\left(1+\frac{s-\beta}{s-\alpha}\right)}\cdot area[ABC]$$

$$= \frac{2(s-\alpha)(s-\beta)(s-\gamma)}{\alpha\beta\gamma}area[ABC] = \frac{4area^2[ABC]}{2s\alpha\beta\gamma}area[ABC]$$

$$= \frac{r}{2R}area[ABC] = \frac{sr^2}{2R}$$

이 성립한다.

같은 방법으로, 제르곤 점을 J라고 하면, 다음이 성립한다.

$$K_J = \frac{r}{2R}\text{area}[ABC] = \frac{sr^2}{2R}$$

주의. 선분 BC의 중점에 대하여 점 A'과 A''이 대칭이면, 두 체바 선분 AA', AA''는 **동형집합체**(*isotomic*)라고 한다.

$$\frac{\overline{A'B}}{\overline{A'C}} = m, \quad \frac{\overline{B'C}}{\overline{B'A}} = n, \quad \frac{\overline{C'A}}{\overline{C'B}} = p$$

이라고 가정하면, 동형집합체 체바 선분에 의하여

$$\frac{\overline{A''B}}{\overline{A''C}} = \frac{1}{m}, \quad \frac{\overline{B''C}}{\overline{B''A}} = \frac{1}{n}, \quad \frac{\overline{C''A}}{\overline{C''B}} = \frac{1}{p}$$

이 성립한다. 따름정리 3에 의하여 다음 식이 성립한다.

$$\frac{\text{area}[A'B'C']}{\text{area}[ABC]} = \frac{1+mnp}{(1+m)(1+n)(1+p)} = \frac{1+\frac{1}{mnp}}{\left(1+\frac{1}{m}\right)\left(1+\frac{1}{n}\right)\left(1+\frac{1}{p}\right)} = \frac{\text{area}[A''B''C'']}{\text{area}[ABC]}$$

그러므로 area[A'B'C'] = area[A''B''C'']이다. 이 경우의 특별한 예는 $K_N = K_J$인데 그 이유는 두 점 N, J은 동형집합체(즉, 이 두 점 N, J은 동형집합체(isotomic)인 체바 직선의 교점)이기 때문이다.

(3) 삼각형 ABC의 세 방심을 $I_\alpha, I_\beta, I_\gamma$라고 하자. 이 점들의 좌표는 어렵지 않게 다음과 같다는 것을 보일 수 있다.

$$z_{I_\alpha} = -\frac{\alpha}{2(s-\alpha)}a + \frac{\beta}{2(s-\beta)}b + \frac{\gamma}{2(s-\gamma)}c,$$

$$z_{I_\beta} = \frac{\alpha}{2(s-\alpha)}a - \frac{\beta}{2(s-\beta)}b + \frac{\gamma}{2(s-\gamma)}c,$$

$$z_{I_\gamma} = \frac{\alpha}{2(s-\alpha)}a + \frac{\beta}{2(s-\beta)}b - \frac{\gamma}{2(s-\gamma)}c$$

4.8절 정리에 의해서, 다음 식이 성립한다.

$$\text{area}[I_\alpha I_\beta I_\gamma] = \begin{vmatrix} -\frac{\alpha}{2(s-\alpha)} & \frac{\beta}{2(s-\beta)} & \frac{\gamma}{2(s-\gamma)} \\ \frac{\alpha}{2(s-\alpha)} & -\frac{\beta}{2(s-\beta)} & \frac{\gamma}{2(s-\gamma)} \\ \frac{\alpha}{2(s-\alpha)} & \frac{\beta}{2(s-\beta)} & -\frac{\gamma}{2(s-\gamma)} \end{vmatrix} \text{area}[ABC]$$

$$= \frac{\alpha\beta\gamma}{8(s-\alpha)(s-\beta)(s-\gamma)} \begin{vmatrix} -1 & 1 & 1 \\ 1 & -1 & 1 \\ 1 & 1 & -1 \end{vmatrix} \text{area}[ABC]$$

$$= \frac{s\alpha\beta\gamma \cdot \text{area}[ABC]}{2s(s-\alpha)(s-\beta)(s-\gamma)}$$

$$= \frac{s\alpha\beta\gamma \cdot \text{area}[ABC]}{2 \cdot \text{area}^2[ABC]}$$

$$= \frac{2s\alpha\beta\gamma}{4\text{area}[ABC]} = 2sR$$

(4) (나겔 직선) 세 점 I, G, N이 한 직선 위에 있다는 나겔 직선에 대한 증명을 4.8절 정리를 이용하여 증명할 수도 있다. 이 세 점의 좌표는 다음과 같다:

$$z_I = \frac{\alpha}{2s}a + \frac{\beta}{2s}b + \frac{\gamma}{2s}c,$$

$$z_G = \frac{1}{3}a + \frac{1}{3}b + \frac{1}{c},$$

$$z_N = \left(1 - \frac{\alpha}{s}\right)a + \left(1 - \frac{\beta}{s}\right)b + \left(1 - \frac{\gamma}{s}\right)c$$

그러므로 정리에 의하여,

$$\text{area}[IGN] = \begin{vmatrix} \frac{\alpha}{2s} & \frac{\beta}{2s} & \frac{\gamma}{2s} \\ \frac{1}{3} & \frac{1}{3} & \frac{1}{3} \\ 1-\frac{\alpha}{s} & 1-\frac{\beta}{s} & 1-\frac{\gamma}{s} \end{vmatrix} \cdot \text{area}[ABC] = 0$$

이 성립한다. 따라서 세 점 I, G, N이 한 직선 위에 있다.

4.9 수직극 삼각형

4.9.1 심슨-월리스 직선과 페달 삼각형

삼각형 ABC와 같은 평면 위에 있는 점 M에 대하여 직선 BC, CA, AB에 내린 점 M의 수선의 발을 각각 P, Q, R이라 하자.

정리 1 (심슨 직선(The Simson Line[44])). 세 점 P, Q, R이 한 직선 위에 존재한다는 것과 점 M이 삼각형 ABC의 외접원 위에 존재한다는 것은 서로 동치이다.

증명. 여기서는 일반적인 기하적 증명을 제시하고자 한다.
점 M이 삼각형 ABC의 외접원 위에 있다고 하자. 일반성을 잃지 않고 점 M이 호 BC 위에 있다고 가정하자. 세 점 P, Q, R이 한 직선 위에 있다는 것을 보이기 위해 ∠BPR = ∠CPQ 임을 보이면 충분하다. ∠BRM = ∠BPM이고 ∠MPC + ∠MQC = 180° 이므로 두 사각형 PRBM과 PCQM은 원에 내접

---

[44] 로버트 심슨 (Robert Simson, 1687-1768), 영국의 수학자. 퐁슬레(Poncelet)가 이 직선을 심슨의 결과라 하였지만 실제로 심슨의 연구 결과 어디에서도 나타나지 않기 때문에 일반적으로는 심슨-월리스 직선으로 알려져 있다. 윌리엄 월리스(William Wallace, 1768-1843) 역시 영국의 수학자이고 위에서 심슨 직선으로 언급되었던 정리를 1799년에 발표한 것으로 보인다.

하는 사각형이다. 따라서 ∠BPR = ∠BMR이고 ∠CPQ = ∠CMQ이다. 그런데 사각형 ABMC 도 원에 내접하므로 ∠BMR = 90° − ∠ABM = 90° − ∠MCQ 이다[45]. 마지막으로 ∠BMR = 90° − ∠MCQ = ∠CMQ 이므로 ∠BPR = ∠CPQ 이다(〈그림 4.11〉).

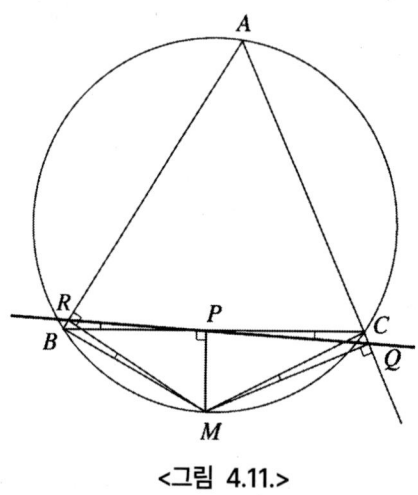

<그림 4.11.>

역을 증명하기 위해 세 점 P, Q, R 이 한 직선 위에 있다고 가정하면 각 ∠BPR 과 각 ∠CPQ 의 크기가 같다. 따라서 ∠ABM + ∠ACM = 180°, 즉 사각형 ABMC 는 원에 내접한다. 따라서 점 M 은 삼각형 ABC 의 외접원 위에 존재한다. □

점 M 이 삼각형 ABC 의 외접원 위에 존재할 때, 위 정리의 직선을 삼각형 ABC 에 대한 M 의 **심슨-윌리스 직선(Simson-Wallace Line)**이라 한다.

위 정리 1에 언급한 성질의 일반화를 살펴보자. 삼각형 ABC 와 같은 평면에 존재하는 임의의 점 X 의 직선 BC, CA, AB 에 내린 수선의 발을 각각 P, Q, R 이라 하자.

삼각형 PQR 을 삼각형 ABC 에 대한 점 X 의 **페달 삼각형(Pedal Triangle)**이라 한다.

삼각형 ABC 의 외심 O 를 복소평면의 원점으로 정하자.

정리 2. 삼각형 ABC 에 대한 X 의 페달 삼각형의 넓이는 다음과 같다.

$$\text{area}[PQR] = \frac{\text{area}[ABC]}{4R^2} ||x|^2 - R^2| \tag{1}$$

여기서 R 은 삼각형 ABC 의 외접원의 반지름의 길이이다.

---

[45] (역자주) 사각형 ABMC 가 원에 내접하므로 ∠MCQ = ∠ABM 이다.

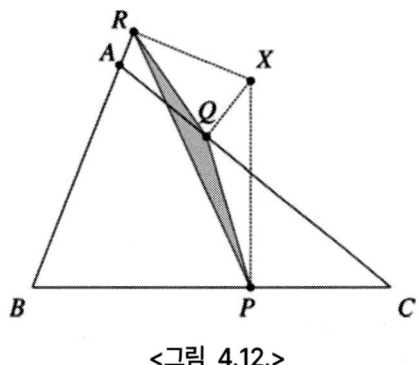

<그림 4.12.>

증명. 4.5절 성질의 공식을 적용하면 점 P, Q, R의 좌표 p, q, r을 각각 얻는다(〈그림 4.12〉).

$$p = \frac{1}{2}\left(x - \frac{bc}{R^2}\overline{x} + b + c\right),$$

$$q = \frac{1}{2}\left(x - \frac{ca}{R^2}\overline{x} + c + a\right),$$

$$r = \frac{1}{2}\left(x - \frac{ab}{R^2}\overline{x} + a + b\right)$$

3.5.3절의 공식을 참고하여 계산하면 다음을 얻는다.

$$\text{area}[PQR] = \left|\frac{i}{4}\begin{vmatrix} p & \overline{p} & 1 \\ q & \overline{q} & 1 \\ r & \overline{r} & 1 \end{vmatrix}\right| = \left|\frac{i}{4}\begin{vmatrix} q-p & \overline{q}-\overline{p} \\ r-p & \overline{r}-\overline{p} \end{vmatrix}\right|$$

좌표 p, q, r에 대하여

$$\overline{p} = \frac{1}{2}\left(\overline{x} - \frac{\overline{b}\,\overline{c}}{R^2}x + \overline{b} + \overline{c}\right), \quad \overline{q} = \frac{1}{2}\left(\overline{x} - \frac{\overline{c}\,\overline{a}}{R^2}x + \overline{c} + \overline{a}\right), \quad \overline{r} = \frac{1}{2}\left(\overline{x} - \frac{\overline{a}\,\overline{b}}{R^2}x + \overline{a} + \overline{b}\right)$$

이다. 이로부터 다음을 얻는다.

$$q - p = \frac{1}{2}(a-b)\left(1 - \frac{c\overline{x}}{R^2}\right) \text{이고} \quad r - p = \frac{1}{2}(a-c)\left(1 - \frac{b\overline{x}}{R^2}\right) \tag{2}$$

$$\overline{q} - \overline{p} = \frac{1}{2abc}(a-b)(x-c)R^2 \text{이고} \quad \overline{r} - \overline{p} = \frac{1}{2abc}(a-c)(x-b)R^2 \text{ }^{46)}$$

---

46)(역자주) $\overline{q} - \overline{p} = \frac{1}{2}(\overline{a} - \overline{b})\left(1 - \frac{\overline{c}\,x}{R^2}\right)$ 이다.

$R^2 = a\overline{a} = b\overline{b} = c\overline{c}$이므로 $\overline{a} = \frac{R^2}{a}$, $\overline{b} = \frac{R^2}{b}$, $\overline{c} = \frac{R^2}{c}$를 위의 식에 대입하자.

$$\overline{q} - \overline{p} = \frac{1}{2}(\overline{a} - \overline{b})\left(1 - \frac{\overline{c}\,x}{R^2}\right) = \frac{1}{2}\left(\frac{R^2}{a} - \frac{R^2}{b}\right)\left(1 - \frac{x}{R^2}\cdot\frac{R^2}{c}\right) = \frac{1}{2}\left(\frac{R^2}{a} - \frac{R^2}{b}\right)\left(1 - \frac{x}{c}\right)$$

$$= \frac{R^2}{2}\left(\frac{1}{a} - \frac{1}{b}\right)\left(1 - \frac{x}{c}\right) = \frac{1}{2abc}(a-b)(x-c)R^2 \text{이다.}$$

따라서

$$\text{area}[PQR] = \left| \frac{i}{4} \begin{vmatrix} q-p & \bar{q}-\bar{p} \\ r-p & \bar{r}-\bar{p} \end{vmatrix} \right| = \left| \frac{i(a-b)(a-c)}{16abc} \begin{vmatrix} 1-\frac{c\bar{x}}{R^2} & (x-c)R^2 \\ 1-\frac{b\bar{x}}{R^2} & (x-b)R^2 \end{vmatrix} \right|$$

$$= \left| \frac{i(a-b)(a-c)}{16abc} \begin{vmatrix} R^2-c\bar{x} & x-c \\ R^2-b\bar{x} & x-b \end{vmatrix} \right|$$

$$= \left| \frac{i(a-b)(a-c)}{16abc} \begin{vmatrix} (b-c)\bar{x} & b-c \\ R^2-b\bar{x} & x-b \end{vmatrix} \right|$$

$$= \left| \frac{i(a-b)(b-c)(a-c)}{16abc} \begin{vmatrix} \bar{x} & 1 \\ R^2-b\bar{x} & x-b \end{vmatrix} \right|$$

$$= \left| \frac{i(a-b)(b-c)(a-c)}{16abc}(x\bar{x}-R^2) \right|$$

이것으로부터 다음을 알 수 있다.

$$\text{area}[PQR] = \frac{|a-b||b-c||c-a|}{16|a||b||c|} \left| |x|^2 - R^2 \right|$$

$$= \frac{\alpha\beta\gamma}{16R^3} \left| |x|^2 - R^2 \right|$$

$$= \frac{\text{area}[ABC]}{4R^2} \left| |x|^2 - R^2 \right|,$$

(단, α, β, γ은 삼각형 ABC 의 각 변의 길이이다.) □

주의.

(1) 정리 2의 공식은 심슨-월리스 직선의 성질을 포함한다. 실제로 세 점 P, Q, R 이 같은 직선 위에 있다는 것과 $\text{area}[PQR] = 0$, 즉 $|x\bar{x} - R^2| = 0$ 또는 $x\bar{x} = R^2$ 이라는 것은 서로 동치이다. 따라서 $|x| = R$ 이므로 점 X 는 삼각형 ABC 의 외접원 위에 존재한다.

(2) 점 X 가 중심이 O(삼각형 ABC 의 외심)이고 반지름이 R_1 인 원 위에 있으면 $x\bar{x} = R_1^2$ 이다. 위 정리 2로부터 다음을 얻는다.

$$\text{area}[PQR] = \frac{\text{area}[ABC]}{4R^2} \left| R_1^2 - R^2 \right|$$

이것으로부터 삼각형 PQR 의 넓이는 점 X 에 관계없이 일정함을 알 수 있다.

그 역 또한 참이다. $\text{area}[PQR] = k$ (k는 상수)인 삼각형 ABC 와 같은 평면에 있는 임의의 점 X 의 자취는 다음과 같이 정의된다.

$$\left| |x|^2 - R^2 \right| = \frac{4R^2 k}{\text{area}[ABC]}$$

이는 다음과 동치이다.

$$|x|^2 = R^2 \pm \frac{4R^2 k}{\text{area}[ABC]} = R^2\left(1 \pm \frac{4k}{\text{area}[ABC]}\right)$$

$k > \frac{1}{4}\text{area}[ABC]$ 이면 그 자취는 원이고 이 원의 중심은 O, 반지름은 다음과 같다.

$$R_1 = R\sqrt{1 + \frac{4k}{\text{area}[ABC]}}$$

$k \le \frac{1}{4}\text{area}[ABC]$ 이면 그 자취는 두 개의 동심원으로 이루어져 있고 그 원의 중심은 O, $R\sqrt{1 \pm \frac{4k}{\text{area}[ABC]}}$ 이다. $k = \frac{1}{4}\text{area}[ABC]$ 이면 두 원 중 하나는 작아져서 점 O가 된다.

정리 3. 삼각형 ABC와 같은 평면에 있는 임의의 점 X에 대하여 변의 길이가 각각 $\overline{AX} \cdot \overline{BC}$, $\overline{BX} \cdot \overline{CA}$, $\overline{CX} \cdot \overline{AB}$ 인 삼각형이 존재한다. 이 삼각형은 삼각형 ABC에 대한 점 X의 페달 삼각형과 닮음이다.

증명. 삼각형 ABC에 대한 점 X의 페달 삼각형을 삼각형 PQR이라 하자. 식 (2)로부터 다음을 얻는다.

$$q - p = \frac{1}{2}(a-b)(x-c)\frac{R^2 - c\overline{x}}{R^2(x-c)} \tag{3}$$

식 (3)의 절댓값을 구하면 다음과 같다.

$$|q - p| = \frac{1}{2R^2}|a-b||x-c|\left|\frac{R^2 - c\overline{x}}{x-c}\right| \tag{4}$$

반면,

$$\left|\frac{R^2 - c\overline{x}}{x-c}\right|^2 = \frac{R^2 - c\overline{x}}{x-c} \cdot \frac{R^2 - \overline{c}x}{\overline{x} - \overline{c}} = \frac{R^2 - c\overline{x}}{x-c} \cdot \frac{R^2 - \overline{c}x}{\overline{x} - \frac{R^2}{c}}$$

$$= \frac{R^2 - c\overline{x}}{x-c} \cdot \frac{R^2(c-x)}{c\overline{x} - R^2} = R^2$$

이므로 식 (4)로부터 다음 관계식을 유도할 수 있다.

$$|q - p| = \frac{1}{2R}|a-b||x-c| \tag{5}$$

따라서

$$\frac{\overline{PQ}}{\overline{CX} \cdot \overline{AB}} = \frac{\overline{QR}}{\overline{AX} \cdot \overline{BC}} = \frac{\overline{RP}}{\overline{BX} \cdot \overline{CA}} = \frac{1}{2R} \tag{6}$$

이다. 따라서 이 삼각형은 삼각형 ABC와 닮음이다. □

따름정리 1. 삼각형 ABC와 같은 평면에 존재하는 점 X에 대하여, 변의 길이가 각각 $\overline{AX} \cdot \overline{BC}$, $\overline{BX} \cdot \overline{CA}$, $\overline{CX} \cdot \overline{AB}$ 인 삼각형을 A'B'C'이라 하자. 그러면 다음이 성립한다.

$$\text{area}[A'B'C'] = \text{area}[ABC] \, ||x|^2 - R^2| \tag{7}$$

증명. 식 (6)으로부터 $\text{area}[A'B'C'] = 4R^2 \text{area}[PQR]$, 여기서 삼각형 PQR은 삼각형 ABC에 대한 X의 페달 삼각형이다. 이 결과를 식 (1)에 적용하면 위의 공식을 얻는다. □

따름정리 2(톨레미 부등식(Ptolemy's inequality)). 임의의 사각형 ABCD에 대하여 다음 부등식이 성립한다.

$$\overline{AC} \cdot \overline{BD} \leq \overline{AB} \cdot \overline{CD} + \overline{BC} \cdot \overline{AD} \tag{8}$$

따름정리 3(톨레미 정리). 볼록 사각형 ABCD가 원에 내접한다는 것과 다음은 동치이다.

$$\overline{AC} \cdot \overline{BD} = \overline{AB} \cdot \overline{CD} + \overline{BC} \cdot \overline{AD} \tag{9}$$

증명. 관계식 (9)가 성립한다면 따름정리 1에서 삼각형 A'B'C'는 사라진다. 즉 $\text{area}[A'B'C'] = 0$이다. 점 D의 좌표를 d, 삼각형 ABC의 외접원의 반지름 R이라하면, 식 (7)로부터 $d \cdot \bar{d} = R^2$이다.

사각형 ABCD가 원에 내접하면 삼각형 ABC에 대한 점 D의 페달 삼각형은 사라진다. 식 (6)으로부터 식 (9)를 얻는다. □

따름정리 4(폼페이우의 정리[47](Pompeiu Theorem)). 정삼각형 ABC와 같은 평면에 존재하는 임의의 점 X에 대하여 길이가 각각 $\overline{XA}$, $\overline{XB}$, $\overline{XC}$인 세 선분은 삼각형의 세 변이 될 수 있다.

증명. 정리 3에 의해서 $\overline{BC} = \overline{CA} = \overline{AB}$이므로 정리가 성립한다. □

따름정리 4의 삼각형을 정삼각형 ABC에 대한 X의 폼페이우 삼각형이라 한다. 이 삼각형의 넓이가 0이라는 것과 X가 삼각형 ABC의 외접원 위에 존재한다는 것은 동치이다. 정리 3의 두 번째 사실을 이용하면 점 X의 폼페이우 삼각형은 삼각형 ABC에 대한 X의 페달 삼각형과 닮음이고 다음 식이 성립한다.

$$\frac{\overline{CX}}{\overline{PQ}} = \frac{\overline{AX}}{\overline{QR}} = \frac{\overline{BX}}{\overline{RP}} = \frac{2R}{\alpha} = \frac{2\sqrt{3}}{3} \tag{10}$$

문제 1. 중심이 O인 단위원의 원주 위에 같은 간격으로 놓여 있는 세 점을 A, B, C라 하고 원의 내부에 존재하는 임의의 점을 X라 하자. 점 X에서 A, B, C까지의 거리를 각각 d_A, d_B, d_C라 하자. 세 변의 길이가 d_A, d_B, d_C인 삼각형이 존재하고 이 삼각형의 넓이는 점 X에서 O까지의 거리에 종속되어 있음을 보이시오.

(2003 푸트남 수학 경시대회)

---

[47] 디미트리 폼페이우(Dimitrie Pompeiu:1873-1954). 루마니아의 수학자로 해석학, 복소 함수론 그리고 합리적 역학 영역에서 중요한 기여를 하였다. 그는 헨리 포앵카레의 박사과정 학생이었다.

풀이. 세 변의 길이가 d_A, d_B, d_C 인 삼각형의 존재성은 따름정리 4에 나타난 성질이다. 관계식 (10)을 참고하면 점 X의 폼페이우 삼각형의 넓이는 $\frac{4}{3}\text{area}[PQR]$ 임을 알 수 있다. 정리 2로부터 $\text{area}[PQR]$은 점 X에서 점 O까지의 거리에 따라 달라짐을 알 수 있다.

문제 2. 점 X는 정삼각형 ABC와 같은 평면에 있으면서 삼각형 ABC의 외접원 밖에 있으며 $\overline{XA} = u$, $\overline{XB} = v$, $\overline{XC} = w$를 만족한다고 하자. 삼각형 ABC의 한 변의 길이를 α라 할 때, α를 실수 u, v, w를 이용하여 나타내시오.

(1978년 GDR 수학 올림피아드)

풀이. 세 선분 XA, XB, XC는 정삼각형 ABC에 대한 점 X의 폼페이우 삼각형의 각 변이라 하고 이 폼페이우 삼각형을 삼각형 A'B'C'로 나타내면 4.9.1절의 식 (10)과 정리 2로부터 다음을 얻는다.

$$\text{area}[A'B'C'] = \left(\frac{2\sqrt{3}}{3}\right)^2 \text{area}[PQR] = \frac{1}{3R^2}\text{area}[ABC]|x \cdot \overline{x} - R^2|$$

$$= \frac{1}{3R^2} \cdot \frac{\alpha^2\sqrt{3}}{4}||x|^2 - R^2|$$

$$= \frac{\sqrt{3}}{4}|\overline{XO}^2 - R^2| \tag{10}$$

이제 잘 알려진 헤론의 공식을 이용하여 간단한 계산을 하면 다음과 같다.

$$\text{area}[A'B'C'] = \frac{1}{4}\sqrt{(u^2+v^2+w^2)^2 - 2(u^4+v^4+w^4)}$$

위 식을 식 (10)에 대입하면 다음과 같다.

$$|\overline{XO}^2 - R^2| = \frac{1}{\sqrt{3}}\sqrt{(u^2+v^2+w^2)^2 - 2(u^4+v^4+w^4)} \tag{11}$$

여기서 다음 두 경우를 생각해보자.

(경우 1) X가 삼각형 ABC의 외접원 내부에 존재하면, $\overline{XO}^2 < R^2$이다. 4.11절의 식 (4)의 관계식을 이용하면

$$\overline{XO}^2 = \frac{1}{3}(u^2+v^2+w^2 - 3R^2)$$

이고 식 (11)로부터 다음 식을 얻는다.

$$2R^2 = \frac{1}{3}(u^2+v^2+w^2) + \frac{1}{\sqrt{3}}\sqrt{(u^2+v^2+w^2)^2 - 2(u^4+v^4+w^4)}$$

따라서 α^2은 다음과 같다.

$$\alpha^2 = \frac{1}{2}(u^2+v^2+w^2) + \frac{\sqrt{3}}{2}\sqrt{(u^2+v^2+w^2)^2 - 2(u^4+v^4+w^4)}$$

(**경우 2**) X 가 삼각형 ABC 의 외접원 외부에 존재하면, $\overline{XO}^2 > R^2$ 이고 비슷한 방법으로 계산하면 다음 식을 얻는다.

$$\alpha^2 = \frac{1}{2}(u^2+v^2+w^2) - \frac{\sqrt{3}}{2}\sqrt{(u^2+v^2+w^2)^2 - 2(u^4+v^4+w^4)}$$

4.9.2 수직극성의 필요충분조건

세 점 X, Y, Z 는 삼각형 ABC 의 외접원 위에 존재한다고 하자. 삼각형 ABC 에 대한 점 X 의 심슨–월리스 직선이 직선 YZ 와 수직일 때 삼각형 ABC 와 삼각형 XYZ 는 **서로 수직극 삼각형(orthopolar triangle)**(또는 S-**삼각형(S-triangle)**)[48]이라 한다.

삼각형 ABC 의 외심 O 를 복소평면의 원점이라 하자. 점 A, B, C, X, Y, Z 의 좌표를 각각 a, b, c, x, y, z 라 하면 삼각형 ABC 의 외접원의 반지름 R 에 대하여 다음이 성립한다.

$$|a| = |b| = |c| = |x| = |y| = |z| = R$$

정리. 삼각형 ABC 와 삼각형 XYZ 가 수직극 삼각형일 필요충분조건은 $abc = xyz$ 이다.

증명. 점 X 에서 세 직선 BC, CA, AB 에 내린 수선의 발을 각각 점 P, Q, R 이라 하자. 세 점 P, Q, R 은 같은 직선, 즉 삼각형 ABC 에 대한 점 X 의 심슨–월리스 직선 위에 존재한다.

세 점 P, Q, R 의 좌표를 각각 p, q, r 이라 하고 4.5절의 성질을 사용하면 다음을 얻는다.

$$p = \frac{1}{2}\left(x - \frac{bc}{R^2}\overline{x} + b + c\right),$$
$$q = \frac{1}{2}\left(x - \frac{ca}{R^2}\overline{x} + c + a\right),$$
$$r = \frac{1}{2}\left(x - \frac{ab}{R^2}\overline{x} + a + b\right).$$

여기서 두 경우를 생각해보자.

(**경우 1**) 점 X 가 삼각형 ABC 의 꼭짓점이 아닐 때,

직선 PQ 가 직선 YZ 와 수직일 필요충분조건은 $(p-q) \cdot (y-z) = 0$ 이다. 즉,

$$\left[(b-a)\left(1 - \frac{c\overline{x}}{R^2}\right)\right] \cdot (y-z) = 0$$
$$(\overline{b}-\overline{a})(R^2 - \overline{c}x)(y-z) + (b-a)(R^2 - c\overline{x})(\overline{y}-\overline{z}) = 0$$

이고, 이를 간단히 하면 다음과 같다.

---

[48] 루마니아 수학자인 트라이안 라레스큐(Traian Lalescu, 1882–1929)에 의하여 1915년 정의됨. 그는 유명한 책 La geometrie du triangle[43]의 저자임.

$$\left(\frac{R^2}{b}-\frac{R^2}{a}\right)\left(R^2-\frac{R^2}{c}x\right)(y-z)+(b-a)\left(R^2-c\frac{R^2}{x}\right)\left(\frac{R^2}{y}-\frac{R^2}{z}\right)=0$$

따라서 이를 정리하면

$$\frac{1}{abc}(a-b)(c-x)(y-z)-\frac{1}{xyz}(a-b)(c-x)(y-z)=0$$

이고 다음 식이 성립한다.

$$(abc-xyz)(a-b)(c-x)(y-z)=0$$

그러므로 $abc = xyz$ 가 성립한다.

(경우 2) 점 X 가 삼각형 ABC 의 한 꼭짓점일 때

일반성을 잃지 않고 X = B 라고 두면 점 X = B 의 심슨-월리스 직선은 점 B 에서 직선 AC 에 수직인 직선이다. 따라서 BQ 가 YZ 에 수직이라는 것의 필요충분조건은 직선 AC 와 YZ 가 서로 평행한 것이다. 또 다른 필요충분조건은 $ac = yz$ 이다. 여기서 $b = x$ 이므로 $abc = xyz$ 이다. □

주의. 관계식 $abc = xyz$ 의 대칭성으로부터 삼각형 ABC 에 대한 삼각형 XYZ 의 각 꼭짓점의 심슨-월리스 직선은 삼각형 XYZ 에서 해당 꼭짓점의 대변에 수직이다. 또한 삼각형 ABC 의 각 꼭짓점에 대해서도 같은 성질이 성립한다.

따라서 삼각형 ABC 와 삼각형 XYZ 가 수직극 삼각형일 필요충분조건은 삼각형 XYZ 와 삼각형 ABC 가 수직극 삼각형이다. 즉 수직극성은 대칭성을 갖는다.

문제 1. 삼각형 ABC 의 중선과 **수족 삼각형**(orthic triangle)은 구점원에서 수직극이다.

풀이. 삼각형 ABC 의 외심을 복소평면의 원점이라 하자. 세 점 M, N, P 는 각각 선분 AB, BC, CA 의 중점, A′, B′, C′ 를 각각 점 A, B, C 에서 삼각형 ABC 의 대변에 내린 수선의 발이라 하자. m, n, p, $a′$, $b′$, $c′$ 이 각각 점 M, N, P, A′, B′, C′ 의 좌표라 하면 각 좌표는 다음과 같다.

$$m=\frac{1}{2}(a+b),\ n=\frac{1}{2}(b+c),\ p=\frac{1}{2}(c+a)$$

이고

$$a'=\frac{1}{2}\left(a+b+c-\frac{bc}{R^2}\overline{a}\right)=\frac{1}{2}\left(a+b+c-\frac{bc}{a}\right),$$

$$b'=\frac{1}{2}\left(a+b+c-\frac{ca}{b}\right),\ c'=\frac{1}{2}\left(a+b+c-\frac{ab}{c}\right)$$

삼각형 ABC 의 수심 H $(a+b+c)$ 에 대하여 구점원의 중심 O_9 는 선분 OH 의 중점이다. O_9 의 좌표는 $\omega = \frac{1}{2}(a+b+c)$ 이고,

$$(a'-\omega)(b'-\omega)(c'-\omega)=(m-\omega)(n-\omega)(p-\omega)=-\frac{1}{8}abc$$

이므로 주어진 정리가 성립한다.

문제 2. 삼각형 ABC 의 각 꼭짓점에서 삼각형의 대변에 내린 수선의 연장선이 삼각형 ABC 의 외접원과 만나는 점을 각각 점 A_1, B_1, C_1 이라 하자. 점 A_1', B_1', C_1' 이 삼각형 ABC 의 외접원 위의 점 A_1, B_1, C_1 의 대척점(antipodal point)[49]이라 하면, 삼각형 ABC 와 삼각형 $A_1'B_1'C_1'$ 은 수직극 삼각형이다.

풀이. 점 A_1, B_1, C_1 의 좌표는 각각 $-\dfrac{bc}{a}$, $-\dfrac{ca}{b}$, $-\dfrac{ab}{c}$ 이다. 실제로 직선 AH 의 방정식을 벡터의 내적을 이용하여 표현하면 다음과 같다.

$$\text{AH} : (z-a) \cdot (b-c) = 0$$

좌표가 $-\dfrac{bc}{a}$ 인 점이 직선 AH 와 삼각형 ABC 의 외접원 위에 동시에 있음을 보이면 된다. 우선

$$\left| -\frac{bc}{a} \right| = \frac{|b||c|}{|a|} = \frac{R \cdot R}{R} = R$$

이므로 이 점은 삼각형 ABC 의 외접원 위에 존재한다. 이제 복소수 $-\dfrac{bc}{a}$ 는 직선 AH 의 방정식을 만족함을 보여야 한다. 즉,

$$\left(\frac{bc}{a} + a \right) \cdot (b-c) = 0$$

이고 내적의 성질을 이용하면 다음과 같다.

$$\left(\frac{\bar{b}\,\bar{c}}{\bar{a}} + \bar{a} \right)(b-c) + \left(\frac{bc}{a} + a \right)(\bar{b} - \bar{c}) = 0$$

$$\left(\frac{a\bar{b}\,\bar{c}}{R^2} + \bar{a} \right)(b-c) + \left(\frac{bc}{a} + a \right)\left(\frac{R^2}{b} - \frac{R^2}{c} \right) = 0$$

$$(b-c)\left(\frac{a\bar{b}\,\bar{c}}{R^2} + \bar{a} - \frac{R^2}{a} - \frac{aR^2}{bc} \right) = 0$$

따라서 A_1', B_1', C_1' 의 좌표가 각각 $\dfrac{bc}{a}$, $\dfrac{ca}{b}$, $\dfrac{ab}{c}$ 임을 알 수 있다.

왜냐하면

$$\frac{bc}{a} \cdot \frac{ca}{b} \cdot \frac{ab}{c} = abc$$

이므로 삼각형 ABC 와 삼각형 $A_1'B_1'C_1'$ 은 수직극이기 때문이다(〈그림 4.13〉).

---

[49] (역자주) 대척점이란 원(또는 구) 위의 임의의 점에서 원(또는 구)의 중심을 지나는 지름의 나머지 끝점이다.

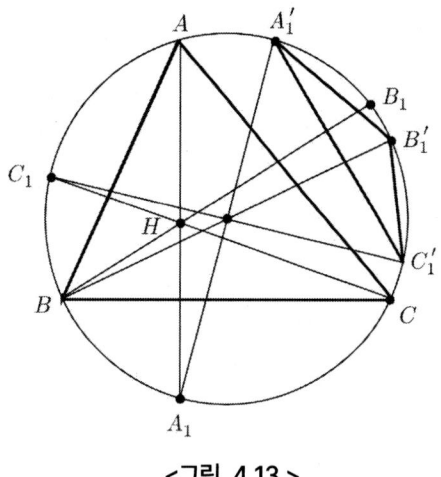

<그림 4.13.>

문제 3. 점 P 와 P′ 는 삼각형 ABC 의 외접원 위에 있는 서로 다른 두 점이라 하자. 직선 AP 와 AP′ 가 ∠BAC 의 이등분선에 대하여 서로 대칭이면, 삼각형 ABC 와 APP′ 이 수직극이다(<그림 4.14>).

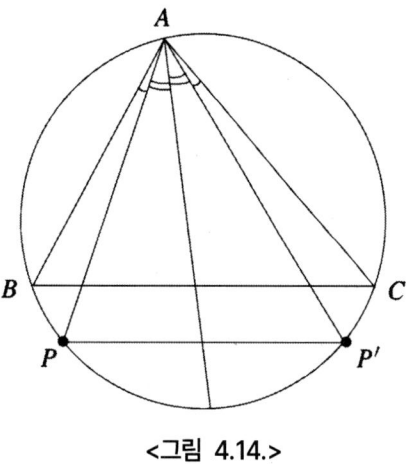

<그림 4.14.>

풀이. 점 P 와 P′ 의 좌표를 각각 p, p' 라 하자. 직선 PP′ 와 BC 가 서로 평행하므로 외적을 사용하면 $(p-p')\times(b-c)=0$ 이고 이때 다음 식도 성립한다.

$$(p-p')(\overline{b}-\overline{c})-(\overline{p}-\overline{p'})(b-c)=0$$

삼각형 ABC 의 외심 O 를 복소평면의 원점으로 두면,

$$(p-p')\left(\frac{R^2}{b}-\frac{R^2}{c}\right)-\left(\frac{R^2}{p}-\frac{R^2}{p'}\right)(b-c)=0,$$

$$R^2(p-p')(b-c)\left(\frac{1}{bc}-\frac{1}{pp'}\right)=0$$

이다. 따라서 $bc=pp'$, 즉 $abc=app'$ 이다. 이 절의 처음에 제시한 정리에 의해 삼각형 ABC 와 APP′ 은 수직극 삼각형이다.

4.10 안티페달 삼각형의 넓이

삼각형 ABC와 점 M에 대하여, 점 A, B, C를 지나고 $\overline{MA}$, $\overline{MB}$, $\overline{MC}$에 수직인 선분으로 이루어진 삼각형을 정의하자. 이 삼각형을 삼각형 ABC에 대한 점 M의 **안티페달 삼각형(Antipedal Triangle)**이라 한다(〈그림 4.15〉).

점 M′가 점 M의 등각점(isogonal point)이란 직선의 쌍 AM, AM′와 BM, BM′와 CM, CM′가 같은 크기의 각을 가질 때이다. 즉, 다음 관계식이 성립한다.

$\angle MAC = \angle M'AB$, $\angle MBC = \angle M'BA$, $\angle MCA = \angle M'CB$

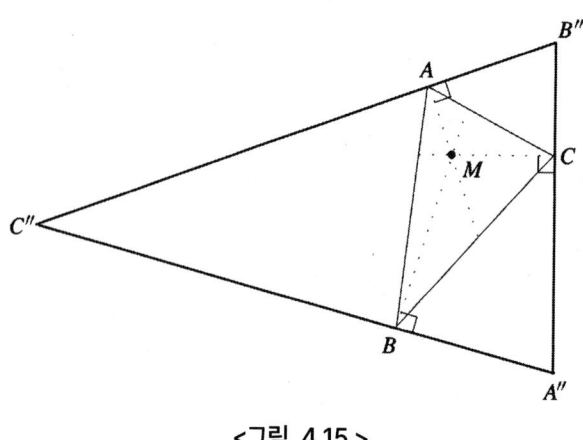

<그림 4.15.>

정리. 삼각형 ABC과 같은 평면 위의 점 M에 대하여 M′를 점 M의 등각점이라 하고 삼각형 ABC에 대한 점 M의 안티페달 삼각형을 A″B″C″라 하자. 그러면 다음이 성립한다.

$$\frac{\text{area}[ABC]}{\text{area}[A''B''C'']} = \frac{|R^2 - \overline{OM'}^2|}{4R^2} = \frac{|\rho(M')|}{4R^2}$$

(단, $\rho(M')$는 삼각형 ABC의 외접원에 의한 점 M′의 방멱이다.[50])

증명. 복소평면 위의 원점 O와 점 M, A, B, C의 좌표를 m, a, b, c라 하면 다음 식이 성립한다.

$$R^2 = a\bar{a} = b\bar{b} = c\bar{c} \text{ 이고 } \rho(M) = R^2 - m\bar{m} \tag{1}$$

점 O_1, O_2, O_3을 삼각형 BMC, CMA, AMB의 외접원의 중심이라 하자.
점 O_1, O_2, O_3가 $\overline{MA''}, \overline{MB''}, \overline{MC''}$의 중점이라는 것은 쉽게 보일 수 있다.[51]
따라서 다음 식이 성립한다.

---

[50](역자주) 방멱(power of a point)이란 평면에서 점 M을 지나는 직선이 원 O와 점 A, B에서 만날 때, 방향을 고려한(점 M을 기준으로 같은 방향에 두 점이 있으면 양수, 다른 방향에 있으면 음수) 두 선분 $\overline{MA}$, $\overline{MB}$의 곱을 원 O에 대한 점 M의 방멱이라고 한다.

$$\frac{\text{area}[O_1O_2O_3]}{\text{area}[A''B''C'']} = \frac{1}{4} \tag{2}$$

삼각형의 꼭짓점의 좌표로 z_1, z_2, z_3를 가지는 삼각형의 외접원의 중심은 다음 공식을 따른다(3.6.1절의 공식 (1) 참조).

$$z_O = \frac{z_1\overline{z_1}(z_2 - z_3) + z_2\overline{z_2}(z_3 - z_1) + z_3\overline{z_3}(z_1 - z_2)}{\begin{vmatrix} z_1 & \overline{z_1} & 1 \\ z_2 & \overline{z_2} & 1 \\ z_3 & \overline{z_3} & 1 \end{vmatrix}}$$

선분 $[z_1, z_2]$의 수직 이등분선의 방정식은 $\left[z - \frac{1}{2}(z_1 + z_2)\right] \cdot \overline{(z_1 - z_2)} = 0$과 같이 표현된다. z_O가 이 방정식을 만족함을 보이면 된다. 외심의 정의에 의해서 z_O는 선분 $[z_2, z_3]$과 $[z_3, z_1]$의 수직 이등분선 위의 점이다. 점 O_1의 좌표는 다음과 같다.

$$z_{O_1} = \frac{m\overline{m}(b-c) + b\overline{b}(c-m) + c\overline{c}(m-b)}{\begin{vmatrix} m & \overline{m} & 1 \\ b & \overline{b} & 1 \\ c & \overline{c} & 1 \end{vmatrix}}$$

$$= \frac{(R^2 - m\overline{m})(c-b)}{\begin{vmatrix} m & \overline{m} & 1 \\ b & \overline{b} & 1 \\ c & \overline{c} & 1 \end{vmatrix}} = \frac{\rho(M)(c-b)}{\begin{vmatrix} m & \overline{m} & 1 \\ b & \overline{b} & 1 \\ c & \overline{c} & 1 \end{vmatrix}}.$$

이고

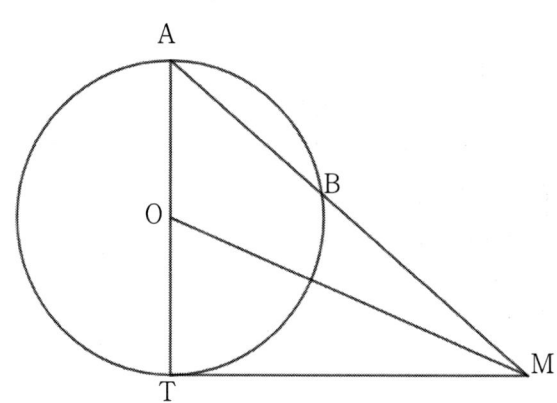

$\overline{MA} \cdot \overline{MB} = \overline{MT}^2 = \overline{OM}^2 - R^2$

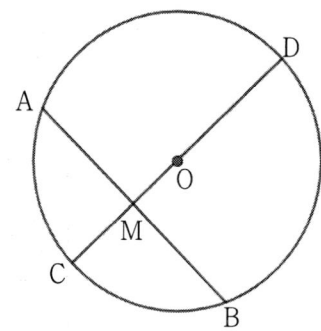

$\overline{MA} \cdot \overline{MB} = \overline{CM} \cdot \overline{MD}$
$= (R - \overline{OM})(R + \overline{OM}) = R^2 - \overline{OM}^2$

---

51) (역자주) 삼각형 BMC의 외접원은 점 A''를 지난다. 삼각형 $A''BM$에서 $\angle A''BM = 90°$이므로 $\overline{MA''}$는 삼각형 BMC의 외접원의 지름이다.

$$\Delta = \begin{vmatrix} a & \overline{a} & 1 \\ b & \overline{b} & 1 \\ c & \overline{c} & 1 \end{vmatrix}$$

라 하고,

$$\alpha = \frac{1}{\Delta}\begin{vmatrix} m & \overline{m} & 1 \\ b & \overline{b} & 1 \\ c & \overline{c} & 1 \end{vmatrix},\ \beta = \frac{1}{\Delta}\begin{vmatrix} m & \overline{m} & 1 \\ c & \overline{c} & 1 \\ a & \overline{a} & 1 \end{vmatrix},\ \gamma = \frac{1}{\Delta}\begin{vmatrix} m & \overline{m} & 1 \\ a & \overline{a} & 1 \\ b & \overline{b} & 1 \end{vmatrix}$$

라 하면, 다음 식이 유도할 수 있다.

$$(\alpha a + \beta b + \gamma c)\cdot \Delta$$
$$= \sum_{cyc} m(a\overline{b} - a\overline{c}) - \sum_{cyc}\overline{m}(ab - ac) + \sum_{cyc} a(b\overline{c} - \overline{b}c)$$
$$= m\Delta - \overline{m}\cdot 0 + \sum_{cyc} a\left(b\frac{R^2}{c} - \frac{R^2}{b}c\right) = m\Delta + R^2\sum_{cyc}\left(\frac{ab}{c} - \frac{ac}{b}\right) = m\Delta$$

결과적으로 $\Delta \neq 0$이기 때문에 다음 식이 성립한다.

$$\alpha a + \beta b + \gamma c = m$$

실수 $\alpha,\ \beta,\ \gamma$에 대하여 $\alpha + \beta + \gamma = 1$이므로 $\alpha,\ \beta,\ \gamma$은 점 M의 무게중심좌표이다.

$$z_{O_1} = \frac{(c-b)\cdot \rho(M)}{\alpha\cdot \Delta},\ z_{O_2} = \frac{(c-a)\cdot \rho(M)}{\beta\cdot \Delta},\ z_{O_3} = \frac{(a-b)\cdot \rho(M)}{\gamma\cdot \Delta}$$

이므로 다음이 성립한다.

$$\frac{\text{area}\,[O_1 O_2 O_3]}{\text{area}\,[ABC]} = \left|\frac{\frac{i}{4}\begin{vmatrix} z_{O_1} & \overline{z_{O_1}} & 1 \\ z_{O_2} & \overline{z_{O_2}} & 1 \\ z_{O_3} & \overline{z_{O_3}} & 1 \end{vmatrix}}{\frac{i}{4}\Delta}\right|$$

$$= \left|\frac{1}{\Delta}\cdot\frac{\rho^2(M)}{\Delta^2}\cdot\frac{1}{\alpha\beta\gamma}\begin{vmatrix} b-c & \overline{b}-\overline{c} & \alpha \\ c-a & \overline{c}-\overline{a} & \beta \\ a-b & \overline{a}-\overline{b} & \gamma \end{vmatrix}\right|$$

$$= \left|\frac{\rho^2(M)}{\Delta^3}\cdot\frac{1}{\alpha\beta\gamma}\begin{vmatrix} c-a & \overline{c}-\overline{a} \\ a-b & \overline{a}-\overline{b} \end{vmatrix}\right|$$

$$= \left|\frac{\rho^2(M)}{\Delta^3}\cdot\frac{1}{\alpha\beta\gamma}\cdot\Delta\right|$$

$$= \left|\frac{\rho^2(M)}{\Delta^2}\cdot\frac{1}{\alpha\beta\gamma}\right| \tag{3}$$

식 (2)와 (3)으로 부터 다음 식이 성립한다.

$$\frac{\text{area}\,[ABC]}{\text{area}\,[A''B''C'']} = \frac{|\Delta^2 \alpha\beta\gamma|}{4\rho^2(M)} \tag{4}$$

α, β, γ는 점 M의 무게중심 좌표이므로 다음이 성립한다.
$$z_M = \alpha z_A + \beta z_B + \gamma z_C$$

내적을 이용하면 다음을 얻을 수 있다.

$$\begin{aligned}
\overline{OM}^2 &= z_M \cdot z_M \\
&= (\alpha z_A + \beta z_B + \gamma z_C) \cdot (\alpha z_A + \beta z_B + \gamma z_C) \\
&= (\alpha^2 + \beta^2 + \gamma^2)R^2 + 2\sum_{cyc}\alpha\beta z_A \cdot z_B \\
&= (\alpha^2 + \beta^2 + \gamma^2)R^2 + 2\sum_{cyc}\alpha\beta\left(R^2 - \frac{\overline{AB}^2}{2}\right) \\
&= (\alpha + \beta + \gamma)^2 R^2 - \sum_{cyc}\alpha\beta\overline{AB}^2 = R^2 - \sum_{cyc}\alpha\beta\overline{AB}^2
\end{aligned}$$

결과적으로 삼각형 ABC의 외접원에 대한 점 M'의 방멱은 다음과 같다.
$$\rho(M) = R^2 - \overline{OM}^2 = \sum_{cyc}\alpha\beta\overline{AB}^2$$

한편, α, β, γ는 점 M의 무게중심 좌표일 때, 점 M의 등각점 M'의 무게중심 좌표는 다음과 같이 주어진다.

$$\alpha' = \frac{\beta\gamma\overline{BC}^2}{\beta\gamma\overline{BC}^2 + \alpha\gamma\overline{CA}^2 + \alpha\beta\overline{AB}^2},$$

$$\beta' = \frac{\gamma\alpha\overline{CA}^2}{\beta\gamma\overline{BC}^2 + \alpha\gamma\overline{CA}^2 + \alpha\beta\overline{AB}^2},$$

$$\gamma' = \frac{\alpha\beta\overline{AB}^2}{\beta\gamma\overline{BC}^2 + \alpha\gamma\overline{CA}^2 + \alpha\beta\overline{AB}^2}$$

그러므로 다음과 같다.

$$\begin{aligned}
\rho(M') &= \sum_{cyc}\alpha'\beta'\overline{AB}^2 = \frac{\alpha\beta\gamma\overline{AB}^2 \cdot \overline{BC}^2 \cdot \overline{CA}^2}{(\beta\gamma\overline{BC}^2 + \alpha\gamma\overline{CA}^2 + \alpha\beta\overline{AB}^2)^2} \\
&= \frac{\alpha\beta\gamma\overline{AB}^2 \cdot \overline{BC}^2 \cdot \overline{CA}^2}{\rho^2(M)}
\end{aligned} \tag{5}$$

반면,
$$\Delta^2 = \left|\left(\frac{4}{i} \cdot \frac{i}{4}\Delta\right)^2\right| = \left|\frac{4}{i} \cdot \text{area}[ABC]\right|^2 = \frac{\overline{AB}^2 \cdot \overline{BC}^2 \cdot \overline{CA}^2}{R^2} \tag{6}$$

식 (4), (5), (6)으로부터 원하는 결과를 얻을 수 있다. □

응용.
(1) 점 M이 수심 H이면 M'는 외심 O이고[52] 다음이 성립한다.

$$\frac{\text{area}[ABC]}{\text{area}[A''B''C'']} = \frac{R^2}{4R^2} = \frac{1}{4}$$

(2) 점 M이 외심 O이면 M′는 수심 H이고 다음이 성립한다.

$$\frac{\text{area}[ABC]}{\text{area}[A''B''C'']} = \frac{|R^2 - \overline{OH}^2|}{4R^2}$$

4.6.4절의 공식을 이용하면 다음식이 성립한다.

$$\frac{\text{area}[ABC]}{\text{area}[A''B''C'']} = \frac{|(2R+r)^2 - s^2|}{2R^2}$$

(3) 점 M이 레모이네 점 K이면 점 M′는 무게중심 G이고

$$\frac{\text{area}[ABC]}{\text{area}[A''B''C'']} = \frac{|R^2 - \overline{OG}^2|}{4R^2}$$

이다. 4.6.4절의 따름정리 1의 공식을 적용하면 4.6.1절의 첫 번째 공식에 따라 다음과 같은 결과를 얻는다.

$$\frac{\text{area}[ABC]}{\text{area}[A''B''C'']} = \frac{2(s^2 - r^2 - 4Rr)}{36R^2} = \frac{\alpha^2 + \beta^2 + \gamma^2}{36R^2}$$

단, α, β, γ는 삼각형 ABC의 각 변의 길이이다.

부등식 $\alpha^2 + \beta^2 + \gamma^2 \leq 9R^2$ (4.6.4절의 따름정리 2)에 의해서 다음 식이 성립한다.

$$\frac{\text{area}[ABC]}{\text{area}[A''B''C'']} \leq \frac{1}{4}$$

(4) 점 M이 삼각형 ABC의 내점 I이면 M′ = I이고 오일러의 공식

$\overline{OI}^2 = R^2 - 2Rr$ (4.6.2절의 정리 참조)을 사용하면 다음을 얻을 수 있다.

$$\frac{\text{area}[ABC]}{\text{area}[A''B''C'']} = \frac{|R^2 - \overline{OI}^2|}{4R^2} = \frac{2Rr}{4R^2} = \frac{r}{2R}$$

오일러의 부등식 $R \geq 2r$ (4.6.2절의 따름정리)을 적용하면 다음과 같다.

$$\frac{\text{area}[ABC]}{\text{area}[A''B''C'']} \leq \frac{1}{4}$$

---

52) (역자주)

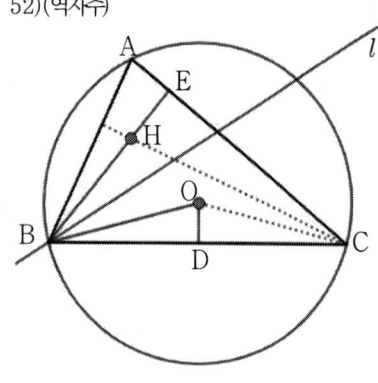

오른쪽 그림에서 점 H는 수심이고 점 O는 외심이다. 삼각형 ABE는 직각삼각형이므로 ∠ABE = 90° − A이다.

점 O는 외심이므로 ∠BOC = 2∠A이다. 삼각형 OBC는 이등변삼각형이므로 ∠BOD = ∠COD = ∠A이다. 따라서 ∠OBD = 90° − ∠A이다.

결과적으로 ∠ABE = 90° − A = ∠OBD 이므로 점 M이 수심 H이면 M′는 외심 O이다.

4.11 라그랑주의 정리와 응용

점 $A_1(z_1), \cdots, A_n(z_n)$은 복소평면 위의 서로 다른 점이고, 0이 아닌 실수 $m_1, \cdots, m_n$가 $m_1 + \cdots + m_n \neq 0$을 만족한다. $m = m_1 + \cdots + m_n$이라 하자.

좌표
$$z_G = \frac{1}{m}(m_1 z_1 + \cdots + m_n z_n)$$

인 점 G를 가중치 $m_1, m_2, \cdots, m_n$를 가지는 집합 $\{A_1, \cdots, A_n\}$의 질량중심 (barycenter)이라고 정의한다.

$m_1 = \cdots = m_n = 1$ 인 경우 점 G는 집합 $\{A_1, \cdots, A_n\}$ 의 무게중심이다.

$n = 3$이고 점 A_1, A_2, A_3이 일직선상에 있지 않을 때, 삼각형 $A_1 A_2 A_3$에 대한 점 G의 절대적 무게중심 좌표는 다음과 같다(4.7.1절 참조).

$$\mu_{z_1} = \frac{m_1}{m}, \ \mu_{z_2} = \frac{m_2}{m}, \ \mu_{z_3} = \frac{m_3}{m}$$

정리 1(라그랑주(Lagrange)[53]). 점 $A_1, \cdots, A_n$과 0아닌 실수 $m_1, \cdots, m_n$에 대하여, $m = m_1 + \cdots + m_n \neq 0$일 때, 점 G를 가중치 $m_1, \cdots, m_n$를 가지는 집합 $\{A_1, \cdots, A_n\}$의 질량중심이라고 하면 평면 위의 모든 점 M은 다음 관계식을 만족한다.

$$\sum_{j=1}^{n} m_j \overline{MA_j}^2 = m\overline{MG}^2 + \sum_{j=1}^{n} m_j \overline{GA_j}^2 \tag{1}$$

증명. 일반성을 잃지 않고 점 G가 복소평면의 원점이라고 가정하면 $z_G = 0$이다.

내적의 성질을 이용하면 모든 $j = 1, \cdots, n$에 대하여 다음 관계식을 얻을 수 있다.

$$\overline{MA_j}^2 = |z_M - z_j|^2 = (z_M - z_j) \cdot (z_M - z_j) = |z_M|^2 - 2z_M \cdot z_j + |z_j|^2,$$
$$\overline{MA_j}^2 = |z_M|^2 - 2z_M \cdot z_j + |z_j|^2$$

$j = 1, \cdots, n$ 에 대한 m_j의 곱과 합 계산에 의해서 다음 관계식이 성립한다.

$$\sum_{j=1}^{n} m_j \overline{MA_j}^2 = \sum_{j=1}^{n} m_j \big(|z_M|^2 - 2z_M \cdot z_j + |z_j|^2\big)$$
$$= m|z_M|^2 - 2z_M \cdot \left(\sum_{j=1}^{n} m_j z_j\right) + \sum_{j=1}^{n} m_j |z_j|^2$$
$$= m|z_M|^2 - 2z_M \cdot (m z_G) + \sum_{j=1}^{n} m_j |z_j|^2$$

---

[53] 조셉 루이스 라그랑주(Joseph Louis Lagrange, 1736~1813) 프랑스의 수학자, 18세기의 위대한 수학자 중 한 명이다. 그는 모든 수학의 분야에 중요한 기여를 했고, 그의 연구 결과는 현대 과학에 대단한 영향을 끼쳤다.

$$= m|z_\mathrm{M}|^2 + \sum_{j=1}^{n} m_j |z_j|^2 = m|z_\mathrm{M} - z_\mathrm{G}|^2 + \sum_{j=1}^{n} m_j |z_j - z_\mathrm{G}|^2$$

$$= m\overline{\mathrm{MG}}^2 + \sum_{j=1}^{n} m_j \overline{\mathrm{GA}_j}^2 \qquad \square$$

따름정리 1. 서로 다른 점 $A_1, A_2, \cdots, A_n$과 실수 $m_1, m_2, \cdots, m_n$에 대하여 $m_1 + m_2 + \cdots + m_n \neq 0$일 때, 점 G는 $m_1, m_2, \cdots, m_n$인 가중치를 가진 각각의 점들 집합 $\{A_1, A_2, \cdots, A_n\}$의 질량중심이라 하자. 그러면 0이 아닌 모든 평면 위의 점 M에 대하여, 다음 식이 성립한다.

$$\sum_{j=1}^{n} m_j \overline{\mathrm{MA}_j}^2 \geq \sum_{j=1}^{n} m_j \overline{\mathrm{GA}_j}^2 \qquad (2)$$

(단, 등호는 M = G일 때 성립한다.)

증명. 부등식 (2)는 라그랑주 관계 (1)로부터 바로 성립한다. $\qquad \square$

$m_1 = m_2 = \cdots = m_n = 1$이라 가정하면 〈정리 1〉로부터 다음 따름정리를 얻을 수 있다.

따름정리 2(라이프니츠(Leibniz)[54]). 서로 다른 점 $A_1, A_2, \cdots, A_n$에 대하여 점 집합 $\{A_1, A_2, \cdots, A_n\}$의 무게중심을 G라 하면 평면 위의 임의의 점 M에 대하여, 다음 식이 성립한다.

$$\sum_{j=1}^{n} \overline{\mathrm{MA}_j}^2 = n\overline{\mathrm{MG}}^2 + \sum_{j=1}^{n} \overline{\mathrm{GA}_j}^2 \qquad (3)$$

주의. 식 (3)은 다음 식과 동치이다. 모든 복소수 $z_1, z_2, \cdots, z_n$에 대하여, 다음 식이 성립한다.

$$\sum_{j=1}^{n} |z - z_j|^2 = n \left| z - \frac{z_1 + z_2 + \cdots + z_n}{n} \right|^2 + \sum_{j=1}^{n} \left| z_j - \frac{z_1 + z_2 + \cdots + z_n}{n} \right|^2$$

응용. 삼각형의 어떤 중요한 길이를 구하는데 식 (3)을 이용할 수 있다.

삼각형 ABC를 포함하는 평면 위의 임의의 점 M에 대하여, 다음 식이 성립한다.

$$\overline{\mathrm{MA}}^2 + \overline{\mathrm{MB}}^2 + \overline{\mathrm{MC}}^2 = 3\overline{\mathrm{MG}}^2 + \overline{\mathrm{GA}}^2 + \overline{\mathrm{GB}}^2 + \overline{\mathrm{GC}}^2 \qquad (4)$$

단, G는 삼각형 ABC의 무게중심이다. 복소평면에서 삼각형 ABC의 외심을 점 O라 하자.
(1) 식 (4)에서, M = O라 하면 다음 식을 얻는다.

$$3R^2 = 3\overline{\mathrm{OG}}^2 + \overline{\mathrm{GA}}^2 + \overline{\mathrm{GB}}^2 + \overline{\mathrm{GC}}^2$$

---

[54] 라이프니츠(Gottfried Wilhelm Leibniz, 1646~1716)는 독일의 철학자이고 수학자이자 논리학자이다. 그는 아이작 뉴턴(Sir Isaac Newton)과는 독립적으로 미적분학을 발견하였다.

삼각형 ABC의 세 변의 길이를 각각 α, β, γ라 하고 중선 정리(median theorem)를 적용하면 다음 식이 성립한다.

$$\overline{GA}^2 + \overline{GB}^2 + \overline{GC}^2 = \frac{4}{9}\left(m_\alpha^2 + m_\beta^2 + m_\gamma^2\right)$$

$$= \frac{4}{9}\sum_{cyc}\frac{1}{4}\left[2(\beta^2+\gamma^2)-\alpha^2\right] = \frac{1}{3}(\alpha^2+\beta^2+\gamma^2)$$

따라서 이를 정리하면 다음 식이 성립한다.

$$\overline{OG}^2 = R^2 - \frac{1}{9}(\alpha^2+\beta^2+\gamma^2) \tag{5}$$

$\overline{OG}$의 길이는 4.6.4.절의 따름정리 1에 의해서 삼각형의 기본 불변량으로 표현된다.

(2) 세 점 O, G, H가 일직선 위에 있다는 것과 $\overline{OH}=3\overline{OG}$ (3.1절 정리 1 참조)을 이용하여 다음 식을 유도할 수 있다.

$$\overline{OH}^2 = 9\overline{OG}^2 = 9R^2 - (\alpha^2+\beta^2+\gamma^2) \tag{6}$$

$\overline{OH}$의 길이는 4.6.4절의 정리에 의해서 삼각형 기본 불변량으로 표현된다.

(3) 식 (4)에서 M = I이라고 하자. (단, 점 I는 삼각형 ABC의 내심이다.) (<그림 4.16>) 그러면 다음 식이 성립한다.

$$\overline{IA}^2 + \overline{IB}^2 + \overline{IC}^2 = 3\overline{IG}^2 + \frac{1}{3}(\alpha^2+\beta^2+\gamma^2)$$

반면 다음 식이 성립한다.

$$\overline{IA} = \frac{r}{\sin\frac{A}{2}},\ \overline{IB} = \frac{r}{\sin\frac{B}{2}},\ \overline{IC} = \frac{r}{\sin\frac{C}{2}}$$

(단, r은 삼각형 ABC의 내접원의 반지름이다.) 따라서 이를 정리하면 다음과 같다.

$$\overline{IG}^2 = \frac{1}{3}\left[r^2\left(\frac{1}{\sin^2\frac{A}{2}}+\frac{1}{\sin^2\frac{B}{2}}+\frac{1}{\sin^2\frac{C}{2}}\right) - \frac{1}{3}(\alpha^2+\beta^2+\gamma^2)\right]$$

잘 알려진 다음 공식을 적용하자.

$$\sin^2\frac{A}{2} = \frac{(s-\beta)(s-\gamma)}{\beta\gamma}$$

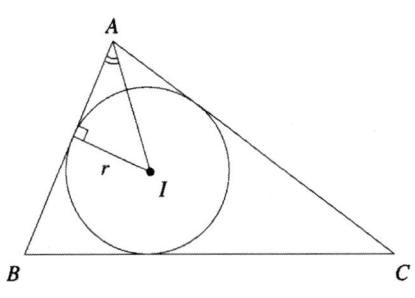

<그림 4.16.>

4.6.1절의 공식을 사용하면 다음과 같다.

$$\sum_{cyc} \frac{1}{\sin^2 \frac{A}{2}} = \sum_{cyc} \frac{\beta\gamma}{(s-\beta)(s-\gamma)} = \sum_{cyc} \frac{\beta\gamma(s-\alpha)}{(s-\alpha)(s-\beta)(s-\gamma)}$$

$$= \frac{s}{K^2} \sum_{cyc} \beta\gamma(s-\alpha) = \frac{s}{K^2}\left[s\sum_{cyc}\beta\gamma - 3\alpha\beta\gamma\right]$$

$$= \frac{s}{K^2}\left[s(s^2+r^2+4Rr) - 12sRr\right] = \frac{1}{r^2}(s^2+r^2-8Rr)$$

그러므로 4.6.1절의 따름정리 의 공식을 적용하면 다음과 같은 관계식이 성립한다.

$$\overline{IG}^2 = \frac{1}{3}\left[s^2+r^2-8Rr - \frac{1}{3}(\alpha^2+\beta^2+\gamma^2)\right]$$

$$= \frac{1}{3}\left[s^2+r^2-8Rr - \frac{2}{3}(s^2+r^2-4Rr)\right] = \frac{1}{9}(s^2+5r^2-16Rr)$$

따라서 이를 정리하면 다음과 같다.

$$\overline{IG}^2 = \frac{1}{9}(s^2+5r^2-16Rr) \tag{7}$$

그러므로 4.7.2절의 응용 1의 공식과 같은 공식을 얻었다.

문제. $|z_1| = |z_2| = |z_3| = R$인 서로 다른 복소수 z_1, z_2, z_3에 대하여, 다음 부등식이 성립함을 보이시오.

$$\frac{9R^2 - |z_1+z_2+z_3|^2}{|z_1-z_2|\cdot|z_2-z_3|\cdot|z_3-z_1|} \geq \frac{\sqrt{3}}{R}$$

풀이. 복소좌표가 z_1, z_2, z_3인 점을 각각 A, B, C라 하고, 점 G를 삼각형 ABC의 무게중심이라고 하자. 점 G의 좌표는 $\frac{z_1+z_2+z_3}{3}$이고, $|z_1-z_2|=\gamma$, $|z_2-z_3|=\alpha$, $|z_3-z_1|=\beta$이다. 위의 부등식은 다음 부등식이 성립한다.

$$\frac{9R^2 - 9\overline{OG}^2}{\alpha\beta\gamma} \geq \frac{\sqrt{3}}{R} \tag{1}$$

식

$$\overline{OG}^2 = R^2 - \frac{1}{9}(\alpha^2+\beta^2+\gamma^2)$$

을 식 (1)에 적용하면 다음과 같다.

$$\alpha^2+\beta^2+\gamma^2 \geq \frac{\alpha\beta\gamma\sqrt{3}}{R} = \frac{4RK}{R}\sqrt{3} = 4K\sqrt{3}$$

헤론 공식과 산술-기하 평균 부등식을 이용하여 부등식을 증명하자.

$$K = \sqrt{s(s-\alpha)(s-\beta)(s-\gamma)} \leq \sqrt{s\cdot\frac{(s-\alpha+s-\beta+s-\gamma)^3}{27}} = \sqrt{s\cdot\frac{s^3}{27}}$$

$$= \frac{s^2}{3\sqrt{3}} = \frac{(\alpha+\beta+\gamma)^2}{12\sqrt{3}} \leq \frac{3(\alpha^2+\beta^2+\gamma^2)}{12\sqrt{3}} = \frac{\alpha^2+\beta^2+\gamma^2}{4\sqrt{3}}$$

이제 따름정리 2에서 라이프니츠 관계식을 확장하려고 한다. 그러기 위해서는 다음 정리가 필요하다.

정리 2. $n \geq 2$인 정수 n과 서로 다른 점 A_1, A_2, $\cdots$, A_n에 대하여, 점 G는 집합 $\{A_1, A_2, \cdots, A_n\}$의 무게중심이라고 하자. 그러면 모든 복소평면 위의 점 M에 대하여 다음 식이 성립한다.

$$n^2 \overline{MG}^2 = n \sum_{j=1}^{n} \overline{MA_j}^2 - \sum_{1 \leq i < k \leq n} \overline{A_i A_k}^2 \tag{8}$$

증명. 무게중심 G를 복소평면의 원점이라고 하자. 내적의 성질을 이용하면 다음과 같다.

$$\overline{MA_j}^2 = |z_M - z_j|^2 = (z_M - z_j) \cdot (z_M - z_j) = |z_M|^2 - 2z_M \cdot z_j + |z_j|^2,$$
$$\overline{A_i A_k}^2 = |z_i - z_k|^2 = |z_i|^2 - 2z_i \cdot z_k + |z_k|^2$$

(단, $j = 1, 2, \cdots, n$에 대하여 z_j는 점 A_j의 복소좌표이다.)
위 두 식을 식 (8)에 적용하자.

$$n^2 |z_M|^2 = n \sum_{j=1}^{n} (|z_M|^2 - 2z_M \cdot z_j + |z_j|^2) - \sum_{1 \leq i < k \leq n} (|z_i|^2 - 2z_i \cdot z_k + |z_k|^2)$$

$$n \sum_{j=1}^{n} |z_j|^2 = 2n \sum_{j=1}^{n} z_M \cdot z_j + \sum_{1 \leq i < k \leq n} (|z_i|^2 - 2z_i \cdot z_k + |z_k|^2)$$

무게중심 G가 복소평면의 원점이라 가정하였기 때문에 다음 식이 성립한다.

$$\sum_{j=1}^{n} z_M \cdot z_j = z_M \cdot \left(\sum_{j=1}^{n} z_j \right) = n(z_M \cdot z_G) = n(z_M \cdot 0) = 0$$

그러므로 식 (8)은 다음과 같이 정리할 수 있다.

$$\sum_{j=1}^{n} |z_j|^2 = -2 \sum_{1 \leq i < k \leq n} z_i \cdot z_k$$

따라서 다음 식을 만족한다.

$$0 = |z_G|^2 = z_G \cdot z_G = \frac{1}{n^2} \left(\sum_{i=1}^{n} z_i \right) \cdot \left(\sum_{i=1}^{n} z_i \right) = \frac{1}{n^2} \cdot \left(\sum_{j=1}^{n} |z_j|^2 + 2 \sum_{1 \leq i < k \leq n} z_i \cdot z_k \right) \qquad \square$$

주의. 식 (8)은 다음 항등식과 같다.
모든 복소수 z, z_1, z_2, $\cdots$, z_n에 대하여, 다음 식이 성립한다.

$$\frac{1}{n} \sum_{j=1}^{n} |z - z_j|^2 - \left| z - \frac{z_1 + z_2 + \cdots + z_n}{n} \right|^2 = \frac{1}{n} \sum_{1 \leq i < k \leq n} |z_i - z_k|^2$$

응용.

(1) 중심이 원점 O이고 반지름이 R인 원 위의 점 $A_1, A_2, \cdots, A_n$에 대하여, 식 (8)에서 M = O 라 하면, 다음 식이 성립한다.

$$\sum_{1 \le i < k \le n} \overline{A_iA_k}^2 = n^2(R^2 - \overline{OG}^2)$$

$n = 3$이면 식 (5)와 같다.

(2) 복소평면 위의 임의의 점 M에 대하여 다음 부등식이 성립한다.

$$\sum_{j=1}^{n} \overline{MA_j}^2 \ge \frac{1}{n} \sum_{1 \le i < k \le n} \overline{A_iA_k}^2$$

집합 $\{A_1, A_2, \cdots, A_n\}$의 무게중심이 G라 하자. 단, 등호는 M = G일 때 성립한다.

$n \ge 2$인 정수 n에 대하여 정수 k는 $2 \le k \le n$을 만족한다. 서로 다른 점 $A_1, A_2, \cdots, A_n$에 대하여, 집합 $\{A_1, A_2, \cdots, A_n\}$의 무게중심을 점 G라 하자. $i_1 < i_2 < \cdots < i_k$에 대하여, 집합 $\{A_{i_1}, A_{i_2}, \cdots, A_{i_k}\}$의 무게중심을 $G_{i_1i_2\cdots i_k}$이라고 하자.

정리 3. 복소평면 위의 임의의 점 M에 대하여, 다음 식이 성립한다.

$$(n-k) \cdot {}_nC_k \cdot \sum_{j=1}^{n} \overline{MA_j}^2 + n^2(k-1) \cdot {}_nC_k \cdot \overline{MG}^2 = kn(n-1) \sum_{1 \le i_1 < i_2 < \cdots < i_k \le n} \overline{MG_{i_1i_2\cdots i_k}}^2 \quad (9)$$

증명. 집합 $\{G_{i_1i_2\cdots i_k} | 1 \le i_1 < i_2 < \cdots < i_k \le n\}$의 무게중심이 G라는 것을 보이는 것은 어렵지 않다. 라이프니츠 관계식을 적용하자.

$$\sum_{j=1}^{n} \overline{MA_j}^2 = n\overline{MG}^2 + \sum_{j=1}^{n} \overline{GA_j}^2 \tag{10}$$

$$\sum_{1 \le i_1 < i_2 < \cdots < i_k \le n} \overline{MG_{i_1i_2\cdots i_k}}^2 = {}_nC_k \cdot \overline{MG}^2 + \sum_{1 \le i_1 < i_2 < \cdots < i_k \le n} \overline{GG_{i_1i_2\cdots i_k}}^2 \tag{11}$$

$$\sum_{s=1}^{k} \overline{MA_{i_s}}^2 = k\overline{MG_{i_1i_2\cdots i_k}}^2 + \sum_{s=1}^{k} \overline{G_{i_1i_2\cdots i_k}A_{i_s}}^2 \tag{12}$$

식 (12)에서 M = G이고 좌변과 우변에 $\sum_{1 \le i_1 < i_2 < \cdots < i_k \le n}$를 적용하면 다음 식을 얻는다.

$$\sum_{1 \le i_1 < i_2 < \cdots < i_k \le n} \sum_{s=1}^{k} \overline{GA_{i_s}}^2 = k \sum_{1 \le i_1 < i_2 < \cdots < i_k \le n} \overline{GG_{i_1i_2\cdots i_k}}^2$$
$$+ \sum_{1 \le i_1 < i_2 < \cdots < i_k \le n} \sum_{s=1}^{k} \overline{G_{i_1i_2\cdots i_k}A_{i_s}}^2 \tag{13}$$

식 (8)을 정리 3의 집합 $\{A_1, A_2, \cdots, A_n\}$, 집합 $\{A_{i_1}, A_{i_2}, \cdots, A_{i_k}\}$에 각각 적용하면 다음 두 식을 얻는다.

$$n^2 \overline{\mathrm{MG}}^2 = n \sum_{j=1}^{n} \overline{\mathrm{MA}_j}^2 - \sum_{1 \le i < k \le n} \overline{A_i A_k}^2 \qquad (14)$$

$$k^2 \overline{\mathrm{MG}_{i_1 i_2 \cdots i_k}}^2 = k \sum_{s=1}^{k} \overline{\mathrm{MA}_{i_s}}^2 - \sum_{1 \le p < q \le n} \overline{A_{i_p} A_{i_q}}^2 \qquad (15)$$

식 (15)에서 $\mathrm{M} = \mathrm{G}_{i_1 i_2 \cdots i_k}$ 이라고 하자.

$$\sum_{s=1}^{k} \overline{\mathrm{G}_{i_1 i_2 \cdots i_k} A_{i_s}}^2 = \frac{1}{k} \sum_{1 \le p < q \le n} \overline{A_{i_p} A_{i_q}}^2 \qquad (16)$$

식 (16)과 (13)으로 부터 다음 식이 성립한다.

$$\sum_{1 \le i_1 < i_2 < \cdots < i_k \le n} \sum_{s=1}^{k} \overline{\mathrm{GA}_{i_s}}^2 = k \sum_{1 \le i_1 < i_2 < \cdots < i_k \le n} \overline{\mathrm{GG}_{i_1 i_2 \cdots i_k}}^2$$
$$+ \frac{1}{k} \sum_{1 \le i_1 < \cdots < i_k \le n} \sum_{1 \le p < q \le n} \overline{A_{i_p} A_{i_q}}^2 \qquad (17)$$

식 (17)의 항을 재배열하면 다음과 같다.[55]

$$\frac{{}_n C_1 \cdot {}_n C_k}{{}_n C_1} \sum_{j=1}^{n} \overline{\mathrm{GA}_j}^2 = k \sum_{1 \le i_1 < i_2 < \cdots < i_k \le n} \overline{\mathrm{GG}_{i_1 i_2 \cdots i_k}}^2 + \frac{1}{k} \frac{{}_k C_2 \cdot {}_n C_k}{{}_n C_2} \sum_{1 \le i < k \le n} \overline{A_i A_j}^2 \qquad (18)$$

식 (10), (11), (14), (18)에 의해서, 식 (9)를 유도할 수 있다. □

주의. 식 (9)는 다음 항등식과 같다. 임의의 복소수 $z, z_1, \cdots, z_n$ 에 대하여 다음 식이 성립한다.

$$(n-k)\, {}_n C_k \sum_{j=1}^{n} |z - z_j|^2 + n^2 (k-1)\, {}_n C_k \left| z - \frac{z_1 + \cdots + z_n}{n} \right|^2$$
$$= kn(n-1) \sum_{1 \le i_1 < \cdots < i_k \le n} \left| z - \frac{z_{i_1} + \cdots + z_{i_k}}{k} \right|^2$$

응용.
(1) $k = 2$ 인 경우, 정리 3의 식 (9)로부터 복소평면 위의 모든 점 M 에 대하여 다음이 성립함을 알 수 있다.

$$(n-2) \sum_{j=1}^{n} \overline{\mathrm{MA}_j}^2 + n^2 \overline{\mathrm{MG}}^2 = 4 \sum_{1 \le i_1 < i_2 \le n} \overline{\mathrm{MG}_{i_1 i_2}}^2$$

단, 점 $\mathrm{G}_{i_1 i_2}$ 는 선분 $A_{i_1} A_{i_2}$의 중점이다.

(2) $k = 3$ 인 경우, 정리 3의 (9)로부터 복소평면 위의 모든 점 M 에 대하여 다음이 성립함을 알 수 있다.

---

[55] (역자주) 다음 식과 항등식이다.

$${}_{n-1}C_{k-1} \sum_{j=1}^{n} \overline{\mathrm{GA}_j}^2 = k \sum_{1 \le i_1 < i_2 < \cdots < i_k \le n} \overline{\mathrm{GG}_{i_1 i_2 \cdots i_k}}^2 + \frac{1}{k}\, {}_{n-2}C_{k-2} \sum_{1 \le i < k \le n} \overline{A_i A_j}^2$$

$$(n-2)(n-3)\sum_{j=1}^{n}\overline{MA_j}^2 + 2n^2(n-2)\overline{MG}^2 = 18\sum_{1\le i_1 < i_2 < i_3 \le n}\overline{MG_{i_1 i_2 i_3}}^2$$

(단, 점 $G_{i_1 i_2 i_3}$ 는 삼각형 $A_{i_1} A_{i_2} A_{i_3}$ 의 무게중심이다.)

4.12 내접다각형에서 오일러의 중심

복소평면의 원점을 원의 중심으로 하는 원에 내접하는 다각형의 꼭짓점을 A_1, A_2, $\cdots$, A_n 이라 하고, 그 꼭짓점의 좌표를 a_1, a_2, $\cdots$, a_n 이라 하자.
다음과 같이 정의한 점 E 는 다각형 $A_1 A_2 \cdots A_n$ 의 오일러의 중심이라 부른다.

$$z_E = \frac{a_1 + a_2 + \cdots + a_n}{2}$$

$n = 3$ 인 경우, 오일러 중심 E 는 오일러의 구점원의 중심 O_9 와 같다.

주의.
(a) 점 $G(z_G)$ 와 $H(z_H)$ 는 내접하는 다각형 $A_1 A_2 \cdots A_n$ 의 무게중심과 수심이라고 하면 다음이 성립한다.

$$z_E = \frac{nz_G}{2} = \frac{z_H}{2} \text{ 이고, } \overline{OE} = \frac{n\overline{OG}}{2} = \frac{\overline{OH}}{2}$$

여기서 다각형 $A_1 A_2 \cdots A_n$ 의 수심은 H 의 좌표는 $z_H = a_1 + a_2 + \cdots + a_n$ 와 같다.
(b) $n = 4$ 인 경우, 오일러 중심 E 는 내접사각형의 '마토트(Mathot)의 점'이라고 부른다.

성질. 위의 기호를 사용하면 다음이 성립한다.

$$\sum_{i=1}^{n}\overline{EA_i}^2 = nR^2 + (n-4)\overline{EO}^2 \tag{1}$$

증명. 4.11절의 정리 2 식 (8)은 다음과 같다.

$$n^2 \cdot \overline{MG}^2 = n\sum_{i=1}^{n}\overline{MA_i}^2 - \sum_{1\le i<j\le n}\overline{A_i A_j}^2$$

여기서 $M = E$ 이면 다음 식을 얻는다.

$$n^2 \cdot \overline{EG}^2 = n\sum_{i=1}^{n}\overline{EA_i}^2 - \sum_{1\le i<j\le n}\overline{A_i A_j}^2 \tag{2}$$

이고, $M = O$ 이면 다음 식을 얻는다.

$$n^2 \cdot \overline{OG}^2 = nR^2 - \sum_{1\le i<j\le n}\overline{A_i A_j}^2 \tag{3}$$

$s = \sum_{i=1}^{n} a_i$ 로 두면 다음 식을 얻는다.

$$\overline{EG} = |z_G - z_E| = \left|\frac{s}{2} - \frac{s}{n}\right| = \left|\frac{s}{2}\right|\frac{n-2}{n} = \frac{n-2}{n}\overline{OE} \tag{4}$$

식 (2), (3), (4)로부터 다음 식을 유도할 수 있다.

$$n\sum_{i=1}^{n}\overline{EA_i}^2 = n^2\overline{EG}^2 - n^2\overline{OG}^2 + n^2R^2$$
$$= (n-2)^2\overline{OE}^2 - 4\overline{OE}^2 + n^2R^2 = n(n-4)\overline{EO}^2 + n^2R^2$$

위 식을 정리하면 다음과 같다.

$$\sum_{i=1}^{n}\overline{EA_i}^2 = nR^2 + (n-4)\overline{EO}^2 \qquad \square$$

응용.

(1) $n = 3$ 인 경우, 식 (1)로부터 다음 식을 얻을 수 있다.

$$\overline{O_9A_1}^2 + \overline{O_9A_2}^2 + \overline{O_9A_3}^2 = 3R^2 - \overline{OO_9}^2 \tag{5}$$

4.6.4의 따름정리 1을 사용하면, 식 (5)의 우변은 삼각형 $A_1A_2A_3$의 기본 불변량을 이용하여 다음과 같이 표현할 수 있다.

$$\overline{O_9A_1}^2 + \overline{O_9A_2}^2 + \overline{O_9A_3}^2 = \frac{3}{4}R^2 - \frac{1}{2}r^2 - 2Rr + \frac{1}{2}s^2 \tag{6}$$

식 (5)로부터 임의의 삼각형 $A_1A_2A_3$에 대하여 다음 부등식이 성립한다.

$$\overline{O_9A_1}^2 + \overline{O_9A_2}^2 + \overline{O_9A_3}^2 \le 3R^2 \tag{7}$$

(단, 등호는 정삼각형일 때 성립한다.)

(2) $n = 4$ 인 경우, 다음 식이 성립한다.

$$\sum_{i=1}^{4}\overline{EA_i}^2 = 4R^2 \tag{8}$$

점 E는 사각형 $A_1A_2A_3A_4$을 포함하는 평면에서 위의 식 (8)을 만족하는 유일한 점이다.

(3) $n > 4$ 인 경우, 식 (1)로부터 다음 부등식을 얻는다.

$$\sum_{i=1}^{4}\overline{EA_i}^2 \ge nR^2 \tag{9}$$

(단, 등호는 다각형 $A_1A_2 \cdots A_n$에서 E = O 인 경우 성립한다.)

(4) 코시-슈바르츠 부등식과 부등식 (7)로부터 다음 식을 얻는다.

$$\left(\sum_{i=1}^{3} R \cdot \overline{O_9A_i}\right)^2 \le (3R^2)\sum_{i=1}^{3}\overline{O_9A_i}^2 \le 9R^4$$

식 (10)은 다음 식과 필요충분조건이다.

$$\overline{O_9A_1} + \overline{O_9A_2} + \overline{O_9A_3} \le 3R \tag{10}$$

(5) 코시슈바르츠 부등식과 식 (8)을 이용하면

$$\left(R\sum_{i=1}^{4}\overline{EA_i}\right)^2 \le 4R^2 \cdot \sum_{i=1}^{4}\overline{EA_i} = 16R^4$$

이고, 다음 식과 동치이다.

$$\sum_{i=1}^{4}\overline{EA_i} \le 4R \tag{11}$$

(6) 다음 식을 이용하면 다음 식이 성립한다.

$$2\overline{EA_i} = 2|e - a_i| = 2\left|\frac{s}{2} - a_i\right| = |s - 2a_i|$$

을 이용하면 부등식 (4), (5)는 각각 다음 부등식과 동치이다.

$$\sum_{cyc}|-a_1 + a_2 + a_3| \le 6R,$$

$$\sum_{cyc}|-a_1 + a_2 + a_3 + a_4| \le 8R$$

(단, 위의 부등식은 $|z| = R$인 임의의 복소수 z에 대하여 성립한다.)

4.13 복소 평면에서 기하적인 몇 가지 변환

4.13.1 평행이동

z_0는 고정된 복소수이고, t_{z_0}는 다음과 같이 정의된 함수라고 하자.

$$t_{z_0} : \mathbb{C} \to \mathbb{C}, \ t_{z_0}(z) = z + z_0$$

함수 t_{z_0}는 복소수 z_0에 의한 **평행이동(translation)**이라고 부른다.

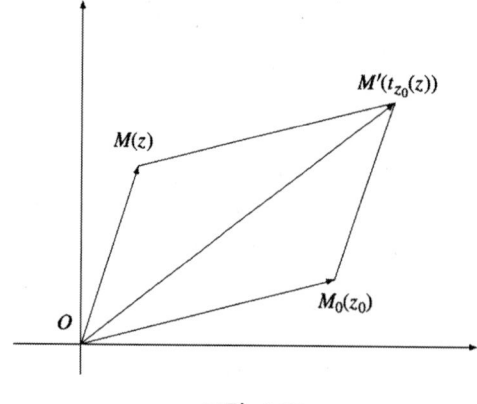

<그림 4.17.>

두 복소수의 덧셈에 대한 기하적인 해석을 위하여(1.2.3절 참조) 함수 t_{z_0} 의 기하적 상을 〈그림 4.17〉에 나타내었다.

〈그림 4.17〉에서 $OM_0 M'M$ 은 평행사변형이고, 선분 OM' 은 평행사변형의 대각선이다. 따라서 함수 t_{z_0} 는 복소평면에서 유클리드 평면의 벡터 $\overrightarrow{OM_0}$ 에 의한 평행이동에 대응한다.

다음과 같은 두 평행이동의 합성이 자명하게 성립한다.
$$t_{z_1} \circ t_{z_2} = t_{z_1 + z_2}$$

복소평면에서 모든 평행이동의 집합 T 는 합성에 의한 군이 됨은 명백하다. 군$(T, \circ)$ 은 가환군이고, 단위원은 $T_0 = 1_\mathbb{C}$ 로서 복소수 0 에 의한 평행이동이다.

4.13.2 실수축 대칭

함수 $s : \mathbb{C} \to \mathbb{C}, s(z) = \overline{z}$ 를 생각해보자.
점 M 의 좌표가 z 이면, 점 $M'(s(z))$ 는 점 M 을 실수축에 대칭한 점이다(〈그림 4.18〉 참조). 함수 s 는 **실수축 대칭(reflection in the real axis)**이라고 부른다. $s \circ s = 1_\mathbb{C}$ 은 자명하다.

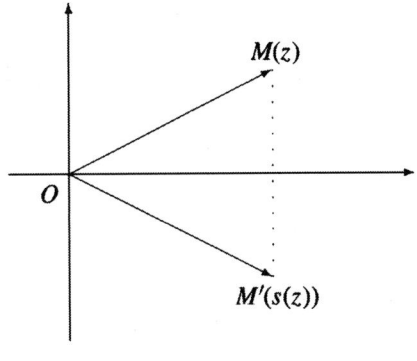

<그림 4.18.>

4.13.3 점 대칭

함수 $s_0 : \mathbb{C} \to \mathbb{C}, s_0(z) = -z$ 를 생각해보자. $s_0(z) + z = 0$ 이므로, 원점 O 는 선분 $M(z)M'(z)$ 의 중점이다. 따라서 점 M' 은 원점 O 에 의한 점 M 의 대칭점이다(〈그림 4.19〉 참조).

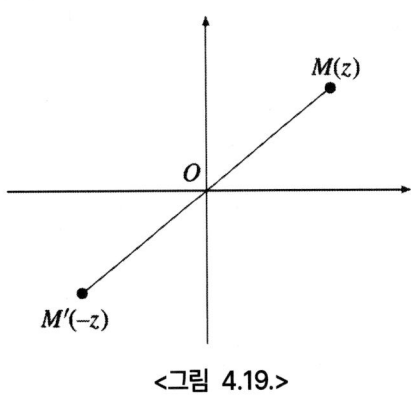

<그림 4.19.>

점 $M'(s(z))$는 점 M에 대칭한 점이다.

함수 s_0는 **원점 대칭**(reflection in the origin)이라고 부른다.

복소평면 위의 점 z_0에 대하여 다음과 같은 함수를 생각해보자.

$$s_{z_0} : \mathbb{C} \to \mathbb{C}, \ s_{z_0}(z) = 2z_0 - z$$

z_0, z, $s_{z_0}(z)$가 점 M_0, M, M'의 복소좌표이면, 점 M_0는 선분 MM'의 중점이다. 따라서 점 M'은 점 M_0에 의한 점 M의 대칭점이다(〈그림 4.20〉 참조).

함수 s_{z_0}는 **점 $M_0(z_0)$에 의한 대칭**(reflection in the point)이라고 부른다. $s \circ s = 1_\mathbb{C}$은 자명하다.

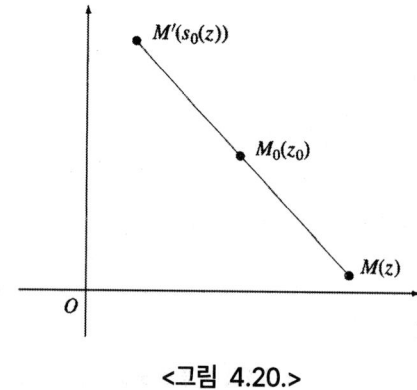

<그림 4.20.>

4.13.4 회전

복소수 $a = \cos t_0 + i \sin t_0$는 $|a| = 1$에 대하여 함수 $r_a : \mathbb{C} \to \mathbb{C}, \ r_a(z) = az$이라고 정의하자. 그리고 $z = \rho(\cos t + i \sin t)$일 때 다음 식이 성립한다.

$$r_a(z) = az = \rho[\cos(t_0 + t) + i \sin(t_0 + t)]$$

따라서 점 $M'(r_a(z))$는 원점을 중심으로 각 t_0만큼 점 $M(z)$을 회전한 점이 된다(〈그림 4.21〉 참조).

함수 r_a는 원점을 중심으로 각 $t_0 = \arg a$만큼의 **회전**(rotation)이라고 부른다.

4.13.5 복소평면의 등거리변환(Isometric Transformation)

대응 $f : \mathbb{C} \to \mathbb{C}$가 거리를 보존하면 f를 **등거리변환**(isometry)이라 한다. 즉, 임의의 복소수 z_1, z_2에 대하여 $|f(z_1) - f(z_2)| = |z_1 - z_2|$이다.

정리 1. 평행이동, 대칭이동(실수축을 중심으로 또는 한 점을 중심으로), 그리고 중심 O에 대한 회전이동은 등거리변환이다.

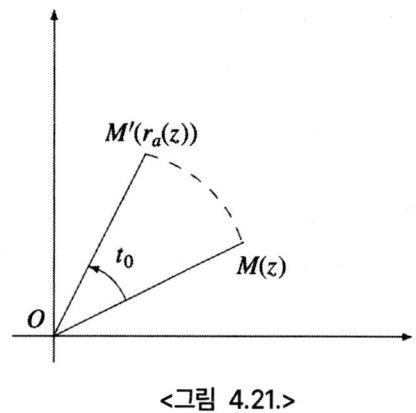

<그림 4.21.>

증명. 평행이동 t_{z_0} 에 대하여, 거리는 다음과 같다.

$$\left|t_{z_0}(z_1) - t_{z_0}(z_2)\right| = |(z_1 + z_0) - (z_2 + z_0)| = |z_1 - z_2|$$

실수축에 대한 대칭이동 s 에 대하여, 거리는 다음과 같다.

$$|s(z_1) - s(z_2)| = |\overline{z_1} - \overline{z_2}| = |\overline{z_1 - z_2}| = |z_1 - z_2|$$

점에 대한 대칭도 같은 방식으로 확인할 수 있다. 마지막으로 r_a 가 회전이동이면 $|a| = 1$ 이므로 거리는 다음과 같다.

$$|r_a(z_1) - r_a(z_2)| = |az_1 - az_2| = |a||z_1 - z_2| = |z_1 - z_2| \quad \square$$

두 등거리변환의 합성 또한 등거리변환임은 쉽게 확인할 수 있다. 복소평면에서 모든 등거리변환의 집합 $\text{Iso}(\mathbb{C})$는 대응의 합성 연산에 대하여 군을 이루고 $(\mathfrak{I}, \circ)$는 그 군의 부분군이다.

문제. $A_1A_2A_3A_4$는 중심이 O 인 원에 내접하는 사각형이라 하고 H_1, H_2, H_3, H_4 는 각각 삼각형 $A_2A_3A_4$, $A_1A_3A_4$, $A_1A_2A_4$, $A_1A_2A_3$의 수심이라 하자. 사각형 $A_1A_2A_3A_4$와 $H_1H_2H_3H_4$ 가 서로 합동임을 증명하시오. (발칸 수학 올림피아드, 1984)

풀이. 외심을 복소평면의 원점이라 하고 대문자로 표현되는 점의 좌표는 그에 대응되는 소문자로 표현하자. $s = a_1 + a_2 + a_3 + a_4$ 라 하면 $h_1 = a_2 + a_3 + a_4 = s - a_1$, $h_2 = s - a_2$, $h_3 = s - a_3$, $h_4 = s - a_4$ 이다. 따라서 사각형 $H_1H_2H_3H_4$ 는 좌표가 $\frac{s}{2}$ 인 점에 대하여 사각형 $A_1A_2A_3A_4$를 대칭한 것이다.

다음 결과는 복소평면의 모든 등거리변환을 설명하는 것이다.

정리 2. 복소평면의 모든 등거리변환은 $f(z) = az + b$ 또는 $f(z) = a\overline{z} + b$ (단, $a, b \in \mathbb{C}$, $|a| = 1$)를 만족하는 대응 $f : \mathbb{C} \to \mathbb{C}$ 이다.

증명. $b = f(0)$이고 $c = f(1)$, $a = c-b$라 하자. 그러면 다음이 성립한다.
$$|a| = |c-b| = |f(1) - f(0)| = |1-0| = 1$$

$g(z) = az + b$를 만족하는 대응 $g : \mathbb{C} \to \mathbb{C}$에 대하여 $g(0) = b = f(0)$이고 $g(1) = a+b = c = f(1)$를 만족하는 g가 등거리변환임을 보이는 것은 어렵지 않다. 따라서 $h = g^{-1}$인 h는 0과 1을 고정점으로 하는 등거리변환이다. 정의에 의하여 모든 실수는 h의 고정점이다. 따라서 h는 $h = 1_\mathbb{C}$ 또는 $h = s$로 실수축에 대한 대칭이다. 따라서 $g = f$ 또는 $g = f \circ s$이다. □

위의 결과는 복소평면의 모든 등거리변환이 회전이동과 평행이동의 합성 또는 원점 O에 대한 대칭이동과 평행이동의 합성임을 보여준다.

4.13.6 몰리의 정리(Morley's Theorem)

1899년 하버포드 대학(Haverford College) 수학과 교수인 프랭크 몰리(Frank Morley)는 우연히 "몰리의 기적(Morley's Miracle)"이라 불리는 수학의 고전적인 분야가 된 놀라운 결과를 발견하였다. 몰리의 경이로운 이 정리는 임의의 삼각형의 각의 삼등분선 중 이웃한 선분의 세 교점은 정삼각형을 이룬다는 것이다.

이 정리는 실수로 나폴레옹 보나파르트의 업적으로 기록되었는데 실제로 그가 기하학에 기여한 바가 조금 있기는 하다.

이 훌륭한 결과에 대한 콘웨이(J. Conway), 뉴먼(D.J. Newman), 뱅코프(L. Bankoff), 그리고 데자르(N.Dergiades)의 증명과 같이 다양한 증명이 존재한다.

여기서는 1998년 알랭 콘(Alain Connes)에 의한 새로운 증명을 제시하겠다. 그의 증명은 다음 결과로부터 유도된다.

정리 1. 알랭 콘(Alin Connes).
복소평면에서의 변환 $f_i : \mathbb{C} \to \mathbb{C}$, $f_i(z) = a_i z + b_i$, $i = 1, 2, 3$, $a_i \neq 0$을 생각하자. 대응 $f_1 \circ f_2$, $f_2 \circ f_3$, $f_3 \circ f_1$, $f_1 \circ f_2 \circ f_3$는 평행이동이 아니라고 가정하자. 또는 이와 동치인 $a_1 a_2$, $a_2 a_3$, $a_3 a_1$, $a_1 a_2 a_3 \in \mathbb{C} \setminus \{0\}$이라 가정하자. 그러면 다음은 서로 동치인 명제이다.

(1) $f_1^3 \circ f_2^3 \circ f_3^3 = 1_\mathbb{C}$
(2) $j = a_1 a_2 a_3 \neq 1$이고 α, β, γ는 각각 대응 $f_1 \circ f_2$, $f_2 \circ f_3$, $f_3 \circ f_1$의 유일한 고정점일 때, $j^3 = 1$이고 $\alpha + j\beta + j^2 \gamma = 0$이다.

증명. $(f_1 \circ f_2)(z) = a_1 a_2 z + a_1 b_2 + b_1$, $a_1 a_2 \neq 1$[56]에 주의하고 Fix(f)는 대응 f의 고정점의 집합이라 하면 다음이 성립한다.
$$(f_2 \circ f_3)(z) = a_2 a_3 z + a_2 b_3 + b_2, \quad a_2 a_3 \neq 1$$

---

[56](역자주) $a_1 a_2 = 1$이면 $f_1 \circ f_2$이 평행이동이 되므로 명제의 조건을 만족하지 않는다.

$$(f_3 \circ f_1)(z) = a_3 a_1 z + a_3 b_1 + b_3, \ a_3 a_1 \neq 1$$

$$\text{Fix}(f_1 \circ f_2) = \left\{ \frac{a_1 b_2 + b_1}{1 - a_1 a_2} \right\} = \left\{ \frac{a_1 a_3 b_2 + a_3 b_1}{a_3 - j} =: \alpha \right\}$$

$$\text{Fix}(f_2 \circ f_3) = \left\{ \frac{a_2 b_3 + b_2}{1 - a_2 a_3} \right\} = \left\{ \frac{a_1 a_2 b_3 + a_1 b_2}{a_1 - j} =: \beta \right\}$$

$$\text{Fix}(f_3 \circ f_1) = \left\{ \frac{a_3 b_1 + b_3}{1 - a_3 a_1} \right\} = \left\{ \frac{a_2 a_3 b_1 + a_2 b_3}{a_2 - j} =: \gamma \right\}$$

f_1, f_2, f_3의 세제곱에 대해서 다음 식을 얻는다.

$$f_1^3(z) = a_1^3 z + b_1(a_1^2 + a_1 + 1),$$
$$f_2^3(z) = a_2^3 z + b_2(a_2^2 + a_2 + 1),$$
$$f_3^3(z) = a_3^3 z + b_3(a_3^2 + a_3 + 1)$$

따라서

$$(f_1^3 \circ f_2^3 \circ f_3^3)(z) = a_1^3 a_2^3 a_3^3 z + a_1^3 a_2^3 b_3(a_3^2 + a_3 + 1) + a_1^3 b_2(a_2^2 + a_2 + 1) + b_1(a_1^2 + a_1 + 1)$$

그러므로 $(f_1^3 \circ f_2^3 \circ f_3^3)(z) = id_\mathbb{C}$ 이 되고 이것은 다음과 동치이다.

$$a_1^3 a_2^3 a_3^3 = 1, \ a_1^3 a_2^3 b_3(a_3^2 + a_3 + 1) + a_1^3 b_2(a_2^2 + a_2 + 1) + b_1(a_1^2 + a_1 + 1) = 0$$

(1)과 (2)가 서로 같은 명제임을 증명하기 위해서는 $\alpha + j\beta + j^2 \gamma$는 $f_1^3 \circ f_2^3 \circ f_3^3$ 의 각 항의 상수 배임을 보이면 된다. 실제로 관계식 $j^3 = 1$과 $j^2 + j + 1 = 0$을 이용하면 순차적으로 다음 결과를 얻는다.

$$\alpha + j\beta + j^2 \gamma$$
$$= \alpha + j\beta + (-1 - j)\gamma = \alpha - \gamma + j(\beta - \gamma)$$
$$= \frac{a_1 a_3 b_2 + a_3 b_1}{a_3 - j} - \frac{a_2 a_3 b_1 + a_2 b_3}{a_2 - j} + j\left(\frac{a_1 a_2 b_3 + a_1 b_2}{a_1 - j} - \frac{a_2 a_3 b_1 + a_2 b_3}{a_2 - j} \right)$$
$$= \frac{a_1 a_2 a_3 b_2 + a_2 a_3 b_1 - a_1 a_3 b_2 j - a_3 b_1 j - a_2 a_3^2 b_1 - a_2 a_3 b_3 + a_2 a_3 b_1 j + a_2 b_3 j}{(a_2 - j)(a_3 - j)}$$
$$+ j \frac{a_1 a_2^2 b_3 + a_1 a_2 b_2 - a_1 a_2 b_3 j - a_1 b_2 j - a_1 a_2 a_3 b_1 - a_1 a_2 b_3 + a_2 a_3 b_1 j + a_2 b_3 j}{(a_1 - j)(a_2 - j)}$$
$$= \frac{1}{a_2 - j} \left(\frac{b_2 j - a_2 a_3 b_1 j^2 - a_1 a_3 b_2 j - a_3 b_1 j - a_2 a_3^2 b_1 - a_2 a_3 b_3 + a_2 b_3 j}{a_3 - j} \right.$$
$$\left. + \frac{a_1 a_2^2 b_3 j + a_1 a_2 b_2 j + a_1 a_2 b_3 - a_1 b_2 j^2 - b_1 j^2 + a_2 a_3 b_1 j^2 + a_2 b_3 j^2}{a_1 - j} \right)$$
$$= \frac{1}{(a_1 - j)(a_2 - j)(a_3 - j)} \left(a_1 b_2 j - b_1 - a_1^2 a_3 b_2 j - a_1 a_3 b_1 j - a_1 a_2 a_3^2 b_1 - b_3 j + a_1 a_2 b_3 j \right.$$
$$\left. - b_2 j^2 + a_2 a_3 b_1 + a_1 a_3 b_2 j^2 + a_3 b_1 j^2 + a_2 a_3^2 b_1 j + a_2 a_3 b_3 j - a_2 b_3 j^2 \right.$$

$$+ a_2b_3j^2 + b_2j^2 + b_3j - a_1a_3b_2j^2 - a_3b_1j^2 + a_2a_3b_1j^2 + a_2a_3b_3j^2$$
$$- a_1a_3^2b_3j^2 - a_1a_2b_2j^2 - a_1a_2b_3j + a_1b_2 + b_1 - a_2a_3b_1 - a_2b_3\Big)$$

$$= \frac{1}{(a_1-j)(a_2-j)(a_3-j)}\Big(-a_1b_2j^2 - a_1^2a_3b_2j - a_1a_3b_1j - a_3b_1j - a_2a_3^2b_1$$
$$- a_2a_3b_3 - a_1a_3^2b_3j^2 - a_1a_2b_2j^2 - a_2b_3\Big)$$

$$= -\frac{1}{(a_1-j)(a_2-j)(a_3-j)}\Big(a_1^3a_2^2a_3^2b_2 + a_1^3a_2a_3^2b_2 + a_1^2a_2a_3^2b_1 + a_1a_2a_3^2b_1 + a_2a_3^2b_1$$
$$+ a_2a_3b_3 + a_1^3a_2^4a_3^2b_3 + a_1^3a_2^3a_3^2b_2 + a_2b_3\Big)$$

$$= -\frac{1}{(a_1-j)(a_2-j)(a_3-j)} \cdot \Big[a_2a_3^2b_1(1+a_1+a_1^2) + a_1^3a_2a_3^2b_2(1+a_2+a_2^2)$$
$$+ a_2b_3(1+a_3+a_1^3+a_1^3a_2^3a_3^2)\Big]$$

$$= -\frac{a_2a_3^2}{(a_1-j)(a_2-j)(a_3-j)} \cdot \Big[a_1^3a_2^3b_3(1+a_3+a_3^2)$$
$$+ a_1^3b_2(1+a_2+a_2^2) + b_1(1+a_1+a_1^2)\Big] \qquad \square$$

정리 2. 몰리(Morley).
임의의 삼각형 ABC 의 각의 삼등분선 중 이웃한 선분의 세 교점 $A'(\alpha)$, $B'(\beta)$, $C'(\gamma)$는 정삼각형을 이룬다.

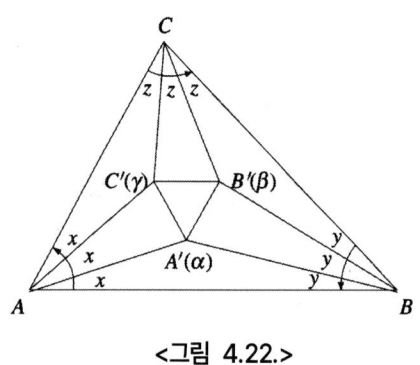

<그림 4.22.>

증명 알랭 콘(Alain Connes).

중심이 A, B, C 이고 각의 크기는 $x=\frac{1}{3}\angle A$, $y=\frac{1}{3}\angle B$, $z=\frac{1}{3}\angle C$인 회전변환을 각각
$f_1 = r_{A,2x}$, $f_2 = r_{B,2y}$, $f_3 = r_{C,2z}$이라 하자(<그림 4.22>).
$\text{Fix}(f_1 \circ f_2) = \{A'\}$, $\text{Fix}(f_2 \circ f_3) = \{B'\}$, $\text{Fix}(f_3 \circ f_1) = \{C'\}$에 주목하자(<그림 4.23>).
삼각형 A'B'C'가 정삼각형임을 보이려면 3.4절의 성질 2와 4.13.6절의 정리 1에 의하여
$f_1^3 \circ f_2^3 \circ f_3^3 = 1_{\mathbb{C}}$ 임을 보이면 된다. 선분 AC와 선분 AB에 대한 각 대칭이동 s_{AC}와 s_{AB}의 합성인
$s_{AC} \circ s_{AB}$는 중심이 A 이고 각의 크기가 $6x$인 회전변환이다(<그림 4.24>).

4.13 복소 평면에서 기하적인 몇 가지 변환

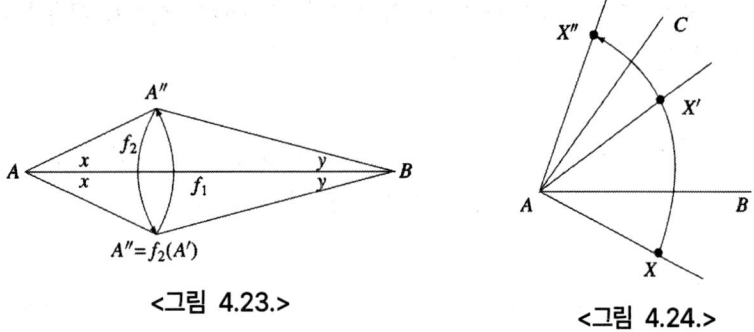

<그림 4.23.>   <그림 4.24.>

따라서 $f_1^3 = s_{AC} \circ s_{AB}$이고 같은 방법으로 $f_2^3 = s_{BA} \circ s_{BC}$, $f_3^3 = s_{CB} \circ s_{CA}$이다. 따라서 다음이 성립한다.

$$f_1^3 \circ f_2^3 \circ f_3^3 = s_{AC} \circ s_{AB} \circ s_{BA} \circ s_{BC} \circ s_{CB} \circ s_{CA} = 1_{\mathbb{C}} \quad \square$$

4.13.7 중심 닮음 변환

0 아닌 실수 k에 대하여 대응 $h_k : \mathbb{C} \to \mathbb{C}$, $h_k(z) = kz$를 크기가 k이고 중심이 O인 복소평면의 중심 닮음 변환(homothety)이라고 한다.

〈그림 4.25〉와 〈그림 4.26〉은 각각 $k > 0$와 $k < 0$인 경우의 점 $M'(h_k(z))$의 위치를 보여준다. 게다가 다음의 관계식이 성립한다.

$$|OM'| = |k||OM|$$

점 M'를 중심이 O이고 크기가 k인 점 M의 닮은 점(homothetic point)이라 한다.

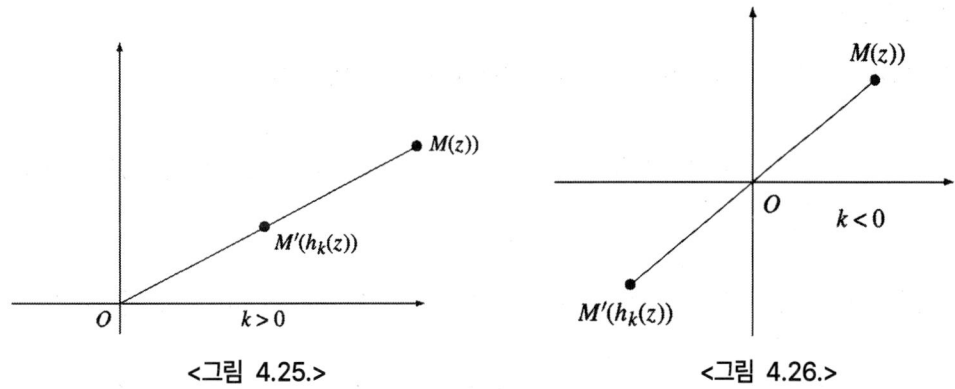

<그림 4.25.>   <그림 4.26.>

두 닮음 변환 h_{k_1}과 h_{k_2}의 합성 또한 중심 닮음 변환임은 자명하다.

$$h_{k_1} \circ h_{k_2} = h_{k_1 k_2}$$

집합 H을 모든 복소평면의 중심 닮음 변환들의 집합일 때, 대응의 합성에 대해서 아벨군이 된다. 군 $(H, \circ)$의 항등원은 크기가 1인 중심 닮음 변환 $h_1 = 1_\mathbb{C}$이다.

문제. 점 M은 정삼각형 ABC의 내부점이고 M_1, M_2, M_3을 점 M에서 변 BC, CA, AB 위에 내린 수선의 발이라 하자. 삼각형 $M_1M_2M_3$의 무게중심의 자취를 찾으시오.

풀이. $\varepsilon = \cos 120° + i \sin 120°$일 때, 점 A, B, C의 좌표를 각각 1, ε, ε^2이라 하자. 참고로 다음 식이 성립한다.

$$\varepsilon^2 + \varepsilon + 1 = 0 \text{이고 } \varepsilon^3 = 1$$

점 M, M_1, M_2, M_3의 좌표를 m, m_1, m_2, m_3이라 하자. 그러면

$$m_1 = \frac{1}{2}(1 + \varepsilon + m - \varepsilon\overline{m}), \ m_2 = \frac{1}{2}(\varepsilon + \varepsilon^2 + m - \overline{m}), \ m_3 = \frac{1}{2}(\varepsilon^2 + 1 + m - \varepsilon^2\overline{m})$$

이다. 삼각형 $M_1M_2M_3$의 무게중심의 좌표를 g라 하자. 그러면

$$g = \frac{1}{3}(m_1 + m_2 + m_3) = \frac{1}{6}(2(1 + \varepsilon + \varepsilon^2) + 3m - \overline{m}(1 + \varepsilon + \varepsilon^2)) = \frac{m}{2}$$

이고 결국 $\overrightarrow{OG} = \frac{1}{2}\overrightarrow{OM}$이다.

점 G의 자취는 삼각형 ABC의 내부에서 얻은 점 M을 중심이 O이고 크기가 $\frac{1}{2}$인 닮음 변환을 통해 얻는다. 즉, 이 삼각형의 꼭짓점의 좌표는 $\frac{1}{2}$, $\frac{1}{2}\varepsilon$, $\frac{1}{2}\varepsilon^2$이다.

4.13.8 연습문제

1. 복소평면에서의 두 등거리변환의 합성은 등거리변환임을 증명하시오.

2. 복소평면에서의 등거리변환이 고정점 A와 B를 가질 때, 직선 AB 위의 모든 점 M은 변환에 대하여 고정점임을 증명하시오.

3. 복소평면에서의 모든 등거리변환은 회전변환과 평행이동, 실수축 대칭의 합성임을 보이시오.

4. 대응 $f : \mathbb{C} \to \mathbb{C}$, $f(z) = i \cdot \overline{z} + 4 - i$는 등거리변환임을 증명하시오. 앞의 문제와 같이 f를 해석하시오.

5. 대응 $g : \mathbb{C} \to \mathbb{C}$, $g(z) = -iz + 1 + 2i$가 등거리변환임을 증명하시오. 앞의 문제와 같이 g를 해석하시오.

5장 올림피아드 문제

올림피아드 문제를 푸는데 복소수를 사용하는 것은 유용하다. 많은 경우, 매우 복잡한 문제들이 의외로 복소수를 사용하여 풀리게 된다. 유클리드 기하, 해석기하, 벡터 대수, 닮음에 관련된 문제에서 복소수의 사용이 많은 이점을 가지고 있다. 이 장에서는 복소수가 효과적으로 사용되는 올림피아드 문제(Olympiad-Caliber problems)를 설명할 것이다.

5.1 켤레 복소수와 복소수의 절댓값과 관련된 문제들

문제 1. 복소수 z_1, z_2, z_3 는 다음을 만족한다.
$$|z_1| = |z_2| = |z_3| = r > 0$$
$z_1 + z_2 + z_3 \neq 0$ 일 때, 다음을 증명하시오.
$$\left| \frac{z_1 z_2 + z_2 z_3 + z_3 z_1}{z_1 + z_2 + z_3} \right| = r$$

풀이. 다음은 명백하다.
$$z_1 \overline{z_1} = z_2 \overline{z_2} = z_3 \overline{z_3} = r^2$$

따라서 다음이 성립한다.
$$\left| \frac{z_1 z_2 + z_2 z_3 + z_3 z_1}{z_1 + z_2 + z_3} \right|^2 = \frac{z_1 z_2 + z_2 z_3 + z_3 z_1}{z_1 + z_2 + z_3} \cdot \frac{\overline{z_1 z_2} + \overline{z_2 z_3} + \overline{z_3 z_1}}{\overline{z_1} + \overline{z_2} + \overline{z_3}}$$
$$= \frac{z_1 z_2 + z_2 z_3 + z_3 z_1}{z_1 + z_2 + z_3} \cdot \frac{\frac{r^2}{z_1} \cdot \frac{r^2}{z_2} + \frac{r^2}{z_2} \cdot \frac{r^2}{z_3} + \frac{r^2}{z_3} \cdot \frac{r^2}{z_1}}{\frac{r^2}{z_1} + \frac{r^2}{z_2} + \frac{r^2}{z_2}} = r^2$$

문제 2. 복소수 z_1, z_2는 다음을 만족한다.
$$|z_1| = |z_2| = r > 0$$
다음을 증명하시오.
$$\left(\frac{z_1 + z_2}{r^2 + z_1 z_2}\right)^2 + \left(\frac{z_1 - z_2}{r^2 - z_1 z_2}\right)^2 \geq \frac{1}{r^2}$$

풀이. 위의 부등식의 양변에 r^2을 곱하면 다음과 같다.
$$\left(\frac{r(z_1 + z_2)}{r^2 + z_1 z_2}\right)^2 + \left(\frac{r(z_1 - z_2)}{r^2 - z_1 z_2}\right)^2 \geq 1$$
$$z_1 = r(\cos 2x + i \sin 2x), \ z_2 = r(\cos 2y + i \sin 2y)$$
로 두면 다음을 얻는다.
$$\frac{r(z_1 + z_2)}{r^2 + z_1 z_2} = \frac{r^2(\cos 2x + i \sin 2x + \cos 2y + i \sin 2y)}{r^2\{1 + \cos(2x + 2y) + i \sin(2x + 2y)\}}$$
$$= \frac{2\cos(x-y)\{\cos(x+y) + i \sin(x+y)\}}{2\cos(x+y)\{\cos(x+y) + i \sin(x+y)\}} = \frac{\cos(x-y)}{\cos(x+y)}$$

같은 방법으로
$$\frac{r(z_1 - z_2)}{r^2 - z_1 z_2} = \frac{\sin(y - x)}{\sin(y + x)}$$

따라서 다음과 같이 된다.
$$\left(\frac{r(z_1 + z_2)}{r^2 + z_1 z_2}\right)^2 + \left(\frac{r(z_1 - z_2)}{r^2 - z_1 z_2}\right)^2 = \frac{\cos^2(x-y)}{\cos^2(x+y)} + \frac{\sin^2(x-y)}{\sin^2(x+y)}$$
$$\geq \cos^2(x-y) + \sin^2(x-y) = 1$$

문제 3. 복소수 z_1, z_2, z_3는 다음 두 조건을 만족한다.
$$|z_1| = |z_2| = |z_3| = 1, \quad \frac{z_1^2}{z_2 z_3} + \frac{z_2^2}{z_1 z_3} + \frac{z_3^2}{z_1 z_2} + 1 = 0$$
다음을 증명하시오.
$$|z_1 + z_2 + z_3| \in \{1, \ 2\}$$

풀이 1. 주어진 등식은 다음과 같이 나타낼 수 있다.
$$z_1^3 + z_2^3 + z_3^3 + z_1 z_2 z_3 = 0$$
또는

$$-4z_1z_2z_3 = z_1^3 + z_2^3 + z_3^3 - 3z_1z_2z_3$$
$$= (z_1+z_2+z_3)(z_1^2+z_2^2+z_3^2-z_1z_2-z_2z_3-z_3z_1)$$

$z = z_1 + z_2 + z_3$ 로 두면

$$z^3 - 3z(z_1z_2+z_2z_3+z_3z_1) = -4z_1z_2z_3$$

이것은 다음과 같다.

$$z^3 = z_1z_2z_3\left[3z\left(\frac{1}{z_1}+\frac{1}{z_2}+\frac{1}{z_3}\right)-4\right]$$

위의 식은 다음과 같이 쓸 수 있다.

$$z^3 = z_1z_2z_3\left[3z(\overline{z_1}+\overline{z_2}+\overline{z_3})-4\right]$$
$$z^3 = z_1z_2z_3(3|z|^2-4)$$

위의 식의 양변에 절댓값을 취하면 $|z^3| = |3|z|^2 - 4|$ 이고, 만약 $|z| \geq \dfrac{2}{\sqrt{3}}$ 이면 $|z|^3 - 3|z|^2 + 4 = 0$ 이므로 $|z| = 2$ 이다. $|z| < \dfrac{2}{\sqrt{3}}$ 이면 $|z|^3 + 3|z|^2 - 4 = 0$ 이므로 $|z| = 1$ 이다.

풀이 2. $|z_1^3 + z_2^3 + z_3^3| = 1$ 을 보이는 것은 어렵지 않다. 다음과 같은 항등식

$$(u+v)(v+w)(w+u) = (u+v+w)(uv+vw+wu)-uvw$$

에서 $u = z_1^3$, $v = z_2^3$, $w = z_3^3$ 으로 치환하면 다음과 같다.

$$(z_1^3+z_2^3)(z_2^3+z_3^3)(z_3^3+z_1^3) = (z_1^3+z_2^3+z_3^3)(z_1^3z_2^3+z_2^3z_3^3+z_3^3z_1^3) - z_1^3z_2^3z_3^3$$
$$= z_1^3z_2^3z_3^3(z_1^3+z_2^3+z_3^3)\left(\frac{1}{z_1^3}+\frac{1}{z_2^3}+\frac{1}{z_3^3}\right) - z_1^3z_2^3z_3^3$$
$$= z_1^3z_2^3z_3^3(z_1^3+z_2^3+z_3^3)\overline{(z_1^3+z_2^3+z_3^3)} - z_1^3z_2^3z_3^3$$
$$= z_1^3z_2^3z_3^3 - z_1^3z_2^3z_3^3 = 0$$

$z_1^3 + z_2^3 = 0$ 라 하면, $z_1 + z_2 = 0$ 또는 $z_1^2 - z_1z_2 + z_2^2 = 0$ 이다. 따라서 $z_1^2 + z_2^2 = z_1z_2$ 또는 $z_1^2 + z_2^2 = -2z_1z_2$ 이다.

한편 주어진 식으로부터 $z_3^3 = -z_1z_2z_3$ 가 성립하므로 $z_3^2 = -z_1z_2$ 이다.

$$|z_1+z_2+z_3|^2 = (z_1+z_2+z_3)\left(\frac{1}{z_1}+\frac{1}{z_2}+\frac{1}{z_3}\right)$$
$$= 3 + \left(\frac{z_1}{z_2}+\frac{z_2}{z_1}\right)+\left(\frac{z_1}{z_3}+\frac{z_3}{z_2}\right)+\left(\frac{z_2}{z_3}+\frac{z_3}{z_1}\right)$$
$$= 3 + \frac{z_1^2+z_2^2}{z_1z_2} + \frac{z_3^2+z_1z_2}{z_2z_3} + \frac{z_3^2+z_1z_2}{z_3z_1} = 3 + \frac{z_1^2+z_2^2}{z_1z_2}$$

위의 식은 $z_1^2 + z_2^2 = z_1 z_2$ 이면 $|z_1 + z_2 + z_3|^2 = 4$ 이고, $z_1^2 + z_2^2 = -2z_1 z_2$ 이면 $|z_1 + z_2 + z_3|^2 = 1$ 이다.

문제 4. $a, b \in \mathbb{C}$ 이면, $|1+a| + |1+b| + |1+ab| \geq 2$ 임을 보이시오.

풀이. 만약에 $|a| \geq 1$ 이면 다음이 성립한다.
$$|1+a| + |1+b| + |1+ab| \geq |1+a-(1+ab)| + |1+b|$$
$$= |a| \cdot |1-b| + |1+b| \geq |1+b| + |1-b| \geq |1+b+1-b| = 2$$
만약에 $|a| < 1$ 이면 다음이 성립한다.
$$|1+a| + |1+b| + |1+ab| \geq |1+a+(1+ab)| + |1+b|$$
$$= |2+a(1+b)| + |1+b| \geq |2+a(1+b)| + |a||1+b|$$
$$= |2+a(1+b)| + |a(1+b)| \geq |2+a(1+b)-a(1+b)| = 2$$

문제 5. $n > 0$ 인 정수이고, z 는 $|z|=1$ 인 복소수일 때, 다음을 증명하시오.
$$n|1+z| + |1+z^2| + \cdots + |1+z^{2n}| + |1+z^{2n+1}| \geq 2n$$

풀이 1.
$$n|1+z| + |1+z^2| + \cdots + |1+z^{2n}| + |1+z^{2n+1}|$$
$$= \sum_{k=1}^{n} (|1+z| + |1+z^{2k+1}|) + \sum_{k=1}^{n} |1+z^{2k}|$$
$$\geq \sum_{k=1}^{n} |z - z^{2k+1}| + \sum_{k=1}^{n} |1+z^{2k}| = \sum_{k=1}^{n} (|z||1-z^{2k}| + |1+z^{2k}|)$$
$$= \sum_{k=1}^{n} (|1-z^{2k}| + |1+z^{2k}|) \geq \sum_{k=1}^{n} |1-z^{2k} + 1 + z^{2k}| = 2n$$

풀이 2. 수학적 귀납법으로 증명하자.
$n=1$ 일 때, $|1+z| + |1+z^2| + |1+z^3| \geq 2$ 임을 보이자.
$$2 = |1+z+z^3+1-z(1+z^2)| \leq |1+z| + |z^3+1| + |z||1+z^2|$$
$$= |1+z| + |1+z^2| + |1+z^3|$$
위의 부등식이 $k=n$ 일 때, 성립함을 가정하면
$$n|1+z| + |1+z^2| + \cdots + |1+z^{2n}| + |1+z^{2n+1}| \geq 2n$$
이 성립한다. 다음을 증명해야 한다.
$$(n+1)|1+z| + |1+z^2| + \cdots + |1+z^{2n+1}| + |1+z^{2n+2}| + |1+z^{2n+3}| \geq 2n+2$$

수학적 귀납법의 가정을 이용하면 다음과 같다.

$$(n+1)|1+z| + |1+z^2| + \cdots + |1+z^{2n+1}| + |1+z^{2n+2}| + |1+z^{2n+3}|$$
$$\geq 2n + |1+z| + |1+z^{2n+2}| + |1+z^{2n+3}|$$
$$= 2n + |1+z| + |z||1+z^{2n+2}| + |1+z^{2n+3}|$$
$$\geq 2n + |1+z - z(1+z^{2n+2}) + 1 + z^{2n+3}| = 2n+2$$

따라서 $n = k+1$ 일 때도 성립한다.

문제 6. 복소수 z_1, z_2, z_3는 다음 세 조건을 만족한다.

(1) $|z_1| = |z_2| = |z_3| = 1$
(2) $z_1 + z_2 + z_3 \neq 0$
(3) $z_1^2 + z_2^2 + z_3^2 = 0$

$n \geq 2$ 인 정수 n에 대하여 다음을 증명하시오.

$$|z_1^n + z_2^n + z_3^n| \in \{0, 1, 2, 3\}$$

풀이 1.

$$s_1 = z_1 + z_2 + z_3, \quad s_2 = z_1 z_2 + z_2 z_3 + z_3 z_1, \quad s_3 = z_1 z_2 z_3$$

라고 하자. 근과 계수 관계를 이용하면, z_1, z_2, z_3 를 근으로 하는 삼차방정식은 다음과 같다.

$$z^3 - s_1 z^2 + s_2 z - s_3 = 0$$

$z_1^2 + z_2^2 + z_3^2 = 0$ 이므로 다음이 성립한다.

$$s_1^2 = 2s_2 \tag{1}$$

한편 다음이 성립한다.

$$s_2 = s_3 \left(\frac{1}{z_1} + \frac{1}{z_2} + \frac{1}{z_3} \right) = s_3 (\overline{z_1} + \overline{z_2} + \overline{z_3}) = s_3 \overline{s_1} \tag{2}$$

식 (1), (2)을 연립하면 $s_1^2 = 2s_3 \overline{s_1}$ 이고 결과적으로, $|s_1^2| = 2|s_3||\overline{s_1}| = 2|s_1|$, $|s_1| \neq 0$ 이므로 $|s_1| = 2$ 이고 $|\lambda| = 1$ 에 대하여 $s_1 = 2\lambda$ 이다.

식 (1), (2)에서 $s_2 = \frac{1}{2} s_1^2 = 2\lambda^2$ 이고, $s_3 = \frac{s_2}{\overline{s_1}} = \frac{2\lambda^2}{2\overline{\lambda}} = \lambda^3$ 이다.

z_1, z_2, z_3 를 근으로 가지는 방정식은 다음과 같다.

$$z^3 - 2\lambda z^2 + 2\lambda^2 z - \lambda^3 = 0$$

위의 방정식을 인수분해하면 다음과 같다.

$$(z - \lambda)(z^2 - \lambda z + \lambda^2) = 0$$

위의 방정식의 근은 λ, $\lambda\varepsilon$, $\lambda\varepsilon^2$이다. 단, $\varepsilon = \dfrac{1+\sqrt{3}\,i}{2}$이다.

일반성을 잃지 않고, 다음과 같이 가정할 수 있다. $z_1 = \lambda$, $z_2 = \lambda\varepsilon$, $z_3 = \lambda\varepsilon^2$.
$\varepsilon^2 - \varepsilon + 1 = 0$에서 $\varepsilon^3 = -1$이고, 이것은 다음을 의미한다.
$$E_n = \left|z_1^n + z_2^n + z_3^n\right| = \left|\lambda^n + \lambda^n\varepsilon^n + (-1)^n\lambda^n\varepsilon^{2n}\right| = \left|1 + \varepsilon^n + (-1)^n\varepsilon^{2n}\right|$$
$E_{k+6} = E_k$ 임을 보이는 것과 다음을 보이는 것은 어렵지 않다.
$$E_0 = 3, \ E_1 = 2, \ E_2 = 0, \ E_3 = 1, \ E_4 = 0, \ E_5 = 2$$
따라서 증명을 마무리하였다.

풀이 2. z_1^2, z_2^2, z_3^2이 서로 다름은 분명하다. 만약에 $z_1^2 = z_2^2$이면 $1 = |z_3^2| = \left|-(z_1^2 + z_2^2)\right|$ $= 2|z_1^2| = 2$가 되어 모순이다. $z_1^2 + z_2^2 + z_3^2 = 0$에서 z_1^2, z_2^2, z_3^2은 정삼각형의 꼭짓점의 좌표임을 알 수 있다. 따라서 다음과 같이 가정할 수 있다. $z_2^2 = \varepsilon z_1^2$, $z_3^2 = \varepsilon^2 z_1^2$이다(단, $\varepsilon^2 + \varepsilon + 1 = 0$).
$z_2^2 = \varepsilon^4 z_1^2$, $z_3^2 = \varepsilon^2 z_1^2$이므로 $z_2 = \pm\varepsilon^2 z_1$, $z_3 = \pm\varepsilon z_1$이다. 따라서 앞의 풀이의 마지막에서 사용한 것과 비슷한 방법에 의해 다음이 성립한다.
$$\left|z_1^n + z_2^n + z_3^n\right| = \left|(1 + (\pm\varepsilon)^n + (\pm\varepsilon^2)^n)z_1^n\right| = \left|(1 + (\pm\varepsilon)^n + (\pm\varepsilon^2)^n)\right| \in \{0, 1, 2, 3\}$$

문제 7. 다음 식을 만족하는 모든 복소수 z를 구하시오.
$$|z - |z+1|| = |z + |z-1||$$

풀이. 위 식
$$|z - |z+1|| = |z + |z-1||$$
의 양변을 각각 제곱하고 이를 간단히 하자.
$$|z - |z+1||^2 = |z + |z-1||^2$$
$$(z - |z+1|) \cdot (\overline{z} - |z+1|) = (z + |z-1|) \cdot (\overline{z} + |z-1|)$$
$$z \cdot \overline{z} - (z + \overline{z})|z+1| + |z+1|^2 = z \cdot \overline{z} + (z + \overline{z})|z-1| + |z-1|^2$$
$$|z+1|^2 - |z-1|^2 = (z + \overline{z})(|z+1| + |z-1|)$$
$$(z+1)(\overline{z}-1) - (z-1)(\overline{z}-1) = (z + \overline{z})(|z+1| + |z-1|)$$
$$2(z + \overline{z}) = (z + \overline{z})(|z+1| + |z-1|)$$

마지막 식을 풀면 해는 $z + \overline{z} = 0$ 또는 $|z+1| + |z-1| = 2$이다.
1) $|z+1| + |z-1| = 2$일 때
삼각부등식
$$2 = |(z+1) - (z-1)| \leq |z+1| + |z-1|$$

이 방정식 $|z+1|+|z-1|=2$의 해가 $z+1=t(1-z)$이라는 것을 보였다(단, t는 $t \geq 0$인 실수).
이를 풀면 $z=\dfrac{t-1}{t+1}$이므로 z는 $-1 \leq z \leq 1$인 어떤 실수이다.

2) $z+\overline{z}=0$일 때

$z+\overline{z}=0$의 해는 $z=bi$이다(단, b는 실수).

따라서 이 문제의 방정식의 해는 다음과 같다.
$$\{bi \mid b \in \mathbb{R}\} \cup \{a \in \mathbb{R} \mid a \in [-1, 1]\}$$

문제 8. $|z_1|=|z_2|=\cdots=|z_n|>0$인 복소수 $z_1, z_2, \cdots, z_n$에 대하여,
$$\mathrm{Re}\left(\sum_{j=1}^{n}\sum_{k=1}^{n}\frac{z_j}{z_k}\right)=0$$

의 필요충분조건이

$$\sum_{k=1}^{n} z_k = 0$$

임을 증명하시오. (1987년 루마니아 수학 올림피아드 2차)

풀이.
$$S=\sum_{j=1}^{n}\sum_{k=1}^{n}\frac{z_j}{z_k}$$

이라고 하자. 그러면

$$S=\left(\sum_{k=1}^{n} z_k\right)\left(\sum_{k=1}^{n}\frac{1}{z_k}\right)$$

이고, 모든 k에 대하여 $z_k \cdot \overline{z_k} = r^2$이 성립하므로

$$S=\left(\sum_{k=1}^{n} z_k\right)\cdot\left(\sum_{k=1}^{n}\frac{\overline{z_k}}{r^2}\right)=\frac{1}{r^2}\left(\sum_{k=1}^{n} z_k\right)\left(\overline{\sum_{k=1}^{n} z_k}\right)=\frac{1}{r^2}\left|\sum_{k=1}^{n} z_k\right|^2$$

이다. 그러므로 S는 실수이고 따라서, $\mathrm{Re}\,S=S$이다. 따라서 $\mathrm{Re}\,S=S=0$의 필요충분조건은 $\sum_{k=1}^{n} z_k = 0$이다.

문제 9. λ는 실수이고 $n \geq 2$인 정수 n에 대하여, 다음 방정식의 해를 구하시오.
$$\lambda(\overline{z}+z^n)=i(\overline{z}-z^n)$$

풀이. 위 식을 정리하면 다음과 같다.
$$z^n(\lambda+i)=\overline{z}(-\lambda+i)$$

양변에 절댓값을 취하자. 그러면 $|z|^n = |\overline{z}| = |z|$ 이다.
그러므로 $|z|=0$ 또는 $|z|=1$이다.

$|z|=0$이면 $z=0$이고 위 식을 만족한다. $|z|=1$이면 $\overline{z} = \dfrac{1}{z}$이고 위 식은 다음과 같다.

$$z^{n+1} = \frac{-\lambda + i}{\lambda + i}$$

$\left|\dfrac{-\lambda+i}{\lambda+i}\right| = 1$이므로

$$\frac{-\lambda+i}{\lambda+i} = \cos t + i \sin t$$

이 성립하는 $t \in [0, 2\pi]$가 존재한다. 그러므로

$$z_k = \cos\frac{t+2k\pi}{n+1} + i\sin\frac{t+2k\pi}{n+1} \quad (단, \ k=0, \ 1, \ \cdots, \ n)$$

는 $z=0$ 이외의 해이다.

문제 10. 다음을 증명하시오.

$$\left|\frac{6z-i}{2+3iz}\right| \leq 1 \text{일 필요충분조건은 } |z| \leq \frac{1}{3} \text{이다.}$$

풀이.
부등식 $\left|\dfrac{6z-i}{2+3iz}\right| \leq 1$의 필요충분조건은 $|6z-i| \leq |2+3iz|$ 이다.
양변을 제곱하자.

$$|6z-i|^2 \leq |2+3iz|^2, \ (6z-i)(6\overline{z}+i) \leq (2+3iz)(2-3i\overline{z})$$
$$36z\cdot\overline{z} + 6iz - 6i\overline{z} + 1 \leq 4 - 6i\overline{z} + 6iz + 9z\cdot\overline{z}$$

즉, $27z\overline{z} \leq 3$이다. 결국 $z\overline{z} \leq \dfrac{1}{9}$이므로 $|z| \leq \dfrac{1}{3}$이다.

문제 11. 복소수 z는 $z \in \mathbb{C}\setminus\mathbb{R}$이고

$$\frac{1+z+z^2}{1-z+z^2} \in \mathbb{R}$$

이라고 하자. $|z|=1$임을 증명하시오.

풀이. $\dfrac{1+z+z^2}{1-z+z^2} = 1 + 2\cdot\dfrac{z}{1-z+z^2} \in \mathbb{R}$일 필요충분조건은 $\dfrac{z}{1-z+z^2} \in \mathbb{R}$이다.
마지막 조건을 더 간단히 하면

$$\frac{z}{1-z+z^2} = \frac{1}{z} - 1 + z \in \mathbb{R}$$

이다. 그러므로 $z + \frac{1}{z} \in \mathbb{R}$이다.

마지막 조건의 필요충분조건은 다음과 같다.
$$z + \frac{1}{z} = \overline{z} + \frac{1}{\overline{z}}, \ \ \ \ (z-\overline{z})(1-|z|^2) = 0$$

그러므로 $z = \overline{z}$ 또는 $|z| = 1$이다.

z가 실수가 아니기 때문에, $|z| = 1$이다.

문제 12. 복소수 $z_1, z_2, \cdots, z_n$은 $|z_1| = |z_2| = \cdots = |z_n|$이고
$$z = \left(\sum_{k=1}^{n} z_k\right)\left(\sum_{k=1}^{n} \frac{1}{z_k}\right)$$
라 하자. 복소수 z는 실수이고 $0 \leq z \leq n^2$임을 증명하시오.

풀이. 모든 $k = 1, 2, \cdots, n$에 대하여 $\overline{z_k} = \frac{1}{z_k}$이다.
$$\overline{z} = \left(\sum_{k=1}^{n} \overline{z_k}\right)\left(\sum_{k=1}^{n} \overline{\frac{1}{z_k}}\right) = \left(\sum_{k=1}^{n} \frac{1}{z_k}\right)\left(\sum_{k=1}^{n} z_k\right) = z$$

이므로 z는 실수이다.

$z_k = \cos\alpha_k + i\sin\alpha_k$이라 놓자(단, a_k는 실수, $k = 1, 2, \cdots, n$). 그러면 z는 다음과 같다.
$$z = \left(\sum_{k=1}^{n} \cos\alpha_k + i\sum_{k=1}^{n} \sin\alpha_k\right)\left(\sum_{k=1}^{n} \cos\alpha_k - i\sum_{k=1}^{n} \sin\alpha_k\right)$$
$$= \left(\sum_{k=1}^{n} \cos\alpha_k\right)^2 + \left(\sum_{k=1}^{n} \sin\alpha_k\right)^2 \geq 0$$

반면, 다음과 z는 다음과 같다.
$$z = \sum_{k=1}^{n} (\cos^2\alpha_k + \sin^2\alpha_k) + 2\sum_{1 \leq i < j \leq n} (\cos\alpha_i\cos\alpha_j + \sin\alpha_i\sin\alpha_j)$$
$$= n + 2\sum_{1 \leq i < j \leq n} \cos(\alpha_i - \alpha_j) \leq n + 2\,_nC_2 = n + 2 \cdot \frac{n(n-1)}{2} = n^2$$

주의. 부등식 $0 \leq z \leq n^2$의 또 다른 해는 다음과 같다.
$$z = \left(\sum_{k=1}^{n} z_k\right)\left(\sum_{k=1}^{n} \frac{1}{z_k}\right) = \left(\sum_{k=1}^{n} z_k\right)\left(\sum_{k=1}^{n} \overline{z_k}\right) = \left(\sum_{k=1}^{n} z_k\right)\overline{\left(\sum_{k=1}^{n} z_k\right)} = \left|\sum_{k=1}^{n} z_k\right|^2 \leq \left(\sum_{k=1}^{n} |z_k|\right)^2 = n^2$$

따라서 $0 \leq z \leq n^2$이다.

문제 13. 복소수 z_1, z_2, z_3에 대하여
$$z_1 + z_2 + z_3 \neq 0 \text{이고 } |z_1| = |z_2| = |z_3|$$
라 하자. 다음 부등식을 증명하시오.
$$\text{Re}\left(\frac{1}{z_1} + \frac{1}{z_2} + \frac{1}{z_3}\right) \cdot \text{Re}\left(\frac{1}{z_1 + z_2 + z_3}\right) \geq 0$$

풀이. $r = |z_1| = |z_2| = |z_3| > 0$이라 하자. 그러면 다음 두 식이 성립한다.
$$z_1 \overline{z_1} = z_2 \overline{z_2} = z_3 \overline{z_3} = r^2,$$
$$\frac{1}{z_1} + \frac{1}{z_2} + \frac{1}{z_3} = \frac{\overline{z_1} + \overline{z_2} + \overline{z_3}}{r^2} = \frac{\overline{z_1 + z_2 + z_3}}{r^2}$$

한편,
$$\frac{1}{z_1 + z_2 + z_3} = \frac{\overline{z_1 + z_2 + z_3}}{|z_1 + z_2 + z_3|^2}$$

이다. 결과적으로 다음과 같다.
$$\text{Re}\left(\frac{1}{z_1} + \frac{1}{z_2} + \frac{1}{z_3}\right) \cdot \text{Re}\left(\frac{1}{z_1 + z_2 + z_3}\right)$$
$$= \text{Re}\left(\frac{\overline{z_1 + z_2 + z_3}}{r^2}\right) \cdot \text{Re}\left(\frac{\overline{z_1 + z_2 + z_3}}{|z_1 + z_2 + z_3|^2}\right) = \frac{\left(\text{Re}(\overline{z_1 + z_2 + z_3})\right)^2}{r^2 |z_1 + z_2 + z_3|^2} \geq 0$$

문제 14. 다음 문제에 답하시오.
(a) 복소수 x, y, z에 대하여 다음 부등식을 증명하시오.
$$|x| + |y| + |z| \leq |x + y - z| + |x - y + z| + |-x + y + z|$$
(b) $|x + y - z| = |x - y + z| = |-x + y + z|$인 서로 다른 복소수 x, y, z에 대하여 다음 부등식을 증명하시오.
$$2(|x| + |y| + |z|) \leq |x + y - z| + |x - y + z| + |-x + y + z|$$

풀이.
$$m = -x + y + z, \ n = x - y + z, \ p = x + y - z$$
이라고 하자. 그러면
$$x = \frac{n+p}{2}, \ y = \frac{m+p}{2}, \ z = \frac{m+n}{2}$$

(a) 세 부등식
$$|x| \leq \frac{1}{2}(|n| + |p|), \ |y| \leq \frac{1}{2}(|m| + |p|), \ |z| \leq \frac{1}{2}(|m| + |n|)$$

을 변끼리 더하면 다음 부등식이 성립한다.
$$|x|+|y|+|z| \le |m|+|n|+|p|$$

(b) 복소수 m, n, p의 좌표 점을 각각 A, B, C이라고 하자. 그러면 복소수 m, n, p는 $|m|=|n|=|p|=R$인 서로 다른 복소수임을 알 수 있다(단, R은 삼각형 ABC의 외접원 반지름이다.).

삼각형 ABC의 외접원의 중심을 복소평면의 원점이라고 하자. 삼각형 ABC의 수심 H의 좌표는 $h=m+n+p$이다. 그러면 다음과 같다.
$$|h-m|+|h-n|+|h-p| \le |m|+|n|+|p|$$
$$\overline{AH}+\overline{BH}+\overline{CH} \le 3R$$
$$\cos A + \cos B + \cos C \le \frac{3}{2} \tag{1}$$

식 (1)은 다음과 같다.
$$2\cos\frac{A+B}{2}\cos\frac{A-B}{2}+1-2\sin^2\frac{C}{2} \le \frac{3}{2}$$
$$0 \le \left(2\sin\frac{C}{2}-\cos\frac{A-B}{2}\right)^2 + \sin^2\frac{A-B}{2}$$

식 (1)의 필요충분조건은 삼각형 ABC가 정삼각형이라는 것이다. 즉, $m=a$, $n=a\varepsilon$, $p=a\varepsilon^2$이다(단, a는 복소수, $\varepsilon=\cos\frac{2\pi}{3}+i\sin\frac{2\pi}{3}$). 이 경우에는 $x=-\frac{a}{2}$, $y=-\frac{a}{2}\varepsilon$, $z=-\frac{a}{2}\varepsilon^2$이다.

문제 15. 복소수 z_0, z_1, z_2, $\cdots$, z_n은
$$(k+1)z_{k+1}-i(n-k)z_k = 0 \quad (단, \ k=0, \ 1, \ 2, \ \cdots, \ n-1)$$
을 만족한다. 다음 물음에 답하시오.

(a) 다음 식을 만족하는 복소수 z_0를 구하시오.
$$z_0+z_1+\cdots+z_n = 2^n$$

(b) 위에서 구한 z_0에 대하여, 다음 부등식을 증명하시오.
$$|z_0|^2+|z_1|^2+\cdots+|z_n|^2 < \frac{(3n+1)^n}{n!}$$

풀이.

(a) 증명을 하기 위해서
$$z_k = i^k \cdot {}_nC_k \cdot z_0, \quad (단, \ k=0, \ 1, \ \cdots, \ n)$$
을 사용하자. 그러면
$$z_0+z_1+\cdots+z_n = 2^n \text{일 필요충분조건은 } z_0(1+i)^n = 2^n \text{이다.}$$

따라서 $z_0 = (1-i)^n$이다.

(b) 산술 기하 평균 부등식을 적용하자.

$$|z_0|^2 + |z_1|^2 + \cdots + |z_n|^2 = |z_0|^2\left(({}_nC_0)^2 + ({}_nC_1)^2 + \cdots + ({}_nC_n)^2\right)$$

$$= |z_0|^2 \cdot {}_{2n}C_n = 2^n \cdot {}_{2n}C_n = \frac{2^n}{n!} \cdot 2n(2n-1)\cdots(n+1)$$

$$< \frac{2^n}{n!}\left(\frac{2n+(2n-1)+\cdots+(n+1)}{n}\right)^n = \frac{(3n+1)^n}{n!}$$

문제 16. 복소수 z_1, z_2, z_3은 다음을 만족한다.

$$z_1 + z_2 + z_3 = z_1z_2 + z_2z_3 + z_3z_1 = 0$$

$|z_1| = |z_2| = |z_3|$ 임을 증명하시오.

풀이 1. $z_1 + z_2 = -z_3$를 $z_1z_2 + z_3(z_1+z_2) = 0$ 에 대입하면, $z_1z_2 = z_3^2$이므로 다음이 성립한다. $|z_1||z_2| = |z_3|^2$이다. 같은 방법으로 $|z_2||z_3| = |z_1|^2$, $|z_3||z_1| = |z_2|^2$이다. 따라서 다음이 성립한다.

$$|z_1|^2 + |z_2|^2 + |z_3|^2 = |z_1z_2| + |z_2z_3| + |z_3z_1|$$

$$(|z_1| - |z_2|)^2 + (|z_2| - |z_3|)^2 + (|z_3| - |z_1|)^2 = 0$$

따라서 $|z_1| = |z_2| = |z_3|$ 이 성립한다.

풀이 2. 삼차방정식의 근과 계수 관계를 이용하자. z_1, z_2, z_3는 $z^3 - p = 0$의 세 근이라고 하면, $p = z_1z_2z_3$ 가 된다. 이 경우, $z_1 + z_2 + z_3 = z_1z_2 + z_2z_3 + z_3z_1 = 0$ 이다.

따라서 $z_1^3 - p = z_2^3 - p = z_3^3 - p = 0$ 이다. 이것은 $z_1^3 = z_2^3 = z_3^3$ 을 의미한다.

따라서 $|z_1| = |z_2| = |z_3|$ 이 성립한다.

문제 17. $|z| = 1$인 모든 복소수에 대하여 다음이 성립함을 증명하시오.

$$\sqrt{2} \leq |1-z| + |1+z^2| \leq 4$$

풀이. $z = \cos t + i \sin t$ 라 하면 다음이 성립한다.

$$|1-z| = \sqrt{(1-\cos t)^2 + \sin^2 t} = \sqrt{2 - 2\cos t} = 2\left|\sin\frac{t}{2}\right|$$

같은 방법으로 다음이 성립한다.

$$|1+z^2| = \sqrt{(1+\cos 2t)^2 + \sin^2 2t} = \sqrt{2+2\cos 2t} = 2|\cos t| = 2\left|1 - 2\sin^2\frac{t}{2}\right|$$

이제 다음을 보이면 증명은 완성된다. $\frac{\sqrt{2}}{2} \leq |a| + |1 - 2a^2| \leq 2$

(단, $a = \sin \frac{t}{2} \in [-1, 1]$) 마지막 식의 증명은 독자에게 남긴다.

문제 18. z_1, z_2, z_3, z_4는 다음과 같은 복소수이다.
$$\text{Re}\frac{z_2 - z_1}{z_4 - z_1} = \text{Re}\frac{z_2 - z_3}{z_4 - z_3} = 0$$

(a) 다음을 만족하는 실수 x를 모두 구하시오.
$$|z_1 - z_2|^x + |z_1 - z_4|^x \leq |z_2 - z_4|^x \leq |z_2 - z_3|^x + |z_4 - z_3|^x$$

(b) $|z_3 - z_1| \leq |z_4 - z_2|$ 임을 증명하시오.

풀이. z_1, z_2, z_3, z_4를 좌표로 갖는 점을 각각 A, B, C, D 라고 하자.
$$\text{Re}\frac{z_2 - z_1}{z_4 - z_1} = \text{Re}\frac{z_2 - z_3}{z_4 - z_3} = 0$$

위의 조건은 $\angle \text{BAD} = \angle \text{BCD} = 90°$ 임을 의미한다. 이때, $|z_1 - z_2| = \overline{AB}$ 이고, $|z_1 - z_4| = \overline{AD}$ 이고, 직각삼각형 $\triangle ABD$ 에서 $|z_2 - z_4| = \overline{BD}$ 는 빗변이다. 따라서, $x \geq 2$ 인 모든 실수에 대하여 $|z_1 - z_2|^x + |z_1 - z_4|^x \leq |z_2 - z_4|^x$ 는 성립한다.

같은 방법으로, $|z_2 - z_3| = \overline{BC}$ 이고, $|z_4 - z_3| = \overline{CD}$ 이고, 직각삼각형 BCD 에서 $|z_2 - z_4| = \overline{BD}$ 는 빗변이다. 따라서 $x \leq 2$ 인 모든 실수에 대하여 부등식 $\overline{BD}^x \leq \overline{BC}^x + \overline{CD}^x$ 가 성립한다. 최종적으로 $x = 2$ 이다.

마지막으로 A, B, C, D 는 선분 BD 를 지름으로 하는 원 위의 점이므로 현 AC 는 지름보다 항상 작거나 같다. 따라서 $\overline{AC} = |z_3 - z_1| \leq |z_4 - z_2| = \overline{BD}$ 는 항상 성립한다.

문제 19. 서로 다른 복소수 x, y 에 대하여 $|x| = |y|$ 일 때, 다음을 증명하시오.
$$\frac{1}{2}|x + y| < |x|$$

풀이 1. $x = a + bi$, $y = c + di$ 라 하자. 단 a, b, c, d 는 실수이고, 문제의 조건에서 $a^2 + b^2 = c^2 + d^2$ 이다. 주어진 부등식은 다음과 같다.
$$(a + c)^2 + (b + d)^2 < 4(a^2 + b^2)$$

위의 식을 주어진 조건을 이용하여 변형하면 다음과 같다.
$$(a - c)^2 + (b - d)^2 > 0$$

$x \neq y$ 이므로 위의 식은 명백히 성립한다.

풀이 2. x, y를 좌표로 하는 점 X, Y를 생각해보자. 문제의 조건에 의하여 삼각형 OXY에서 $\overline{OX} = \overline{OY}$ 임은 명백하다. $\overline{XY}$ 의 중점을 M이라고 하면, $\overline{OM} < \overline{OX}$ 임은 명백하다. 그런데 M 의 좌표는 $\frac{x+y}{2}$ 이므로 $\frac{1}{2}|x+y| < |x|$ 은 성립한다.

문제 20. 다음과 같은 집합을 생각해보자.
$$A = \{z \in \mathbb{C} \mid z = a+bi, \ a > 0, \ |z| < 1\}$$
모든 $z \in A$ 에 대하여 다음 조건을 만족하는 $x \in A$ 인 x 가 존재함을 증명하시오.
$$z = \frac{1-x}{1+x}$$

풀이. $z \in A$ 라고 하면, 방정식 $z = \frac{1-x}{1+x}$ 는 다음과 같은 근을 가진다.
$$x = \frac{1-z}{1+z} = \frac{1-a-bi}{1+a+bi} \quad \text{(단, } a > 0, \ a^2 + b^2 < 1 \text{ 이다.)}$$
$x \in A$ 임을 보이기 위해서 $|x| < 1$ 이고 $\text{Re}(x) > 0$ 을 보이면 충분하다. 실제로
$$|x|^2 = \frac{(1-a)^2 + b^2}{(1+a)^2 + b^2} < 1$$ 일 필요충분조건은 $(1-a)^2 < (1+a)^2$ 이다.

즉, $0 < 4a$ 이므로 주어진 조건에 의하여 위의 부등식은 성립한다.

더구나 $|z| < 1$ 이므로 $\text{Re}(x) = \frac{1-|z|^2}{|1+z|^2} > 0$ 은 성립한다.

복소수의 절댓값과 켤레복소수와 관련된 문제들이 더 있다.

문제 21. 집합
$$A = \{z \in \mathbb{C} \mid |z| < 1\}$$
에 대하여, $|a| > 1$ 을 만족하는 실수 a에 대하여 함수
$$f : A \to A, \ f(z) = \frac{1+az}{z+a}$$
는 일대일대응임을 증명하시오.

문제 22. z 는 $|z| = 1$, $\text{Re}(z)$, $\text{Im}(z)$가 유리수인 복소수라고 하자. 모든 정수 $n \geq 1$ 에 대하여 $|z^{2n} - 1|$ 이 유리수임을 증명하시오.

문제 23. 다음과 같은 함수를 생각하자.
$$f : \mathbb{R} \to \mathbb{C}, \ f(t) = \frac{1+ti}{1-ti}$$

이때, 함수 f는 일대일 함수임을 증명하고 그 치역을 구하시오.

문제 24. z_1, $z_2 \in \mathbb{C}^*$에 대하여 $|z_1 + z_2| = |z_1| = |z_2|$일 때, $\dfrac{z_2}{z_1}$를 계산하시오.

문제 25. 모든 복소수 z_1, z_2, $\cdots$, z_n에 대하여 다음 부등식이 성립함을 증명하시오.
$$(|z_1| + |z_2| + \cdots + |z_n| + |z_1 + z_2 + \cdots + z_n|)^2$$
$$\geq 2(|z_1|^2 + |z_2|^2 + \cdots + |z_n|^2 + |z_1 + z_2 + \cdots + z_n|^2)$$

문제 26. 복소수 z_1, z_2, $\cdots$, z_{2n}에 대하여 $|z_1| = |z_2| = \cdots = |z_{2n}|$, $\arg z_1 \leq \arg z_2 \leq \cdots \leq \arg z_{2n} \leq \pi$일 때, 다음 부등식을 증명하시오.
$$|z_1 + z_{2n}| \leq |z_2 + z_{2n-1}| \leq \cdots \leq |z_n + z_{n+1}|$$

문제 27. 다음 식을 만족하는 양의 실수 x, y를 모두 구하시오.
$$\sqrt{3x}\left(1 + \dfrac{1}{x+y}\right) = 2, \quad \sqrt{7y}\left(1 - \dfrac{1}{x+y}\right) = 4\sqrt{2}$$

(1996년 베트남 수학 올림피아드 대회)

문제 28. 복소수 z_1, z_2, z_3에 대하여, $z_1 + z_2 + z_3 = 0$일 필요충분조건은 $|z_1| = |z_2 + z_3|$, $|z_2| = |z_3 + z_1|$, $|z_3| = |z_1 + z_2|$임을 보이시오.

문제 29. 크기가 같은 서로 다른 복소수 z_1, z_2, $\cdots$, z_n이 다음 조건을 만족한다.
$$z_3 z_4 \cdots z_{n-1} z_n + z_1 z_4 \cdots z_{n-1} z_n + \cdots + z_1 z_2 \cdots z_{n-2} = 0.$$
이때, 다음 식을 증명하시오.
$$z_1 z_2 + z_2 z_3 + \cdots + z_{n-1} z_n = 0$$

문제 30. $|z + a| = 1$을 만족하는 복소수 z, a에 대하여, 다음 부등식을 증명하시오.
$$|z^2 + a^2| \geq \dfrac{|1 - 2|a|^2|}{\sqrt{2}}$$

문제 31. 다음 식을 만족하는 복소수 z의 기하적 상을 구하시오(단, n은 정수).
$$z^n \cdot \operatorname{Re}(z) = \overline{z}^n \cdot \operatorname{Im}(z)$$

문제 32. $a+b=1$을 만족하는 실수 a, b와 $|z_1|=|z_2|=1$인 복소수 z_1, z_2에 대하여, 다음 부등식을 증명하시오.
$$|az_1+bz_2| \geq \frac{|z_1+z_2|}{2}$$

문제 33. 양의 정수 k, n에 대하여 절댓값이 같고 0이 아닌 복소수 $z_1, z_2, \cdots, z_n$은
$$z_1{}^k + z_2{}^k + \cdots + z_n{}^k = 0$$
을 만족한다. 이때,
$$\frac{1}{z_1{}^k} + \frac{1}{z_2{}^k} + \cdots + \frac{1}{z_n{}^k} = 0$$
가 성립함을 증명하시오.

문제 34. 다음을 만족하는 실수인 순서쌍 (a,b)을 모두 찾으시오.
$$(a+bi)^5 = b+ai$$

문제 35. 모든 $a \in \mathbb{R}$에 대하여 $|z^2 - az + a|$의 최솟값을 구하시오(단, $z \in \mathbb{C}$이고 $|z| \leq 1$이다.).

문제 36. 세 복소수 a, b, c에 대하여
$$a|bc| + b|ca| + c|ab| = 0$$
라 하자. 다음을 증명하시오.
$$|(a-b)(b-c)(c-a)| \geq 3\sqrt{3}\,|abc|$$
(루마니아 수학 올림피아드, 최종, 2008)

문제 37. 두 복소수를 a, b에 대하여 다음 부등식을 증명하시오.
$$|1+ab| + |a+b| \geq \sqrt{|a^2-1||b^2-1|}$$
(루마니아 수학 올림피아드, 디스트릭트 라운드, 2008)

문제 38. $a+b+c=0$이고 $|a|=|b|=|c|=1$인 복소수 a, b, c라 하자. $|z| \leq 1$인 모든 복소수 z에 대하여
$$3 \leq |z-a| + |z-b| + |z-c| \leq 4$$
이 성립함을 증명하시오.
(루마니아 수학 올림피아드, 최종, 2012)

5.2 대수적 방정식과 다항식

문제 1. a, b, $c \in \mathbb{C}$에 대하여 이차방정식
$$a^2z^2 + abz + c^2 = 0$$
의 두 근이 z_1, z_2라 하자. $\dfrac{b}{c}$가 실수이면 $|z_1| = |z_2|$이거나 $\dfrac{z_1}{z_2} \in \mathbb{R}$임을 증명하시오.

풀이. $t = \dfrac{b}{c} \in \mathbb{R}$라 하자. 그러면 $b = tc$이고
$$\Delta = (ab)^2 - 4a^2 \cdot c^2 = a^2c^2(t^2 - 4)$$
이다. $|t| \geq 2$인 경우 근의 공식에 의해서
$$z_{1,2} = \frac{-tac \pm ac\sqrt{t^2-4}}{2a^2} = \frac{c}{2a}\left(-t \pm \sqrt{t^2-4}\right)$$
이므로 $\dfrac{z_1}{z_2}$는 실수이다.

$|t| < 2$인 경우 근의 공식에 의해서
$$z_{1,2} = \frac{c}{2a}\left(-t \pm i\sqrt{4-t^2}\right)$$
이므로 $|z_1| = |z_2| = \dfrac{|c|}{|a|}$이다.

문제 2. 복소수 a, b, c가 $|a| = |b| = |c| > 0$과 $az^2 + bz + c = 0$을 만족한다고 하자.
$$\frac{\sqrt{5}-1}{2} \leq |z| \leq \frac{\sqrt{5}+1}{2}$$
임을 증명하시오.

풀이. $r = |a| = |b| = |c| > 0$이라 하자.
$$|az^2| = |-bc - c| \leq |b||z| + |c|$$
이므로 $r|z^2| \leq r|z| + r$이다. 이에 따라 $|z^2| - |z| - 1 \leq 0$이므로 $|z| \leq \dfrac{1+\sqrt{5}}{2}$이다.

반면 $|c| = |-az^2 - bz| \leq |a||z|^2 + |b||z|$이므로 $|z^2| - |z| - 1 \geq 0$이다. 결국 $|z| \geq \dfrac{\sqrt{5}-1}{2}$이다.

문제 3. 복소수 p, q에 대하여 $|p| + |q| < 1$일때, 이차방정식 $z^2 + pz + q = 0$의 해의 절댓값은 1보다 작음을 증명하시오.

풀이. $z_1 + z_2 = -p$이고 $z_1 z_2 = q$, $|p| + |q| < 1$이므로 $|z_1 + z_2| + |z_1 z_2| < 1$이다. 그러나 $||z_1| - |z_2|| \leq |z_1 + z_2|$이므로 결국

$|z_1| - |z_2| + |z_1 z_2| - 1 < 0$을 인수분해하면 $(1 + |z_2|)(|z_1| - 1) < 0$이고,

$|z_2| - |z_1| + |z_1 z_2| - 1 < 0$을 인수분해하면 $(1 + |z_1|)(|z_2| - 1) < 0$이다.

따라서 $|z_1| < 1$이고 $|z_2| < 1$이다.

문제 4. 복소수 계수를 가지는 이차 다항식 $f(x) = x^2 + ax + b$의 모든 해의 절댓값이 1이라 하자. $g(x) = x^2 + |a|x + |b|$의 모든 해의 절댓값도 1임을 증명하시오.

풀이. x_1, x_2를 복소 다항식 $f(x) = x^2 + ax + b$의 해라고 하고 y_1, y_2를 $g(x) = x^2 + |a|x + |b|$의 해라고 하자.

$|x_1| = |x_2| = 1$이면 $|y_1| = |y_2| = 1$임을 증명해야 한다.

이때, $x_1 x_2 = b$이고 $x_1 + x_2 = -a$이므로 $|b| = |x_1||x_2| = 1$이고 $|a| \leq |x_1| + |x_2| = 2$이다.

이차 다항식 $g(x) = x^2 + |a|x + |b|$의 판별식은 $\triangle = |a|^2 - 4 \leq 0$이므로

$$y_{1,2} = \frac{-|a| \pm i\sqrt{4 - |a|^2}}{2}$$

이다. 이로써 $|y_1| = |y_2| = 1$임을 쉽게 알 수 있다.

문제 5. 0이 아닌 복소수를 a, b라 하자. 방정식

$$az^3 + bz^2 + \bar{b}z + \bar{a} = 0$$

의 적어도 하나의 해는 절댓값 1을 가짐을 증명하시오.

풀이. z가 주어진 방정식의 해이면 $\frac{1}{\bar{z}}$ 또한 이 방정식의 해이다. 결과적으로 z_1, z_2, z_3이 이 방정식의 해이면 $\frac{1}{\bar{z_1}}$, $\frac{1}{\bar{z_2}}$, $\frac{1}{\bar{z_3}}$도 같은 해이다(단, 반드시 같은 순서일 필요는 없다.).

$z_k = \frac{1}{\bar{z_k}}$인 $k = 1, 2, 3$이 존재하는 경우 $|z_k|^2 = z_k \bar{z_k} = 1$이므로 성립한다.

모든 $k = 1, 2, 3$에 대하여 $z_k \neq \frac{1}{\bar{z_k}}$인 경우 일반성을 잃지 않고

$$z_1 = \frac{1}{\bar{z_2}},\ z_2 = \frac{1}{\bar{z_3}},\ z_3 = \frac{1}{\bar{z_1}}$$

라 하자. 첫 번째, 두 번째 식으로부터 $z_1 \bar{z_2} \bar{z_2} z_3 = 1$, $z_1 |z_2|^2 z_3 = 1$이다. 결국 $|z_1||z_2|^2 |z_3| = 1$이다.

반면, $z_1 z_2 z_3 = -\dfrac{\bar{a}}{a}$ 이므로 $|z_1||z_2||z_3| = 1$ 이다. 이에 따라 $|z_2| = 1$ 이다.

문제 6. 다항식 $f(x) = x^4 + ax^3 + bx^2 + cx + d$ 는 계수와 근이 모두 실수이다. 이 때, $|f(i)| = 1$ 이면 $a = b = c = d = 0$ 임을 증명하시오.

풀이. 다항식 f 의 실수 근을 x_1, x_2, x_3, x_4 라 하자. 그러면 다음이 성립한다.
$$f(x) = (x - x_1)(x - x_2)(x - x_3)(x - x_4)$$
$$f(i) = (i - x_1)(i - x_2)(i - x_3)(i - x_4)$$
$$|f(i)| = |i - x_1| \cdot |i - x_2| \cdot |i - x_3| \cdot |i - x_4|$$
$$= \sqrt{1 + x_1^2} \cdot \sqrt{1 + x_2^2} \cdot \sqrt{1 + x_3^2} \cdot \sqrt{1 + x_4^2}$$

$|f(i)| = 1$ 이므로 $x_1 = x_2 = x_3 = x_4 = 0$ 임을 유추할 수 있고 결과적으로 $a = b = c = d = 0$ 이 성립한다.

문제 7. $11z^{10} + 10iz^9 + 10iz - 11 = 0$ 이면 $|z| = 1$ 임을 증명하시오.

(1989년 푸트남 수학 경시대회)

풀이. 주어진 식은 $z^9 = \dfrac{11 - 10iz}{11z + 10i}$ 으로 쓸 수 있다. $z = a + bi$ 라 하면, 다음이 성립한다.
$$|z|^9 = \left| \dfrac{11 - 10iz}{11z + 10i} \right| = \dfrac{\sqrt{11^2 + 220b + 10^2(a^2 + b^2)}}{\sqrt{11^2(a^2 + b^2) + 220b + 10^2}}$$

$|z|^9$ 의 우변의 분자를 $f(a, b)$, 분모를 $g(a, b)$ 라 를 각각 분자, 분모라 하자.
$|z| > 1$ 이면 $a^2 + b^2 > 1$ 이므로 $g(a, b) > f(a, b)$ 이다. 따라서 $|z|^9 < 1$ 이므로 모순이다.
$|z| < 1$ 이면 $a^2 + b^2 < 1$ 이므로 $g(a, b) < f(a, b)$ 이다. 따라서 $|z|^9 > 1$ 이므로 모순이다. 따라서 $|z| = 1$ 이다.

문제 8. n 은 3 이상의 자연수이고 a 는 0 이 아닌 실수라 하자. 방정식 $x^n + ax + 1 = 0$ 의 실수가 아닌 모든 근 z 는 다음 부등식을 만족함을 증명하시오.
$$|z| \geq \sqrt[n]{\dfrac{1}{n-1}}$$

(1995년 루마니아 수학 올림피아드 최종)

풀이. 방정식의 실수가 아닌 근을 $z = r(\cos\alpha + i\sin\alpha)$, $\alpha \in (0, 2\pi)$, $\alpha \neq \pi$ 라 하자. 방정식에 z 를 대입하면 식을 $r^n \cos n\alpha + ra\cos\alpha + 1 + i(r^n \sin n\alpha + ra\sin\alpha) = 0$ 을 얻는다. 결과적으로 다음

식이 성립한다.
$$r^n \cos n\alpha + ra\cos\alpha + 1 = 0 \tag{1}$$
$$r^n \sin n\alpha + ra\sin\alpha = 0 \tag{2}$$

(1)의 양변에 $\sin\alpha$, (2)의 양변에 $\cos\alpha$를 각각 곱하고 두 식의 차를 구하면 $r^n \sin(n-1)\alpha = \sin\alpha$이므로 다음이 성립한다.
$$r^n |\sin(n-1)\alpha| = |\sin\alpha|$$

간단한 수학적 귀납법을 이용하면 모든 자연수 k에 대하여 부등식 $|\sin k\alpha| \leq k|\sin\alpha|$이 성립함을 보일 수 있다. 이 부등식을 $r^n|\sin(n-1)\alpha| = |\sin\alpha|$에 적용하면 $|\sin\alpha| \leq (n-1)r^n|\sin\alpha|$이다. $\sin\alpha \neq 0$이므로 $r^n \geq \dfrac{1}{n-1}$이다. 즉, $|z| \geq \sqrt[n]{\dfrac{1}{n-1}}$이 성립한다.

문제 9. 다항식 P는 차수가 짝수이고 계수가 복소수인 방정식이라 하자. 다항식 P의 모든 근이 크기가 1인 실수가 아닌 복소수라 할 때 다음을 증명하시오.
$$P(1) \in \mathbb{R} \text{ 일 필요충분조건은 } P(-1) \in \mathbb{R} \text{ 이다.}$$

풀이. 이것은 $\dfrac{P(1)}{P(-1)} \in \mathbb{R}$ 임을 보이면 충분하다. 다항식 P의 근을 $x_1, x_2, \cdots, x_{2n}$이라 하자. 그러면 $\lambda \in \mathbb{C}^*$가 존재해서 다항식 P는 다음과 같이 나타낼 수 있다.
$$P(x) = \lambda(x-x_1)(x-x_2)\cdots(x-x_{2n})$$
$$\frac{P(1)}{P(-1)} = \frac{\lambda(1-x_1)(1-x_2)\cdots(1-x_{2n})}{\lambda(-1-x_1)(-1-x_2)\cdots(-1-x_{2n})} = \prod_{k=1}^{2n} \frac{1-x_k}{1+x_k}$$

가정에 의하여 $|x_k| = 1$, $k = 1, 2, \cdots, 2n$이므로 다음이 성립한다.
$$\overline{\left(\frac{1-x_k}{1+x_k}\right)} = \frac{1-\overline{x_k}}{1+\overline{x_k}} = \frac{1-\dfrac{1}{x_k}}{1+\dfrac{1}{x_k}} = \frac{x_k-1}{x_k+1} = -\frac{1-x_k}{1+x_k}$$
$$\overline{\left\{\frac{P(1)}{P(-1)}\right\}} = \prod_{k=1}^{2n} \overline{\left(\frac{1-x_k}{1+x_k}\right)} = \prod_{k=1}^{2n}\left(-\frac{1-x_k}{1+x_k}\right) = (-1)^{2n}\prod_{k=1}^{2n}\frac{1-x_k}{1+x_k} = \frac{P(1)}{P(-1)}$$

따라서 $\dfrac{P(1)}{P(-1)}$은 실수이다.

문제 10. 다항식의 수열을 다음과 같이 정의한다. $P_1(x) = x^2 - 2$, $P_j(x) = P_1(P_{j-1}(x))$, $j = 2, 3, \cdots$ 모든 자연수 n에 대하여 방정식 $P_n(x) = x$의 모든 근은 서로 다른 실수임을 증명하시오.

풀이. 0이 아닌 복소수 z에 대하여 $x = z + z^{-1}$라 하면

$P_1(x) = x^2 - 2 = (z+z^{-1})^2 - 2 = z^2 + z^{-2}$ 이고 간단한 수학적 귀납법으로 모든 자연수 n 에 대하여 $P_n(x) = z^{2^n} + z^{-2^n}$ 이 성립함을 알 수 있다.

따라서 방정식 $P_n(x) = x$ 는 $z^{2^n} + z^{-2^n} = z + z^{-1}$ 과 동치이다. $z^{2^n} - z = z^{-1} - z^{-2^n}$ 이다. 즉, $z(z^{2^n-1} - 1) = z^{-2^n}(z^{2^n-1} - 1)$ 이다. 이에 따라 $(z^{2^n-1} - 1)(z^{2^n+1} - 1) = 0$ 이다. $\gcd(2^n - 1, 2^n + 1) = 1$ 이므로 방정식 $z^{2^n-1} - 1 = 0$ 과 $z^{2^n+1} - 1 = 0$ 의 공통근은 $z = 1$ 로 유일하다(2.2.2절의 성질 1 참고). 또한 방정식 $(z^{2^n-1} - 1)(z^{2^n+1} - 1) = 0$ 의 모든 근 z 에 대하여 $|z| = 1$, 즉 $z^{-1} = \bar{z}$ 가 성립한다. 마찬가지로 $(z^{2^n-1} - 1)(z^{2^n+1} - 1) = 0$ 의 1이 아닌 서로 다른 두 근 z 와 w 에 대하여 $z + z^{-1} = w + w^{-1}$, $(z-w)(1-(zw)^{-1}) = 0$, $zw = 1$ 이다. 즉, $w = z^{-1} = \bar{z}$ 이고 이것은 방정식 $z^{2^n-1} - 1 = 0$ 과 $z^{2^n+1} - 1 = 0$ 의 공통근이 $z = 1$ 로 유일하다는 사실에 모순이다.

다항식 P_n 의 차수가 2^n 임은 분명하고 앞에서 살펴보았듯이 $P_n(x) = x$ 의 모든 근은 $x = z + z^{-1}$ 이다. 단, $z = 1$, $z = \cos\dfrac{2k\pi}{2^n - 1} + i\sin\dfrac{2k\pi}{2^n - 1}$, $(k = 1, 2, \cdots, 2^n - 2)$, $z = \cos\dfrac{2s\pi}{2^n + 1} + i\sin\dfrac{2s\pi}{2^n + 1}$, $s = 1, 2, \cdots, 2^n$ 의 형태이다.

식 $z + z^{-1}$ 이 가지고 있는 대칭성을 고려하면 근의 개수는 모두 $1 + \dfrac{1}{2}(2^n - 2) + \dfrac{1}{2}2^n = 2^n$ 이므로 근은 모두 서로 다른 실수이다.

대수 방정식과 다항식을 포함하는 다른 문제들도 살펴보자.

문제 11. a, b, c는 복소수이고 $a \neq 0$ 이라 하자. 방정식 $az^2 + bz + c = 0$ 의 근이 크기가 같으면 $\overline{a}b|c| = |a|\overline{b}c$ 임을 증명하시오.

문제 12. z_1, z_2 는 방정식 $z^2 + z + 1 = 0$ 의 근이고 z_3, z_4 는 방정식 $z^2 - z + 1 = 0$ 의 근이라 하자. $z_1^n + z_2^n = z_3^n + z_4^n$ 을 만족하는 정수 n을 있는 대로 구하시오.

문제 13. 다음과 같이 정의된 계수가 실수인 방정식을 생각하자.
$$x^6 + ax^5 + bx^4 + cx^3 + bx^2 + ax + 1 = 0$$
방정식의 근을 $x_1, x_2, \cdots, x_6$ 이라 할 때 다음 식을 증명하시오.
$$\prod_{k=1}^{6}(x_k^2 + 1) = (2a - c)^2$$

문제 14. a, b 는 복소수이고 $P(z) = az^2 + bz + i$ 라 하자. $|P(z_0)| \geq 1 + |a|$ 를 만족하는 $|z_0| = 1$ 인 복소수 z_0 가 존재함을 증명하시오.

문제 15. 임의의 실수 x에 대하여, 조건 $f(x)f(2x^2) = f(2x^3 + x)$ 을 만족하는 계수가 실수인 다항식 f를 모두 찾으시오.

(21회 IMO-Shortlist)

문제 16. 다음을 만족하는 모든 복소수 z를 구하시오.
$$(z - z^2)(1 + z + z^2)^2 = \frac{1}{7}$$

(Mathematical Reflections, 2013)

문제 17. 다음을 만족하는 모든 순서쌍 (z, n)을 구하시오.
$$z + z^2 + \cdots + z^n = n|z| \quad (단, z \in \mathbb{C}, |z| \in \mathbb{Z}^+)$$

(Mathamatical Reflections 2008)

문제 18. 0 아닌 복소수 a, b, c, d는 $ad - bc \neq 0$을 만족하고 n은 양의 정수일 때, 다음 식에 대하여 물음에 답하시오.
$$(ax + b)^n + (cx + d)^n = 0$$
(a) $|a| = |c|$ 이면 방정식의 모든 해는 직선 위에 있음을 증명하시오.
(b) $|a| \neq |c|$ 이면 방정식의 모든 해는 원 위에 있음을 증명하시오.
(c) $|a| \neq |c|$ 일 때, 원의 반지름을 구하시오.

(Mathematical Reflections, 2010)

문제 19. n은 양의 정수이다. 절댓값이 1인 복소수가 $z^n + z + 1 = 0$의 해가 될 필요충분 조건은 $n = 3m + 2$임을 증명하시오. 단, m은 양의 정수이다.

(루마니아 올림피아드 최종회, 2007)

문제 20. a, b는 복소수이다. 다음 두 명제가 필요충분조건임을 증명하시오.
(1) 방정식 $x^2 - ax + b = 0$의 두 근의 절댓값은 다음 방정식의 근의 절댓값과 같다.
$$x^2 - bx + a = 0$$
(2) $a^3 = b^3$ 또는 $b = \overline{a}$

(루마니아 올림피아드, 지역선발, 2011)

5.3 대수적 항등식의 기하적 성질

문제 1. 두 정삼각형 ABC, A′B′C′는 모두 같은 평면에 있으며 같은 방향을 갖는다. 선분 $\overline{AA'}$, $\overline{BB'}$, $\overline{CC'}$ 을 세 변으로 하는 삼각형이 존재함을 보이시오.

풀이. 세 꼭짓점 A, B, C의 좌표를 각각 a, b, c이라고 하고, 세 꼭짓점 A′, B′, C′의 좌표를 a', b', c'이라고 하자. 두 삼각형 ABC, A′B′C′는 닮음이므로 다음 식이 성립한다. (3.3절 〈주의〉를 보시오.)

$$\begin{vmatrix} 1 & 1 & 1 \\ a & b & c \\ a' & b' & c' \end{vmatrix} = 0 \tag{1}$$

즉, 다음과 같다.

$$a'(b-c) + b'(c-a) + c'(a-b) = 0 \tag{2}$$

반면에, 자신은 자신과 닮음이므로 다음 식이 성립한다.

$$a(b-c) + b(c-a) + c(a-b) = 0 \tag{3}$$

식 (3)에서 식 (2)를 빼면 다음과 같다.

$$(a'-a)(b-c) + (b'-b)(c-a) + (c'-c)(a-b) = 0 \tag{4}$$

식 (4)에서 두 항을 옮기고 양변에 절댓값을 취하면 다음 식이 성립한다.

$$|a'-a||b-c| \leq |b'-b||c-a| + |c'-c||a-b| \tag{5}$$

또한 삼각형 ABC가 정삼각형이므로 $|b-c| = |c-a| = |a-b|$ 이어서, $\overline{AA'} \leq \overline{BB'} + \overline{CC'}$이다. 같은 방법으로 부등식 $\overline{BB'} \leq \overline{CC'} + \overline{AA'}$, $\overline{CC'} \leq \overline{AA'} + \overline{BB'}$임을 보일 수 있다. 따라서 세 선분 [AA′], [BB′], [CC′]은 삼각부등식을 만족하므로 이 세 선분을 세 변으로 하는 삼각형이 존재한다.

주의.

(1) 두 삼각형 ABC, A′B′C′는 닮음이고 같은 평면 위에 있으며 같은 방향을 갖는다고 하자. 그러면 식 (5)로 부터 다음 부등식이 성립한다.

$$\overline{AA'} \cdot \overline{BC} \leq \overline{BB'} \cdot \overline{CA} + \overline{CC'} \cdot \overline{AB} \tag{1}$$

이 식은 일반화된 톨레미 부등식(generalized Ptolemy inequality)이다.

(2) 부등식 (1)과 비슷하게 부등식 $\overline{BB'} \cdot \overline{CA} \leq \overline{CC'} \cdot \overline{AB} + \overline{AA'} \cdot \overline{BC}$, $\overline{CC'} \cdot \overline{AB} \leq \overline{AA'} \cdot \overline{BC} + \overline{BB'} \cdot \overline{CA}$ 가 성립한다. 같은 평면에 있고 같은 방향이며 닮음인 두 삼각형 ABC, A′B′C′에 대하여, 세 변의 길이가 $\overline{AA'} \cdot \overline{BC}$, $\overline{BB'} \cdot \overline{CA}$, $\overline{CC'} \cdot \overline{AB}$인 삼각형을 작도할 수 있다.

(3) 삼각형 A′B′C′를 점 M으로 축소시키면, 위 문제에서의 성질에 적용한 세 선분 $\overline{MA}$, $\overline{MB}$, $\overline{MC}$인 삼각형이 존재한다. 이 성질은 폼페이우 정리(Pompeiu's theorem)에 의해서 증명할 수 있다(4.9.1절 참조).

문제 2. 점 P는 삼각형 ABC와 같은 평면에 있는 임의의 점이라 하자. 삼각형 ABC의 세 변의 길이를 a,

β, γ라 할 때, 다음 부등식이 성립함을 보이시오.

$$\alpha \cdot \overline{PB} \cdot \overline{PC} + \beta \cdot \overline{PC} \cdot \overline{PA} + \gamma \cdot \overline{PA} \cdot \overline{PB} \geq \alpha\beta\gamma$$

풀이. 점 P를 원점으로 하고 a, b, c를 삼각형 ABC의 각 꼭짓점의 좌표라고 하자. 그러면 다음 대수적 항등식이 성립한다.

$$\frac{bc}{(a-b)(a-c)} + \frac{ca}{(b-c)(b-a)} + \frac{ab}{(c-a)(c-b)} = 1 \qquad (1)$$

양변에 절댓값을 취하면 다음 부등식이 유도된다.

$$\frac{|b||c|}{|a-b||a-c|} + \frac{|c||a|}{|b-c||b-a|} + \frac{|a||b|}{|c-a||c-b|} \geq 1 \qquad (2)$$

$|a| = \overline{PA}$, $|b| = \overline{PB}$, $|c| = \overline{PC}$이고, $|b-c| = \alpha$, $|c-a| = \beta$, $|a-b| = \gamma$라 하자. 그러면 식 (2)는 다음 부등식과 동치이다.[57]

$$\frac{\overline{PB} \cdot \overline{PC}}{\beta\gamma} + \frac{\overline{PC} \cdot \overline{PA}}{\gamma\alpha} + \frac{\overline{PA} \cdot \overline{PB}}{\alpha\beta} \geq 1$$

주의.
(1) 점 P가 삼각형 ABC의 외심이라고 하면, 오일러 부등식(Euler inequality) $R \geq 2r$을 유도할 수 있다. 사실, 이 경우에, 이 부등식은 부등식 $R^2(\alpha+\beta+\gamma) \geq \alpha\beta\gamma$와 동치이다. 따라서 다음 식이 성립한다.

$$R^2 \geq \frac{\alpha\beta\gamma}{\alpha+\beta+\gamma} = \frac{\alpha\beta\gamma}{2s} = \frac{4R}{2s} \cdot \frac{\alpha\beta\gamma}{4R} = 2R \cdot \frac{\text{area}[ABC]}{s} = 2Rr$$

그러므로 $R \geq 2r$이다.

(2) 점 P가 삼각형 ABC의 무게중심이라고 하면, 중선 m_α, m_β, m_γ를 포함한 다음 부등식이 유도된다.

$$\frac{m_\alpha m_\beta}{\alpha\beta} + \frac{m_\beta m_\gamma}{\beta\gamma} + \frac{m_\gamma m_\alpha}{\gamma\alpha} \geq \frac{9}{4}$$

(단, 등호는 삼각형 ABC가 정삼각형일 때 성립한다.) 예각삼각형에 대한 것은 다음 문제에서 다루자.

문제 3. 예각삼각형 ABC에 대하여, 점 P는 삼각형 ABC의 내부의 점이라 하자. 그러면 부등식

$$\alpha \cdot \overline{PB} \cdot \overline{PC} + \beta \cdot \overline{PC} \cdot \overline{PA} + \gamma \cdot \overline{PA} \cdot \overline{PB} = \alpha\beta\gamma$$

과 필요충분조건일 조건은 점 P가 삼각형 ABC의 수심임을 보이시오.

(중국 수학 올림피아드 대회, 1988)

풀이. ($\Rightarrow$) 점 P를 복소평면의 원점이라 하고 꼭짓점 A, B, C의 좌표를 각각 a, b, c라 하자. 그러면 문

---

[57] (역자주) 양변에 $\alpha\beta\gamma$를 곱하면 다음을 얻는다.

$$\alpha \cdot \overline{PB} \cdot \overline{PC} + \beta \cdot \overline{PC} \cdot \overline{PA} + \gamma \cdot \overline{PA} \cdot \overline{PB} \geq \alpha\beta\gamma$$

제의 조건은 다음 식과 동치이다.
$$|ab(a-b)| + |bc(b-c)| + |ca(c-a)| = |(a-b)(b-c)(c-a)|$$
$$z_1 = \frac{ab}{(a-c)(b-c)}, \quad z_2 = \frac{bc}{(b-c)(c-a)}, \quad z_3 = \frac{ca}{(c-b)(a-b)}$$

라 하면 문제 2의 식 (1)로 부터 다음을 얻는다.
$$|z_1| + |z_2| + |z_3| = 1, \quad z_1 + z_2 + z_3 = 1$$

점 P가 삼각형 ABC의 수심일 필요충분조건은 z_1, z_2, z_3이 양의 실수인 것이다. 점 P가 수심이라면 삼각형 ABC가 예각삼각형이므로 점 P가 삼각형 ABC 내부에 있다. 그러므로
$$\frac{a}{b-c} = -r_1 i, \quad \frac{b}{c-a} = -r_2 i, \quad \frac{c}{a-b} = -r_3 i$$

를 만족하는 양의 실수 r_1, r_2, r_3이 존재한다. 따라서 $z_1 = r_1 r_2 > 0$, $z_2 = r_2 r_3 > 0$, $z_3 = r_3 r_1 > 0$이다.

($\Leftarrow$)역으로, z_1, z_2, z_3이 양의 실수라고 하자.
$$-\frac{z_1 z_2}{z_3} = \left(\frac{b}{c-a}\right)^2, \quad -\frac{z_2 z_3}{z_1} = \left(\frac{c}{a-b}\right)^2, \quad -\frac{z_3 z_1}{z_2} = \left(\frac{a}{b-c}\right)^2$$

이기 때문에 $\frac{a}{b-c}$, $\frac{b}{c-a}$, $\frac{c}{a-b}$는 순허수이다. 그러므로 $\overline{AP} \perp \overline{BC}$, $\overline{BP} \perp \overline{CA}$이다. 따라서 점 P는 삼각형 ABC의 수심이다.

문제 4. 점 G가 삼각형 ABC의 무게중심이고, 세 삼각형 GBC, GCA, GAB의 외접원의 반지름을 각각 R_1, R_2, R_3이라 하자. 삼각형 ABC의 외접원 반지름을 R이라 할 때, 다음 부등식이 성립함을 보이시오.
$$R_1 + R_2 + R_3 \geq 3R$$

풀이. 문제 2에 의해서, 점 P가 삼각형 ABC의 무게중심이면 부등식
$$\alpha \cdot \overline{GB} \cdot \overline{GC} + \beta \cdot \overline{GC} \cdot \overline{GA} + \gamma \cdot \overline{GA} \cdot \overline{GB} \geq \alpha\beta\gamma \tag{1}$$
이 성립한다(단, α, β, γ는 삼각형 ABC 세 변의 길이이다.). 그러나,
$$\alpha \cdot \overline{GB} \cdot \overline{GC} = 4R_1 \cdot \text{area}[GBC] = 4R_1 \cdot \frac{1}{3}\text{area}[ABC]$$
이고, 비슷하게 다음 식도 성립한다.
$$\beta \cdot \overline{GC} \cdot \overline{GA} = 4R_2 \cdot \frac{1}{3}\text{area}[ABC], \quad \gamma \cdot \overline{GA} \cdot \overline{GB} = 4R_3 \cdot \frac{1}{3}\text{area}[ABC]$$

그러므로 부등식 (1)은 다음 부등식과 동치이다.
$$\frac{4}{3}(R_1 + R_2 + R_3) \cdot \text{area}[ABC] \geq 4R \cdot \text{area}[ABC]$$

즉, $R_1 + R_2 + R_3 \geq 3R$이다.

문제 5. 주어진 삼각형 ABC와 점 P는 삼각형 ABC의 내부의 점이라고 하자. 세 삼각형 PBC, PCA, PAB의 외접원의 반지름을 각각 R_1, R_2, R_3이라고 하자. 세 직선 PA, PB, PC와 세 변 BC, CA, AB의 교점을 각각 A_1, B_1, C_1이라 하자. 그리고

$$k_1 = \frac{\overline{PA_1}}{\overline{AA_1}}, \quad k_2 = \frac{\overline{PB_1}}{\overline{BB_1}}, \quad k_3 = \frac{\overline{PC_1}}{\overline{CC_1}}$$

라 하자. 부등식 $k_1 R_1 + k_2 R_2 + k_3 R_3 \geq R$이 성립함을 증명하시오(단, R은 삼각형 ABC의 외접원 반지름).

(2004년 루마니아 IMO 팀 선발 문제)

풀이.

$$k_1 = \frac{\text{area}[PBC]}{\text{area}[ABC]}, \quad k_2 = \frac{\text{area}[PCA]}{\text{area}[ABC]}, \quad k_3 = \frac{\text{area}[PAB]}{\text{area}[ABC]}$$

이라 하자.

그런데 $\text{area}[ABC] = \frac{\alpha\beta\gamma}{4R}$, $\text{area}[PBC] = \frac{\alpha \cdot \overline{PB} \cdot \overline{PC}}{4R_1}$이다.

비슷한 방법으로 $\text{area}[PCA] = \frac{\beta \cdot \overline{PC} \cdot \overline{PA}}{4R_2}$, $\text{area}[PAB] = \frac{\gamma \cdot \overline{PA} \cdot \overline{PB}}{4R_3}$이 성립한다.

문제 2의 부등식에 의해서, 부등식 $k_1 R_1 + k_2 R_2 + k_3 R_3 \geq R$은 다음 부등식

$$R \cdot \frac{\alpha \cdot \overline{PB} \cdot \overline{PC}}{\alpha\beta\gamma} + R \cdot \frac{\beta \cdot \overline{PC} \cdot \overline{PA}}{\alpha\beta\gamma} + R \cdot \frac{\gamma \cdot \overline{PA} \cdot \overline{PB}}{\alpha\beta\gamma} \geq R$$

과 동치이다.

삼각형 ABC가 예각삼각형일 때, 문제 3에 의해서, 등식이 성립할 필요충분조건은 P가 삼각형 ABC의 수심일 때이다.

문제 6. 삼각형 ABC와 임의의 점 M에 대하여 부등식

$$\overline{AM}^3 \sin A + \overline{BM}^3 \sin B + \overline{CM}^3 \sin C \geq 6 \cdot \overline{MG} \cdot \text{area}[ABC]$$

이 성립함을 보이시오(단, G는 삼각형 ABC의 무게중심).

풀이. 모든 복소수 x, y, z에 대하여 항등식

$$x^3(y-z) + y^3(z-x) + z^3(x-y) = (x-y)(y-z)(z-x)(x+y+z) \tag{1}$$

이 성립한다. 양변에 절댓값을 취하면 다음 부등식

$$|x^3(y-z)| + |y^3(z-x)| + |z^3(x-y)| \geq |x-y||y-z||z-x||x+y+z| \tag{2}$$

이 성립한다.

네 점 A, B, C, M의 좌표를 각각 a, b, c, m이라 하자. $x = m-a$, $y = m-b$, $z = m-c$라 하고 식 (2)에 대입하면 다음 식이 유도된다.

$$\overline{AM}^3 \cdot \alpha + \overline{BM}^3 \cdot \beta + \overline{CM}^3 \cdot \gamma \geq 3\alpha\beta\gamma\overline{MG} \qquad (3)$$

area$[ABC] = \dfrac{\alpha\beta\gamma}{4R}$과 사인법칙을 식 (3)에 대입하여 간단히 하면 문제에서 요구한 부등식을 얻을 수 있다.

문제 7. 네 변의 길이가 α, β, γ, δ이고 두 대각선의 길이가 d_1, d_2이며 원 $C(O; R)$에 내접 사각형(*a cyclic quadrilateral inscribed in circle*) ABCD가 있다. 그러면 부등식

$$\text{area}[ABCD] \geq \frac{\alpha\beta\gamma\delta d_1 d_2}{8R^4}$$

이 성립함을 보이시오.

풀이. 점 O를 복소평면의 원점이라 하고, 꼭짓점 A, B, C, D의 좌표를 a, b, c, d라 하자. 오일러 항등식에 의하여

$$\sum_{\text{cyc}} \frac{a^3}{(a-b)(a-c)(a-d)} = 1 \qquad (1)$$

이 성립한다. 식 (1)에 절댓값을 취하면 부등식

$$\sum_{\text{cyc}} \frac{|a|^3}{|a-b||a-c||a-d|} \geq 1 \qquad (2)$$

이 성립한다. 부등식 (2)와 부등식

$$\sum_{\text{cyc}} \frac{R^3}{\overline{AB} \cdot \overline{AC} \cdot \overline{AD}} \geq 1 \qquad (3)$$

또는 부등식

$$\sum_{\text{cyc}} R^3 \cdot \overline{BD} \cdot \overline{CD} \cdot \overline{BC} \geq \alpha\beta\gamma\delta d_1 d_2 \qquad (4)$$

과 동치이다.

그런데 $\overline{BD} \cdot \overline{CD} \cdot \overline{BC} = 4R \cdot \text{area}[BCD]$, $\overline{CA} \cdot \overline{DA} \cdot \overline{CD} = 4R \cdot \text{area}[CDA]$, $\overline{DB} \cdot \overline{AB} \cdot \overline{DA} = 4R \cdot \text{area}[DAB]$, $\overline{AC} \cdot \overline{BC} \cdot \overline{AB} = 4R \cdot \text{area}[ABC]$이다. 이 식들을 식 (4)에 대입하여 간단히 하자.

$$4R^4(\text{area}[ABC] + \text{area}[BCD] + \text{area}[CDA] + \text{area}[DAB]) \geq \alpha\beta\gamma\delta d_1 d_2$$

위 부등식은 부등식 $8R^4 \text{area}[ABCD] \geq \alpha\beta\gamma\delta d_1 d_2$와 동치이다.

문제 8. 서로 다른 복소수 a, b, c는 다음 식을 만족한다.

$$(a-b)^7 + (b-c)^7 + (c-a)^7 = 0$$

a, b, c는 정삼각형의 꼭짓점의 좌표임을 보이시오.

풀이 1. $x = a-b$, $y = b-c$, $z = c-a$라 하면 $x+y+z = 0$이고, $x^7+y^7+z^7 = 0$이다. $z \neq 0$이 므로 $\alpha = \dfrac{x}{z}$, $\beta = \dfrac{y}{z}$라 하자. 그러면 $\alpha + \beta = -1$이고 $\alpha^7 + \beta^7 = -1$이다. 그러므로 주어진 식은 다음과 같다.

$$\alpha^6 - \alpha^5\beta + \alpha^4\beta^2 - \alpha^3\beta^3 + \alpha^2\beta^4 - \alpha\beta^5 + \beta^6 = 1 \tag{1}$$

$s = \alpha + \beta = -1$, $p = \alpha\beta$라 하자. 그러면 식 (1)은 다음 식과 같다.

$$(\alpha^6 + \beta^6) - p(\alpha^4 + \beta^4) + p^2(\alpha^2 + \beta^2) - p^3 = 1 \tag{2}$$

또한 $\alpha^2 + \beta^2 = s^2 - 2p = 1 - 2p$,

$$\alpha^4 + \beta^4 = (\alpha^2 + \beta^2)^2 - 2\alpha^2\beta^2 = (1-2p)^2 - 2p^2 = 1 - 4p + 2p^2,$$
$$\alpha^6 + \beta^6 = (\alpha^2 + \beta^2)((\alpha^4 + \beta^4) - \alpha^2\beta^2) = (1-2p)(1 - 4p + p^2)$$

를 식 (2)에 적용하면 식

$$(1-2p)(1-4p+p^2) - p(1-4p+2p^2) + p^2(1-2p) - p^3 = 1$$

과 동치이다. 위 식을 간단히 정리하면 다음과 같다.

$$1 - 4p + p^2 - 2p + 8p^2 - 2p^3 - p + 4p^2 - 2p^3 + p^2 - 2p^3 - p^3 = 1,$$
$$-7p^3 + 14p^2 - 7p + 1 = 1,$$
$$7p(p-1)^2 = 0$$

따라서 $p = 0$ 또는 $p = 1$이다.

$p = 0$이면 $\alpha = 0$ 또는 $\beta = 0$이다. 따라서 $x = 0$ 또는 $y = 0$이다. 다시 말해 $a = b$ 또는 $b = c$이다. 이것은 a, b, c가 서로 다른 복소수임에 모순이다. 그러므로 $p = 1$이다.

$p = 1$이라고 하자. 그러면 $\alpha\beta = 1$, $\alpha + \beta = -1$이다. 두 근을 α, β를 근으로 하는 방정식은 $x^2 + x + 1 = 0$이다. 그러므로 $\alpha^3 = \beta^3 = 1$이고 $|\alpha| = |\beta| = 1$이다. 그러므로 $|x| = |y| = |z|$ 또는 $|a - b| = |b - c| = |c - a|$이므로 삼각형 ABC는 정삼각형이다.

풀이 2. $x = a-b$, $y = b-c$, $z = c-a$라 하자. $x + y + z = 0$이고 $x^7 + y^7 + z^7 = 0$이므로 $(x+y)^7 - x^7 - y^7 = 0$이다. 이 식은 식 $7xy(x+y)(x^2 + xy + y^2)^2 = 0$와 동치이다.

그런데 $xyz \neq 0$이므로 $x^2 + xy + y^2 = 0$이다. 이것은 $x^3 = y^3$와 같다. 같은 방법으로 $x^3 = y^3 = z^3$이다. 따라서 $|x| = |y| = |z|$이다.

문제 9. 점 M이 정사각형 ABCD와 같은 면 위의 점이고 $\overline{MA} = x$, $\overline{MB} = y$, $\overline{MC} = z$, $\overline{MD} = t$라 하자. xy, yz, zt, tx가 사각형의 변의 길이가 됨을 증명하시오.

풀이. 정사각형의 꼭짓점 A, B, C, D의 좌표를 1, i, -1, $-i$라 하자. 만약 점 M의 좌표를 z라고 하면 다음 항등식이 성립한다.

$$1(z-i)(z+1) + i(z+1)(z+i) - 1(z+i)(z-1) - i(z-1)(z-i) = 0 \qquad (1)$$

첫 번째 항을 우변으로 이항하면 다음과 같다.

$$i(z+1)(z+i) - 1(z+i)(z-1) - i(z-1)(z-i) = -1(z-i)(z+1)$$

삼각부등식을 이용하면 다음과 같다.

$$|z-i||z+1| + |z+1||z+i| + |z+i||z-1| \geq |z-1||z-i|$$

또는 $yz + zt + tx \geq xy$이다.

유사한 방법으로 다음을 증명할 수 있다.

$$xy + zt + tx \geq xy, \quad xy + yz + tx \geq zt$$

이고 $xy + yz + zt \geq tx$이다.

문제 10. $|z_1| = |z_2| = |z_3| = R$을 만족하는 서로 다른 복소수를 z_1, z_2, z_3라 하자. 다음을 증명하시오.

$$\frac{1}{|z_1-z_2||z_1-z_3|} + \frac{1}{|z_2-z_1||z_2-z_3|} + \frac{1}{|z_3-z_1||z_3-z_2|} \geq \frac{1}{R^2}$$

풀이 1. 다음 항등식은 쉽게 확인할 수 있다.

$$\frac{z_1^2}{(z_1-z_2)(z_1-z_3)} + \frac{z_2^2}{(z_2-z_1)(z_2-z_3)} + \frac{z_3^2}{(z_3-z_1)(z_3-z_2)} = 1$$

다음 절댓값으로부터 본 명제가 성립함을 확인할 수 있다.

$$1 = \left| \sum_{\text{cyc}} \frac{z_1^2}{(z_1-z_2)(z_1-z_3)} \right| \leq \sum_{\text{cyc}} \frac{|z_1|^2}{|z_1-z_2||z_1-z_3|} = R^2 \sum_{\text{cyc}} \frac{1}{|z_1-z_2||z_1-z_3|}$$

풀이 2.

$$\alpha = |z_2-z_3|, \ \beta = |z_3-z_1|, \ \gamma = |z_1-z_2|$$

라 두자. 1.1.9절의 문제 29로부터 다음이 성립한다.

$$\alpha\beta + \beta\gamma + \gamma\alpha \leq 9R^2$$

다음 부등식을 이용하자.

$$(\alpha\beta + \beta\gamma + \gamma\alpha)\left(\frac{1}{\alpha\beta} + \frac{1}{\beta\gamma} + \frac{1}{\gamma\alpha}\right) \geq 9$$

$$\frac{1}{\alpha\beta} + \frac{1}{\beta\gamma} + \frac{1}{\gamma\alpha} \geq \frac{9}{\alpha\beta + \beta\gamma + \gamma\alpha} \geq \frac{1}{R^2}$$

주의. 꼭짓점의 좌표가 z_1, z_2, z_3인 삼각형의 외심을 원점이라 하자. 외접원의 반지름이

$|z_1| = |z_2| = |z_3| = R$이고 세 변이 길이가

$$\alpha = |z_2 - z_3|, \ \beta = |z_3 - z_1|, \ \gamma = |z_1 - z_2|$$

이다. 위의 부등식은 다음과 동치이다.

$$\frac{1}{\alpha\beta} + \frac{1}{\beta\gamma} + \frac{1}{\gamma\alpha} \geq \frac{1}{R^2},$$

$$\alpha\beta + \beta\gamma + \gamma\alpha \leq \frac{\alpha\beta\gamma}{R^2} = \frac{4K}{R} = \frac{4sr}{R}$$

$R \geq 2r$이므로 삼각형의 오일러 부등식을 만족한다.

문제 11. 삼각형 ABC와 같은 평면 위의 점을 P라 하자. 다음을 증명하시오.
(1) G는 삼각형 ABC의 무게중심일 때,

$$\alpha \cdot \overline{PA}^3 + \beta \cdot \overline{PB}^3 + \gamma \cdot \overline{PC}^3 \geq 3\alpha\beta\gamma \cdot \overline{PG}$$

(2) $R^2(R^2 - 4r^2) \geq 4r^2\{8R^2 - (\alpha^2 + \beta^2 + \gamma^2)\}$

풀이.
(1) 모든 복소수 x, y, z에 대하여 다음 항등식이 성립한다.

$$x^3(y-z) + y^3(z-x) + z^3(x-y) = (x-y)(y-z)(z-x)(x+y+z) \tag{1}$$

절댓값을 적용하면 다음과 같다.

$$|x|^3|y-z| + |y|^3|z-x| + |z|^3|x-y| \geq |x-y||y-z||z-x||x+y+z|$$

점 A, B, C, P의 좌표를 a, b, c, z_P라 하자. 위의 부등식에서 $x = z_P - a$, $y = z_P - b$, $z = z_P - c$라 하면 본 명제는 성립한다.

(2) 만약 점 P가 삼각형 ABC의 외심 O라 둔 뒤에 간단한 변환을 하면 부등식 $R^2 \geq 6r \cdot \overline{OG}$이 된다. 양변을 제곱하면 $R^4 \geq 36r^2 \cdot \overline{OG}^2$이다. 잘 알려진 관계식 $\overline{OG}^2 = R^2 - \frac{1}{9}(\alpha^2 + \beta^2 + \gamma^2)$으로부터 $R^4 \geq 36R^2r^2 - 4r^2(\alpha^2 + \beta^2 + \gamma^2)$이고 결론이 성립한다.

주의. 부등식 (2)는 오일러 부등식이 둔각삼각형일 때도 성립하도록 개선된 부등식이다. 이것은 모든 삼각형에 대해서 $\alpha^2 + \beta^2 + \gamma^2 < 8R^2$와 동치이다. 마지막 관계식은 $\sin^2 A + \sin^2 B + \sin^2 C < 2$ 또는 $\cos^2 A + \cos^2 B - \sin^2 C > 0$이라고 쓸 수 있다. 이것은 다음 식과 같다.

$$\frac{1 + \cos 2A}{2} + \frac{1 + \cos 2B}{2} - 1 + \cos^2 C > 0,$$

위의 식은 $\cos(A+B)\cos(A-B) + \cos^2 C > 0$와 같이 간단히 나타낼 수 있고 이 식은 $\cos C\{\cos(A-B) + \cos(A+B)\} < 0$와 동치이다. 즉, $\cos A \cos B \cos C < 0$이다.

이 주제와 관련된 또 다른 문제를 몇 개 더 다루어보자.

문제 12. $|a| = |b| = |c| = |d|$이고 $a + b + c + d = 0$인 서로 다른 복소수 a, b, c, d가 있다. 그러면 꼭짓점의 좌표가 a, b, c, d인 직사각형이 존재함을 보이시오.

문제 13. 0이 아닌 복소수 z_i ($i = 1, 2, 3, 4, 5$)가 같은 절댓값을 가진다고 하자. 그러면
$$\sum_{i=1}^{5} z_i = \sum_{i=1}^{5} z_i^2 = 0$$
이다. z_1, z_2, z_3, z_4, z_5가 정오각형의 꼭짓점의 좌표가 됨을 증명하시오.

(루마니아 수학 올림피아드, 최종, 2003)

문제 14. 삼각형 ABC에 대하여 다음 부등식이 성립함을 증명하시오.
(a) 점 M이 평면 위의 임의의 점일 때,
$$\overline{AM} \sin A \leq \overline{BM} \sin B + \overline{CM} \sin C$$
(b) 점 A_1, B_1, C_1를 각각 변 BC, AC, AB 위의 점이라 하자. 삼각형 $A_1B_1C_1$의 내각의 크기를 각각 α, β, γ할 때,
$$\sum_{cyc} \overline{AA_1} \sin \alpha \leq \sum_{cyc} \overline{BC} \sin \alpha$$

(루마니아 수학 올림피아드, 두 번째, 2003)

문제 15. 점 M, N이 삼각형 ABC의 내부의 점이고
$$\angle MAB = \angle NAC \text{이고 } \angle MBA = \angle NBC$$
라 하자. 다음을 증명하시오.
$$\frac{\overline{AM} \cdot \overline{AN}}{\overline{AB} \cdot \overline{AC}} + \frac{\overline{BM} \cdot \overline{BN}}{\overline{BA} \cdot \overline{BC}} + \frac{\overline{CM} \cdot \overline{CN}}{\overline{CA} \cdot \overline{CB}} = 1$$

(39회 IMO 선발시험)

5.4 기하적 문제의 풀이

문제 1. 평행사변형의 각 변에 정사각형을 도형의 바깥쪽으로 그렸을 때, 각 정사각형의 중심을 연결하면 정사각형이 됨을 증명하시오.

풀이. 평행사변형의 대각선의 교점을 복소평면의 원점으로 두고 a, b, $-a$, $-b$를 각각 꼭짓점 A, B, C, D의 좌표라 하자. 그리고 평행사변형과 한 변을 공유하는 정사각형의 중심을 각각 O_1, O_2, O_3, O_4라 하고 그 좌표를 각각 z_{O_1}, z_{O_2}, z_{O_3}, z_{O_4}라 하자.

회전 공식을 사용하여 다음을 얻는다.

$$b = z_{O_1} + (a - z_{O_1})(-i) \ \text{또는} \ z_{O_1} = \frac{b+ai}{1+i}$$

같은 방법으로, 다음을 얻는다.

$$z_{O_2} = \frac{a-bi}{1+i}, \ z_{O_3} = \frac{-b-ai}{1+i}, \ z_{O_4} = \frac{-a+bi}{1+i}$$

위 식으로부터 각의 크기를 계산하면 다음과 같다.

$$\angle O_4 O_1 O_2 = \arg \frac{z_{O_2} - z_{O_1}}{z_{O_4} - z_{O_1}} = \arg \frac{a-bi-b-ai}{-a+bi-b-ai} = \arg i = \frac{\pi}{2}$$

따라서 $\overline{O_1O_2} = \overline{O_1O_4}$이다.

$$\angle O_2 O_3 O_4 = \arg \frac{z_{O_4} - z_{O_3}}{z_{O_2} - z_{O_3}} = \arg \frac{-a+bi+b+ai}{a-bi+b+ai} = \arg i = \frac{\pi}{2}$$

이므로 $\overline{O_3O_4} = \overline{O_2O_3}$이다. 따라서 $O_1O_2O_3O_4$는 정사각형이다.

문제 2. 내접사각형의 외접원 위의 한 점에 대 $z(\overline{a} - \overline{b}) - \overline{z}(a - b) = \overline{a}b - a\overline{b}$ 하여 그 점과 마주보는 한 쌍의 변이고 대각선까지의 거리의 곱이 같음을 증명하시오.

(파푸스 정리)

풀이. 사각형의 꼭짓점 A, B, C, D의 좌표를 각각 a, b, c, d라 하고 사각형 ABCD의 외심을 복소평면의 원점이라 하자. 일반성을 잃지 않고 외접원의 반지름을 1이라 가정하고 직선 AB의 방정식을 구하면 다음과 같다.

$$\begin{vmatrix} a & \overline{a} & 1 \\ b & \overline{b} & 1 \\ z & \overline{z} & 1 \end{vmatrix} = 0$$

, 즉 $z + ab\overline{z} = a + b$

외접원 위의 점 M에서 직선 AB에 내린 수선의 발을 점 M_1이라 하자. 점 M의 좌표를 m이라 하고 $m\overline{m} = 1$임을 이용하면 다음을 얻는다(4.5절 성질 참조).

$$z_{M_1} = \frac{m - ab\overline{m} + a + b}{2}$$

$$d(M, \overline{AB}) = |m - m_1| = \left| m - \frac{m - ab\overline{m} + a + b}{2} \right| = \left| \frac{(m-a)(m-b)}{2m} \right|$$

같은 방법으로 다음을 얻을 수 있다.

$$d(M, \overline{BC}) = \left| \frac{(m-b)(m-c)}{2m} \right|, \quad d(M, \overline{CD}) = \left| \frac{(m-c)(m-d)}{2m} \right|,$$

$$d(M, \overline{DA}) = \left| \frac{(m-d)(m-a)}{2m} \right|, \quad d(M, \overline{AC}) = \left| \frac{(m-a)(m-c)}{2m} \right|,$$

$$d(M, \overline{BD}) = \left| \frac{(m-b)(m-d)}{2m} \right|$$

따라서 다음이 성립한다.

$$d(M, \overline{AB}) \cdot d(M, \overline{CD}) = d(M, \overline{BC}) \cdot d(M, \overline{DA}) = d(M, \overline{AC}) \cdot d(M, \overline{BD})$$

문제 3. 세 개의 같은 크기의 원 $C_1(O_1;r)$, $C_2(O_2;r)$, $C_3(O_3;r)$이 점 O 에서 만난다. 원 C_1과 C_2, C_2와 C_3, C_3와 C_1 이 다시 각각 점 A, B, C 에서 만난다고 할 때 삼각형 ABC 의 외접원 반지름이 r 임을 증명하시오. (치체이카[58]의 "5 레이 동전 문제")

풀이. 점 O 를 원점으로 하는 복소평면에 대하여 원의 중심 O_1, O_2, O_3 의 좌표를 각각 z_1, z_2, z_3 라 하자. 따라서 점 A, B, C 의 좌표는 각각 $z_1 + z_2$, $z_2 + z_3$, $z_3 + z_1$ 이고 다음을 얻는다.

$$\overline{AB} = |(z_1 + z_2) - (z_2 + z_3)| = |z_1 - z_3| = \overline{O_1 O_3}$$

같은 방법으로 $\overline{BC} = \overline{O_1 O_2}$ 이고 $\overline{AC} = \overline{O_2 O_3}$ 이다. 따라서 삼각형 ABC 와 $O_1 O_2 O_3$ 는 합동이다. 결과적으로 외접원의 반지름은 서로 같다. $\overline{OO_1} = \overline{OO_2} = \overline{OO_3} = r$ 이므로 삼각형 $O_1 O_2 O_3$ 와 삼각형 ABC 의 외접원 반지름은 모두 r 과 같다.

문제 4. 삼각형 ABC 에 대하여 점 C 와 D 는 직선 AB 와 같은 쪽에 위치하고 점 A 와 점 E 는 직선 BC 에 대하여 서로 반대쪽에 위치한다. 삼각형 ABC 의 변 AB 와 BC 를 각각 한 변으로 하고 무게중심이 각각 D 와 E 인 정사각형을 생각하자. 직선 AC 와 DE 가 이루는 사잇각의 크기가 $45°$ 임을 증명하시오.

풀이. 점 C 를 점 E 에 대하여 $90°$ 회전시키면 점 B 와 일치한다. 따라서 다음이 성립한다.

$$z_B = z_E + (z_C - z_E)i \text{ 이고 } z_E = \frac{z_B - z_C i}{1 - i}$$

같은 방법으로 $z_D = \dfrac{z_B - z_A i}{1 - i}$ 이다.

---

[58] 게오르게 치체이카(1873–1939), 루마니아의 수학자로 기하학에서 큰 기여를 함.

직선 AC 와 DE 가 이루는 사잇각의 크기는 다음과 같다(<그림 5.1> 참고).

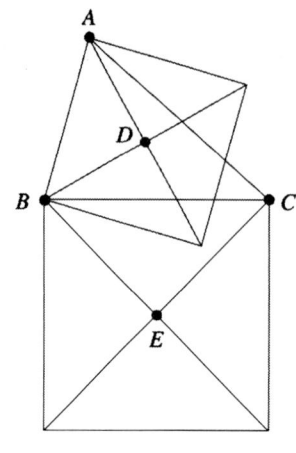

<그림 5.1.>

$$\arg \frac{z_C - z_A}{z_E - z_D} = \arg \frac{(z_C - z_A)(1-i)}{z_B - z_C i - z_B + z_A i} = \arg \frac{1-i}{-i} = \arg(1+i) = \frac{\pi}{4}$$

참고. 삼각형 ABC 에 대하여 점 D 와 점 E 가 같은 조건을 만족하는 점일 때, 변 AB 와 BC 를 각각 한 변으로 하고 무게중심이 각각 D 와 E 인 직사각형을 생각하자. 이 경우 직선 AC 와 DE 가 이루는 사잇각의 크기는 $90° - \angle BAD$ 와 같다.

문제 5. 삼각형 ABC 에 대하여 정삼각형 ABN 과 ACM 은 도형의 바깥쪽으로 그려져있다. 점 P, Q, R 이 각각 변 BC, AM, AN 의 중점일 때, 삼각형 PQR 이 정삼각형임을 보이시오.

풀이. 점 A 를 복소평면의 원점이라 하고 복소평면 위의 점은 대문자로, 그 점의 좌표는 같은 문자의 소문자로 나타내자(<그림 5.2> 참고).
점 A 를 중심으로 점 N 과 점 C 를 $60°$ 회전하면 각각 점 B, 점 M과 일치한다. $\varepsilon = \cos 60° + i \sin 60°$ 라 두면 $b = n \cdot \varepsilon$, $m = c \cdot \varepsilon$이므로 다음이 성립한다.

$$p = \frac{b+c}{2}, \quad q = \frac{m}{2} = \frac{n \cdot \varepsilon}{2}, \quad r = \frac{n}{2} = \frac{b}{2\varepsilon} = \frac{b\varepsilon^5}{2} = -\frac{b\varepsilon^2}{2}$$

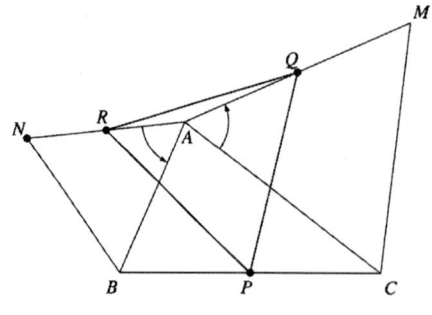

<그림 5.2.>

삼각형 PQR이 정삼각형임을 보이기 위해서 3.4절의 〈성질 1〉을 이용하면 다음이 성립한다.
$$p^2 + q^2 + r^2 = pq + qr + rp$$

문제 6. 원 $C(O\,;R)$ 에 내접하는 육각형 AA′BB′CC′ 이 다음 조건을 만족한다.
$$\overline{AA'} = \overline{BB'} = \overline{CC'} = R$$
점 M, N, P가 각각 변 A′B, B′C, C′A의 중점일 때 삼각형 MNP는 정삼각형임을 보이시오.

풀이. 외접원의 중심 O를 복소평면의 원점이라 하고 a, b, c, a', b', c' 를 각각 꼭짓점 A, B, C, A′, B′, C′ 의 좌표라 하자. $\varepsilon = \cos 60° + i \sin 60°$ 라 두면 다음이 성립한다.
$$a' = a \cdot \varepsilon,\ b' = b \cdot \varepsilon,\ c' = c \cdot \varepsilon$$
따라서 점 M, N, P의 좌표는 다음과 같다.
$$m = \frac{a\varepsilon + b}{2},\ n = \frac{b\varepsilon + c}{2},\ p = \frac{c\varepsilon + a}{2}$$
다음이 성립함을 쉽게 알 수 있다.
$$m^2 + n^2 + p^2 = mn + np + pm$$
따라서 MNP는 정삼각형이다(3.4절 성질 1 참고).

문제 7. 삼각형 ABC의 변 AB와 변 AC에 대하여 정사각형 ABDE와 ACFG가 도형의 외부에 존재한다. 점 M이 변 BC의 중점일 때, $\overline{AM} \perp \overline{EG}$ 이고 $\overline{EG} = 2\overline{AM}$ 이 성립함을 보이시오.

풀이. 점 A를 복소평면의 원점이라 하고 b, c, g, e, m 은 각각 점 B, C, G, E, M의 좌표라 하자 (〈그림 5.3〉).

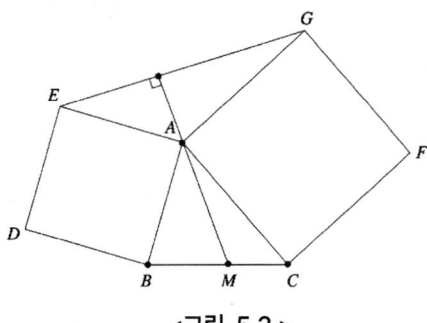

<그림 5.3.>

$g = ci$, $e = -bi$, $m = \dfrac{b+c}{2}$ 이므로 다음이 성립한다.
$$\frac{m-a}{g-e} = \frac{-(b+c)}{2i(b+c)} = \frac{i}{2} \in i\mathbb{R}^*$$

$$|m-a| = \frac{1}{2}|e-g|$$

따라서 $\overline{AM} \perp \overline{EG}$ 이고 $\overline{EG} = 2\overline{AM}$ 이 성립한다.

문제 8. 삼각형 ABC 의 변 AB, BC, CA 가 각각 두 점 M, N 과 두 점 P, Q 그리고 두 점 R, S 에 의해 3등분된다. 정삼각형 MND, PQE, RSF 가 삼각형 ABC 의 외부에 존재할 때, 삼각형 DEF 는 정삼각형임을 보이시오.

풀이. 각 점은 대문자로, 그 점에 대응되는 점의 좌표는 해당 문자의 소문자로 나타내자. 그러면 다음과 같다.

$$m = \frac{2a+b}{3}, \ n = \frac{a+2b}{3}, \ p = \frac{2b+c}{3}, \ q = \frac{b+2c}{3}, \ r = \frac{2c+a}{3}, \ s = \frac{c+2a}{3}$$

점 D 는 점 N 을 중심으로 60° 만큼 점 M 을 회전시켜 얻는다(〈그림 5.4〉).

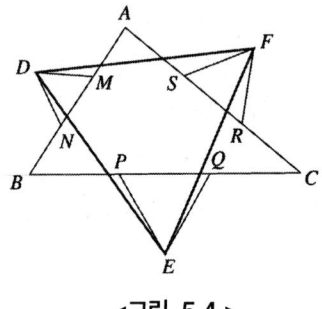

〈그림 5.4.〉

따라서 $\varepsilon = \cos 60° + i \sin 60°$ 이라 두면 다음이 성립한다.

$$d = n + (m-n)\varepsilon = \frac{a+2b+(a-b)\varepsilon}{3}$$

같은 방법으로 다음을 얻는다.

$$e = q + (p-q)\varepsilon = \frac{b+2c+(b-c)\varepsilon}{3}, \ f = s + (r-s)\varepsilon = \frac{c+2a+(c-a)\varepsilon}{3}$$

다음이 성립한다.

$$\frac{f-d}{e-d} = \frac{c+a-2b+(b+c-2a)\varepsilon}{2c-a-b+(2b-a-c)\varepsilon} = \frac{\varepsilon\{b+c-2a+(c+a-2b)(-\varepsilon)^2\}}{2c-a-b+(2b-a-c)\varepsilon}$$

$$= \frac{\varepsilon(b+c-2a)(c+a-2b)(\varepsilon-1)}{2c-a-b+(2b-a-c)\varepsilon} = \varepsilon$$

∠FDE = 60° 이고 $\overline{FD} = \overline{FE}$ 가 성립한다. 따라서 삼각형 DEF 는 정삼각형이다.

문제 9. 한 변의 길이가 a 인 정사각형 ABCD의 내접원 위의 임의의 점 P에 대하여 다음 값을 구하시오.

$$\overline{PA}^2 + \overline{PB}^2 + \overline{PC}^2 + \overline{PD}^2$$

풀이. 복소평면의 점 A, B, C, D의 좌표는 다음과 같다.

$$z_A = \frac{a\sqrt{2}}{2},\ z_B = \frac{a\sqrt{2}}{2}i,\ z_C = -\frac{a\sqrt{2}}{2},\ z_D = -\frac{a\sqrt{2}}{2}i$$

점 P의 좌표를 $z_P = \frac{a}{2}(\cos x + i \sin x)$라 하자(〈그림 5.5〉).

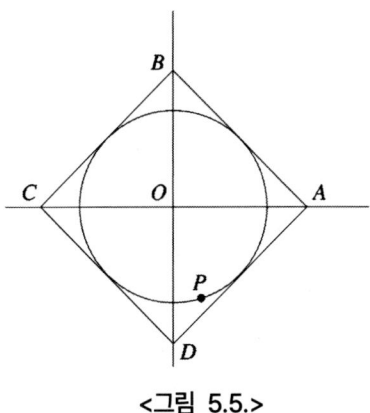

<그림 5.5.>

그러면

$$\overline{PA}^2 + \overline{PB}^2 + \overline{PC}^2 + \overline{PD}^2 = |z_A - z_P|^2 + |z_B - z_P|^2 + |z_C - z_P|^2 + |z_D - z_P|^2$$

$$= \sum_{cyc}(z_A - z_P)(\overline{z_A} - \overline{z_P})$$

$$= 4 \cdot \frac{a^2}{2} + 2 \cdot \frac{a\sqrt{2}}{2} \cdot \frac{a}{2}\left\{2\cos x + 2\cos\left(x + \frac{\pi}{2}\right) + 2\cos(x + \pi) + 2\cos\left(x + \frac{3\pi}{2}\right)\right\}$$

$$+ 4 \cdot \frac{a^2}{4}$$

$$= 2a^2 + 0 + a^2 = 3a^2$$

문제 10. 삼각형 ABD의 변 AB와 AD를 각각 한 변으로 하는 정사각형 ABEF와 ADGH를 삼각형의 바깥쪽으로 그리고 정사각형의 중심을 각각 O, Q라 하자. 변 BD의 중점을 M이라 할 때 삼각형 OMQ는 각 M이 직각인 이등변삼각형임을 증명하시오.

풀이. 점 A, B, D의 좌표를 각각 a, b, d라 하자(〈그림 5.6〉).

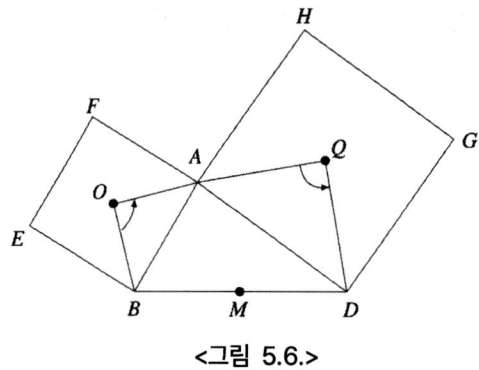

<그림 5.6.>

회전 공식을 이용하여 z_O와 z_Q를 구하면 다음과 같다.

$$\frac{a-z_O}{b-z_O} = \frac{d-z_Q}{a-z_Q} = i$$

$$z_O = \frac{b+a+(a-b)i}{2}, \quad z_Q = \frac{a+d+(d-a)i}{2}$$

변 BD의 중점의 좌표는 $z_M = \dfrac{b+d}{2}$이므로 다음이 성립한다.

$$\frac{z_O - z_M}{z_Q - z_M} = \frac{a-d+(a-b)i}{a-b+(d-a)i} = i$$

따라서 $\overline{QM} \perp \overline{OM}$ 이고 $\overline{QM} = \overline{OM}$ 이다.

문제 11. 볼록 사각형 ABCD의 각 변에 대하여 정삼각형 ABM, CDP는 사각형의 외부에, 정삼각형 BCN, ADQ는 사각형의 내부에 그렸을 때 사각형 MNPQ의 모양을 설명하시오.

(23차 IMO-후보 문항)

풀이. 대문자로 정해진 점의 좌표는 해당되는 문자의 소문자로 나타내기로 하자(<그림 5.7>). 회전공식을 이용하면 다음을 얻는다.

$$m = a+(b-a)\varepsilon, \ n = c+(b-c)\varepsilon,$$

$$p = c+(d-c)\varepsilon, \ q = a+(d-a)\varepsilon \ (단, \ \varepsilon = \cos 60°+i\sin 60°)$$

$$m+p = a+c+(b+d-a-c)\varepsilon = n+q$$

이므로 사각형 ABCD는 평행사변형이거나 네 점 M, N, P, Q는 같은 직선 위의 점[59]이다.

---

[59] (역자주) 같은 직선 위에 있지만 점 N, M 사이의 거리와 점 P, Q 사이의 거리가 같아야 한다.

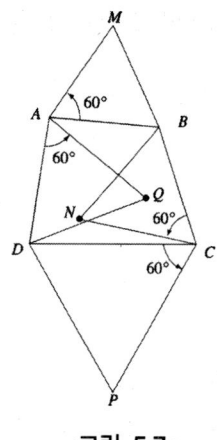

<그림 5.7.>

문제 12. 삼각형 ABC 의 각 변에 대하여 사각형 ABMM′, ACNN′, BCPP′을 외부에 그리고 A′, B′, C′은 각각 선분 M′N′, P′M, PN 의 중점이라 하자. 삼각형 ABC 와 A′B′C′의 무게중심이 같음을 증명하시오.

풀이. 대문자로 표시된 점의 좌표를 해당 문자의 소문자로 나타내자(<그림 5.8>). 회전 공식을 적용하면 다음을 얻는다.

$$n' = a + (c-a)i, \; m' = a + (b-a)(-i)$$
$$a' = \frac{m' + n'}{2} = \frac{2a + (c-b)i}{2}$$

같은 방법으로 나머지도 구할 수 있다.

$$b' = \frac{2b + (a-c)i}{2}, \; c' = \frac{2c + (b-a)i}{2}$$

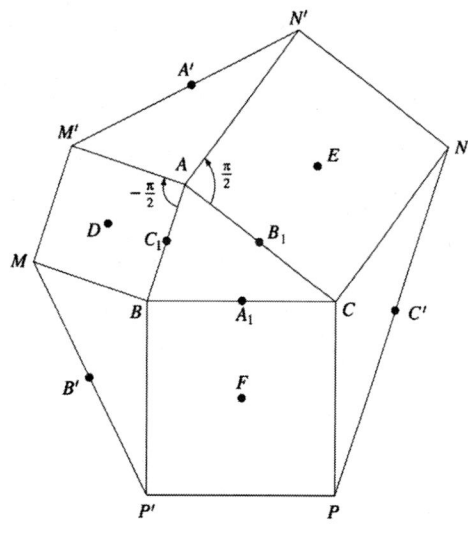

<그림 5.8.>

삼각형 A′B′C′와 ABC가 같은 무게중심일 필요충분조건은 다음과 같다.

$$\frac{a'+b'+c'}{3} = \frac{a+b+c}{3}$$

따라서

$$a'+b'+c' = \frac{2a+2b+2c+(c-b+a-c+b-a)i}{2} = a+b+c$$

이므로 삼각형 ABC와 A′B′C′의 무게중심이 같다.

문제 13. 예각삼각형 ABC에 대하여 직선 AC에서의 점 B 방향으로 A, C, F에서 직각인 이등변삼각형 DAB, BCE, AFC를 각각 그렸을 때 세 점 D, E, F가 한 직선 위에 있음을 증명하시오.

풀이. 대문자로 표시된 점의 좌표를 해당 문자의 소문자로 나타내자. 회전 공식을 적용하면 다음을 얻는다.

$$d = a+(b-a)(-i), \quad e = c+(b-c)i, \quad a = f+(c-f)i$$

$$f = \frac{a-ci}{1-i} = \frac{a+c+(a-c)i}{2} = \frac{d+e}{2}$$

따라서 세 점 D, E, F는 한 직선 위에 있다.

문제 14. 평행사변형 ABCD의 변 AB와 CD에 대해서는 정삼각형 ABE와 CDF를, 변 AD와 BC에 대해서는 무게중심이 G와 H인 정사각형을 평행사변형의 외부에 그렸을 때 사각형 EHFG는 평행사변형임을 증명하시오.

풀이. 대문자로 표시된 점의 좌표를 해당 문자의 소문자로 나타내자. 사각형 ABCD가 평행사변형이므로 $a+c = b+d$ 이다(〈그림 5.9〉).

점 D, B는 각각 점 A, C를 G, H를 중심으로 90° 만큼 회전한 점이다. 따라서 $d-g = (a-g)i$, $b-h = (c-h)i$ 이고 $g = \frac{d-ai}{1-i}$, $h = \frac{b-ci}{1-i}$ 이다. 점 E와 F를 중심으로 60° 만큼 점 B와 D를 회전하면 각각 점 A와 C가 된다. 그러면 $a-e = (b-e)\varepsilon$, $c-f = (d-f)\varepsilon$ (단, $\varepsilon = \cos 60° + i\sin 60°$)이 성립한다.

그러므로 $e = \frac{a-b\varepsilon}{1-\varepsilon}$, $f = \frac{c-d\varepsilon}{1-\varepsilon}$ 이고 다음 식이 성립한다.

$$g+h = \frac{d+b-(a+c)i}{1-i} = \frac{a+c-(a+c)i}{1-i} = a+c$$

$$e+f = \frac{a+c-(b+d)\varepsilon}{1-\varepsilon} = \frac{a+c-(a+c)\varepsilon}{1-\varepsilon} = a+c$$

따라서, 사각형 EHFG는 평행사변형이다.

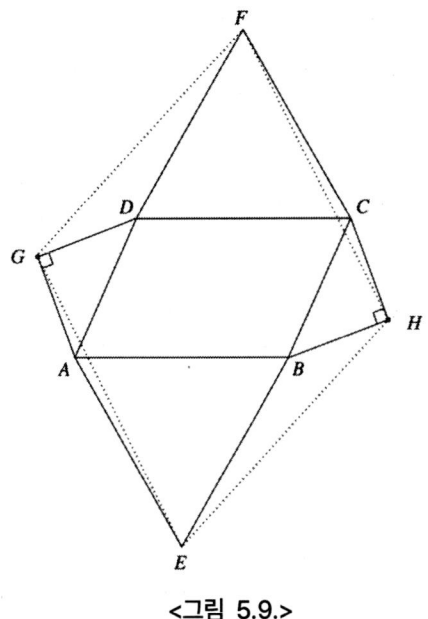

<그림 5.9.>

문제 15. 삼각형 ABC는 ∠C = 90°인 직각삼각형이고 점 C에서 변 AB에 내린 수선의 발을 점 D라 하자. M과 N을 각각 선분 CD, BD의 중점이라 할 때 직선 AM과 CN은 서로 수직임을 증명하시오.

풀이 1. 점 C를 복소평면의 원점이라 하고 a, b, d, m, n은 각각 점 A, B, D, M, N의 좌표라 하자(<그림 5.10>).

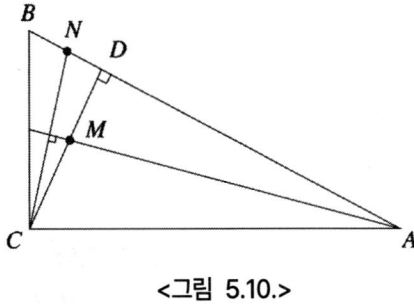

<그림 5.10.>

삼각형 ABC와 CDB는 서로 닮은 삼각형이다. 따라서 다음이 성립한다.

$$\frac{a-d}{d-0} = \frac{0-d}{d-b} \text{ 또는 } d = \frac{ab}{a+b}$$

그러면

$$m = \frac{d}{2} = \frac{ab}{2(a+b)} \text{ 이고 } n = \frac{b+d}{2} = \frac{2ab+b^2}{2(a+b)}$$

이다. 결국,

$$\arg\frac{m-a}{n-0} = \arg\frac{\frac{ab}{2(a+b)}-a}{\frac{2ab+b^2}{2(a+b)}} = \arg\left(-\frac{a}{b}\right) = \frac{\pi}{2}$$

이다. 따라서 $\overline{AM} \perp \overline{CN}$ 이다.

풀이 2. 4.1절 성질 1의 내적의 성질을 $\overline{CA} \perp \overline{CB}$ 에 적용하면 다음을 얻는다.

$$(m-a)\cdot(n-c) = \left(\frac{ab}{2(a+b)}-a\right)\cdot\frac{2ab+b^2}{2(a+b)}$$

$$= -\frac{a(2a+b)}{2(a+b)}\cdot\frac{b(2a+b)}{2(a+b)} = -\left|\frac{2a+b}{2(a+b)}\right|^2(a\cdot b) = 0$$

따라서 4.1절의 성질2로부터 $\overline{AM} \perp \overline{CN}$ 임을 얻는다.

문제 16. 삼각형 ABC 는 외접원의 반지름이 1 인 정삼각형이다. 외접원 위의 임의의 점 P 에 대하여 다음 식이 성립함을 증명하시오.

$$\overline{PA}^2 + \overline{PB}^2 + \overline{PC}^2 = 6$$

풀이. 점 A, B, C 의 좌표가 각각 1 의 세제곱근인 1, ε, ε^2 인 복소평면에 대하여 점 P 의 좌표를 z 라 하자. $|z| = 1$ 이므로 다음과 같이 주어진 식이 성립한다.

$$\overline{PA}^2 + \overline{PB}^2 + \overline{PC}^2 = |z-1|^2 + |z-\varepsilon|^2 + |z-\varepsilon^2|^2$$

$$= (z-1)(\overline{z}-1) + (z-\varepsilon)(\overline{z}-\overline{\varepsilon}) + (z-\varepsilon^2)(\overline{z}-\overline{\varepsilon^2})$$

$$= 3|z|^2 - (1+\varepsilon+\varepsilon^2)\overline{z} - (1+\overline{\varepsilon}+\overline{\varepsilon}^2)z + 1 + |\varepsilon|^2 + |\varepsilon^2|^2$$

$$= 3 - 0\cdot\overline{z} - 0\cdot z + 1 + 1 + 1 = 6$$

문제 17. 점 B는 선분 AC의 내부의 점이다. 직선 AC의 같은 영역에 작도된 두 정삼각형 ABE, BCF 가 있다. 두 점 M, N 은 각각의 선분 AF, CE의 중점일 때, 삼각형 BMN이 정삼각형임을 보이시오.

풀이. 대문자로 표시된 점의 좌표를 해당 소문자로 나타내자. 점 B를 점 A를 중심으로 60° 회전시킨 점을 점 E 라 하자. 그러므로 다음 식이 성립한다.

$$e = a + (b-a)\varepsilon, \quad (단, \ \varepsilon = \cos 60° + i\sin 60°)$$

그리고 비슷하게 $f = b + (c-b)\varepsilon$도 성립한다.

두 점 M, N 의 좌표는 다음과 같다.

$$m = \frac{a+b+(c-b)\varepsilon}{2}, \quad n = \frac{c+a+(b-a)\varepsilon}{2}.$$

증명은 $\frac{m-b}{n-b} = \varepsilon$임을 보이는 것으로 충분하다. 그리고
$$m - b = (n-b)\varepsilon$$
의 필요충분조건은
$$a - b + (c-b)\varepsilon = (c+a-2b)\varepsilon + (b-a)\varepsilon^2$$
이다. 위 식을 정리하면 다음과 같다.
$$a - b = (a-b)\varepsilon + (b-a)(\varepsilon - 1)$$
위 식은 항등식이므로 $\frac{m-b}{n-b} = \varepsilon$이 성립한다.

문제 18. 정사각형 ABCD의 중점이 O이고, 두 점 M, N은 각각 선분 BO, CD의 중점이다. 이때, 삼각형 AMN은 직각이등변삼각형임을 보이시오.

풀이. 복소평면의 원점을 정사각형 ABCD의 중점 O라 하고 정사각형의 네 점 A, B, C, D의 좌표를 1, i, -1, $-i$라 하자. (〈그림 5.11〉)

두 점 M, N의 좌표는 $m = \frac{i}{2}$, $n = \frac{-1-i}{2}$이므로 다음 식이 성립한다.
$$\frac{a-m}{n-m} = \frac{1 - \frac{i}{2}}{\frac{-1-i}{2} - \frac{i}{2}} = \frac{2-i}{-1-2i} = i$$

그러므로 $\overline{AM} \perp \overline{MN}$이고 $\overline{AM} = \overline{NM}$이다. 따라서 삼각형 AMN은 직각이등변삼각형이다.

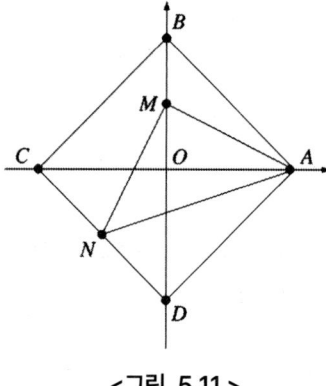

〈그림 5.11.〉

문제 19. 정삼각형이 아닌 삼각형 $A_1A_2A_3$에 대하여 같은 방향으로 세 삼각형 $A_1A_2B_3$, $A_2A_3B_1$, $A_3A_1B_2$이 닮음이 되도록 세 점 B_1, B_2, B_3를 잡자.

삼각형 $B_1B_2B_3$이 정삼각형이 될 필요충분조건은 세 삼각형 $A_1A_2B_3$, $A_2A_3B_1$, $A_3A_1B_2$은 각각 밑변이 A_1A_2, A_2A_3, A_3A_1이고 두 변의 길이가 같고 사이의 각이 30°인 이등변삼각형임을 보이시오.

풀이. 삼각형 $A_1A_2B_3$, $A_2A_3B_1$, $A_3A_1B_2$은 같은 방향으로 닮음이므로 식 $\dfrac{b_3-a_2}{a_1-a_2}=\dfrac{b_1-a_3}{a_2-a_3}=\dfrac{b_2-a_1}{a_3-a_1}=z$이 성립한다. 이를 정리하면 다음과 같다.

$$b_3 = a_2 + z(a_1 - a_2),\ b_1 = a_3 + z(a_2 - a_3),\ b_2 = a_1 + z(a_3 - a_1)$$

삼각형 $B_1B_2B_3$이 정삼각형일 필요충분조건은 다음과 같다.

$$b_1 + \varepsilon b_2 + \varepsilon^2 b_3 = 0 \text{ 또는 } b_1 + \varepsilon b_3 + \varepsilon^2 b_2 = 0$$

첫 번째 조건을 만족한다고 하자. 그러면

$$b_1 + \varepsilon b_2 + \varepsilon^2 b_3 = 0\text{일 필요충분조건은}$$

$$a_3 + z(a_2 - a_3) + \varepsilon a_1 + \varepsilon z(a_3 - a_1) + \varepsilon^2 a_2 + \varepsilon^2 z(a_1 - a_2) = 0$$

이다. 이를 정리하면 다음과 같다.

$$a_3 + \varepsilon a_1 + \varepsilon^2 a_2 + z(a_2 - a_3 + \varepsilon a_3 - \varepsilon a_1 + \varepsilon^2 a_1 - \varepsilon^2 a_2) = 0$$

$$z[a_2(1-\varepsilon)(1+\varepsilon) - a_1\varepsilon(1-\varepsilon) - a_3(1-\varepsilon)] = -(a_3 + \varepsilon a_1 + \varepsilon^2 a_2)$$

$$z = \frac{a_3 + \varepsilon a_1 + \varepsilon^2 a_2}{(1-\varepsilon)(a_3 + \varepsilon a_1 + \varepsilon^2 a_2)} = \frac{1}{1-\varepsilon} = \frac{1}{\sqrt{3}}(\cos 30° + i\sin 30°)$$

이것은 삼각형 $A_1A_2B_3$, $A_2A_3B_1$, $A_3A_1B_2$는 두 변의 길이가 같고 밑변 사이의 각이 30°인 이등변삼각형임을 의미한다.

단, 삼각형 $A_1A_2A_3$이 정삼각형이 아니므로 $a_3 + \varepsilon a_1 + \varepsilon^2 a_2 \neq 0$이다.

문제 20. 정육각형 ABCDEF의 대각선 AC, CE 위의 점 M, N는 다음 식을 만족한다고 하자.

$$\frac{\overline{AM}}{\overline{AC}} = \frac{\overline{CN}}{\overline{CE}} = r$$

세 점 B, M, N이 일직선 위에 있도록 r을 구하시오.

(23번째 IMO)

풀이. 복소평면의 원점을 정육각형의 중심이라고 하고, 정육각형의 6개의 점 A, B, C, D, E, F의 좌표를 각각 1, ε, ε^2, ε^3, ε^4, ε^5이라 하자. 단,

$$\varepsilon = \cos\frac{\pi}{3} + i\sin\frac{\pi}{3} = \frac{1+i\sqrt{3}}{2}$$

그리고

$$\frac{\overline{MC}}{\overline{MA}} = \frac{\overline{NE}}{\overline{NC}} = \frac{1-r}{r}$$

이기 때문에 두 점 M, N의 좌표 m, n은 각각 다음과 같다(〈그림 5.12〉).

$$m = \varepsilon r + \varepsilon^5(1-r),$$
$$n = \varepsilon^2 r + \varepsilon(1-r)$$

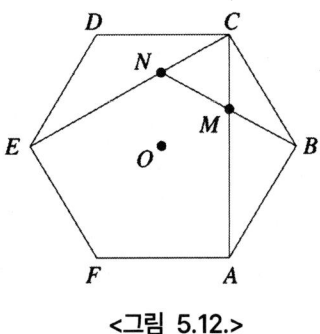

<그림 5.12.>

점 B, M, N이 일직선 위에 있을 필요충분조건은 $\dfrac{m-1}{n-1} \in \mathbb{R}^*$ 이다.

$m-1$과 $n-1$을 계산하면 다음과 같다.

$$m-1 = \varepsilon r + \varepsilon^5(1-r) - 1 = \varepsilon r - \varepsilon^2(1-r) - 1$$
$$= \frac{1+i\sqrt{3}}{2}r - \frac{-1+i\sqrt{3}}{2}(1-r) = -\frac{1}{2} + \frac{i\sqrt{3}}{2}(2r-1)$$

$$n-1 = \varepsilon^3 r + \varepsilon(1-r) - 1 = -r + \frac{1+i\sqrt{3}}{2}(1-r) - 1$$
$$= -\frac{1}{2} - \frac{3r}{2} + \frac{i\sqrt{3}}{2}(1-r)$$

그러므로

$$\frac{m-1}{n-1} = \frac{-1 + i\sqrt{3}(2r-1)}{-(1+3r) + i\sqrt{3}(1-r)} \in \mathbb{R}^*$$

일 필요충분조건은

$$\sqrt{3}(1-r) - (1+3r) \cdot \sqrt{3}(2r-1) = 0$$

이다. 위 식을 간단히 정리하면 $1-r = 6r^2 - r - 1$이다. 즉, $r^2 = \dfrac{1}{3}$이므로 $r = \dfrac{1}{\sqrt{3}}$이다.[60]

문제 21. 사각형 ABCD의 무게중심을 G라 하고 두 선분 AD, BC의 중점을 각각 M, N이라 하자. 두 직선 GA, GD가 수직이면 $\overline{AD} = \overline{MN}$ 임을 보이시오.

풀이. 점 A, B, C, D, G의 좌표를 각각 a, b, c, d, g라 하자. 복소수 내적의 성질을 이용하자.

---

60) (역자주) $r > 0$의 조건을 만족하는 해를 찾아야 한다.

$\overline{GA} \perp \overline{GD}$일 필요충분조건은 $(a-g) \cdot (d-g) = 0$이다.

$$\left(a - \frac{a+b+c+d}{4}\right) \cdot \left(d - \frac{a+b+c+d}{4}\right) = 0$$

$$(3a - b - c - d) \cdot (3d - a - b - c) = 0$$

$$[a - b - c + d + 2(a-d)] \cdot [a - b - c + d - 2(a-d)] = 0$$

$$(a + d - b - c) \cdot (a + d - b - c) = 4(a-d) \cdot (a-d)$$

$$\left|\frac{a+d}{2} - \frac{b+c}{2}\right|^2 = |a-d|^2 \tag{1}$$

두 점 M, N은 각각 변 AD, BC의 중점이다. M, N의 좌표는 $\frac{a+d}{2}$, $\frac{b+c}{2}$이다. 그러므로 식 (1)은 $\overline{MN} = \overline{AD}$를 의미한다.

문제 22. 볼록사각형 ABCD의 두 대변 AD, BC는 서로 평행하지 않다. 삼각형 BCD, ACD, ABD, ABC의 무게중심을 각각 G_1, G_2, G_3, G_4라 하자. $\overline{AG_1} = \overline{BG_2}$이고 $\overline{CG_3} = \overline{DG_4}$이면 사각형 ABCD는 등변사다리꼴임을 보이시오.

풀이. 대문자로 표시된 점의 좌표를 해당 소문자로 나타내자. $s = a+b+c+d$라 하자. 그러면

$$g_1 = \frac{b+c+d}{3} = \frac{s-a}{3}, \quad g_2 = \frac{s-b}{3}, \quad g_3 = \frac{s-c}{3}, \quad g_4 = \frac{s-d}{3}$$

이다. $\overline{AG_1} = \overline{BG_2}$는 아래와 같이 좌표로 나타낼 수 있다.

$$|a - g_1| = |b - g_2|,$$

$$|4a - s| = |4b - s|$$

복소수 내적을 이용하면 다음과 같다.

$$(4a - s) \cdot (4a - s) = (4b - s) \cdot (4b - s)$$

$$16|a|^2 - 8a \cdot s = 16|b|^2 - 8b \cdot s$$

$$2(|a|^2 - |b|^2) = (a-b) \cdot s \tag{1}$$

같은 방법으로 다음 식을 얻는다.

$$\overline{CG_3} = \overline{DG_4} \text{와의 필요충분조건은 } 2(|c|^2 - |d|^2) = (c-d) \cdot s \tag{2}$$

이다. 식 (1)에서 식 (2)을 빼면 다음과 같다.

$$2(|a|^2 - |b|^2 - |c|^2 + |d|^2) = (a - b - c + d) \cdot (a + b + c + d)$$

$$2(|a|^2 - |b|^2 - |c|^2 + |d|^2) = |a+d|^2 - |b+c|^2$$

$$2(a\bar{a} - b\bar{b} - c\bar{c} + d\bar{d}) = a\bar{c} + a\bar{d} + \bar{a}c + d\bar{d} - b\bar{b} - b\bar{c} - \bar{b}c - c\bar{c}$$

$$a\bar{a} - a\bar{d} - \bar{a}d + d\bar{d} = b\bar{b} - b\bar{c} - \bar{b}c + c\bar{c}$$

$$|a-d|^2 = |b-c|^2$$

마지막 식은 선분으로 표현하면 다음과 같다.
$$\overline{AD} = \overline{BC} \tag{3}$$
식 (1)과 식(2)를 더하면 다음과 같다.
$$2(|a|^2 - |b|^2 - |d|^2 + |c|^2) = (a - b - d + c) \cdot (a + b + c + d)$$
위 식을 전개를 하면 다음 식을 얻는다.
$$\overline{AC} = \overline{BD} \tag{4}$$
식 (3)과 식 (4)에서 $\overline{AB} \parallel \overline{CD}$ 임을 유도할 수 있고, 그 결과 사각형 ABCD는 등변사다리꼴이다.

문제 23. 모든 사각형 ABCD가
$$\overline{AC}^2 \cdot \overline{BD}^2 = \overline{AB}^2 \cdot \overline{CD}^2 + \overline{AD}^2 \cdot \overline{BC}^2 - 2\overline{AB} \cdot \overline{BC} \cdot \overline{CD} \cdot \overline{DA} \cdot \cos(A + C)$$
이 성립함을 보이시오.

(브레치나이더 관계 또는 첫 번째 일반화된 톨레미 정리)

풀이. 점 A, B, C, D의 복소좌표를 z_A, z_B, z_C, z_D 라 하자. 그리고 점 A를 원점으로 점 B는 실수축 위에 놓이도록 하자. (〈그림 5.13〉)

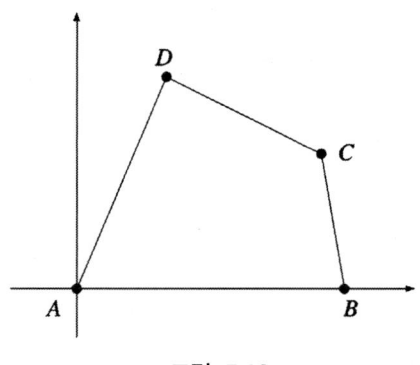

<그림 5.13.>

그림 다음과 같은 항등식이 성립한다.
$$(z_A - z_C)(z_B - z_D) = -(z_A - z_B)(z_D - z_C) - (z_A - z_D)(z_C - z_B)$$
$$\overline{(z_A - z_C)}\,\overline{(z_B - z_D)} = -\overline{(z_A - z_B)}\,\overline{(z_D - z_C)} - \overline{(z_A - z_D)}\,\overline{(z_C - z_B)}$$
양변을 곱하면 다음 식을 얻는다.
$$\overline{AC}^2 \cdot \overline{BD}^2 = \overline{AB}^2 \cdot \overline{DC}^2 + \overline{AD}^2 \cdot \overline{BC}^2 + z + \overline{z} \quad (\text{단,}$$
$$z = (z_A - z_B)(z_D - z_C)\overline{(z_A - z_D)}\,\overline{(z_C - z_B)})$$
따라서 다음 식을 증명하면 충분하다.
$$z + \overline{z} = -2\overline{AB} \cdot \overline{BC} \cdot \overline{CD} \cdot \overline{DA} \cdot \cos(A + C)$$

다음 식이 성립한다.
$$z_A - z_B = \overline{AB}(\cos\pi + i\sin\pi),$$
$$z_D - z_C = \overline{DC}[\cos(2\pi - B - C) + i\sin(2\pi - B - C)],$$
$$\overline{z_A - z_D} = \overline{DA}[\cos(\pi - A) + i\sin(\pi - A)],$$
$$\overline{z_C - z_D} = \overline{BC}\{\cos(\pi + B) + i\sin(\pi + B)]$$

그러므로 다음식이 성립한다.
$$z + \overline{z} = 2\operatorname{Re} z = 2\overline{AB} \cdot \overline{BC} \cdot \overline{CD} \cdot \overline{DA}\cos(5\pi - A - C)$$
$$= -2\overline{AB} \cdot \overline{BC} \cdot \overline{CD} \cdot \overline{DA} \cdot \cos(A+C)$$

주의. $\cos(A+C) \geq -1$이므로 위의 식은 다음과 같은 톨레미 부등식을 유도한다.
$$\overline{AC} \cdot \overline{BD} \leq \overline{AB} \cdot \overline{DC} + \overline{AD} \cdot \overline{BC}$$
(단, 등호는 사각형 ABCD가 원에 내접할 때 성립한다.)

문제 24. 사각형 ABCD에 대하여 $\overline{AB} = a$, $\overline{BC} = b$, $\overline{CD} = c$, $\overline{DA} = d$, $\overline{AC} = d_1$, $\overline{BD} = d_2$라 할 때, 다음을 증명하시오.
$$d_2^2\{a^2d^2 + b^2c^2 - 2abcd\cos(B-D)\} = d_1^2\{a^2b^2 + c^2d^2 - 2abcd\cos(A-C)\}$$

(톨레미 정리의 두 번째 일반화)

풀이. 점 A, B, C, D의 좌표를 z_A, z_B, z_C, z_D라 두자. 단, 점 D는 원점이고 점 C는 양의 실수축 위의 점이라 하자(〈그림 5.13〉을 참조하되 차이점에 주의할 것). 복소수 내적을 통해 확인해 보자.
$$(z_B - z_D)\{(z_A - z_B)(z_A - z_D) - (z_C - z_B)(z_C - z_D)\}$$
$$= (z_C - z_A)\{(z_B - z_A)(z_B - z_C) - (z_D - z_A)(z_D - z_C)\},$$
$$\overline{(z_B - z_D)}\{\overline{(z_A - z_B)}\,\overline{(z_A - z_D)} - \overline{(z_C - z_B)}\,\overline{(z_C - z_D)}\}$$
$$= \overline{(z_C - z_A)}\{\overline{(z_B - z_A)}\,\overline{(z_B - z_C)} - \overline{(z_D - z_A)}\,\overline{(z_D - z_C)}\},$$

위 두 식의 양변을 곱하면
$$d_2^2\{a^2d^2 + b^2c^2 - (z_A - z_B)(z_A - z_D)\overline{(z_C - z_B)}\,\overline{(z_C - z_D)}$$
$$- (z_C - z_B)(z_C - z_D)\overline{(z_A - z_B)}\,\overline{(z_A - z_D)}\}$$
$$= d_1^2\{a^2b^2 + c^2d^2 - (z_B - z_A)(z_B - z_C)\overline{(z_D - z_A)}\,\overline{(z_D - z_C)}$$
$$- (z_D - z_A)(z_D - z_C)\overline{(z_B - z_A)}\,\overline{(z_B - z_C)}\}$$

다음을 보이면 충분하다.
$$2\operatorname{Re}(z_A - z_B)(z_A - z_D)\overline{(z_C - z_B)}\,\overline{(z_C - z_D)} = 2abcd\cos(B-D),$$

$$2\operatorname{Re}(z_B - z_A)(z_B - z_C)(\overline{z_D - z_A})(\overline{z_D - z_C}) = 2abcd\cos(A - C)$$

다음 식이 성립함을 알고 있다.

$$z_B - z_A = a\{\cos(\pi + A + D) + i\sin(\pi + A + D)\},$$
$$z_B - z_C = b\{\cos(\pi - C) + i\sin(\pi - C)\},$$
$$\overline{z_D - z_C} = c(\cos\pi + i\sin\pi),$$
$$\overline{z_D - z_A} = d\{\cos(\pi - D) + i\sin(\pi - D)\},$$
$$z_A - z_B = a\{\cos(A + D) + i\sin(A + D)\},$$
$$z_A - z_D = d(\cos D + i\sin D)$$
$$\overline{z_C - z_B} = b(\cos B + i\sin B),$$
$$\overline{z_C - z_D} = c(\cos 0 + i\sin 0)$$

결국

$$2\operatorname{Re}(z_A - z_B)(z_A - z_D)(\overline{z_C - z_B})(\overline{z_C - z_D}) = 2abcd\cos(A + D + D + C)$$
$$= 2abcd\cos(2\pi - B + D) = 2abcd\cos(B - D)$$
$$2\operatorname{Re}(z_B - z_A)(z_B - z_C)(\overline{z_D - z_A})(\overline{z_D - z_C})$$
$$= 2abcd\cos(\pi + A + D\pi - C + \pi - D + \pi)$$
$$= 2abcd\cos(4\pi + A - C) = 2abcd\cos(A - C)$$

주의. 만약 ABCD가 원에 내접하는 사각형이면 $B + D = A + C = \pi$이다.
$$\cos(B - D) = \cos(2B - \pi) = -\cos 2B,$$
$$\cos(A - C) = \cos(2A - \pi) = -\cos 2A$$

이다. 이 관계식을 정리하면 다음과 같다.

$$d_2^2\{(ad + bc)^2 - 2abcd(1 - \cos 2B)\} = d_1^2\{(ab + cd)^2 - 2abcd(1 - \cos 2A)\}$$
$$d_2^2(ad + bc)^2 - 4abcd\,d_2^2\sin^2 B = d_1^2(ab + cd)^2 - 4abcd\,d_1^2\sin^2 A \quad (1)$$

외접원의 반지름이 R인 삼각형 ABC와 ABD에 사인법칙을 적용하자. $d_1 = 2R\sin B$, $d_2 = 2R\sin A$이므로 $d_1\sin A = d_2\sin B$이다. 식 (1)에서 다음 식을 얻는다.

$$d_2^2(ad + bc)^2 = d_1^2(ab + cd)^2$$

이를 정리하면 다음과 같다.

$$\frac{d_2}{d_1} = \frac{ab + cd}{ad + bc} \quad (2)$$

식 (2)가 잘 알려진 톨레미의 두 번째 정리이다.

문제 25. 같은 평면 위에 놓인 세 정삼각형 OAB, OCD, OEF가 있다. 선분 BC, DE, FA의 중점이 정삼각형의 꼭짓점이 됨을 증명하시오.

증명. 원점 O에 대하여 삼각형 OAB, OCD, OEF가 양의 방향을 가진다고 하자. 대문자로 표시한 점의 좌표를 소문자에 대응시키자.

$\varepsilon = \cos 60° + i \sin 60°$ 라 하자. 그러면
$$b = a\varepsilon, \ d = c\varepsilon, \ f = e\varepsilon$$
이고
$$m = \frac{b+c}{2} = \frac{a\varepsilon + c}{2}, \ n = \frac{d+e}{2} = \frac{c\varepsilon + e}{2}, \ p = \frac{f+a}{2} = \frac{e\varepsilon + a}{2}$$

삼각형 MNP가 정삼각형일 필요충분조건은
$$m + \omega n + \omega^2 p = 0 \ (단, \ \omega = \cos 120° + i \sin 120° = \varepsilon^2)$$

다음 식이 성립하기 때문에 주어진 식이 성립한다.
$$m + \varepsilon^2 n + \varepsilon^4 p = m + \varepsilon^2 n - \varepsilon p = \frac{1}{2}(a\varepsilon + c - c + e\varepsilon^2 - e\varepsilon^2 - \varepsilon a) = 0$$

복소수와 관련된 추가 문제를 풀어보자.

문제 26. 삼각형 ABC는 $\overline{AC}^2 + \overline{AB}^2 = 5\overline{BC}^2$을 만족한다. 점 B와 C에서 마주보는 변에 그은 중선은 서로 수직임을 증명하시오.

문제 27. 삼각형 ABC에 대하여 선분 BC, CA, AB 위에 각각 점 A′, B′, C′가 다음의 관계식을 만족한다.
$$\frac{\overline{A'B}}{\overline{A'C}} = \frac{\overline{B'C}}{\overline{B'A}} = \frac{\overline{C'A}}{\overline{C'B}} = k$$

또한 선분 B′C′, C′A′, A′B′ 위의 점 A″, B″, C″가 다음의 관계식을 만족한다.
$$\frac{\overline{A''C'}}{\overline{A''B'}} = \frac{\overline{C''B'}}{\overline{C''A'}} = \frac{\overline{B''A'}}{\overline{B''C'}} = k$$

그러면 삼각형 ABC와 삼각형 A″B″C″가 닮음 삼각형임을 증명하시오.

문제 28. 모든 삼각형에 대하여 다음 부등식이 성립함을 증명하시오.
$$\frac{R}{2r} \geq \frac{m_\alpha}{h_\alpha}$$

(단, 등호는 정삼각형일 때 성립한다.)

문제 29. 외접원 $C(O;R)$을 가지는 사각형 ABCD에 대하여 다음을 증명하시오.
$$\overline{AB}^2 + \overline{BC}^2 + \overline{CD}^2 + \overline{DA}^2 = 8R^2$$
일 필요충분조건은 $\overline{AC} \perp \overline{BD}$ 이거나 대각선 중의 하나가 원 C의 지름이다.

문제 30. 볼록 사각형 ABCD의 각 변을 하나의 변으로 하는 정삼각형 ABM, BCN, CDP, DAQ가 외접하게 그려져 있다. 사각형 ABCD와 MNPQ의 무게중심이 같음을 증명하시오.

문제 31. 사각형 ABCD 에서 회전중심이 각각 A, B, C, D 이고 회전각이 α인 회전 변환 R_1, R_2, R_3, R_4를 생각하자. 회전 변환 R_2, R_3, R_4, R_1에 의한 점 A, B, C, D의 상을 각각 M, N, P, Q 라고 하자. 사각형 ABCD와 MNPQ 의 각각 대각선의 중점을 연결한 사각형은 평행사변형임을 증명하시오.

문제 32. 원에 내접하는 사각형 ABCD 에 대하여 다음이 성립함을 증명하시오.
(a) $\overline{AD} + \overline{BC}\cos(A+B) = \overline{AB}\cos A + \overline{CD}\cos D$
(b) $\overline{BC}\sin(A+B) = \overline{AB}\sin A - \overline{CD}\sin D$

문제 33. O_9, I, G 는 삼각형 ABC 에서 각각 구점원의 중심, 내심, 무게중심이다. 직선 O_9G와 직선 AI 가 수직일 필요충분조건은 $\angle A = \dfrac{\pi}{3}$ 임을 증명하시오.

문제 34. 중심 O_1, O_2를 가지는 두 원 ω_1, ω_2가 평면에 있다. 두 점 M_1', M_2'이 각각 원 ω_1, ω_2 위에 있고, 직선 O_1M_1'과 직선 O_2M_2'이 서로 만난다고 하자. 두 점 M_1, M_2이 각각 원 ω_1, ω_2 위에 있고 $\angle M_1'O_1M_1 = \angle M_2'O_2M_2$을 만족한다.
(a) $\overline{M_1M_2}$ 의 중점의 자취를 구하시오.
(b) 점 P 가 직선 O_1M_1'과 직선 O_2M_2'의 교점이라고 할 때, 삼각형 O_1PO_2의 외접원과 삼각형 M_1PM_2 의 외접원이 두 점 P, Q 에서 만날 때, 점 Q 는 M_1, M_2의 위치에 관계없이 고정됨을 증명하시오.

(2000 베트남 수학올림피아드)

문제 35. 삼각형 $A_1A_2A_3$의 두 변을 밑변으로 하는 $\overline{O_2A_3} = \overline{O_2A_1}$ 인 이등변삼각형 $A_3A_1O_2$ 과 $\overline{O_3A_1} = \overline{O_3A_2}$ 인 이등변삼각형 $A_1A_2O_3$ 가 있다.
$\angle O_1A_3A_2 = \dfrac{1}{2}\angle A_1O_3A_2$, $\angle O_1A_2A_3 = \dfrac{1}{2}\angle A_1O_2A_3$가 되도록 선분 A_2A_3 의 반대편에 점 O_1을 잡고, 점 O_1에서 선분 A_2A_3 에 내린 수선의 발을 점 T 라 할 때, $\overline{A_1O_1} \perp \overline{O_2O_3}$ 이고

$$\frac{\overline{A_1O_1}}{\overline{O_2O_3}} = 2\frac{\overline{O_1T}}{\overline{A_2A_3}}$$

임을 증명하시오.61)

(2000년 이란 올림피아드)

문제 36. 삼각형 $A_1A_2A_3$ 와 점 P_0 가 주어진 평면 위에 있다. $A_s = A_{s-3}$ ($s \geq 4$)라고 정의하자. 점의 수열 P_0, P_1, P_2, $\cdots$ 을 만들 수 있는데 P_{k+1} 은 P_k 를 점 A_{k+1} 을 회전중심으로 120°시계방향으로 회전한 점이다. $P_{1986} = P_0$ 일 때, 삼각형 $A_1A_2A_3$ 은 정삼각형임을 증명하시오.

(27회 IMO)

문제 37. 평면 위에 두 원이 서로 다른 두 점에서 만나며 그 중 한 점을 A 라 하자. 두 원의 각각의 점이 점 A 에서 출발하여 각 속도가 일정하게 같은 방향으로 자신의 원 위를 각각 움직인다. 두 점 모두 한 바퀴 회전 후에는 다시 점 A 로 돌아온다. 회전하는 두 점의 위치에 상관없이 움직이는 두 점으로부터 거리가 같은 고정된 점 P 가 존재함을 보이시오.

(21회 IMO)

문제 38. 정사각형 ABCD 내부에 정삼각형 ABK, BCL, CDM, DAN이 있다. 선분 KL, LM, MN, NK 의 중점과 선분 AK, BK, BL, CL, CM, DM, DN, AN의 중점은 정십이각형의 꼭짓점임을 증명하시오.

(19회 IMO)

문제 39. 정삼각형 ABC에 대하여 점 M을 각 BAC의 내부점이라 하자. 점 D는 점 M을 중심으로 점 B를 반시계 방향으로 120° 회전한 점이고, 점 E는 점 M을 중심으로 점 C를 시계방향으로 120° 회전한 점이다. 선분 MD, ME를 이웃한 두 변으로 하는 평행사변형의 네 번째 점 V는 점 A를 점 M에 대하여 대칭한 점과 같음을 보이시오.

문제 40. 평행사변형 ABCD의 내부에 있는 모든 점 M에 대하여, 다음 부등식이 성립함을 보이시오.

---

61)(역자주)

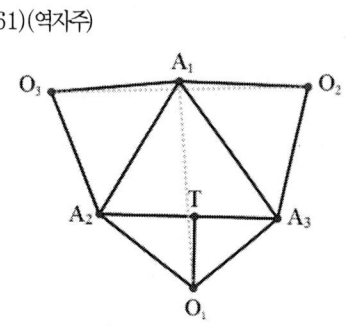

$$\overline{MA}\cdot\overline{MC}+\overline{MB}\cdot\overline{MD} \geq \overline{AB}\cdot\overline{BC}$$

문제 41. 삼각형 ABC에 대하여, 점 H를 수심, 점 O를 외심, R을 외접원 반지름이라 하자. 점 A를 직선 BC에 대칭한 점을 D, 점 B를 직선 CA에 대칭한 점을 E, 점 C를 직선 AB에 대칭한 점을 F라 하자. 세 점 D, E, F가 한 직선 위에 있을 필요충분조건은 $\overline{OH} = 2R$임을 증명하시오.[62]

(39차 IMO 최종문제)

문제 42. 삼각형 ABC에 대하여 $\angle ACB = 2\angle ABC$를 만족한다. 선분 BC 위의 점 D에 대하여 $\overline{CD} = 2\overline{BD}$가 성립하고, 선분 AD를 연결한 점 E에 대하여 $\overline{AD} = \overline{DE}$가 성립한다고 하자. 다음이 성립함을 보이시오.

$$\angle ECB + 180° = 2\angle EBC$$

(39차 IMO 최종문제)

문제 43. 원의 내부에 있는 점 P에 대하여 점 P에서 수직인 임의의 두 직선이 원과 만나는 두 점 중 한 점을 각각 A와 B라고 하자. 선분 AB의 중점의 자취를 구하시오.

(Mathematical reflections, 2010)

문제 44. 삼각형 ABC에 대하여 선분 BC 위의 점 M, 선분 CA 위의 점 N, 선분 AB 위의 점 P가 다음을 만족한다.

$$\frac{\overline{AP}}{\overline{PB}} = \frac{\overline{BM}}{\overline{MC}} = \frac{\overline{CN}}{\overline{NA}}$$

---

[62] (역자주)

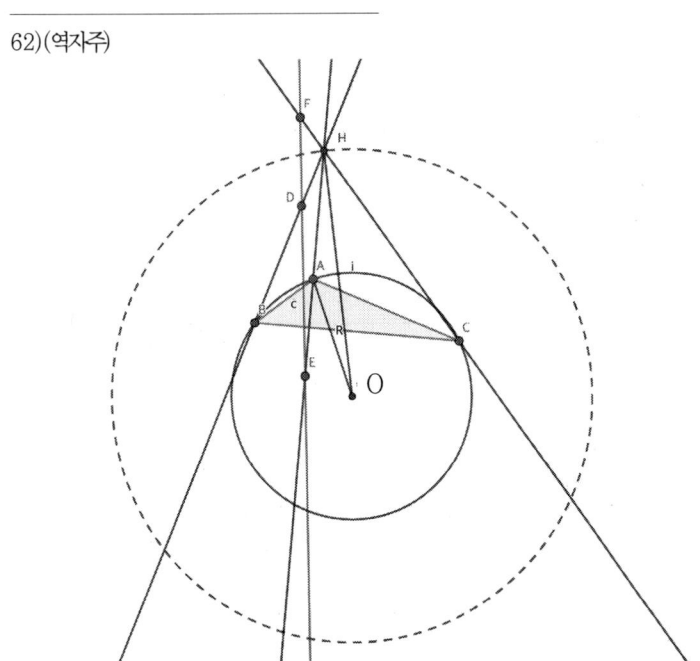

삼각형 MNP 가 정삼각형이면 삼각형 ABC 도 정삼각형임을 보이시오.

(루마니아 수학 올림피아드 - 지역 대회, 2006)

문제 45. 삼각형 ABC 에 대하여 선분 BC 위의 점 D, 선분 CA 위의 점 E, 선분 AB 위의 점 F 가 다음을 만족한다.

$$\frac{\overline{BD}}{\overline{DC}} = \frac{\overline{CE}}{\overline{EA}} = \frac{\overline{AF}}{\overline{FB}}$$

삼각형 DEF 와 삼각형 ABC 의 외접원의 중심이 일치하면 삼각형 ABC 는 정삼각형임을 보이시오.

(루마니아 수학 올림피아드 - 최종 대회, 2008)

문제 46. 정삼각형이 아닌 삼각형 ABC 의 바깥쪽으로 그린 닮은 삼각형 ABM, BCN, CAP 에 대하여 삼각형 MNP 가 정삼각형이라고 하자. 삼각형 ABM, BCN, CAP 의 내각의 크기를 모두 구하시오.

(루마니아 수학 올림피아드 - 최종 대회, 2010)

5.5 삼각비 문제의 풀이

문제 1. 다음 식이 성립함을 보이시오.

$$\cos\frac{\pi}{11} + \cos\frac{3\pi}{11} + \cos\frac{5\pi}{11} + \cos\frac{7\pi}{11} + \cos\frac{9\pi}{11} = \frac{1}{2}$$

풀이. $z = \cos\frac{\pi}{11} + i\sin\frac{\pi}{11}$ 라 하면 다음이 성립한다.[63]

$$z + z^3 + z^5 + z^7 + z^9 = \frac{z^{11} - z}{z^2 - 1} = \frac{-1 - z}{z^2 - 1} = \frac{1}{1 - z}$$

등식의 양변의 실수부로부터 주어진 식이 성립함을 알 수 있다.

문제 2. $P = \cos 20° \cdot \cos 40° \cdot \cos 80°$ 를 계산하시오.

풀이 1. $z = \cos 20° + i\sin 20°$ 라 두면 $z^9 = -1$, $\overline{z} = \cos 20° - i\sin 20°$ 이므로

---

[63] (역자주) $\dfrac{1}{1 - \cos\frac{\pi}{11} + i\sin\frac{\pi}{11}} = \dfrac{1 - \cos\frac{\pi}{11} - i\sin\frac{\pi}{11}}{\left(1 - \cos\frac{\pi}{11} + i\sin\frac{\pi}{11}\right)\left(1 - \cos\frac{\pi}{11} - i\sin\frac{\pi}{11}\right)}$

$= \dfrac{1 - \cos\frac{\pi}{11} - i\sin\frac{\pi}{11}}{2 - 2\cos\frac{\pi}{11}} = \dfrac{1}{2} - i\dfrac{\sin\frac{\pi}{11}}{2\left(1 - \cos\frac{\pi}{11}\right)}$

$$\cos 20° = \frac{z^2+1}{2z}, \ \cos 40° = \frac{z^4+1}{2z^2}, \ \cos 80° = \frac{z^8+1}{2z^4} \text{이다. 따라서}$$

$$P = \frac{(z^2+1)(z^4+1)(z^8+1)}{8z^7} = \frac{(z^2-1)(z^2+1)(z^4+1)(z^8+1)}{8z^7(z^2-1)}$$

$$= \frac{z^{16}-1}{8(z^9-z^7)} = \frac{-z^7-1}{8(-1-z^7)} = \frac{1}{8}$$

풀이 2. 이 문제는 일반적인 풀이가 있는 잘 알려진 문제이다.
$S = \cos 20° \cdot \cos 40° \cdot \cos 80°$ 라 하면 다음이 성립한다.

$$S \sin 20° = \sin 20° \cos 20° \cos 40° \cos 80°$$
$$= \frac{1}{2} \sin 40° \cos 40° \cos 80° = \frac{1}{4} \sin 80° \cos 80°$$
$$= \frac{1}{8} \sin 160° = \frac{1}{8} \sin 20°$$

따라서 $S = \frac{1}{8}$ 이다.

이와 같은 일반적인 풀이는 어떤 복소수 변환 과정 없이 얻어진 것이다. 그럼에도 불구하고 복소수를 이용한 풀이는 계산이 간단하다.

문제 3. 실수 x, y, z에 대하여

$$\sin x + \sin y + \sin z = 0, \ \cos x + \cos y + \cos z = 0$$

이 성립한다. 다음 식이 성립함을 보이시오.

$$\sin 2x + \sin 2y + \sin 2z = 0, \ \cos 2x + \cos 2y + \cos 2z = 0$$

풀이. $z_1 = \cos x + i \sin x$, $z_2 = \cos y + i \sin y$, $z_3 = \cos z + i \sin z$ 라 두면 $z_1 + z_2 + z_3 = 0$ 이고 $|z_1| = |z_2| = |z_3| = 1$ 이 성립한다. 따라서

$$z_1^2 + z_2^2 + z_3^2 = (z_1 + z_2 + z_3)^2 - 2(z_1 z_2 + z_2 z_3 + z_3 z_1)$$
$$= -2 z_1 z_2 z_3 \left(\frac{1}{z_1} + \frac{1}{z_2} + \frac{1}{z_3} \right) = -2 z_1 z_2 z_3 (\overline{z_1} + \overline{z_2} + \overline{z_3})$$
$$= -2 z_1 z_2 z_3 (\overline{z_1 + z_2 + z_3}) = 0$$

즉, $(\cos 2x + \cos 2y + \cos 2z) + i(\sin 2x + \sin 2y + \sin 2z) = 0$ 이므로 주어진 식이 성립한다.

문제 4. 다음을 증명하시오.

$$\cos^2 10° + \cos^2 50° + \cos^2 70° = \frac{3}{2}$$

풀이. $z = \cos 10° + i\sin 10°$라 두자. $z^9 = i$이고

$$\cos 10° = \frac{z^2+1}{2z}, \quad \cos 50° = \frac{z^{10}+1}{2z^5}, \quad \cos 70° = \frac{z^{14}+1}{2z^7}$$

이다. 문제는 다음 식과 같다.

$$\left(\frac{z^2+1}{2z}\right)^2 + \left(\frac{z^{10}+1}{2z^5}\right)^2 + \left(\frac{z^{14}+1}{2z^7}\right)^2 = \frac{3}{2}$$

$$z^{16} + 2z^{14} + z^{12} + z^{24} + 2z^{14} + z^4 + z^{28} + 2z^{14} + 1 = 6z^{14}$$

$$z^{28} + z^{24} + z^{16} + z^{12} + z^4 + 1 = 0$$

$z^{18} = -1$임을 이용하면 다음 식이 성립한다.

$$z^{16} + z^{12} - z^{10} - z^6 + z^4 + 1 = 0$$

$$(z^4+1)(z^{12}-z^6+1) = 0$$

$$\frac{(z^4+1)(z^{18}+1)}{z^6+1} = 0$$

문제 5. 다음 방정식을 푸시오.

$$\cos x + \cos 2x - \cos 3x = 1$$

풀이. $z = \cos x + i\sin x$라 하면 다음 식이 성립한다.

$$\cos x = \frac{z^2+1}{2z}, \quad \cos 2x = \frac{z^4+1}{2z^2}, \quad \cos 3x = \frac{z^6+1}{2z^3}$$

$$\frac{z^2+1}{2z} + \frac{z^4+1}{2z^2} - \frac{z^6+1}{2z^3} = 1, \text{ 즉, } z^4 + z^2 + z^5 + z - z^6 - 1 - 2z^3 = 0$$

이다.

$$(z^6 - z^5 - z^4 + z^3) + (z^3 - z^2 - z + 1) = 0$$

$$(z^3+1)(z^3 - z^2 - z + 1) = 0$$

$$(z^3+1)(z-1)^2(z+1) = 0$$

따라서 $z = 1$ 또는 $z = -1$ 또는 $z^3 = -1$이다.

결과적으로, $x \in \{2k\pi \mid k \in \mathbb{Z}\}$ 또는 $x \in \{\pi + 2k\pi \mid k \in \mathbb{Z}\}$ 또는 $x \in \left\{\frac{\pi + 2k\pi}{3} \mid k \in \mathbb{Z}\right\}$이다. 따라서 다음이 성립한다.

$$x \in \{k\pi \mid k \in \mathbb{Z}\} \cup \left\{\frac{2k+1}{3}\pi \mid k \in \mathbb{Z}\right\}$$

문제 6. 다음 합을 계산하시오.

5.5 삼각비 문제의 풀이

$$S = \sum_{k=1}^{n} q^k \cdot \cos kx \text{이고 } T = \sum_{k=1}^{n} q^k \cdot \sin kx$$

풀이.

$$1 + S + iT = \sum_{k=0}^{n} q^k(\cos kx + i\sin kx) = \sum_{k=0}^{n} q^k(\cos x + i\sin x)^k$$

$$= \frac{1 - q^{n+1}(\cos x + i\sin x)^{n+1}}{1 - q\cos x - iq\sin x}$$

$$= \frac{1 - q^{n+1}[\cos(n+1)x + i\sin(n+1)x]}{1 - q\cos x - iq\sin x}$$

$$= \frac{[1 - q^{n+1}\cos(n+1)x - iq^{n+1}\sin(n+1)x][1 - q\cos x + iq\sin x]}{q^2 - 2q\cos x + 1}$$

따라서 다음이 성립한다.

$$1 + S = \frac{q^{n+2}\cos nx - q^{n+1}\cos(n+1)x - q\cos x + 1}{q^2 - 2q\cos x + 1},$$

$$T = \frac{q^{n+2}\sin nx - q^{n+1}\sin(n+1)x + q\sin x}{q^2 - 2q\cos x + 1}$$

주의. 만약 $q = 1$이면 잘 알려진 공식이 있다.

$$\sum_{k=1}^{n} \cos kx = \frac{\sin\frac{nx}{2}\cos\frac{(n+1)x}{2}}{\sin\frac{x}{2}} \text{이고 } \sum_{k=1}^{n} \sin kx = \frac{\sin\frac{nx}{2}\sin\frac{(n+1)x}{2}}{\sin\frac{x}{2}} \text{이다.}$$

위 공식은 다음의 과정으로 얻을 수 있다.

$$\sum_{k=1}^{n} \cos kx = \frac{\cos nx - \cos(n+1)x - (1-\cos x)}{2(1-\cos x)} = \frac{2\sin\frac{x}{2}\sin\frac{(2n+1)x}{2} - 2\sin^2\frac{x}{2}}{4\sin^2\frac{x}{2}}$$

$$= \frac{\sin\frac{(2n+1)x}{2} - \sin\frac{x}{2}}{2\sin\frac{x}{2}} = \frac{\sin\frac{nx}{2}\cos\frac{(n+1)x}{2}}{\sin\frac{x}{2}}$$

$$\sum_{k=1}^{n} \sin kx = \frac{\sin nx - \sin(n+1)x + \sin x}{2(1-\cos x)} = \frac{2\sin\frac{x}{2}\cos\frac{x}{2} - 2\sin\frac{x}{2}\cos\frac{(2n+1)x}{2}}{4\sin^2\frac{x}{2}}$$

$$= \frac{\cos\frac{x}{2} - \cos\frac{(2n+1)x}{2}}{2\sin\frac{x}{2}} = \frac{\sin\frac{nx}{2}\sin\frac{(n+1)x}{2}}{\sin\frac{x}{2}}$$

문제 7. 점 A_1, A_2, $\cdots$, A_{10}은 반지름이 R인 원 위의 서로 다른 점들이다. $\overline{A_1A_4} - \overline{A_1A_2} = R$ 임이 성립함을 보이시오.

풀이. $z = \cos\frac{\pi}{10} + i\sin\frac{\pi}{10}$이라 하자. 일반성을 잃지 않고 $R=1$이라 가정하자. $2\sin\frac{3\pi}{10} - 2\sin\frac{\pi}{10} = 1$임을 보이자. 일반적으로, $z = \cos a + i\sin a$라면 $\sin a = \frac{z^2-1}{2iz}$이므로 $\frac{z^6-1}{iz^3} - \frac{z^2-1}{iz} = 1$를 보여야 한다. 위 식을 정리하면 $z^6 - z^4 + z^2 - 1 = iz^3$이다. 이때 $z^5 = i$이므로 $z^8 - z^6 + z^4 - z^2 + 1 = 0$이다.

위 식이 성립하는 이유는 $(z^8 - z^6 + z^4 - z^2 + 1)(z^2+1) = z^{10} + 1 = 0$이고 $z^2 + 1 \neq 0$이기 때문이다.

문제 8. 다음을 보이시오.
$$\cos\frac{\pi}{7} - \cos\frac{2\pi}{7} + \cos\frac{3\pi}{7} = \frac{1}{2}$$

(5차 IMO)

풀이. $z = \cos\frac{\pi}{7} + i\sin\frac{\pi}{7}$이라 하자. 그러면 $z^7 + 1 = 0$이다.
왜냐하면 $z \neq -1$이고 $z^7 + 1 = (z+1)(z^6 - z^5 + z^4 - z^3 + z^2 - z + 1) = 0$이기 때문에 위의 인수분해에서 두 번째 곱해진 식의 값이 0이다. 이 조건은 다음과 동치이다.
$$z(z^2 - z + 1) = \frac{1}{1-z^3}$$
문제에서 주어진 합은 다음과 같다.
$$\cos\frac{\pi}{7} - \cos\frac{2\pi}{7} + \cos\frac{3\pi}{7} = \text{Re}(z^3 - z^2 + z)$$
결국 $\text{Re}\left(\frac{1}{1-z^3}\right) = \frac{1}{2}$ 임을 보이면 된다. 다음에 나오는 잘 알려진 보조정리에서 유추할 수 있다.

보조정리. $z = \cos t + i\sin t$이고 $z \neq 1$이면 $\text{Re}\left(\frac{1}{1-z}\right) = \frac{1}{2}$이다.

증명. $\frac{1}{1-z} = \frac{1}{1-(\cos t + i\sin t)} = \frac{1}{(1-\cos t) - i\sin t}$

$$= \frac{1}{2\sin^2\frac{t}{2} - 2i\sin\frac{t}{2}\cos\frac{t}{2}} = \frac{1}{2\sin\frac{t}{2}\left(\sin\frac{t}{2} - i\cos\frac{t}{2}\right)}$$

$$= \frac{\sin\frac{t}{2} + i\cos\frac{t}{2}}{2\sin\frac{t}{2}} = \frac{1}{2} + i\frac{\cos\frac{t}{2}}{2\sin\frac{t}{2}}$$

문제 9. $k = 2, 4, 6, \cdots, 180$에 대하여 $k\sin k°$의 평균이 $\cot 1°$임을 증명하시오.

(1996 USA 수학 올림피아드)

풀이. $z = \cos t + i\sin t$라 두자. 다음 항등식을 확인하자.

$$z + 2z^2 + \cdots + nz^n = (z + \cdots + z^n) + (z^2 + \cdots + z^n) + \cdots + z^n$$

$$= \frac{1}{z-1}\left[(z^{n+1} - z) + (z^{n+1} - z^2) + \cdots + (z^{n+1} - z^n)\right] = \frac{nz^{n+1}}{z-1} - \frac{z^{n+1} - z}{(z-1)^2}$$

이로부터 다음 공식을 얻는다.

$$\sum_{k=1}^{n} k\cos kt = \frac{(n+1)\sin\frac{(2n+1)t}{2}}{2\sin\frac{t}{2}} - \frac{1 - \cos(n+1)t}{4\sin^2\frac{t}{2}} \tag{1}$$

$$\sum_{k=1}^{n} k\sin kt = \frac{\sin(n+1)t}{4\sin^2\frac{t}{2}} - \frac{n\cos\frac{(2n+1)t}{2}}{2\sin\frac{t}{2}} \tag{2}$$

식 (2)에 의해서

$$2\sin 2° + 4\sin 2° + \cdots + 178\sin 178° = 2(\sin 2° + 2\sin 2\cdot 2° + \cdots + 89\sin 89\cdot 2°)$$

$$= 2\left(\frac{\sin 90\cdot 2°}{4\sin^2 1°} - \frac{90\cos 179°}{2\sin 1°}\right) = -\frac{90\cos 179°}{\sin 1°} = 90\cot 1°$$

마지막으로 다음 결과를 얻는다.

$$\frac{1}{90}(2\sin 2° + 4\sin 4° + \cdots + 178\sin 178° + 180\sin 180°) = \cot 1°$$

문제 10. 양의 정수 n에 대하여 다음 식을 만족하는 $1 \le l < k \le n$인 실수 a_0과 a_{kl}을 구하시오.

$$\frac{\sin^2 nx}{\sin^2 x} = a_0 + \sum_{1 \le l < k \le n} a_{kl}\cos 2(k-l)x$$

(단, 모든 실수 x에 대하여 $x \ne m\pi$, $m \in \mathbb{Z}$이다.)

(루마니아 수학 지역 대회 "그레고리 모이실", 1995)

풀이. 다음 항등식을 이용하자.

$$S_1 = \sum_{j=1}^{n} \cos 2jx = \frac{\sin nx \cos(n+1)x}{\sin x}, \quad S_2 = \sum_{j=1}^{n} \sin 2jx = \frac{\sin nx \sin(n+1)x}{\sin x}$$

이므로 다음을 얻는다.

$$S_1^2 + S_2^2 = \left(\frac{\sin nx}{\sin x}\right)^2$$

반면,

$$S_1^2 + S_2^2 = (\cos 2x + \cos 4x + \cdots + \cos 2nx)^2 + (\sin 2x + \sin 4x + \cdots + \sin 2nx)^2$$
$$= n + 2 \sum_{1 \le l < k \le n} (\cos 2kx \cos 2lx + \sin 2kx \sin 2lx)$$
$$= n + 2 \sum_{1 \le l < k \le n} \cos 2(k-l)x$$

결론은 다음과 같다.

$$\left(\frac{\sin nx}{\sin x}\right)^2 = n + 2 \sum_{1 \le l < k \le n} \cos 2(k-l)x \text{ 이다.}$$

$a_0 = n$ 이고 $a_{kl} = 2$, $1 \le l < k \le n$ 라 두면 문제의 제시된 식을 얻을 수 있다.

문제 11. $\theta = 30°$ 에 대하여 다음 n개 항을 가지는 수열의 합을 구하시오.

(i) $1 + \dfrac{\cos \theta}{\cos \theta} + \dfrac{\cos(2\theta)}{\cos^2 \theta} + \dfrac{\cos(3\theta)}{\cos^3 \theta} + \cdots + \dfrac{\cos((n-1)\theta)}{\cos^{n-1} \theta}$

(ii) $\cos \theta \cos \theta + \cos^2 \theta \cos(2\theta) + \cos^3 \cos(3\theta) + \cdots + \cos^n \theta \cos(n\theta)$

(크룩스 수학, 2003)

문제 12. 양의 정수 $n \ge 2$ 에 대하여 다음을 증명하시오.

$$1 + \cos^{2n}\left(\frac{\pi}{n}\right) + \cos^{2n}\left(\frac{2\pi}{n}\right) + \cdots + \cos^{2n}\left(\frac{(n-1)\pi}{n}\right) = n \cdot 4^{-n}(2 + {}_{2n}C_n)$$

문제 13. 모든 정수 p ($p \ge 0$)에 대하여 $a_p \ne 0$ 인 실수 $a_0, a_1, \cdots, a_p$ 가 존재하여 다음 식이 성립함을 보이시오.

$$\cos 2p\alpha = a_0 + a_1 \sin^2 \alpha + \cdots + a_p (\sin^2 \alpha)^p$$

(단, α 는 임의의 실수이다.).

문제 14.
$$x = \frac{\sum_{n=1}^{44} \cos n°}{\sum_{n=1}^{44} \sin n°}$$

이라고 할 때, $100x$를 초과하지 않는 최대정수를 구하시오.

(1997, AIME 문제11)

문제 15. 양의 정수 n과 임의의 실수 x, y에 대하여 다음이 성립함을 증명하시오.

$$\sum_{k=0}^{n} {}_n C_k \cos\{(n-k)x + ky\} = \left(2\cos\frac{x-y}{2}\right)^n \cos n\frac{x+y}{2}$$

(Mathematical Reflection 2009)

문제 16. k는 고정된 양의 정수라고 하자.
$$S_n^{(j)} = {}_n C_j + {}_n C_{j+k} + {}_n C_{j+2k} + \cdots, \quad (j=0, 1, \cdots, k-1)$$
일 때, 다음을 증명하시오.

$$\left(S_n^{(0)} + S_n^{(1)} \cos\frac{2\pi}{k} + \cdots + S_n^{(k-1)} \cos\frac{2(k-1)\pi}{k}\right)^2$$
$$+ \left(S_n^{(1)} + S_n^{(2)} \sin\frac{2\pi}{k} + \cdots + S_n^{(k-1)} \sin\frac{2(k-1)\pi}{k}\right)^2 = \left(2\cos\frac{\pi}{k}\right)^{2n}$$

(Mathematical Reflection 2010)

문제 17.

(a) z_1, z_2, z_3, z_4는 서로 다른 복소수이며, 그 합은 0이이고 절댓값은 모두 같다. z_1, z_2, z_3, z_4가 나타내는 점은 직사각형의 꼭짓점임을 증명하시오.

(b) x, y, z, t는 다음과 같은 실수이다. $\sin x + \sin y + \sin z + \sin t = 0$이고, $\cos x + \cos y + \cos z + \cos t = 0$이다. 임의의 정수 n에 대하여 다음이 성립함을 증명하시오.
$$\sin(2n+1)x + \sin(2n+1)y + \sin(2n+1)z + \sin(2n+1)t = 0$$

(루마니아 수학 올림피아드 지역 선발, 2011)

5.6 1의 n제곱근에 관한 자세한 설명

문제 1. $n \geq 3$, $k \geq 2$인 양의 정수 n, k에 대하여 복소수
$$z = \cos\frac{2\pi}{n} + i\sin\frac{2\pi}{n},$$
$$\theta = 1 - z + z^2 - z^3 + \cdots + (-1)^{k-1} z^{k-1}$$
라 하자. 다음을 증명하시오.

(a) k가 짝수 일 때, $\theta^n = 1$일 필요충분조건은 $\frac{n}{2}$이 $k-1$또는 $k+1$을 나눈다.

(b) k가 홀수 일 때, $\theta^n = 1$일 필요충분조건은 n이 $k-1$또는 $k+1$을 나눈다.

풀이. $z \neq -1$일 때, 다음과 같이 나타낼 수 있다.
$$\theta = \frac{1 + (-1)^{k+1}z^k}{1+z}$$

(a) k가 짝수인 경우,

$$\theta = \frac{1-z^k}{1+z} = \frac{1-\cos\frac{2k\pi}{n} - i\sin\frac{2k\pi}{n}}{1+\cos\frac{2\pi}{n} + i\sin\frac{2\pi}{n}} = \frac{\sin\frac{k\pi}{n}\left(\sin\frac{k\pi}{n} - i\cos\frac{k\pi}{n}\right)}{\cos\frac{\pi}{n}\left(\cos\frac{k\pi}{n} + i\sin\frac{k\pi}{n}\right)}$$

$$= -i\frac{\sin\frac{k\pi}{n}}{\cos\frac{\pi}{n}}\left(\cos\frac{(k-1)\pi}{n} + i\sin\frac{(k-1)\pi}{n}\right)$$

$$|\theta| = \left|\frac{\sin\frac{k\pi}{n}}{\cos\frac{\pi}{n}}\right|$$

$|\theta| = 1$일 필요충분조건은 $\left|\sin\frac{k\pi}{n}\right| = \left|\cos\frac{\pi}{n}\right|$이다.

$$\sin^2\frac{k\pi}{n} = \cos^2\frac{\pi}{n} \quad \text{또는} \quad \cos\frac{2k\pi}{n} + \cos\frac{2\pi}{n} = 0$$

이다.[64] 마지막 관계식은 다음 식과 동치이다.

$$\cos\frac{(k+1)\pi}{n}\cos\frac{(k-1)\pi}{n} = 0 \quad \text{즉,} \quad \frac{2(k+1)}{n} \in 2\mathbb{Z}+1 \quad \text{또는} \quad \frac{2(k-1)}{n} \in 2\mathbb{Z}+1$$

이것은 n이 짝수이고 $\frac{n}{2}$가 $k-1$또는 $k+1$을 나눈다.

따라서, $\theta^n = 1$과 $|\theta| = 1$이 동치라는 사실을 증명하는 것으로 충분하다.

$\theta = 1$인 경우 자명하다. 역으로, $|\theta| = 1$이면 $n = 2t$라 하자. $t \in \mathbb{Z}_+$이고 t가 $k+1$ 또는 $k-1$을 나눈다.

k가 짝수일 때, $k+1$, $k-1$은 홀수이므로 $t = 2l+1$이고 $n = 4l+2$, $l \in \mathbb{Z}$이다. 그러면 다음 식이 성립한다.

$$\theta = \pm i\left(\cos\frac{(k-1)\pi}{n} + i\sin\frac{(k-1)\pi}{n}\right),$$
$$\theta^n = -\cos(k-1)\pi = 1$$

(b) k가 홀수인 경우, 다음 식이 성립한다.

$$\theta = \frac{1+z^k}{1+z} = \frac{1+\cos\frac{2k\pi}{n} + i\sin\frac{2k\pi}{n}}{1+\cos\frac{2\pi}{n} + i\sin\frac{2\pi}{n}} = \frac{\cos\frac{k\pi}{n}\left(\cos\frac{k\pi}{n} + i\sin\frac{k\pi}{n}\right)}{\cos\frac{\pi}{n}\left(\cos\frac{k\pi}{n} + i\sin\frac{k\pi}{n}\right)}$$

---

[64](역자주) $\cos 2\alpha = 2\cos^2\alpha - 1$

$$= \frac{\cos\frac{k\pi}{n}}{\cos\frac{\pi}{n}}\left(\cos\frac{(k-1)\pi}{n} + i\sin\frac{(k-1)\pi}{n}\right)$$

$|\theta| = 1$일 필요충분조건은 $\left|\cos\frac{k\pi}{n}\right| = \left|\cos\frac{\pi}{n}\right|$

이것은 다음과 동치이다.

$$\cos^2\frac{k\pi}{n} = \cos^2\frac{\pi}{n} \text{ 또는 } \cos\frac{2k\pi}{n} = \cos\frac{2\pi}{n}$$

위 방정식을 간단히 하면 다음과 같다.[65]

$$\sin\frac{(k+1)\pi}{n}\sin\frac{(k-1)\pi}{n} = 0$$

즉, n이 $k-1$ 또는 $k+1$을 나눈다.

따라서, $\theta^n = 1$과 $|\theta| = 1$이 동치라는 사실로부터 증명되었다. 역으로, $|\theta| = 1$이면 $k \pm 1 = nt$, $t \in \mathbb{Z}$이라 하자. 그러면 $k = nt \pm 1$이고

$$\theta = (-1)^t\left(\cos\frac{(k-1)\pi}{n} + i\sin\frac{(k-1)\pi}{n}\right)$$

이다. 이것은 다음을 의미한다.

$$\theta^n = (-1)^{k\pm 1}(\cos(k-1)\pi + i\sin(k-1)\pi) = (-1)^{k\pm 1}(-1)^{k-1} = 1$$

문제 2. 1의 세제곱근

$$\varepsilon = \cos\frac{2\pi}{3} + i\sin\frac{2\pi}{3}$$

에 대하여 다음을 계산하시오.

$$(1+\varepsilon)(1+\varepsilon^2)\cdots(1+\varepsilon^{1987})$$

풀이. $\varepsilon^3 = 1$, $\varepsilon^2 + \varepsilon + 1 = 0$이고 $1987 = 662 \cdot 3 + 1$임에 주목하자. 그러면

$$(1+\varepsilon)(1+\varepsilon^2)\cdots(1+\varepsilon^{1987}) = \prod_{k=0}^{661}\left[(1+\varepsilon^{3k+1})(1+\varepsilon^{3k+2})(1+\varepsilon^{3k+3})\right](1+\varepsilon^{1987})$$

$$= \prod_{k=0}^{661}\left[(1+\varepsilon)(1+\varepsilon^2)(1+1)\right](1+\varepsilon)$$

$$= (1+\varepsilon)\left[2(1+\varepsilon+\varepsilon^2+\varepsilon^3)\right]^{662}$$

---

65) (역자주) $\cos^2\frac{k\pi}{n} = \cos^2\frac{\pi}{n}$ 이므로 $1 - \sin^2\frac{k\pi}{n} = 1 - \sin^2\frac{\pi}{n}$, $\sin^2\frac{k\pi}{n} = \sin^2\frac{\pi}{n}$ 이다. 따라서 $\cos^2\frac{k\pi}{n} - \sin^2\frac{k\pi}{n} = \cos^2\frac{\pi}{n} - \sin^2\frac{\pi}{n}$, $\cos\frac{2k\pi}{n} = \cos\frac{2\pi}{n}$ 이다.

$$= (1+\varepsilon)[2(0+1)]^{662} = 2^{662}(1+\varepsilon)$$
$$= 2^{662}(-\varepsilon^2) = 2^{662} \cdot \frac{1+i\sqrt{3}}{2} = 2^{661}(1+i\sqrt{3})$$

문제 3. $\varepsilon \neq 1$인 1의 세제곱근 ε에 대하여 다음을 계산하시오.
$$(1-\varepsilon+\varepsilon^2)(1-\varepsilon^2+\varepsilon^4)\cdots(1-\varepsilon^n+\varepsilon^{2n})$$

풀이. $1+\varepsilon+\varepsilon^2 = 0$이고 $\varepsilon^3 = 1$임에 주목하자. 이것은 $1-\varepsilon+\varepsilon^2 = -2\varepsilon$이고 $1+\varepsilon-\varepsilon^2 = -2\varepsilon^2$이다.

그러면
$$1-\varepsilon^n+\varepsilon^{2n} = \begin{cases} 1, & n \equiv 0 \pmod{3} \\ -2\varepsilon, & n \equiv 1 \pmod{3} \\ -2\varepsilon^2, & n \equiv 2 \pmod{3} \end{cases}$$

이 성립하고, 위의 세 다항식의 곱은 다음과 같다.[66]
$$1 \cdot (-2\varepsilon)(-2\varepsilon^2) = 2^2$$

따라서 다음과 같다.[67]
$$(1-\varepsilon+\varepsilon^2)(1-\varepsilon^2+\varepsilon^4)\cdots(1-\varepsilon^n+\varepsilon^{2n}) = \begin{cases} 2^{\frac{2n}{3}}, & n \equiv 0 \pmod{3} \\ \left\{-2^{2\left[\frac{n}{3}\right]+1}\right\}\varepsilon, & n \equiv 1 \pmod{3} \\ 2^{2\left[\frac{n}{3}\right]+2}\varepsilon, & n \equiv 2 \pmod{3} \end{cases}$$

문제 4. 복소수
$$z = \frac{2+i}{2-i}$$

라 하자. z의 절댓값은 1이지만, z는 임의의 양의 정수 n에 대하여 1의 n제곱근이 아님을 증명하시오.

풀이. 분명히 $|z| = 1$이다. 가정을 부정하여 $n \geq 1$인 정수 n이 존재해서 $z^n = 1$이라고 가정하자. 그러면 $(2+i)^n = (2-i)^n$이고 $2+i = (2-i)+2i$이므로
$$(2-i)^n = (2+i)^n = (2-i)^n + {}_nC_1(2-i)^{n-1}2i + \cdots + {}_nC_{n-1}(2-i)(2i)^{n-1} + (2i)^n$$

이다. 이것은 다음과 동치이다.
$$(2i)^n = (-2+i)\left[{}_nC_1(2i-1)^{n-2}2i + \cdots + {}_nC_{n-1}(2i)^{n-1}\right] = (-2+i)(a+bi)$$

인 $a, b \in \mathbb{Z}$가 존재한다.

---

[66] (역자주) $(1-\varepsilon^n+\varepsilon^{2n})(1-\varepsilon^{2n}+\varepsilon^{4n})(1-\varepsilon^{3n}+\varepsilon^{6n}) = 1 \cdot (-2\varepsilon)(-2\varepsilon^2) = 2^2$
[67] (역자주) 이 수식에서 $[x]$는 x이하의 최대 정수이다.

양변의 복소수의 절댓값을 비교하면 $2^n = 5(a^2+b^2)$이고 이는 모순이다.

문제 5. U_n을 1의 n제곱근들의 집합이라고 하자. 다음 명제가 동치임을 증명하시오.
(a) $\alpha \in U_n$가 존재해서 $1+\alpha \in U_n$이다.
(b) $\beta \in U_n$가 존재해서 $1-\beta \in U_n$이다.

(루마니아 수학 올림피아드 2라운드, 1990)

풀이. $\alpha \in U_n$가 존재해서 $1+\alpha \in U_n$을 만족한다고 가정하자. $\beta = \dfrac{1}{1+\alpha}$라 두자. 그러면
$$\beta^n = \left(\frac{1}{1+\alpha}\right)^n = \frac{1}{(1+\alpha)^n} = 1$$
이므로 $\beta \in U_n$이다. 반면 $1-\beta = \dfrac{\alpha}{\alpha+1}$이고
$$(1-\beta)^n = \frac{\alpha^n}{(\alpha+1)^n} = 1$$
이므로 $1-\beta \in U_n$이다.

역으로, $\beta, 1-\beta \in U_n$일 때, $\alpha = \dfrac{1-\beta}{\beta}$라 두자. 이 경우 $\alpha^n = \dfrac{(1-\beta)^n}{\beta^n} = 1$이고 $(1+\alpha)^n = \dfrac{1}{\beta^n} = 1$이다. 따라서 $\alpha \in U_n$이고 $1+\alpha \in U_n$이다.

주의. 명제 (a)와 (b)는 $6|n$과 동치이다. 실제로, $\alpha, 1+\alpha \in U_n$이면 $|\alpha| = |1+\alpha| = 1$이다. 이것은 $1 = |1+\alpha|^2 = (1+\alpha)(1+\overline{\alpha}) = 1 + \alpha + \overline{\alpha} + |\alpha|^2 = 1 + \alpha + \overline{\alpha} + 1 = 2 + \alpha + \overline{\alpha} = 2 + \alpha + \dfrac{1}{\alpha}$, 즉, $\alpha = -\dfrac{1}{2} \pm i\dfrac{\sqrt{3}}{2}$이다. 따라서
$$1+\alpha = \frac{1}{2} \pm i\frac{\sqrt{3}}{2} = \cos\frac{2\pi}{6} \pm i\sin\frac{2\pi}{6}$$
이다. 이때 $(1+\alpha)^n = 1$이므로 6은 n을 나눈다.

역으로, 만약 n이 6의 배수이면 $\alpha = -\dfrac{1}{2} + i\dfrac{\sqrt{3}}{2}$와 $1+\alpha = \dfrac{1}{2} + i\dfrac{\sqrt{3}}{2}$은 U_n에 속한다.

문제 6. 양의 정수 n에 대하여 $n \geq 3$이고 $\varepsilon \neq 1$인 1의 n제곱근을 ε이라 하자.
(1) $|1-\varepsilon| > \dfrac{2}{n-1}$이 성립함을 보이시오.
(2) n으로 나누어 떨어지지 않는 양의 정수 k가 다음을 만족함을 보이시오.
$$\left|\sin\frac{k\pi}{n}\right| > \frac{1}{n-1}$$

(루마니아 수학 올림피아드 결승전, 1988)

풀이.

(1) $\varepsilon^n - 1 = (\varepsilon - 1)(\varepsilon^{n-1} + \cdots + \varepsilon + 1)$이고 $\varepsilon \neq 1$이므로 $\varepsilon^{n-1} + \cdots + \varepsilon + 1 = 0$이다. 마지막 관계식은 $(\varepsilon^{n-1} - 1) + \cdots + (\varepsilon - 1) = -n$과 동치이다. 즉, $(\varepsilon - 1)[\varepsilon^{n-2} + 2\varepsilon^{n-3} + \cdots + (n-2)\varepsilon + (n-1)] = -n$이다. 양변에 절댓값을 취하면 다음과 같다.

$$n = |\varepsilon - 1||\varepsilon^{n-2} + 2\varepsilon^{n-3} + \cdots + (n-2)\varepsilon + (n-1)|$$
$$\leq |\varepsilon - 1|(|\varepsilon^{n-2}| + 2|\varepsilon|^{n-3} + \cdots + (n-1))$$

결과적으로

$$n \leq |\varepsilon - 1|(1 + 2 + \cdots + (n-1)) = |1 - \varepsilon|\frac{n(n-1)}{2}$$

이다. 간단히 하면 $|1 - \varepsilon| \geq \dfrac{2}{n-1}$이다. 이때, $1, \varepsilon, \cdots, \varepsilon^{n-1}$의 기하학적 상이 같은 직선 위에 있지 않으므로 등호는 성립하지 않는다.

(2) $\varepsilon = \cos\dfrac{2k\pi}{n} + i\sin\dfrac{2k\pi}{n}$라 하면

$$1 - \varepsilon = 1 - \cos\frac{2k\pi}{n} - i\sin\frac{2k\pi}{n}$$

이다. 결국,

$$|1 - \varepsilon|^2 = \left(1 - \cos\frac{2k\pi}{n}\right)^2 + \sin^2\frac{2k\pi}{n} = 2 - 2\cos\frac{2k\pi}{n} = 4\sin^2\frac{k\pi}{n}$$

이다. 여기에서 (1)의 부등식을 적용하면 위의 부등식을 얻을 수 있다.

문제 7. U_n을 1의 n제곱근들을 원소로 가지는 집합이라고 하자. 다음을 증명하시오.

$$\prod_{\varepsilon \in U_n}\left(\varepsilon + \frac{1}{\varepsilon}\right) = \begin{cases} 0, & n \equiv 0 \pmod 4 \\ 2, & n \equiv 1 \pmod 4 \\ -4, & n \equiv 2 \pmod 4 \\ 2, & n \equiv 3 \pmod 4 \end{cases}$$

풀이. 다음 다항식을 살펴보자.

$$f(x) = X^n - 1 = \prod_{\varepsilon \in U_n}(X - \varepsilon)$$

P_n을 문제에서 주어진 곱셈식이라 두자.

$$P_n = \prod_{\varepsilon \in U_n}\left(\varepsilon + \frac{1}{\varepsilon}\right) = \prod_{\varepsilon \in U_n}\frac{\varepsilon^2 + 1}{\varepsilon}$$

$$= \frac{\prod_{\varepsilon \in U_n}(\varepsilon + i)(\varepsilon - i)}{\prod_{\varepsilon \in U_n}\varepsilon} = \frac{\prod_{\varepsilon \in U_n}(\varepsilon + i)\prod_{\varepsilon \in U_n}(-i + \varepsilon)}{(-1)^n f(0)}$$

$$= \frac{\prod_{\varepsilon \in U_n}(\varepsilon+i)\prod_{\varepsilon \in U_n}(-i+\varepsilon)}{(-1)^n f(0)} = \frac{f(-i) \cdot f(i)}{(-1)^{n-1}} = \frac{[(-i)^n - 1](i^n - 1)}{(-1)^{n-1}}$$

(경우 1) $n \equiv 0 \pmod 4$이면 $i^n = 1$이고 $P_n = 0$이다.

(경우 2) $n \equiv 1 \pmod 2$이면[68] $(-1)^{n-1} = 1$이고
$$P_n = (-i^n - 1)(i^n - 1) = -(i^{2n} - 1) = -((-1)^n - 1) = -(-1-1) = 2$$
이다.

(경우 3) $n \equiv 2 \pmod 4$이면 $(-1)^{n-1} = -1$, $(-i)^n = i^n = i^2 = -1$, $i^n = -1$이므로
$$P_n = \frac{(-1-1)(-1-1)}{-1} = -4$$
이다.

(경우 4) $n \equiv 3 \pmod 4$이면 $(-1)^{n-1} = 1$이고
$$P_n = (-i^n - 1)(i^n - 1) = (-i^3 - 1)(i^3 - 1) = -(i^6 - 1) = -((-1)^3 - 1) = 2$$
이다. 증명이 끝났다.

문제 8. $n \geq 0$에 대하여
$$\omega = \cos\frac{2\pi}{2n+1} + i\sin\frac{2\pi}{2n+1},$$
$$z = \frac{1}{2} + \omega + \omega^2 + \cdots + \omega^n$$
라 하자. 다음을 증명하시오.
(a) 임의의 $k \in \mathbb{N}$에 대하여, $\mathrm{Im}(z^{2k}) = \mathrm{Re}(z^{2k+1}) = 0$이다.
(b) $(2z+1)^{2n+1} + (2z-1)^{2n+1} = 1$

풀이. $\omega^{2n+1} = 1$이므로
$$1 + \omega + \omega^2 + \cdots + \omega^{2n} = 0$$
이다. 따라서
$$\frac{1}{2} + \omega + \omega^2 + \cdots + \omega^n + \omega^n(\omega + \omega^2 + \cdots + \omega^n) + \frac{1}{2} = 0$$
$$z + \omega^n\left(z - \frac{1}{2}\right) + \frac{1}{2} = 0$$
$$z = \frac{1}{2} \cdot \frac{\omega^n - 1}{\omega^n + 1}$$

---

[68] (역자주) $n \equiv 1 \pmod 4$ 또는 $n \equiv 3 \pmod 4$인 경우 $\prod_{\varepsilon \in U_n}\left(\varepsilon + \frac{1}{\varepsilon}\right) = 2$이므로 $n \equiv 1 \pmod 2$로 둘 수 있다.

(a) $\overline{z} = \dfrac{1}{2} \dfrac{\dfrac{1}{\omega^n} - 1}{\dfrac{1}{\omega^n} + 1} = -z$ 이므로 $z^{2k} = \overline{z^{2k}}$, $z^{2k+1} = -\overline{z^{2k+1}}$ 이 두 방정식으로부터 결론을 얻을 수 있다.

(b) 다음 관계식
$$z + \omega^n\left(z - \dfrac{1}{2}\right) + \dfrac{1}{2} = 0$$
로부터 $2z + 1 = -\omega^n(2z - 1)$ 이다. $\omega^{2n+1} = 1$ 임을 이용하면
$(2z+1)^{2n+1} = -(2z-1)^{2n+1}$ 를 얻는다.

문제 9. 홀수 n과 n차 복소원시근 $\varepsilon_0, \varepsilon_1, \ldots, \varepsilon_{n-1}$에 대하여 a, b가 임의의 복소수일 때 다음 식이 성립함을 증명하시오.
$$\prod_{k=0}^{n-1}(a + b\varepsilon_k^2) = a^n + b^n$$

(루마니아 수학 올림피아드 - 2차전, 2000)

풀이. $ab = 0$ 이면 결과는 자명하므로 $a \neq 0$ 이고 $b \neq 0$ 인 경우에 대해 생각하자.
유용한 보조정리로부터 시작하겠다.

보조정리. 홀수 n에 대하여 $\varepsilon_0, \varepsilon_1, \ldots, \varepsilon_{n-1}$가 n차 복소원시근이면 임의의 복소수 A, B에 대하여 다음이 성립한다.
$$\prod_{k=0}^{n-1}(A + B\varepsilon_k) = A^n + B^n$$

증명. 다음 항등식에서
$$x^n - 1 = \prod_{k=0}^{n-1}(x - \varepsilon_k)$$
$x = -\dfrac{A}{B}$ 를 대입하면,
$$-\left(\dfrac{A^n}{B^n} + 1\right) = -\prod_{k=0}^{n-1}\left(\dfrac{A}{B} + \varepsilon_k\right)$$
이므로 주어진 식은 성립한다. □

n이 홀수이므로 $f : U_n \to U_n$은 일대일대응이다. 이를 보이려면 함수 f가 일대일 함수임을 보이면 충분하다. $f(x) = f(y)$라 가정하면 $(x-y)(x+y) = 0$이다.[69] $x + y = 0$이면 $x^n = (-y)^n$, 즉 $1 = -1$이므로 모순이다. 따라서 $x = y$이다.

보조정리로부터 다음 식이 성립한다.

$$\prod_{k=0}^{n-1}(a + b\varepsilon_k^2) = \prod_{j=0}^{n-1}(a + b\varepsilon_j) = a^n + b^n$$

문제 10. 짝수 n에 대하여 $\dfrac{n}{2}$은 홀수이고 $\varepsilon_0, \varepsilon_1, \ldots, \varepsilon_{n-1}$은 n차 복소원시근이다. 임의의 복소수 a, b에 대하여 다음이 성립함을 증명하시오.

$$\prod_{k=0}^{n-1}(a + b\varepsilon_k^2) = \left(a^{\frac{n}{2}} + b^{\frac{n}{2}}\right)^2$$

(루마니아 수학 올림피아드 - 2차전, 2000)

풀이. $b = 0$인 경우 주어진 식이 성립함은 자명하다. 그렇지 않은 경우에 대하여 $n = 2(2s+1)$이라 가정하고 $\alpha^2 = \dfrac{a}{b}$인 복소수 α와 다음 다항식을 생각하자.

$$f(X) = X^n - 1 = (X - \varepsilon_0)(X - \varepsilon_1) \cdots (X - \varepsilon_{n-1})$$

그러면 다음을 알 수 있다.

$$f\left(\frac{\alpha}{i}\right) = \left(\frac{1}{i}\right)^n (\alpha - i\varepsilon_0)(\alpha - i\varepsilon_1) \cdots (\alpha - i\varepsilon_{n-1})$$

$$f\left(-\frac{\alpha}{i}\right) = \left(-\frac{1}{i}\right)^n (\alpha + i\varepsilon_0)(\alpha + i\varepsilon_1) \cdots (\alpha + i\varepsilon_{n-1})$$

$$f\left(\frac{\alpha}{i}\right)f\left(-\frac{\alpha}{i}\right) = (\alpha^2 + \varepsilon_0^2)(\alpha^2 + \varepsilon_1^2) \cdots (\alpha^2 + \varepsilon_{n-1}^2)$$

따라서

$$\prod_{k=0}^{n-1}(a + b\varepsilon_k^2) = b^n \prod_{k=0}^{n-1}\left(\frac{a}{b} + \varepsilon_k^2\right) = b^n \prod_{k=0}^{n-1}(\alpha^2 + \varepsilon_k^2) = b^n f\left(\frac{\alpha}{i}\right)f\left(-\frac{\alpha}{i}\right)$$

$$= b^n \left[(\alpha^2)^{2s+1} + 1\right]^2 = b^n \left[\left(\frac{a}{b}\right)^{2s+1} + 1\right]^2 = b^n \left[\frac{a^{2s+1} + b^{2s+1}}{b^{2s+1}}\right]^2$$

$$= b^{2(2s+1)} \left(\frac{a^{2s+1} + b^{2s+1}}{b^{2s+1}}\right)^2 = \left(a^{\frac{n}{2}} + b^{\frac{n}{2}}\right)^2$$

---

[69] 임의의 $x \in U_n$에 대하여 $f(x) = x^2$로 정의한다. 이 함수가 일대일대응이면
$U_n = \{\varepsilon_0^2, \varepsilon_1^2, \cdots, \varepsilon_{n-1}^2\} = \{\varepsilon_0, \varepsilon_1, \cdots, \varepsilon_{n-1}\}$이므로 $\prod_{k=0}^{n-1}(a + b\varepsilon_k^2) = \prod_{j=0}^{n-1}(a + b\varepsilon_j)$이 성립한다.

다음 문제들도 1의 n 제곱근과 관련된 문제들이다.

문제 11. 임의의 양의 정수 k에 대하여 다음을 정의한다.
$$U_k = \{z \in \mathbb{C} \mid z^k = 1\}$$
$0 < m < n$을 만족하는 모든 정수 m, n에 대하여 다음 포함관계가 성립함을 보이시오.
$$U_1 \cup U_2 \cup \cdots U_m \subset U_{n-m+1} \cup U_{n-m+2} \cup \cdots U_n$$

(루마니아 수학 지역 경선 "Grigore Moisil[70]," 1997)

문제 12. 복소수 a, b, c, d, α에 대하여 $|a|=|b|\neq 0$이고 $|c|=|d|\neq 0$를 만족한다고 하자. 다음 방정식의 모든 근이 실수임을 보이시오.
$$c(bx+a\alpha)^n - d(ax+b\overline{\alpha})^n = 0, \text{ (단, } n \geq 1)$$

문제 13. $z \neq 1$인 복소수 z에 대하여 $z^n = 1$, $n \geq 1$이라 할 때 다음이 성립함을 보이시오.
$$|nz - (n+2)| \leq \frac{(n+1)(2n+1)}{6}|z-1|^2$$

(Crux Mathematicorum, 2003)

문제 14. 복소수 집합 M에 대하여 x, $y \in M$이면 $\frac{x}{y} \in M$을 만족한다. 집합 M의 원소가 n개이면 M은 1의 n 제곱근들의 집합임을 보이시오.

문제 15. 유한 복소수 집합 A에 대하여 $z \in A \Rightarrow z^n \in A$을 만족한다(단, n은 양의 정수).
(a) $\sum_{z \in A} z$는 정수임을 증명하시오.
(b) 임의의 정수 k에 대하여 $\sum_{z \in A} z = k$를 만족하는 집합 A를 선택할 수 있음을 증명하시오.

(2003 루마니아 올림피아드 최종회)

문제 16. $n \geq 3$인 홀수에 대하여 $\sum_{k=1}^{\frac{n-1}{2}} \sec \frac{2k\pi}{n}$을 구하시오.

(Mathematical Reflections)

문제 17. n은 양의 홀수이고 복소수 z는 $z^{2n-1} - 1 = 0$일 때, 다음을 구하시오.

---

[70] (역자주) 그리고레 모이실(Grigore Moisil, 1906-1973) 루마니아 수학자. 주로 수리논리, 대수논리, MV 대수 및 미분방정식 분야를 연구함.

$$\prod_{k=0}^{n-1}\left(z^{2^k}+\frac{1}{z^{2^k}}-1\right)$$

(Mathematical Reflections)

문제 18. $\sin2°\sin4°\sin6°\cdots\sin90°=\dfrac{p\sqrt{5}}{2^{50}}$ 일 때 정수 p를 구하시오.

문제 19. 다항식 $P(x)=(1+x+x^2+\cdots+x^{17})^2-x^{17}$ 는 다음과 같은 형태의 34개의 복소수 근을 가진다.
$$z_k=r_k[\cos(2\pi a_k)+i\sin(2\pi a_k)]$$
(단, $k=1,2,3,\cdots,34$이고, $0<a_1\leq a_2\leq a_3\leq\cdots\leq a_{34}<1$이며 $r_k>0$ 이다.)
$a_1+a_2+a_3+a_4+a_5=\dfrac{m}{n}$ 이고, m,n 은 서로 소인 정수일 때, $m+n$ 을 구하시오.

(2004 AIME I 문제 13)

문제 20. 집합 $A=\{z\,|\,z^{18}=1\}z$, $B=\{\omega\,|\,\omega^{48}=1\}$는 복소수 단위근들의 집합이라고 하자. 집합 $C=\{z\omega:z\in A,\,\omega\in B\}$ 도 복소수 단위근들의 집합이다. 집합 C의 원소의 개수를 구하시오.

(2004 AIME, 문제10)

문제 21. $n\geq 3$ 인 정수에 대하여 $z=\cos\dfrac{2\pi}{n}+i\sin\dfrac{2\pi}{n}$ 이다. 집합 A,B가 다음과 같을 때, $A\cap B$ 를 구하시오.
$$A=\{1,\,z,\,z^2,\,\cdots,z^{n-1}\}$$
$$B=\{1,\,1+z,\,1+z+z^2,\,\cdots,1+z+z^2+\cdots+z^{n-1}\}$$

(루마니아 수학 올림피아드 지역 선발, 2008)

5.7 다각형과 관련된 문제

문제 1. $|z_1|=|z_2|=\cdots=|z_n|$ 인 서로 다른 복소수 $z_1,z_2,\cdots,z_n$에 대하여, 부등식
$$\sum_{1\leq i<j\leq n}\left|\frac{z_i+z_j}{z_i-z_j}\right|^2\geq\frac{(n-1)(n-2)}{2}$$
임을 보이시오.

풀이. 서로 다른 복소수 $z_1,z_2,\cdots,z_n$를 좌표로 갖는 점을 각각 $A_1,A_2,\cdots,A_n$이라 하자. 다각형 $A_1A_2\cdots A_n$을 중심이 원점이고 반지름이 $R=|z_1|$ 인 원에 내접시키자.

선분 A_iA_j의 중점을 A_{ij}라 하면, 이 중점 좌표는 $\dfrac{z_i+z_j}{2}$이다(단, $1 \leq i < j \leq n$). 그러면

$$|z_i+z_j|^2 = 4\overline{OA_{ij}}^2, \quad |z_i-z_j|^2 = \overline{A_iA_j}^2$$

이고, $4\overline{OA_{ij}}^2 = 4R^2 - \overline{A_iA_j}^2$이다. 따라서 합의 결과는 다음과 같다.

$$\sum_{1 \leq i < j \leq n} \left|\frac{z_i+z_j}{z_i-z_j}\right|^2$$

$$= \sum_{1 \leq i < j \leq n} \frac{4\overline{OA_{ij}}^2}{\overline{A_iA_j}^2} = \sum_{1 \leq i < j \leq n} \frac{4R^2 - \overline{A_iA_j}^2}{\overline{A_iA_j}^2} = 4R^2 \sum_{1 \leq i < j \leq n} \frac{1}{\overline{A_iA_j}^2} - {}_nC_2$$

AM-HM(산술-조화 평균) 부등식에 의해서

$$\sum_{1 \leq i < j \leq n} \frac{1}{\overline{A_iA_j}^2} \geq \frac{({}_nC_2)^2}{\sum_{1 \leq i < j \leq n} \overline{A_iA_j}^2}$$

이다. $\sum_{1 \leq i < j \leq n} \overline{A_iA_j}^2 \leq n^2 \cdot R^2$이므로 부등식

$$\sum_{1 \leq i < j \leq n} \left|\frac{z_i+z_j}{z_i-z_j}\right|^2 \geq 4R^2 \cdot \frac{({}_nC_2)^2}{\sum_{1 \leq i < j \leq n} \overline{A_iA_j}^2} - {}_nC_2$$

$$\geq \frac{4 \cdot ({}_nC_2)^2}{n^2} - {}_nC_2 = \frac{(4 \cdot {}_nC_2 - n^2) \cdot {}_nC_2}{n^2} = \frac{(n-1)(n-2)}{2}$$

이 성립한다.

문제 2. 다각형 $A_1A_2 \cdots A_n$의 꼭짓점 $A_1, A_2, \cdots, A_n$의 좌표를 각각 $a_1, a_2, \cdots, a_n$이라 하자. $|a_1| = |a_2| = \cdots = |a_n| = R$이면

$$\sum_{1 \leq i < j \leq n} |a_i+a_j|^2 \geq n(n-2)R^2$$

임을 보이시오.

풀이.

$$\sum_{1 \leq i < j \leq n} |a_i+a_j|^2 = \sum_{1 \leq i < j \leq n} (a_i+a_j)(\overline{a_i}+\overline{a_j}) = \sum_{1 \leq i < j \leq n} \left(|a_i|^2+|a_j|^2+a_i\overline{a_j}+\overline{a_i}a_j\right)$$

$$= 2R^2 \, {}_nC_2 + \sum_{i \neq j} a_i\overline{a_j} = n(n-1)R^2 + \sum_{i=1}^{n}\sum_{j=1}^{n} a_i\overline{a_j} - \sum_{i=1}^{n} a_i\overline{a_i}$$

$$= n(n-1)R^2 + \left(\sum_{i=1}^{n} a_i\right)\left(\sum_{i=1}^{n} \overline{a_i}\right) - nR^2 = n(n-1)R^2 + \left|\sum_{i=1}^{n} a_i\right|^2 \geq n(n-2)R^2$$

문제 3. 원점이 외심인 정다각형의 꼭짓점 좌표를 $z_1, z_2, \cdots, z_n$이라 하자. $z_i+z_j = z_k$을 만족하는 i, j,

$k \in \{1, 2, \cdots, n\}$가 존재하기 위한 필요충분조건은 n이 6으로 나누어 떨어짐을 보이시오.

풀이. $\varepsilon = \cos\dfrac{2\pi}{n} + i\sin\dfrac{2\pi}{n}$라 하자. 그러면 모든 $p = 1, \cdots, n$에 대하여 $z_p = z_1 \cdot \varepsilon^{p-1}$이다. $z_i + z_j = z_k$일 필요충분조건은 $1 + \varepsilon^{j-i} = \varepsilon^{k-i}$이다. 즉,

$$2\cos\frac{(j-i)\pi}{n}\left[\cos\frac{(j-i)\pi}{n} + i\sin\frac{(j-i)\pi}{n}\right] = \cos\frac{2(k-i)\pi}{n} + i\sin\frac{2(k-i)\pi}{n}$$

이다. 위의 식에서 등호가 성립할 조건은

$$\frac{(j-i)\pi}{n} = \frac{\pi}{3} = \frac{2(k-i)\pi}{n},$$
$$n = 6(k-i) = 3(j-i)$$

이다. 그러므로 n은 6으로 나누어떨어진다.

역으로 n이 6으로 나누어떨어진다고 하자.

$$i = 1, \ j = \frac{n}{3} + 1, \ k = \frac{n}{6} + 1$$

이라 하자. 그러면 $z_i + z_j = z_k$이다.

문제 4. 정다각형의 꼭짓점의 좌표를 각각 $z_1, z_2, \cdots, z_n$이라 할 때,

$$z_1^2 + z_2^2 + \cdots + z_n^2 = z_1 z_2 + z_2 z_3 + \cdots + z_n z_1$$

임을 보이시오.

증명. 일반성을 잃지 않고, 정다각형의 중심을 복표좌표의 원점이라 하자. $z_k = z_1 \varepsilon^{k-1}$이라 하자. 여기서

$$\varepsilon = \cos\frac{2\pi}{n} + i\sin\frac{2\pi}{n}, \ (\text{단}, \ k = 1, 2, \cdots, n)$$

이다.

$$(\text{우변}) = z_1 z_2 + z_2 z_3 + \cdots + z_n z_1 = \sum_{k=1}^n z_k z_{k+1} = \sum_{k=1}^n z_1^2 \varepsilon^{2k-1} = z_1^2 \cdot \varepsilon \cdot \frac{1-\varepsilon^{2n}}{1-\varepsilon^2} = 0$$

같은 방법으로,

$$(\text{좌변}) = z_1^2 + z_2^2 + \cdots + z_n^2 = \sum_{k=1}^n z_k^2 = \sum_{k=1}^n z_1^2 \varepsilon^{2k-2} = z_1^2 \cdot \frac{1-\varepsilon^{2n}}{1-\varepsilon^2} = 0$$

이다.

문제 5. $n \geq 4$이고 $a_1, a_2, \cdots, a_n$는 정다각형의 꼭짓점 좌표라 하자.

$$a_1 a_2 + a_2 a_3 + \cdots + a_n a_1 = a_1 a_3 + a_2 a_4 + \cdots + a_n a_2$$

을 보이시오.

증명. 정다각형의 중심이 복소좌표 원점이라 하고, $a_k = a_1 \varepsilon^{k-1}$, $k = 1, 2, \cdots, n$이고
$$\varepsilon = \cos\frac{2\pi}{n} + i\sin\frac{2\pi}{n}$$
이다.

(좌변)$= a_1 a_2 + a_2 a_3 + \cdots + a_n a_1 = a_1^2 \sum_{k=1}^{n} \varepsilon^{2k-1} = a_1^2 \varepsilon \cdot \frac{1-\varepsilon^{2n}}{1-\varepsilon^2} = 0$

(우변)$= a_1^2 \sum_{k=1}^{n} \varepsilon^{2k} = a_1^2 \varepsilon^2 \cdot \frac{1-\varepsilon^{2n}}{1-\varepsilon^2} = 0$

문제 6. 서로 다른 복소수 $z_1, z_2, \cdots, z_n$가 다음을 만족한다.
$$|z_1| = |z_2| = \cdots = |z_n| = 1$$
다음 두 명제가 서로 동치임을 증명하시오.
(a) 정다각형의 꼭짓점 좌표가 각각 $z_1, z_2, \cdots, z_n$이다.
(b) $z_1^n + z_2^n + \cdots + z_n^n = n(-1)^{n+1} z_1 z_2 \cdots z_n$

증명. (a) $\Rightarrow$ (b)를 보이자.

$\varepsilon = \cos\frac{2\pi}{n} + i\sin\frac{2\pi}{n}$이라 하자. 이때 $z_1, z_2, \cdots, z_n$이 정다각형의 꼭짓점이기 때문에, 일반성을 잃지 않고
$$z_k = z_1 \varepsilon^{k-1} \quad (\text{단, } k = 1, 2, \cdots, n)$$
이라 가정하자. 그러면 (b)의 관계식은 다음과 같다.

(좌변) $= z_1^n (1 + \varepsilon^n + \varepsilon^{2n} + \cdots + \varepsilon^{n(n-1)}) = z_1^n \cdot 1 = z_1^n$

(우변) $= n(-1)^{n+1} z_1^n \varepsilon^{1+2+\cdots+(n-1)}$
$= n(-1)^{n+1} \left(\cos\frac{n(n-1)}{2} \cdot \frac{2\pi}{n} + i\sin\frac{n(n-1)}{2} \cdot \frac{2\pi}{n}\right)$
$= z_1^n (-1)^{n+1} (\cos(n-1)\pi + i\sin(n-1)\pi) = z_1^n (-1)^{n+1} (-1)^{n-1} = z_1^n$

다음으로 (b) $\Rightarrow$ (a)임을 보이자.
양변에 각각 절댓값을 취하자.

(좌변) $= \left| n \cdot (-1)^{n+1} z_1 z_2 \cdots z_n \right| = n |z_1| |z_2| \cdots |z_n| = n$

(우변) $= \left| z_1^n + z_2^n + \cdots + z_n^n \right| = n$

삼각부등식에 의해서

$$n = |z_1^n + z_2^n + \cdots + z_n^n| \leq |z_1^n| + |z_2^n| + \cdots + |z_n^n| = \underbrace{1 + 1 + \cdots + 1}_{n\text{개}} = n$$

이다. 그러므로 복소수 $z_1^n,\ z_2^n,\ \cdots,\ z_n^n$ 모두 편각이 같다. $|z_1^n| = |z_2^n| = \cdots = |z_n^n| = 1$이므로 $z_1^n = z_2^n = \cdots = z_n^n = a$이다(단, a는 $|a| = 1$인 복소수). 따라서 $z_1, z_2, \cdots, z_n$은 서로 다른 a의 n제곱근이다. 결과적으로 복소수 $z_1, z_2, \cdots, z_n$은 정다각형 각각의 꼭짓점의 좌표이다.

문제 7. A, B, C는 정n각형의 연속적인 세 꼭짓점이라 하고, 정n각형의 외접원 위의 점 M은 직선 AC에 대해 점 B의 반대 영역에 있다.

$\overline{MA} + \overline{MC} = 2\overline{MB}\cos\dfrac{\pi}{n}$ 을 증명하시오(반 쇼텐(Van Schouten) 정리의 일반화는 아래 참고의 첫 번째를 보이라.).

풀이. 다각형의 중심을 원점이라 하자. 점 A_1의 좌표를 1이라 하자.
$\varepsilon = \cos\dfrac{2\pi}{n} + i\sin\dfrac{2\pi}{n}$ 이라 하면, ε^{k-1}은 점 A_k의 좌표이다(단, $k = 1, 2, \cdots, n$).

일반성을 잃지 않고, $A = A_1$, $B = A_2$, $C = A_3$이라 하자. $z_M = \cos t + i\sin t$ (단, $t \in [0, 2\pi)$)을 점 M의 좌표라 하자. 두 점 B, M은 직선 AC에 대해 반대 영역에 있기 때문에 $\dfrac{4\pi}{n} < t$이다. 그러므로

$$\overline{MA} = |z_M - 1| = \sqrt{(\cos t - 1)^2 + \sin^2 t} = \sqrt{2 - 2\cos t} = 2\sin\dfrac{t}{2},$$

$$\overline{MB} = |z_M - \varepsilon| = 2\sin\left(\dfrac{t}{2} - \dfrac{\pi}{n}\right),$$

$$\overline{MC} = |z_M - \varepsilon^2| = 2\sin\left(\dfrac{t}{2} - \dfrac{2\pi}{n}\right)$$

그리고 다음 식이 성립한다.

$$\overline{MA} + \overline{MC} = 2\sin\dfrac{t}{2} + 2\sin\left(\dfrac{t}{2} - \dfrac{2\pi}{n}\right) = 4\sin\left(\dfrac{t}{2} - \dfrac{\pi}{n}\right)\cos\dfrac{\pi}{n} = 2\overline{MB} \cdot \cos\dfrac{\pi}{n}$$

참고.

(1) $n = 3$이면, 반 쇼텐 정리(Van Schouten's theroem)라 한다. 정삼각형 ABC 외접원의 일부인 호 $\overline{AC}$ 위의 임의의 점 M은 다음을 만족한다.
$$\overline{MA} + \overline{MC} = \overline{MB}$$
이 정리는 톨레미 정리로부터 바로 증명된다.

(2) $n = 4$이면, 정사각형 ABCD에 대하여 점 B와 점 M은 직선 AC에 의해 반대편에 있으며 정사각형 ABCD의 외접원 위에 있는 임의의 점 M은 다음 관계식을 만족한다.
$$\overline{MA} + \overline{MC} = \sqrt{2} \cdot \overline{MB}$$

문제 8. 점 P는 정사각형 ABCD 외접원 위의 점이다. 점 P에 대하여 합

$$S_n(P) = \overline{PA}^n + \overline{PB}^n + \overline{PC}^n + \overline{PD}^n$$

이 상수인 모든 양의 정수 n을 구하시오.

풀이. 정사각형의 중심이 원점이고 네 점 A, B, C, D의 좌표가 각각 $1, i, -1, -i$라 하자. 점 P의 좌표를 $z = a + bi$라 하자(단, $a, b \in \mathbb{R}$, $a^2 + b^2 = 1$). 합 $S_n(P)$은 다음과 같다.

$$S_n(P) = [(a-1)^2 + b^2]^{\frac{n}{2}} + [a^2 + (b-1)^2]^{\frac{n}{2}} + [(a+1)^2 + b^2]^{\frac{n}{2}} + [a^2 + (b+1)^2]^{\frac{n}{2}}$$

$$= 2^{\frac{n}{2}}\left[(1+a)^{\frac{n}{2}} + (1-a)^{\frac{n}{2}} + (1+b)^{\frac{n}{2}} + (1-b)^{\frac{n}{2}}\right]$$

$P = A(1, 0)$이라 하면 $S_n(A) = 2^{\frac{n+2}{2}} + 2^n$이다. $P = E\left(\frac{\sqrt{2}}{2}, \frac{\sqrt{2}}{2}\right)$이면,

$$S_n(E) = 2(2-\sqrt{2})^{\frac{n}{2}} + 2(2+\sqrt{2})^{\frac{n}{2}}$$

이다. 이때, $S_n(P)$가 점 P에 대하여 상수이므로 다음과 같다. $S_n(A) = S_n(E)$

이를 풀면, $2^{\frac{n+2}{2}} + 2^n = 2(2-\sqrt{2})^{\frac{n}{2}} + 2(2+\sqrt{2})^{\frac{n}{2}}$ 이다.

$n \geq 1$인 모든 자연수 n에 대하여 $2^{\frac{n+2}{2}} > 2(2-\sqrt{2})^{\frac{n}{2}}$ 이다. 또한 $n \geq 9$인 모든 자연수 n에 대하여 $2^n > 2(2+\sqrt{2})^{\frac{n}{2}}$ 을 만족한다. 마지막 부등식은 다음과 동치이다.

$$\frac{1}{4} > \left(\frac{2+\sqrt{2}}{4}\right)^n \quad (단, n \geq 9)$$

우변은 n이 커질수록 값이 감소하고 다음과 같은 부등식이 성립함을 보이면 충분하다.

$$\frac{1}{4} > \left(\frac{2+\sqrt{2}}{4}\right)^9$$

그러므로 식 $S_n(A) = S_n(E)$은 $n \leq 8$에서 만족한다. 그런데 $n = 2, 4, 6$일 때만 $S_n(P)$가 상수임을 보이는 것은 어렵지 않다.

문제 9. 함수 $f : \mathbb{R}^2 \to \mathbb{R}$가 다음 조건을 만족할 때, 함수 f를 올림피아드 함수라고 한다. 임의의 자연수 $n \geq 3$에 대하여 서로 다른 점 $A_1, A_2, \cdots, A_n \in \mathbb{R}^2$이 주어졌을 때, $f(A_1) = f(A_2) = \cdots = f(A_n)$이면 $A_1, A_2, \cdots, A_n$은 볼록 다각형이다. $P \in \mathbb{C}(X)$가 상수가 아닌 다항식이라고 하자. 다음과 같이 정의된 함수 $f : \mathbb{R}^2 \to \mathbb{R}$, $f(x, y) = |P(x + iy)|$가 올림피아드 함수일 필요충분조건은 P의 근이 모두 같음을 증명하시오.

(루마니아 수학 올림피아드, 최종회, 2000)

풀이. 먼저 다항식 P의 근이 모두 같다고 가정하자. 그러면 적당한 $a, z_0 \in \mathbb{C}$, $n \in \mathbb{N}$에 대하여

$P(x) = a(z-z_0)^n$ 라고 할 수 있다. 서로 다른 점 $A_1, A_2, \cdots, A_n \in \mathbb{R}^2$ 에 대하여 $f(A_1) = f(A_2) = \cdots = f(A_n)$ 이면, $A_1, A_2, \cdots, A_n$ 은 중심이 $(\text{Re}(z_0), \text{Im}(z_0))$ 이고, 반지름의 길이가 $\sqrt[n]{\left|\dfrac{f(A_1)}{a}\right|}$ 인 원 위의 점인데, 이것은 $A_1, A_2, \cdots, A_n$ 이 볼록 다각형의 꼭짓점임을 의미하고 있다.

역으로, 다항식 P 의 근이 모두 같지 않고, $P(x) = a(z-z_1)(z-z_2)Q(z)$ 라고 하자. 여기서 z_1, z_2 는 $P(x)$ 의 서로 다른 근이고, $|z_1 - z_2|$ 는 가장 작다고 하자. 직선 l 은 $Z_1 = (\text{Re}(z_1), \text{Im}(z_1))$, $Z_2 = (\text{Re}(z_2), \text{Im}(z_2))$ 을 지난다고 하고, $z_3 = \dfrac{z_1 + z_2}{2}$ 라 하면, $Z_3 = (\text{Re}(z_3), \text{Im}(z_3))$ 는 선분 $\overline{Z_1 Z_2}$ 의 중점이다. 또, s_1, s_2 는 반직선 $Z_3 Z_1, Z_3 Z_2$ 를 나타낸다고 하고, $r = f(Z_3) \geq 0$ 이라고 하자. 이때, $r > 0$ 이어야 한다. 왜냐하면, 만약 그렇지 않다면, z_3 는 다항식 P 의 근으로서 $|z_1 - z_3| < |z_1 - z_2|$ 가 되어서 불가능하다.

부연 설명하면, $f(Z_3) = 0$,
$$\lim_{\substack{Z_3 \to \infty \\ Z \in s_1}} f(Z) = +\infty,$$
연속인 함수 f 라는 세가지 이유로 인하여 Z_1 방향에 $r = f(Z_4)$ 인 $Z_4 \in s_1$ 가 존재한다. 같은 방법으로 Z_2 방향에 $r = f(Z_5)$ 인 $Z_5 \in s_2$ 에 존재한다. 따라서 $f(Z_3) = f(Z_4) = f(Z_5)$ 이고, Z_3, Z_4, Z_5 는 볼록 다각형의 꼭짓점이 아니다. 따라서 f 는 올림피아드 함수가 아니다.

문제 10. 볼록 육각형 $ABCDEF$ 에서 $\angle A + \angle B + \angle C = 360°$ 이고,
$$\overline{AB} \cdot \overline{CD} \cdot \overline{EF} = \overline{BC} \cdot \overline{DE} \cdot \overline{FA}$$
이다. $\overline{AB} \cdot \overline{FC} \cdot \overline{EC} = \overline{BF} \cdot \overline{DE} \cdot \overline{CA}$ 임을 증명하시오.

(1999년 폴란드 올림피아드)

풀이. 육각형을 복소평면에 두고, $a = z_B - z_A$, $b = z_C - z_B$, $\cdots$, $f = z_A - z_F$ 라고 하자. 위의 곱셈에 관한 조건은 $|ace| = |bdf|$ 임을 의미하고, 각에 관한 조건은 $\dfrac{-b}{a} \cdot \dfrac{-d}{c} \cdot \dfrac{-f}{e}$ 가 양의 실수임을 의미한다. 따라서 $ace = -bdf$ 이다. 또 $a+b+c+d+e+f = 0$ 이다. 왼쪽 식에 ad 를 곱하고, $ace + bdf = 0$ 을 더하면 다음을 얻는다.
$a^2 d + abd + acd + ad^2 + ade + adf + ace + bdf = 0$ 위의 식은 $a(d+e)(c+d) + d(a+b)(f+a) = 0$ 으로 인수분해된다.
$$|a(d+c)(c+d)| = |d(a+b)(f+a)|$$
따라서 주어진 등식이 성립한다.

문제 11. n 은 2 보다 큰 정수이고 함수 $f : \mathbb{R}^2 \to \mathbb{R}$ 가 모든 정n각형 $A_0 A_1 \cdots A_n$ 에 대하여
$$f(A_1) + f(A_2) + \cdots + f(A_n) = 0$$

이다. 이때, $f = 0$임을 증명하시오.   (루마니아 수학 올림피아드 최종회, 1996)

풀이. 복소평면을 $\mathbb{R}^2$으로 생각하고, $\zeta = \cos\dfrac{2\pi}{n} + i\sin\dfrac{2\pi}{n}$라고 하자. 그러면 위의 조건은 모든 복소수 $z \in \mathbb{C}$와 양의 실수 t에 대하여

$$\sum_{j=1}^{n} f(z + t\zeta^j) = 0$$

을 의미한다. 특별히 임의의 $k = 1, 2, \cdots, n$에 대하여 다음이 성립한다.

$$\sum_{j=1}^{n} f(z - \zeta^k + \zeta^j) = 0$$

k에 대하여 각각 더하면 다음을 얻는다.

$$\sum_{m=1}^{n}\sum_{k=1}^{n} f(z - (1 - \zeta^m)\zeta^k) = 0$$

$m = n$이면, 내부의 합은 $nf(z)$이고, $m \neq n$이면, 내부의 합은 다각형의 변을 이루는 벡터들의 합이 되므로 그 값은 0이다. 따라서 모든 복소수 z에 대하여 $f(z) = 0$이다.

다음에 약간의 문제를 더 소개한다.

문제 12. 다음 조건을 만족하는 볼록 1990 각형이 있음을 증명하시오.
(a) 모든 각의 크기는 같다.
(b) 각 변의 길이는 차례로 $1^2, 2^2, 3^2 \cdots, 1989^2, 1990^2$이다.

(31회 IMO 문제)

문제 13. 점 A와 점 E는 정팔각형에서 마주 보는 꼭짓점이다.
경로 $(P_0, P_1, \cdots, P_n)$에 대하여 a_n은 길이가 n인 경로의 개수다. 이것은 다음 규칙을 따른다. P_i는 정팔각형의 꼭짓점이고, $P_0 = A$, $P_n = E$, P_i와 P_{i+1}은 인접한 꼭짓점이고, $P_i \neq E$인 규칙을 사용해서 경로를 만든다(단, $i = 0,\cdots,n-1$)[71].
$n = 1, 2, 3, \cdots$에 대하여
$a_{2n-1} = 0$, $a_{2n} = \dfrac{1}{\sqrt{2}}(x^{n-1} - y^{n-1})$ (단, $x = 2 + \sqrt{2}$, $y = 2 - \sqrt{2}$) 임을 증명하시오.

(21회 IMO 문제[72])

문제 14. 점 A, B, C는 원에 내접하는 정다각형의 세 꼭짓점이라고 하자. 길이가 긴쪽의 호(major arc)

---

[71](역자주) 시작점은 A이고 종점은 E이다. 그리고 점 A에서 E사이에 변의 개수가 네 개이므로 $n \leq 3$일 때 $a_n = 0$일 수 밖에 없다.
[72](역자주) https://prase.cz/kalva/imo/isoln/isoln796.html 참조

AC의 중점을 M이라고 할 때, 다음을 증명하시오.
$$\overline{MA} \cdot \overline{MC} = \overline{MB}^2 - \overline{AB}^2$$

문제 15. $A_1 A_2 \cdots A_n$은 반지름이 1인 원 C에 내접하는 정다각형이다. 원 C 위의 임의의 점을 P라고 할 때, $\prod_{j=1}^{n} \overline{PA_j}$의 최댓값을 구하시오.

(루마니아 수학 지역대회 "Grigore Moisil, 1992")

문제 16. $A_1 A_2 \cdots A_{2n}$은 반지름이 1인 원 C에 내접하는 정다각형이다. 원 C 위의 임의의 점을 P라고 할 때, 다음을 증명하시오.
$$\sum_{k=0}^{n-1} \overline{PA_{k+1}}^2 \cdot \overline{PA_{n+k+1}}^2 = 2n$$

문제 17. $A_1 A_2 \cdots A_n$은 반지름이 R이고 중심이 O인 원에 내접하는 정n각형이다. 정다각형이 있는 평면 위의 임의의 점 M에 대하여 다음 부등식이 성립함을 증명하시오.
$$\prod_{k=1}^{n} \overline{MA_k} \leq \left(\overline{OM}^2 + R^2\right)^{\frac{n}{2}}$$

(Mathmatical Reflections, 2009)

5.8 복소수와 조합론

문제 1. 다음을 계산하시오.
$$\sum_{k=0}^{3n-1} (-1)^k {}_{6n}C_{2k+1} 3^k$$

풀이. 다음이 성립한다.
$$\sum_{k=0}^{3n-1} (-1)^k {}_{6n}C_{2k+1} 3^k = \sum_{k=0}^{3n-1} {}_{6n}C_{2k+1}(-3)^k = \sum_{k=0}^{3n-1} {}_{6n}C_{2k+1}(i\sqrt{3})^{2k}$$
$$= \frac{1}{i\sqrt{3}} \sum_{k=0}^{3n-1} {}_{6n}C_{2k+1}(i\sqrt{3})^{2k+1} = \frac{1}{i\sqrt{3}} \operatorname{Im}(1+i\sqrt{3})^{6n}$$
$$= \frac{1}{i\sqrt{3}} \operatorname{Im}\left(2\left(\cos\frac{\pi}{3} + i\sin\frac{\pi}{3}\right)\right)^{6n}$$
$$= \frac{1}{i\sqrt{3}} \operatorname{Im}\left(2^{6n}(\cos 2\pi n + i\sin 2\pi n)\right) = 0$$

5장 올림피아드 문제

문제 2. $S_n = \sum_{k=0}^{n} {}_nC_k \cos k\alpha$ 를 계산하시오. 단, $\alpha \in [0,\ \pi)$ 이다.

풀이. 복소수 $z = \cos\alpha + i\sin\alpha$ 에 대하여 $T_n = \sum_{k=0}^{n} {}_nC_k \sin k\alpha$ 라 하면 다음이 성립한다.

$$S_n + iT_n = \sum_{k=0}^{n} {}_nC_k(\cos k\alpha + i\sin k\alpha) = \sum_{k=0}^{n} {}_nC_k(\cos\alpha + i\sin\alpha)^k$$
$$= \sum_{k=0}^{n} {}_nC_k z^k = (1+z)^n \qquad (1)$$

복소수 $1+z$ 의 극형식은

$$1 + \cos\alpha + i\sin\alpha = 2\cos^2\frac{\alpha}{2} + 2i\sin\frac{\alpha}{2}\cos\frac{\alpha}{2} = 2\cos\frac{\alpha}{2}\left(\cos\frac{\alpha}{2} + i\sin\frac{\alpha}{2}\right)$$

$\alpha \in [0,\ \pi)$ 이므로 (1)에서 다음이 성립한다.

$$S_n + iT_n = \left(2\cos\frac{\alpha}{2}\right)^n \left(\cos\frac{n\alpha}{2} + i\sin\frac{n\alpha}{2}\right)$$

즉, 결과는 다음과 같다.

$$S_n = \left(2\cos\frac{\alpha}{2}\right)^n \cos\frac{n\alpha}{2} \text{ 이고, } T_n = \left(2\cos\frac{\alpha}{2}\right)^n \sin\frac{n\alpha}{2}$$

문제 3. 다음 항등식을 증명하시오.

$$({}_nC_0 - {}_nC_2 + {}_nC_4 - \cdots)^2 + ({}_nC_1 - {}_nC_3 + {}_nC_5 - \cdots)^2 = 2^n$$

풀이.

$$x_n = {}_nC_0 - {}_nC_2 + {}_nC_4 - \cdots,\ y_n = {}_nC_1 - {}_nC_3 + {}_nC_5 - \cdots$$

라고 하자. 그러면 다음이 성립한다.

$$(1+i)^n = x_n + y_n i \qquad (1)$$

(1)의 양변에 절댓값을 취하면 다음이 성립한다.

$$|x_n + y_n i| = |(1+i)^n| = |(1+i)|^n = 2^{\frac{n}{2}}$$

위의 식은 다음을 의미한다. $x_n^2 + y_n^2 = 2^n$ 이다.

참고. $x_n,\ y_n$ 에 관한 다음과 같은 공식은 분명하다.

$$(1+i)^n = \left(\sqrt{2}\left(\cos\frac{\pi}{4} + i\sin\frac{\pi}{4}\right)\right)^n = 2^{\frac{n}{2}}\left(\cos\frac{n\pi}{4} + i\sin\frac{n\pi}{4}\right)$$

(1)에서 다음을 알 수 있다.

$$x_n = 2^{\frac{n}{2}} \cos \frac{n\pi}{4}, \ y_n = 2^{\frac{n}{2}} \sin \frac{n\pi}{4}$$

문제 4. m, p 는 양의 정수이고, $m > p$ 일 때, 다음을 증명하시오.

$$_mC_0 + {_mC_p} + {_mC_{2p}} + {_mC_{3p}} + \cdots = \frac{2^m}{p}\left(1 + 2\sum_{k=1}^{\left[\frac{p-1}{2}\right]} \left(\cos\frac{k\pi}{p}\right)^m \cos\frac{mk\pi}{p}\right)$$

풀이. 다음과 같은 간단하지만 주의를 필요로 하는 식으로부터 시작할 것이다. 만약 $f \in \mathbb{R}[X]$ 가 다항식이고, $f = a_0 + a_1 X + \cdots + a_n X^n$ 이라 하자. 또 $\varepsilon = \cos\frac{2\pi}{p} + i\sin\frac{2\pi}{p}$ 는 1의 p 제곱근이다. 모든 실수 n 에 대하여 다음이 성립한다.

$$a_0 + a_p x^p + a_{2p} x^{2p} \cdots = \frac{1}{p}\big(f(x) + f(\varepsilon x) + \cdots + f(\varepsilon^{p-1} x)\big) \tag{1}$$

(1)을 증명하기 위하여 다음 관계식을 이용할 것이다.

$$1 + \varepsilon^k + \varepsilon^{2k} + \cdots + \varepsilon^{(p-1)k} = \begin{cases} p, & p|k \text{인 경우} \\ 0, & \text{그렇지 않은 경우} \end{cases}$$

한편, p 가 홀수인 경우를 고려하면, 다항식 f 를 (1)에 사용하기 위하여

$$f = (1+X)^m = {_mC_0} + {_mC_1}X + \cdots + {_mC_m}X^m$$

라고 하면, 다음을 얻는다.

$$_mC_0 + {_mC_p}x^p + {_mC_{2p}}x^{2p} + \cdots = \frac{1}{p}\big((1+x)^m + (1+\varepsilon x)^m + \cdots + (1+\varepsilon^{p-1}x)^m\big) \tag{2}$$

(2)에 $x = 1$ 을 대입하면 다음을 얻는다.

$$S_p = {_mC_0} + {_mC_p}x^p + {_mC_{2p}}x^{2p} + \cdots = \frac{1}{p}\big(2^m + (1+\varepsilon)^m + \cdots + (1+\varepsilon^{p-1})^m\big) \tag{3}$$

$\varepsilon^k = \cos\frac{2k\pi}{p} + i\sin\frac{2k\pi}{p}$ 로부터 $k = 0, 1, \ldots, p-1$ 에 대하여 다음이 성립한다.

$$(1+\varepsilon^k)^m = 2^m \left(\cos\frac{k\pi}{p}\right)^m \left(\cos\frac{mk\pi}{p} + i\sin\frac{mk\pi}{p}\right)$$

$\varepsilon^{p-k} = \overline{\varepsilon^k}$ 를 이용하여 다음을 얻는다.

$$(1+\varepsilon^{p-k})^m = (1+\overline{\varepsilon^k})^m = \overline{(1+\varepsilon^k)^m} = 2^m \left(\cos\frac{k\pi}{p}\right)^m \left(\cos\frac{mk\pi}{p} - i\sin\frac{mk\pi}{p}\right)$$

위의 식을 (3)에 대입하면 다음을 얻는다.

$$S_p = \frac{1}{p}\sum_{k=0}^{p-1}(1+\varepsilon^k)^m = \frac{1}{p}\left[\sum_{k=0}^{\frac{p-1}{2}}(1+\varepsilon^k)^m + \sum_{k=1}^{\frac{p-1}{2}}(1+\varepsilon^{p-k})^m\right]$$

$$= \frac{1}{p}\left[2^m + 2^m \sum_{k=1}^{\frac{p-1}{2}} \left(\cos\frac{k\pi}{p}\right)^m \left(\cos\frac{mk\pi}{p} + i\sin\frac{mk\pi}{p}\right)\right.$$
$$\left. + 2^m \sum_{k=1}^{\frac{p-1}{2}} \left(\cos\frac{k\pi}{p}\right)^m \left(\cos\frac{mk\pi}{p} - i\sin\frac{mk\pi}{p}\right)\right]$$
$$= \frac{2^m}{p}\left(1 + 2\sum_{k=1}^{\frac{p-1}{2}} \left(\cos\frac{k\pi}{p}\right)^m \cos\frac{mk\pi}{p}\right)$$

이제 p는 양의 짝수인 경우를 생각하자. $\varepsilon^{\frac{p}{2}} = -1$이므로 다음이 성립한다.

$$S_p = \frac{1}{p}\sum_{k=0}^{p-1}(1+\varepsilon^k)^m = \frac{1}{p}\left[2^m + \sum_{k=1}^{\frac{p}{2}-1}(1+\varepsilon^k)^m + \sum_{k=\frac{p}{2}+1}^{p-1}(1+\varepsilon^k)^m\right]$$

$$= \frac{1}{p}\left[2^m + 2^m \sum_{k=1}^{\frac{p}{2}-1}\left(\cos\frac{k\pi}{p}\right)^m \left(\cos\frac{mk\pi}{p} + i\sin\frac{mk\pi}{p}\right)\right.$$
$$\left. + 2^m \sum_{k=1}^{\frac{p}{2}-1}\left(\cos\frac{k\pi}{p}\right)^m \left(\cos\frac{mk\pi}{p} - i\sin\frac{mk\pi}{p}\right)\right]$$

$$= \frac{2^m}{p}\left(1 + 2\sum_{k=1}^{\frac{p}{2}-1}\left(\cos\frac{k\pi}{p}\right)^m \cos\frac{mk\pi}{p}\right)$$

문제 5. 다음을 증명하시오.

$${}_nC_m + {}_nC_{m+p} + {}_nC_{m+2p} + \cdots = \frac{2^n}{p}\sum_{k=0}^{p-1}\left(\cos\frac{k\pi}{p}\right)^n \cos\frac{(n-2m)k\pi}{p}$$

풀이. $\varepsilon_0, \varepsilon_1, \cdots, \varepsilon_{p-1}$를 1의 p제곱근이라 하자. 그러면

$$\sum_{k=0}^{p-1}\varepsilon_k^{-m}(1+\varepsilon_k)^n = \sum_{k=0}^{n}{}_nC_k\left(\varepsilon_0^{k-m} + \cdots + \varepsilon_{p-1}^{k-m}\right) \tag{1}$$

2.2.2절의 성질 3에 의해서

$$\varepsilon_0^{k-m} + \cdots + (\varepsilon_{p-1})^{k-m} = \begin{cases} p, & p \mid (k-m) \\ 0, & \text{그 외의 경우} \end{cases} \tag{2}$$

이에 따라

$$(\varepsilon_k)^{-m}(1+\varepsilon_k)^n$$
$$= \left(\cos\frac{2mk\pi}{p} - i\sin\frac{2mk\pi}{p}\right)\left(2\cos\frac{k\pi}{p}\right)^n\left(\cos\frac{nk\pi}{p} + i\sin\frac{nk\pi}{p}\right)$$

$$= 2^n \left(\cos\frac{k\pi}{p}\right)^n \left(\cos\frac{(n-2m)k\pi}{p} + i\sin\frac{(n-2m)k\pi}{p}\right)$$

이고 (1)과 (2)를 사용하면 주어진 등식은 성립한다.

참고. 다음 특별한 삼각함수의 관계식이 성립한다.
$$\sum_{k=0}^{p-1} \left(\cos\frac{k\pi}{p}\right)^n \sin\frac{(n-2m)k\pi}{p} = 0$$

문제 6. 정수 a_n, b_n, c_n을 다음과 같이 정의하자.
$$a_n = {}_nC_0 + {}_nC_3 + {}_nC_6 + \cdots,$$
$$b_n = {}_nC_1 + {}_nC_4 + {}_nC_7 + \cdots,$$
$$c_n = {}_nC_2 + {}_nC_5 + {}_nC_8 + \cdots$$

다음을 보이시오.

(1) $a_n^3 + b_n^3 + c_n^3 - 3a_nb_nc_n = 2^n$

(2) $a_n^2 + b_n^2 + c_n^2 - a_nb_n - b_nc_n - c_na_n = 1$

(3) 정수 a_n, b_n, c_n 중 두 개의 숫자는 같고, 나머지 세 번째 숫자와의 차이가 1이다.

풀이.

(1) ε을 1이 아닌 1의 세제곱근이라 하자. 그러면
$$(1+1)^n = a_n + b_n + c_n, \quad (1+\varepsilon)^n = a_n + b_n\varepsilon + c_n\varepsilon^2, \quad (1+\varepsilon^2)^n = a_n + b_n\varepsilon^2 + c_n\varepsilon$$
이므로
$$a_n^3 + b_n^3 + c_n^3 - 3a_nb_nc_n = (a_n + b_n + c_n)(a_n + b_n\varepsilon + c_n\varepsilon^2)(a_n + b_n\varepsilon^2 + c_n\varepsilon)$$
$$= 2^n(1+\varepsilon)^n(1+\varepsilon^2)^n = 2^n(-\varepsilon^2)^n(-\varepsilon)^n = 2^n$$

(2) 곱셈공식
$$x^3 + y^3 + z^3 - 3xyz = (x+y+z)(x^2+y^2+z^2-xy-yz-zx)$$
을 이용하면 위의 관계식은 다음과 같다.
$$a_n^2 + b_n^2 + c_n^2 - a_nb_n - b_nc_n - c_na_n = 1$$

(3) 위의 관계식의 양변에 2를 곱하면 다음을 얻는다.
$$(a_n - b_n)^2 + (b_n - c_n)^2 + (c_n - a_n)^2 = 2$$

(1)로 부터 정수 a_n, b_n, c_n 중 두 개의 숫자는 같고, 서로 다른 세 번째 숫자는 그 차가 1이다.

참고. 문제 5로부터 다음이 성립한다.

$$a_n = \frac{1}{3}\left[2^n + \cos\frac{n\pi}{3} + (-1)^n\cos\frac{2n\pi}{3}\right] = \frac{1}{3}\left(2^n + 2\cos\frac{n\pi}{3}\right)$$

$$b_n = \frac{1}{3}\left[2^n + \cos\frac{(n-2)\pi}{3} + (-1)^n\cos\frac{(2n-4)\pi}{3}\right] = \frac{1}{3}\left(2^n + 2\cos\frac{(n-2)\pi}{3}\right)$$

$$c_n = \frac{1}{3}\left[2^n + \cos\frac{(n-4)\pi}{3} + (-1)^n\cos\frac{(2n-8)\pi}{3}\right] = \frac{1}{3}\left(2^n + 2\cos\frac{(n-4)\pi}{3}\right)$$

다음을 보이는 것은 어렵지 않다.

$a_n = b_n$ 일 필요충분조건은 $n \equiv 1 \pmod 3$

$a_n = c_n$ 일 필요충분조건은 $n \equiv 2 \pmod 3$

$b_n = c_n$ 일 필요충분조건은 $n \equiv 0 \pmod 3$

문제 7. 각 자릿수의 수를 집합 $\{2, 3, 7, 9\}$에서 선택했을 때, 3으로 나누어 떨어지는 n 자릿수 양의 정수의 개수를 구하시오.

(루마니아 수학 지역 선발전 "Teaian Lalescu", 2003)

풀이. 모든 자릿수를 집합 $\{2, 3, 7, 9\}$에서 선택한 n자리의 모든 양의 정수의 개수를 x_n, y_n, z_n라 하자. x_n, y_n, z_n은 3으로 나눈 나머지는 각각 0, 1, 2인 숫자의 개수이다. 이제 x_n을 찾으면 된다.

$\varepsilon = \cos\frac{2\pi}{3} + i\sin\frac{2\pi}{3}$을 고려하자. 자명하게 $x_n + y_n + z_n = 4^n$이고

$$x_n + \varepsilon y_n + \varepsilon^2 z_n = \sum_{j_1+j_2+j_3+j_4=n} \varepsilon^{2j_1+3j_2+7j_3+9j_4} = (\varepsilon^2 + \varepsilon^3 + \varepsilon^7 + \varepsilon^9)^n = 1$$

이므로 $x_n - 1 + \varepsilon y_n + \varepsilon^2 z_n = 0$이다. 2.2.2절의 성질 4를 적용하면 $x_n - 1 = y_n = z_n = k$를 얻는다. 그러면 $3k = x_n + y_n + z_n - 1 = 4^n - 1$이므로 $k = \frac{1}{3}(4^n - 1)$를 얻는다.

그러므로 $x_n = k + 1 = \frac{1}{3}(4^n + 2)$이다.

문제 8. n은 소수이고, $a_1, a_2, \cdots, a_m$은 양의 정수라 하자. $f(k)$는 $1 \leq c_i \leq a_i$이고 $\sum_{i=1}^{m} c_i \equiv k \pmod n$인 성분이 m개인 순서쌍 $(c_1, \cdots, c_m)$의 개수라고 정의하자. 다음 명제가 성립함을 보이시오. $f(0) = f(1) = \cdots = f(n-1)$일 필요충분조건은 $j \in \{1, \cdots, m\}$이 존재해서 $n | a_j$을 만족한다.

(로키 콘테스트, 1999)

풀이. $\varepsilon = \cos\frac{2\pi}{n} + i\sin\frac{2\pi}{n}$이라 하자. 다음 관계식에 의해서

$$\prod_{i=1}^{m}(X + X^2 + \cdots + X^{a_i}) = \sum_{1 \leq c_i \leq a_i} X^{c_1 + \cdots + c_m}$$

이고

$$f(0) + f(1)\varepsilon + \cdots + f(n-1)\varepsilon^{n-1} = \sum_{1 \le c_i \le a_i} \varepsilon^{c_1 + \cdots + c_m} = \prod_{i=1}^{m}\left(\varepsilon + \varepsilon^2 + \cdots + \varepsilon^{a_i}\right)$$

이다. 2.2.2절의 성질 4를 적용하면 $f(0) = f(1) = \cdots = f(n-1)$일 필요충분조건은 $f(0) + f(1)\varepsilon + \cdots + f(n-1)\varepsilon^{n-1} = 0$이다. 이것은 $\prod_{i=1}^{m}(\varepsilon + \varepsilon^2 + \cdots + \varepsilon^{a_i}) = 0$과 동치이다. 즉, $\varepsilon + \varepsilon^2 + \cdots + \varepsilon^{a_j} = 0$인 $j \in \{1, \cdots, m\}$가 존재한다. 이것은 $\varepsilon^{a_j} - 1 = 0$, 즉 $n | a_j$이다.

문제 9. 실수인 유한 집합 A의 원소의 개수를 $|A|$라 표현하고 $m(A)$를 집합 A의 모든 원소의 합이라고 하자.

소수 p에 대하여 $A = \{1, 2, \cdots, 2p\}$라 하자. $B \subset A$, $|B| = p$이고 $p | m(B)$인 모든 부분집합의 개수를 찾으시오.

(36회 IMO)

풀이. $p = 2$인 경우는 자명하다. $p \ge 3$이고 $\varepsilon = \cos\dfrac{2\pi}{p} + i\sin\dfrac{2\pi}{p}$라 하자. $B \subset A$, $|B| = p$이고 $m(B) \equiv j \pmod{p}$인 모든 부분집합의 개수를 x_j라고 표현하자. 그러면

$$\sum_{j=0}^{p-1} x_j \varepsilon^j = \sum_{B \subset A, |B| = p} \varepsilon^{mB} = \sum_{1 \le c_1 < \cdots < c_p \le 2p} \varepsilon^{c_1 + \cdots + c_p}$$

이다. 합의 최솟값은 $(X + \varepsilon)(X + \varepsilon^2) \cdots (X + \varepsilon^{2p})$에서 X^p의 계수이다. 관계식 $X^p - 1 = (X-1)(X-\varepsilon)\cdots(X-\varepsilon^{p-1})$로부터 $(X+\varepsilon)(X+\varepsilon^2)\cdots(X+\varepsilon^{2p}) = (X^p + 1)^2$을 얻는다. 결과적으로 X^p의 계수는 2이다. 결국,

$$\sum_{j=0}^{p-1} x_j \varepsilon^j = 2,$$

즉, $x_0 - 2 + x_1\varepsilon + \cdots + x_{p-1}\varepsilon^{p-1} = 0$이다. 2.2.2절의 성질 4에 따라서 $x_0 - 2 = x_1 = \cdots = x_{p-1} = k$이다. $pk = x_0 + \cdots + x_{p-1} - 2 = {}_{2p}C_p - 2$이고, 결과적으로 $k = \dfrac{1}{p}({}_{2p}C_p - 2)$이다. 결국 찾고자 하는 숫자는 다음과 같다.

$$x_0 = 2 + k = 2 + \frac{1}{p}({}_{2p}C_p - 2)$$

문제 10. 모든 정수 $n \ge 0$에 대하여 $\sum_{k=0}^{n} {}_{2n+1}C_{2k+1} 2^{3k}$는 5로 나누어떨어지지 않음을 증명하시오.

(16회 IMO)

풀이. $2^3 \equiv -2 \pmod{5}$이므로 $S_n = \sum_{k=0}^{n} {}_{2n+1}C_{2k+1}(-2)^k$가 5로 나누어떨어지지 않음을 증명하는 문제와 동치이다. $(1 + i\sqrt{2})^{2n+1}$을 전개하여 짝수 차수인 항과 홀수 차수인 항으로 분리하면 다음을 얻는다.

$$(1+i\sqrt{2})^{2n+1} = R_n + i\sqrt{2}\,S_n \tag{1}$$

(단, $R_n = \sum_{k=0}^{n} {}_{2n+1}C_{2k}(-2)^k$이다.)

식 (1)에 절댓값을 취하면 다음과 같다.

$$3^{2n+1} = R_n^{\,2} + 2S_n^{\,2} \tag{2}$$

이때 $3^2 \equiv -1 \pmod 5$이므로 식 (2)는 다음을 따른다.

$$R_n^{\,2} + 2S_n^{\,2} \equiv \pm 3 \pmod 5 \tag{3}$$

$S_n \equiv 0 \pmod 5$인 양의 정수 n이 존재한다고 가정하자.

식 (3)으로 부터 $R_n^{\,2} \equiv \pm 3 \pmod 5$을 얻는다. 이는 모든 정수의 제곱을 5로 나누었을 때 나머지가 0, 1, 4임에 모순이다.

복소수와 조합이 연결된 또 다른 문제들이 있다.

문제 11. 합 $s_n = \sum_{k=0}^{n} ({}_nC_k)^2 \cos kt$을 계산하시오(단, $t \in [0, \pi]$이다).

문제 12. 다음 등식이 성립함을 보이시오.

(1) ${}_nC_0 + {}_nC_4 + {}_nC_8 + \cdots = \dfrac{1}{4}\left(2^n + 2^{\frac{n}{2}+1}\cos\dfrac{n\pi}{4}\right)$

(루마니아 수학 경시대회-2차전, 1981)

(2) ${}_nC_0 + {}_nC_5 + {}_nC_{10} + \cdots = \dfrac{1}{5}\left(2^n + \dfrac{(\sqrt{5}+1)^n}{2^{n-1}}\cos\dfrac{n\pi}{5} + \dfrac{(\sqrt{5}-1)^n}{2^{n-1}}\cos\dfrac{2n\pi}{5}\right)$

문제 13. 아래와 같이 정수 A_n, B_n, C_n을 정의하자.

$$A_n = {}_nC_0 - {}_nC_3 + {}_nC_6 - \cdots$$
$$B_n = -{}_nC_1 + {}_nC_4 - {}_nC_7 + \cdots$$
$$C_n = {}_nC_2 - {}_nC_5 + {}_nC_8 - \cdots$$

다음 등식이 성립함을 보이시오.

(1) $A_n^{\,2} + B_n^{\,2} + C_n^{\,2} - A_nB_n - B_nC_n - C_nA_n = 3^n$

(2) $A_n^{\,2} + A_nB_n + B_n^{\,2} = 3^{n-1}$

문제 14. p는 2보다 큰 소수이고 m, n은 p를 약수로 갖는 양의 정수라 하자(단, n은 홀수). 성분의 개수가 m인 순서쌍 $(c_1, c_2, \cdots, c_m)$, $c_i \in \{1, 2, 3, \cdots, n\}$이 $p \,\Big|\, \sum_{i=1}^{m} c_i$를 만족할 때,

곱 $c_1 c_2 \cdots c_m$ 을 생각해보자. 이 곱을 모두 더한 값은 $\left(\dfrac{n}{p}\right)^m$ 으로 나누어 떨어짐을 보이시오.

문제 15. 양의 정수 k 에 대하여, $a = 4k-1$ 이라 하자. 임의의 양의 정수 n 에 대하여 정수 $s_n = {}_nC_0 - {}_nC_2\, a + {}_nC_4\, a^2 - {}_nC_6\, a^3 + \cdots$ 은 2^{n-1} 으로 나누어떨어짐을 증명하시오.

(루마니아 수학 올림피아드-2차 시험, 1984)

문제 16. 1보다 큰 정수 m, n 에 대하여 다음을 증명하시오.
$$\sum_{\substack{k_1+k_2+\cdots+k_n = m \\ k_1, k_2, \cdots, k_n \geq 0}} \frac{1}{k_1! k_2! \cdots k_n!} \cos(k_1 + 2k_2 + \cdots + n k_n)\frac{2\pi}{n} = 0$$

(Mathematical Reflection, 2009)

문제 17. 주어진 정수 $n \geq 2$ 에 대하여, a_n, b_n, c_n 은 다음 조건을 만족하는 정수라 하자.
$$(\sqrt[3]{2} - 1)^n = a_n + b_n \sqrt[3]{2} + c_n \sqrt[3]{4}$$
$c_n \equiv 1 \pmod{3}$ 일 필요충분조건은 $n \equiv 2 \pmod{3}$ 임을 보이시오.

(루마니아 IMO 팀 선정 문제, 2013)

5.9 다양한 문제들

문제 1. 넓이가 1인 단위 정사각형 K_1, K_2 의 중심이 각각 M, N이고 $\overline{MN} = 4$ 를 만족한다. 정사각형 K_1 의 두 변은 직선 MN에 평행하고, 정사각형 K_2 의 한 대각선도 직선 MN에 평행하다. 두 점 X, Y는 각각 K_1, K_2 내부에 있는 임의의 점일 때, $\overline{XY}$ 의 중점의 자취를 구하시오. (1997 불가리아 수학 올림피아드)

풀이. M = -2, N = 2인 복소수라고 하자. 그러면 자취는 $-(w+xi)+(y+zi)$ 의 점들의 집합이다 (단, $|w| < \dfrac{1}{2}$, $|x| < \dfrac{1}{2}$, $|x+y| < \dfrac{\sqrt{2}}{2}$, $|x-y| < \dfrac{\sqrt{2}}{2}$). 이 집합은 꼭짓점이 $\dfrac{1+\sqrt{2}}{2} + \dfrac{1}{2}i$, $\dfrac{1}{2} + \dfrac{1+\sqrt{2}}{2}i$, $\cdots$ 인 정팔각형이다.[73]

문제 2. 평면에서 곡선 A, B, C, D 는 아래와 같이 정의된다.
$$A = \left\{(x, y) \,\bigg|\, x^2 - y^2 = \dfrac{x}{x^2 + y^2}\right\}$$

---
[73] (역자주)

$$B = \left\{(x,y) \,\Big|\, 2xy + \frac{y}{x^2+y^2} = 3\right\}$$
$$C = \{(x,y) \,|\, x^3 - 3xy^2 + 3y = 1\}$$
$$D = \{(x,y) \,|\, 3x^2y - 3x - y^3 = 0\}$$

$A \cap B = C \cap D$임을 보이시오.

(1987년 퍼트넘 수학 경진대회)

풀이. $z = x+yi$라 하자. 곡선 A, B는 복소방정식 $z^2 = \frac{1}{z} + 3i$이 성립하기 위한 조건으로 실수부가 0인 조건에서 $x^2 - y^2 = \frac{x}{x^2+y^2}$이고 허수부가 0인 조건에서 $2xy + \frac{y}{x^2+y^2} = 3$이다. 같은 방법으로 C, D도 복소방정식 $z^3 - 3iz = 1$이 성립하기 위한 조건으로 실수부가 0인 조건에서 $x^3 - 3xy^2 + 3y = 1$이고 허수부가 0인 조건에서 $3x^2y - 3x - y^3 = 0$이다. 그러므로 모든 실수 x, y에 대하여, $(x,y) \in A \cap B$와 필요충분조건은 $z^2 = \frac{1}{z} + 3i$이다. 같은 방법으로 모든 실수 x, y에 대하여, $(x,y) \in C \cap D$와 필요충분조건은 $z^3 - 3iz = 1$이다. 그러므로 $A \cap B = C \cap D$이다.

문제 3. 단위원 위의 두 점을 연결한 현의 길이가 유리수가 되게 하는 점 1975개를 잡을 수 있는지를 판단하시오.

(17회 IMO)

풀이. 단위원 위의 점의 좌표 성분들이 모두 유리수인 점들은 무수히 많이 있다. 이것은 잘 알려진 피타고라스 삼각형과 그리고 피타고라스 삼각형과 동치인 방정식

$$m^2 + n^2 = p^2$$

으로부터 만들어 낼 수 있다.

각각의 그러한 점들 $A(x_A, y_A)$은 복소수로 다음과 같이 나타낼 수 있다.

$$z_A = x_A + iy_A = \cos\alpha_A + i\sin\alpha_A$$

단, α_A는 복소수 z_A의 편각이고, $\cos\alpha_A$, $\sin\alpha_A$는 모두 유리수이다.

복소수 z_A^2는 다음과 같이 표현되므로 단위원 위에 있다.

$$z_A^{\,2} = \cos 2\alpha_A + i\sin 2\alpha_A$$

단위원 위의 복소수 두 점의 거리는 다음과 같다.

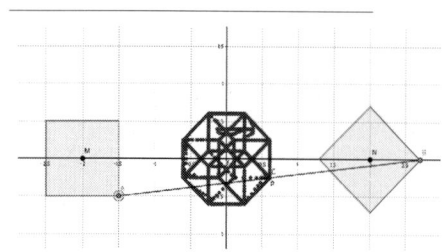

$$|z_A{}^2 - z_B{}^2| = \sqrt{(\cos2\alpha_A - \cos2\alpha_B)^2 + (\sin2\alpha_A - \sin2\alpha_B)^2}$$
$$= \sqrt{2[1-\cos2(\alpha_B - \alpha_A)]} = \sqrt{2 \cdot 2\sin^2(\alpha_B - \alpha_A)} = 2|\sin(\alpha_B - \alpha_A)|$$
$$= 2|\sin\alpha_B \cos\alpha_A - \sin\alpha_A \cos\alpha_B| \in \mathbb{Q}$$

정답: 그것은 가능하다.

문제 4. 어느 한 관광객은 단계적으로 도시 여행을 했다. 각 단계는 거리가 100m인 세 선분으로 구성되어 있고 오른쪽 60° 만큼 꺾여 있다. 한 단계의 마지막 선분과 다음 단계의 첫 번째 선분은 왼쪽으로 60° 만큼 꺾여 있다. 처음 위치로부터 1997단계의 마지막 위치까지의 거리를 구하시오.

(1997년 리오 플라타 수학 올림피아드)

풀이. 한 단계에서 관광객의 출발 지점에서 도착 지점의 위치를 아래와 같은 복소수로 나타낼 수 있다.

$$x = 100 + 100\overline{\varepsilon} + 100\overline{\varepsilon}^2 = 100 - 100\sqrt{3}i$$

(단, $\varepsilon = \cos\dfrac{\pi}{3} + i\sin\dfrac{\pi}{3}$)

그러므로 1997단계를 거치면서 마지막으로 관광객이 위치한 곳은 아래와 같은 복소수로 나타낼 수 있다.

$$z = x + x\varepsilon + x\varepsilon^2 + \cdots + x\varepsilon^{1996} = x \cdot \frac{1-\varepsilon^{1997}}{1-\varepsilon} = x\varepsilon^2.$$

그러므로, 처음 위치에서 마지막 위치까지의 거리는 $|z| = |x\varepsilon^2| = |x| = 200$m이다.[74]

문제 5. 평면 위에 있는 고정점 A, B, C에 대하여, 한 사람이 어떤 점 P_0에서 출발하여 똑바로 점 A를 향해서 걸었다. 점 A에서 왼쪽으로 60°로 꺾고 똑바로 $\overline{P_0A} = \overline{AP_1}$인 어떤 점 P_1으로 걸어갔다. 한 사람이 이러한 같은 방법으로 점 A, B, C, A, B, C, ⋯ 에 대하여 연속적으로 1986번 반복하여 출발한 처음 위치로 돌아왔다. 삼각형 ABC가 정삼각형인 것과 꼭짓점 A, B, C를 반시계 방향으로 배열되어있음을 보이시오. (27회 IMO)

풀이. 편의성을 위해서, 점 A, B, C, A, B, C, ⋯ 을 $A_1, A_2, A_3, A_4, A_5, A_6, \cdots$ 이라 하고 P_0를 원점이라 하자. k 번째 단계 후의 사람의 위치를 P_k라 하면 $P_k = A_k + (P_{k-1} - A_k)\varepsilon$ (단, $k = 1$,

---

[74] (역자주)

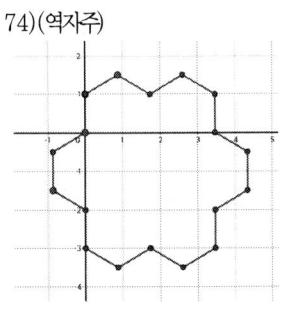

2, $\cdots$, 1986, $\varepsilon = \cos\dfrac{4\pi}{3} + i\sin\dfrac{4\pi}{3}$)이 성립한다. 그러므로 P_k는 다음과 같은 식으로 나타낼 수 있다.

$$P_k = (1-\varepsilon)(A_k + \varepsilon A_{k-1} + \varepsilon^2 A_{k-2} + \cdots + \varepsilon^{k-1} A_1)$$

문제의 조건에 의해 $P = P_{1986}$이므로 이 조건과의 동치 조건

$A_{1986} + \varepsilon A_{1985} + \cdots + \varepsilon^{1984} A_2 + \varepsilon^{1986} A_1 = 0$ (*)가 성립하여야 한다. 그리고
$A_1 = A_4 = A_7 = \cdots$, $A_2 = A_5 = A_8 = \cdots$, $A_3 = A_6 = A_9 = \cdots$이므로 식 (*)으로부터 다음 식을 유도할 수 있다.

$$662(A_3 + \varepsilon A_2 + \varepsilon^2 A_1) = (1 + \varepsilon^3 + \cdots + \varepsilon^{1983})(A_3 + \varepsilon A_2 + \varepsilon^2 A_1) = 0$$

그리고 3.4절 정리 2로부터 정삼각형임을 알 수 있다.[75]

문제 6. 정수 a, n과 $p > |a| + 1$을 만족하는 소수 p에 대하여, 다항식 $f(x) = x^n + ax + p$는 상수가 아니고 계수가 정수인 두 다항식의 곱으로 표현될 수 없음을 보이시오.

(1999년 로마 수학 올림피아드)

풀이. 다항식의 복소수 근을 z라 하자. $|z| > 1$일 때 증명할 것이다.
$|z| \leq 1$이면 $z^n + az = -p$이고 양변에 절댓값을 취하면 다음식이 성립한다.

$$p = |z^n + az| = |z||z^{n-1} + a| \leq |z^{n-1}| + |a| \leq 1 + |a|$$

이것은 가정에 모순이다.

$f = gh$를 정수 계수를 갖는 상수가 아닌 다항식 f의 인수분해 형태라 하자. 그러면 $p = f(0) = g(0)h(0)$이고 $|g(0)| = 1$ 또는 $|h(0)| = 1$ 중 하나이다. 일반성을 잃지 않고 $|g(0)| = 1$이라 하자. 그리고 $z_1, z_2, z_3, \cdots, z_k$가 g의 근이면, f의 근이기도 하다. 그러므로

$$1 = |g(0)| = |z_1 z_2 z_3 \cdots z_k| = |z_1||z_2||z_3|\cdots|z_k| > 1$$

따라서 모순이다.

문제 7. 복소수 a, b, c가

---

75)(역자주)

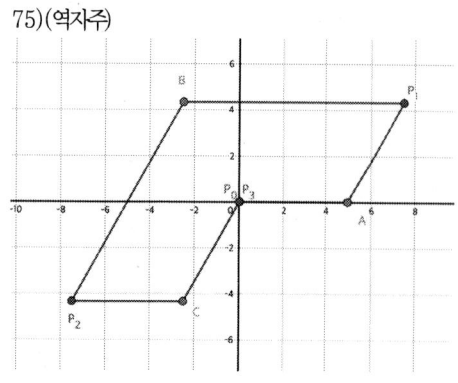

$$\begin{cases} (a+b)(a+c) = b \\ (b+c)(b+a) = c \\ (c+a)(c+b) = a \end{cases}$$

을 만족하면, a, b, c가 실수임을 보이시오.

(2001 로마 IMO 선별 문제)

풀이 1. 다항식 $P(x) = x^3 - sx^2 + qx - p$의 근을 a, b, c라 하자. 그러면 근과 계수의 관계에 의해서 $s = a+b+c$, $q = ab+bc+ca$, $p = abc$이다. 이 관계식은 다음 식과 동치이다.

$$\begin{cases} sa + bc = b \\ sb + ca = c \\ sc + ab = a \end{cases} \quad (1)$$

세 등식을 변변끼리 더하면 $q = s - s^2$을 얻는다. 세 등식에 각각 a, b, c를 곱한 후 변변끼리 더하면 $s(a^2 + b^2 + c^2) + 3p = q$를 얻고 바로 앞의 식을 대입하면 다음과 같다.

$$3p = -3s^3 + s^2 + s \quad (2)$$

문제의 조건의 식으로부터 다음식이 성립한다.

$$(s-c)(s-b) = b, \quad (s-a)(s-c) = c, \quad (s-b)(s-a) = a$$

변변끼리 곱하면 $((s-a)(s-b)(s-c))^2 = abc$를 얻는다. 이 식은 식 (2)를 적용하면 다음과 같은 식을 얻는다.

$$s(4s-3)(s+1)^2 = 0$$

$s = 0$이면 $P(x) = x^3$이고 $a = b = c = 0$이다. $s = -1$이면 $P(x) = x^3 + x^2 - 2x - 1$이고 근이 $2\cos\frac{2\pi}{7}$, $2\cos\frac{4\pi}{7}$, $2\cos\frac{6\pi}{7}$이다. (이것은 분명히 아니다. 그러나 실수축의 구간 $(-2, -1)$, $(-1, 0)$, $(1, 2)$에서 다항식 P의 부호가 바뀐다. 그러므로 세 개의 근 모두 실수이다.) 마지막으로 $s = \frac{3}{4}$이면

$$P(x) = x^3 - \frac{3}{4}x^2 + \frac{3}{16}x - \frac{1}{64}$$

이고 이 다항식의 근은 $a = b = c = \frac{1}{4}$이다.

풀이 2. 주어진 조건의 첫 번째 등식에서 두 번째 등식을 빼자. 그러면 $(a+b)(a-b) = b-c$이다. 비슷한 방법으로, 두 번째 등식에서 세 번째 등식을 빼서 $(b+c)(b-c) = c-a$을 세 번째 등식에서 첫 번째 등식을 빼서 $(c+a)(c-a) = a-b$의 식을 얻을 수 있다. 두 수가 같으면 세 개의 수가 같다는 것을 보이는 것은 매우 쉽다. 세 수가 모두 다르다고 하자. 그러면 세 등식을 모두 변변끼리 곱하면 $(a+b)(b+c)(c+a) = 1$을 얻는다. 그리고 문제 조건에 의해서 $b(b+c) = c(c+a) = a(a+b) = 1$이다. 만약 세 수 중 하나가 실수라고 하면 나머지 두 수도 모두 실수이다. 세 수 모두 실수가 아니라고 하자. 그러면 $\arg a$, $\arg b$, $\arg c \in (0, 2\pi)$이다. $\arg a$, $\arg b$, $\arg c$ 중 두 개의 수는 $(0, 2\pi)$ 또는 $[\pi, 2\pi)$ 중 단 하나의 구간에 속한다. 이러한 두 수를 $\arg a$, $\arg b$라 하고 $\arg a \le \arg b$라 하자. 그러면

$\arg a \le \arg(a+b) \le \arg b$ 그리고 $\arg b \le \arg a(a+b) \le \arg(a+b) \le \arg b$이다. 이것은 모순이다. 따라서 $a(a+b) = 1$이다.

문제 8. $n \times n$ 정사각형을 40×40 정사각형과 49×49 정사각형으로 분할 할 수 있는 가장 작은 정수 n을 구하시오.

(2000 러시아 수학 올림피아드)

풀이. 정사각형 2000×2000 정사각형에서 분할하여 40×40 정사각형과 49×49 정사각형이 동시에 나오도록 할 수 있다. 40과 49의 최소공배수는 1960이다. 1960×1960 정사각형은 49×49 정사각형만으로 분할 할 수 있다. 그러나 40×40 정사각형은 없다.

n이 적어도 2000 이상임을 보이자. $n \times n$ 정사각형이 40×40 정사각형과 49×49 정사각형에 의해서 나누어지고, 각 정사각형이 적어도 하나 이상이 있다고 하자. $\zeta = \cos \frac{2\pi}{40} + i \sin \frac{2\pi}{40}$, $\xi = \cos \frac{2\pi}{49} + i \sin \frac{2\pi}{49}$이라 하자. $n \times n$ 정사각형을 두 변을 각각 단위 정사각형으로 나누고 좌측 위의 정사각형을 시작으로 수직선 위에 일렬로 놓는다. 그리고 일렬로 정렬된 단위 정사각형을 $0, 1, 2, \cdots, n-1$ 번째 단위 정사각형이라고 하자. 정사각형 (j, k)을 $\zeta^j \xi^k$이라고 나타내자(단, $0 \le i, j \le n-1$). 좌측 위를 원점으로 하여 $m \times m$ 정사각형을 (x, y)에 놓는다고 하자. 그러면 이 정사각형의 단위원의 수들을 다음과 같이 나타낼 수 있다.

$$\sum_{j=x}^{x+m-1} \sum_{k=y}^{y+m-1} \zeta^j \xi^k = \zeta^x \xi^y \left(\frac{\zeta^m - 1}{\zeta - 1} \right) \left(\frac{\xi^m - 1}{\xi - 1} \right).$$

위 식 두 괄호의 분수에서 만약 $m = 40$이면 첫 번째 분수는 0이다. $m = 49$이면 두 번째 분수가 0이다. 그러므로 나누어진 정사각형 안에 쓰여진 수들의 합은 0이다. 모든 수들의 합은 0이다. 그러나 위의 식에 $(m, x, y) = (n, 0, 0)$을 적용하자. 그러면 단지 $\zeta^n - 1$ 또는 $\xi^n - 1$이 둘 중 하나가 0이어야만, 모든 수들의 합이 0이다. 그러므로 n은 40의 배수 또는 49의 배수 중 하나이어야만 한다.

a, b를 각각 40×40 정사각형 개 수, 49×49 정사각형 개 수라 하자. 이들의 넓이의 합은 $40^2 \cdot a + 49^2 \cdot b = n^2$이다. $40|n$이면 $40^2|b$, 그리고 $b \ge 40^2$이다. 그러므로 $n^2 > 49^2 \cdot 40^2 = 1960^2$이다. 왜냐하면 n은 40의 배수이고, $n \ge 50 \cdot 40 = 2000$이기 때문이다. 대신에 $49|n$이라 하면, $49^2|a$, $a \ge 49^2$이고 $n^2 > 1960^2$이다. n이 49의 배수이기 때문에 $n \ge 41 \cdot 49 = 2009 > 2000$이다. 어떤 경우에도, $n \ge 2000$이고 2000이 n이 가능한 값들 중에서 최솟값이다.

문제 9. 복소수 z_1, z_2은 0이 아닌 복소수이고, 순서쌍 (z_1, z_2)은 다음의 성질을 만족한다. $z_1^2 - az_1z_2 + z_2^2 = 0$를 만족하는 실수 a가 $a \in [-2, 2]$에 존재한다. $n = 2, 3, \cdots$에 대하여 모든 순서쌍 (z_1^n, z_2^n)이 위 성질을 만족함을 보이시오.

(2001년 루마니아 수학 올림피아드 - 2차)

풀이 1. $t = \dfrac{z_1}{z_2}$, $t \in \mathbb{C}^*$라 하자. $z_1^2 - az_1z_2 + z_2^2 = 0$은 $t^2 - at + 1 = 0$로 표현할 수 있다. $\triangle = a^2 - 4 \le 0$이므로 $t = \dfrac{a \pm i\sqrt{4-a^2}}{2}$, $|t| = \sqrt{\dfrac{a^2}{4} + \dfrac{4-a^2}{4}} = 1$이다. $t = \cos\alpha + i\sin\alpha$이면 $\dfrac{z_1^n}{z_2^n} = t^n = \cos n\alpha + i\sin n\alpha$이고, $z_1^{2n} - a_n z_1^n z_2^n + z_2^{2n} = 0$이다.
(단, $a_n = \cos n\alpha + i\sin n\alpha$이다.)

풀이 2. 실수 $a \in [-1, 2]$이므로, $a = 2\cos\alpha$라 나타낼 수 있다. 그러면 $z_1^2 - az_1z_2 + z_2^2 = 0$은 다음 식과 동치이다.

$$\frac{z_1}{z_2} + \frac{z_2}{z_1} = 2\cos\alpha \tag{1}$$

그리고 간단한 귀납적 논리로 식 (1)으로 부터 다음식이 성립한다.

$$\frac{z_1^n}{z_2^n} + \frac{z_2^n}{z_1^n} = 2\cos n\alpha, \text{ (단, } n = 1, 2, \cdots\text{)}$$

문제 10. 복소수 z에 대하여

$$\min_{z \in \mathbb{C} \setminus \mathbb{R}} \frac{\operatorname{Im} z^5}{(\operatorname{Im} z)^5}$$

을 구하고 최솟값이 되는 z를 구하시오.

풀이. 실수 a, b에 대하여 복소수 $z = a + bi$, $b \ne 0$라 놓자. 그러면 $\operatorname{Im} z^5 = 5a^4 b - 10a^2 b^3 + b^5$이고,

$$\frac{\operatorname{Im} z^5}{(\operatorname{Im} z)^5} = 5\left(\frac{a}{b}\right)^4 - 10\left(\frac{a}{b}\right)^2 + 1$$

이다. $x = \left(\dfrac{a}{b}\right)^2$이라 하면,

$$\frac{\operatorname{Im} z^5}{(\operatorname{Im} z)^5} = 5x^2 - 10x + 1 = 5(x-1)^2 - 4$$

이다. 따라서 최솟값은 $x = 1$일 때 -4이다. 따라서 $x = 1$은 복소수로 나타내면 $z = a(1 \pm i)$, $a \ne 0$이다.

문제 11. 실수가 아닌 복소수 z_1, z_2, z_3는 $|z_1| = |z_2| = |z_3| = 1$, $2(z_1 + z_2 + z_3) - 3z_1 z_2 z_3 \in \mathbb{R}$을 만족한다. 이때

$$\max(\arg z_1, \arg z_2, \arg z_3) \ge \frac{\pi}{6}$$

임을 보이시오.

풀이. $z_k = \cos t_k + i \sin t_k$ 라 하자(단, $k=1, 2, 3$). 조건 $2(z_1+z_2+z_3) - 3z_1z_2z_3 \in \mathbb{R}$ 이므로
$$(\sin t_1 + \sin t_2 + \sin t_3) = 3\sin(t_1+t_2+t_3) \tag{1}$$
이다. 그리고 $\max(\arg z_1, \arg z_2, \arg z_3) < \frac{\pi}{6}$ 에서 모순임을 보이자. 그러므로 $t_1, t_2, r_3 < \frac{\pi}{6}$ 이다. $t = \frac{t_1+t_2+t_3}{3} \in \left(0, \frac{\pi}{6}\right)$ 이라 하자. 사인 함수는 $\left[0, \frac{\pi}{6}\right)$ 에서는 오목하다. 따라서
$$\frac{1}{3}(\sin t_1 + \sin t_2 + \sin t_3) \leq \sin\frac{t_1+t_2+t_3}{3} \tag{2}$$
이다. 식 (1), (2)에 의해서 다음이 성립한다.
$$\frac{\sin(t_1+t_2+t_3)}{2} \leq \frac{t_1+t_2+t_3}{3}$$
$$\sin 3t \leq 2\sin t$$
$$4\sin^3 t - \sin t \geq 0$$
즉, $\sin^2 t \geq \frac{1}{4}$ 이다. 그러므로 $\sin t \geq \frac{1}{2} \geq \frac{1}{3}$ 이고 $t \geq \frac{\pi}{6}$ 이다. 즉, $t \notin \left(0, \frac{\pi}{6}\right)$ 이다. 이것은 $t \in \left(0, \frac{\pi}{6}\right)$ 에 모순이다. 그러므로 $\max(t_1, t_2, t_3) \geq \frac{\pi}{6}$ 이다.

여기에 좀 더 다양한 문제들이 있다.

문제 12. 다음 연립방정식을 풀어라.
$$\begin{cases} x|y| + y|x| = 2z^2 \\ y|z| + z|y| = 2x^2 \\ z|x| + x|z| = 2y^2 \end{cases}$$

문제 13. 다음 조건을 만족하는 복소수 해를 구하시오.
$$\begin{cases} x(x-y)(x-z) = 3 \\ y(y-x)(y-z) = 3 \\ z(z-x)(z-y) = 3 \end{cases}$$

(루마니아 수학 올림피아드 2차, 2002)

문제 14. X, Y, Z, T 는 평면에 있는 네 개의 점이다. 평면 상에 어떤 점 O 가 존재해서 삼각형 OXY 와 삼각형 OZT 가 직각이등변삼각형일 때 선분 $\overline{XY}$, $\overline{ZT}$ 가 연결되었다고 한다. 볼록 육각형 ABCDEF 에서 $\overline{AB}$ 와 $\overline{CE}$, $\overline{BD}$ 와 $\overline{EF}$ 가 연결되었다. 점 A, C, D, F 가 평행사변형의 꼭짓점이고, $\overline{BC}$ 와 $\overline{EA}$ 가 연결되었음을 보여라.

(루마니아 수학 올림피아드 최종회, 2002)

5.9 다양한 문제들

문제 15. ABCDE 는 중심이 O인 원에 내접하는 오각형이고, $\angle B = 120°$, $\angle C = 120°$, $\angle B = 130°$, $\angle E = 100°$ 이다. 대각선 BD 와 대각선 CE 는 지름 AO 에서 만남을 보이시오.

(루마니아 IMO, 팀선발 시험, 2002)

문제 16. 양의 실수 a, b에 대하여 복소함수 f를 다음과 같이 정의하자.
$$f(z) = (a+bi)z$$

이 함수는 복소평면에서 각 점의 상(image)에서 그 점 사이에 이르는 거리와 원점에 이르는 거리가 서로 같다. $|a+bi| = 8$이고 $b^2 = \dfrac{m}{n}$이라할 때 $m+n$을 구하시오(단, m, n은 서로소인 양의 정수이다).

(1999 AIME, 문제 9)

문제 17. $z \neq i$인 모든 복소수 z에 대하여 $F(z) = \dfrac{z+i}{z-i}$이고 모든 양의 정수 n에 대하여
$$z_n = F(z_{n-1})$$
라 하자. $z_0 = \dfrac{1}{137} + i$이고 $z_{2002} = a + i$로 주어질 때 $a+b$를 구하시오(단, a, b는 실수이다).

(2022 AIME I, 문제 12)

문제 18. 양의 정수 n이 주어지면, 모든 복소수 $r+si$은 기저 $-n+i$이 정수 $1, 2, \cdots, n^2$을 자릿수로 가지는 특별한 수로 표현할 수 있다(단, r, s는 정수). 이 방정식
$$r+is = a_m(-n+i)^m + a_{m-1}(-n+i)^{m-1} + \cdots + a_1(-n+i) + a_0$$
이 유효한 경우는 음이 아닌 정수 m과 자릿수 $a_0, a_1, \cdots, a_m$을 집합 $\{0, 1, 2, \cdots, n^2\}$에서 선택하고 $a_m \neq 0$이다.
$$r+si = (a_m a_{m-1} \cdots a_1 a_0)_{-n+i}$$
라고 적고 $r+si$의 기저 $(-n+i)$ 표현이라고 정의한다.

오직 유한개의 정수 $k + 0i$는 네 개의 자리수로 다음과 같이 표현된다.
$$k = (a_3 a_2 a_1 a_0)_{-3+i}, \quad a_3 \neq 0$$

모든 k의 합을 구하시오.

(1989 AIME, 문제 14)

문제 19. 복소수 z의 허수부분이 164이고 정수 n에 대하여
$$\dfrac{z}{z+n} = 4i$$
라 할 때 n을 구하시오.

(2009 AIME, 문제 2)

문제 20. u, v, w는 절댓값이 1인 복소수라 하자. 다음을 만족하는 + 와 − 가 존재함을 보이시오.
$$|u \pm v \pm w| \leq 1$$

(루마니아 수학 올림피아드, 지역 선발전, 2007)

문제 21. 0이 아닌 복소수 z에 대하여 실수인 수열 a_n을 다음과 같이 정의하자.
$$a_n = \left| z^n + \frac{1}{z^n} \right|, \; n \geq 1$$

(a) 모든 $n \in \mathbb{N}^*$에 대하여 $a_1 > 2$이면
$$a_{n+1} < \frac{a_n + a_{n+2}}{2}$$
임을 보이시오.

(b) $a_k \leq 2$를 만족하는 $k \in \mathbb{N}^*$가 존재하면 $a_1 \leq 2$임을 보이시오.

(루마니아 수학 올림피아드, 지역 선발전, 2010)

문제 22. 집합 $M = \{z \in \mathbb{C} \, | \, |z| = 1, \; \text{Re}\, z \in \mathbb{Q}\}$에 대해 복소 평면에 집합 M의 원소를 꼭짓점으로 갖는 정삼각형은 무한히 많이 존재함을 보이시오.

(루마니아 수학 올림피아드 결승전, 2012)

문제 23. $n \geq 1$에 대하여 수열 $\{a_n\}$은 $a_n \leq n$이고 $n \geq 2$에 대하여 $\sum_{k=1}^{n-1} \cos \frac{\pi a_k}{n} = 0$를 만족하는 음이 아닌 수열이라 하자. 이 수열의 일반항을 구하시오.

(루마니아 수학 올림피아드 - 지역선발전, 2012)

문제 24. a와 b는 복소수 $z = a + bi$의 절댓값이 1이 되도록 하는 유리수라 하자. 임의의 홀수 n에 대하여 복소수 $z_n = 1 + z + z^2 + \cdots + z^{n-1}$은 유리수임을 증명하시오.

(루마니아 수학 올림피아드 - 지역선발전, 2012)

6장 답, 힌트와 제시된 문제의 풀이들

이어지는 내용은, 앞의 장에서 제시한 문제들의 답과 풀이들이다. 문제를 포함하는 장과 절의 제목과 문제의 번호는 그대로 유지했다. 올림피아드 문제가 있는 장의 약간의 문제들의 복잡성을 고려하여, 풀이 앞에 그 문제들의 명제를 함께 편집했다.

1장. 대수 형태의 복소수

1.1 복소수의 대수적 표현

1.1.9 연습문제

1. 복소수 $z_1 = (1, 2)$, $z_2 = (-2, 3)$, $z_3 = (1, -1)$ 에 대하여 다음 값을 구하시오.

(a) $z_1 + z_2 + z_3$ (b) $z_1 z_2 + z_2 z_3 + z_3 z_1$ (c) $z_1 z_2 z_3$

(d) $z_1^2 + z_2^2 + z_3^2$ (e) $\dfrac{z_1}{z_2} + \dfrac{z_2}{z_3} + \dfrac{z_3}{z_1}$ (f) $\dfrac{z_1^2 + z_2^2}{z_2^2 + z_3^2}$

풀이.

(a) $z_1 + z_2 + z_3 = (0, 4)$

(b) $z_1 z_2 + z_2 z_3 + z_3 z_1 = (-4, 5)$

(c) $z_1 z_2 z_3 = (-9, 7)$

(d) $z_1^2 + z_2^2 + z_3^2 = (-8, -10)$

(e) $\dfrac{z_1}{z_2} + \dfrac{z_2}{z_3} + \dfrac{z_3}{z_1} = \left(-\dfrac{311}{130}, \dfrac{65}{83}\right)$

(f) $\dfrac{z_1^2 + z_2^2}{z_2^2 + z_3^2} = \left(\dfrac{152}{221}, -\dfrac{72}{221}\right)$

2. 다음 방정식을 풀어라.

(a) $z + (-5, 7) = (2, -1)$

(b) $(2, 3) + z = (-5, -1)$

(c) $z \cdot (2, 3) = (4, 5)$

(d) $\dfrac{z}{(-1, 3)} = (3, 2)$

풀이.

(a) $z = (7, -8)$

(b) $z = (-7, -4)$

(c) $z = \left(\dfrac{23}{13}, -\dfrac{2}{13}\right)$

(d) $z = (-9, 7)$

3. 복소수 범위에서 다음의 방정식을 푸시오.

(a) $z^2 + z + 1 = 0$

(b) $z^3 + 1 = 0$

풀이.[76]

(a) 근의 공식에 대입하면 $z = \dfrac{-1 \pm \sqrt{1-4}}{2} = \dfrac{-1 \pm \sqrt{3}i}{2}$ 이므로
$z_1 = \left(-\dfrac{1}{2}, \dfrac{\sqrt{3}}{2}\right), z_2 = \left(-\dfrac{1}{2}, -\dfrac{\sqrt{3}}{2}\right)$ 이다.

(b) 인수분해 공식에 의해서
$z^3 + 1 = (z+1)(z^2 - z + 1)$ 이고 좌변이 0 이므로 $(z+1)(z^2 - z + 1) = 0$ 이다.
따라서 $z = (-1, 0)$ 또는 $z^2 - z + 1 = 0$ 이다.
근의 공식에 따라 $z^2 - z + 1 = 0$ 의 해는 다음과 같다.
$$z = \dfrac{1 \pm \sqrt{1-4}}{2} = \dfrac{1 \pm \sqrt{3}i}{2}$$
그러므로 주어진 삼차방정식의 해는
$z_1 = (-1, 0), z_2 = \left(\dfrac{1}{2}, \dfrac{\sqrt{3}}{2}\right), z_3 = \left(\dfrac{1}{2}, -\dfrac{\sqrt{3}}{2}\right)$

4. $z = (0, 1) \in \mathbb{C}$ 일 때, 양의 정수 n 에 대하여, $\sum_{k=0}^{n} z^k$ 을 구하시오.

풀이.

$$\sum_{k=0}^{n} z^k = \begin{cases} (1, 0), & n = 4k \\ (1, 1), & n = 4k+1 \\ (0, 1), & n = 4k+2 \\ (0, 0), & n = 4k+3 \end{cases}$$

---

[76] (역자주) 역자가 추가한 부분입니다.

5. 다음 방정식을 푸시오.

(a) $z \cdot (1, 2) = (-1, 3)$
(b) $(1, 1) \cdot z^2 = (-1, 7)$

풀이.

(a) $z = (1, 1)$
(b) $z_1 = (2, 1), z_2 = (-2, -1)$

6. $z = (a, b)$일 때, z^2, z^3, z^4을 계산하시오.

풀이.
$$z^2 = (a^2 - b^2, 2ab)$$
$$z^3 = (a^2 - b^2, 2ab) \cdot (a, b) = (a^3 - 3ab^2, 3a^2b - b^3)$$
$$z^4 = (a^3 - 3ab^2, 3a^2b - b^3) \cdot (a, b) = (a^4 - 6a^2b^2 + b^4, 4a^3b - 4ab^3)$$

7. $z_0 = (a, b)$인 복소수일 때, $z^2 = z_0$를 만족하는 $z \in \mathbb{C}$를 구하시오.

풀이.[77]
$z_0 = (a, b)$이므로 $z_0 = a + bi$이다.
$r = \sqrt{a^2 + b^2}$이라 하면 $b^2 = r^2 - a^2 = (r-a)(r+a)$이다.
$b = 2\,\text{sgn}(b)\sqrt{\dfrac{r-a}{2}}\sqrt{\dfrac{r+a}{2}}$이다.
($\because z_0$은 주어진 값이므로 b의 부호는 정해져 있다.)

그리고 $a = \left(\sqrt{\dfrac{r-a}{2}}\right)^2 - \left(\sqrt{\dfrac{r+a}{2}}\right)^2$이다.

$$z^2 = a + bi = \left(\sqrt{\dfrac{r-a}{2}}\right)^2 - \left(\sqrt{\dfrac{r+a}{2}}\right)^2 + 2\,\text{sgn}(b)\sqrt{\dfrac{r-a}{2}}\sqrt{\dfrac{r+a}{2}}\,i$$
$$= \left(\sqrt{\dfrac{r-a}{2}}\right)^2 - \left(\sqrt{\dfrac{r+a}{2}}\right)^2 + 2\,\text{sgn}(b)\sqrt{\dfrac{r-a}{2}}\sqrt{\dfrac{r+a}{2}}\,i$$
$$= \left(\sqrt{\dfrac{r-a}{2}}\right)^2 + \left(\sqrt{\dfrac{r+a}{2}}i\right)^2 + 2\,\text{sgn}(b)\sqrt{\dfrac{r-a}{2}}\sqrt{\dfrac{r+a}{2}}\,i = \left\{\pm\left(\sqrt{\dfrac{r-a}{2}} + \sqrt{\dfrac{r+a}{2}}i\right)\right\}^2$$

따라서 $z_{1,2} = \pm\left(\sqrt{\dfrac{r-a}{2}} + \sqrt{\dfrac{r+a}{2}}i\right)$이다. 해는 다음과 같다.

$$z_1 = \left(\sqrt{\dfrac{a + \sqrt{a^2 + b^2}}{2}},\; \text{sgn}\,b\sqrt{\dfrac{-a + \sqrt{a^2 + b^2}}{2}}\right),$$

---

[77] (역자주) 역자가 추가한 부분입니다.

$$z_2 = \left(-\sqrt{\frac{a+\sqrt{a^2+b^2}}{2}}, -\operatorname{sgn} b \sqrt{\frac{-a+\sqrt{a^2+b^2}}{2}}\right)$$

8. $z = (1, -1)$일 때, 음이 아닌 정수 n에 대하여 z^n을 구하시오.

풀이.
음이 아닌 정수 k에 대하여
$z^0 = (1, 0)$, $z^1 = (1, -1)$, $z^2 = (0, -2)$, $z^3 = (-2, -2)$, $z^4 = (-4, 0)$, $\cdots$ 이고
$$\begin{cases} z^{4k} = ((-4)^k, 0) \\ z^{4k+1} = ((-4)^k, -(-4)^k) \\ z^{4k+2} = (0, -2(-4)^k) \\ z^{4k+3} = (-2(-4)^k, -2(-4)^k) \end{cases}$$

9. 다음 식을 만족하는 실수 x, y를 각각 구하시오.
(a) $(1-2i)x + (1+2i)y = 1+i$
(b) $\dfrac{x-3}{3+i} + \dfrac{y-3}{3-i} = i$
(c) $(4-3i)x^2 + (3+2i)xy = 4y^2 - \dfrac{1}{2}x^2 + (3xy - 2y^2)i$

풀이.
(a) $x = \dfrac{1}{4}$, $y = \dfrac{3}{4}$
(b) $x = -2$, $y = 8$
(c) $x = 0$, $y = 0$

10. 다음을 계산하시오.
(a) $(2-i)(-3+2i)(5-4i)$
(b) $(2-4i)(5+2i) + (3+4i)(-6-i)$
(c) $\left(\dfrac{1+i}{1-i}\right)^{16} + \left(\dfrac{1-i}{1+i}\right)^8$
(d) $\left(\dfrac{-1+i\sqrt{3}}{2}\right)^6 + \left(\dfrac{1-i\sqrt{7}}{2}\right)^6$
(e) $\dfrac{3+7i}{2+3i} + \dfrac{5-8i}{2-3i}$

풀이.[78]
(a) $(2-i)(-3+2i)(5-4i) = (-4+7i)(5-4i) = 8+51i$
(b) $(2-4i)(5+2i) + (3+4i)(-6-i) = (18-16i) + (-14-27i) = 4-43i$

---
[78] (역자주) 역자가 추가한 부분입니다.

(c) $\left(\dfrac{1+i}{1-i}\right)^{16} + \left(\dfrac{1-i}{1+i}\right)^{8} = \left(\dfrac{2i}{2}\right)^{16} + \left(\dfrac{-2i}{2}\right)^{8} = 2$

(d) $\left(\dfrac{-1+i\sqrt{3}}{2}\right)$은 $x^3 = 1$의 한 허근이므로 $\left(\dfrac{-1+i\sqrt{3}}{2}\right)^{6} = 1$ 이다.

$\left(\dfrac{1-i\sqrt{7}}{2}\right)$은 $x^2 - x + 2 = 0$의 한 허근이다. 따라서 $x^2 = x - 2$이다.

양변을 제곱하자.

$(x^2)^2 = (x-2)^2 = -3x + 2$

$x^6 = x^2 x^4 = (x-2)(-3x+2) = 5x+2 = \dfrac{9 - 5\sqrt{7}i}{2}$

따라서 $\left(\dfrac{-1+i\sqrt{3}}{2}\right)^{6} + \left(\dfrac{1-i\sqrt{7}}{2}\right)^{6} = \dfrac{11 - 5\sqrt{7}i}{2}$ 이다.

(e) $\dfrac{3+7i}{2+3i} + \dfrac{5-8i}{2-3i} = \dfrac{(27+5i)+(34-i)}{13} = \dfrac{61}{13} + \dfrac{4}{13}i$

11. 다음을 계산하시오.

(a) $i^{2000} + i^{1999} + i^{201} + i^{82} + i^{47}$

(b) $n \geq 1$에 대하여 $E_n = 1 + i + i^2 + i^3 + \cdots + i^n$을 구하시오.

(c) $i^1 \cdot i^2 \cdot i^3 \cdots i^{2000}$

(d) $i^{-5} + (-i)^{-7} + (-i)^{13} + i^{-100} + (-i)^{94}$

풀이.

(a) $-i$

(b) $\begin{cases} E_{4k} = 1 \\ E_{4k+1} = 1+i \\ E_{4k+2} = i \\ E_{4k+3} = 0 \end{cases}$ (단, $k \geq 0$)

(c) 1

(d) $-3i$

12. 아래 복소방정식의 해를 구하시오.

(a) $z^2 = i$ (b) $z^2 = -i$ (c) $z^2 = \dfrac{1}{2} - i\dfrac{\sqrt{2}}{2}$

풀이.[79]

(a) $z = x + yi$이라고 하자.(단, x, y는 실수)

---

[79] (역자주) 역자가 추가한 부분입니다.

$z^2 = i$, $(x+yi)^2 = i$, $x^2 - y^2 + 2xyi = i$

따라서 $\begin{cases} x^2 - y^2 = 0 \\ 2xy = 1 \end{cases}$를 만족하는 실수 x, y를 구하면 된다. 이 이원 이차 연립방정식을 풀면 $x = y = \pm \dfrac{\sqrt{2}}{2}$ 이므로 구하는 복소수 z는 $z_{1,2} = \pm \dfrac{\sqrt{2}}{2}(1+i)$ 이다.

(b) $z = x + yi$이라고 하자.(단, x, y는 실수)

$$z^2 = -i, \; (x+yi)^2 = -i, \; x^2 - y^2 + 2xyi = -i$$

따라서 $\begin{cases} x^2 - y^2 = 0 \\ 2xy = -1 \end{cases}$를 만족하는 실수 x, y를 구하면 된다. 이 이원 이차 연립 방정식을 풀면 $x = \pm \dfrac{\sqrt{2}}{2}$, $y = \mp \dfrac{\sqrt{2}}{2}$ (복호동순)이다. 따라서 구하는 복소수 z는

$z_{1,2} = \pm \dfrac{\sqrt{2}}{2}(1-i)$ 이다.

(c) $z = x + yi$이라고 하자.(단, x, y는 실수)

$$z^2 = \dfrac{1}{2} - i\dfrac{\sqrt{2}}{2}, \; (x+yi)^2 = \dfrac{1}{2} - i\dfrac{\sqrt{2}}{2}, \; x^2 - y^2 + 2xyi = \dfrac{1}{2} - i\dfrac{\sqrt{2}}{2}$$

따라서 $\begin{cases} x^2 - y^2 = \dfrac{1}{2} \\ 2xy = -\dfrac{\sqrt{2}}{2} \end{cases}$를 만족하는 실수 x, y를 구하면 된다. 이 이원 이차 연립방정식을 풀면

$x = \pm \dfrac{\sqrt{\sqrt{3}+1}}{2}$, $y = \mp \dfrac{\sqrt{\sqrt{3}-1}}{2}$ (복호동순) 이다. 따라서 구하는 복소수 z는

$z_{1,2} = \pm \left(\dfrac{\sqrt{\sqrt{3}+1}}{2} - \dfrac{\sqrt{\sqrt{3}-1}}{2} i \right)$ 이다.

13. $z + \dfrac{1}{z} \in \mathbb{R}$를 만족하는 $z \neq 0$ 인 복소수를 모두 구하시오.

풀이.[80]

실수 x, y에 대하여 $z = x + iy$라 하면 $z + \dfrac{1}{z} = x + \dfrac{x}{x^2+y^2} + i\left(y + \dfrac{-y}{x^2+y^2}\right)$이므로

$y + \dfrac{-y}{x^2+y^2} = 0$ 이다. $y\left(1 + \dfrac{-1}{x^2+y^2}\right) = 0$이므로 $y = 0$ 또는 $1 + \dfrac{-1}{x^2+y^2} = 0$,

즉, $y = 0$ 또는 $x^2 + y^2 = 1$ 이다.

따라서 $z \in \mathbb{R}$ 또는 $z = x + iy$(단, $x^2 + y^2 = 1$을 만족하는 실수 x, y)이다.

14. 다음은 실수가 됨을 증명하시오.

(a) $E_1 = (2 + i\sqrt{5})^7 + (2 - i\sqrt{5})^7$

---

[80](역자주) 역자가 추가한 부분입니다.

(b) $E_2 = \left(\dfrac{19+7i}{9-i}\right)^n + \left(\dfrac{20+5i}{7+6i}\right)^n$

풀이.[81]

(a) $\overline{E_1} = \overline{(2+i\sqrt{5})^7 + (2-i\sqrt{5})^7}$
$= \overline{(2+i\sqrt{5})^7} + \overline{(2-i\sqrt{5})^7} = (2-i\sqrt{5})^7 + (2+i\sqrt{5})^7 = E_1$

따라서 E_1 은 실수이다.

(b) $\overline{E_2} = \overline{\left(\dfrac{19+7i}{9-i}\right)^n + \left(\dfrac{20+5i}{7+6i}\right)^n} = \left(\dfrac{19-7i}{9+i}\right)^n + \left(\dfrac{20-5i}{7-6i}\right)^n = E_2$

따라서 E_2 는 실수이다.

15. 다음을 증명하시오.

(a) $|z_1+z_2|^2 + |z_2+z_3|^2 + |z_3+z_1|^2 = |z_1|^2 + |z_2|^2 + |z_3|^2 + |z_1+z_2+z_3|^2$

(b) $|1+z_1\overline{z_2}|^2 + |z_1-z_2|^2 = (1+|z_1|^2)(1+|z_2|^2)$

(c) $|1+z_1\overline{z_2}|^2 - |z_1-z_2|^2 = (1-|z_1|^2)(1-|z_2|^2)$

(d) $|z_1+z_2+z_3|^2 + |-z_1+z_2+z_3|^2 + |z_1-z_2+z_3|^2 + |z_1+z_2-z_3|^2$
$= 4(|z_1|^2 + |z_2|^2 + |z_3|^2)$

풀이.[82]

(a) $|z_1+z_2|^2 + |z_2+z_3|^2 + |z_3+z_1|^2 = |z_1|^2 + |z_2|^2 + |z_3|^2 + |z_1+z_2+z_3|^2$

(좌변)

$|z_1+z_2|^2 = (z_1+z_2)(\overline{z_1}+\overline{z_2}) = z_1\overline{z_1} + z_2\overline{z_2} + z_1\overline{z_2} + \overline{z_1}z_2 = |z_1|^2 + |z_2|^2 + z_1\overline{z_2} + \overline{z_1}z_2$

$|z_2+z_3|^2 = (z_2+z_3)(\overline{z_2}+\overline{z_3}) = z_2\overline{z_3} + z_2\overline{z_3} + z_2\overline{z_3} + \overline{z_2}z_3 = |z_2|^2 + |z_3|^2 + z_2\overline{z_3} + \overline{z_2}z_3$

$|z_1+z_3|^2 = (z_1+z_3)(\overline{z_1}+\overline{z_3}) = z_1\overline{z_1} + z_3\overline{z_3} + z_1\overline{z_3} + \overline{z_1}z_3 = |z_1|^2 + |z_3|^2 + z_1\overline{z_3} + \overline{z_1}z_3$

이므로

$|z_1+z_2|^2 + |z_2+z_3|^2 |z_3+z_1|^2 = 2(|z_1|^2 |z_2|^2 |z_3|^2 + \text{Re}(z_1\overline{z_2} + z_2\overline{z_3} + z_1\overline{z_3})$

(우변)

$|z_1+z_2+z_3|^2 = (z_1+z_2+z_3)(\overline{z_1}+\overline{z_2}+\overline{z_3})$
$= |z_1|^2|z_2|^2|z_3|^2 + z_1\overline{z_2} + \overline{z_1}z_2 + z_2\overline{z_3} + \overline{z_2}z_3 + z_1\overline{z_3} + \overline{z_1}z_3$
$= |z_1|^2|z_2|^2|z_3|^2 + 2\text{Re}(z_1\overline{z_2} + z_2\overline{z_3} + z_1\overline{z_3})$

$|z_1+z_2+z_3|^2 = |z_1|^2|z_2|^2|z_3|^2 + 2\text{Re}(z_1\overline{z_2} + z_2\overline{z_3} + z_1\overline{z_3})$

---

81)(역자주) 역자가 추가한 부분입니다.
82)(역자주) 역자가 추가한 부분입니다.

좌변과 우변이 같으므로 등식은 성립한다.

(b) $|1+z_1\overline{z_2}|^2+|z_1-z_2|^2=(1+|z_1|^2)(1+|z_2|^2)$

$|1+z_1\overline{z_2}|^2+|z_1-z_2|^2=(1+z_1\overline{z_2})(1+\overline{z_1}z_2)+(z_1-z_2)(\overline{z_1}-\overline{z_2})$

$=1+z_1\overline{z_2}+\overline{z_1}z_2|z_1z_2|^2|z_1|^2|z_2|^2-z_1\overline{z_2}-\overline{z_1}z_2$

$=1+|z_1z_2|^2+|z_1|^2+|z_2|^2$

$=(1+|z_1|^2)(1+|z_2|^2)$

(c) $|1+z_1\overline{z_2}|^2-|z_1-z_2|^2=(1-|z_1|^2)(1-|z_2|^2)$

(b)와 비슷한 방법으로, 등식이 성립함을 보일 수 있다.

(d) $|z_1+z_2+z_3|^2+|-z_1+z_2+z_3|^2+|z_1-z_2+z_3|^2+|z_1+z_2-z_3|^2$

$=4(|z_1|^2+|z_2|^2+|z_3|^2)$

$|z_1+z_2+z_3|^2=(z_1+z_2+z_3)(\overline{z_1}+\overline{z_2}+\overline{z_3})$

$=|z_1|^2+|z_2|^2+|z_3|^2+z_1\overline{z_2}+\overline{z_1}z_2+z_2\overline{z_3}+\overline{z_2}z_3+z_1\overline{z_3}+\overline{z_1}z_3$

$=|z_1|^2+|z_2|^2+|z_3|^2+2\text{Re}(z_1\overline{z_2}+z_2\overline{z_3}+z_1\overline{z_3})$

$|-z_1+z_2+z_3|^2=(-z_1+z_2+z_3)(-\overline{z_1}+\overline{z_2}+\overline{z_3})$

$=|z_1|^2+|z_2|^2+|z_3|^2-z_1\overline{z_2}-\overline{z_1}z_2+z_2\overline{z_3}+\overline{z_2}z_3-z_1\overline{z_3}-\overline{z_1}z_3$

$=|z_1|^2+|z_2|^2+|z_3|^2+2\text{Re}(-z_1\overline{z_2}+z_2\overline{z_3}-z_1\overline{z_3})$

유사한 방법으로 다음이 성립한다.

$|z_1-z_2+z_3|^2=|z_1|^2+|z_2|^2+|z_3|^2+2\text{Re}(-z_1\overline{z_2}-z_2\overline{z_3}+z_1\overline{z_3})$,

$|z_1+z_2-z_3|^2=|z_1|^2+|z_2|^2+|z_3|^2+2\text{Re}(z_1\overline{z_2}-z_2\overline{z_3}-z_1\overline{z_3})$

$|z_1+z_2+z_3|^2+|-z_1+z_2+z_3|^2+|z_1-z_2+z_3|^2+|z_1+z_2-z_3|^2$

$=|z_1|^2+|z_2|^2+|z_3|^2+2\text{Re}(z_1\overline{z_2}+z_2\overline{z_3}+z_1\overline{z_3})$

$\quad+|z_1|^2+|z_2|^2+|z_3|^2+2\text{Re}(-z_1\overline{z_2}+z_2\overline{z_3}-z_1\overline{z_3})$

$\quad+|z_1|^2+|z_2|^2+|z_3|^2+2\text{Re}(-z_1\overline{z_2}-z_2\overline{z_3}+z_1\overline{z_3})$

$\quad+|z_1|^2+|z_2|^2+|z_3|^2+2\text{Re}(z_1\overline{z_2}-z_2\overline{z_3}-z_1\overline{z_3})$

$=4(|z_1|^2+|z_2|^2+|z_3|^2)$

16. $z\in\mathbb{C}^*$ 에 대하여 $\left|z^3+\dfrac{1}{z^3}\right|\le 2$ 이면 $\left|z+\dfrac{1}{z}\right|\le 2$ 임을 증명하시오.

풀이.

$$\left(z+\frac{1}{z}\right)^3=z^3+\frac{1}{z^3}+3\left(z+\frac{1}{z}\right)$$

이고 양변에 절댓값을 취하면 다음 식이 성립한다.[83]

$$\left|z+\frac{1}{z}\right|^3 \leq 2+3\left|z+\frac{1}{z}\right|, \text{ 또는 } a^3-3a-2 \leq 0$$

(단, $a = \left|z+\frac{1}{z}\right|$ $(a \geq 0)$)

이다. 이때,

$$a^3 - 3a - 2 = (a-2)(a^2+2a+1) = (a-2)(a+1)^2$$

이므로 $a \leq 2$ 이다.

17. 다음 식을 만족하는 복소수 z를 모두 구하시오.

$$|z| = 1, \quad \left|z^2 + \overline{z}^2\right| = 1$$

풀이.

$|z| = 1$ 로부터 $|z|^2 = 1$ 이므로 $z \cdot \overline{z} = 1$ 이다.

$\left|z^2 + \overline{z}^2\right| = 1$ 로부터 $\left|z^2 + \overline{z}^2\right|^2 = 1$ 이므로 $(z^2 + \overline{z}^2)^2 = 1$ 또는 $\left(z^2 + \frac{1}{z^2}\right)^2 = 1$ 이다. $\left|z^2 + \overline{z}^2\right|^2 = 1$, $(z^2 + \overline{z}^2)^2 = 1$ 또는 $\left(z^2 + \frac{1}{z^2}\right)^2 = 1$

따라서 $(z^4+1)^2 = z^4$이고 $(z^4+z^2+1)(z^4-z^2+1) = 0$이다. $z^4+z^2+1 = 0$ 또는 $z^4 - z^2 + 1 = 0$을 만족하는 복소수를 구하면 $z = \pm\frac{\sqrt{3}+i}{2}$ 또는 $z = \pm\frac{1\pm\sqrt{3}\,i}{2}$ 이다.

18. 다음 식을 만족하는 복소수 z를 구하시오.

$$4z^2 + 8|z|^2 = 8$$

풀이.[84]

$z = a+bi$ 로 두면 $z^2 = a^2 - b^2 + 2abi$ 이고 $|z|^2 = a^2+b^2$ 이다.

$$8(a^2+b^2) = 8 - 4(a^2-b^2) - 8abi$$

---

[83] (역자주) $\left|z+\frac{1}{z}\right|^3 = \left|z^3+\frac{1}{z^3}+3\left(z+\frac{1}{z}\right)\right| \leq \left|z^3+\frac{1}{z^3}\right|+3\left|z+\frac{1}{z}\right| \leq 2+3\left|z+\frac{1}{z}\right|$

따라서 $\left|z+\frac{1}{z}\right|^3 \leq 2+3\left|z+\frac{1}{z}\right|$ 이다.

$a = \left|z+\frac{1}{z}\right|$ $(a \geq 0)$이라고 놓고 위 식에 대입하여 정리하자.

$a^3-3a-2 \leq 0$, $(a-2)(a^2+2a+1) \leq 0$, $(a-2)(a+1)^2 \leq 0$

$(a+1)^2 \geq 0$이므로 $a-2 \leq 0$이다. 따라서 $\left|z+\frac{1}{z}\right| = a \leq 2$ 이다.

[84] (역자주) 역자가 추가한 부분입니다.

위의 식에서 $a=0$ 또는 $b=0$이다.(단, $ab \neq 0$)

첫째, $a=0$인 경우 $z = \pm \sqrt{2}\,i$

둘째, $b=0$인 경우 $z = \pm \sqrt{\dfrac{2}{3}}$

$z \in \left\{ \pm \sqrt{\dfrac{2}{3}},\ \pm i\sqrt{2} \right\}$

19. 복소수 방정식 $z^3 = \bar{z}$의 해를 구하시오.

풀이. [85]
$|z^3| = |z|^3$, $|z| = |\bar{z}|$ 이므로 $|z^3| = |\bar{z}|$ 은 $|z^3| = |z|$ 이고 $|z|^3 = |z|$ 이다.
따라서 $|z|^3 - |z| = 0$ 이고 $|z|(|z|-1)(|z|+1) = 0$ 이다.
$|z| \geq 0$ 이므로 $|z| = 0$ 또는 $|z| = 1$ 이다.

(경우 1) $|z| = 0$ 인 경우
$z = a+bi$ 라 하면 $|z| = \sqrt{a^2+b^2} = 0$ 이므로 $a^2+b^2 = 0$ 이다.
두 실수의 제곱의 합이 0 이므로 $a = b = 0$ 이다. 따라서 $z = 0$ 이다.

(경우 2) $|z| = 1$인 경우
$z^3 = \bar{z}$ 이므로 양변에 z를 곱하면 $z^4 = z\bar{z}$, $z^4 = |z|^2$, $z^4 = 1$, $z^4 - 1 = 0$
$(z^2-1)(z^2+1) = 0$, $(z-1)(z-i)(z+i)(z+1) = 0$ 이므로
$z \in \{1, -1, i, -i\}$ 이다.

(경우 1),(경우 2)에 의해서 $z \in \{0, 1, -1, i, -i\}$ 이다.

20. $\text{Re}(z) > 1$ 인 $z \in \mathbb{C}$에 대하여,
$$\left| \frac{1}{z} - \frac{1}{2} \right| < \frac{1}{2}$$
임을 증명하시오.

풀이.
$\left| \dfrac{1}{z} - \dfrac{1}{2} \right| < \dfrac{1}{2}$ 일 필요충분조건은 $|z-2| < |z|$ 이다. 양변을 제곱해도 성립하므로
$|z-2|^2 < |z|^2$이다. 따라서 $|z-2| < |z|$은 $(2-z)(2-\bar{z}) < z\bar{z}$와 필요충분조건이다. 이제
$(2-z)(2-\bar{z}) < z\bar{z}$임을 보이자.
$$(2-z)(2-\bar{z}) - z\bar{z} = 4 - 2(z+\bar{z}) < 0 \quad (\because\ z+\bar{z} = 2\text{Re}(z) > 2)$$
따라서 $(2-z)(2-\bar{z}) < z\bar{z}$ 이다.

---

[85](역자주) 역자가 추가한 부분입니다.

21. 실수 a, b, c와 복소수 $w = -\dfrac{1}{2} + i\dfrac{\sqrt{3}}{2}$에 대하여 다음을 계산하시오.
$$(a + bw + cw^2)(a + bw^2 + cw)$$

풀이.[86]
$w^3 = 1$이므로 $(w-1)(w^2 + w + 1) = 0$이다. 즉, $w^3 = 1$이고 $w^2 + w + 1 = 0$이다. $w^2 = \dfrac{1}{w}$이고 $w + \dfrac{1}{w} = -1$이다.

$$(a + bw + cw^2)(a + bw^2 + cw) = \left(a + bw + \dfrac{c}{w}\right)\left(a + \dfrac{b}{w} + cw\right)$$
$$= a^2 + b^2 + c^2 + (ab + bc + ca)\left(w + \dfrac{1}{w}\right) = a^2 + b^2 + c^2 - ab - bc - ca$$

따라서 $(a + bw + cw^2)(a + bw^2 + cw) = a^2 + b^2 + c^2 - ab - bc - ca$이다.

22. 다음 방정식의 해를 구하시오.

(a) $|z| - 2z = 3 - 4i$

(b) $|z| + z = 3 + 4i$

(c) $z^3 = 2 + 11i$ (단, $z = x + yi$이고, x, y는 정수이다.)

(d) $iz^2 + (1 + 2i)z + 1 = 0$

(e) $z^4 + 6(1 + i)z^2 + 5 + 6i = 0$

(f) $(1 + i)z^2 + 2 + 11i = 0$

풀이.[87]

(a) $|z| - 2z = 3 - 4i$에서 $z = a + bi$로 두면
$|z| = 3 - 4i + 2(a + bi) = 3 + 2a + (2b - 4)i$
따라서 $b = 2$이고 $\sqrt{a^2 + 4} = 3 + 2a$에서 $a = \dfrac{-6 + \sqrt{21}}{3}$ 따라서 $z = \dfrac{-6 + \sqrt{21}}{3} + 2i$

(b) $|z| + z = 3 + 4i$ 위와 같은 방법으로 $|z| = 3 + 4i - (a + bi) = 3 - a + (4 - b)i$
따라서 $b = 4$이고 $\sqrt{a^2 + 16} = 3 - a$에서 $a = -\dfrac{7}{6}$ 따라서 $z = -\dfrac{7}{6} + 4i$

(c) $z^3 = 2 + 11i$ (단, $z = x + yi$이고, x, y는 정수이다.)
위와 같은 방법으로
$(x + yi)^3 = (x + yi)^2(x + yi) = (x^3 - 3xy^2) + (3x^2y - y^3)i = 2 + 11i$.
위의 식에서 $11(x^3 - 3xy^2) = 2(3x^2y - y^3)$를 유도하여 $y = tx$로 놓으면

---

[86] (역자주) 역자가 추가한 부분입니다.
[87] (역자주) 역자가 추가한 부분입니다.

$11(1-3t^2) = 2(3t-t^3)$에서 $t = \frac{1}{2}$을 구할 수 있다. 이제 정수 조건에 의해서 $z = 2+i$ 이다.

(d) $iz^2 + (1+2i)z + 1 = 0$의 양변을 i로 나누면 $z^2 + (2-i)z - i = 0$에서
$$z_{1,2} = \frac{2-i \pm \sqrt{3}}{2}$$

(e) $z^4 + 6(1+i)z^2 + 5 + 6i = 0$ 왼쪽 식을 인수분해하면 $(z^2+1)(z^2+(5+6i)) = 0$에서 $z^2 = -1$, $z^2 = -5-6i$이다.

(f) $(1+i)z^2 + 2 + 11i = 0$에서 $z^2 = \frac{-2-11i}{1+i} = \frac{-13-9i}{2}$ 이다.

23. 복소방정식
$$z^3 + (3+i)z^2 - 3z - (m+i) = 0$$
이 적어도 하나의 실수 근을 가지도록 하는 실수 m의 값을 구하시오.

풀이.[88]
복소방정식 $z^3 + (3+i)z^2 - 3z - (m+i) = 0$이 실근 a를 가진다고 가정하자. 그러면 $a^3 + (3+i)a^2 - 3a - (m+i) = 0$이므로 $(a^3 + 3a^2 - 3a - m) + (a^2 - 1)i = 0$이다.
즉, $\begin{cases} a^3 + 3a^2 - 3a - m = 0 \\ a^2 - 1 = 0 \end{cases}$ 이다.
$a^2 - 1 = 0$을 만족하는 실수 $a = \pm 1$이므로 $a = \pm 1$을 $a^3 + 3a^2 - 3a - m = 0$에 대입하면 $a = 1$일 때 $m = 1$, $a = -1$일 때 $m = 5$이다. 따라서 $m \in \{1, 5\}$이면 주어진 복소방정식은 적어도 하나의 실수해를 가진다.

24.
$$(z-2)(\bar{z}+i)$$
가 실수인 모든 복소수 z를 구하시오.

풀이.[89]
$z = x + yi$ (x, y는 실수)라 하자.
$$(z-2)(\bar{z}+i) = (x-2+yi)(x+(1-y)i)$$
$$= x(x-2) + y(1-y) + (xy + (x-2)(1-y))i \in \mathbb{R}$$
따라서 $xy + (x-2)(1-y) = 0$이어야 한다. 이를 간단히 하면 다음과 같다.
$$xy + (x-2)(1-y) = 0, \ x + 2y = 2, \ x = 2 - 2y$$
그러므로 $z = (2-2y) + yi$ (단, y는 실수) 형태의 복소수이다.

---
[88] (역자주) 역자가 추가한 부분입니다.
[89] (역자주) 역자가 추가한 부분입니다.

25. $|z| = \left|\dfrac{1}{z}\right|$을 만족하는 복소수 z를 모두 구하시오.

풀이.[90)]

복소수 $z = x + yi$ (단, x, y는 실수)라 할 때 $x^2 + y^2 = 1$을 만족하는 모든 복소수

26. 복소수 z_1, z_2에 대하여 $|z_1 + z_2| = \sqrt{3}$이고 $|z_1| = |z_2| = 1$을 만족할 때, $|z_1 - z_2|$을 계산하시오.

풀이.

$|z_1 + z_2| = \sqrt{3}$으로부터 $|z_1 + z_2|^2 = 3$이다. 따라서 $(z_1 + z_2)\overline{(z_1 + z_2)} = (z_1 + z_2)(\overline{z_1} + \overline{z_2})$
$= |z_1|^2 + |z_2|^2 + z_1\overline{z_2} + z_2\overline{z_1} = 3$이다. $|z_1| = |z_2| = 1$이므로 $z_1\overline{z_2} + z_2\overline{z_1} = 1$임을 알 수 있다.
$|z_1 - z_2|^2 = (z_1 - z_2)\overline{(z_1 - z_2)} = (z_1 - z_2)(\overline{z_1} - \overline{z_2}) = |z_1|^2 + |z_2|^2 - (z_1\overline{z_2} + z_2\overline{z_1})$
$= |z_1|^2 + |z_2|^2 - (z_1\overline{z_2} + z_2\overline{z_1}) = 1$이다. 따라서 $|z_2 - z_1| = 1$이다.

27. 다음 등식을 만족하는 모든 양의 정수 n을 구하시오.

$$\left(\frac{-1 + i\sqrt{3}}{2}\right)^n + \left(\frac{-1 - i\sqrt{3}}{2}\right)^n = 2$$

풀이.[91)]

$z = \dfrac{-1 + i\sqrt{3}}{2}$이라 두면 $\overline{z} = \dfrac{-1 - i\sqrt{3}}{2}$이다. 따라서 주어진 등식은 $z^n + \overline{z}^n = 2$이다. 양변에 z^n을 곱하면 $z^{2n} + (z\overline{z})^n = 2z^n$ 이고

$$z\overline{z} = |z|^2 = \left(-\frac{1}{2}\right)^2 + \left(\frac{\sqrt{3}}{2}\right)^2 = \frac{1}{4} + \frac{3}{4} = 1,$$

$$z^{2n} + (z\overline{z})^n = 2z^n, \; z^{2n} + 1 = 2z^n,$$

$$z^{2n} - 2z^n + 1 = 0,$$

$$(z^n - 1)^2 = 0$$

이다. 즉 $z^n = 1$인 n을 구하면 된다.

$n = 1$일 때 $z = \dfrac{-1 + i\sqrt{3}}{2} \neq 1$

$n = 2$일 때 $z^2 = \left(\dfrac{-1 + i\sqrt{3}}{2}\right)^2 = \dfrac{-2 - 2i\sqrt{3}}{4} = \dfrac{-1 - i\sqrt{3}}{2}$

---

90)(역자주) 역자가 추가한 부분입니다.
91)(역자주) 역자가 추가한 부분입니다.

$n=3$일 때 $z^3 = z^2 z = \left(\dfrac{-1+i\sqrt{3}}{2}\right)^2 = \left(\dfrac{-1-i\sqrt{3}}{2}\right)\left(\dfrac{-1+i\sqrt{3}}{2}\right) = 1$

이므로 복소수의 순환에 의해서 $z^{3k}=1$(단, k는 정수).

28. $n>2$인 정수 n에 대하여, $z^{n-1}=i\bar{z}$를 만족하는 근의 개수를 구하시오.

풀이.

1) $z=0$이면 항상 성립한다.
2) $z\neq 0$이라 하고 양변에 절댓값을 취하면 $|z|^{n-1}=|z|$이다. 따라서 $|z|=1$이다. 이제 양변에 z를 곱하면 $z^n = iz\bar{z} = i|z|^2 = i$이므로 $z^n = i$이다. 이 방정식의 근은 총 n개다. 1)과 2) 에 의해서 근의 개수는 총 $n+1$이다.

29. 복소수 z_1, z_2, z_3에 대하여
$$|z_1|=|z_2|=|z_3|=R>0$$
라 하자. 다음 부등식을 증명하시오.
$$|z_1-z_2|\cdot|z_2-z_3|+|z_3-z_1|\cdot|z_1-z_2|+|z_2-z_3|\cdot|z_3-z_1|\leq 9R^2$$

풀이.
$\alpha=|z_2-z_3|$, $\beta=|z_3-z_1|$, $\gamma=|z_1-z_2|$라 두면 주어진 식은
$$\alpha\beta + \beta\gamma + \gamma\alpha \leq \alpha^2+\beta^2+\gamma^2$$
이다. 따라서
$$\alpha^2+\beta^2+\gamma^2 = 3(|z_1|^2+|z_2|^2+|z_3|^2) - |z_1+z_2+z_3|^2$$
$$\leq 3(|z_1|^2+|z_2|^2+|z_3|^2) = 9R^2$$
이다. 따라서 다음 부등식이 성립한다.
$$\alpha\beta+\beta\gamma+\gamma\alpha \leq 9R^2$$

30. 복소수 u, v, w, z에 대하여 $|u|<1$, $|v|=1$, $w=\dfrac{v(u-z)}{\bar{u}\cdot z-1}$라 하자. $|w|<1$일 필요충분조건은 $|z|\leq 1$임을 증명하시오.

풀이.
$w=\dfrac{v(u-z)}{\bar{u}\cdot z-1}$에서 $|w|=|v|\dfrac{|u-z|}{|\bar{u}z-1|}$이고, $|v|=1$이므로 $|w|=\dfrac{|u-z|}{|\bar{u}z-1|}$이다.
따라서 $|w|=\dfrac{|u-z|}{|\bar{u}z-1|}\leq 1$일 필요충분조건은 $|u-z|\leq|\bar{u}z-1|$이다.

$$|u-z|^2 \leq |\overline{u}z-1|^2$$

즉,
$$(u-z)\overline{(u-z)} \leq (\overline{u}z-1)(u\overline{z}-1)$$

이 성립한다. 이제 왼쪽 식을 정리하면
$$|u|^2 + |z|^2 - |u|^2|z|^2 - 1 \leq 0$$

최종적으로
$$(|u|^2-1)(|z|^2-1) \leq 0$$

따라서 $|w| < 1$일 필요충분조건은 $|z| \leq 1$이다.

31. 복소수 z_1, z_2, z_3에 대하여 $z_1 + z_2 + z_3 = 0$이고 $|z_1| = |z_2| = |z_3| = 1$을 만족한다고 하자.
$$z_1^2 + z_2^2 + z_3^2 = 0$$
이 성립함을 증명하시오.

풀이.

$z_1 + z_2 + z_3 = 0$이므로 양변을 제곱하면 $(z_1 + z_2 + z_3)^2 = 0$이다.
우변을 전개하면 $z_1^2 + z_2^2 + z_3^2 + 2(z_1z_2 + z_2z_3 + z_1z_3) = 0$ 이므로
$$z_1^2 + z_2^2 + z_3^2 = -2(z_1z_2 + z_2z_3 + z_1z_3)$$

이다. 또한 $|z_1| = |z_2| = |z_3| = 1$이므로 $z_1\overline{z_1} = z_2\overline{z_2} = z_3\overline{z_3} = 1$이다. 따라서
$$z_1z_2 + z_2z_3 + z_1z_3 = z_1z_2z_3\overline{z_3} + z_1z_2z_3\overline{z_1} + z_1z_2z_3\overline{z_2}$$
$$= z_1z_2z_3(\overline{z_1} + \overline{z_2} + \overline{z_3})$$

이다. 이때 $z_1 + z_2 + z_3 = 0$ 이므로 $\overline{z_1} + \overline{z_2} + \overline{z_3} = 0$ 이다. 따라서 다음이 성립한다.
$$z_1^2 + z_2^2 + z_3^2 = -2(z_1z_2 + z_2z_3 + z_1z_3)$$
$$= -2(z_1z_2z_3\overline{z_3} + z_1z_2z_3\overline{z_1} + z_1z_2z_3\overline{z_2})$$
$$= -2z_1z_2z_3(\overline{z_1} + \overline{z_2} + \overline{z_3}) = 0$$

32. 복소수 z_1, z_2, $\cdots$, z_n에 대하여
$$|z_1| = |z_2| = \cdots = |z_n| = r > 0$$
를 만족한다고 할 때,
$$E = \frac{(z_1+z_2)(z_2+z_3)\cdots(z_{n-1}+z_n)\cdot(z_n+z_1)}{z_1z_2\cdots z_n}$$
가 실수임을 증명하시오.

풀이.

$k \in \{1, 2, \cdots, n\}$에 대하여 $|z_k| = r$이라 하면 $\overline{z_k} = \dfrac{r^2}{z_k}$이다. 그러므로

$$\overline{E} = \dfrac{\left(\dfrac{r^2}{z_1} + \dfrac{r^2}{z_2}\right)\left(\dfrac{r^2}{z_2} + \dfrac{r^2}{z_3}\right) \cdots \left(\dfrac{r^2}{z_n} + \dfrac{r^2}{z_1}\right)}{\dfrac{r^2}{z_1} \cdot \dfrac{r^2}{z_2} \cdot \cdots \cdot \dfrac{r^2}{z_n}}$$

$$= \dfrac{r^{2n} \cdot \dfrac{z_1 + z_2}{z_1 z_2} \cdot \dfrac{z_2 + z_3}{z_2 z_3} \cdot \cdots \cdot \dfrac{z_n + z_1}{z_n z_1}}{r^{2n} \cdot \dfrac{1}{z_1 z_2 \cdots z_n}} = E$$

33. 서로 다른 복소수 z_1, z_2, z_3가 다음을 만족한다고 하자.
$$|z_1| = |z_2| = |z_3| > 0$$
$z_1 + z_2 z_3$, $z_2 + z_1 z_3$, $z_3 + z_1 z_2$가 실수일 때, $z_1 z_2 z_3 = 1$ 임을 증명하시오.

풀이.

$z_1 \cdot \overline{z_1} = z_2 \cdot \overline{z_2} = z_3 \cdot \overline{z_3} = r^2$이라 하자. $z_1 z_2 + z_3 \in \mathbb{R}$이므로 $z_1 z_2 + z_3 = \overline{z_1} \cdot \overline{z_2} + \overline{z_3}$이다. 여기서

$$\dfrac{r^2}{z_1 z_2 z_3} = \dfrac{z_1 z_2 + z_3}{z_1 z_2 + r^2 z_3} = \dfrac{z_1 z_3 + z_2}{z_1 z_3 + r^2 z_2} = \dfrac{z_2 z_3 + z_1}{z_2 z_3 + r^2 z_1}$$

$$\dfrac{(z_1 - 1)(z_2 - z_3)}{(z_2 - z_3)(z_1 - r^2)} = \dfrac{z_1 - 1}{z_1 - r^2} = \dfrac{z_2 - 1}{z_2 - r^2} = \dfrac{z_3 - 1}{z_3 - r^2} = \dfrac{z_1 - z_2}{z_1 - z_2} = 1$$

이므로 $z_1 z_2 z_3 = r^2$이다. 이로부터 $r^6 = r^4$을 얻고 r은 실수이므로 $r = 1$, 즉 $z_1 z_2 z_3 = 1$이다.

34. x_1, x_2가 방정식 $x^2 - x + 1 = 0$의 근일 때, 다음을 계산하시오.

(a) $x_1^{2000} + x_2^{2000}$

(b) $x_1^{1999} + x_2^{1999}$

(c) $x_1^n + x_2^n$, n은 자연수

풀이.[92]

(a) x_1, x_2가 방정식 $x^3 + 1 = 0$의 근이므로 $x^{3n} = -1$이고, $x_2^2 = -x_1$

---

[92] (역자주) 역자가 추가한 부분입니다.

따라서 $x_1^{2000} + x_2^{2000} = x_1^2 - x_1 = -1$

(b) 같은 방법으로 $x_1^{1999} + x_2^{1999} = x_1 - x_1^2 = 1$

(c) $x_1^n + x_2^n = \begin{cases} -2 &, n = 3k \\ -1 &, n = 3k-1, \ k\text{는 자연수} \\ 1 &, n = 3k-2 \end{cases}$

35. 다음 다항식들을 인수분해하시오.

(a) $x^4 + 16$ (b) $x^3 - 27$ (c) $x^3 + 8$ (d) $x^4 + x^2 + 1$

풀이.

(a) $x^4 + 16 = x^4 + 2^4 = (x^2 + 4i)(x^2 - 4i)$
$= (x^2 + [\sqrt{2}(1-i)]^2)(x^2 - [\sqrt{2}(1-i)]^2)$
$= [x + \sqrt{2}(-1+i)][x + \sqrt{2}(1-i)][x - \sqrt{2}(1+i)][x + \sqrt{2}(1+i)]$

(b) $x^3 - 27 = x^3 - 3^3 = (x-3)(x - 3\varepsilon)(x - 3\varepsilon^2)$ (단 $\varepsilon = -\frac{1}{2} + \frac{\sqrt{3}}{2}i$ 이다.)

(c) $x^3 + 8 = x^3 + 2^3 = (x+2)(x+1+i\sqrt{3})(x+1-i\sqrt{3})$

(d) $x^4 + x^2 + 1 = x^4 + 2x^2 + 1 - x^2 = (x^2+1)^2 - x^2 = (x^2 - x + 1)(x^2 + x + 1)$
$= (x - \varepsilon)(x + \varepsilon)(x - \overline{\varepsilon})(x + \overline{\varepsilon})$

(단, $\varepsilon = -\frac{1}{2} + \frac{\sqrt{3}}{2}i$ 이다.)

36. 아래의 복소수를 근을 하는 계수가 모두 실수인 이차방정식을 구하시오.

(a) $(2+i)(3-i)$ (b) $\dfrac{5+i}{2-i}$ (c) $i^{51} + 2i^{80} + 3i^{45} + 4i^{38}$

풀이.[93]

(a) $x = (2+i)(3-i) = 7 - i, \quad x - 7 = -i$
양변을 제곱하여 간단히 하면 다음 이차방정식을 얻는다.
$$x^2 - 14x + 50 = 0$$

(b) $x = \dfrac{5+i}{2-i} = \dfrac{9+7i}{5}, \ 5x - 9 = 7i$
양변을 제곱하여 간단히 하면 다음 이차방정식을 얻는다.
$$x^2 - \frac{18}{5}x + \frac{26}{5} = 0$$

(c) $x = i^{51} + 2i^{80} + 3i^{45} + 4i^{38} = -2 + 2i, \quad x + 2 = 2i$

---

[93] (역자주) 역자가 추가한 부분입니다.

양변을 제곱하여 간단히 하면 다음 이차방정식을 얻는다.
$$x^2 + 4x + 8 = 0$$

37. 홀라우카 부등식(Hlawka's inequality) 임의의 복소수 z_1, z_2, z_3에 대하여 다음 부등식이 성립함을 증명하시오.
$$|z_1+z_2|+|z_2+z_3|+|z_3+z_1| \le |z_1|+|z_2|+|z_3|+|z_1+z_2+z_3|$$

풀이.
$$2|z_1+z_2||z_2+z_3| = 2|z_2(z_1+z_2+z_3)+z_1z_3| \le 2|z_2||z_1+z_2+z_3|+2|z_1||z_3|$$
같은 방법으로
$$2|z_2+z_3||z_3+z_1| \le 2|z_3||z_1+z_2+z_3|+2|z_2||z_1|,$$
$$2|z_3+z_1||z_1+z_2| \le 2|z_1||z_1+z_2+z_3|+2|z_2||z_3|$$
임을 알 수 있다. 세 부등식과 다음 등식
$$|z_1+z_2|^2+|z_2+z_3|^2+|z_3+z_1|^2 = |z_1|^2+|z_2|^2+|z_3|^2+|z_1+z_2+z_3|^2$$
을 변끼리 각각 더하면
$$(|z_1+z_2|+|z_2+z_3|+|z_3+z_1|)^2 \le (|z_1|+|z_2|+|z_3|+|z_1+z_2+z_3|)^2$$
이므로 주어진 부등식이 성립한다.

38. 복소수 x_i, y_i는 $i=1, 2, 3, \cdots, n$에 대하여 $|x_i|=|y_i|=1$을 만족한다. x, y, $z_i (i=1, 2, 3, \cdots, n)$를 다음과 같이 정의하자.
$$x = \frac{1}{n}\sum_{i=1}^{n} x_i \ , \ y = \frac{1}{n}\sum_{i=1}^{n} y_i, \ z_i = xy_i + yx_i - x_iy_i$$
이때, $\sum_{i=1}^{n}|z_i| \le n$을 증명하시오.

풀이.
모든 $i=1, 2, 3, \cdots, n$에 대하여
$|z_i|=|xy_i+yx_i-x_iy_i|=|(x-x_i)(y-y_i)-xy| \le |x-x_i||y-y_i|+|xy|$ 이 성립한다.
코시-슈바르츠 부등식에 의하여 다음이 성립한다.
$$\sum_{i=1}^{n}|z_i| \le \sum_{i=1}^{n}|x-x_i||y-y_i|+n|xy| \le \sqrt{\sum_{i=1}^{n}|x-x_i|^2}\sqrt{\sum_{i=1}^{n}|y-y_i|^2}+n|xy|$$
그리고
$$\sum_{i=1}^{n}|x-x_i|^2 = \sum_{i=1}^{n}\bigl(|x|^2+|x_i|^2+2\mathrm{Re}(x\overline{x_i})\bigr)$$

$$= n|x|^2 + n = 2\text{Re}\left(x\sum_{i=1}^{n}\overline{x_i}\right)$$
$$= n|x|^2 + n - 2n\text{Re}(x\overline{x})$$
$$= n(1 - |x|^2)$$

마지막 부등식의 결과로부터 $\text{Re}(x\overline{x}) = x\overline{x} = |x|^2$이다. 그러므로

$$\sqrt{\sum_{i=1}^{n}|x-x_i|^2}\sqrt{\sum_{i=1}^{n}|y-y_i|^2} + n|xy| = n\left(\sqrt{1-|x|^2}\sqrt{1-|y|^2} + |x||y|\right) \le n$$

이다. 여기서 마지막 부등식은 코시-슈바르츠에 의해 성립하므로 증명이 되었다.

1.2 대수적 연산의 기하적 해석

1.2.4 연습문제

1. 다음 복소수의 기하적 상을 나타내시오.
$$z_1 = 3 + i,\ z_2 = -4 + 2i,\ z_3 = -5 - 4i,\ z_4 = 5 - i,\ z_5 = 1,$$
$$z_6 = -3i,\ z_7 = 2i,\ z_8 = -4$$

풀이.
독자에게 맡김.

2. 다음 방정식에 대한 기하적 상을 찾으시오.
(a) $(-5 + 4i) + (2 - 3i) = -3 + i$
(b) $(4 - i) + (-6 + 4i) = -2 + 3i$
(c) $(-3 - 2i) - (-5 + i) = 2 - 3i$
(d) $(8 - i) - (5 + 3i) = 3 - 4i$
(e) $2(-4 + 2i) = -8 + 4i$
(f) $-3(-1 + 2i) = 3 - 6i$

풀이.
독자에게 맡김.

3. 다음 각 경우에 대한 복소수 z의 기하적 상을 찾으시오.
(a) $|z - 2| = 3$ (b) $|z + i| < 1$ (c) $|z - 1 + 2i| > 3$
(d) $|z - 2| - |z + 2| < 2$ (e) $0 < \text{Re}(iz) < 1$ (f) $-1 < \text{Im}(z) < 1$

(g) $\operatorname{Re}\left(\dfrac{z-2}{z-1}\right) = 0$ (h) $\dfrac{1+\bar{z}}{z} \in \mathbb{R}$

풀이.

(a) 중심이 $(2, 0)$이고 반지름이 3인 원
(b) 중심이 $(0, -1)$이고 반지름이 1인 원의 내부
(c) 중심이 $(1, -2)$이고 반지름이 3인 원의 외부
(d)[94] $M = \{(x, y) \in \mathbb{R}^2 \mid -1 < y < 0\}$

$$\sqrt{(x-2)^2 + y^2} - \sqrt{(x+2)^2 + y^2} < 2$$
$$\sqrt{(x-2)^2 + y^2} < \sqrt{(x+2)^2 + y^2} + 2$$

양변을 제곱하여 정리하자.

$$-2x - 1 < \sqrt{(x+2)^2 + y^2} \qquad (*)$$

1) $-2x - 1 \leq 0$일 때, 즉, $x \geq -\dfrac{1}{2}$이면 y에 상관없이 식 $(*)$가 성립

2) $-2x - 1 > 0$일 때, 즉, $x < -\dfrac{1}{2}$이면 $0 < -2x - 1 < \sqrt{(x+2)^2 + y^2}$ 이다.

양변을 제곱하여 정리하면 다음과 같다.

$$3x^2 - y^2 - 3 < 0$$

따라서 해는 아래와 같이 나타낼 수 있다.

$$M = \left\{(x, y) \in \mathbb{R}^2 \,\Big|\, x \geq -\dfrac{1}{2}\right\} \cup \left\{(x, y) \in \mathbb{R}^2 \,\Big|\, x < -\dfrac{1}{2},\, 3x^2 - y^2 - 3 < 0\right\}$$

(e)[95] $z = x + yi$ 라 하면, $iz = -y + \xi$ 이다.

$\operatorname{Re}(-y + xi) = -y$이므로 $0 < -y < 1$이고 $-1 < y < 0$이다.

따라서 해는 아래와 같이 나타낼 수 있다.

$M = \{(x, y) \in \mathbb{R}^2 \mid -1 < y < 0\}$

(f)[96] $z = x + yi$라 하고 분모를 실수화하면

$$\dfrac{z-2}{z-1} = \dfrac{(x-2) + yi}{(x-1) + yi} = \dfrac{x^2 + y^2 - 3x + 2 + yi}{(x-1)^2 + y^2},\ (z \neq 1)$$

이므로 $\operatorname{Re}\left(\dfrac{z-2}{z-1}\right) = x^2 + y^2 - 3x + 2$이다. 따라서 해는 아래와 같이 나타낼 수 있다.

$$M = \{(x, y) \in \mathbb{R}^2 \mid x^2 + y^2 - 3x + 2 = 0\} \setminus \{(1, 0)\}$$

$z = x + yi$라 하자. 그러면 $\operatorname{Re}(z) = y$이므로 $-1 < y < 1$이다.

---

94) (역자주) 역자가 추가한 부분입니다.
95) (역자주) 역자가 추가한 부분입니다.
96) (역자주) 역자가 추가한 부분입니다.

따라서 해는 아래와 같이 나타낼 수 있다.
$$M = \{(x, y) \in \mathbb{R}^2 \mid -1 < y < 1\}$$

(g)[97] $M = \{(x, y) \in \mathbb{R}^2 \mid x^2 + y^2 - 3x + 2 = 0\} \setminus \{(1, 0)\}$

(h)[98] $z = x + yi$라 하자. 그러면 $\dfrac{1+\overline{z}}{z} \in \mathbb{R}$의 필요충분조건은 $\text{Im}\left(\dfrac{1+\overline{z}}{z}\right) = 0$이다.

$\dfrac{1+\overline{z}}{z}$에 $z = x + yi$를 대입하고 분모를 실수화하면

$$\frac{1+\overline{z}}{z} = \frac{(x+1)+yi}{x+yi} = \frac{x^2 - y^2 + x + (-2xy - y)i}{x^2 + y^2}, \text{ (단 } z \neq 0)$$

이므로 $\text{Im}\left(\dfrac{1+\overline{z}}{z}\right) = -2xy - y = 0$이다. 그러므로 $x = -\dfrac{1}{2}$ 또는 $y = 0$이다. 따라서 해는 아래와 같이 나타낼 수 있다.

$$M = \left\{(x, y) \in \mathbb{R}^2 \;\middle|\; x = -\frac{1}{2}\right\} \cup \{(x, y) \in \mathbb{R}^2 \mid y = 0\} \setminus \{(0, 0)\}$$

4. 복소평면에서 다음 조건을 만족하는 점 $\text{P}(x, y)$의 집합을 구하시오.
$$\left|\sqrt{x^2 + 4} + i\sqrt{y - 4}\right| = \sqrt{10}$$

풀이.[99]
제곱근 안이 음이 아닌 정수이어야 하므로 $y \geq 4$이다.
$$\left|\sqrt{x^2 + 4} + i\sqrt{y - 4}\right| = \sqrt{x^2 + y} = \sqrt{10}$$
이므로 $x^2 + y = 10$이다. 따라서 해는 아래와 같다.
$$M = \{(x, y) \in \mathbb{R}^2 \mid x^2 + y = 10, y \geq 4\}$$

5. $z_1 = 1 + i$, $z_2 = -1 - i$일 때 삼각형 $z_1 z_2 z_3$가 정삼각형이 되도록 하는 복소수 z_3를 구하시오.

풀이.[100]
$z_3 = x + yi$이라고 하자. 삼각형 $z_1 z_2 z_3$가 정삼각형일 필요충분조건은
$|z_3 - z_1| = |z_3 - z_2| = |z_2 - z_1|$이다.
$$\sqrt{(x-1)^2 + (y-1)^2} = \sqrt{(x+1)^2 + (y+1)^2} = \sqrt{8}$$
$\sqrt{(x-1)^2 + (y-1)^2} = \sqrt{(x+1)^2 + (y+1)^2}$을 풀면 $x + y = 0$이다. 즉, $y = -x$이다.

---
97) (역자주) 역자가 추가한 부분입니다.
98) (역자주) 역자가 추가한 부분입니다.
99) (역자주) 역자가 추가한 부분입니다.
100) (역자주) 역자가 추가한 부분입니다.

이를 $\sqrt{(x-1)^2+(y-1)^2}=\sqrt{8}$ 에 대입하자.
$$\sqrt{(x-1)^2+(-x-1)^2}=\sqrt{8},\ \sqrt{2x^2+2}=\sqrt{8},\ x^2=3$$
$x=\pm\sqrt{3}$ 이고 $y=\mp\sqrt{3}$ (복호동순)이다.
따라서 $z_3=\pm\sqrt{3}(1-i)$ 이다.
$$z_3=-\sqrt{3}(1-i) \text{과} z_3{'}=\sqrt{3}(1-i)$$

역자의 다른 풀이

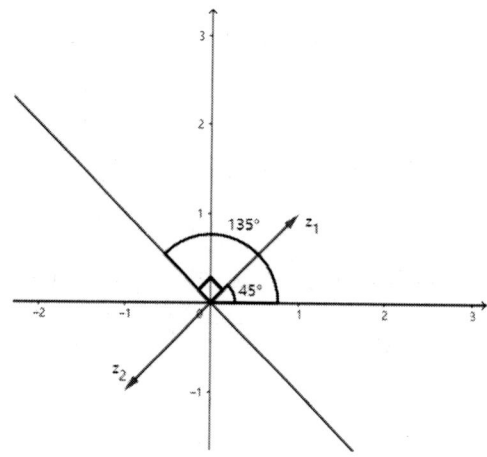

다음 그림과 같이 z_1과 z_2의 중점은 원점이고 한 직선위에 있으므로 z_3은 원점을 지나고 선분 z_1z_2에 수직인 직선 위에 있다. 이때 $z_1z_2z_3$은 정삼각형이므로 삼각형 Oz_1z_3은 빗변이 z_1z_3인 직각삼각형이다. 이때 실수축과 z_1이 이루는 각도가 $\frac{\pi}{2}$이므로 z_3은 실수축과 이루는 각은 $\frac{3\pi}{4}$이다.

$|z_1|=2\sqrt{2}$이므로 $|z_3|=\sqrt{6}$이다. 따라서
$z_3=\pm\sqrt{6}\left(\cos\frac{3\pi}{4}+i\sin\frac{3\pi}{4}\right)$이므로
$z_3=\pm\sqrt{3}(1-i)$이다.

6. 세 점 z, z^2, z^3을 꼭짓점으로 갖는 삼각형이 직각 삼각형이 되도록 하는 복소수 z의 기하적 상을 구하시오.

풀이. 101)
다음의 계산 과정을 상기하자.

$$|z^2-1|^2 = |z+1|^2|z-1|^2, \quad |z^2-z|^2 = |z|^2|z-1|^2$$

삼각형이 되기 위해서는 세 점 z, z^2, z^3이 동시에 한 직선 위에 있지 않아야 하므로 $z \notin \mathbb{R}$이다. (∵만약 세 점 z, z^2, z^3이 동시에 한 직선 위에 있는 경우 실수축과 이루는 각이 같아진다. 따라서 $\arg z = \arg z^2$이다. 그러나 $\arg z^2 = 2\arg z$이므로 $2\arg z = \arg z$라서 $\arg z = 0$이다. 따라서 z는 실수축 위의 점이므로 $z \in \mathbb{R}$이다.)

(경우 1) z가 직각인 경우

$$|z^2-z|^2 + |z^3-z|^2 = |z^3-z^2|^2, \quad |z-1|^2 + |z^2-1|^2 = |z^2-z|^2, \quad 1+|z+1|^2 = |z|^2$$

$z = x+yi$라고 하면, $1+(x+1)^2+y^2 = x^2+y^2$이므로 $x = -1$이다. 따라서 $\text{Re}(z) = -1$이다. 또한 삼각형이 되기 위해서 $z \notin \mathbb{R}$이어야 하므로 $\text{Re}(z) = -1$을 만족하는 점 중 $(-1, 0)$은 제외한다.

(경우 2) z^2이 직각인 경우

$$|z^3-z^2|^2 + |z^2-z|^2 = |z^3-z|^2, \quad |z^2-z|^2 + |z-1|^2 = |z^2-1|^2, \quad 1+|z|^2 = |z+1|^2$$

$z = x+yi$라고 하면, $1+x^2+y^2 = (x+1)^2+y^2$이어서 $x=0$이므로 $\text{Re}(z) = 0$이다. 또한 삼각형이 되기 위해서 $z \notin \mathbb{R}$이어야 하므로 $\text{Re}(z) = 0$를 만족하는 점 중 $(0, 0)$은 제외한다.

(경우 3) z^3이 직각인 경우

$$|z^3-z|^2 + |z^3-z^2|^2 = |z^2-z|^2, \quad |z^2-1|^2 + |z^2-z|^2 = |z-1|^2$$

$|z+1|^2 + |z|^2 = 1$ (두 점 $(-1, 0)$와 $(0, 0)$을 지나고 지름이 1인 원)

$\left|z+\dfrac{1}{2}\right|^2 = \dfrac{1}{4}$이다.

$z = x+yi$라고 하면, $(x+1)^2+y^2+x^2+y^2 = 1$이어서 $x^2+x+y^2 = 0$이다. 또한 삼각형이 되기 위해서 $z \notin \mathbb{R}$이어야 하므로 $x^2+x+y^2 = 0$을 만족하는 점 중 $(-1, 0)$, $(0, 0)$은 제외한다.

(경우 1), (경우 2), (경우 3)을 정리하면 다음과 같다.

$$M = \{(x, y) \in \mathbb{R}^2 \mid x^2+y^2+x = 0, y \neq 0, x \neq -1\}$$
$$\cup \{(0, y) \in \mathbb{R}^2 \mid y \neq 0\} \cup \{(-1, y) \in \mathbb{R}^2 \mid y \neq 0\}$$

(⟨그림 1.11⟩, ⟨그림 1.12⟩ 참조)

---

101)(역자주) 역자가 추가한 부분입니다.

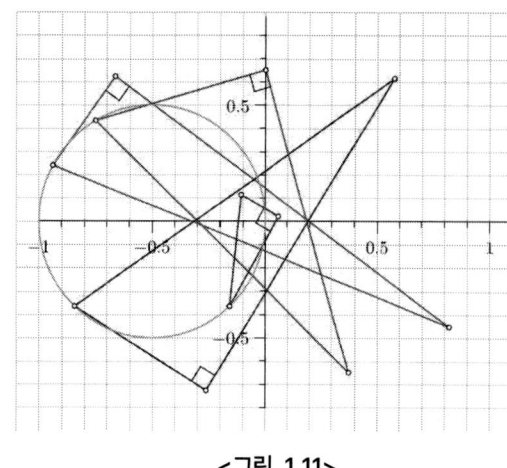

<그림 1.11>

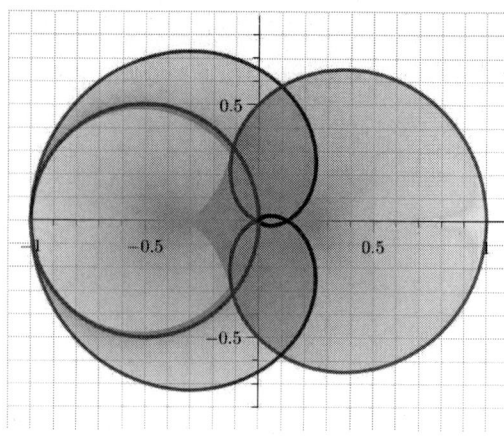

<그림 1.12>

$$M = \{(x, y) \in \mathbb{R}^2 \mid x^2 + y^2 + x = 0, y \neq 0, x \neq -1\}$$
$$\cup \{(0, y) \in \mathbb{R}^2 \mid y \neq 0\} \cup \{(-1, y) \in \mathbb{R}^2 \mid y \neq 0\}$$

7. $\left| z + \dfrac{1}{z} \right| = 2$를 만족하는 복소수 z의 기하적 상을 구하시오.

풀이.[102]

분모는 0이 될 수 없으므로 $z \neq 0$이다. 우선 양변을 제곱하면 $\left| z + \dfrac{1}{z} \right|^2 = 4$이고

$$\left| z + \frac{1}{z} \right|^2 = \left(z + \frac{1}{z} \right) \overline{\left(z + \frac{1}{z} \right)} = \left(z + \frac{1}{z} \right) \left(\overline{z} + \frac{1}{\overline{z}} \right) = z\overline{z} + \frac{z}{\overline{z}} + \frac{\overline{z}}{z} + \frac{1}{z\overline{z}}$$

$\dfrac{z}{\overline{z}} + \dfrac{\overline{z}}{z} = \dfrac{z}{\overline{z}} + \overline{\dfrac{z}{\overline{z}}} = 2\mathrm{Re}\left(\dfrac{z}{\overline{z}} \right)$이므로

$z\overline{z} + 2\mathrm{Re}\left(\dfrac{z}{\overline{z}} \right) + \dfrac{1}{z\overline{z}} = 4,$

$|z|^2 + 2\mathrm{Re}\left(\dfrac{z}{\overline{z}} \right) + \dfrac{1}{|z|^2} = 4,$

$x^2 + y^2 + 2\dfrac{x^2 - y^2}{x^2 + y^2} + \dfrac{1}{x^2 + y^2} = 4$

---

[102] (역자주) 역자가 추가한 부분입니다.

$$\left|z+\frac{1}{z}\right|=2,\ \left|\frac{z^2+1}{z}\right|=2,\ \frac{|z^2+1|}{|z|}=2,$$

$|z^2+1|=2|z|$의 양변을 제곱하면

$|z^2+1|^2 = 4|z|^2,\ (z^2+1)\overline{(z^2+1)} = 4z\bar{z},\ z^2\bar{z}^2 + z^2 + \bar{z}^2 + 1 = 4z\bar{z},$

$z^2\bar{z}^2 + 2\mathrm{Re}\,z^2 + 1 = 4z\bar{z}$ 이므로

$(x^2+y^2)^2 + 2(x^2-y^2) + 1 = 4(x^2+y^2)$이다.

$$x^4 + 2(y^2-1)x^2 + y^4 - 6y^2 + 1 = 0,\ x^4 + 2(2y^2-1)x^2 + y^4 - 2y^2 + 1 = 4y^2$$
$$(x^2+y^2-1)^2 = (2y)^2$$

그러므로 $x^2+y^2-1=2y$ 또는 $x^2+y^2-1=-2y$ 이다. 따라서 다음이 성립한다.
$$M = \{(x,y) \in \mathbb{R}^2 \mid x^2+y^2+2y=1\} \cup \{(x,y) \in \mathbb{R}^2 \mid x^2+y^2-2y=1\}$$

2.1 극좌표로 표현된 복소수

2.1.5 연습문제

1. 직교좌표계의 점을 극좌표계 점으로 나타내시오.

(a) $M_1(-3, 3)$ (b) $M_2(-4\sqrt{3}, -4)$ (c) $M_3(0, -5)$

(d) $M_4(-2, -1)$ (e) $M_5(4, -2)$

풀이.

(a) $r = 3\sqrt{2},\ t^* = \dfrac{3\pi}{4}$ (b) $r = 8,\ t^* = \dfrac{7\pi}{6}$ (c) $r = 5,\ t^* = \pi$

(d) $r = \sqrt{5},\ t^* = \arctan\dfrac{1}{2} + \pi$ (e) $r = 2\sqrt{5},\ t^* = \arctan\left(-\dfrac{1}{2}\right) + 2\pi$

2. 극좌표계의 점을 직교좌표계 점으로 나타내시오.

(a) $P_2\left(2, \dfrac{\pi}{3}\right)$ (b) $P_2\left(4, 2\pi - \arcsin\dfrac{3}{5}\right)$ (c) $P_3(2, \pi)$

(d) $P_4(3, -\pi)$ (e) $P_5\left(1, \dfrac{\pi}{2}\right)$ (f) $P_6\left(4, \dfrac{3\pi}{2}\right)$

풀이.

(a) $x = 1,\ y = \sqrt{3}$ (b) $x = \dfrac{16}{5},\ y = -\dfrac{12}{5}$ (c) $x = -2,\ y = 0$

(d) $x = -3, y = 0$ (e) $x = 0, y = 1$ (f) $x = 0, y = -4$

3. $\arg(\overline{z})$와 $\arg(-z)$를 $\arg(z)$로 표현하시오.

풀이.
$$\arg(\overline{z}) = \begin{cases} 2\pi - \arg z, & z \neq 0 \\ 0, & z = 0 \end{cases}$$
$$\arg(-z) = \begin{cases} \pi + \arg z, & \arg z \in [0, \pi) \\ -\pi + \arg z, & \arg z \in [\pi, 2\pi) \end{cases}$$

4. 각 경우의 복소수에 대한 기하적 도형을 그리시오.
(a) $|z| = 2$ (b) $|z + i| \geq 2$ (c) $|z - i| \leq 3$
(d) $\pi < \arg z < \dfrac{5\pi}{4}$ (e) $\arg z \geq \dfrac{3\pi}{2}$ (f) $\arg z < \dfrac{\pi}{2}$
(g) $\arg(-z) \in \left(\dfrac{\pi}{6}, \dfrac{\pi}{3}\right)$ (h) $|z + 1 + i| < 3$ 그리고 $0 < \arg z < \dfrac{\pi}{6}$

풀이.
(a) 중심이 원점이고 반지름이 2인 원
(b) 중심이 $(0, -1)$이고 반지름이 2인 원의 경계와 외부 영역
(c) 중심이 $(0, 1)$이고 반지름이 3인 원의 경계와 내부 영역
(d) 두 반직선 $y = 0\ (x \leq 0)$, $y = x\ (x \leq 0)$의 사이 영역(경계 미 포함).
(e) 제4사분면과 y축 $(y \leq 0)$인 반직선
(f) 제1사분면과 x축 $(x \geq 0)$인 반직선
(g) 두 반직선 $y = \dfrac{\sqrt{3}}{3}x$, $x \leq 0$, $y = \sqrt{3}x$, $x < 0$ 사이 영역 (경계 미 포함)
(h) 중심이 $(-1, -1)$이고 반지름이 3인 원의 내부와 두 반직선 $y = 0$, $x \geq 0$, $y = \dfrac{\sqrt{3}}{3}x$, $x > 0$의 내부 영역과의 교집합인 공통 영역

5. 다음 복소수를 극형식으로 나타내시오.
(a) $z_1 = 6 + i6\sqrt{3}$ (b) $z_2 = -\dfrac{1}{4} + i\dfrac{\sqrt{3}}{4}$ (c) $z_3 = -\dfrac{1}{2} - i\dfrac{\sqrt{3}}{2}$
(d) $z_4 = 9 - i9\sqrt{3}$ (e) $z_5 = 3 - 2i$ (f) $z_6 = -4i$

풀이.
(a) $z_1 = 12\left(\cos\dfrac{\pi}{3} + i\sin\dfrac{\pi}{3}\right)$ (b) $z_2 = \dfrac{1}{2}\left(\cos\dfrac{2\pi}{3} + i\sin\dfrac{2\pi}{3}\right)$

(c) $z_3 = \cos\dfrac{4\pi}{3} + i\sin\dfrac{4\pi}{3}$ \qquad (d) $z_4 = 18\left(\cos\dfrac{5\pi}{3} + i\sin\dfrac{5\pi}{3}\right)$

(e) $z_5 = \sqrt{13}\left\{\cos\left(2\pi - \arctan\dfrac{2}{3}\right) + i\sin\left(2\pi - \arctan\dfrac{2}{3}\right)\right\}$

(f) $z_6 = 4\left(\cos\dfrac{3\pi}{2} + i\sin\dfrac{3\pi}{2}\right)$

6. 다음 복소수를 극형식으로 나타내시오.

(a) $z_1 = \cos a - i\sin a,\ a \in [0, 2\pi)$

(b) $z_2 = \sin a + i(1 + \cos a),\ a \in [0, 2\pi)$

(c) $z_3 = \cos a + \sin a + i(\sin a - \cos a),\ a \in [0, 2\pi)$

(d) $z_4 = 1 - \cos a + i\sin a,\ a \in [0, 2\pi)$

풀이.

(a) $z_1 = \cos(2\pi - a) + i\sin(2\pi - a),\ a \in [0, 2\pi)$

(b)[103]

$z_2 = \begin{cases} 2\left|\cos\dfrac{a}{2}\right|\left[\cos\left(\dfrac{\pi}{2} - \dfrac{a}{2}\right) + i\sin\left(\dfrac{\pi}{2} - \dfrac{a}{2}\right)\right], & a \in [0, \pi) \\ 2\left|\cos\dfrac{a}{2}\right|\left[\cos\left(\dfrac{3\pi}{2} - \dfrac{a}{2}\right) + i\sin\left(\dfrac{3\pi}{2} - \dfrac{a}{2}\right)\right], & a \in (\pi, 2\pi) \end{cases}$

(c) $\cos a + \sin a = \sqrt{2}\cos\left(a - \dfrac{\pi}{4}\right),\ \sin a - \cos a = \sqrt{2}\sin\left(a - \dfrac{\pi}{4}\right)$이다.

$z_3 = \cos a + \sin a + i(\sin a - \cos a) = \sqrt{2}\left[\cos\left(a - \dfrac{\pi}{4}\right) + i\sin\left(a - \dfrac{\pi}{4}\right)\right]$

$= \begin{cases} \sqrt{2}\left[\cos\left(a + \dfrac{7\pi}{4}\right) + i\sin\left(a + \dfrac{7\pi}{4}\right)\right], & a \in \left[0, \dfrac{\pi}{4}\right] \\ \sqrt{2}\left[\cos\left(a - \dfrac{\pi}{4}\right) + i\sin\left(a - \dfrac{\pi}{4}\right)\right], & a \in \left(\dfrac{\pi}{4}, 2\pi\right) \end{cases}$

(d) $z_4 = 1 - \cos a + i\sin a = 2 \cdot \dfrac{1 - \cos a}{2} + i2\sin\dfrac{a}{2}\cos\dfrac{a}{2}$

$= 2\sin^2\dfrac{a}{2} + i2\sin\dfrac{a}{2}\cos\dfrac{a}{2}$

---

[103](역자주)

$z_2 = \sin a + i(1 + \cos a) = 2\sin\dfrac{a}{2}\cos\dfrac{a}{2} + i2\cos^2\dfrac{a}{2} = 2\cos\dfrac{a}{2}\left(\sin\dfrac{a}{2} + i\cos\dfrac{a}{2}\right)$

$\left(\because \sin a = 2\sin\dfrac{a}{2}\cos\dfrac{a}{2},\ \cos^2\dfrac{a}{2} = \dfrac{1 + \cos a}{2}\right)$

$$= 2\sin\frac{a}{2}\left[\sin\frac{a}{2}+i\cos\frac{a}{2}\right]$$

$$= \begin{cases} 2\sin\dfrac{a}{2}\left[\cos\left(\dfrac{\pi}{2}-\dfrac{a}{2}\right)+i\sin\left(\dfrac{\pi}{2}-\dfrac{a}{2}\right)\right] &, a\in[0,\pi) \\ 2\sin\dfrac{a}{2}\left[\cos\left(\dfrac{5\pi}{2}-\dfrac{a}{2}\right)+i\sin\left(\dfrac{5\pi}{2}-\dfrac{a}{2}\right)\right] &, a\in[\pi,2\pi) \end{cases}$$

7. 다음 복소수를 극형식 형태로 나타내시오.

(a) $\left(\dfrac{1}{2}-i\dfrac{\sqrt{3}}{2}\right)(-3+3i)(2\sqrt{3}+2i)$ (b) $(1+i)(-2-2i)\cdot i$

(c) $-2i\cdot(-4+4\sqrt{3}\,i)\cdot(3+3i)$ (d) $3\cdot(1-i)(-5+5i)$

풀이. 104)

(a) $1\cdot\left(\cos\dfrac{5\pi}{3}+i\sin\dfrac{5\pi}{3}\right)\cdot 3\sqrt{2}\cdot\left(-\dfrac{1}{\sqrt{2}}+\dfrac{1}{\sqrt{2}}i\right)\cdot 4\cdot\left(\dfrac{\sqrt{3}}{2}+\dfrac{1}{2}i\right)$

$= 12\sqrt{2}\cdot\left(\cos\dfrac{5\pi}{3}+i\sin\dfrac{5\pi}{3}\right)\left(\cos\dfrac{3\pi}{4}+i\sin\dfrac{3\pi}{4}\right)\left(\cos\dfrac{\pi}{6}+i\sin\dfrac{\pi}{6}\right)$

$= 12\sqrt{2}\left(\cos\dfrac{31\pi}{12}+i\sin\dfrac{31\pi}{12}\right)=12\sqrt{2}\left(\cos\dfrac{7\pi}{12}+i\sin\dfrac{7\pi}{12}\right)$

(b) $(1+i)(-2-2i)\cdot i$

$= \sqrt{2}\left(\dfrac{1}{\sqrt{2}}+\dfrac{1}{\sqrt{2}}i\right)\cdot 2\sqrt{2}\cdot\left(-\dfrac{1}{\sqrt{2}}+\dfrac{1}{\sqrt{2}}i\right)(0+i)$

$= 4\left(\cos\dfrac{\pi}{4}+i\sin\dfrac{\pi}{4}\right)\left(\cos\dfrac{5\pi}{4}+i\sin\dfrac{5\pi}{4}\right)\left(\cos\dfrac{\pi}{2}+i\sin\dfrac{\pi}{2}\right)$

$= 4(\cos 0+i\sin 0)$

(c) $-2i(-4+4\sqrt{3}\,i)(3+3i)$

$= 2(0-i)\cdot 8\cdot\left(-\dfrac{1}{2}+\dfrac{\sqrt{3}}{2}i\right)\cdot 3\sqrt{2}\cdot\left(\dfrac{1}{\sqrt{2}}+\dfrac{1}{\sqrt{2}}i\right)$

$= 2\left(\cos\dfrac{3\pi}{2}+i\sin\dfrac{3\pi}{2}\right)\left(\cos\dfrac{2\pi}{3}+i\sin\dfrac{2\pi}{3}\right)\left(\cos\dfrac{\pi}{4}+i\sin\dfrac{\pi}{4}\right)$

$= 48\sqrt{2}\left(\cos\dfrac{5\pi}{12}+i\sin\dfrac{5\pi}{12}\right)$

(d) $3\cdot(1-i)(-5+5i)$

$= 3\sqrt{2}\left(\dfrac{1}{\sqrt{2}}-\dfrac{1}{\sqrt{2}}i\right)5\sqrt{2}\left(-\dfrac{1}{\sqrt{2}}+\dfrac{1}{\sqrt{2}}i\right)$

$= 30\left(\cos\dfrac{3\pi}{4}+i\sin\dfrac{3\pi}{4}\right)\left(\cos\dfrac{7\pi}{4}+i\sin\dfrac{7\pi}{4}\right)$

---

104)(역자주) 역자가 추가한 부분입니다.

$$= 30\left(\cos\frac{\pi}{2} + i\sin\frac{\pi}{2}\right)$$

8. 다음 복소수에 대하여, $|z|$, $\arg z$, $\mathrm{Arg}\, z$, $\arg \overline{z}$, $\arg(-z)$를 구하시오.
(a) $z = (1-i)(6+6i)$ (b) $z = (7-7\sqrt{3}i)(-1-i)$

풀이. 105)

(a) $z = (1-i)(6-6i) = \sqrt{2}\left(\frac{1}{\sqrt{2}} - \frac{1}{\sqrt{2}}i\right)6\sqrt{2}\left(\frac{1}{\sqrt{2}} + \frac{1}{\sqrt{2}}i\right)$
$$= 12\left(\cos\frac{7\pi}{4} + i\sin\frac{7\pi}{4}\right)\left(\cos\frac{\pi}{4} + i\sin\frac{\pi}{4}\right)$$
$$= 12(\cos 0 + i\sin 0)$$
$|z| = 12$, $\arg z = 0$, $\mathrm{Arg}\, z = 2k\pi\,(k\in\mathbb{Z})$, $\arg \overline{z} = 0$, $\arg(-z) = \pi$

(b) $z = (7-7\sqrt{3}i)(-1-i) = 14\left(\frac{1}{2} - \frac{\sqrt{3}}{2}i\right)\sqrt{2}\left(-\frac{1}{\sqrt{2}} - \frac{1}{\sqrt{2}}i\right)$
$$= 14\sqrt{2}\left(\cos\frac{5\pi}{3} + i\sin\frac{5\pi}{3}\right)\left(\cos\frac{5\pi}{4} + i\sin\frac{5\pi}{4}\right)$$
$$= 14\sqrt{2}\left(\cos\frac{11\pi}{12} + i\sin\frac{11\pi}{12}\right)$$
$|z| = 14\sqrt{2}$, $\arg z = \frac{11\pi}{12}$, $\mathrm{Arg}\, z = \frac{11\pi}{12} + 2k\pi\,(k\in\mathbb{Z})$, $\arg \overline{z} = \frac{13\pi}{12}$, $\arg(-z) = \frac{\pi}{12}$

9. 다음 복소수의 $|z|$, $\arg z$를 구하시오.
(a) $z = \dfrac{(2\sqrt{3}+2i)^8}{(1-i)^6} + \dfrac{(1+i)^6}{(2\sqrt{3}-2i)^8}$
(b) $z = \dfrac{(-1+i)^4}{(\sqrt{3}-i)^{10}} + \dfrac{1}{(2\sqrt{3}+2i)^4}$
(c) $z = (1+i\sqrt{3})^n + (1-i\sqrt{3})^n$

풀이. 106)

(a) $2\sqrt{3}+2i = 4\left(\dfrac{\sqrt{3}}{2} + \dfrac{1}{2}i\right) = 4\left(\cos\dfrac{\pi}{6} + i\sin\dfrac{\pi}{6}\right) \rightarrow (2\sqrt{3}+2i)^8 = 2^{16}\left(\cos\dfrac{4\pi}{3} + i\sin\dfrac{4\pi}{3}\right)$

$2\sqrt{3}-2i = 4\left(\dfrac{\sqrt{3}}{2} - \dfrac{1}{2}i\right) = 3\left(\cos\dfrac{11\pi}{6} + i\sin\dfrac{11\pi}{6}\right) \rightarrow (2\sqrt{3}-2i)^8 = 2^{16}\left(\cos\dfrac{2\pi}{3} + i\sin\dfrac{2\pi}{3}\right)$

$1+i = \sqrt{2}\left(\dfrac{1}{\sqrt{2}} + \dfrac{1}{\sqrt{2}}i\right) = \sqrt{2}\left(\cos\dfrac{\pi}{4} + i\sin\dfrac{\pi}{4}\right) \rightarrow (1+i)^6 = 2^3\left(\cos\dfrac{3\pi}{2} + i\sin\dfrac{3\pi}{2}\right)$

---
105)(역자주) 역자가 추가한 부분입니다.
106)(역자주) 역자가 추가한 부분입니다.

6장 답, 힌트와 제시된 문제의 풀이들

$1 - i = \sqrt{2}\left(\dfrac{1}{\sqrt{2}} - \dfrac{1}{\sqrt{2}}i\right) = \sqrt{2}\left(\cos\dfrac{7\pi}{4} + i\sin\dfrac{7\pi}{4}\right) \rightarrow (1-i)^6 = 2^3\left(\cos\dfrac{\pi}{2} + i\sin\dfrac{\pi}{2}\right)$

$z = \dfrac{(2\sqrt{3}+2i)^8}{(1-i)^6} + \dfrac{(1+i)^6}{(2\sqrt{3}-2i)^8} = \dfrac{2^{16}\left(\cos\dfrac{4\pi}{3}+i\sin\dfrac{4\pi}{3}\right)}{2^3\left(\cos\dfrac{\pi}{2}+i\sin\dfrac{\pi}{2}\right)} + \dfrac{2^3\left(\cos\dfrac{3\pi}{2}+i\sin\dfrac{3\pi}{2}\right)}{2^{16}\left(\cos\dfrac{2\pi}{3}+i\sin\dfrac{2\pi}{3}\right)}$

$= 2^{13}\left(\cos\dfrac{5\pi}{6}+i\sin\dfrac{5\pi}{6}\right) + \dfrac{1}{2^{13}}\left(\cos\dfrac{5\pi}{6}+i\sin\dfrac{5\pi}{6}\right)$

$= \left(2^{13}+\dfrac{1}{2^{13}}\right)\left(\cos\dfrac{5\pi}{6}+i\sin\dfrac{5\pi}{6}\right)$

따라서 $|z| = 2^{13} + \dfrac{1}{2^{13}}$, $\arg z = \dfrac{5\pi}{6}$ 이다.

(b) $-1+i = \sqrt{2}\left(-\dfrac{1}{\sqrt{2}}+\dfrac{1}{\sqrt{2}}i\right) = \sqrt{2}\left(\cos\dfrac{3\pi}{4}+i\sin\dfrac{3\pi}{4}\right)$

$(-1+i)^4 = 2^2(\cos\pi + i\sin\pi)$

$\sqrt{3} - i = 2\left(\dfrac{\sqrt{3}}{2} - \dfrac{1}{2}i\right) = 2\left(\cos\dfrac{11\pi}{6} + i\sin\dfrac{11\pi}{6}\right)$

$(\sqrt{3}-i)^{10} = 2^{10}\left(\cos\dfrac{\pi}{3}+i\sin\dfrac{\pi}{3}\right)$

$1 = \cos 0 + i\sin 0$

$2\sqrt{3} + 2i = 4\left(\dfrac{\sqrt{3}}{2} + \dfrac{1}{2}i\right) = 4\left(\cos\dfrac{\pi}{6}+i\sin\dfrac{\pi}{6}\right)$

$(2\sqrt{3}+2i)^4 = 2^8\left(\cos\dfrac{2\pi}{3}+i\sin\dfrac{2\pi}{3}\right)$

$z = \dfrac{(-1+i)^4}{(\sqrt{3}-i)^{10}} + \dfrac{1}{(2\sqrt{3}+2i)^4} = \dfrac{2^2(\cos\pi+i\sin\pi)}{2^{10}\left(\cos\dfrac{\pi}{3}+i\sin\dfrac{\pi}{3}\right)} + \dfrac{\cos 0 + i\sin 0}{2^8\left(\cos\dfrac{4\pi}{3}+i\sin\dfrac{4\pi}{3}\right)}$

$= \dfrac{1}{2^8}\left(\cos\dfrac{2\pi}{3}+i\sin\dfrac{2\pi}{3}\right) + \dfrac{1}{2^8}\left(\cos\dfrac{4\pi}{3}+i\sin\dfrac{4\pi}{3}\right)$

$= \dfrac{1}{2^8}\left[\left(\cos\dfrac{4\pi}{3}+\cos\dfrac{2\pi}{3}\right)+i\left(\sin\dfrac{4\pi}{3}+\sin\dfrac{2\pi}{3}\right)\right]$

$= \dfrac{1}{2^8}\left(2\cos\pi \cdot \cos\dfrac{\pi}{3} + i \cdot 2\sin\pi \cdot \cos\dfrac{\pi}{3}\right)$

$= \dfrac{1}{2^8}(\cos\pi + i\sin\pi)$

따라서 $|z| = \dfrac{1}{2^8}$, $\arg z = \pi$

(c) $1 + \sqrt{3}i = 2\left(\dfrac{1}{2} + \dfrac{\sqrt{3}}{2}i\right) = 2\left(\cos\dfrac{\pi}{3}+i\sin\dfrac{\pi}{3}\right)$

$$(1+\sqrt{3}\,i)^n = 2^n\left(\cos\frac{n\pi}{3}+i\sin\frac{n\pi}{3}\right)$$

$$1-\sqrt{3}\,i = 2\left(\frac{1}{2}-\frac{\sqrt{3}}{2}i\right)=2\left(\cos\frac{5\pi}{3}+i\sin\frac{5\pi}{3}\right)$$

$$(1-\sqrt{3}\,i)^n = 2^n\left(\cos\frac{5n\pi}{3}+i\sin\frac{5n\pi}{3}\right)$$

$$z=(1+i\sqrt{3})^n+(1-i\sqrt{3})^n = 2^n\left[\left(\cos\frac{5n\pi}{3}+\cos\frac{n\pi}{3}\right)+i\left(\sin\frac{5n\pi}{3}+\sin\frac{n\pi}{3}\right)\right]$$

$$=2^n\left(2\cos n\pi \cos\frac{2n\pi}{3}+i2\sin n\pi \cos\frac{2n\pi}{3}\right)$$

$$=2^{n+1}\left|\cos\frac{2n\pi}{3}\right|(\cos n\pi+i\sin n\pi)$$

따라서 $|z|=2^{n+1}\left|\cos\dfrac{2n\pi}{3}\right|$, $\arg z = 0$ 또는 π

10. 드 무와브르 공식 "$z=r(\cos t+i\sin t)$일 때, 모든 자연수에 n에 대하여 $z^n=r^n(\cos nt+i\sin nt)$가 성립한다."가 n이 음의 정수일 때도 성립함을 보이시오.

풀이.

$z=r(\cos t+i\sin t)$이고, $n=-m$ $(m>0)$이라 하자.

$$z^n = z^{-m} = \frac{1}{z^m} = \frac{1}{r^m(\cos mt+i\sin mt)} = \frac{1}{r^m}\cdot\frac{\cos 0+i\sin 0}{\cos mt+i\sin mt}$$

$$= r^{-m}(\cos(-mt)+i\sin(-mt)) = r^n(\cos nt+i\sin nt)$$

11. 다음 복소수를 극형식으로 나타내시오.

(a) $(1-\cos a+i\sin a)^n$ (단, $a\in[0,2\pi)$, $n\in\mathbb{N}$)

(b) $z^n+\dfrac{1}{z^n}$ (단, $z+\dfrac{1}{z}=\sqrt{3}$)

풀이. [107]

(a) $(1-\cos a+i\sin a)^n = \left(2\sin^2\dfrac{a}{2}+i2\sin\dfrac{a}{2}\cos\dfrac{a}{2}\right)^n$

$$= 2^n \sin^n\frac{a}{2}\left(\sin\frac{a}{2}+i\cos\frac{a}{2}\right)^n \quad (\,0\leq\frac{a}{2}<\pi\text{이므로 }\sin\frac{a}{2}>0\text{이다.})$$

$$\sin\frac{a}{2}+i\cos\frac{a}{2}=\begin{cases}\cos\left(\dfrac{\pi}{2}-\dfrac{a}{2}\right)+i\sin\left(\dfrac{\pi}{2}-\dfrac{a}{2}\right) &, a\in[0,\pi)\\[2mm] \cos\left(\dfrac{5\pi}{2}-\dfrac{a}{2}\right)+i\sin\left(\dfrac{5\pi}{2}-\dfrac{a}{2}\right) &, a\in[\pi,2\pi)\end{cases}$$

---

[107](역자주) 역자가 추가한 부분입니다.

$$= \begin{cases} 2^n \sin^n \dfrac{a}{2} \left[\cos\left(\dfrac{n(\pi-a)}{2} \right) + i \sin\left(\dfrac{n(\pi-a)}{2} \right) \right] , a \in [0, \pi) \\ 2^n \sin^n \dfrac{a}{2} \left[\cos\left(\dfrac{n(5\pi-a)}{2} \right) + i \sin\left(\dfrac{n(5\pi-a)}{2} \right) \right] , a \in [\pi, 2\pi) \end{cases}$$

(b) $z + \dfrac{1}{z} = \sqrt{3}$ 으로부터 $z^2 - \sqrt{3}z + 1 = 0$ 이고 $z = \dfrac{\sqrt{3} \pm i}{2}$ 이다.

$z = \dfrac{\sqrt{3}+i}{2}$ 라 두면 $z = \cos\dfrac{\pi}{6} + i\sin\dfrac{\pi}{6}$ 이다. 따라서

$z^n = \cos\dfrac{n\pi}{6} + i\sin\dfrac{n\pi}{6}$

$\dfrac{1}{z^n} = \cos\left(-\dfrac{n\pi}{6}\right) + i\sin\left(-\dfrac{n\pi}{6}\right) = \cos\dfrac{n\pi}{6} - \sin\dfrac{n\pi}{6}$

$z^n + \dfrac{1}{z^n} = \left(\cos\dfrac{n\pi}{6} + i\sin\dfrac{n\pi}{6}\right) + \left(\cos\dfrac{n\pi}{6} - i\sin\dfrac{n\pi}{6}\right) = 2\cos\dfrac{n\pi}{6}$

12. $z + \dfrac{1}{z} = 2\cos 3°$ 를 만족하는 복소수 z 에 대하여, $z^{2000} + \dfrac{1}{z^{2000}}$ 보다 큰 최소 정수를 구하시오.

(2000 AIME II, 문제 9)

풀이.

$z + \dfrac{1}{z} = 2\cos 3°$ 이므로 이차방정식 $z^2 - 2\cos 3° \cdot z + 1 = 0$ 에 근의 공식을 적용하여
$z = \cos 3° \pm \sqrt{\cos^2 3° - 1} = \cos 3° \pm \sqrt{-\sin^2 3°} = \cos 3° \pm i\sin 3°$, $z = \cos 3° + i\sin 3°$ 를 얻는다. 드 모르간의 정리를 이용하면 다음과 같다.

$$z^{2000} = \cos 6000° + i\sin 6000°$$
$$6000° = 360° \times 16 + 240° = \cos 240° + i\sin 240°$$

따라서 $z^{2000} + \dfrac{1}{z^{2000}} = 2\cos 240° = -1$ 이다. 결과적으로, -1 보다 큰 최소 정수인 0이 답이다.

13. 모든 실수 t 에 대하여 $(\sin t + i\cos t)^n = \sin nt + i\cos nt$ 을 만족하는 1000이하의 양의 정수 n 의 개수를 구하시오.

(2005 AIME II, 문제 9)

풀이.

$\sin t = \cos\left(\dfrac{\pi}{2} - t\right), \cos t = \sin\left(\dfrac{\pi}{2} - t\right),$

$(\sin t + i\cos t)^n = \left[\cos\left(\dfrac{\pi}{2} - t\right) + i\sin\left(\dfrac{\pi}{2} - t\right)\right]^n = \cos\left(\dfrac{n\pi}{2} - nt\right) + i\sin\left(\dfrac{n\pi}{2} - nt\right)$

따라서 $\cos\left(\dfrac{n\pi}{2}-nt\right)+i\sin\left(\dfrac{n\pi}{2}-nt\right)=\sin nt+i\cos nt$을 만족해야 한다.

이는 $\cos\left(\dfrac{n\pi}{2}-nt\right)=\sin nt$와 $\sin\left(\dfrac{n\pi}{2}-nt\right)=\cos nt$를 동시에 만족하는 양의 정수 n을 찾는 것과 같다. 따라서 $n=1,\ 5,\ 9,\ \cdots$이다.

이러한 n은 $n=4k+1$, $k\in\mathbb{N}$의 꼴이다. 따라서 1000 이하의 수 중 4로 나누어 나머지가 1인 수의 개수는 모두 250개다.

14. $(1-\sqrt{3}\,i)^n=x_n+iy_n$ 라고 하자. (단, $n=1,\ 2,\ 3,\ \cdots$ 에 대하여 $x_n,\ y_n$이 모두 실수이다.)
(a) $x_n y_{n-1}-x_{n-1}y_n=4^{n-1}\sqrt{3}$ 임을 보이시오.
(b) $x_n x_{n-1}+y_n y_{n-1}$을 계산하시오.

풀이.
$R(x)=\cos x+i\sin x$라 하자.
$$(1-\sqrt{3}\,i)^n=\left(2R\left(-\dfrac{\pi}{3}\right)\right)^n=2^n R\left(-\dfrac{n\pi}{3}\right)$$
결과적으로 드 무와브르 정리에 의해서
$$x_n=2^n\cos\left(-\dfrac{n\pi}{3}\right)=2^n\cos n\theta,\ y_n=2^n\sin\left(-\dfrac{n\pi}{3}\right)=-2^n\sin n\theta$$

(단, $\theta=\dfrac{\pi}{3}$이다.)

$\overline{(x_n+iy_n)}=x_n-iy_n=2^n\cos n\theta+i2^n\sin n\theta$

$x_{n-1}+iy_{n-1}=2^n\cos(n-1)\theta-i2^n\sin(n-1)\theta=2^n\cos(-(n-1)\theta)+i2^n\sin(-(n-1)\theta)$

$(x_n-iy_n)(x_{n-1}+iy_{n-1})=x_n x_{n-1}+y_n y_{n-1}+i(x_n y_{n-1}-x_{n-1}y_n)$

(a) $x_n y_{n-1}-x_{n-1}y_n=2^{2n-1}\sin(n\theta-(n-1)\theta)=2^{2n-1}\sin\theta=\sqrt{3}\cdot 4^{n-1}$
(b) $x_n x_{n-1}+y_n y_{n-1}=2^{2n-1}\cos(n\theta-(n-1)\theta)=2^{2n-1}\cos\theta=4^{n-1}$

14번의 또 다른 풀이.[108]
$z=1-\sqrt{3}=2\left(\dfrac{1}{2}-i\dfrac{\sqrt{3}}{2}\right)=2\left[\cos\left(-\dfrac{n\pi}{3}\right)+i\sin\left(-\dfrac{n\pi}{3}\right)\right]$

$z^n=2^n\left[\cos\left(-\dfrac{n\pi}{3}\right)+i\sin\left(-\dfrac{n\pi}{3}\right)\right]=2^n\left[\cos\left(\dfrac{n\pi}{3}\right)-i\sin\left(\dfrac{n\pi}{3}\right)\right]$

따라서 $x^n=2^n\cos\left(\dfrac{n\pi}{3}\right)$, $y_n=-2^n\sin\dfrac{n\pi}{3}$ 이다.

---

[108] (역자주) 역자가 추가한 부분입니다.

(a) $x_n y_{n-1} - x_{n-1} y_n = 2^n \cos\frac{n\pi}{3} \cdot \left(-2^{n-1}\sin\frac{n\pi}{3}\right) - 2^{n-1}\cos\frac{(n-1)\pi}{3} \cdot \left(-2^n \sin\frac{n\pi}{3}\right)$

$= -2^{2n-1}\cos\frac{n\pi}{3}\sin\frac{(n-1)\pi}{3} + 2^{2n-1}\cos\frac{(n-1)\pi}{3}\sin\frac{n\pi}{3}$

$= 2^{2n-1}\left[\sin\frac{n\pi}{3} \cdot \cos\frac{(n-1)\pi}{3} - \cos\frac{n\pi}{3} \cdot \sin\frac{(n-1)\pi}{3}\right]$

$= 2^{2n-1}\sin\left(\frac{n\pi}{3} - \frac{(n-1)\pi}{3}\right)$

$= 2^{2n-1}\sin\frac{\pi}{3} = \sqrt{3} \cdot 4^{n-1}$

(b) $x_n x_{n-1} + y_n y_{n-1}$

$= 2^n \cos\frac{n\pi}{3} \cdot 2^{n-1}\cos\frac{(n-1)\pi}{3} + \left(-2^n \sin\frac{n\pi}{3}\right) \cdot \left(-2^{n-1}\sin\frac{(n-1)\pi}{3}\right)$

$= 2^{2n-1}\left(\cos\frac{n\pi}{3} \cdot \cos\frac{(n-1)\pi}{3} + \sin\frac{n\pi}{3} \cdot \sin\frac{(n-1)\pi}{3}\right)$

$= 2^{2n-1}\cos\left(\frac{n\pi}{3} - \frac{(n-1)\pi}{3}\right) = 2^{2n-1}\cos\frac{\pi}{3} = 2^{2n-1} \cdot \frac{1}{2} = 4^{n-1}$

2.2.4 연습문제

1. 다음 주어진 복소수의 제곱근을 구하시오.

(a) $z = 1 + i$ (b) $z = i$ (c) $z = \frac{1}{\sqrt{2}} + \frac{i}{\sqrt{2}}$

(d) $z = -2(1 + i\sqrt{3})$ (e) $z = 7 - 24i$

풀이. [109]

(a) $z = \sqrt{2}\left(\frac{1}{\sqrt{2}} + \frac{1}{\sqrt{2}} \cdot i\right) = \sqrt{2}\left[\cos\left(\frac{\pi}{4} + 2k\pi\right) + i\sin\left(\frac{\pi}{4} + 2k\pi\right)\right]$

따라서 z의 제곱근 z_k는 다음과 같다.

$$z_k = \sqrt[4]{2}\left[\cos\left(\frac{\frac{\pi}{4} + 2k\pi}{2}\right) + i\sin\left(\frac{\frac{\pi}{4} + 2k\pi}{2}\right)\right] \text{ (단, } k = 0, 1)$$

(b) $z = i = \cos\left(\frac{\pi}{2} + 2k\pi\right) + i\sin\left(\frac{\pi}{2} + 2k\pi\right)$

따라서 z의 제곱근 z_k는 다음과 같다.

$$z_k = \cos\left(\frac{\frac{\pi}{2} + 2k\pi}{2}\right) + i\sin\left(\frac{\frac{\pi}{2} + 2k\pi}{2}\right) \text{ (단, } k = 0, 1)$$

---

[109] (역자주) 역자가 추가한 부분입니다.

(c) $z = \dfrac{1}{\sqrt{2}} + \dfrac{i}{\sqrt{2}} = \cos\left(\dfrac{\pi}{4} + 2k\pi\right) + i\sin\left(\dfrac{\pi}{4} + 2k\pi\right)$

따라서 z의 제곱근 z_k는 다음과 같다.

$$z_k = \cos\left(\dfrac{\dfrac{\pi}{4} + 2k\pi}{2}\right) + i\sin\left(\dfrac{\dfrac{\pi}{4} + 2k\pi}{2}\right) \text{ (단, } k = 0, 1)$$

(d) $z = -2(1 + i\sqrt{3}) = 4\left(-\dfrac{1}{2} - \dfrac{\sqrt{3}}{2}i\right) = 4\left[\cos\left(\dfrac{4\pi}{3} + 2k\pi\right) + i\sin\left(\dfrac{4\pi}{3} + 2k\pi\right)\right]$

따라서 z의 제곱근 z_k는 다음과 같다.

$$z_k = 2\left[\cos\left(\dfrac{\dfrac{4\pi}{3} + 2k\pi}{2}\right) + i\sin\left(\dfrac{\dfrac{4\pi}{3} + 2k\pi}{2}\right)\right] \text{ (단, } k = 0, 1)$$

(e) $z = 7 - 24i$

z의 제곱근을 $a + bi$라 하자. 그러면 $(a+bi)^2 = 7 - 24i = 25\left(\dfrac{7}{25} - \dfrac{24}{25}i\right)$가 성립한다. 제곱근의 크기는 $\sqrt{a^2 + b^2} = 5$이므로

$$a^2 + b^2 = 25 \tag{1}$$

이며, $(a+bi)^2 = (a^2 - b^2) + 2abi = 7 - 24i$이므로

$$a^2 - b^2 = 7, \tag{2}$$
$$2ab = -24 \tag{3}$$

이다. 식 (1)과 식 (2)를 연립하여 풀면

$$a^2 = 16$$
$$a = \pm 4 \tag{4}$$

이다. 식 (4)를 식 (2)에 대입하면

$$\begin{cases} a = 4 \\ b = -3 \end{cases}, \begin{cases} a = -4 \\ b = 3 \end{cases}$$

이다. 그러므로 z의 두 제곱근은 $z_0 = 4 - 3i$, $z_1 = -4 + 3i$이다.

2. 다음 주어진 복소수의 세제곱근을 구하시오.

(a) $z = -i$ (b) $z = -27$ (c) $z = 2 + 2i$

(d) $z = \dfrac{1}{2} - i\dfrac{\sqrt{3}}{2}$ (e) $z = 18 + 26i$

풀이.[110]

(a) $z = -i = \cos\left(\dfrac{3\pi}{2} + 2k\pi\right) + i\sin\left(\dfrac{3\pi}{2} + 2k\pi\right)$

---

110)(역자주) 역자가 추가한 부분입니다.

따라서 z의 세제곱근 z_k는 다음과 같다.

$$z_k = \cos\left(\frac{\frac{3\pi}{2}+2k\pi}{3}\right) + i\sin\left(\frac{\frac{3\pi}{2}+2k\pi}{3}\right) \text{ (단, } k = 0, 1, 2)$$

(b) $z = -27 = 3^3(-1) = 3^3[\cos(\pi+2k\pi) + i\sin(\pi+2k\pi)]$

따라서 z의 세제곱근 z_k는 다음과 같다.

$$z_k = 3\left[\cos\left(\frac{\pi+2k\pi}{3}\right) + i\sin\left(\frac{\pi+2k\pi}{3}\right)\right] \text{ (단, } k = 0, 1, 2)$$

(c) $z = 2+2i = 2\sqrt{2}\left(\frac{1}{\sqrt{2}} + \frac{1}{\sqrt{2}}i\right) = 2\sqrt{2}\left[\cos\left(\frac{\pi}{4}+2k\pi\right) + i\sin\left(\frac{\pi}{4}+2k\pi\right)\right]$

따라서 z의 세제곱근 z_k는 다음과 같다.

$$z_k = \sqrt{2}\left[\cos\left(\frac{\frac{\pi}{4}+2k\pi}{3}\right) + i\sin\left(\frac{\frac{\pi}{4}+2k\pi}{3}\right)\right] \text{ (단, } k = 0, 1, 2)$$

(d) $z = \frac{1}{2} - i\frac{\sqrt{3}}{2} = \cos\left(\frac{5\pi}{3}+2k\pi\right) + i\sin\left(\frac{5\pi}{3}+2k\pi\right)$

따라서 z의 세제곱근 z_k는 다음과 같다.

$$z_k = \cos\left(\frac{\frac{5\pi}{3}+2k\pi}{3}\right) + i\sin\left(\frac{\frac{5\pi}{3}+2k\pi}{3}\right) \text{ (단, } k = 0, 1, 2)$$

(e) $z = 18 + 26i$

z의 세제곱근을 $a+bi$라 하자. 그러면

$$|(a+bi)^3| = |18+26i| = \sqrt{18^2+26^2} = \sqrt{10^3} = (\sqrt{10})^3$$

이다. 세제곱근의 절댓값은 $\sqrt{a^2+b^2} = \sqrt{10}$이므로

$$a^2 + b^2 = 10 \tag{1}$$

이다. $(a+bi)^3 = (a^3 - 3ab^2) + (3a^2b - b^3)i = 18 + 26i$이므로

$$a^3 - 3ab^2 = 18 \tag{2}$$

$$3a^2b - b^3 = 26 \tag{3}$$

이다. 식 (1)과 식 (2)을 연립하여 풀면

$$a^3 - 3ab^2 = 18, \text{ 즉, } a^3 - 3a(10-a^2) = 18$$

$$2a^3 - 15a - 9 = 0, \ (a-3)(2a^2+6a+3) = 0$$

$$a = 3 \tag{4}$$

식 (4)를 식 (1)에 대입하여 풀면

$$b = \pm 1$$

이다. 이를 식 (2)를 만족하는 b의 값은 $b = 1$이다. 그러므로 $a = 3$, $b = 1$이다. 따라서 세제곱근

중 하나는 $z_0 = 3+i$이다. 따라서 z의 세제곱근은 $3+i$, $(3+i)\varepsilon$, $(3+i)\varepsilon^2$이다. (단, ε은 $z^3 = 1$의 한 근이다.)

3. 다음 주어진 복소수의 네제곱근을 구하시오.
(a) $z = 2 - i\sqrt{12}$ (b) $z = \sqrt{3} + i$ (c) $z = i$
(d) $z = -2i$ (e) $z = -7 + 24i$

풀이.[111]

(a) $z = 2 - \sqrt{12}i = 2 - 2\sqrt{3}i = 4\left(\dfrac{1}{2} - \dfrac{\sqrt{3}}{2}i\right) = 4\left[\cos\left(\dfrac{4\pi}{3} + 2k\pi\right) + i\sin\left(\dfrac{4\pi}{3} + 2k\pi\right)\right]$

따라서 z의 네제곱근 z_k는 다음과 같다.

$$z_k = \sqrt[4]{2}\left[\cos\left(\dfrac{\dfrac{4\pi}{3} + 2k\pi}{4}\right) + i\sin\left(\dfrac{\dfrac{4\pi}{3} + 2k\pi}{4}\right)\right] \quad (\text{단, } k = 0, 1, 2, 3)$$

(b) $z = \sqrt{3} + i = 2\left(\dfrac{\sqrt{3}}{2} + \dfrac{1}{2}i\right) = 2\left[\cos\left(\dfrac{\pi}{6} + 2k\pi\right) + i\sin\left(\dfrac{\pi}{6} + 2k\pi\right)\right]$

따라서 z의 네제곱근 z_k는 다음과 같다.

$$z_k = 2\left[\cos\left(\dfrac{\dfrac{\pi}{6} + 2k\pi}{4}\right) + i\sin\left(\dfrac{\dfrac{\pi}{6} + 2k\pi}{4}\right)\right] \quad (\text{단, } k = 0, 1, 2, 3)$$

(c) $z = i = \cos\left(\dfrac{\pi}{2} + 2k\pi\right) + i\sin\left(\dfrac{\pi}{2} + 2k\pi\right)$

따라서 z의 네제곱근 z_k는 다음과 같다.

$$z_k = \cos\left(\dfrac{\dfrac{\pi}{2} + 2k\pi}{4}\right) + i\sin\left(\dfrac{\dfrac{\pi}{2} + 2k\pi}{4}\right) \quad (\text{단, } k = 0, 1, 2, 3)$$

(d) $z = -2i = 2(-i) = 2\left[\cos\left(\dfrac{3\pi}{2} + 2k\pi\right) + i\sin\left(\dfrac{3\pi}{2} + 2k\pi\right)\right]$

따라서 z의 네제곱근 z_k는 다음과 같다.

$$z_k = 2\left[\cos\left(\dfrac{\dfrac{3\pi}{2} + 2k\pi}{4}\right) + i\sin\left(\dfrac{\dfrac{3\pi}{2} + 2k\pi}{4}\right)\right] \quad (\text{단, } k = 0, 1, 2, 3)$$

(e) $z = -7 + 24i$

z의 네제곱근을 $a + bi$라고 하자. 그러면

$$(a+bi)^4 = -7 + 24i = (\sqrt{5})^4\left(-\dfrac{7}{25} + \dfrac{24}{25}i\right)$$

이다. 네제곱근의 크기는 $\sqrt{a^2 + b^2} = \sqrt{5}$ 이므로

---
[111](역자주) 역자가 추가한 부분입니다.

$$a^2 + b^2 = 5 \qquad (1)$$

이다. 또한 $(a+bi)^4 = (a^4 - 6a^2b^2 + b^4) + 4(a^2 - b^2)abi = -7 + 24i$ 이므로

$$a^4 - 6a^2b^2 + b^4 = -7 \qquad (2)$$

$$4(a^2 - b^2)ab = 24 \qquad (3)$$

을 만족하여야 한다. 식 (1)과 식 (2)를 연립하여 풀자. 식 (1)을 식 (2)에 대입하여 a에 관한 식으로 정리하자.

$$a^4 - 5a^2 + 4 = 0$$

$$a^2 = 1 \text{ 또는 } a^2 = 4$$

$$a = \pm 1 \text{ 또는 } a = \pm 2 \qquad (4)$$

식 (4)를 식 (3)에 대입하여 풀자.

1) $a = -1$일 때,

$$b^3 - b - 6 = 0, \ (b-2)(b^2 + 2b + 3) = 0, \ 즉, \ b = 2$$

이고 식 (1)을 만족하는 해는 $a = -1, \ b = 2$이다.

2) $a = 1$일 때, 1)와 같은 방법으로 풀면, 해는 $a = 1, \ b = -2$이다.

3) $a = -2$일 때, 1)와 같은 방법으로 풀면, 해는 $a = -2, \ b = -1$이다.

이때, b에 관한 방정식이 $(b+1)(b^2 - b - 3) = 0$이므로

$b = -1$ 또는 $b = \dfrac{1 \pm \sqrt{13}}{2}$인데 (1)을 만족하는 해는 $a = -2, \ b = -1$이다.

4) $a = 2$일 때, 1)와 같은 방법으로 풀면, 해는 $a = 2, \ b = 1$이다.

이때, b에 관한 방정식이 $(b+1)(b^2 + b - 3) = 0$이라서

$b = -1$ 또는 $b = \dfrac{-1 \pm \sqrt{13}}{2}$인데 (1)을 만족하는 해는 $a = 2, \ b = 1$이다.

따라서 z의 네제곱근의 해는 $2 + i, \ -2 - i, \ -1 + 2i, \ 1 - 2i$이다.

4. 복소수 $z = 1$의 5제곱근, 6제곱근, 7제곱근, 8제곱근, 12제곱근을 구하시오.

풀이. [112]

$$z = 1 = \cos 2k\pi + i \sin 2k\pi$$

그러므로 z의 주어진 거듭제곱근은 다음과 같다.

---

112)(역자주) 역자가 추가한 부분입니다.

$$z_k = \cos\left(\frac{2k\pi}{n}\right) + i\sin\left(\frac{2k\pi}{n}\right)$$

(단, $n = 5, 6, 7, 8, 12$ 그리고 $k = 0, 1, 2, \cdots, n-1$)

5. $U_n = \{\varepsilon_0, \varepsilon_1, \varepsilon_2, \cdots, \varepsilon_{n-1}\}$에 대하여 다음을 증명하시오.
(a) 모든 $j, k \in \{0, 1, 2, \cdots, n-1\}$에 대하여 $\varepsilon_j \cdot \varepsilon_k \in U_n$이다.
(b) 모든 $j \in \{0, 1, 2, \cdots, n-1\}$에 대하여 $\varepsilon_j^{-1} \in U_n$이다.

풀이.
(a) 모든 $j, k \in \{0, 1, 2, \cdots, n-1\}$에 대하여 $\varepsilon_j, \varepsilon_k \in U_n$이다.
$$\varepsilon_j = \varepsilon^j,\ \varepsilon_k = \varepsilon^k \text{이다.} \ (단, \varepsilon = \cos\frac{2\pi}{n} + i\sin\frac{2\pi}{n})$$
$$\varepsilon_j \cdot \varepsilon_k = \varepsilon^j \cdot \varepsilon^k = \varepsilon^{j+k}$$

r을 $j+k$의 법 n의 나머지라고 하면 정수인 몫 p가 존재하여 $j+k = pn+r$을 만족한다(단, $r \in \{0, 1, 2, \cdots, n-1\}$).
$$\varepsilon_j \cdot \varepsilon_k = \varepsilon^j \cdot \varepsilon^k = \varepsilon^{j+k} = \varepsilon^{pn+r} = (\varepsilon^n)^p \cdot \varepsilon^r = \varepsilon^r = \varepsilon_r \in U_n$$

(b) $\varepsilon_j^{-1} = \dfrac{1}{\varepsilon_j} = \dfrac{1}{\varepsilon^j} = \dfrac{\varepsilon^n}{\varepsilon^j} = \varepsilon^{n-j} \in U_n$

6. 다음 복소방정식의 해를 구하시오.
(a) $z^3 - 125 = 0$ (b) $z^4 + 16 = 0$ (c) $z^3 + 64i = 0$ (d) $z^3 - 27i = 0$

풀이. [113)]
(a) $z^3 = 125 = 5^3 \cdot 1 = 5^3(\cos 2k\pi + i\sin 2k\pi)$
따라서 해는 $z = 5\left(\cos\dfrac{2k\pi}{3} + i\sin\dfrac{2k\pi}{3}\right)$, (단, $k \in \{0,1,2\}$)이다.

(b) $z^4 = -16 = 2^4 \cdot (-1) = 2^4[\cos(\pi + 2k\pi) + i\sin(\pi + 2k\pi)]$
따라서 해는 $z = 2\left[\cos\left(\dfrac{\pi + 2k\pi}{4}\right) + i\sin\left(\dfrac{\pi + 2k\pi}{4}\right)\right]$, $k \in \{0,1,2,3\}$이다.

(c) $z^3 = -64i = 4^3 \cdot codt(-1) = 4^3\left[\cos\left(\dfrac{3\pi}{2} + 2k\pi\right) + i\sin\left(\dfrac{3\pi}{2} + 2k\pi\right)\right]$

따라서 해는 $z = 4\left[\cos\left(\dfrac{\frac{3\pi}{2} + 2k\pi}{3}\right) + i\sin\left(\dfrac{\frac{3\pi}{2} + 2k\pi}{3}\right)\right]$, $k \in \{0,1,2\}$이다.

(d) $z^3 = 27i = 3^3 \cdot i = 3^3\left[\cos\left(\dfrac{\pi}{2} + 2k\pi\right) + i\sin\left(\dfrac{\pi}{2} + 2k\pi\right)\right]$

---
113)(역자주) 역자가 추가한 부분입니다.

따라서 해는 $z = 3\left[\cos\left(\dfrac{\dfrac{\pi}{2}+2k\pi}{3}\right) + i\sin\left(\dfrac{\dfrac{\pi}{2}+2k\pi}{3}\right)\right]$, $k \in \{0,1,2\}$ 이다.

7. 다음 복소방정식의 해를 구하시오.
(a) $z^7 - 2iz^4 - iz^3 - 2 = 0$
(b) $z^6 + iz^3 + i - 1 = 0$
(c) $(2-3i)z^6 + 1 + 5i = 0$
(d) $z^{10} + (-2+i)z^5 - 2i = 0$

풀이. [114]

(a) $z^7 - 2iz^4 - iz^3 - 2 = 0$
$-2 - 2iz^4 - iz^3 + z^7$
$-2i \quad \nearrow \quad z^3$
$-i \quad \searrow \quad z^4$

$(z^3 - 2i)(z^4 - i) = 0$ 이다. 따라서 $z^3 = 2i$ 또는 $z^4 = i$이다.

1) $z^3 = 2i$일 때,
$$z^3 = (\sqrt[3]{2})^3\left[\cos\left(\frac{\pi}{2}+2k\pi\right) + \sin\left(\frac{\pi}{2}+2k\pi\right)\right]$$

따라서 $z = (\sqrt[3]{2})\left[\cos\left(\dfrac{\dfrac{\pi}{2}+2k\pi}{3}\right) + \sin\left(\dfrac{\dfrac{\pi}{2}+2k\pi}{3}\right)\right]$, (단, $k \in \{0,1,2\}$)이다.

2) $z^4 = i$일 때,
$$z^4 = \cos\left(\frac{\pi}{2}+2k\pi\right) + \sin\left(\frac{\pi}{2}+2k\pi\right)$$

따라서 $z = \cos\left(\dfrac{\dfrac{\pi}{2}+2k\pi}{4}\right) + \sin\left(\dfrac{\dfrac{\pi}{2}+2k\pi}{4}\right)$, (단 $k \in \{0,1,2,3\}$)이다.

(b) $z^6 + iz^3 + i - 1 = 0$
$z^6 - 1 + i(z^3 + 1) = 0$, $(z^3-1)(z^3+1) + i(z^3+1) = 0$,
$(z^3+1)(z^3+i-1) = 0$, 따라서 $z^3 = -1$ 또는 $z^3 = 1-i$ 이다.

1) $z^3 = -1$일 때,
$z^3 = 1 \cdot (-1) = \cos(\pi + 2k\pi) + i\sin(\pi + 2k\pi)$ 이다.

따라서 $z = \cos\left(\dfrac{\pi+2k\pi}{3}\right) + i\sin\left(\dfrac{\pi+2k\pi}{3}\right)$, (단, $k = 0, 1, 2$)

---

114)(역자주) 역자가 추가한 부분입니다.

2) $z^3 = 1-i$일 때,

$$z^3 = 1-i = \sqrt{2}\left[\frac{1}{\sqrt{2}} - \frac{1}{\sqrt{2}}i\right] = \sqrt{2}\left[\cos\left(\frac{11\pi}{4} + 2k\pi\right) + i\sin\left(\frac{11\pi}{4} + 2k\pi\right)\right]$$

따라서 $z = \sqrt[6]{2}\left[\cos\left(\frac{\frac{11\pi}{4} + 2k\pi}{3}\right) + i\sin\left(\frac{\frac{11\pi}{4} + 2k\pi}{3}\right)\right]$, (단, $k = 0, 1, 2$)

(c) $(2-3i)z^6 + 1 + 5i = 0$

$$z^6 = -\frac{1+5i}{2-3i} = -\frac{(1+5i)(2+3i)}{(2-3i)(2+3i)} = 1-i,$$

$$z^6 = \sqrt{2}\left(\frac{1}{\sqrt{2}} - \frac{1}{\sqrt{2}}i\right) = \sqrt{2}\left[\cos\left(\frac{11\pi}{4} + 2k\pi\right) + i\sin\left(\frac{11\pi}{4} + 2k\pi\right)\right].$$

따라서 $z = \sqrt[12]{2}\left[\cos\left(\frac{\frac{11\pi}{4} + 2k\pi}{6}\right) + i\sin\left(\frac{\frac{11\pi}{4} + 2k\pi}{6}\right)\right]$, (단, $k = 0, 1, 2, 3, 4, 5$)

(d) $z^{10} + (-2+i)z^5 - 2i = 0$,

$(z^5)^2 + (-2+i)z^5 - 2i = 0$, $(z^5 - 2)(z^5 + i) = 0$.

따라서 $z^5 = 2$ 또는 $z^5 = -i$이다.

1) $z^5 = 2$일 때,

$z^5 = 2 = 2 \cdot 1 = 2(\cos 2k\pi + i\sin 2k\pi)$.

따라서 $z = \sqrt[5]{2}\left(\cos\frac{2k\pi}{5} + i\sin\frac{2k\pi}{5}\right)$ (단, $k = 0, 1, 2, 3, 4$).

2) $z^5 = -i$일 때,

$z^5 = -i = 1 \cdot (-i) = \cos\left(\frac{3\pi}{2} + 2k\pi\right) + i\sin\left(\frac{3\pi}{2} + 2k\pi\right)$.

그러므로 $z = \cos\left(\frac{\frac{3\pi}{2} + 2k\pi}{5}\right) + i\sin\left(\frac{\frac{3\pi}{2} + 2k\pi}{5}\right)$ (단, $k = 0, 1, 2, 3, 4$).

8. 복소방정식 $z^4 = 5(z-1)(z^2 - z + 1)$의 해를 구하시오.

풀이.
상수항이 0이 아니므로 모든 해는 0과 다름은 자명하다. 양변에 z를 곱하여 다음과 같이 정리하자.
$z^5 - 5z^4 + 10z^3 - 10z^2 + 5z - 1 = -1$이다. 이항정리에 의하여 $(z-1)^5 = -1$이 성립한다. 단, $z \neq 0$이다. 따라서 $(z-1)^5 = -1 = \cos(\pi + 2k\pi) + i\sin(\pi + 2k\pi)$ 이므로
$z = 1 + \cos\left(\frac{(2k+1)\pi}{5}\right) + i\sin\left(\frac{(2k+1)\pi}{5}\right)$, (단 $k = 0, 1, 3, 4$)이다.

9. 복소수 z가

$z^n + z^{n-1} + \cdots + 1 = 0$ 을 만족할 때, 다음 식을 증명하시오.

$$nz^{n-1} + (n-1)z^{n-2} + \cdots + 2z + 1 = \frac{n+1}{z^2 - z} \tag{1}$$

풀이.

식 (1)의 양변에 z를 곱하여 정리한 식

$$nz^n + (n-1)z^{n-1} + \cdots + 2z^2 + z = \frac{n+1}{z-1} \tag{2}$$

과 필요충분조건이다. 따라서 식 (2)를 증명하자.

$z \neq 1$일 때,

조건 $z^n + z^{n-1} + \cdots + 1 = 0$은 $\frac{z^{n+1} - 1}{z - 1} = 0$로 $z^{n+1} - 1 = 0$은 자명하다.

따라서

$$z^n + z^{n-1} + \cdots + z = \frac{z(z^n - 1)}{z-1} = \frac{z^{n+1} - z}{z-1} = \frac{1-z}{z-1},$$

$$z^n + z^{n-1} + \cdots + z^2 = \frac{z^2(z^{n-1} - 1)}{z-1} = \frac{z^{n+1} - z^2}{z-1} = \frac{1-z^2}{z-1},$$

$$\vdots$$

$$z^n + z^{n-1} = \frac{z^{n-1}(z^2 - 1)}{z-1} = \frac{z^{n+1} - z^{n-1}}{z-1} = \frac{1 - z^{n-1}}{z-1},$$

$$z^n = \frac{z^n(z-1)}{z-1} = \frac{z^{n+1} - z^n}{z-1} = \frac{1-z^n}{z-1}$$

이다. 위 방정식들을 변변끼리 더하자.

$$nz^n + (n-1)z^{n-1} + \cdots + 2z^2 + z$$

$$= \frac{n - (z + z^2 + \cdots + z^n)}{z-1} = \frac{n - \frac{z^{n+1} - z}{z-1}}{z-1} = \frac{n - \frac{1-z}{z-1}}{z-1}$$

$$= \frac{n+1}{z-1}$$

따라서 식 (2)가 성립함을 보였다.

10. 복소수 z가

$$\left(z + \frac{1}{z}\right)\left(z + \frac{1}{z} + 1\right) = 1$$

을 만족하고 n이 정수일 때, 다음 식의 값을 구하시오.

$$\left(z^n + \frac{1}{z^n}\right)\left(z^n + \frac{1}{z^n} + 1\right)$$

풀이.

조건 $\left(z + \frac{1}{z}\right)\left(z + \frac{1}{z} + 1\right) = 1$ 을 전개하면

$$z^2 + z + 1 + \frac{1}{z} + \frac{1}{z^2} = 0, \text{ 단, } z \neq 0$$

$$z^2 + z + 1 + \frac{1}{z} + \frac{1}{z^2} = \frac{\frac{1}{z^2}(z^5 - 1)}{z - 1} = \frac{z^5 - 1}{z^2(z - 1)} = 0, \ (z \neq 1)$$

$$z^5 = 1$$

1) $n \equiv 0$ (법 5)인 모든 n인 경우.(정수 n이 5로 나눈 나머지가 0인 경우)
$z^n = 1$이므로

$$\left(z^n + \frac{1}{z^n}\right)\left(z^n + \frac{1}{z^n} + 1\right) = (1+1)(1+1+1) = 6$$

2) 나머지 경우(즉, $n \not\equiv 0$ (법 5)인 모든 n)(정수 n이 5로 나눈 나머지가 0이 아닌 경우)

$$\left(z^n + \frac{1}{z^n}\right)\left(z^n + \frac{1}{z^n} + 1\right) - 1 = z^{2n} + z^n + 1 + \frac{1}{z^n} + \frac{1}{z^{2n}} = \frac{(z^n)^5 - 1}{z^{2n}(z^n - 1)} = 0$$이므로

$$\left(z^n + \frac{1}{z^n}\right)\left(z^n + \frac{1}{z^n} + 1\right) = 1$$

최종적으로 $\left(z^n + \frac{1}{z^n}\right)\left(z^n + \frac{1}{z^n} + 1\right) = \begin{cases} 6, & n \equiv 0 \text{ (법 5)} \\ 1, & \text{그 외의 경우} \end{cases}$ 이다.

11. 복소방정식

$$z^{1997} - 1 = 0$$

을 만족하는 해 중에서 임의의 서로 다른 두 해를 v와 w라 하자. $\sqrt{2 + \sqrt{3}} \leq |v + w|$인 확률을 $\frac{m}{n}$이라 할 때, $m + n$의 값을 구하시오. (단, m, n은 서로소) (1997년 AIME, 문제 14)

풀이 1.

$$z^{1997} = 1 = \cos 2k\pi + i \sin 2k\pi$$

따라서 $z = \cos\frac{2k\pi}{1997} + i \sin\frac{2k\pi}{1997}$ (단, $k = 0, 1, 2, \cdots, 1996$)이다.

v가 해인 수에 대응하는 각을 $\theta = \frac{2m\pi}{1997}$, w가 해인 수에 대응하는 각을 $\theta = \frac{2n\pi}{1997}$이라고 하자

($m \neq n$).

부등식 $\sqrt{2+\sqrt{3}} \leq |v+w|$ 을 양변을 제곱하면 $|v+w|^2 \geq 2+\sqrt{3}$ 이다.
또한 $v+w = \left(\cos\dfrac{2m\pi}{1997} + \cos\dfrac{2n\pi}{1997}\right) + i\left(\sin\dfrac{2m\pi}{1997} + \sin\dfrac{2n\pi}{1997}\right)$ 이다. 그러므로

$$|v+w|^2 = \left(\cos\dfrac{2m\pi}{1997} + \cos\dfrac{2n\pi}{1997}\right)^2 + \left(\sin\dfrac{2m\pi}{1997} + \sin\dfrac{2n\pi}{1997}\right)^2$$

$$= 2 + 2\left[\cos\left(\dfrac{2m\pi}{1997}\right)\cos\dfrac{2n\pi}{1997} + \sin\left(\dfrac{2m\pi}{1997}\right)\sin\dfrac{2n\pi}{1997}\right]$$

이다. 따라서

$$2 + 2\left[\cos\left(\dfrac{2m\pi}{1997}\right)\cos\dfrac{2n\pi}{1997} + \sin\left(\dfrac{2m\pi}{1997}\right)\sin\dfrac{2n\pi}{1997}\right] \geq 2+\sqrt{3}$$

$$\left[\cos\left(\dfrac{2m\pi}{1997}\right)\cos\dfrac{2n\pi}{1997} + \sin\left(\dfrac{2m\pi}{1997}\right)\sin\dfrac{2n\pi}{1997}\right] \geq \dfrac{\sqrt{3}}{2}$$

$$\cos\left(\dfrac{2m\pi}{1997} - \dfrac{2n\pi}{1997}\right) \geq \dfrac{\sqrt{3}}{2}$$

위 부등식의 해는

$$\dfrac{2\pi}{1997} \cdot |m-n| \leq \dfrac{\pi}{6}$$

$$|m-n| \leq \dfrac{\pi}{6} \cdot \dfrac{1997}{2\pi} = \dfrac{1997}{12}$$

따라서 $\left\lfloor \dfrac{1997}{12} \right\rfloor = 166$ 이므로 m이 고정되면 n의 개수는 332개이다.

그러므로 $\sqrt{2+\sqrt{3}} \leq |v+w|$ 일 확률은 $\dfrac{332}{1996} = \dfrac{83}{449}$ 이다. (주의. 표본공간의 개수는 $n \neq m$이므로 1996개 이다.) 그러므로 $m + n = 119 + 83 = 582$이다.

풀이 2.

$$z^{1997} = 1, \ z = \cos\dfrac{2k\pi}{1997} + i\sin\dfrac{2k\pi}{1997}, \ (단, \ k = 0, 1, 2, \cdots, 1996)$$

위의 복소수는 복소평면에서 중심이 원점이고, 반지름이 1인 원 위에 있는 정1997각형의 꼭짓점들이다. 일반성을 잃지 않고, $v = 1$이라고 하자.

$$|v+w|^2 = \left|\cos\dfrac{2k\pi}{1997} + i\sin\dfrac{2k\pi}{1997} + 1\right|^2$$

$$= \left|\left(\cos\dfrac{2k\pi}{1997} + 1\right) + i\sin\dfrac{2k\pi}{1997}\right|^2$$

$$= \cos^2\left(\dfrac{2k\pi}{1997}\right) + 2\cos\left(\dfrac{2k\pi}{1997}\right) + 1 + \sin^2\left(\dfrac{2k\pi}{1997}\right)$$

$$= 2 + 2\cos\left(\dfrac{2k\pi}{1997}\right)$$

2.1 극좌표로 표현된 복소수

그리고 $|v+w|^2 \geq 2+\sqrt{3}$ 이므로

$$2+2\cos\left(\frac{2k\pi}{1997}\right) \geq 2+\sqrt{3}, \ \cos\left(\frac{2k\pi}{1997}\right) \geq \frac{\sqrt{3}}{2}$$

이다. 위 부등식의 해를 구하면 $-\frac{\pi}{6} \leq \frac{2k\pi}{1997} \leq \frac{\pi}{6}$, $-\frac{1997}{12} \leq k \leq \frac{1997}{12}$ 이다.
$\left\lfloor \frac{1997}{12} \right\rfloor = 166$이므로 $k = -166, -165, \cdots, -2, -1, 1, 2, \cdots, 166 (v \neq w$이므로 $k \neq 0)$
이다..
따라서 k의 개수는 332개이고 표본공간의 개수는 1996개이므로 구하고자 하는 확률은
$\frac{m}{n} = \frac{332}{1996} = \frac{83}{499}$ 이므로 $m+n = 83+499 = 582$이다.

12. 복소방정식 $\left(\dfrac{z-i}{2z-i}\right)^4 = 1$의 근이 복소수 z_1, z_2, z_3, z_4일 때,

$$\left(z_1^2+1\right)\left(z_2^2+1\right)\left(z_3^2+1\right)\left(z_4^2+1\right)$$

의 값을 구하시오.

풀이 1.

$\left(\dfrac{z-i}{2z-i}\right)^4 = 1$에서 $\dfrac{z-i}{2z-i} = 1$ 또는 -1 또는 i 또는 $-i$이다.

그런데 $\dfrac{z-i}{2z-i} = 1 - \dfrac{z}{2z-i}$이므로

$1 - \dfrac{z}{2z-i} = 1$ 또는 $1 - \dfrac{z}{2z-i} = -1$ 또는 $1 - \dfrac{z}{2z-i} = i$ 또는 $1 - \dfrac{z}{2z-i} = -i$
이다.

1) $1 - \dfrac{z}{2z-i} = 1$인 경우 $\dfrac{z}{2z-i} = 0$이므로 $z = 0$ 이다.

2) $1 - \dfrac{z}{2z-i} = -1$인 경우, $\dfrac{z}{2z-i} = 2$이므로 $z = \dfrac{2i}{3}$ 이다.

3) $1 - \dfrac{z}{2z-i} = i$인 경우, $\dfrac{z}{2z-i} = 1-i$이므로 $z = \dfrac{1+i}{1-2i} = \dfrac{-1+3i}{5}$ 이다.

4) $1 - \dfrac{z}{2z-i} = -i$인 경우, $\dfrac{z}{2z-i} = 1+i$이므로 $z = \dfrac{-1+i}{1+2i} = \dfrac{1+3i}{5}$ 이다.

따라서 구하는 답은 다음과 같다.

$$\left(z_1^2+1\right)\left(z_2^2+1\right)\left(z_3^2+1\right)\left(z_4^2+1\right) = 1 \times \frac{5}{9} \times \left(\frac{17}{25} - \frac{6}{25}i\right) \times \left(\frac{17}{25} + \frac{6}{25}i\right) = \frac{13}{45}$$

풀이 2.

$z+i=z'$으로 치환하여 정리하면, 주어진 식은 $\left(\dfrac{z'}{2z'+i}\right)^4=1$, 즉, $\dfrac{z'^4}{(2z'+i)^4}=1$이다. 이 식의 근은 z_1+i, z_2+i, z_3+i, z_4+i이다. $z'^4=(2z'+i)^4$, $z'^4=16z'^4+\cdots+1$, $15z'^4+\cdots+1=0$ 이므로 비에타 공식[115]에 의해서 네 근의 곱 $(z_1+i)(z_2+i)(z_3+i)(z_4+i)=\dfrac{1}{15}$이다. 또한 $z-i=z'$로 치환하여 주어진 식을 정리하면 $\left(\dfrac{z'-2i}{2z'-3i}\right)^4=1$, 즉, $\dfrac{(z'-2i)^4}{(2z'-3i)^4}=1$이다. 위 식의 근은 z_1-i, z_2-i, z_3-i, z_4-i이다. $(z'-2i)^4=(2z'-3i)^4$, $z'^4+\cdots+16=16z'^4+\cdots+81$, $15z'^4+\cdots+65=0$이므로 비에타 공식에 의해서 네 근의 곱 $(z_1-i)(z_2-i)(z_3-i)(z_4-i)=\dfrac{65}{15}=\dfrac{13}{3}$ 이다. 따라서

$$\begin{aligned}&(z_1^2+1)(z_2^2+1)(z_3^2+1)(z_4^2+1)\\&=(z_1+i)(z_2+i)(z_3+i)(z_4+i)(z_1-i)(z_2-i)(z_3-i)(z_4-i)\\&=\dfrac{1}{15}\times\dfrac{13}{3}=\dfrac{13}{45}.\end{aligned}$$

풀이 3.[116]
문제에 주어진 복소다항식과 다음 다항식은 같은 해를 가진다.
$$P(z)=(z-i)^4-(2z-i)^4$$
라고 하자. 그리고 a를 복소다항식 $P(z)$의 최고차항 계수라고 하면, $a=1-2^4=-15$이다. $P(z+i)=z^4-(2z+i)^4$에서 상수항은 $P(i)=-1$이고 최고차항은 a이다.
또한 $P(z-i)=(z-2i)^4-(2z-3i)^4$에서 상수항은 $P(-i)=-65$이고 최고차항은 a이다.

$$(z_1+i)(z_2+i)(z_3+i)(z_4+i)=\dfrac{P(i)}{a}=\dfrac{1}{15},$$
$$(z_1-i)(z_2-i)(z_3-i)(z_4-i)=\dfrac{P(-i)}{a}=\dfrac{65}{15}$$

이다. 따라서
$$\begin{aligned}&(z_1^2+1)(z_2^2+1)(z_3^2+1)(z_4^2+1)\\&=(z_1+i)(z_2+i)(z_3+i)(z_4+i)(z_1-i)(z_2-i)(z_3-i)(z_4-i)\\&=\dfrac{P(-i)}{a}\cdot\dfrac{P(i)}{a}=\dfrac{1}{15}\times\dfrac{65}{15}=\dfrac{65}{225}=\dfrac{13}{45}\end{aligned}$$

13. 방정식 $x^{10}+(13x-10^{10})=0$의 **10**개의 근을 r_1, $\overline{r_1}$, r_2, $\overline{r_2}$, r_3, $\overline{r_3}$, r_4, $\overline{r_4}$, r_5, $\overline{r_5}$라고 할 때,

---

115) (역자주) n차 방정식의 근과 계수의 관계
116) (역자주) 역자가 추가한 부분입니다.

$$\frac{1}{r_1\overline{r_1}}+\frac{1}{r_2\overline{r_2}}+\frac{1}{r_3\overline{r_3}}+\frac{1}{r_4\overline{r_4}}+\frac{1}{r_5\overline{r_5}}$$

의 값을 구하시오. (단, $\overline{r}$ 은 복소수 r의 켤레복소수) (1994년 AIME 문제 13)

풀이.

$t=\frac{1}{x}$라고 하면, $\frac{1}{t^{10}}+\left(\frac{13}{t}-1\right)^{10}=0$ 이다. 양변에 t^{10}을 곱하여 정리하면

$$(13-t)^{10}=-1$$

이다. 드 무아브르 공식에 의해서 $13-t=\cos\left(\frac{(2k+1)\pi}{10}\right)+i\sin\left(\frac{(2k+1)\pi}{10}\right)$ (단, $k=0, 1, 2,$ $\cdots, 9$)이다.
$\text{cis}\,\theta=\cos\theta+i\sin\theta$이므로

$$t=13-\text{cis}\left(\frac{(2k+1)\pi}{10}\right),\ \overline{t}=13-\text{cis}\left(-\frac{(2k+1)\pi}{10}\right)$$

로 나타낼 수 있다. $\text{cis}\,\theta+\text{cis}(-\theta)=2\cos\theta$이므로

$$t\overline{t}=\left[13-\text{cis}\left(\frac{(2k+1)\pi}{10}\right)\right]\left[13-\text{cis}\left(-\frac{(2k+1)\pi}{10}\right)\right]$$

$$=169-13\times 2\cos\left(\frac{(2k+1)\pi}{10}\right)+1$$

$$=170-26\cos\left(\frac{(2k+1)\pi}{10}\right)\ \text{(단, }k=0, 1, 2, 3)$$

그러므로

$$\sum_{k=0}^{4}t\overline{t}=850-26\sum_{k=0}^{4}\cos\left(\frac{(2k+1)\pi}{10}\right)$$

이다. 또한 $\sum_{k=0}^{4}\cos\left(\frac{(2k+1)\pi}{10}\right)=\cos\frac{\pi}{10}+\cos\frac{3\pi}{10}+\cos\frac{\pi}{2}+\cos\frac{7\pi}{10}+\cos\frac{9\pi}{10}=0$

$$\cos\frac{\pi}{10}+\cos\frac{9\pi}{10}=\cos\frac{3\pi}{10}+\cos\frac{7\pi}{10}=\cos\frac{\pi}{2}=0$$

이므로 $\sum_{k=0}^{4}t\overline{t}=850-26\sum_{k=0}^{4}\cos\left(\frac{(2k+1)\pi}{10}\right)=850$이다.

14. 실수인 상수 a, b, c, d에 대하여 방정식

$$x^4+ax^3+bx^2+cx+d=0$$

의 네 개의 근이 모두 실수해가 아니고, 이 네 개의 근 중 두 근의 곱이 $13+i$이고, 다른 두 근의 합은 $3+4i$이다. 상수 b를 구하시오. (단, $i=\sqrt{-1}$)

(1995년 AIME 문제 5)

풀이.
다항식의 계수들이 모두 실수이고 근이 실수가 아닌 복소수의 근이다. 복소수 근은 근과 그 켤레근의 쌍으로 존재한다. 따라서 두 복소수 근을 z_1, z_2라 하면 위 방정식의 근은 z_1, $\overline{z_1}$, z_2, $\overline{z_2}$이다. 두 근의 합이 복소수이므로 근과 켤레근의 합은 아니다. 따라서 $z_1 + z_2 = 3 + 4i$이다. 그러므로 나머지 두 근의 곱은 $\overline{z_1} \cdot \overline{z_2} = 13 + i$이다.

그런데 $\overline{z_1} + \overline{z_2} = 3 - 4i$, $z_1 z_2 = 13 - i$이다. 비에타 공식에 의해서 b는 네 근의 서로 다른 두 근의 곱의 합이므로

$$b = z_1\overline{z_1} + z_2\overline{z_2} + z_2\overline{z_1} + z_1\overline{z_2} + z_1 z_2 + \overline{z_1}\overline{z_2} = (z_1 + z_2)(\overline{z_1} + \overline{z_2}) + z_1 z_2 + \overline{z_1}\overline{z_2}$$
$$= (3 + 4i)(3 - 4i) + (13 + i) + (13 - i) = 51$$

4장 복소수와 기하에 대한 자세한 설명

4.13.8 복소 평면에서 기하적인 몇 가지 변환

1. 복소평면에서의 두 등거리변환의 합성은 등거리변환임을 증명하시오.

풀이.
f, g가 등거리변환이라고 가정하자. 그러면 모든 복소수 a, b에 대하여
$|f(g(a)) - f(g(b))| = |g(a) - g(b)| = |a - b|$이므로 $f \circ g$도 등거리변환이다.

2. 복소평면에서의 등거리변환이 고정점 A와 B를 가질 때, 직선 AB 위의 모든 점 M은 변환에 대하여 고정점임을 증명하시오.

풀이.
f가 등거리변환이고 임의의 점 C가 직선 AB위의 점이라 가정하자. $f(C) = M$이라 하자. 그러면 $\overline{MA} = \overline{f(C)f(A)} = \overline{AC}$이고 유사하게 $\overline{MB} = \overline{BC}$이다. 결국
$|\overline{MA} - \overline{MB}| = \overline{AB}$이다. 결과적으로 A, M, B는 일직선 상의 점이다. 이제
$\overline{MA} = \overline{AC}$이고 $\overline{MB} = \overline{BC}$로 부터 $M = C$라고 결론을 내릴 수 있다. 결국
$f(M) = M$이고 결론이 성립한다.

3. 복소평면에서의 모든 등거리변환은 회전변환과 평행이동, 실수축 대칭의 합성임을 보이시오.

풀이.
이것은 모든 등거리변환 f가 $|a| = 1$일 때 $f(z) = az + b$ 또는 $f(z) = a\bar{z} + b$라는 사실로부터 즉시 성립한다.

4. 대응 $f: \mathbb{C} \to \mathbb{C}$, $f(z) = i \cdot \overline{z} + 4 - i$ 는 등거리변환임을 증명하시오. 앞의 문제와 같이 f를 해석하시오.

풀이.
함수 f가 실수축 대칭한 후 회전변환 $z \to iz$와 평행이동 $z \to z + 4 - i$의 결과이다. 그것은 f가 등거리변환임에 자명하다.

5. 대응 $g: \mathbb{C} \to \mathbb{C}$, $g(z) = -iz + 1 + 2i$가 등거리변환임을 증명하시오. 앞의 문제와 같이 g를 해석하시오.

풀이.
함수 g가 회전변환 $z \to -iz$과 평행이동 $z \to z + 1 + 2i$의 결과이다. 그것은 g가 등거리변환임에 자명하다.

5장 올림피아드 문제

5.1 켤레 복소수와 복소수의 절댓값과 관련된 문제들

문제 21. 다음과 같은 집합을 생각해보자.
$$A = \{z \in \mathbb{C} \mid |z| < 1\}$$
$|a| > 1$을 만족하는 실수 a에 대하여 함수
$$f: A \to A, \ f(z) = \frac{1 + az}{z + a}$$
는 일대일대응임을 증명하시오.

풀이. 먼저 함수 f가 잘 정의되었음을 보이기 위해 모든 $|z| < 1$인 복소수 z에 대하여 $|f(z)| < 1$임을 확인하겠다.

실제로 $|f(z)| < 1$일 필요충분조건은 $\left|\dfrac{1+az}{z+a}\right| < 1$이다. 즉, $|1+az|^2 < |z+a|^2$이다. 위의 식은 다음과 같다.
$$(1+az)(1+\overline{az}) < (z+a)(\overline{z}+\overline{a})$$
$$1 + |a|^2|z|^2 < |a|^2 + |z|^2$$
$$(|a|^2 - 1)(|z|^2 - 1) < 0$$

그런데 문제의 조건에서 $|a| > 1$, $|z| < 1$이므로 위의 부등식은 성립한다.
f가 일대일대응임을 보이기 위해서는 임의의 $y \in A$에 대하여 다음 조건을 만족하는 $z \in A$가 유일하게 존재함을 보이면 된다.

$$f(z) = \frac{1+az}{z+a} = y$$

위의 식은 다음과 같이 된다.

$$z = \frac{ay-1}{a-y} = -f(-y)$$

또, $|z| = |-f(-y)| < 1$이므로 $z \in A$는 유일하게 존재한다.

문제 22. z는 $|z| = 1$, $\mathrm{Re}(z)$, $\mathrm{Im}(z)$가 유리수인 복소수라고 하자. 모든 정수 $n \geq 1$에 대하여 $|z^{2n} - 1|$이 유리수임을 증명하시오.

풀이. $z = \cos\phi + i\sin\phi$라고 하자. 단, $\cos\phi$, $\sin\phi \in \mathbb{Q}$이다. 따라서 다음이 성립한다.

$$\begin{aligned} z^{2n} - 1 &= \cos(2n\phi) + i\sin(2n\phi) - 1 = 1 - 2\sin^2(n\phi) + i\sin(2n\phi) - 1 \\ &= -2\sin(n\phi)(\sin(n\phi) - i\cos(n\phi)) \end{aligned}$$

이고,

$$|z^{2n} - 1| = 2|\sin n\phi|$$

이다. 이제 $\sin n\phi \in \mathbb{Q}$임을 보이면 충분하다. 우리는 수학적 귀납법으로 $\sin n\phi$와 $\cos n\phi$가 유리수임을 보일 것이다.

$n = 1$일 때, 성립함은 가정에 의하여 명백하다. $\sin n\phi$, $\cos n\phi \in \mathbb{Q}$임을 가정하면

$$\sin(n+1)\phi = \sin(n\phi)\cos\phi + \cos(n\phi)\sin\phi$$

이고,

$$\cos(n+1)\phi = \cos(n\phi)\cos\phi - \sin(n\phi)\sin\phi$$

이다. 위의 수는 모두 유리수이므로 $n+1$일 때도 성립한다. 따라서 모든 정수 $n \geq 1$에 대하여 성립한다. 이것으로 증명은 완성되었다.

문제 23. 다음과 같은 함수를 생각하자.

$$f : \mathbb{R} \to \mathbb{C}, \ f(t) = \frac{1+ti}{1-ti}$$

이때, 함수 f는 일대일 함수임을 증명하고 그 치역을 구하시오.

풀이. f는 일대일 함수임을 증명하기 위하여 $f(a) = f(b)$라고 하면

$$\frac{1+ai}{1-ai} = \frac{1+bi}{1-bi}$$

위의 식은 $1 + ab + (a-b)i = 1 + ab + (b-a)i$와 동치이다. 즉, $a = b$이다. 이것은 f가 일대일함수임을 의미한다. 함수 f의 치역은 $t \in \mathbb{R}$에 대하여 다음을 만족하는 복소수 z의 집합이다.

$$z = f(t) = \frac{1+ti}{1-ti}$$

위의 식에서 $z \neq -1$이면, $t = \dfrac{z-1}{i(1+z)}$을 얻을 수 있다. 따라서 $t \in \mathbb{R}$일 필요충분조건은 $t = \bar{t}$이다. 이것은 다음과 같다.

$$\frac{z-1}{i(1+z)} = \frac{\bar{z}-1}{-i(1+\bar{z})}$$

$$-(z-1)(\bar{z}+1) = (z+1)(\bar{z}-1)$$

위의 식을 정리하면, $2z\bar{z} = 2$, 즉 $|z| = 1$이다. 따라서 함수 f의 치역은 집합 $\{z \in \mathbb{C} \mid |z| = 1, z \neq -1\}$으로 $z = -1$을 제외한 단위원이다.

문제 24. $z_1, z_2 \in \mathbb{C}^*$에 대하여 $|z_1 + z_2| = |z_1| = |z_2|$일 때, $\dfrac{z_2}{z_1}$를 계산하시오.

풀이 1. 복소수 $t = \dfrac{z_2}{z_1}$이라고 하면 다음이 성립한다.

$$|z_1 + z_1 t| = |z_1| = |z_1 t| \text{ 또는 } |1+t| = |t| = 1$$

위의 첫번째 식을 $|z_1|$으로 나누어 정리하면 위의 두 번째 식과 같다. $t\bar{t} = 1$로부터 다음 식이 성립한다.

$$1 = |1+t|^2 = (1+t)(1+\bar{t}) = 1 + t + \bar{t} + 1$$

위의 식에 $\bar{t} = \dfrac{1}{t}$을 넣어 정리하면 $t^2 + t + 1 = 0$을 얻는다.

따라서 t는 실수가 아닌 1의 세제곱근이다.

풀이 2. 복소수 $z_1, z_2, z_1 + z_2$를 나타내는 점을 각각 A, B, C 라고 하자. 평행사변형 OACB에서 $\overline{OA} = \overline{OB} = \overline{OC}$이므로 $\angle AOB = 120°$임을 알 수 있다.

$$\frac{z_2}{z_1} = \cos 120° + i \sin 120°, \quad \frac{z_2}{z_1} = \cos(-120)° + i \sin(-120)°$$

이므로 결과적으로 다음과 같은 답을 얻는다.

$$\frac{z_2}{z_1} = \cos \frac{2}{3}\pi \pm i \sin \frac{2}{3}\pi$$

문제 25. 모든 복소수 $z_1, z_2, \cdots, z_n$에 대하여 다음 부등식이 성립함을 증명하시오.

$$(|z_1| + |z_2| + \cdots + |z_n| + |z_1 + z_2 + \cdots + z_n|)^2$$
$$\geq 2(|z_1|^2 + |z_2|^2 + \cdots + |z_n|^2 + |z_1 + z_2 + \cdots + z_n|^2)$$

풀이. 우선 모든 $k \in \{1, 2, \cdots, n\}$에 대하여 다음 부등식이 성립함을 보이자.

$$|z_k| \leq |z_1| + |z_2| + \cdots + |z_{k-1}| + |z_{k+1}| + \cdots + |z_n| + |z_1 + z_2 + \cdots + z_n|$$

실제로

$$\begin{aligned}|z_k| &= |(z_1 + z_2 + \cdots + z_{k-1} + z_k + z_{k+1} + \cdots + z_n) \\ &\quad - (z_1 + z_2 + \cdots + z_{k-1} + z_{k+1} + \cdots + z_n)| \\ &\leq |z_1| + \cdots + |z_{k-1}| + |z_{k+1}| + |z_1 + \cdots + z_n|\end{aligned}$$

따라서 첫 번째 부등식은 증명되었다.

모든 k에 대하여

$$S_k = |z_1| + |z_2| + \cdots + |z_{k-1}| + |z_{k+1}| + \cdots + |z_n|$$

이라 하면, 다음이 성립한다.

$$|z_k| \leq S_k + |z_1 + z_2 + \cdots + z_n| \qquad (1)$$

더구나 다음은 자명하다.

$$|z_1 + z_2 + \cdots + z_n| \leq |z_1| + |z_2| + \cdots + |z_n| \qquad (2)$$

(1)에 $|z_k|$를 곱하고, (2)에 $|z_1 + z_2 + \cdots + z_n|$를 곱하면 다음을 얻는다.

$$|z_1|^2 + |z_2|^2 + \cdots + |z_n|^2 + |z_1 + z_2 + \cdots + z_n|^2$$
$$\leq 2|z_1 + z_2 + \cdots + z_n| \sum_{k=1}^{n} |z_k| + \sum_{k=1}^{n} |z_k| S_k$$

위의 부등식의 양변에

$$|z_1|^2 + |z_2|^2 + \cdots + |z_n|^2 + |z_1 + z_2 + \cdots + z_n|^2$$

을 더하면 다음을 얻는다.

$$\begin{aligned}&(|z_1| + |z_2| + \cdots + |z_n| + |z_1 + z_2 + \cdots + z_n|)^2 \\ &\geq 2(|z_1|^2 + |z_2|^2 + \cdots + |z_n|^2 + |z_1 + z_2 + \cdots + z_n|^2)\end{aligned}$$

문제 26. 복소수 $z_1, z_2, \cdots, z_{2n}$에 대하여 $|z_1| = |z_2| = \cdots = |z_{2n}|$, $\arg z_1 \leq \arg z_2 \leq \cdots \leq \arg z_{2n} \leq \pi$일 때, 다음 부등식을 증명하시오.

$$|z_1 + z_{2n}| \leq |z_2 + z_{2n-1}| \leq \cdots \leq |z_n + z_{n+1}|$$

풀이 1. 점 $M_1, M_2, \cdots, M_{2n}$의 복소수 좌표를 각각 $z_1, z_2, \cdots, z_{2n}$라 하고, 점 $A_1, A_2, \cdots, A_{2n}$을 각각 선분 $M_1M_{2n}, M_2M_{2n-1}, \cdots, M_nM_{n+1}$의 중점이라 하자. 점 M_i ($i = 1, 2 \cdots, 2n$)은 중심이 원점이고 반지름이 1인 위쪽 반원 위에 있다. 현 $M_1M_{2n}, M_2M_{2n-1}, \cdots, M_nM_{n+1}$의 길이는 감소하고 선분 $OA_1, OA_2, \cdots, OA_n$의 길이는 증가한다. 그러므로 다음 부등식이 성립한다(〈그림 6.1〉 참조).

$$\left|\frac{z_1 + z_{2n}}{2}\right| \leq \left|\frac{z_2 + z_{2n-1}}{2}\right| \leq \cdots \leq \left|\frac{z_n + z_{n+1}}{2}\right|$$

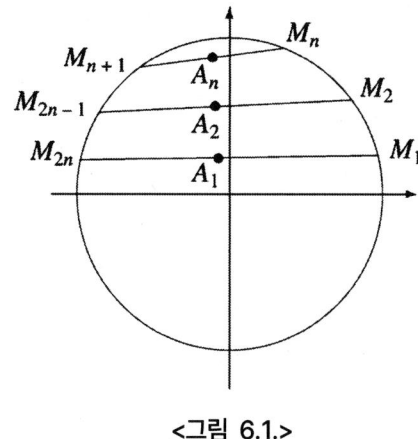

<그림 6.1.>

풀이 2. 복소수 $z_k = r(\cos t_k + i \sin t_k)$라 하자(단, $k=1, 2, \cdots, 2n$이다.). 그러면 $j=1, 2, \cdots, n$에 대하여 다음이 성립한다.

$$\begin{aligned}|z_j + z_{2n-j+1}|^2 &= |r[(\cos t_j + \cos t_{2n-j+1}) + i(\sin t_j + \sin t_{2n-j+1})]|^2 \\ &= r^2\{(\cos t_j + \cos t_{2n-j+1})^2 + (\sin t_j + \sin t_{2n-j+1})^2\} \\ &= r^2\{2 + 2(\cos t_j \cos t_{2n-j+1} + \sin t_j \sin t_{2n-j+1})\} \\ &= 2r^2\{1 + \cos(t_{2n-j+1} - t_j)\} \\ &= 4r^2 \cos^2\left(\frac{t_{2n-j+1} - t_j}{2}\right)\end{aligned}$$

그러므로 $|z_j + z_{2n-j+1}| = 2r \cos\left(\dfrac{t_{2n-j+1} - t_j}{2}\right)$이다.

$0 \le t_1 \le t_2 \le \cdots \le t_{2n} \le \pi$이고 $t_{2n} - t_1 \ge t_{2n-1} - t_2 \ge \cdots \ge t_{n+1} - t_n$이므로 다음 부등식이 성립한다.

$$|z_1 + z_{2n}| \le |z_2 + z_{2n-1}| \le \cdots \le |z_n + z_{n+1}|$$

문제 27. 다음 식을 만족하는 양의 실수 x, y를 모두 구하시오.

$$\sqrt{3x}\left(1 + \frac{1}{x+y}\right) = 2, \quad \sqrt{7y}\left(1 - \frac{1}{x+y}\right) = 4\sqrt{2}$$

(1996년 베트남 수학 올림피아드 대회)

풀이. $u = \sqrt{x}$, $v = \sqrt{y}$라 치환하고 주어진 식을 변환하자.

$$u\left(1 + \frac{1}{u^2 + v^2}\right) = \frac{2}{\sqrt{3}}, \quad v\left(1 - \frac{1}{u^2 + v^2}\right) = \frac{4\sqrt{2}}{\sqrt{7}}$$

복소수 $z = u + iv$라 하면 $u^2 + v^2 = |z|^2$이다. 주어진 식의 첫 번째 식과 두 번째 식에 허수 i를 곱

한 식을 더하면 다음이 성립한다.
$$u+iv+\frac{u-iv}{u^2+v^2}=\left(\frac{2}{\sqrt{3}}+i\frac{4\sqrt{2}}{\sqrt{7}}\right),$$

$\frac{u-iv}{u^2+v^2}=\frac{\overline{z}}{|z|^2}=\frac{\overline{z}}{z\overline{z}}=\frac{1}{z}$ 이므로 위의 식은 다음 식과 동치이다.

$$z+\frac{1}{z}=\left(\frac{2}{\sqrt{3}}+i\frac{4\sqrt{2}}{\sqrt{7}}\right),$$

$$z^2-\left(\frac{2}{\sqrt{3}}+i\frac{4\sqrt{2}}{\sqrt{7}}\right)z+1=0.$$

위 식을 풀면 다음과 같다.

$$z=\left(\frac{1}{\sqrt{3}}\pm\frac{2}{\sqrt{21}}\right)+i\left(\frac{2\sqrt{2}}{\sqrt{7}}\pm\sqrt{2}\right) \text{ (복호동순)}$$

따라서 주어진 구간에서의 해는 다음과 같다.

$$x=u^2=\left(\frac{1}{\sqrt{3}}\pm\frac{2}{\sqrt{21}}\right)^2,\ y=v^2=\left(\frac{2\sqrt{2}}{\sqrt{7}}\pm\sqrt{2}\right)^2 \text{ (복호동순)}$$

문제 28. 복소수 $z_1,\ z_2,\ z_3$에 대하여, $z_1+z_2+z_3=0$일 필요충분조건은 $|z_1|=|z_2+z_3|$, $|z_2|=|z_3+z_1|$, $|z_3|=|z_1+z_2|$임을 보이시오.

풀이.

(1) ($\Rightarrow$) $z_1=-(z_2+z_3)$이고 양변에 절댓값을 취하면 $|z_1|=|z_2+z_3|$이 성립한다. 나머지 두 가지 경우도 비슷하게 보일 수 있다.

(2) ($\Leftarrow$) $|z_1|=|z_2+z_3|$, $|z_2|=|z_3+z_1|$, $|z_3|=|z_1+z_2|$이라 가정하자.

$$|z_1|^2+|z_2|^2+|z_3|^2=|z_2+z_3|^2+|z_3+z_1|^2+|z_2+z_3|^2,$$

$$z_1\overline{z_1}+z_2\overline{z_2}+z_3\overline{z_3}=z_2\overline{z_2}+z_2\overline{z_3}+\overline{z_2}z_3+z_3\overline{z_3}+z_3\overline{z_3}+z_1\overline{z_3}+\overline{z_1}z_3+z_1\overline{z_1}$$
$$+z_1\overline{z_1}+z_1\overline{z_2}+\overline{z_1}z_2+z_2\overline{z_2}$$

즉, $z_1\overline{z_1}+z_2\overline{z_2}+z_3\overline{z_3}+z_1\overline{z_2}+z_2\overline{z_1}+z_1\overline{z_3}+\overline{z_1}z_3+z_2\overline{z_3}+\overline{z_2}z_3=0$

이다. 마지막 관계식은 다음과 같이 간단히 정리할수 있다.

$$(z_1+z_2+z_3)(\overline{z_1}+\overline{z_2}+\overline{z_3})=0,$$

$$|z_1+z_2+z_3|^2=0, \text{ 즉, } z_1+z_2+z_3=0$$

문제 29. 크기가 같은 서로 다른 복소수 $z_1,\ z_2,\ \cdots,\ z_n$이 다음 조건을 만족한다.

$$z_3z_4\cdots z_{n-1}z_n+z_1z_4\cdots z_{n-1}z_n+\cdots+z_1z_2\cdots z_{n-2}=0$$

이때, 다음 식을 증명하시오.

$$z_1z_2 + z_2z_3 + \cdots + z_{n-1}z_n = 0$$

풀이. $a = |z_1| = |z_2| = \cdots = |z_n|$이라 하면 다음과 같이 나타낼 수 있다.

$$\overline{z_k} = \frac{a^2}{z_k} \text{ (단, } k=1,\ 2,\ \cdots,\ n)$$

$$\overline{z_1z_2 + z_2z_3 + \cdots + z_{n-1}z_n} = \sum_{k=1}^{n-1}\overline{z_kz_{k+1}} = \sum_{k=1}^{n-1}\frac{a^4}{z_kz_{k+1}}$$

$$= \frac{a^4}{z_1z_2\cdots z_n}(z_3z_4\cdots z_n + z_1z_4\cdots z_n + \cdots + z_1z_2\cdots z_{n-2}) = 0$$

그러므로 다음 식이 성립한다.

$$z_1z_2 + z_2z_3 + \cdots + z_{n-1}z_n = 0$$

문제 30. $|z+a|=1$을 만족하는 복소수 z, a에 대하여, 다음 부등식을 증명하시오.

$$|z^2 + a^2| \geq \frac{|1-2|a|^2|}{\sqrt{2}}$$

풀이. $z = r_1(\cos t_1 + i\sin t_1)$, $a = r_2(\cos t_2 + i\sin t_2)$라 하자.

$$1 = |z+a| = \sqrt{(r_1\cos t_1 + r_2\cos t_2)^2 + (r_1\sin t_1 + r_2\sin t_2)^2} = \sqrt{r_1^2 + r_2^2 + 2r_1r_2\cos(t_1-t_2)}$$

양변을 제곱하여 코사인에 대하여 정리하면 다음과 같다.

$$\cos(t_1 - t_2) = \frac{1 - r_1^2 - r_2^2}{2r_1r_2}$$

그러면 다음 식이 성립한다.

$$|z^2 + a^2| = |r_1^2(\cos 2t_1 + i\sin 2t_2) + r_2^2(\cos 2t_2 + i\sin 2t_2)|$$

$$= \sqrt{(r_1^2\cos 2t_1 + r_2^2\cos 2t_2)^2 + (r_1^2\sin 2t_1^2 + r_2^2\sin 2t_2)^2}$$

$$= \sqrt{r_1^4 + r_2^4 + 2r_1^2r_2^2\cos 2(t_1-t_2)}$$

$$= \sqrt{r_1^4 + r_2^4 + 2r_1^2r_2^2\left\{2\left(\frac{1-r_1^2-r_2^2}{2r_1r_2}\right)^2 - 1\right\}}$$

$$= \sqrt{2r_1^4 + 2r_2^4 + 1 - 2r_1^2 - 2r_2^2}$$

이제 다음 부등식이 성립함을 보이자.

$$|z^2 + a^2| - \frac{|1-2|a|^2|}{\sqrt{2}} \geq 0$$

위의 부등식은 다음 부등식과 동치이다.

$$|z^2+a^2|^2 - \left(\frac{|1-2|a|^2|}{\sqrt{2}}\right)^2 = (2r_1^4 + 2r_2^4 - 2r_1^2 - 2r_2^2 + 1) - \frac{(1-2r_2^2)^2}{2}$$

$$= \frac{1}{2}\{4r_1^4 + 4r_2^4 - 4r_1^2 - 4r_2^4 + 2 - 1 + 4r_2^2 - 4r_2^4\}$$

$$= \frac{1}{2}(2r_1^2 - 1)^2 \geq 0$$

따라서 $|z^2+a^2|^2 - \left(\frac{|1-2|a|^2|}{\sqrt{2}}\right)^2 \geq 0$이 성립한다. 그러므로 $|z^2+a^2| - \frac{|1-2|a|^2|}{\sqrt{2}} \geq 0$이다. 따라서 $|z^2+a^2| \geq \frac{|1-2|a|^2|}{\sqrt{2}}$이다.

문제 31. 다음 식을 만족하는 복소수 z의 기하적 상을 구하시오(단, n은 정수).

$$z^n \cdot \text{Re}(z) = \overline{z}^n \cdot \text{Im}(z)$$

풀이. $z=0$이면 등식을 만족한다. $z=a+bi \neq 0$이라 하자(단, $a, b \in \mathbb{R}$). $a=0$이면 $b=0$이다. 그리고 $b=0$이면 $a=0$이므로 $a \neq 0$, $b \neq 0$일 때 증명을 하자.

$$az^n = b\overline{z}^n \tag{1}$$

위의 방정식의 양변에 절댓값을 취하면 $|a|=|b|$ 즉, $a = \pm b$이다.

경우 1) $a=b$인 경우 식 (1)은 다음과 같이 정리된다.
$$(a+ai)^n = (a-ai)^n$$
위 식은 다음 식과 동치이다.
$$\left(\frac{1+i}{1-i}\right)^n = 1, \text{ 즉, } i^n = 1 \text{이다.}$$
식 $i^n = 1$는 $n = 4k$일 때 성립한다($k \in \mathbb{Z}$). 따라서 이 경우의 해는 다음과 같다.
$$z = a(1+i), \ a \neq 0$$

경우 2) $a = -b$일 때, 식 (1)은 다음과 같이 정리된다.
$$(a-ai)^n = -(a+ai)^n$$
위 식은 다음 식과 동치이다.
$$\left(\frac{1-i}{1+i}\right)^n = -1, \text{ 즉, } (-i)^n = -1 \text{이다.}$$
식 $(-i)^n = -1$은 $n = 4k+2$일 때 성립한다($k \in \mathbb{Z}$). 따라서 이 경우의 해는 다음과 같다.
$$z = a(1-i), \ a \neq 0$$

정리를 하면 다음과 같다.
(1) n이 홀수이면 $z=0$이다.
(2) $n=4k$, $k\in\mathbb{Z}$이면 $z=\{a(1+i)\,|\,a\in\mathbb{R}\}$이다. 즉, 원점을 지나는 직선이다.
(3) $n=4k+2$, $k\in\mathbb{Z}$이면 $z=\{a(1-i)\,|\,a\in\mathbb{R}\}$이다. 즉, 원점을 지나는 직선이다.

문제 32. $a+b=1$을 만족하는 실수 a, b와 $|z_1|=|z_2|=1$인 복소수 z_1, z_2에 대하여, 다음 부등식을 증명하시오.
$$|az_1+bz_2|\geq \frac{|z_1+z_2|}{2}$$

풀이. $z_1=\cos t_1+i\sin t_1$, $z_2=\cos t_2+i\sin t_2$라 하자. 이를 부등식
$$|az_1+bz_2|\geq \frac{|z_1+z_2|}{2}$$
에 대입한 다음 부등식과 동치이다.
$$\sqrt{(a\cos t_1+b\cos t_2)^2+(a\sin t_1+b\sin t_2)^2}\geq \frac{1}{2}\sqrt{(\cos t_1+\cos t_2)^2+(\sin t_1+\sin t_2)^2}$$
$$2\sqrt{a^2+b^2+2ab\cos(t_1-t_2)}\geq \sqrt{2+2\cos(t_1-t_2)}$$
위 부등식의 양변을 제곱하고 $a+b=1$이므로 다음 부등식이 성립한다.
$$4a^2+4(1-a)^2+8a(1-a)\cos(t_1-t_2)\geq 2+2\cos(t_1-t_2)$$
$$8a^2-8a+2\geq (8a^2-8a+2)\cos(t_1-t_2),\ \ \text{즉}\ \cos(t_1-t_2)\leq 1\ \text{이다.}^{117)}$$
등호는 $t_1=t_2$일 때 성립한다. 즉, $z_1=z_2$ 또는 $a=b=\frac{1}{2}$일 때 성립한다.

문제 33. 양의 정수 k, n에 대하여 절댓값이 같고 0이 아닌 복소수 z_1, z_2, $\cdots$, z_n은
$$z_1{}^k+z_2{}^k+\cdots+z_n{}^k=0$$
을 만족한다. 이때,
$$\frac{1}{z_1{}^k}+\frac{1}{z_2{}^k}+\cdots+\frac{1}{z_n{}^k}=0$$
가 성립함을 증명하시오.

---

117)(역자주) $\{4a^2+4(1-a)^2+8a(1-a)\cos(t_1-t_2)\}-\{2+2\cos(t_1-t_2)\}$
$=(8a^2-8a+2)-(8a^2-8a+2)\cos(t_1-t_2)$
$=(8a^2-8a+2)\{1-\cos(t_1-t_2)\}\geq 0$
왜냐하면 $8a^2-8a+2\geq 0$이고 $\cos(t_1-t_2)\leq 1$이기 때문이다.

6장 답, 힌트와 제시된 문제의 풀이들

풀이. $r = |z_1| = |z_2| = \cdots = |z_n| > 0$이라 하자. 그러면 다음이 성립한다.

$$\frac{1}{z_1^k} + \frac{1}{z_2^k} + \cdots \frac{1}{z_n^k} = \frac{\overline{z_1}}{r^{2k}} + \frac{\overline{z_2}}{r^{2k}} + \cdots + \frac{\overline{z_n}}{r^{2k}} = \frac{1}{r^{2k}}\left(\overline{z_1^k + z_2^k + \cdots + z_n^k}\right) = 0$$

문제 34. 다음을 만족하는 실수인 순서쌍 (a,b)를 모두 찾으시오.
$$(a+bi)^5 = b + ai$$

풀이.
$$a + ib = r(\cos\theta + i\sin\theta)$$
라 하자. 주어진 방정식의 양변의 절댓값을 비교해 보면
$$r^5 = r, \ r \geq 0$$
이므로 $r = 0$ 또는 $r = 1$이다.
$r = 0$인 경우 $a = b = 0$이므로 $(a,b) = (0,0)$이다.
$r = 1$인 경우 드 모르간의 법칙에 의해
$$(a+ib)^5 = (\cos\theta + i\sin\theta)^5 = \cos(5\theta) + i\sin(5\theta)$$
삼각함수의 항등식으로 부터
$$b + ia = \cos(90° - \theta) + i\sin(90° - \theta)$$
이에 따라
$$5\theta \equiv 90° - \theta \,(\mathrm{mod}\ 360),$$
$$5\theta \equiv 90° - \theta + 360°k \quad (단,\ k는\ 정수)$$
결국,
$$\theta = 15° + 60k°$$
$k \in \mathbb{Z}$이므로 $\theta = 15,\ 75,\ 135,\ 195,\ 255,\ 315$이다.
즉, $(a,b) = \left(\pm\dfrac{\sqrt{2}}{2},\ \mp\dfrac{\sqrt{2}}{2}\right),\ \left(\pm\dfrac{\sqrt{6}\pm\sqrt{2}}{4},\ \pm\dfrac{\sqrt{6}\mp\sqrt{2}}{4}\right)$이다.
$r = 0$인 경우와 $r = 1$인 경우를 종합하면 다음과 같은 일곱 개의 해를 얻는다.
$$(a,b) = (0,0),\ \left(\pm\dfrac{\sqrt{2}}{2},\ \mp\dfrac{\sqrt{2}}{2}\right),\ \left(\pm\dfrac{\sqrt{6}\pm\sqrt{2}}{4},\ \pm\dfrac{\sqrt{6}\mp\sqrt{2}}{4}\right)$$
(단, 부호는 복호동순이다.)

문제 35. 모든 $a \in \mathbb{R}$에 대하여 $|z^2 - az + a|$의 최솟값을 구하시오(단, $z \in \mathbb{C}$이고 $|z| \leq 1$이다.).

풀이. 이 문제는 2009년 루마니아 국제 올림피아드 10학년 문제2였고 $a \in [2+\sqrt{2}, 4]$에서의 답

을 요구했다.

이 방정식 $z^2 - az + a = 0$은 $z_{1,2} = \dfrac{a}{2} \pm \dfrac{\sqrt{a^2 - 4a}}{2}$을 해로 가진다. a의 값의 범위에 따라 여러 가지 경우를 고려하자. 이때,
$$|z^2 - az + a| = |(z - z_1)(z - z_2)|$$
이고 점 M, A_1, A_2의 복소좌표를 z, z_1, z_2라 하면 주어진 식은 $\overline{MA_1} \cdot \overline{MA_2}$가 된다.

(1) $a \leq 1$인 경우 z_1, z_2 중의 적어도 하나의 해의 절댓값은 1보다 작다. 그러므로 문제의 조건 $|z| \leq 1$을 만족하는 해가 존재하므로 주어진 식의 최솟값은 다음과 같다.
$$\min|z^2 - az + a| = 0$$

(2) $a \geq 4$인 경우 실수인 해를(실근을) 가지고 1보다 크거나 같다. $T(1, 0)$이고 $B(0, 1) = \{z \in \mathbb{C} \mid |z| \leq 1\}$라 하자.
$$\overline{MA_j} \geq d(A_j, B(0, 1)) = \overline{TA_j},$$
$$|z^2 - az + a| = \overline{MA_1} \cdot \overline{MA_2} \geq \overline{TA_1} \cdot \overline{TA_2} = 1$$
이므로 결국, $z = 1$일 때 최솟값 1을 가진다.

(3) $1 \leq a \leq 4$인 경우 $a^2 - 4a \leq 0$이고 해는 켤레복소수 관계에 있다. 이 결과는 유용하게 사용될 것이다. 점 $A_1(\alpha, \beta)$, $A_2(\alpha, -\beta)$이고 $M(x, y)$라 하자. 그러면
$$(\overline{MA_1} \cdot \overline{MA_2})^2 = \{(x - \alpha)^2 + (y - \beta)^2\}\{(x - \alpha)^2 + (y + \beta)^2\}$$
$$= \{(x - \alpha)^2 + y^2 + \beta^2\}^2 - 4\beta^2 y^2$$

위 식은 x가 α가까이 있을 때 최솟값을 가진다.

$|z| = 1$라 하면 $z = \cos\theta + i\sin\theta$이다. $|z^2 - az + a|$의 최솟값을 계산하자.
$$|z^2 - az + a|^2 = |(\cos^2\theta - \sin^2\theta - a\cos\theta + a) + i(2\cos\theta\sin\theta - a\sin\theta)|^2$$
$$= \{\cos\theta(2\cos\theta - a) + a - 1\}^2 + \{\sin\theta(2\cos\theta - a)\}^2$$
$$= (2\cos\theta - a)^2 + 2(a - 1)\cos\theta(2\cos\theta - a) + (a - 1)^2$$
$$= (2a^2 - 2a + 1) - 4a\left(\dfrac{a + 1}{4}\right)^2 + 4a\left(\cos\theta - \dfrac{a + 1}{4}\right)^2$$

$a \in [3, 4]$인 경우[118] $\cos\theta = 1$일 때 위의 식은 최솟값을 가진다. 결과는 다시 $z = 1$인 경우와 같으므로 $\min|z^2 - az + a| = 1$이다.

---

[118] (역자주) 위의 식에서 z와 $\cos\theta$가 종속변수이다. 그리고 식에서 $4a\left(\cos\theta - \dfrac{a + 1}{4}\right)^2$이 부분의 값에 따라 식의 값이 달라짐을 알 수 있다. $1 \leq a \leq 4$이므로 $\dfrac{1}{2} \leq \dfrac{a + 1}{4} \leq \dfrac{5}{4}$이다. $\cos\theta \leq 1$이므로 $1 \leq \dfrac{a + 1}{4} \leq \dfrac{5}{4}$와 $\dfrac{1}{2} \leq \dfrac{a + 1}{4} \leq 1$인 범위로 경우를 나누어 생각한다.

$a \in [1,3]$인 경우 $\cos\theta = \dfrac{a+1}{4}$일 때 위의 식은 최솟값을 가지고

$$\min |z^2 - az + a|^2 = (2a^2 - 2a + 1) - 4a\left(\dfrac{a+1}{4}\right)^2 = 1 - \dfrac{a(a-3)^2}{4}$$

이다. 그 값 $a = 2 + \sqrt{2} \in [3,4]$은 흥미롭다. 중심이 $\left(\dfrac{a}{2}, 0\right)$이고 반지름이 $\dfrac{\sqrt{4a - a^2}}{2}$인 원 γ는 $\overline{A_1 A_2}$를 지름으로 가진다. 원 γ는 원 $B(0,1)$와 점 $T(1,0)$에서 접한다. $a \geq 2 + \sqrt{2}$인 경우 이것은 $z = 1$일 때 $|z^2 - az + a|$의 최솟값이 1이라는 것에 특별한 논쟁을 허락하고 그것은 공식적인 해로 다가가게 한다.

문제 36. 세 복소수 a, b, c에 대하여
$$a|bc| + b|ca| + c|ab| = 0$$
라 하자. 다음을 증명하시오.
$$|(a-b)(b-c)(c-a)| \geq 3\sqrt{3}\,|abc|$$

(루마니아 수학 올림피아드, 최종, 2008)

풀이. 만약 세 복소수 중 하나라도 0이면 명제는 성립한다. 그렇지 않은 경우 문제의 가정을 $|abc|$로 나누고 $\alpha = \dfrac{a}{|a|}$, $\beta = \dfrac{b}{|b|}$, $\gamma = \dfrac{c}{|c|}$라 두면 $|\alpha| = |\beta| = |\gamma| = 1$이고 $\alpha + \beta + \gamma = 0$이 된다. 이 경우는 잘 알려진 사실이다. α, β, γ의 차이는 $\pm\dfrac{2\pi}{3}$이다. 코사인 법칙에 의해서 $|a - b|^2 = |a|^2 + |b|^2 + |a||b| \geq 3|a||b|$이고 나머지 두 합에 대해서도 유사한 관계식이 성립한다. 세 부등식을 곱하면 본 명제는 성립한다.

문제 37. 두 복소수를 a, b에 대하여 다음 부등식을 증명하시오.
$$|1 + ab| + |a + b| \geq \sqrt{|a^2 - 1||b^2 - 1|}$$

(루마니아 수학 올림피아드, 디스트릭트 라운드, 2008)

풀이 1. 삼각부등식에 의해서
$$|1 + ab| + |a + b| \geq |1 + ab + a + b|,$$
$$|1 + ab| + |a + b| \geq |1 + ab - a - b|.$$

이다. 두 부등식을 같은 변끼리 곱하면 다음 식을 얻는다.
$$(|1 + ab| + |a + b|)^2 \geq |(1 + ab)^2 - (a + b)^2|$$

위의 식은 $|1 + ab| + |a + b| \geq \sqrt{|a^2 - 1||b^2 - 1|}$와 동치이다.

풀이 2. $|1 + 2ab + a^2b^2| + |a^2 + 2ab + b^2| \geq |a^2b^2 + 1 - a^2 + b^2| = |a^2 - 1||b^2 - 1|$

이고 이것은 다음 식과 동치이다.
$$(|1+ab| + |a+b|)^2 \geq |(1+ab)^2 - (a+b)^2|$$

문제 38. $a+b+c=0$이고 $|a|=|b|=|c|=1$인 복소수 a, b, c라 하자. $|z| \leq 1$인 모든 복소수 z에 대하여
$$3 \leq |z-a| + |z-b| + |z-c| \leq 4$$
이 성립함을 증명하시오.

(루마니아 수학 올림피아드, 최종, 2012)

풀이. 점 A, B, C, M이 복소좌표 a, b, c, z를 가진다고 하자. 삼각형 ABC는 외심이 O이고 반지름이 1인 외접원을 가진다. 좌변의 부등식을 증명하자.
$$\sum |z-a| = \sum |\bar{a}||z-a| = \sum |\bar{a}z - \bar{a}a| \geq \left|\sum(\bar{a}z - 1)\right| = \left|z\left(\sum \bar{a}\right) - 3\right| = 3$$
우변의 부등식을 증명하자. 점 M을 포함하는 외접원의 현 $\overline{PQ}$가 있다. 점 P, Q의 복소좌표를 각각 p, q라 하자. $\alpha \in [0,1]$에 대하여 $z = \alpha p + (1-\alpha)q$라 하자.
$$\sum |z-a| = \sum |\alpha p + (1-\alpha)q - a| \leq \alpha \sum |p-a| + (1-\alpha)\sum |q-a| \text{이므로}$$
$$\sum |z-a| \leq \max\left\{\sum |p-a|, \sum |q-a|\right\}$$
이다. 일반성을 잃지 않고
$$\max\left\{\sum |p-a|, \sum |q-a|\right\} = \sum |p-a|$$
라 하고 점 P가 점 B를 포함하지 않는 호 AC 위에 있다고 하자. 톨레미의 관계에 의해서 $\overline{PA} + \overline{PC} = \overline{PB}$이므로
$$|p-a| + |p-c| = |p-b|$$
이다. 그러므로 다음 식이 성립하고 본 명제는 증명되었다.
$$\sum |z-a| \leq \sum |p-a| = 2|p-b| \leq 4$$

주의. 좌변의 등호가 성립하는 경우는 $z=0$일 때이고 우변의 등호가 성립하는 경우는 $z \in \{-a, -b, -c\}$일 때이다.

5.2 대수적 방정식과 다항식

문제 11. a, b, c는 복소수이고 $a \neq 0$ 이라 하자. 방정식 $az^2 + bz + c = 0$ 의 근이 크기가 같으면 $\bar{a}b|c| = |a|\bar{b}c$ 임을 증명하시오.

풀이. $r = |z_1| = |z_2|$ 라 하자. 관계식 $\overline{ab}|c| = |a|\overline{b}c$ 는 다음 식과 동치이다.

$$\frac{\overline{ab}|c|}{\overline{a}a|a|} = \frac{|a|\overline{b}c}{\overline{a}a|a|}$$

$$\frac{b}{a} \cdot \left|\frac{c}{a}\right| = \overline{\left(\frac{b}{a}\right)} \cdot \frac{c}{a}$$

$$-(z_1 + z_2) \cdot |z_1 z_2| = -(\overline{z_1} + \overline{z_2}) \cdot z_1 z_2$$

$$(z_1 + z_2)r^2 = |z_1|^2 z_2 + z_1|z_2|^2$$

$$(z_1 + z_2)r^2 = (z_1 + z_2)r^2$$

따라서 주어진 식은 성립한다.

문제 12. z_1, z_2 는 방정식 $z^2 + z + 1 = 0$ 의 근이고 z_3, z_4 는 방정식 $z^2 - z + 1 = 0$ 의 근이라 하자. $z_1^n + z_2^n = z_3^n + z_4^n$ 을 만족하는 정수 n 을 있는 대로 구하시오.

풀이. $z_1^3 = z_2^3 = 1$ 이고 $z_3^3 = z_4^3 = -1$ 임을 알고 있다. 정수 k 에 대하여 $n = 6k + r$, $r \in \{0, 1, 2, 3, 4, 5\}$ 이라 하면 $z_1^n + z_2^n = z_1^r + z_2^r$ 이고 $z_3^n + z_4^n = z_3^r + z_4^r$ 이다. 따라서 등 $z_1^n + z_2^n = z_3^n + z_4^n$ 는 $z_1^r + z_2^r = z_3^r + z_4^r$ 와 동치이고 이것은 $r \in \{0, 2, 4\}$ 일 때만 성립한다. 실제로

(i) $r = 0$ 이면 $z_1^0 + z_2^0 = z_3^0 + z_4^0 = 2$ 이다.

(ii) $r = 2$ 이면 $z_1^2 + z_2^2 = (z_1 + z_2)^2 - 2z_1 z_2 = (-1)^2 - 2 \cdot 1 = -1$ 이고
$z_3^2 + z_4^2 = (z_3 + z_4)^2 - 2z_3 z_4 = 1^2 - 2 \cdot 1 = -1$ 이다.

(iii) $r = 4$ 이면 $z_1^4 + z_2^4 = z_1 + z_2 = -1$ 이고 $z_3^4 + z_4^4 = -(z_3 + z_4) = -(+1) = -1$ 이다.

(iv) $r = 1$ 이면 $z_1 + z_2 = -1 \neq z_3 + z_4 = 1$

(v) $r = 3$ 이면 $z_1^3 + z_2^3 = 1 + 1 = 2 \neq z_3^3 + z_4^3 = -1 - 1 = -2$

(vi) $r = 5$ 이면 $z_1^5 + z_2^5 = z_1^2 + z_2^2 = -1 \neq z_3^5 + z_4^5 = -(z_3^2 + z_4^2) = 1$

문제 13. 다음과 같이 정의된 계수가 실수인 방정식을 생각하자.

$$x^6 + ax^5 + bx^4 + cx^3 + bx^2 + ax + 1 = 0$$

방정식의 근을 $x_1, x_2, \cdots, x_6$ 이라 할 때 다음 식이 성립함을 증명하시오.

$$\prod_{k=1}^{6} (x_k^2 + 1) = (2a - c)^2$$

풀이. 모든 복소수 x 에 대하여 다음이 성립한다.

$$f(x) = x^6 + ax^5 + bx^4 + cx^3 + bx^2 + ax + 1$$

$$= \prod_{k=1}^{6}(x-x_k) = \prod_{k=1}^{6}(x_k-x)$$

따라서 다음 식으로 증명할 수 있다.

$$\prod_{k=1}^{6}(x_k^2+1) = \prod_{k=1}^{6}(x_k+i)\prod_{k=1}^{6}(x_k-i) = f(-i) \cdot f(i)$$
$$= (i^6 + ai^5 + bi^4 + ci^3 + bi^2 + ai + 1)(i^6 - ai^5 + bi^4 - ci^3 + bi^2 - ai + 1)$$
$$= (2ai-ci)(-2ai+ci) = (2a-c)^2$$

문제 14. a, b 는 복소수이고 $P(z) = az^2 + bz + i$ 라 하자. $|P(z_0)| \geq 1 + |a|$ 를 만족하는 $|z_0| = 1$ 인 복소수 z_0 가 존재함을 증명하시오.

풀이. $|z| = 1$ 인 복소수 z 에 대하여 다음이 성립한다.
$$P(z) + P(-z) = az^2 + bz + i + az^2 - bz + i = 2(az^2 + i)$$

$az_0^2 = |a|i$를 만족하는 z_0를 선택하면 충분하다. a를 다음과 같이 두자.
$$a = |a|(\cos t + i\sin t), \ t \in [0, 2\pi)$$

$az_0^2 = |a|i$는 다음과 동치이다.
$$z_0^2 = \cos\left(\frac{\pi}{2}-t\right) + i\sin\left(\frac{\pi}{2}-t\right)$$

따라서
$$z_0 = \cos\left(\frac{\pi}{4}-\frac{t}{2}\right) + i\sin\left(\frac{\pi}{4}-\frac{t}{2}\right)$$

이라 하면 z_0가 존재한다. 또한
$$P(z_0) + P(-z_0) = 2(|a|i + i) = 2i(1 + |a|)$$

이므로 양변에 절댓값을 취하면 다음이 성립한다.
$$|P(z_0)| + |P(-z_0)| \geq 2(1 + |a|)$$

이것으로부터 $|P(z_0)| \geq 1 + |a|$ 또는 $|P(-z_0)| \geq 1 + |a|$를 얻는다. 따라서 $|z_0| = |-z_0| = 1$ 임을 알 수 있다.

문제 15. 임의의 실수 x에 대하여, 조건 $f(x)f(2x^2) = f(2x^3+x)$을 만족하는 계수가 실수인 다항식 f를 모두 찾으시오.

(21회 IMO-Shortlist)

풀이. z를 다항식 f의 복소수 근이라고 하자. 주어진 조건에 의하여 $2z^3 + z$도 f의 복소수 근이다. $|z| \geq 1$이라고 하면 다음과 같다.
$$|2z^3 + z| = |z||2z^2 + 1| \geq |z|(2|z|^2 - 1) > |z|$$

따라서, 만약 f 가 z_1 이라는 근을 가지면, f 는 $z_2 = 2z_1^3 + z_1$ 이라는 근을 가지게 되고, $|z_2| > |z_1|$ 이다. 이와 같은 과정을 무한히 반복하면 f 는 무한개의 근 $z_1, z_2, \cdots$ 를 가지게 되고 $|z_1| < |z_2| \cdots$ 을 만족한다. 이것은 모순이다. 따라서 f 의 모든 근은 $|z| \leq 1$ 을 만족한다.

f 가 x 로 나누어 떨어지지 않음을 보여야 한다. 모순을 보이기 위하여, 반대로 $k (k \geq 1)$ 는 x^k 가 f 를 나누는 최대 정수라고 하자. 이것은 다음과 같은 식을 의미한다. $f(x) = x^k(a + xg(x))$ 단, $a \neq 0$. 따라서 다음이 성립한다.

$$f(2x^2) = x^{2k}\left(a_1 + 2^{k+1}x^2 g(2x^2)\right) = x^{2k}\left(a_1 + xg_1(x^2)\right)$$

이고,

$$f(2x^3 + x) = x^k(2x^2 + 1)^k \left(a + (2x^2+1)xg(x)\right) = x^k(a + xg_2(x))$$

이다. 여기서 g, g_1, g_2 는 다항식이고 $a_1 \neq 0$ 인 실수이다.
$f(x)f(2x^2) = f(2x^3 + x)$ 는 $x^k(a + xg(x)) \, x^{2k}(a_1 + xg_1(x^2)) = x^k(a + xg_2(x))$ 와 동치이다. 이것은 $a \neq 0$ 인 실수와 양수 k 에 대하여 불가능하다. 다항식 f 의 차수를 m 이라고 하자. 다항식 $f(2x^2)$ 과 $f(2x^3 + x)$ 의 차수는 각각 $2m$ 과 $3m$ 이다.

만약 $f(x) = b_m x^m + \cdots + b_0$ 라고 하면, $f(2x^2) = 2^m b_m x^{2m} + \cdots + b_0$ 이고, $f(2x^3 + x) = 2^m b_m x^{3m} + \cdots + b_0$ 이다. 주어진 조건으로부터 $b_m 2^m b_m = 2^m b_m$ 을 얻을 수 있으므로 $b_m = 1$ 이다. 다시 주어진 조건을 이용하여 $(f(0))^2 = f(0)$, 즉 $b_0^2 = b_0$ 이므로 $b_0 = 1$ 이다.

따라서 다항식 f 의 모든 근의 곱은 ± 1 이다. 모든 근은 $|z| \leq 1$ 을 만족해야 하므로, 다항식 f 의 근의 절댓값의 크기는 1이다.

z 를 다항식의 근이라고 하자. $|z| = 1$ 이므로 $1 = |2z^3 + z| = |z||2z^2 + 1| \geq |2z^2| - 1 = 1$ 이다. 위 등식이 성립할 필요충분조건은 $z = \pm i$ 이다.

f 는 계수가 실수인 다항식이고 근이므로 $\pm i$ 를 갖는다는 것은 다항식 f 가 임의의 양의 정수 n 에 대하여 다음과 같은 꼴을 $(x^2 + 1)^n$ 가지는 것을 의미한다. 다음 항등식을 이용하여

$$(x^2 + 1)(4x^4 + 1) = (2x^3 + x)^2 + 1$$

이 성립하고, 구하는 다항식이 $f(x) = (x^2 + 1)^n$ 임을 알 수 있다.

문제 16. 다음을 만족하는 모든 복소수 z 를 구하시오.

$$(z - z^2)(1 - z + z^2)^2 = \frac{1}{7}$$

(Mathematical Reflections, 2013)

풀이. 다음 항등식으로부터

$$(x + y)^7 = x^7 + y^7 + 7xy(x+y)(x^2 + xy + y^2)^2$$

다음을 추론할 수 있다.

$$(1 - z)^7 = 1 - z^7 - 7z(1-z)(1 - z + z^2)^2$$

$$(1-z)^7 = -z^7$$
$$\left(-\frac{1}{z}+1\right)^7 = 1$$
$$-\frac{1}{z_k}+1 = \cos\frac{2k\pi}{7} + i\sin\frac{2k\pi}{7}, \text{ (단, } k = 0,\, 1,\, 2,\, \cdots,\, 6)$$
$$\frac{1}{z_k} = 1 - \cos\frac{2k\pi}{7} - i\sin\frac{2k\pi}{7} = 2\sin^2\frac{k\pi}{7} - 2i\sin\frac{k\pi}{7}\cos\frac{k\pi}{7}$$

이것은 다음과 동치이다.

$$z_k = \frac{1}{-2i\sin\frac{k\pi}{7}\left(\cos\frac{k\pi}{7} - i\sin\frac{k\pi}{7}\right)} = \frac{\cos\frac{k\pi}{7} + i\sin\frac{k\pi}{7}}{-2i\sin\frac{k\pi}{7}}$$
$$= \frac{1}{2}\left(-1 + i\cot\frac{k\pi}{7}\right) \quad \text{(단, } k = 0,\, 1,\, 2,\, \cdots,\, 6)$$

문제 17. 다음을 만족하는 모든 순서쌍 $(z,\, n)$을 구하시오.
$$z + z^2 + \cdots + z^n = n|z| \quad (\text{단, } z \in \mathbb{C},\, |z| \in \mathbb{Z}^+)$$

(Mathamatical Reflections 2008)

풀이. 만약 $n = 1$이면 $z = |z|$이고, $(z,\, 1)$이 해가 될 필요충분조건은 $z \in \mathbb{Z}^+$이다.
$|z| = 1$에 대하여 다음 부등식을 얻는다.
$$1 = n = |z + z^2 + \cdots + z^n| \leq |z| + |z|^2 + \cdots + |z|^n = n = 1$$

위의 등호가 성립할 필요충분조건은 z^k가 모두 일직선 위에 있는 것이다. 즉, $z \in \mathbb{R}$이다. $|z| = 1$이면서 가능한 순서쌍 $(1,\, n)$이지만, 이것은 자명한 해이다.

이제 자명하지 않은 해를 찾아보자. $n = 2$에 대하여 위의 항등식은 $z + z^2 = 2|z|$이다. 이때, z는 다음과 같이 표현할 수 있다.
$$z = |z|(\cos\theta + i\sin\theta)$$

이때, 위의 항등식에서 실수부와 허수부를 분리하면 다음이 성립한다.
$$\cos\theta + |z|\cos 2\theta = 2,\ \sin\theta + |z|\sin 2\theta = 0$$

위의 두 번째 식으로 부터 다음 과 같은 결과를 얻는다.[119]
$$\sin\theta = 0 \ \text{또는}\ \cos\theta = -\frac{1}{2|z|}$$

위의 두 번째 식으로 부터 다음 과 같은 결과를 얻는다.
$$\cos 2\theta = 2\cos^2\theta - 1 = \frac{1 - 2|z|^2}{2|z|^2}$$

---

[119] (역자주) 배각 공식을 적용하고 양변을 $\sin\theta$로 나누면

위에서 얻은 두 식을 항등식의 실수부에 대입하면 $|z| = -2$를 얻는다. 이것은 절댓값 정의에 모순이다. 따라서 $\sin\theta = 0$이다. $\cos\theta = -1$이면, $|z| = 2+1 = 3$이고, $\cos\theta = 1$이면, $|z| = 2-1 = 1$이다. 따라서 자명한 해 $(1, 2)$와 $(-3, 2)$가 추가된다.

만약, $|z| > 1$이면 $n|z|(z-1) = z^{n+1} - z$를 생각해보자.
$$z = |z|(\cos\theta + i\sin\theta)$$
이므로 실수부와 허수부를 분리하면 다음이 성립한다.
$$|z|^n\cos((n+1)\theta) = (n|z|+1)\cos\theta - n,$$
$$|z|^n\sin((n+1)\theta) = (n|z|+1)\sin\theta$$

위의 등식을 제곱해서 더하면 다음을 얻는다.
$$|z|^n = \sqrt{(n|z|+1)^2 + n^2 - 2n(n|z|+1)\cos\theta} \leq n|z| + n + 1$$

단, $\cos\theta = -1$일 때 등식이 성립한다. $|z|^n$과 $n|z|+n+1$의 미분의 성질에 의해서 $|z|^n \ln|z| > \dfrac{|z|^n}{2} \geq |z|^{n-1}$, $|z|^n \ln|z| > \dfrac{|z|^n}{2} \geq |z|+1$이다. 여기서 $4 > e$이므로 $|z| > 2$라는 사실과 $\ln 2 > \dfrac{1}{2}$임을 사용했다. $n \geq 3$이고, $|z| \geq 2$인 경우, $|z|^{n-1} > 2|z| > |z|+1$임을 알 수 있고, $n = 3$이고, $|z| = 3$이면, 식 $|z|^n = 27 > 13 = n|z|+n+1$을 얻는다. $n = 4$이고, $|z| = 2$이면, 식 $|z|^n = 16 > 13 = n|z|+n+1$을 얻는다. $|z| = 2$일 때, $n \geq 4$에서 해를 가질 수 없고, $n \geq 3$이고 $|z| \geq 3$일 때, 해를 가질 수 없다. $n = 1, 2$인 경우 모든 $|z|$에 대해 논하였고 $|z| = 1$인 경우 모든 n에 대해서도 논했으므로, $|z| = 2$, $n = 3$인 경우에 대해서만 해가 존재하는지 살펴보면 된다. 이 경우 방정식은 다음과 같다.
$$8\cos 4\theta = 7\cos\theta - 3 \text{ 이고 } 8\sin 4\theta = 7\sin\theta$$

위의 두 식을 제곱하고 더하면 $64 = 49 + 9 - 42\cos\theta$이므로 $\cos\theta = -\dfrac{1}{7}$이다. 그렇지만 이것은 모순이다. 왜냐하면 이것을 위의 첫 번째 식에 대입하면 $\cos 4\theta = -\dfrac{1}{2}$을 얻는다. 그런데 배각공식을 이용해서 계산하면 다음과 같다.
$$\cos 2\theta = 2\cos^2\theta - 1 = -\dfrac{47}{49},$$
$$\cos 4\theta = \dfrac{2\cdot 47^2 - 49^2}{49^2} \neq -\dfrac{1}{2}$$

가능한 모든 경우를 살펴보았지만 해는 존재하지 않는다. 따라서 가능한 해는 $(-3, 2)$, $(1, n)$, $(z, 1)$이다.

문제 18. 0이 아닌 복소수 a, b, c, d는 $ad - bc \neq 0$을 만족하고 n은 양의 정수일 때, 다음 식에 대하여 물음에 답하시오.
$$(ax+b)^n + (cx+d)^n = 0$$

(a) $|a| = |c|$ 이면 방정식의 모든 해는 직선 위에 있음을 증명하시오.
(b) $|a| \neq |c|$ 이면 방정식의 모든 해는 원 위에 있음을 증명하시오.
(c) $|a| \neq |c|$ 일 때, 원의 반지름을 구하시오.

(Mathematical Reflections, 2010)

풀이. 만약에 $cx+d=0$ 이면, $ax+b=0$ 이고 이것은 $ad-bc=0$ 을 의미하므로 가정에 모순이다. 따라서 $cx+d \neq 0$ 임을 가정할 수 있고 위의 방정식은 다음과 같다.

$$\left(\frac{ax+b}{cx+d}\right)^n = -1 \tag{1}$$

여기서 $z = \dfrac{ax+b}{cx+d}$ 라 하면 식 (1)은 $z^n = -1$ 이다. 이 방정식의 근은 다음과 같다.

$$z_k = \cos\frac{(2k+1)\pi}{n} + i\sin\frac{(2k+1)\pi}{n}, \ (k=0,\ 1,\ \cdots,\ n-1)$$

방정식 $(ax+b)^n + (cx+d)^n = 0$ 의 근은 방정식 $z^n = -1$ 의 근과 관계있으므로 $z_k = \dfrac{ax_k+b}{cx_k+d}$ 임은 분명하다. $|z_k|=1$ 이므로 다음이 성립한다.

$$\left|\frac{ax_k+b}{cx_k+d}\right| = 1 \ (단,\ k=0,\ 1,\ \cdots,\ n-1)$$

$$\left|\frac{x_k + \dfrac{b}{a}}{x_k + \dfrac{d}{c}}\right| = \frac{|c|}{|a|} \tag{2}$$

이때, $|a| = |c|$ 이면

$$\left|x_k + \frac{b}{a}\right| = \left|x_k + \frac{d}{c}\right|$$

이다. 이것은 근 x_k 가 복소좌표 $-\dfrac{b}{a}$ 와 $-\dfrac{d}{c}$ 를 잇는 선분의 수직이등분선 위에 있음을 의미한다. 만약, $|a| \neq |c|$ 이면, 식 (2)로부터 근 x_k 가 상수 $\dfrac{|c|}{|a|}$ 에 대응하는 아폴로니우스 원 위에 있음을 알 수 있다.

이 원의 반지름을 찾기 위하여 스튜어트 정리의 결과를 이용할 것이다. $\alpha,\ \beta,\ K \geq 0$ 인 실수와 점 A, B 가 주어졌을 때,

$$K > \frac{\alpha\beta}{\alpha+\beta} \cdot \overline{AB}^2$$

이면, 위 조건을 만족하는 점 M 의 자취는 다음과 같다.

$$\alpha\overline{MA}^2 + \beta\overline{MB}^2 = K \tag{3}$$

점 M 의 자취는 원이고 반지름 R 은 다음과 같다.

$$R = \sqrt{\frac{K}{\alpha+\beta} - \frac{\alpha\beta}{(\alpha+\beta)^2} \cdot \overline{\mathrm{AB}}^2}$$

이 방정식에서 $K=0$, $\alpha=|a|$, $\beta=-|c|$ 이고 주어진 점은 $\mathrm{A}\left(-\dfrac{b}{a}\right)$, $\mathrm{B}\left(-\dfrac{d}{c}\right)$ 이므로 반지름 R은 다음과 같다.

$$R = \frac{|b| \cdot |ad-bc|}{|c| \cdot ||a|-|b||}$$

문제 19. n은 양의 정수이다. 절댓값이 1인 복소수가 $z^n + z + 1 = 0$의 해가 될 필요충분조건은 $n = 3m+2$ 임을 증명하시오. 단, m은 양의 정수이다.

(루마니아 올림피아드 결승, 2007)

풀이 1. 양의 정수 m에 대하여 $n = 3m+2$이면, 복소수 $\cos\dfrac{2\pi}{3} + i\sin\dfrac{2\pi}{3}$는 절댓값이 1인 복소수의 해가 됨은 자명하다. 역으로 z가 절댓값이 1인 복소수 해라고 하면, $\bar{z} = \dfrac{1}{z}$이다. 따라서 $z^n + z + 1 = 0 = z^n + z^{n-1} + 1$이다. 이것으로부터 $z^{n-2} = 1$임을 알 수 있다. 따라서 $z^2 + z + 1 = 0$이고, $z^3 = 1$인데, $z \neq 1$이다. 그러므로 양의 정수 m에 대하여 $n = 3m+2$이다.

풀이 2. $P(z) = z^n + z + 1 = 0$이라고 하자. $P(\omega) = 0$이고, $|\omega| = 1$이면,
$$\omega = \cos\theta + i\sin\theta$$
드 무와브르의 정리에 의하여, $\omega^n = \cos n\theta + i\sin n\theta$ 이므로
$$0 = (\cos n\theta + \cos\theta + 1) + i(\sin n\theta + \sin\theta)$$
위 식의 허수부에서 $\sin n\theta = -\sin\theta$ 이므로 $\sin^2 n\theta = \sin^2\theta$ 이고, 같은 방법으로 $\cos^2 n\theta = \cos^2\theta + 2\cos\theta + 1$이므로 두 식을 더하여 정리하면 $\cos\theta = -\dfrac{1}{2}$이다. 이것은 $\omega^3 = 1$, $\omega^2 + \omega + 1 = 0$을 의미한다. 따라서 $\omega^n = \omega^2$이다. 따라서 $n \equiv 2 \pmod 3$을 의미한다.

역으로 $n \equiv 2 \pmod 3$이면 ω는 1이 아닌 1의 세제곱근으로 $P(\omega) = 0$을 얻는다. 실제로 $P(z) = z^n + z + 1 = (z^2 + z + 1)Q(z)$이다. 여기서 $Q(z)$는 계수가 정수인 다항식이다.

문제 20. a, b는 복소수이다. 다음 두 명제가 필요충분조건임을 증명하시오.
(1) 방정식 $x^2 - ax + b = 0$의 두 근의 절댓값은 다음 방정식의 근의 절댓값과 같다.
$$x^2 - bx + a = 0$$
(2) $a^3 = b^3$ 또는 $b = \bar{a}$

(루마니아 올림피아드, 지역선발, 2011)

풀이.
$$|x_1| = |x_3|, \quad |x_2| = |x_4| \tag{1}$$

라고 하자. 또, 근과 계수의 관계에서 $|a| = |x_3 x_4| = |x_1 x_2| = |b|$ 이고, 이로부터
$$|x_3 + x_4| = |x_1 + x_2| \tag{2}$$
임을 알 수 있다.

(1)과 (2)에서 복소수 $k \in \mathbb{C}$ 가 존재해서 $x_2 = kx_1$, $x_4 = kx_3$ 또는 $x_2 = kx_1$, $x_4 = \overline{k}x_3$ 을 만족함을 보일 것이다.

첫 번째 경우, $a = kx_3^2 = (1+k)x_1$, $b = kx_1^2 = (1+k)x_3$이다. 따라서
$$a^3 = k(1+k)^2 x_1^2 x_3^2 = b^3$$

두 번째 경우, $a = \overline{k}x_3^2 = (1+k)x_1$, $b = kx_1^2 = (1+\overline{k})x_3$ 이다. 이것은 $x_1^2 \overline{x_1} = x_3 \overline{x_2}$ 을 의미한다. 그러므로 $x_1 = \overline{x_3}$ 또는 $a = b = 0$이다. 더구나 $x_2 = \overline{x_4}$이다. 따라서 $a = \overline{b}$ 이다.

역으로, $b = \overline{a}$이면 $x_1 + x_2 = \overline{x_3} + \overline{x_4}$, $x_1 x_2 = \overline{x_3 x_4}$는 $\{x_1, x_2\} = \{\overline{x_3}, \overline{x_4}\}$를 의미한다. 그리고 $a^3 = b^3$이면, $a = \varepsilon b$, $\varepsilon^3 = 1$이다. 이 근들은 $x_1 + x_2 = \varepsilon(x_3 + x_4)$, $x_1 x_2 = \varepsilon^2 x_3 x_4$을 만족한다. 위의 경우들은 다음을 의미한다.
$$\{|x_1|, |x_2|\} = \{|x_3|, |x_4|\}$$

5.3 대수적 항등식의 기하적 성질

문제 12. $|a| = |b| = |c| = |d|$이고 $a + b + c + d = 0$인 서로 다른 복소수 a, b, c, d가 있다. 그러면 꼭짓점의 좌표가 a, b, c, d인 직사각형이 존재함을 보이시오.

풀이 1. 점 A, B, C, D의 좌표를 a, b, c, d라 하자.

만약 $a + b = 0$이면 $c + d = 0$이다. 즉, ABCD는 반지름이 $R = |a|$에 내접하는 평행사변형이다.

만약 $a + b \neq 0$이면 점 M과 N의 좌표는 각각 $a + b$이고 $c + d$이고 원점에 대하여 대칭이다. 이때 $\overline{AB}$는 마름모 OAMB의 대각선이므로 $\overline{AB}$는 $\overline{OM}$을 수직 이등분한다. 같은 이유로 $\overline{CD}$는 $\overline{ON}$을 수직 이등분한다. 결과적으로 점 A, B, C, D는 반지름이 R인 원 위의 점과 선분 OM과 ON의 수직이등분선의 교점이다. 따라서 점 A, B, C, D는 직사각형의 꼭짓점의 좌표이다.

풀이 2. 첫 번째로 $a + b + c + d = 0$이므로 $a + d = -(b + c)$, $|a + d| = |b + c|$ 이다. 결국 $|a + d|^2 = |b + c|^2$이고 복소수의 내적의 성질에 의해서 $(a + d) \cdot (a + d) = (b + c) \cdot (b + c)$, $|a|^2 + |d|^2 + 2a \cdot d = |b|^2 + |c|^2 + 2b \cdot c$ 이 성립한다. 가정에 의해서 $|a| = |b| = |c| = |d|$이므로 $a \cdot d = b \cdot c$이다.

한편, $\overline{AD}^2 = |d - a|^2 = (d - a) \cdot (d - a) = |a|^2 + |d|^2 - 2a \cdot d = 2(R^2 - a \cdot d)$ 이다. 비슷하게 $\overline{BC}^2 = 2(R^2 - b \cdot c)$이다. 이때, $a \cdot d = b \cdot c$이므로 $\overline{AD} = \overline{BC}$이다. 따라서 ABCD는 직사각형이다.

문제 13. 0이 아닌 복소수 z_i ($i = 1, 2, 3, 4, 5$)가 같은 절댓값을 가진다고 하자. 그러면

$$\sum_{i=1}^{5} z_i = \sum_{i=1}^{5} z_i^2 = 0$$

이다. z_1, z_2, z_3, z_4, z_5가 정오각형의 꼭짓점의 좌표가 됨을 증명하시오.

(루마니아 수학 올림피아드, 최종, 2003)

풀이. 다항식

$$P(X) = X^5 + aX^4 + bX^3 + cX^2 + dX + e$$

의 근을 z_k, $k = 1, 2, 3, 4, 5$라 하자. 그러면 다음이 성립한다.

$$a = -\sum_{\text{cyc}} z_1, \quad b = \sum_{\text{cyc}} z_1 z_2 = \frac{1}{2}\left(\sum_{\text{cyc}} z_1\right)^2 - \frac{1}{2}\sum_{\text{cyc}} z_1^2 = 0$$

z_k의 절댓값을 r이라고 하면 켤레복소수를 가지므로 다음이 성립한다.

$$0 = \sum_{\text{cyc}} \overline{z_1} = \sum_{\text{cyc}} \frac{r^2}{z_1} = \frac{r^2}{z_1 z_2 z_3 z_4 z_5} \sum_{\text{cyc}} z_1 z_2 z_3 z_4$$

이므로 $d = 0$이고

$$0 = \sum_{\text{cyc}} \overline{z_1 z_2} = \sum_{\text{cyc}} \frac{r^4}{z_1 z_2} = \frac{r^4}{z_1 z_2 z_3 z_4 z_5} \sum_{\text{cyc}} z_1 z_2 z_3$$

이므로 $c = 0$이다. 이것으로부터 $P(X) = X^5 + e$이므로 z_1, z_2, z_3, z_4, z_5은 e의 다섯 제곱근이다. 따라서 결론이 성립한다.

문제 14. 삼각형 ABC에 대하여 다음 부등식이 성립함을 증명하시오.
(a) 점 M이 평면 위의 임의의 점일 때,

$$\overline{AM} \sin A \leq \overline{BM} \sin B + \overline{CM} \sin C$$

(b) 점 A_1, B_1, C_1를 각각 변 BC, AC, AB위의 점이라 하자. 삼각형 $A_1B_1C_1$의 내각의 크기를 각각 α, β, γ할 때,

$$\sum_{\text{cyc}} \overline{AA_1} \sin \alpha \leq \sum_{\text{cyc}} \overline{BC} \sin \alpha$$

(루마니아 수학 올림피아드, 두 번째, 2003)

풀이.
(a) 점 M이 원점이라고 하자. 점 A, B, C의 좌표를 a, b, c라고 하자. 이때,

$$a(b-c) = b(a-c) + c(b-a),$$
$$|a||b-c| = |b(a-c) + c(b-a)| \leq |b||a-c| + |c||b-a|$$
$$\overline{AM} \cdot \overline{BC} \leq \overline{BM} \cdot \overline{AC} + \overline{CM} \cdot \overline{AB},$$

$$2R \cdot \overline{AM} \cdot \sin A \leq 2R \cdot \overline{BM} \cdot \sin B + 2R \cdot \overline{CM} \cdot \sin C,$$

$$\overline{AM} \cdot \sin A \leq \overline{BM} \cdot \sin B + \overline{CM} \cdot \sin C$$

(b) (a)로부터

$$\overline{AA_1} \cdot \sin \alpha \leq \overline{AB_1} \cdot \sin \beta + \overline{AC_1} \cdot \sin \gamma$$

$$\overline{BB_1} \cdot \sin \beta \leq \overline{BA_1} \cdot \sin \alpha + \overline{BC_1} \cdot \sin \gamma$$

$$\overline{CC_1} \cdot \sin \gamma \leq \overline{CA_1} \cdot \sin \alpha + \overline{CB_1} \cdot \sin \beta$$

위 부등식의 양변을 각각 더하면 결론을 만족한다.

문제 15. 점 M, N이 삼각형 ABC의 내부의 점이고

$$\angle MAB = \angle NAC 이고 \angle MBA = \angle NBC$$

라 하자. 다음을 증명하시오.

$$\frac{\overline{AM} \cdot \overline{AN}}{\overline{AB} \cdot \overline{AC}} + \frac{\overline{BM} \cdot \overline{BN}}{\overline{BA} \cdot \overline{BC}} + \frac{\overline{CM} \cdot \overline{CN}}{\overline{CA} \cdot \overline{CB}} = 1$$

(39회 IMO 선발시험)

풀이. 점 A, B, C, M, N의 좌표를 a, b, c, m, n이라 하자. 이때, 직선 $\overline{AM}, \overline{BM}, \overline{CM}$이 동시에 존재하고 직선 $\overline{AN}, \overline{BN}, \overline{CN}$이 있을 때, 체바의 정리에 의해서 다음이 성립한다.

$$\frac{\sin \angle BAM}{\sin \angle MAC} \cdot \frac{\sin \angle CBM}{\sin \angle MBA} \cdot \frac{\sin \angle ACM}{\sin \angle MCB} = 1 \qquad (1)$$

$$\frac{\sin \angle BAN}{\sin \angle NAC} \cdot \frac{\sin \angle CBN}{\sin \angle NBA} \cdot \frac{\sin \angle ACN}{\sin \angle NCB} = 1 \qquad (2)$$

가정 $\angle MAB = \angle NAC$, $\angle MBA = \angle NBC$에 의해서 결국 $\angle BAN = \angle MAC$이고 $\angle NBA = \angle CBM$이다. 식 (1), (2)와 이 등식들을 조합하면 다음이 성립한다.

$$\sin \angle ACM \cdot \sin \angle ACN = \sin \angle MCB \cdot \sin \angle NCB$$

결국,

$$\cos(\angle NCM + 2\angle ACM) - \cos \angle NCM = \cos(\angle NCB + 2\angle NCB) - \cos \angle NCM$$

이고 $\angle ACM = \angle NCB$이다(⟨그림 6.2⟩ 참조).

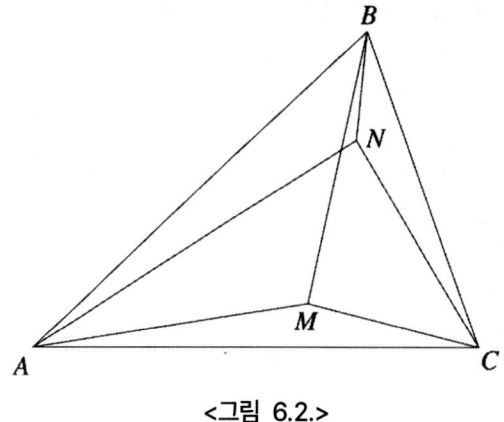

<그림 6.2.>

이때 ∠BAM = ∠NAC, ∠MBA = ∠CBN이고 ∠ACN = ∠MCB임에 따라 아래와 같은 복소수의 비가 모두 양의 실수이고

$$\frac{m-a}{b-a} : \frac{c-a}{n-a}, \; \frac{m-b}{a-b} : \frac{c-b}{n-b}, \; \frac{m-c}{b-c} : \frac{a-c}{n-c}$$

결국 각각의 절댓값들은 동치이므로

$$\frac{\overline{AM} \cdot \overline{AN}}{\overline{AB} \cdot \overline{AC}} + \frac{\overline{BM} \cdot \overline{BN}}{\overline{BA} \cdot \overline{BC}} + \frac{\overline{CM} \cdot \overline{CN}}{\overline{CA} \cdot \overline{CB}}$$
$$= \frac{(m-a)(n-a)}{(b-a)(c-a)} + \frac{(m-b)(n-b)}{(a-b)(c-b)} + \frac{(m-c)(n-c)}{(b-c)(a-c)} = 1$$

5.4 기하적 문제의 풀이

문제 26. 삼각형 ABC는 $\overline{AC}^2 + \overline{AB}^2 = 5\overline{BC}^2$을 만족한다. 점 B와 C에서 마주보는 변에 그은 중선은 서로 수직임을 증명하시오.

풀이. 점 A, B, C의 좌표를 a, b, c라 하자. 복소수의 내적을 이용하자.

$\overline{AC}^2 + \overline{AB}^2 = 5\overline{BC}^2$일 필요충분조건은 $|c-a|^2 + |b-a|^2 = 5|c-b|^2$이다. 즉,

$$(c-a) \cdot (c-a) + (b-a) \cdot (b-a) = 5(c-b) \cdot (c-b),$$
$$c^2 - 2c \cdot a + a^2 + b^2 - 2b \cdot a + a^2 = 5c^2 - 10c \cdot b + 5b^2$$
$$2a^2 - 4b^2 - 4c^2 - 2a \cdot b - 2a \cdot c + 10b \cdot c = 0$$
$$a^2 - 2b^2 - 2c^2 - a \cdot b - a \cdot c + 5b \cdot c = 0,$$

$(a+c-2b)\cdot(a+b-2c) = 0$이므로 $\left(\dfrac{a+c}{2} - b\right)\cdot\left(\dfrac{a+b}{2} - c\right) = 0$

이다. 마지막 관계식은 점 B와 C에서 그은 중선은 서로 수직이라는 것을 의미한다.

문제 27. 삼각형 ABC에 대하여 선분 BC, CA, AB 위에 각각 점 A′, B′, C′가 다음의 관계식을 만족한다.

$$\dfrac{\overline{A'B}}{\overline{A'C}} = \dfrac{\overline{B'C}}{\overline{B'A}} = \dfrac{\overline{C'A}}{\overline{C'B}} = k$$

또한 선분 B′C′, C′A′, A′B′ 위의 점 A″, B″, C″가 다음의 관계식을 만족한다.

$$\dfrac{\overline{A''C'}}{\overline{A''B'}} = \dfrac{\overline{C''B'}}{\overline{C''A'}} = \dfrac{\overline{B''A'}}{\overline{B''C'}} = k$$

그러면 삼각형 ABC와 삼각형 A″B″C″가 닮음 삼각형임을 증명하시오.

풀이. 대문자로 표시한 점의 좌표를 소문자에 대응시키자.

$$a' = \dfrac{b-kc}{1-k},\ b' = \dfrac{c-ka}{1-k},\ c' = \dfrac{a-kb}{1-k}$$

$$a'' = \dfrac{c'-kb'}{1-k} = \dfrac{(1+k^2)a - k(b+c)}{(1-k)^2}$$

$$b'' = \dfrac{a'-kc'}{1-k} = \dfrac{(1+k^2)b - k(a+c)}{(1-k)^2}$$

$$c'' = \dfrac{b'-ka'}{1-k} = \dfrac{(1+k^2)c - k(b+a)}{(1-k)^2}$$

그러면

$$\dfrac{c''-a''}{b''-a''} = \dfrac{(1+k^2)(c-a) - k(a-c)}{(1+k^2)(b-a) - k(a-b)} = \dfrac{c-a}{b-a}$$

이므로 삼각형 ABC와 삼각형 A″B″C″은 닮음 삼각형이다.

문제 28. 모든 삼각형에 대하여 다음 부등식이 성립함을 증명하시오.

$$\dfrac{R}{2r} \geq \dfrac{m_\alpha}{h_\alpha}$$

(단, 등호는 정삼각형일 때 성립한다.)

풀이. 외심이 원점인 삼각형 ABC의 꼭짓점의 좌표를 $z_1,\ z_2,\ z_3$이라 하자.

부등식 $\dfrac{R}{2r} \geq \dfrac{m_\alpha}{h_\alpha}$은 다음과 동치이다.

$$2rm_\alpha \le Rh_\alpha, \text{ 즉, } 2\frac{K}{s}m_\alpha \le R\frac{2K}{\alpha}$$

이다. 따라서 $\alpha m_\alpha \le Rs$이다.

복소수를 이용하여 다음을 보일 수 있다.

$$2\alpha m_\alpha = 2|z_2 - z_3|\left|z_1 - \frac{z_2+z_3}{2}\right| = |(z_2-z_3)(2z_1-z_2-z_3)|$$
$$= |z_2(z_1-z_2) + z_1(z_2-z_3) + z_3(z_3-z_1)|$$
$$\le |z_2||z_1-z_2| + |z_1||z_2-z_3| + |z_3||z_3-z_1|$$
$$= R(\alpha + \beta + \gamma) = 2Rs$$

따라서 $\alpha m_\alpha \le Rs$이다.

문제 29. 외접원 $C(O;R)$을 가지는 사각형 ABCD에 대하여 다음을 증명하시오.

$$\overline{AB}^2 + \overline{BC}^2 + \overline{CD}^2 + \overline{DA}^2 = 8R^2$$

일 필요충분조건은 $\overline{AC} \perp \overline{BD}$ 이거나 대각선 중의 하나가 원 C의 지름이다.

풀이. 외심을 원점 O라 하고 점 A, B, C, D의 좌표를 a, b, c, d라 하자. 대각선 AC와 BD의 중점을 E, F라 하면 좌표는 $\frac{a+c}{2}, \frac{b+d}{2}$이다.

복소수의 내적을 이용하여 다음을 얻는다.

$$\overline{AB}^2 + \overline{BC}^2 + \overline{CD}^2 + \overline{DA}^2 = 8R^2$$

은 다음 식과 동치이다.

$$(a-b)\cdot(a-b) + (b-c)\cdot(b-c) + (c-d)\cdot(c-d) + (d-a)\cdot(d-a) = 8R^2,$$
$$2a\cdot b + 2b\cdot c + 2c\cdot d + 2d\cdot a = 0$$
$$b\cdot(a+c) + d\cdot(a+c) = 0, \ (b+d)\cdot(a+c) = 0,$$
$$\frac{(b+d)}{2}\cdot\frac{(a+c)}{2} = 0, \ \overline{OE} \perp \overline{OF}$$

그러므로 E = O, F = O이다.

이것은 $\overline{AC} \perp \overline{BD}$ 이거나 대각선 $\overline{AC}$와 $\overline{BD}$ 중의 하나가 원 C의 지름이다.

문제 30. 볼록 사각형 ABCD의 각 변을 하나의 변으로 하는 정삼각형 ABM, BCN, CDP, DAQ가 외접하게 그려져 있다. 사각형 ABCD와 MNPQ의 무게중심이 같음을 증명하시오.

풀이. 대문자로 표시한 점의 좌표를 소문자에 대응시키자.

$$\varepsilon = \cos 120° + i\sin 120°$$

이라 하자. 이때 삼각형 ABM, BCN, CDP, DAQ은 정삼각형이므로
$$m+b\varepsilon+a\varepsilon^2=0,\ n+c\varepsilon+b\varepsilon^2=0,\ p+d\varepsilon+c\varepsilon^2=0,\ q+a\varepsilon+d\varepsilon^2=0$$
이다. 모두 대응되는 변끼리 더하면 다음을 얻는다.
$$(m+n+p+q)+(a+b+c+d)(\varepsilon+\varepsilon^2)=0$$
이고 $\varepsilon+\varepsilon^2=-1$이므로 $m+n+p+q=a+b+c+d$이다. 결과적으로 사각형 ABCD와 MNPQ의 무게중심이 같다.

문제 31. 사각형 ABCD에서 회전중심이 각각 A, B, C, D이고 회전각이 α인 회전 변환 R_1, R_2, R_3, R_4를 생각하자. 회전 변환 R_2, R_3, R_4, R_1에 의한 점 A, B, C, D의 상을 각각 M, N, P, Q라고 하자. 사각형 ABCD와 MNPQ의 각각 대각선의 중점을 연결한 사각형은 평행사변형임을 증명하시오.

풀이. 위의 점을 나타내는 대문자의 복소좌표를 소문자로 각각 나타내면 다음과 같다.
$$m=b+(a-b)\varepsilon,\ n=c+(b-c)\varepsilon,\ p=d+(c-d)\varepsilon,\ q=a+(d-a)\varepsilon$$
(단, $\varepsilon=\cos\alpha+i\sin\alpha$이다.)
점 E, F, G, H는 각각 대각선, BD, AC, MP, NQ의 중점이라고 하면
$$e=\frac{b+d}{2},\ f=\frac{a+c}{2},$$
$$g=\frac{b+d+(a+c-b-d)\varepsilon}{2},\ h=\frac{a+c+(b+d-a-c)\varepsilon}{2}$$
이다. $e+f=g+h$이므로(즉, 한 쌍의 대변의 길이가 같고 평행하다.) 사각형 EFGH는 평행사변형이다.

문제 32. 원에 내접하는 사각형 ABCD에 대하여 다음이 성립함을 증명하시오.
(a) $\overline{AD}+\overline{BC}\cos(A+B)=\overline{AB}\cos A+\overline{CD}\cos D$
(b) $\overline{BC}\sin(A+B)=\overline{AB}\sin A-\overline{CD}\sin D$

풀이. 다음과 같은 점 E, F, G, H를 생각해보자.
$$\overline{OE}\perp\overline{AB},\ \overline{OE}=\overline{CD},\ \overline{OF}\perp\overline{BC},\ \overline{OF}=\overline{AD}$$
$$\overline{OG}\perp\overline{CD},\ \overline{OG}=\overline{AB},\ \overline{OH}\perp\overline{AD},\ \overline{OH}=\overline{BC}$$
단, 점 O는 사각형 ABCD의 외심이다.[120]
사각형 EFGH가 평행사변형임을 보이기 위해서 먼저 삼각형 EOF와 삼각형 CDA가 합동임을 보이자.
$$\overline{OE}=\overline{CD},\ \overline{OF}=\overline{AD},\ \angle EOF=180°-\angle ABC=\angle CDA$$

---
[120] (역자주)

즉, 두 삼각형 EOF, CDA 은 합동이다. 따라서, $\overline{EF} = \overline{CA}$ 이다.
같은 방법으로 두 삼각형 GOH, ABC 은 합동이다. 따라서 $\overline{GH} = \overline{AC}$ 이다. 즉 $\overline{GH} = \overline{EF}$ 이다.
이와 같은 방법으로 $\overline{FG} = \overline{EH}$ 이다. 이로써 사각형 EFGH 가 평행사변형이다.
위에 있는 각 점의 복소좌표를 소문자로 표시하면 다음이 성립한다.

$$|e| = \overline{CD}, \ |f| = \overline{AD}, \ |g| = \overline{AB}, \ |h| = \overline{BC}$$
$$\angle FOG = 180° - \angle C = \angle A, \ \angle GOH = \angle B, \ \angle HOE = \angle C$$

점 O를 복소좌표의 원점, 반직선 OF를 양의 실수축으로 생각하면 다음과 같다.

$$f = |f| = \overline{AD}, \ g = |g|(\cos A + i\sin A) = \overline{AB}(\cos A + i\sin A)$$
$$h = |h|[\cos(A+B) + i\sin(A+B)] = \overline{BC}[\cos(A+B) + i\sin(A+B)]$$
$$e = |e|[\cos(A+B+C) + i\sin(A+B+C)] = \overline{CD}(\cos D - i\sin D)$$

이때 $e + g = f + h$ 이므로 다음 식이 성립한다.

$$\overline{AD} + \overline{BC}\cos(A+B) + i\overline{BC}\sin(A+B)$$
$$= \overline{CD}(\cos D - i\sin D) + \overline{AB}(\cos A + i\sin A)$$

위의 내용은 결론과 같다.[121]

문제 33. O_9, I, G 는 삼각형 ABC 에서 각각 구점원의 중심, 내심, 무게중심이다. 직선 O_9G 와 직선 AI 가 수직일 필요충분조건은 $\angle A = \dfrac{\pi}{3}$ 임을 증명하시오.

풀이. 삼각형 ABC 의 외심 O를 복소평면의 원점이라고 하자. a, b, c를 점 A, B, C 의 복소좌표라 하고, ω, g, z_I를 각각 O_9, G, I 의 복소좌표라고 하자. 일반성을 잃지 않고, 삼각형 ABC 의 외접원의 반지름을 1 이라고 가정하자. 따라서 $|a| = |b| = |c| = 1$ 이다.[122]

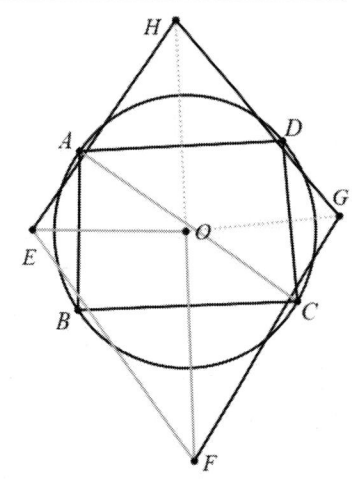

[121] (역자주) 즉, 실수부와 허수부와 같음을 비교하면 (a)와 (b)를 얻는다.
[122] (역자주) 구점원의 중심은 $\overline{OH}$ 의 중점이다.(단, H 는 수심이다.)

$$\omega = \frac{a+b+c}{2},\ g = \frac{a+b+c}{3},\ z_{\mathrm{I}} = \frac{a|b-c|+b|a-c|+c|a-b|}{|a-b|+|b-c|+|a-c|}$$

복소수 내적에 의하여 다음 식을 얻는다.

$\overline{O_9 G} \perp \overline{AI}$ 일 필요충분조건은 $(\omega - g) \cdot (a - z_{\mathrm{I}}) = 0$ 이다.

$$\frac{a+b+c}{6} \cdot \frac{(a-b)|a-c|+(a-c)|a-b|}{|a-b|+|b-c|+|a-c|} = 0$$

$$(a+b+c) \cdot [(a-b)|a-c|+(a-c)|a-b|] = 0$$

$$\mathrm{Re}\{(a+b+c)[(\bar{a}-\bar{b})|a-c|+(\bar{a}-\bar{c})|a-b|]\} = 0$$

이다. 위의 식을 정리하면

$$\mathrm{Re}\{|a-c|(a\bar{a}+b\bar{a}+c\bar{a}-a\bar{b}-b\bar{b}-c\bar{b}) + |a-b|(a\bar{a}+b\bar{a}+c\bar{a}-a\bar{c}-b\bar{c}-c\bar{c})\} = 0 \quad (1)$$

한편

$$a\bar{a} = b\bar{b} = c\bar{c} = 1,\ \mathrm{Re}(b\bar{a}-\bar{a}b) = \mathrm{Re}(c\bar{a}-a\bar{c}) = 0$$

이므로 (1)은 다음과 같다.

$$\mathrm{Re}\{|a-c|(c\bar{a}-c\bar{b})+|a-b|(b\bar{a}-b\bar{c})\} = 0$$

$$|a-c|(c\bar{a}+\bar{c}a-\bar{c}b-c\bar{b})+|a-b|(\bar{a}b+a\bar{b}-b\bar{c}-\bar{b}c) = 0$$

$$|a-c|[(b\bar{b}-\bar{b}c-\bar{c}b+c\bar{c})-(a\bar{a}-c\bar{a}-\bar{c}a+c\bar{c})]$$

$$+ |a-b|[(b\bar{b}-\bar{b}c-\bar{c}b+c\bar{c})-(a\bar{a}-\bar{a}b-a\bar{b}+b\bar{b})] = 0$$

$$|a-c|(|b-c|^2-|a-c|^2)+|a-b|(|b-c|^2-|a-b|^2) = 0$$

$$\overline{AC} \cdot \overline{BC}^2 - \overline{AC}^3 + \overline{AB} \cdot \overline{BC}^2 - \overline{AB}^3 = 0$$

인수분해 공식을 이용하여 정리하면 다음과 같다.

$$\overline{BC}^2(\overline{AC}+\overline{AB}) = (\overline{AB}+\overline{BC})(\overline{AC}^2-\overline{AC}\cdot\overline{AB}+\overline{AB}^2)$$

$$\overline{AC} \cdot \overline{AB} = \overline{AC}^2 + \overline{AB}^2 - \overline{BC}^2$$

$$\cos A = \frac{1}{2},\ \text{즉},\ \angle A = \frac{\pi}{3}$$

문제 34. 중심 O_1, O_2를 가지는 두 원 ω_1, ω_2가 평면에 있다. 두 점 M_1', M_2'이 각각 원 ω_1, ω_2 위에 있고, 직선 O_1M_1'과 직선 O_2M_2'이 서로 만난다고 하자. 두 점 M_1, M_2이 각각 원 ω_1, ω_2 위에 있고 $\angle M_1'O_1M_1 = \angle M_2'O_2M_2$을 만족한다.

(a) $\overline{M_1M_2}$의 중점의 자취를 구하시오.

(b) 점 P가 직선 O_1M_1'과 직선 O_2M_2'의 교점이라고 할 때, 삼각형 O_1PO_2의 외접원과 삼각형 M_1PM_2의 외접원이 두 점 P, Q에서 만날 때, 점 Q는 M_1, M_2의 위치에 관계없이 고정됨을 증명하시오.

(2000 베트남 수학올림피아드)

풀이.

(a) 다음에 나오는 각 소문자는 각각 점에 해당하는 복소좌표를 나타낸다. 점 M′, M, O 는 각각 세 선분 $\overline{M_1'M_2'}$, $\overline{M_1M_2}$, $\overline{O_1O_2}$ 의 중점이라 하자. 또한 z를 $z = \dfrac{m_1 - o_1}{m_1' - o_1} = \dfrac{m_2 - o_2}{m_2' - o_2}$ 라 하자. 따라서 z를 곱하는 것은 원점을 회전중심으로 하는 어떤 각의 회전변환을 나타낸다. 그러므로 $m = \dfrac{m_1 + m_2}{2}$ 는 다음과 같다.

$$\frac{1}{2}(o_1 + z(m_1' - o_1)) + \frac{1}{2}(o_2 + z(m_2' - o_2)) = o + z(m' - o)$$

즉, 점 M 의 자취는 중심이 O 이고 반지름이 $\overline{OM'}$ 인 원이다.

(b) 원의 성질에서 다음이 성립한다.
$$\angle QM_1M_2 = \angle QPM_2 = \angle QPO_2 = \angle QO_1O_2$$

같은 방법으로 $\angle QM_2M_1 = \angle QO_2O_1$ 이다. 즉 삼각형 QM_1M_2와 삼각형 QO_1O_2은 닮음이다. 따라서 다음이 성립한다.

$$\frac{q - o_1}{q - o_2} = \frac{q - m_1}{q - m_2}$$

$$\frac{q - o_1}{q - o_2} = \frac{(q - m_1) - (q - o_1)}{(q - m_2) - (q - o_2)} = \frac{o_1 - m_1}{o_2 - m_2} = \frac{o_1 - m_1'}{o_2 - m_2'}$$

직선 O_1M_1'과 직선 O_2M_2'이 서로 만나므로 $o_1 - m_1' \neq o_2 - m_2'$ 이다. 따라서 위의 방정식을 풀면, m_1, m_2의 위치에 관계없이 유일한 값 q를 얻는다.

문제 35. 삼각형 $A_1A_2A_3$의 두 변을 밑변으로 하는 $\overline{O_2A_3} = \overline{O_2A_1}$ 인 이등변삼각형 $A_3A_1O_2$ 과 $\overline{O_3A_1} = \overline{O_3A_2}$ 인 이등변삼각형 $A_1A_2O_3$ 가 있다. $\angle O_1A_3A_2 = \dfrac{1}{2}\angle A_1O_3A_2$, $\angle O_1A_2A_3 = \dfrac{1}{2}\angle A_1O_2A_3$가 되도록 선분 A_2A_3의 반대편에 점 O_1을 잡고, 점 O_1에서 선분 A_2A_3에 내린 수선의 발을 점 T 라 할 때, $\overline{A_1O_1} \perp \overline{O_2O_3}$ 이고

$$\frac{\overline{A_1O_1}}{\overline{O_2O_3}} = 2\frac{\overline{O_1T}}{\overline{A_2A_3}}$$

임을 증명하시오.[123]   (2000년 이란 올림피아드)

풀이. 일관성을 잃지 않고, $A_1A_2A_3$는 반시계 방향이라고 하자. (이것은 $\angle A_1A_2A_3$가 시계방향의 각임을 의미한다.) 점 P 는 점 T 에 관한 점 O_1의 대칭점이라고 하자. 이제 아래의 소문자는 점을 나타내는 복소좌표라고 하자.

점 O_1을 평면의 원점이라고 하자. $\zeta_k = \dfrac{a_k}{p}$, $k = 1, 2, 3$ 이라 하고, $z \to \zeta_k(z - z_0)$는 점 z_0를

---
[123] (역자주)

각 $\angle PO_1A_k$만큼 회전하고 닮음비가 $\dfrac{\overline{O_1A_3}}{\overline{O_1P}}$인 닮음변환이다.

왜냐하면 점 O_1과 점 A_1이 선분 A_2A_3의 반대편에 있기 때문에, $\angle A_2A_3O_1$과 $\angle A_2A_3A_1$은 서로 반대방향이다. 따라서 $\angle PA_3O_1$과 $\angle A_2O_3A_1$은 시계반대 방향이다. $\angle PA_3O_1 = 2\angle A_2A_3O_2 = \angle A_2O_3A_1$이므로 이등변삼각형 PA_3O_1과 이등변삼각형 $A_2O_3A_1$은 닮음이다. 따라서 $o_3 = a_1 + \zeta_3(a_2 - a_1)$이다. 같은 방법으로 $o_2 = a_1 + \zeta_2(a_3 - a_1)$이다. 따라서 다음이 성립한다.
$$o_3 - o_2 = (\zeta_2 - \zeta_3)a_1 + \zeta_3 a_2 - \zeta_2 a_3 = \zeta_2(a_2 - a_3) + \zeta_3(\zeta_2 p) - \zeta_2(\zeta_3 p) = \zeta_2(a_2 - a_3)$$
또는 ($o_1 = 0$이고, $p = 2t$ 임을 기억하자.)
$$\frac{o_3 - o_2}{a_1 - o_1} = \zeta_2 = \frac{a_2 - a_3}{p - o_1} = \frac{1}{2}\frac{a_2 - a_3}{t - o_1}$$
따라서 선분 O_1A_1과 선분 O_2O_3 사이의 각은 선분 O_1T와 선분 A_2A_3 사이의 각과 같고 그 크기는 $\dfrac{\pi}{2}$이다. 더구나 $\dfrac{\overline{O_2O_3}}{\overline{O_1A_1}} = \dfrac{1}{2}\dfrac{\overline{A_3A_2}}{\overline{O_1T}}$ 또는 $\dfrac{\overline{O_1A_1}}{\overline{O_2O_3}} = 2\dfrac{\overline{O_1T}}{\overline{A_2A_3}}$이다.

문제 36. 삼각형 $A_1A_2A_3$와 점 P_0가 주어진 평면 위에 있다. $A_s = A_{s-3}$ $(s \geq 4)$라고 정의하자. 점의 수열 P_0, P_1, P_2, $\cdots$ 을 만들 수 있는데 P_{k+1}은 P_k를 점 A_{k+1}을 회전중심으로 $120\degree$ 시계방향으로 회전한 점이다. $P_{1986} = P_0$일 때, 삼각형 $A_1A_2A_3$은 정삼각형임을 증명하시오.

(27회 IMO)

풀이. 삼각형 $A_1A_2A_3$의 외심이 원점이라고 가정하자. 또, 삼각형의 꼭짓점 A_1, A_2, A_3의 좌표를 ω_1, ω_2, ω_3라고 하면 다음이 성립한다.
$$|\omega_1| = |\omega_2| = |\omega_3| = R$$
$\varepsilon = \cos\dfrac{2\pi}{3} + i\sin\dfrac{2\pi}{3}$라고 하면, $\varepsilon^2 + \varepsilon + 1 = 0$이고, $\varepsilon^3 = 1$이다. 점 P_0의 복소좌표를 z_0라고 하자. 점 P_1을 나타내는 복소 좌표는 다음과 같이 표현된다.

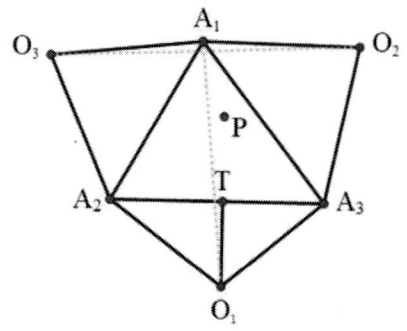

$$z_1 = z_0\varepsilon + (1-\varepsilon)\omega_1 \tag{1}$$

점 P_2의 좌표는 다음과 같다.

$$z_2 = z_0\varepsilon^2 + (1-\varepsilon)\omega_1\varepsilon + (1-\varepsilon)\omega_2$$

같은 방법으로 P_3의 좌표는 다음과 같다.

$$z_3 = z_0\varepsilon^3 + (1-\varepsilon)\omega_1\varepsilon^2 + (1-\varepsilon)\omega_2\varepsilon + (1-\varepsilon)\omega_3 = z_0 + (1-\varepsilon)(\omega_1\varepsilon^2 + \omega_2\varepsilon + \omega_3)$$

n에 관한 귀납적 추론에 의하여 3마다 순환함을 알 수 있다. 따라서 P_{3n}의 좌표는 다음과 같다.

$$z_{3n} = z_0 + n(1-\varepsilon)(\omega_1\varepsilon^2 + \omega_2\varepsilon + \omega_3)$$

문제의 경우 $n = 662$이므로 다음을 얻는다.

$$z_{1986} = z_0 + 662(1-\varepsilon)(\omega_1\varepsilon^2 + \omega_2\varepsilon + \omega_3) = z_0$$

따라서 다음 부등식을 얻을 수 있다.

$$\omega_1\varepsilon^2 + \omega_2\varepsilon + \omega_3 = 0 \tag{2}$$
$$\omega_3 = \omega_1(1+\varepsilon) + (-\varepsilon)\omega_2 \tag{3}$$

$1+\varepsilon = \cos\dfrac{\pi}{3} + i\sin\dfrac{\pi}{3}$이므로 식 (3)은 다음과 같이 해석할 수 있다. 점 A_3는 점 A_2를 회전중심으로 점 A_1을 $\dfrac{\pi}{3}$만큼 회전한 점이다. 이것은 $A_1A_2A_3$이 정삼각형임을 의미한다.

문제 37. 평면 위에 두 원이 서로 다른 두 점에서 만나며 그 중 한 점을 A라 하자. 두 원의 각각의 점이 점 A에서 출발하여 각 속도가 일정하게 같은 방향으로 자신의 원 위를 각각 움직인다. 두 점 모두 한 바퀴 회전 후에는 다시 점 A로 돌아온다. 회전하는 두 점의 위치에 상관없이 움직이는 두 점으로부터 거리가 같은 고정된 점 P가 존재함을 보이시오. (21회 IMO)

풀이. 주어진 두 원의 중심을 $B(b, 0)$, $C(c, 0)$라 하자. 두 교점을 $A(0, a)$, $X(0, -a)$라 하자. 이 점들의 복소수 좌표를 각각 $z_B = b$, $z_C = c$, $z_A = ia$, $z_X = -ia$와 같이 나타내자(〈그림 6.3〉).**124)** 점

---

124)(역자주)

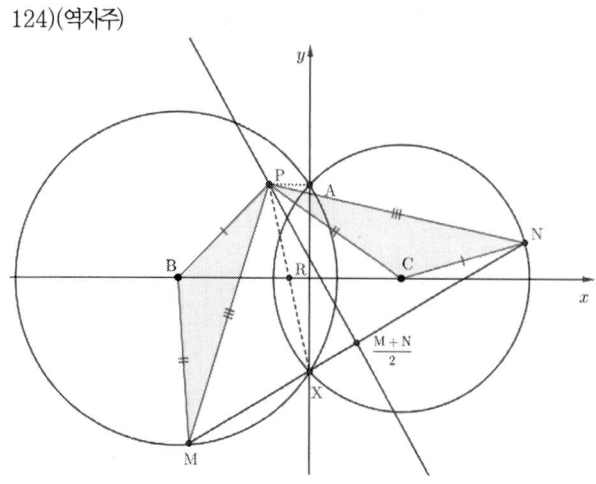

B를 중심으로 하여 점 A를 각 t 만큼 회전한 점을 M이라 하고, 점 C를 중심으로 하여 점 A를 각 t 만큼 회전한 점을 N이라 하자. 이 관계를 복소수 좌표로 나타내면 다음과 같다.[125]

$$z_M = (ia-b)\omega + b = ia\omega + (1-\omega)b$$
$$z_N = ia\omega + (1-\omega)c$$

질문에 대한 결론은 다음과 동치이다. 선분 MN의 수직이등분선 l_{MN}은 고정점 $P(x_0, y_0)$를 지난다. 선분 MN의 중점을 R이라 하자. 그러면 $z_R = \frac{1}{2}(z_M + z_N)$이다. 점 Z가 직선 l_{MN} 위에있을 필요충분조건은 두 직선 RZ, MN이 수직인 것이다. 수직이면 두 복소수의 내적이 0이므로 다음 식이 성립한다.

$$\left(z - \frac{z_M + z_N}{2}\right) \cdot (z_N - z_M) = 0$$

이를 정리하면 다음과 같다.

$$z \cdot (z_N - z_M) = \frac{1}{2}\left(|z_N|^2 - |z_M|^2\right)$$

$z = x + iy$라 하고 위의 식에 대입하여 정리하면 다음과 같다.

$$x(c-b)(1-\cos t) - y(c-b)\sin t = \frac{1}{2}\left(|z_N|^2 - |z_M|^2\right)$$

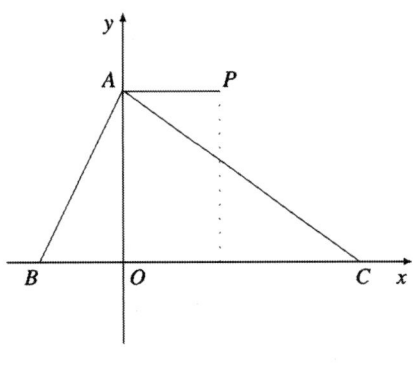

<그림 6.3.>

$$|z_M|^2 = 2b^2 + a^2 - 2b^2\cos t - 2ab\sin t,$$
$$|z_N|^2 = 2c^2 + a^2 - 2c^2\cos t - 2ac\sin t$$

이므로 이를 위의 식에 대입하면 다음과 같다.

$$x(1-\cos t) - y\sin t = (b+c) - (b+c)\cos t - a\sin t,$$
$$(x-b-c)(1-\cos t) = (y-a)\sin t$$

마지막 식에서 $x_0 = b+c$, $y_0 = a$라 하면 움직이는 두 점 M, N을 끝점으로 가지는 선분 MN의 수직이등분선 l_{MN}은 고정점 $P(x_0, y_0)$를 지남을 의미한다.

---

125)(역자주) 단, $\omega = \cos t + i\sin t$이다.

점 P는 직선 BC에 평행하고 점 A를 지나는 직선 위에 있으며, 점 P는 선분 BC 중점에 대한 점 X의 대칭점이다. 이러한 사실로부터 다음식이 성립한다.

$$z_P + z_X = \frac{b+c}{2}$$

문제 38. 정사각형 ABCD 내부에 정삼각형 ABK, BCL, CDM, DAN이 있다. 선분 KL, LM, MN, NK의 중점과 선분 AK, BK, BL, CL, CM, DM, DN, AN의 중점은 정십이각형의 꼭짓점임을 증명하시오. (19회 IMO)

풀이. 정사각형 ABCD의 네 꼭짓점 복소좌표를 A($1+i$), B($-1+i$), C($-1-i$), D($1-i$)라 하자. 이 네 점들은 정사각형 ABCD의 중심인 원점 O과 x축, y축에 대하여 대칭을 이용하여, 제1사분면에 놓여 있는 점들을 계산할 수 있다. 두 점 L, M의 좌표는 L($\sqrt{3}-1$), M($(\sqrt{3}-1)i$)이다. 선분 LM의 중점 P의 좌표는 P$\left(\frac{\sqrt{3}-1}{2} + i\frac{\sqrt{3}-1}{2}\right)$이다. 점 K의 좌표는 K($-i(\sqrt{3}-1)$)이고, 선분 AK의 중점 Q의 좌표는 Q$\left(\frac{1}{2} + i\frac{2-\sqrt{3}}{2}\right)$이다. 같은 방법으로 선분 AN의 중점 R의 좌표는 R$\left(\frac{2-\sqrt{3}}{2} + \frac{i}{2}\right)$, 선분 BL의 중점 S의 좌표는 S$\left(\frac{-2+\sqrt{3}}{2} + \frac{i}{2}\right)$이다〈그림 6.4〉[126].

---

[126] (역자주)

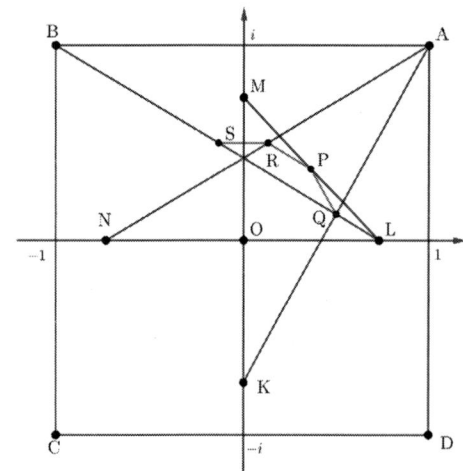

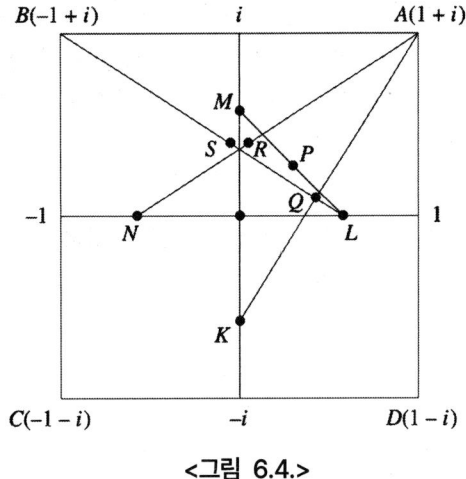

<그림 6.4.>

정십이각형임을 보이기 위해서 네 점 S, R, P, Q에 대하여 $\overline{SR}=\overline{RP}=\overline{PQ}$이고 $\angle SRP = \angle RPQ = \dfrac{5\pi}{6}$임을 보이면 충분하다. 점 X의 복소좌표를 z_X로 나타내자.

$$\overline{RS}^2 = |z_S - z_R|^2 = (-2+\sqrt{3})^2 = 7-4\sqrt{3},$$

$$\overline{RP}^2 = |z_P - z_R|^2 = \left| \dfrac{\sqrt{3}-1}{2} + i\dfrac{\sqrt{3}-1}{2} - \dfrac{2-\sqrt{3}}{2} - \dfrac{i}{2} \right|^2$$

$$= \left| \dfrac{2\sqrt{3}-3}{2} + i\dfrac{\sqrt{3}-2}{2} \right|^2 = \dfrac{(2\sqrt{3}-3)^2 + (\sqrt{3}-2)^2}{4}$$

$$= \dfrac{28-16\sqrt{3}}{4} = 7-4\sqrt{3}$$

선분 PQ는 선분 OA에 대하여 대칭이므로 $\overline{PQ}^2 = \overline{RP}^2 = 7-4\sqrt{3}$ (《그림 6.4》) 따라서 $\overline{SR}^2 = \overline{RP}^2 = \overline{PQ}^2$이므로 $\overline{SR}=\overline{RP}=\overline{PQ}$이다. 이제 각을 계산하자.

$$\cos(\angle SRP) = \dfrac{\overline{SR}^2 + \overline{RP}^2 - \overline{SP}^2}{2 \cdot \overline{SR} \cdot \overline{RP}}$$

$$= \dfrac{(7-4\sqrt{3})+(7-4\sqrt{3})-(2-\sqrt{3})}{2(7-4\sqrt{3})}$$

$$= \dfrac{(12-7\sqrt{3})(7+4\sqrt{3})}{2(7-4\sqrt{3})(7+4\sqrt{3})} = -\dfrac{\sqrt{3}}{2}$$

따라서 $\angle SRP = \dfrac{5\pi}{6}$이다. 같은 방법으로 계산하면 $\cos(\angle RPQ) = -\dfrac{\sqrt{3}}{2}$이다. 따라서 $\angle RPQ = \dfrac{5\pi}{6}$이다.

문제 39. 정삼각형 ABC에 대하여 점 M을 각 BAC의 내부점이라 하자. 점 D는 점 M을 중심으로 점 B를 반시계 방향으로 120° 회전한 점이고, 점 E는 점 M을 중심으로 점 C를 시계방향으로 120° 회전한 점이다. 선분 MD, ME를 이웃한 두 변으로 하는 평행사변형의 네 번째 점 V는 점 A를 점 M에 대하여 대칭한 점과 같음을 보이시오.

풀이. 정삼각형 세 점 A, B, C의 좌표를 각각 1, ε, ε^2라 하자.
(단, $\varepsilon = \cos 120° + i \sin 120°$ 이다(<그림 6.5>).)

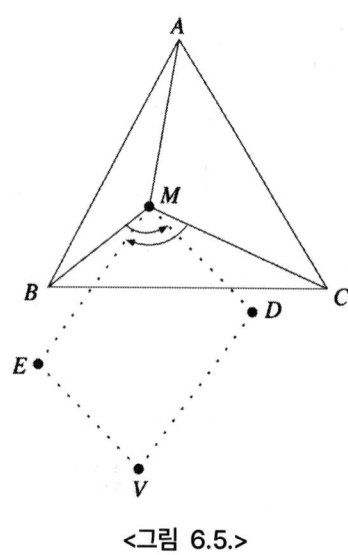

<그림 6.5.>

점 V가 평행사변형 MEVD의 네 번째 점이라고 하자. 세 점 D, E, V, M의 좌표를 d, e, v, m이라 하자. 그러면 다음 식이 성립한다.

$$v = e + d - m \qquad (1)$$

회전 공식을 적용하자.

$$d = m + (\varepsilon - m)\varepsilon \qquad (2)$$
$$e = m + (\varepsilon^2 - m)\varepsilon^2 \qquad (3)$$

식 (2), (3)을 식 (1)에 대입하자.

$$v = m + \varepsilon^2 - m\varepsilon + m + \varepsilon^4 - m\varepsilon^2 - m$$
$$= m + \varepsilon^2 + \varepsilon - m(\varepsilon^2 + \varepsilon) = m - 1 + m = 2m - 1$$
$$m = \frac{v+1}{2}$$

마지막 식은 점 M이 선분 AV의 중점이라는 것을 의미한다.

문제 40. 평행사변형 ABCD의 내부에 있는 모든 점 M에 대하여, 다음 부등식이 성립함을 보이시오.
$$\overline{MA} \cdot \overline{MC} + \overline{MB} \cdot \overline{MD} \geq \overline{AB} \cdot \overline{BC}$$

풀이 1. 평행사변형 ABCD의 중심을 복소평면의 원점이라 하자. 점 A, B, C, D, M의 좌표를 각각 a, b, c, d, m이라 하자. 그러면 $c = -a$, $d = -b$이다.
부등식을 좌표로 나타내면 다음과 같다.
$$|m-a||m+a| + |m-b||m+b| \geq |a-b||a+b|$$
이를 정리하면 다음과 같다.
$$|m^2 - a^2| + |m^2 - b^2| \geq |a^2 - b^2|$$
이를 증명하면 되는데 위의 부등식은 삼각부등식으로 항상 성립한다.

풀이 2. 벡터 $\overrightarrow{AB}$에 대한 변환 $t_{\overrightarrow{AB}}$에 의해서, 문제의 조건을 표현하면 A → B, D → C, B → B′, C → C′, M → M′이다. 문제에 제시된 부등식은 평행사변형 MBM′C의 톨레미 부등식이다.

문제 41. 삼각형 ABC에 대하여, 점 H를 수심, 점 O를 외심, R을 외접원의 반지름이라 하자. 점 A를 직선 BC에 대칭한 점을 D, 점 B를 직선 CA에 대칭한 점을 E, 점 C를 직선 AB에 대칭한 점을 F라 하자. 세 점 D, E, F가 한 직선 위에 있을 필요충분조건은 $\overline{OH} = 2R$임을 증명하시오.[127]

(39차 IMO 최종문제)

풀이. 점 A, B, C, H, O의 좌표를 각각 a, b, c, h, o라 하자. 그러면 $a\bar{a} = b\bar{b} = c\bar{c} = R^2$이고,

---
[127] (역자주)

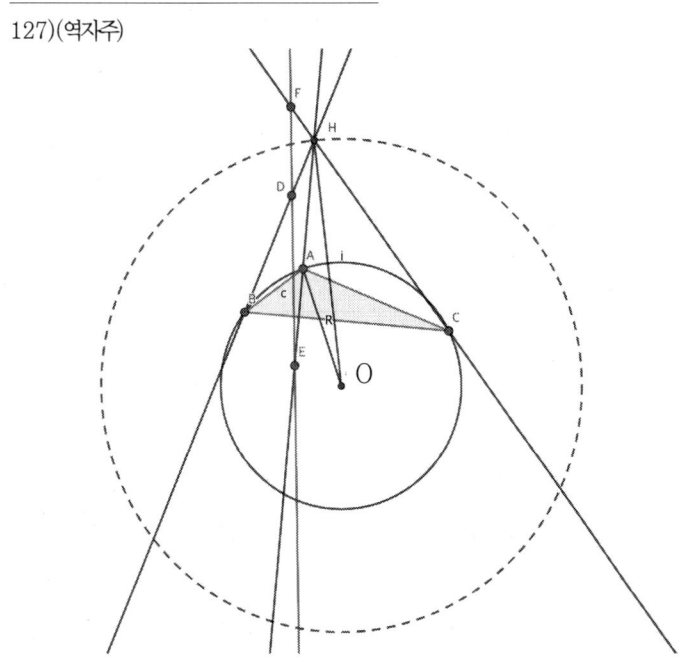

$h = a+b+c$이다. 점 D는 점 A를 직선 BC에 대칭한 점이므로 좌표 a, d는 다음을 만족한다.

$$\frac{d-b}{c-b} = \overline{\left(\frac{a-b}{c-b}\right)}, \text{ 또는 } (\bar{b}-\bar{c})d - (b-c)\bar{a} + (b\bar{c}-\bar{b}c) = 0 \tag{1}$$

이때,

$$\bar{b}-\bar{c} = -\frac{R^2(b-c)}{bc}, \quad b\bar{c}-\bar{b}c = \frac{R^2(b^2-c^2)}{bc}$$

이기 때문에 식 (1)에 대입하여 풀면 다음과 같다.

$$d = \frac{-bc+ca+ab}{a} = \frac{k-2bc}{a},$$

$$\bar{d} = \frac{R^2(-a+b+c)}{bc} = \frac{R^2(h-2a)}{bc}$$

단, $k = bc+c+ab$ 이다. 같은 방법으로 나머지 좌표를 구하면 다음과 같다.

$$e = \frac{k-2ca}{b}, \quad \bar{e} = \frac{R^2(h-2b)}{ca}, \quad f = \frac{k-2ab}{c}, \quad \bar{f} = \frac{R^2(h-2c)}{ab}$$

그런데

$$\triangle = \begin{vmatrix} d & \bar{d} & 1 \\ e & \bar{e} & 1 \\ f & \bar{f} & 1 \end{vmatrix} = \begin{vmatrix} e-d & \bar{e}-\bar{d} \\ f-d & \bar{f}-\bar{d} \end{vmatrix}$$

$$= \begin{vmatrix} \dfrac{(b-a)(k-2ab)}{ab} & \dfrac{R^2(a-b)(h-2c)}{abc} \\ \dfrac{(c-a)(k-2ca)}{ca} & \dfrac{R^2(a-c)(h-2b)}{abc} \end{vmatrix}$$

$$= \frac{R^2(c-a)(a-b)}{a^2b^2c^2} \times \begin{vmatrix} -(ck-2abc) & (h-2c) \\ (bk-2abc) & -(h-2b) \end{vmatrix}$$

$$= \frac{-R^2(b-c)(c-a)(a-b)(hk-4abc)}{a^2b^2c^2}$$

이고 $\bar{h} = \dfrac{R^2 k}{abc}$이기 때문에, 세 점 D, E, F가 한 직선 위에 있을 필요충분조건은 $\triangle = 0$이다. 따라서 $hk-4abc = 0$ 즉, $h\bar{h} = 4R^2$이다. 결과적으로 마지막 식은 $\overline{OH} = 2R$을 의미한다.

문제 42. 삼각형 ABC에 대하여 $\angle ACB = 2\angle ABC$를 만족한다. 선분 BC 위의 점 D에 대하여 $\overline{CD} = 2\overline{BD}$가 성립하고, 선분 AD를 연결한 점 E에 대하여 $\overline{AD} = \overline{DE}$가 성립한다고 하자. 다음이 성립함을 보이시오.

$$\angle ECB + 180° = 2\angle EBC$$

(39차 IMO 최종문제)

풀이. 점 A, B, C, D, E의 좌표를 각각 a, b, c, d, e라 하자. 그러면 $d = \dfrac{2b+c}{3}$이고

$e = 2d - a$이다. $\angle ACB = 2\angle ABC$이므로 비

$$\left(\frac{a-b}{c-b}\right)^2 : \frac{b-c}{a-c}$$

는 양의 실수이고 그 값은 $\dfrac{\overline{AB}^2 \cdot \overline{AC}}{\overline{BC}^3}$과 같다. 한편 간단한 계산을 통해 비

$$\frac{e-c}{b-c} : \left(\frac{c-b}{e-b}\right)^2$$

는 실수이고 그 값은 다음과 같음을 알 수 있다.

$$\frac{1}{(b-c)^3} \times \left(\frac{(b-a)+2(c-a)}{3}\right)^2 \left(\frac{4(b-a)-(c-a)}{3}\right)$$

$$= \frac{4}{27} + \frac{(b-a)^2(c-a)}{(b-c)^3} = \frac{4}{27} - \frac{\overline{AB}^2 \cdot \overline{AC}}{\overline{BC}^3}$$

따라서 $\dfrac{e-c}{b-c}$와 $\dfrac{(c-b)^2}{(e-b)^2}$, 즉, $\angle ECB$와 $2\angle EBC$의 편각은 $180°$의 정수배만큼 차이가 난다. 따라서 그 비의 부호가 양수인지 음수인지에 따라 $\angle ECB = 2\angle EBC$ 또는 $\angle ECB = 2\angle EBC - 180°$ 임을 쉽게 유추할 수 있다. $\angle ECB = 2\angle EBC - 180°$ 가 성립함을 보이기 위해서 $\dfrac{\overline{AB}^2 \cdot \overline{AC}}{\overline{BC}^3} > \dfrac{4}{27}$ 임을 보이면 된다. 직선 AC 위의 점 F에 대하여 $\overline{CF} = \overline{CB}$를 만족하도록 하자 (《그림 6.6》).

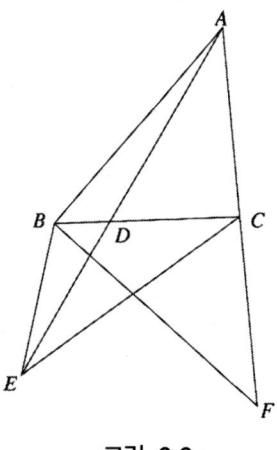

<그림 6.6.>

$\triangle CBF$는 이등변삼각형이고 $\angle ACB = 2\angle ABC$이므로 $\angle CFB = \angle ABC$이다. 따라서 $\triangle ABF$와 $\triangle ACB$는 닮은 삼각형이고 $\overline{AB} : \overline{AF} = \overline{AC} : \overline{AB}$이다. 또한 $\overline{AF} = \overline{AC} + \overline{BC}$이므로 $\overline{AB}^2 = \overline{AC}(\overline{AC} + \overline{BC})$이다. $\overline{AC} = u^2$, $\overline{AC} + \overline{BC} = v^2$ 그러면

$\overline{AB} = uv$, $\overline{BC} = v^2 - u^2$이다. $\overline{AB} + \overline{AC} > \overline{BC}$로 부터 $\frac{u}{v} > \frac{1}{2}$를 얻는다. 따라서 다음이 성립한다.

$$\frac{\overline{AB}^2 \cdot \overline{AC}}{\overline{BC}^3} = \frac{u^4 v^2}{(v^2-u^2)^3} = \frac{\left(\frac{u}{v}\right)^4}{\left(1-\frac{u^2}{v^2}\right)^3} > \frac{\left(\frac{1}{2}\right)^4}{\left(1-\frac{1}{4}\right)^3} = \frac{4}{27}$$

문제 43. 원의 내부에 있는 점 P 에 대하여 점 P 에서 수직인 임의의 두 직선이 원과 만나는 두 점 중 한 점을 각각 A 와 B 라고 하자. 선분 AB 의 중점의 자취를 구하시오.

(Mathematical reflections, 2010)

풀이 1. 일반성을 잃지 않고 $P = t \in [0,1]$ 그리고 원 C 는 $C = \{z \mid |z| = 1\}$라고 가정하자. $A = z = x + iy \in C$ 라 두면 어떤 $s > 0$에 대하여 $B = w = si(z-P) + P \in C$이다. 따라서 다음 식이 성립한다.

$$1 = |w|^2 = (t-sy)^2 + s^2(x-t)^2 \tag{1}$$

선분 AB의 중점은 $M = \frac{A+B}{2}$이다. 이제 다음이 성립함을 보이겠다.

$$\left| M - \frac{P}{2} \right| = \frac{\sqrt{2-|P|^2}}{2}$$

(1)에 의하여

$$\left(2\left|M - \frac{P}{2}\right|\right)^2 = (x-sy)^2 + (s(x-t)+y)^2 = x^2 + y^2 + 1 - t^2 = 2 - t^2$$

따라서 자취는 중심이 $\frac{P}{2}$이고 반지름이 $\frac{\sqrt{2-|P|^2}}{2}$인 원이다. 일반적인 상황에서 원 C 의 중심을 P_0, 반지름을 R이라 두면 그 자취는 중심이 $\frac{P_0 + P}{2}$이고 반지름은 $\frac{\sqrt{2R^2 - |P-P_0|^2}}{2}$이다.

풀이 2. 사각형 ABCD 에 대하여 M과 N 은 각각 변 AB와 CD 의 중점이라 하자. 중선정리를 사용하거나 복소 좌표를 이용하여 직접 계산함으로써 다음 관계식이 성립함을 쉽게 보일 수 있다.

$$\overline{AC}^2 + \overline{BD}^2 + \overline{BC}^2 + \overline{DA}^2 = \overline{AB}^2 + \overline{CD}^2 + 4\overline{MN}^2$$

M 은 선분 AB 의 중점이라 하고 주어진 원의 중심 O 에 대하여 N 을 선분 OP의 중점이라 하자. 사각형 ABPO 에서 위의 관계식을 적용하면 다음 식을 얻는다.

$$\overline{AP}^2 + R^2 + \overline{BP}^2 + R^2 = \overline{AB}^2 + \overline{OP}^2 + 4\overline{MN}^2$$

$\overline{AP}^2 + \overline{BP}^2 = \overline{AB}^2$이므로[128] 다음 식이 성립한다.

$$4\overline{MN}^2 = 2R^2 - \overline{OP}^2$$

---

[128] (역자주) 피타고라스 정리

$$\overline{\mathrm{MN}} = \frac{1}{2}\sqrt{2R^2 - \overline{\mathrm{OP}}^2}$$

점 N은 고정되어 있으므로 선분 AB의 중점의 자취는 중심이 N이고 반지름이 $\frac{1}{2}\sqrt{2R^2 - \overline{\mathrm{OP}}^2}$인 원이다.

문제 44. 삼각형 ABC에 대하여 선분 BC 위의 점 M, 선분 CA 위의 점 N, 선분 AB 위의 점 P가 다음을 만족한다.

$$\frac{\overline{\mathrm{AP}}}{\overline{\mathrm{PB}}} = \frac{\overline{\mathrm{BM}}}{\overline{\mathrm{MC}}} = \frac{\overline{\mathrm{CN}}}{\overline{\mathrm{NA}}}$$

삼각형 MNP가 정삼각형이면 삼각형 ABC도 정삼각형임을 보이시오.

(루마니아 수학 올림피아드 - 지역 대회, 2006)

풀이. $\lambda = \frac{\overline{\mathrm{AP}}}{\overline{\mathrm{AB}}} = \frac{\overline{\mathrm{BM}}}{\overline{\mathrm{BC}}} = \frac{\overline{\mathrm{CN}}}{\overline{\mathrm{CA}}}$라 하고 점 M을 복소평면의 원점이라 하자.

또한 점 N과 P에 대응되는 복소수는 각각 1과 $\varepsilon = \cos\frac{\pi}{3} + i\sin\frac{\pi}{3}$라 하자.

점 A, B, C에 대응되는 복소 좌표를 각각 a, b, c라 하면 다음 식이 성립한다.

$$\varepsilon = (1-\lambda)a + \lambda b, \quad 0 = (1-\lambda)b + \lambda c, \quad 1 = (1-\lambda)c + \lambda a$$

따라서 $\frac{c-a}{b-a} = \varepsilon$이므로 $\overline{\mathrm{AC}} = \overline{\mathrm{AB}}$이고 $\angle \mathrm{A} = \frac{\pi}{3}$이다.

문제 45. 삼각형 ABC에 대하여 선분 BC 위의 점 D, 선분 CA 위의 점 E, 선분 AB 위의 점 F가 다음을 만족한다.

$$\frac{\overline{\mathrm{BD}}}{\overline{\mathrm{DC}}} = \frac{\overline{\mathrm{CE}}}{\overline{\mathrm{EA}}} = \frac{\overline{\mathrm{AF}}}{\overline{\mathrm{FB}}}$$

삼각형 DEF와 삼각형 ABC의 외접원의 중심이 일치하면 삼각형 ABC는 정삼각형임을 보이시오.

(루마니아 수학 올림피아드 - 최종 대회, 2008)

풀이. 삼각형 ABC의 외심을 복소평면의 원점으로 하고 각 점에 사용된 문자의 소문자를 해당하는 점의 좌표라 하자. $\frac{\overline{\mathrm{BD}}}{\overline{\mathrm{DC}}} = k$라 하면 $d = \frac{b+kc}{1+k}$를 얻는다.

삼각형 DEF와 삼각형 ABC의 외심이 같다는 것은 $|d| = |e| = |f|$와 동치이고 따라서 $d\bar{d} = e\bar{e} = f\bar{f}$이다. $a\bar{a} = b\bar{b} = c\bar{c}$이므로 $a\bar{b} + b\bar{a} = a\bar{c} + c\bar{a} = b\bar{c} + c\bar{b}$이고 이것으로부터 $|a-b|^2 = |a-c|^2 = |b-c|^2$임을 알 수 있다. 따라서 삼각형 ABC는 정삼각형이다.

문제 46. 정삼각형이 아닌 삼각형 ABC의 바깥쪽으로 그린 닮은 삼각형 ABM, BCN, CAP에 대하여 삼각형 MNP가 정삼각형이라고 하자. 삼각형 ABM, BCN, CAP의 내각의 크기를 모두 구하시오.

(루마니아 수학 올림피아드 - 최종 대회, 2010)

풀이. 모든 각은 양의 방향으로 주어져 있다. 주어진 점은 대문자로, 각 점의 좌표는 해당 문자의 소문자로 하자. 닮음에 의하여 다음 식이 성립한다.

$$\frac{m-b}{a-b} = \frac{n-c}{b-c} = \frac{p-a}{c-a} = k,$$

$$m = ka + (1-k)b, \ n = kb + (1-k)c, \ p = kc + (1-k)a$$

삼각형 MNP는 정삼각형이므로 $\varepsilon = \cos\frac{2\pi}{3} + i\sin\frac{2\pi}{3}$에 대하여 다음 식이 성립한다.

$$m + \varepsilon n + \varepsilon^2 p = 0$$

m, n, p를 대입하면 다음을 얻는다.

$$0 = k(a + b\varepsilon + c\varepsilon^2) + (1-k)(b + c\varepsilon + a\varepsilon^2)$$
$$= k(a + b\varepsilon + c\varepsilon^2) + \frac{1-k}{\varepsilon}(a + b\varepsilon + c\varepsilon^2)$$
$$= (a + b\varepsilon + c\varepsilon^2)\left(k + \frac{1-k}{\varepsilon}\right)$$

삼각형 ABC는 정삼각형이 아니므로 $a + b\varepsilon + c\varepsilon^2 \neq 0$이다. 따라서 다음과 같이 k를 얻을 수 있다.

$$k = \frac{1}{1-\varepsilon}$$

k의 값을 $m = ka + (1-k)b$에 대입하면 $m - a = \varepsilon(m - b)$이므로 삼각형 AMB는 $\angle$AMB $= \frac{2\pi}{3}$이고 나머지 두각의 크기는 각각 $\frac{\pi}{6}$인 이등변삼각형이다. 삼각형 BCN과 삼각형 CAP는 삼각형 ABM과 닮음이므로 모든 내각의 크기를 얻을 수 있다.

5.5 삼각비 문제의 풀이

문제 11. $\theta = 30°$에 대하여 다음 n개 항을 가지는 수열의 합을 구하시오.

(i) $1 + \frac{\cos\theta}{\cos\theta} + \frac{\cos(2\theta)}{\cos^2\theta} + \frac{\cos(3\theta)}{\cos^3\theta} + \cdots + \frac{\cos((n-1)\theta)}{\cos^{n-1}\theta}$

(ii) $\cos\theta\cos\theta + \cos^2\theta\cos(2\theta) + \cos^3\cos(3\theta) + \cdots + \cos^n\theta\cos(n\theta)$

(크룩스 수학, 2003)

풀이.

(i) 다음 복소수를 생각하자.

$$z = \frac{1}{\cos\theta}(\cos\theta + i\sin\theta)$$

다음 항등식을 살펴보자.

$$\sum_{k=0}^{n-1} z^k = \frac{1-z^n}{1-z} \tag{1}$$

$$\sum_{k=0}^{n-1} \frac{1}{\cos^k\theta}(\cos k\theta + i\sin k\theta)$$

$$= \frac{1 - \dfrac{1}{\cos^n\theta}(\cos n\theta + i\sin n\theta)}{1 - \dfrac{1}{\cos\theta}(\cos\theta + i\sin\theta)}$$

$$= \frac{\cos\theta - \dfrac{1}{\cos^{n-1}\theta}(\cos n\theta + i\sin n\theta)}{-i\sin\theta}$$

$$= \frac{\sin n\theta}{\sin\theta \cos^{n-1}\theta} + i\frac{\cos^n\theta - \cos n\theta}{\sin\theta \cos^{n-1}\theta}$$

위의 식에 의해서 다음을 얻는다.

$$\sum_{k=0}^{n-1} \frac{\cos k\theta}{\cos^k\theta} = \frac{\sin n\theta}{\sin\theta \cos^{n-1}\theta}$$

$\theta = 30°$ 를 넣어 계산하면 된다.

(ii) 복소수 $z = \cos\theta(\cos\theta + i\sin\theta)$을 고려하자. 식 (1)로부터 다음을 얻는다.

$$\sum_{k=1}^{n} z^k = \frac{z - z^{n+1}}{1-z}$$

결국

$$\sum_{k=1}^{n} \cos^k\theta(\cos k\theta + i\sin k\theta)$$

$$= \frac{\cos\theta(\cos\theta + i\sin\theta) - \cos^{n+1}\theta(\cos(n+1)\theta + i\sin(n+1)\theta)}{\sin^2\theta - i\cos\theta\sin\theta}$$

$$= i\frac{\cos\theta(\cos\theta + i\sin\theta) - \cos^{n+1}\theta(\cos(n+1)\theta + i\sin(n+1)\theta)}{\sin\theta(\cos\theta + i\sin\theta)}$$

$$= i\left[\cot\theta - \frac{\cos^{n+1}\theta(\cos n\theta + i\sin n\theta)}{\sin\theta}\right]$$

$$= \frac{\sin n\theta \cos^{n+1}\theta}{\sin\theta} + i\left(\cot\theta - \frac{\cos^{n+1}\theta \cos n\theta}{\sin\theta}\right)$$

이로부터 다음을 얻는다.
$$\sum_{k=1}^{n} \cos^k \theta \cos k\theta = \frac{\sin n\theta \cos^{n+1}\theta}{\sin\theta}$$

문제 12. 양의 정수 $n \geq 2$에 대하여 다음을 증명하시오.
$$1 + \cos^{2n}\left(\frac{\pi}{n}\right) + \cos^{2n}\left(\frac{2\pi}{n}\right) + \cdots + \cos^{2n}\left(\frac{(n-1)\pi}{n}\right) = n \cdot 4^{-n}(2 + {}_{2n}C_n)$$

풀이. 양의 정수 n에 대하여
$$\omega = \cos\frac{2\pi}{n} + i\sin\frac{2\pi}{n}$$
라고 하자. 다음과 같은 합을 생각해보자.
$$S_n = 4^n + (1+\omega)^{2n} + (1+\omega^2)^{2n} + \cdots + (1+\omega^{n-1})^{2n}$$
모든 $k = 1, 2, \cdots, n-1$에 대하여
$$1 + \omega^k = 1 + \cos\frac{2k\pi}{n} + i\sin\frac{2k\pi}{n} = 2\cos\frac{k\pi}{n}\left(\cos\frac{k\pi}{n} + i\sin\frac{k\pi}{n}\right)$$
또는
$$(1+\omega^k)^{2n} = 2^{2n}\cos^{2n}\frac{k\pi}{n}(\cos 2k\pi + i\sin 2k\pi) = 4^n \cos^{2n}\frac{k\pi}{n}$$
이 성립한다. 따라서
$$S_n = 4^n + \sum_{k=1}^{n-1}(1+\omega^k)^{2n}$$
$$= 4^n\left[1 + \cos^{2n}\left(\frac{\pi}{n}\right) + \cos^{2n}\left(\frac{2\pi}{n}\right) + \cdots + \cos^{2n}\left(\frac{(n-1)\pi}{n}\right)\right] \quad (1)$$

한편, 이항 전개를 이용하면, 다음을 얻는다.
$$S_n = \sum_{k=0}^{n-1}(1+\omega^k)^{2n}$$
$$= \sum_{k=0}^{n-1}\left({}_{2n}C_0 + {}_{2n}C_1\omega^k + {}_{2n}C_2\omega^{2k} + \cdots + {}_{2n}C_n\omega^{nk} + \cdots + {}_{2n}C_{2n-1}\omega^{(2n-1)k} + {}_{2n}C_{2n}\right)$$
$$= n\,{}_{2n}C_0 + n\,{}_{2n}C_n + n\,{}_{2n}C_{2n} + \sum_{j=1, j\neq n}^{2n-1}{}_{2n}C_j \cdot \sum_{k=0}^{n-1}\omega^{jk}$$
$$= 2n + n\,{}_{2n}C_n + \sum_{j=1, j\neq n}^{2n-1}{}_{2n}C_j\frac{1-\omega^{jn}}{1-\omega^j}$$
$$= 2n + n\,{}_{2n}C_n \quad (2)$$

식 (1)과 (2)에서 원하는 결과를 추론할 수 있다.

문제 13. 모든 정수 p ($p \geq 0$)에 대하여 $a_p \neq 0$인 실수 $a_0, a_1, \cdots, a_p$가 존재하여 다음 식이 성립함을 보이시오.
$$\cos 2p\alpha = a_0 + a_1 \sin^2 \alpha + \cdots + a_p(\sin^2 \alpha)^p$$
(단, α는 임의의 실수이다.).

풀이. 만약 정수 $p=0$이면 $a_0 = 1$이다. 만약 $p \geq 1$이면, $z = \cos\alpha + i\sin\alpha$라 하면, 다음이 성립한다.
$$z^{2p} = \cos 2p\alpha + i\sin 2p\alpha,$$
$$z^{-2p} = \cos 2p\alpha - i\sin 2p\alpha$$

또,
$$\cos 2p\alpha = \frac{z^{2p} + z^{-2p}}{2} = \frac{1}{2}\left[(\cos\alpha + i\sin\alpha)^{2p} + (\cos\alpha - i\sin\alpha)^{2p}\right]$$

이다. 이항 전개를 이용하면 다음을 얻는다.
$$\cos 2p\alpha = {}_{2p}C_0 \cos^{2p}\alpha - {}_{2p}C_2 \cos^{2p-2}\alpha \sin^2\alpha + \cdots + (-1)^p {}_{2p}C_{2p} \sin^{2p}\alpha$$

따라서 $\cos 2p\alpha$는 $\sin^2 \alpha$의 p차 다항식이 되고, 모든 실수 α에 대하여 다음과 같은 실수 계수 $a_0, a_1, \cdots, a_p$를 가진다.
$$\cos 2p\alpha = a_0 + a_1 \sin^2 \alpha + \cdots + a_p \sin^{2p}\alpha$$

단, 다음을 만족한다.
$$a_p = {}_{2p}C_0 - {}_{2p}C_2(-1)^{p-1} + {}_{2p}C_4(-1)^{p-2} + \cdots + {}_{2p}C_{2p}(-1)^p$$
$$= (-1)^p\left({}_{2p}C_0 + {}_{2p}C_2 + \cdots + {}_{2p}C_{2p}\right) \neq 0$$

문제 14.
$$x = \frac{\sum_{n=1}^{44} \cos n°}{\sum_{n=1}^{44} \sin n°}$$

이라고 할 때, $100x$를 초과하지 않는 최대정수를 구하시오.

(1997, AIME 문제11)

풀이 1. 문제의 식을 전개하면 다음과 같다.

6장 답, 힌트와 제시된 문제의 풀이들

$$x = \frac{\sum_{n=1}^{44} \cos n°}{\sum_{n=1}^{44} \sin n°} = \frac{\cos 1 + \cos 2 + \cdots + \cos 44}{\sin 1 + \sin 2 + \cdots + \sin 44}$$

$$= \frac{\cos(45-1) + \cos(45-2) + \cdots + \cos(45-44)}{\sin 1 + \sin 2 + \cdots + \sin 44}$$

이제 다음과 같은 삼각함수의 공식을 이용하면

$$\sin a + \sin b = 2\sin\frac{a+b}{2}\cos\frac{a-b}{2}$$

위의 식은 다음을 의미한다.

$$\sin x + \cos x = \sin x + \sin(90-x) = 2\sin 45 \cos(45-x) = \sqrt{2}\cos(45-x)$$

위의 식을 x에 관한 식으로 나타내면

$$x = \frac{1}{\sqrt{2}}\left(\frac{(\cos 1 + \cos 2 + \cdots + \cos 44) + (\sin 1 + \sin 2 + \cdots + \sin 44)}{\sin 1 + \sin 2 + \cdots + \sin 44}\right)$$

$$= \frac{1}{\sqrt{2}}\left(1 + \frac{\cos 1 + \cos 2 + \cdots + \cos 44}{\sin 1 + \sin 2 + \cdots + \sin 44}\right)$$

$$x = \frac{1}{\sqrt{2}}(1+x),$$

$$\frac{1}{\sqrt{2}} = x\left(\frac{\sqrt{2}-1}{\sqrt{2}}\right),$$

$$x = \frac{1}{\sqrt{2}-1} = \sqrt{2}+1$$

이다. 따라서 다음 식이 이 성립한다.[129]

$$[100x] = [100(1+\sqrt{2})] = 241$$

풀이 2. 위의 풀이에 약간의 변화를 주면 다음을 알 수 있다.

$$\sum_{n=1}^{44}\cos n + \sum_{n=1}^{44}\sin n = \sum_{n=1}^{44}\{\sin n + \sin(90-n)\}$$

$$= \sqrt{2}\sum_{n=1}^{44}\cos(45-n) = \sqrt{2}\sum_{n=1}^{44}\cos n,$$

$$\sum_{n=1}^{44}\sin n = (\sqrt{2}-1)\sum_{n=1}^{44}\cos n$$

이것은 문제에서 요구하는 비율이다. $x = \dfrac{1}{\sqrt{2}-1} = \sqrt{2}+1$ 이다.

$$[100x] = [100(1+\sqrt{2})] = 241$$

---

[129](역자주) 이 문제에서 $[x]$는 x를 넘지 않는 최대 정수

풀이 3. $\sum_{n=1}^{44} \operatorname{cis} n°$ 을 생각해보자. $\operatorname{cis} t = \cos t + i \sin t$ 이다. 분수의 구조는 허수부로 실수부를 나눈 모양이다. '드 무와브르' 정리에 의하여 다음이 성립한다.

$$-1 + \sum_{n=0}^{44} \operatorname{cis} n° = -1 + \frac{\operatorname{cis} 45° - 1}{\operatorname{cis} 1° - 1}$$

$$= -1 + \frac{\frac{\sqrt{2}}{2} - 1 + \frac{\sqrt{2}}{2}i}{\operatorname{cis} 1° - 1}$$

$$= -1 + \frac{\left(\frac{\sqrt{2}}{2} - 1 + \frac{\sqrt{2}}{2}i\right)(\operatorname{cis}(-1°) - 1)}{(\cos 1° - 1)^2 + \sin^2 1°}$$

$$= -1 + \frac{\left(\frac{\sqrt{2}}{2} - 1\right)(\cos 1° - 1) + \frac{\sqrt{2}}{2}\sin 1° + i\left(\left(1 - \frac{\sqrt{2}}{2}\right)\sin 1° + \frac{\sqrt{2}}{2}(\cos 1° - 1)\right)}{2(1 - \cos 1°)}$$

$$= -\frac{1}{2} - \frac{\sqrt{2}}{4} - \frac{i\sqrt{2}}{4} + \frac{\sin 1°\left(\frac{\sqrt{2}}{2} + i\left(1 - \frac{\sqrt{2}}{2}\right)\right)}{2(1 - \cos 1°)}$$

탄젠트 함수의 반각 공식을 사용하면 위의 식은 다음과 같다.

$$\left(-\frac{1}{2} + \frac{\sqrt{2}}{4}\left[\cot\left(\frac{1}{2}\right)° - 1\right]\right) + i\left(\frac{1}{2}\cot\left(\frac{1}{2}\right)° - \frac{\sqrt{2}}{4}\left\{\cot\left(\frac{1}{2}\right)° + 1\right\}\right)$$

위의 식의 실수부를 허수부로 나누고 분모, 분자에 4를 곱하여 정리하면 다음과 같이 된다.

$$\frac{-2 + \sqrt{2}\left[\cot\left(\frac{1}{2}\right)° - 1\right]}{2\cot\left(\frac{1}{2}\right)° - \sqrt{2}\left[\cot\left(\frac{1}{2}\right)° + 1\right]}$$

그런데 $\cot\frac{1}{2}°$ 는 아주 큰 수이므로 ∞ 로 취급하면 위의 분수는 다음과 같이 수렴한다. 따라서

$$\frac{\sqrt{2}}{2 - \sqrt{2}} = \frac{\sqrt{2}(2 + \sqrt{2})}{2} = 1 + \sqrt{2} \Rightarrow [100(1 + \sqrt{2})] = 241$$

문제 15. 양의 정수 n과 임의의 실수 x, y에 대하여 다음이 성립함을 증명하시오.

$$\sum_{k=0}^{n} {}_n C_k \cos\{(n-k)x + ky\} = \left(2\cos\frac{x-y}{2}\right)^n \cos n\frac{x+y}{2}$$

(Mathematical Reflection 2009)

풀이. 실수 $\sum_{k=0}^{n} {}_n C_k \cos\{(n-k)x + ky\}$ 는 다음과 같은 복소수 Z의 실수부이다.

$$Z = \sum_{k=0}^{n} {}_n C_k e^{i\{(n-k)x + ky\}} = \sum_{k=0}^{n} {}_n C_k (e^{ix})^{n-k} (e^{iy})^k$$

(단, $e^{ix} = \cos x + i \sin x$)

이항 전개에 의하여, $Z = (e^{ix} + e^{iy})^n$ 임을 알 수 있고, 이것은 다음과 같다.

$$Z = \left\{ e^{i\frac{x+y}{2}} \left(e^{i\frac{x-y}{2}} + e^{-i\frac{x-y}{2}} \right) \right\}^n = \left(2\cos \frac{x-y}{2} \right)^n e^{ni\frac{x+y}{2}}$$

따라서, Z의 실수부는 다음과 같고, 이로써 증명은 완성되었다.

$$\left(2\cos \frac{x-y}{2} \right)^n \cos n\frac{(x+y)}{2}$$

문제 16. k는 고정된 양의 정수라고 하자.

$$S_n^{(j)} = {}_n C_j + {}_n C_{j+k} + {}_n C_{j+2k} + \cdots, \quad (단, j = 0, 1, \cdots, k-1)$$

일 때, 다음을 증명하시오.

$$\left(S_n^{(0)} + S_n^{(1)} \cos \frac{2\pi}{k} + \cdots + S_n^{(k-1)} \cos \frac{2(k-1)\pi}{k} \right)^2$$
$$+ \left(S_n^{(1)} + S_n^{(2)} \sin \frac{2\pi}{k} + \cdots + S_n^{(k-1)} \sin \frac{2(k-1)\pi}{k} \right)^2 = \left(2\cos \frac{\pi}{k} \right)^{2n}$$

(Mathematical Reflection 2010)

풀이. $\mathbb{Z}_+ = \mathbb{N} \cup \{0\}$ 이고,

$$D_j = \{j + mk \mid m \in \mathbb{Z}_+, j + mk \leq n\}$$

라고 하자. 그러면, $S_n^{(j)} = \sum_p {}_n C_p$ 이고, $\bigcup_{j=0}^{k-1} D_j = \{0, 1, 2, \cdots, n\}$ 이다.

$$a = \sum_{j=0}^{k-1} S_n^{(j)} \cos \frac{2j\pi}{k}, \quad b = \sum_{j=0}^{k-1} S_n^{(j)} \sin \frac{2j\pi}{k}, \quad \varepsilon = \cos \frac{2\pi}{k} + i \sin \frac{2\pi}{k},$$

이라고 하자. 그러면 $\varepsilon^k = 1$ 이고,

$$a + ib = \sum_{j=0}^{k-1} S_n^{(j)} \left(\cos \frac{2\pi}{k} + i \sin \frac{2\pi}{k} \right)^j = \sum_{j=0}^{k-1} S_n^{(j)} \cos \frac{2j\pi}{k} + i \sum_{j=0}^{k-1} S_n^{(j)} \sin \frac{2j\pi}{k}$$

$$= \sum_{j=0}^{k-1} S_n^{(j)} \left(\cos \frac{2j\pi}{k} + i \sin \frac{2j\pi}{k} \right) = \sum_{j=0}^{k-1} S_n^{(j)} \varepsilon^j = \sum_{j=0}^{k-1} \sum_{p \in D_j} {}_n C_p \varepsilon^p$$

$$= \sum_{p \in D_j} {}_n C_p \varepsilon^p = \sum_{p=1}^{n} {}_n C_p \varepsilon^p = (1+\varepsilon)^n = \left(1 + \cos \frac{2\pi}{k} + i \sin \frac{2\pi}{k} \right)^n$$

$$= \left\{2\cos\frac{\pi}{k}\left(\cos\frac{\pi}{k} + i\sin\frac{\pi}{k}\right)\right\}^n = \left(2\cos\frac{\pi}{k}\right)^n \left(\cos\frac{\pi}{k} + i\sin\frac{\pi}{k}\right)^n$$

그러므로

$$|a+bi| = \left|\left(2\cos\frac{\pi}{k}\right)^n \left(\cos\frac{\pi}{k} + i\sin\frac{\pi}{k}\right)^n\right| = \left|\left(2\cos\frac{\pi}{k}\right)^n\right| \left|\left(\cos\frac{\pi}{k} + i\sin\frac{\pi}{k}\right)^n\right|$$

$$= \left|\left(2\cos\frac{\pi}{k}\right)\right|^n \left|\left(\cos\frac{\pi}{k} + i\sin\frac{\pi}{k}\right)\right|^n = \left|\left(2\cos\frac{\pi}{k}\right)\right|^n$$

따라서 다음 식이 성립한다.

$$a^2 + b^2 = \left(2\cos\frac{\pi}{k}\right)^{2n}$$

문제 17.

(a) z_1, z_2, z_3, z_4는 서로 다른 복소수이며, 그 합은 0이고 절댓값은 모두 같다. z_1, z_2, z_3, z_4가 나타내는 점은 직사각형의 꼭짓점임을 증명하시오.

(b) x, y, z, t는 다음과 같은 실수이다. $\sin x + \sin y + \sin z + \sin t = 0$이고, $\cos x + \cos y + \cos z + \cos t = 0$이다. 임의의 정수 n에 대하여 다음이 성립함을 증명하시오.

$$\sin(2n+1)x + \sin(2n+1)y + \sin(2n+1)z + \sin(2n+1)t = 0$$

(루마니아 수학 올림피아드 지역 선발, 2011)

풀이.

(a) $z_1 + z_2 + z_3 + z_4 = 0$은 $\overline{z_1} + \overline{z_2} + \overline{z_3} + \overline{z_4} = 0$을 의미하고, 다음이 성립한다.

$$\frac{1}{z_1} + \frac{1}{z_2} + \frac{1}{z_3} + \frac{1}{z_4} = 0 \qquad (1)$$

$|z_1| = |z_2| = |z_3| = |z_4| \neq 0$이므로, $z_1 + z_2 = -z_3 - z_4 \neq 0$이라고 가정하면, (1)은 $z_1 z_2 = z_3 z_4$을 의미한다. 따라서 $\{z_1, z_2\} = \{-z_3, -z_4\}$이다. 한편, $z_1 + z_2 = 0$이면, $z_3 + z_4 = 0$이다. 두 가지 경우 모두, z_1, z_2, z_3, z_4가 같은 합을 가지는 두 쌍을 이루므로 직사각형의 점을 의미한다.

(b) $z_1 = \cos x + i\sin x$, $z_2 = \cos y + i\sin y$, $z_3 = \cos z + i\sin z$, $z_4 = \cos t + i\sin t$이라 하고, $z_1 + z_2 + z_3 + z_4 = 0$을 얻기 위하여 $|z_1| = |z_2| = |z_3| = |z_4| = 1$이라고 하자. 앞에서 두 쌍씩 서로 반대편에 있는 좌표라는 것을 확인했기 때문에, z_1^{2n+1}, z_2^{2n+1}, z_3^{2n+1}, z_4^{2n+1}도 서로 반대편의 있는 좌표이다. 따라서

$$z_1^{2n+1} + z_2^{2n+1} + z_3^{2n+1} + z_4^{2n+1} = 0$$

이것은 $\sin(2n+1)x + \sin(2n+1)y + \sin(2n+1)z + \sin(2n+1)t = 0$을 의미한다.

5.6 1의 n제곱근에 관한 자세한 설명

문제 11. 임의의 양의 정수 k에 대하여 다음을 정의한다.
$$U_k = \{z \in \mathbb{C} \,|\, z^k = 1\}$$
$0 < m < n$을 만족하는 모든 정수 m, n에 대하여 다음 포함관계가 성립함을 보이시오.
$$U_1 \cup U_2 \cup \cdots U_m \subset U_{n-m+1} \cup U_{n-m+2} \cup \cdots \cup U_n$$

(루마니아 수학 지역 경선 "Grigore Moisil[130]," 1997)

풀이. $p = 1, 2, \cdots, m$에 대하여 $z \in U_p$라 하면 $z^p = 1$이다. $n-m+1, n-m+2, \cdots, n$은 연속된 m개의 정수임에 유의하면 $p \leq m$이므로 p가 약수인 어떤 정수 k가 $\{n-m+1, n-m+2, \cdots, n\}$의 원소임을 알 수 있다.

$k = k'p$라 하면 $z^k = z^{k'p} = (z^p)^{k'} = 1$이므로[131]
$z \in U_k \subset U_{n-m+1} \cup U_{n-m+2} \cup \cdots \cup U_n$이 성립한다.

참고. $a > 1$인 양의 정수 a와 $n > k$인 n에 대하여 다음 식이 정수임을 이용하면 다른 풀이를 얻을 수 있다.

$$\frac{(a^n-1)(a^{n-1}-1)\cdots(a^{n-k+1}-1)}{(a^k-1)(a^{k-1}-1)\cdots(a-1)}$$

문제 12. 복소수 a, b, c, d, α에 대하여 $|a| = |b| \neq 0$이고 $|c| = |d| \neq 0$를 만족한다고 하자. 다음 방정식의 모든 근이 실수임을 보이시오.
$$c(bx + a\alpha)^n - d(ax + b\overline{\alpha})^n = 0, \ n \geq 1$$

증명. 주어진 방정식을 다음과 같이 다시 나타낼 수 있다.
$$\left(\frac{bx + a\alpha}{ax + b\overline{\alpha}}\right)^n = \frac{d}{c}$$

$|c| = |d|$이므로 $\left|\frac{d}{c}\right| = 1$이다. 따라서 다음과 같이 나타낼 수 있다.
$$\frac{d}{c} = \cos t + i \sin t, \ t \in [0, 2\pi)$$

그러므로 다음을 얻는다.
$$\frac{bx_k + a\alpha}{ax_k + b\overline{\alpha}} = u_k \tag{1}$$

---

130)(역자주) 그리고레 모이실(Grigore Moisil, 1906-1973) 루마니아 수학자. 주로 수리논리, 대수논리, MV 대수 및 미분방정식 분야를 연구함.

131)(역자주) $z \in U_p$인 z에 대하여 $z^k = 1$이므로 $z \in U_k$이다. 따라서 $U_p \subset U_k$이다.

$$u_k = \cos\frac{t+2k\pi}{n} + i\sin\frac{t+2k\pi}{n} \quad (\text{단, } k = 0, 1, \cdots, n-1)$$

식 (1)로부터 x_k를 구하면 다음과 같다.

$$x_k = \frac{b\overline{\alpha}u_k - a\alpha}{b - au_k} \quad (\text{단, } k = 0, 1, \cdots, n-1)$$

모든 $k = 0, 1, \cdots, n-1$에 대하여 $x_k = \overline{x_k}$임을 보이면 근 x_k (단, $k = 0, 1, \cdots, n-1$)가 실수임을 보일 수 있다. $|a| = |b| = r$이라 하면 다음을 보일 수 있다.

$$\overline{x_k} = \frac{\overline{b}\,\overline{\alpha}\,\overline{u_k} - \overline{a}\,\overline{\alpha}}{\overline{b} - \overline{a}\,\overline{u_k}} = \frac{\frac{r^2}{b}\cdot\alpha\cdot\frac{1}{u_k} - \frac{r^2}{a}\cdot\overline{\alpha}}{\frac{r^2}{b} - \frac{r^2}{a}\cdot\frac{1}{u_k}} = \frac{b\overline{\alpha}u_k - a\alpha}{b - au_k} = x_k \quad (\text{단, } k = 0, 1, \cdots, n-1)$$

문제 13. $z \neq 1$인 복소수 z에 대하여 $z^n = 1$, $n \geq 1$이라 할 때 다음이 성립함을 보이시오.

$$|nz - (n+2)| \leq \frac{(n+1)(2n+1)}{6}|z-1|^2$$

(Crux Mathematicorum, 2003)

증명. 항등식

$$\sum_{k=0}^{n} x^k = \frac{x^{n+1} - 1}{x - 1}$$

을 x에 대하여 미분하면 다음을 얻는다.

$$\sum_{k=1}^{n} kx^{k-1} = \frac{nx^{n+1} - (n+1)x^n + 1}{(x-1)^2}$$

양변에 x를 곱하고 다시 미분하면

$$\sum_{k=1}^{n} k^2 x^{k-1} = g(x),$$

$$g(x) = \frac{n^2 x^{n+2} - (2n^2 + 2n - 1)x^{n+1} + (n+1)^2 x^n - x - 1}{(x-1)^3}$$

$x = z$라 두고 주어진 조건 $|z| = 1$임을 이용하면 다음을 얻는다.

$$|g(z)| \leq \sum_{k=1}^{n} k^2 |z|^{k-1} = \frac{n(n+1)(2n+1)}{6} \quad (1)$$

반면 $z \neq 1$에 대하여 $z^n = 1$임을 이용하면

$$g(z) = \frac{n(nz^2 - 2n(n+1)z + n + 2)}{(z-1)^3} = \frac{n(nz - (n+2))}{(z-1)^2} \quad (2)$$

식 (1)과 (2)로부터 주어진 식을 얻는다.

$$|nz-(n+2)| \leq \frac{(n+1)(2n+1)}{6}|z-1|^2$$

문제 14. 복소수 집합 M에 대하여 $x, y \in M$이면 $\frac{x}{y} \in M$을 만족한다. 집합 M의 원소가 n개이면 M은 1의 n제곱근들의 집합임을 보이시오.

증명. $x = y \in M$이면 $1 = \frac{x}{y} \in M$이다. $x = 1$이고 $y \in M$이면 $\frac{1}{y} = y^{-1} \in M$이다. x, y가 임의의 M의 원소이면 $x, y^{-1} \in M$이다. 따라서 다음이 성립한다.

$$\frac{x}{y^{-1}} = xy \in M$$

집합 M의 원소를 $x_1, x_2, \cdots, x_n$이라 하고 임의로 x_k, $k = 1, \cdots, n$를 선택하면 임의의 $k = 1, \cdots, n$에 대하여 $x_k \neq 0$이므로 $x_k x_1, x_k x_2, x_k x_3, \cdots, x_k x_n$은 모두 서로 다르고 집합 M에 속한다. 따라서 다음이 성립한다.

$$\{x_k x_1, x_k x_2, \ldots, x_k x_n\} = \{x_1, x_2, \ldots, x_n\}$$

따라서 $x_k x_1 \cdot x_k x_2 \cdot x_k x_3 \cdot \cdots \cdot x_k x_n = x_1 x_2 \cdots x_n$이므로 $x_k^n = 1$이다. 즉 x_k는 1의 n제곱근이다. x_k는 임의로 선택한 원소이므로 M은 1의 n제곱근들의 집합이다.

문제 15. 유한 복소수 집합 A에 대하여 $z \in A \Rightarrow z^n \in A$을 만족한다(단, n은 양의 정수).
(a) $\sum_{z \in A} z$는 정수임을 증명하시오.
(b) 임의의 정수 k에 대하여 $\sum_{z \in A} z = k$를 만족하는 집합 A를 선택할 수 있음을 증명하시오.

(2003 루마니아 올림피아드 최종회)

풀이.
(a) 유한 집합 X의 원소의 합을 $S(X)$라고 하자. $0 \neq z \in A$라고 가정하자. A가 유한 집합이므로 $z^m = z^n$인 양의 정수 $m < n$이 존재한다. 따라서 $z^{m-n} = 1$이다. d는 $z^k = 1$을 만족하는 가장 작은 양의 정수 k라고 하자. 그러면 $1, z, z^2, \cdots, z^{d-1}$은 서로 다른 원소이고, $z^{dl} = 1$이다(단, l은 정수이다.). 따라서 이 복소수들은 d의 제곱근이다. 이것은 $A - \{0\} = \bigcup_{k=1}^{m} U_{n_k}$이다. 단 $U_p = \{z \in \mathbb{C} | z^p = 1\}$이다. $S(U_p) = 0$, $p \geq 2$이고, $S(U_1) = 1$이고, $U_p \cap U_q = U_{(p,q)}$[132]이므로 다음이 성립한다.

$$S(A) = \sum_k S(U_{n_k}) - \sum_{k<l} S(U_{n_k} \cap U_{n_l}) + \sum_{k<l<s} S(U_{n_k} \cap U_{n_l} \cap U_{n_s}) + \cdots = \text{정수}$$

---
[132](역자주) (p, q)는 p, q의 최소공배수이다.

(b) 어떤 정수 k에 대하여 다음 조건을 만족하는 집합 A가 존재한다고 가정하자.

$$A = \bigcup_{k=1}^{m} U_{n_k}, \ S(A) = k. \ p_1, \ p_2, \ \cdots, p_6 \text{는 임의의 } n_k \text{를 나누는 서로 다른 소수라고 하자.}$$

$$S(A \cup U_p) = S(A) + S(U_{p_1}) - S(A \cap U_{p_1}) = k - S(U_1) = k-1$$

또 다음 식이 성립한다.

$$S\big(A \cup U_{p_1p_2p_3} \cup U_{p_1p_4p_5} \cup U_{p_2p_4p_6} \cup U_{p_3p_5p_6}\big)$$
$$= S(A) + S(U_{p_1p_2p_3}) + S(U_{p_1p_4p_6}) + S(U_{p_2p_4p_6}) + S(U_{p_3p_5p_6})$$
$$- S(A \cap U_{p_1p_2p_3}) - \cdots + S(A \cap U_{p_1p_2p_3} \cap U_{p_1p_4p_5})$$
$$+ \cdots - S(A \cap U_{p_1p_2p_3} \cap U_{p_1p_4p_5} \cap U_{p_2p_4p_6} \cap U_{p_3p_5p_6})$$
$$= k + 4 \cdot 0 - \sum_{k=1}^{6} S(U_{p_k}) + 10 S(U_1) - 5 S(U_1) + S(U_1)$$
$$= k - 4 + 10 - 5 + 1 = k + 2$$

따라서 만약 $S(A) = k$인 집합 A가 존재하면, 집합 B, C가 존재하여 $S(B) = k-1$, $S(C) = k+2$가 존재한다. 이것은 결론과 같은 의미이다.

문제 16. $n \geq 3$인 홀수에 대하여 $\displaystyle\sum_{k=1}^{\frac{n-1}{2}} \sec\frac{2k\pi}{n}$을 구하시오.

풀이. 다음을 보일 것이다.

$$\sum_{k=1}^{\frac{n-1}{2}} \sec\frac{2k\pi}{n} = \begin{cases} \dfrac{n-1}{2} & , n \equiv 1 \pmod 4 \\ -\dfrac{n-1}{2} & , n \equiv 3 \pmod 4 \end{cases}$$

T_n은 다음과 같은 n차 체비세프 첫 번째 다항식이라고 하자.
$$T_n(\cos\theta) = \cos n\theta$$

$T_n'(\cos\theta) = \dfrac{n \sin n\theta}{\sin\theta}$ 이므로

$$\left\{\cos\left(\frac{k\pi}{n}\right) \mid 1 \leq k \leq n-1\right\}$$

은 $n-1$개의 서로 다른 T'_n의 근(0)이고 이것은 $n-1$ 차원이다. 이것은 다음과 같은 상수가 존재함을 의미한다.

$$T'_n(X) = \lambda \prod_{1 \leq k < n} \left(X - \cos\left(\frac{k\pi}{n}\right)\right)$$

결과적으로

$$\frac{T''(X)}{T'(X)} = \sum_{k=1}^{n-1} \frac{1}{X - \cos\left(\frac{k\pi}{n}\right)}$$

$\cos\frac{k\pi}{n} = \cos\frac{(n-k)\pi}{n}$ 이므로 다음이 성립한다.

$$\frac{T''(X)}{T'(X)} = \frac{1}{2}\sum_{k=1}^{n-1}\left(\frac{1}{X-\cos\left(\frac{k\pi}{n}\right)} + \frac{1}{X+\cos\left(\frac{k\pi}{n}\right)}\right) = \sum_{k=1}^{n-1}\frac{X}{X^2 - \cos^2\left(\frac{k\pi}{n}\right)}$$

그러므로

$$\frac{T''(X)}{T'(X)} = \sum_{k=1}^{n-1}\frac{2X}{2X^2 - 1 - \cos\left(\frac{2k\pi}{n}\right)}$$

$X = \cos\theta$ 를 대입하면 다음을 얻는다.

$$\frac{T''(\cos\theta)}{T'(\cos\theta)} = \sum_{k=1}^{n-1}\frac{2\cos\theta}{\cos 2\theta - \cos\left(\frac{2k\pi}{n}\right)}$$

한편, $T_n'(\cos\theta) = \frac{n\sin n\theta}{\sin\theta}$ 이므로 다음을 얻는다.

$$-(\sin\theta)\frac{T''(\cos\theta)}{T'(\cos\theta)} = n\cot(n\theta) - \cot\theta$$

따라서 다음이 성립한다.

$$\sum_{k=1}^{n-1}\frac{1}{\cos 2\theta - \cos\left(\frac{2k\pi}{n}\right)} = \frac{1}{2\sin^2\theta} - \frac{n\cot(n\theta)}{\sin(2\theta)}$$

홀수 n 에 대하여 다음과 동치다.

$$\sum_{k=1}^{\frac{n-1}{2}}\frac{1}{\cos\left(\frac{2k\pi}{n}\right) - \cos(2\theta)} = \frac{n\cot(n\theta)}{2\sin(2\theta)} - \frac{1}{4\sin^2\theta}$$

특별히 $\theta = \frac{\pi}{4}$ 이면 다음을 얻는다.

$$\sum_{k=1}^{\frac{n-1}{2}}\frac{1}{\cos\left(\frac{2k\pi}{n}\right)} = \frac{n\cot\left(\frac{n\pi}{4}\right) - 1}{2} = \frac{n(-1)^{\frac{n-1}{2}} - 1}{2}$$

문제 17. n 은 양의 홀수이고 복소수 z 는 $z^{2n-1} - 1 = 0$ 일 때, 다음을 구하시오.

$$\prod_{k=0}^{n-1}\left(z^{2^k} + \frac{1}{z^{2^k}} - 1\right)$$

(Mathematical Reflections)

풀이.
$$Z_n = \prod_{k=0}^{n-1}\left(z^{2^k} + \frac{1}{z^{2^k}} - 1\right)$$

이라고 하고 다음을 계산해보자.
$$\left(z + \frac{1}{z} + 1\right)Z_n = \left(z^2 + \frac{1}{z^2} + 1\right)\left(z^2 + \frac{1}{z^2} - 1\right)\cdots\left(z^{2^{n-1}} + \frac{1}{z^{2^{n-1}}} - 1\right) = \left(z^{2^n} + \frac{1}{z^{2^n}} + 1\right)$$

그런데 주어진 조건에서 $z^{2^n} = z$ 이므로 최종적으로 다음을 얻는다.
$$\left(z + \frac{1}{z} + 1\right)Z_n = \left(z + \frac{1}{z} + 1\right)$$

따라서 $Z_n = 1$ 이다.

문제 18. $\sin 2° \sin 4° \sin 6° \cdots \sin 90° = \dfrac{p\sqrt{5}}{2^{50}}$ 일 때 정수 p를 구하시오.

풀이 1. 삼각함수의 정리에서 다음을 알 수 있다.
$$\sin(90x) = \text{Im}\{(\cos x + i\sin x)^{90}\}$$
$$= \sum_{n=0}^{45}(-1)^n {}_{90}C_{2n+1} \sin^{2n+1}(x)\cos^{90-(2n+1)}(x)$$
$$= \sin(x)\cos(x)\sum_{n=0}^{44} {}_{90}C_{2n+1}\sin^{2n}(x)\{\sin^2 x - 1\}^{44-n}$$

그러므로
$$\frac{\sin(90x)}{\sin(x)\cos(x)} = P(\sin(x))$$

는 $\sin x$의 88차 다항식이고 다음과 같은 근을 가진다.
$$\sin(x) = \pm\sin 2°, \ \pm\sin 4°, \cdots \pm\sin 88°$$

$P(x)$는 상수항 90을 가짐을 알 수 있고
$$\sum_{n=0}^{44} {}_{90}C_{2n+1} = \frac{(1+1)^{90} - (1-1)^{90}}{2} = 2^{89}$$

이것은 다음을 의미한다.
$$\frac{90}{2^{89}} = \prod_{n=-44, n\neq 0}^{44} \sin(2n) = (-1)^{44}\left(\prod_{n=1}^{44}\sin(2n)\right)^2,$$
$$\sin(90)\prod_{n=1}^{44}\sin(2n) = \sqrt{\frac{45}{2^{88}}} = \frac{3\sqrt{5}}{2^{44}}$$

따라서 $p = 3 \cdot 2^6 = 192$이다.

풀이 2. $\omega = \cos\dfrac{2\pi}{90} + i\sin\dfrac{2\pi}{90}$ 라고 하자.

$$\prod_{n=1}^{45}\sin(2n) = \sum_{n=1}^{45}\dfrac{\omega^n - 1}{2i\omega^{\frac{n}{2}}}$$

그런데 $\sin(90°) = 1$과 사인함수의 대칭성에 의하여 다음이 성립한다.

$$\prod_{n=1}^{45}\sin(2n) = \prod_{n=46}^{89}\sin(2n)$$

그러므로

$$\left|\prod_{n=1}^{45}\sin(2n)\right|^2 = \sum_{n=1}^{89}\dfrac{|\omega^n - 1|}{2} = \dfrac{90}{2^{89}}$$

여기서 위의 등식은 단위 근의 기하학적 성질을 이용하여 합을 구한 것이다. 그러므로

$$\sqrt{\dfrac{45}{2^{88}}} = \dfrac{3\sqrt{5}}{2^{44}}$$

따라서 $p = 3 \cdot 2^6 = 192$이다.

문제 19. 다항식 $P(x) = (1 + x + x^2 + \cdots + x^{17})^2 - x^{17}$는 다음과 같은 형태의 34개의 복소수 근을 가진다.

$$z_k = r_k[\cos(2\pi a_k) + i\sin(2\pi a_k)]$$

(단, $k = 1, 2, 3, \cdots, 34$이고, $0 < a_1 \le a_2 \le a_3 \le \cdots \le a_{34} < 1$이며 $r_k > 0$이다.)

$a_1 + a_2 + a_3 + a_4 + a_5 = \dfrac{m}{n}$이고, m, n은 서로 소인 정수일 때, $m + n$을 구하시오.

(2004 AIME I 문제 13)

풀이. 다항식 $P(x)$에서 문제를 바로 풀기는 매우 어렵지만, 기하급수를 이용한 변환이 있다.

$$P(x) = \left(\dfrac{x^{18} - 1}{x - 1}\right)^2 - x^{17} = \dfrac{x^{36} - 2x^{18} + 1}{x^2 - 2x + 1} - x^{17}$$
$$= \dfrac{x^{36} - x^{19} - x^{17} + 1}{(x-1)^2} = \dfrac{(x^{19} - 1)(x^{17} - 1)}{(x-1)^2}$$

위의 식은 1의 17제곱근 17개와 1의 19제곱근 19개를 가진다. 17과 19는 서로 소이므로 중복된 근을 가지지 않는다.(그런데 각각 $x = 1$(무연근)을 제외하므로 총 34개의 근을 가진다.) 따라서 가장 작은 다섯 개의 근은 $\dfrac{m}{17}$ 또는 $\dfrac{n}{19}$과 같은 형태의 분수이다. 단, m, n은 양의 정수이다.

지금 $\dfrac{3}{17}$, $\dfrac{4}{19}$는 $\dfrac{1}{19}$, $\dfrac{2}{19}$, $\dfrac{3}{19}$, $\dfrac{1}{17}$, $\dfrac{2}{17}$보다 크다. 따라서 이 수들을 더하면 답이다.

$$\dfrac{1}{19} + \dfrac{2}{19} + \dfrac{3}{19} + \dfrac{1}{17} + \dfrac{2}{17} = \dfrac{6 \cdot 17 + 3 \cdot 1}{17 \cdot 19} = \dfrac{159}{323}$$

이므로, 답은 $159 + 323 = 482$ 이다.

문제 20. 집합 $A = \{z \mid z^{18} = 1\}z$, $B = \{\omega \mid \omega^{48} = 1\}$는 복소수 단위근들의 집합이라고 하자. 집합 $C = \{z\omega : z \in A, \omega \in B\}$도 복소수 단위근들의 집합이다. 집합 C의 원소는 몇 개인가?

(2004 AIME, 문제10)

풀이 1. 18과 48의 최소공배수는 144이므로 n을 다음과 같이 정의하자.

$$n = \cos\frac{2\pi}{144} + i\sin\frac{2\pi}{144}$$

집합 A의 원소를 $\{n^8, n^{16}, \cdots, n^{144}\}$와 같이 표현할 수 있고, 같은 방법으로 집합 B의 원소를 $\{n^3, n^6, \cdots, n^{144}\}$와 같이 표현할 수 있다. n^x는 최대로 144개의 서로 다른 원소를 가질 수 있다. $z\omega$의 모든 해는 $n^{8k_1 + 3k_2}$꼴이다.

지금 8과 3은 서로 소이고, 서로 소인 두 정수 a, b를 각각 곱하거나 더해서 만들 수 없는 최대 정수는 $ab - a - b$라는 것을 알 수 있다. 이 경우, $a = 3$, $b = 8$이므로 13이다. 그러나 145에서 157까지는 3과 8로 나타낼 수 있음을 알 수 있다. 단위근들을 법 144에 의해서 줄일 수 있으므로 답은 144이다.

풀이 2. 1의 18 제곱근과 48 제곱근은 드무아브르 정리에 의하여 다음과 같이 표현할 수 있다. $cis\left(\dfrac{2k_1\pi}{18}\right)$, $cis\left(\dfrac{2k_2\pi}{48}\right)$, 단 $cis\theta = \cos\theta + i\sin\theta$이고, k_1, k_2는 $0 \leq k_1 \leq 17$, $0 \leq k_2 \leq 47$인 정수이다.

$$z\omega = cis\left(\frac{k_1\pi}{9} + \frac{k_2\pi}{24}\right) = cis\left(\frac{8k_1\pi + 3k_2\pi}{72}\right)$$

삼각함수의 주기는 2π이므로 많아도 $72 \cdot 2 = 144$개의 서로 다른 실근을 가진다. 〈풀이 1〉과 같은 이유로 답은 144이다.

문제 21. $n \geq 3$인 정수에 대하여 $z = \cos\dfrac{2\pi}{n} + i\sin\dfrac{2\pi}{n}$이다. 집합 A, B가 다음과 같을 때, $A \cap B$를 구하시오.

$$A = \{1, z, z^2, \cdots, z^{n-1}\}$$
$$B = \{1, 1+z, 1+z+z^2, \cdots, 1+z+z^2+\cdots+z^{n-1}\}$$

(루마니아 수학 올림피아드 지역 선발, 2008)

풀이. 명백히 $1 \in A \cap B$이다. $\omega \in A \cap B$, $\omega \neq 1$이라고 하자. ω는 집합 B의 원소이므로

$$\omega = 1 + z + z^2 + \cdots + z^k = \frac{1 - z^{k+1}}{1 - z}, \quad k = 1, 2, \cdots, n-1$$

이고, w는 집합 A의 원소이므로 다음이 성립한다.
$$|w| = 1, \quad |1-z^k| = |1-z|$$
위의 오른쪽 식은 다음을 의미한다.
$$\sin\frac{(k+1)\pi}{n} = \sin\frac{\pi}{n}, \quad \text{또는} \quad \frac{(k+1)\pi}{n} = \pi - \frac{\pi}{n}$$
따라서, $k = n-2$이다. 그러므로
$$w = \frac{1-\frac{1}{z}}{1-z} = -\frac{1}{z}$$
w는 집합 A의 원소이므로 $w^n = 1$이다. 따라서 n은 짝수이다.

그러므로 n이 홀수이면 $A \cap B = \{1\}$이고, n이 짝수이면 $A \cap B = \left\{1, -\frac{1}{z}\right\}$이다.

5.7 다각형과 관련된 문제

문제 12. 다음 조건을 만족하는 볼록 1990각형이 있음을 증명하시오.
(a) 모든 각의 크기는 같다.
(b) 각 변의 길이는 차례로 $1^2, 2^2, 3^2 \cdots, 1989^2, 1990^2$이다.

(31회 IMO 문제)

풀이. 위의 조건을 만족하는 1990각형이 존재한다고 가정하고, 그 꼭짓점을 $A_0, A_1, \cdots, A_{1989}$이라 하고, 각 변을 나타내는 $\overrightarrow{A_k A_{k+1}}$은 복소평면에서 다음과 같은 복소수로 표현된다고 하자.
$$z_k = n_k w^k, \quad (\text{단, } k = 0, 1, 2, \cdots, 1989)$$
여기서 $w = \cos\frac{2\pi}{1990} + i\sin\frac{2\pi}{1990}$, $A_{1990} = A_0$이고 $n_0, n_1, \cdots, n_{1989}$는 $1^2, 2^2, \cdots, 1990^2$을 나타낸다.

$\sum_{k=0}^{1989} \overrightarrow{A_k A_{k+1}} = 0$이므로, 위의 문제는 다음과 같이 표현할 수 있다. 즉, 숫자 $1^2, 2^2, \cdots, 1990^2$을 나타내는 순열 $(n_0, n_1, \cdots, n_{1989})$이 다음 조건을 만족하는 것을 찾아야 한다.
$$\sum_{k=0}^{1989} n_k w^k = 0$$
$1990 = 2 \times 5 \times 199$이다. 문제를 해결하는 전략은 2, 5, 199로 벡터를 묶어서 부분합이 적당한 결과를 낼 수 이도록 더하는 것이다.

시작하기 위하여 다음과 같은 순서쌍을 생각해보자.
$$(1^2, 2^2), (3^2, 4^2), \cdots, (1988^2, 1989^2)$$

이 길이를 각각 마주 보는 벡터에 할당해보자.
$$(w_k,\ w_{k+995}),\ (단,\ k=0,\ 1,\ \cdots,\ 994)$$
위에서 구한 벡터로 우리는 995개의 길이를 가진 벡터를 구할 수 있다.
$$2^2-1^2=3,\ 4^2-3^2=7,\ 6^2-5^2=11,\ \cdots,\ 1989^2-1988^2=3979$$
위의 길이는 복소평면에서 단위원을 995 개의 같은 호로 나눈다.

$B_0=1$, B_1, $\cdots$, B_{994}는 단위원에 내접하는 정 995 각형의 꼭짓점이라고 하자. 여기서 각각의 벡터 $\overrightarrow{OB_0}$, $\overrightarrow{OB_1}$, $\cdots$, $\overrightarrow{OB_{994}}$에 길이 3, 7, 11, $\cdots$, 3979를 할당하여 그 벡터의 합이 0이 되게 하려고 한다.

이제 995 개의 선분을 5 개씩 묶어 199 개의 그룹으로 분할하자.
$$(3,7,11,15,19),\ (23,27,31,35,39),\ \cdots,\ (3963,3967,3971,3975,3979)$$

$\zeta=\cos\dfrac{2\pi}{5}+i\sin\dfrac{2\pi}{5}$, $\omega=\cos\dfrac{2\pi}{199}+i\sin\dfrac{2\pi}{199}$는 각각 1의 5 제곱근과 1의 199 제곱근이라고 하자. P_1은 꼭짓점 $1,\ \zeta,\ \zeta^2,\ \zeta^3,\ \zeta^4$을 가지는 오각형이라고 하자. 그리고 원점을 중심으로 $\theta_k=\dfrac{2k\pi}{199}$, $k=1,\ 2,\ \cdots,\ 198$ 만큼 회전시켜 구한 새로운 오각형을 각각 $P_2,\ \cdots,P_{198}$이라고 하자. 오각형 P_{k+1}의 꼭짓점은 $\omega^k,\ \omega^k\zeta,\ \omega^k\zeta^2,\ \omega^k\zeta^3,\ \omega^k\zeta^4$, $k=0,\ 2,\ \cdots,\ 198$ 오각형 P_k의 꼭짓점을 나타내는 단위벡터에 다음과 같은 길이를 할당하자.(《그림 6.7》)
$$2k+3,\ 2k+7,\ 2k+11,\ 2k+15,\ 2k+19\ (k=0,\ 2,\ \cdots,\ 198)$$
따라서 그 합은 다음과 같다.
$$\sum_{k=0}^{198}\left[(2k+3)\omega^k+(2k+7)\omega^k\zeta+(2k+11)\omega^k\zeta^2+(2k+15)\omega^k\zeta^3+(2k+9)\omega^k\zeta^4\right]$$
$$=\sum_{k=0}^{198}2k\omega^k(1+\zeta+\zeta^2+\zeta^3+\zeta^4)+(3+7\zeta+11\zeta^2+15\zeta^3+19\zeta^4)\sum_{k=0}^{198}\omega^k$$
그런데, $1+\zeta+\zeta^2+\zeta^3+\zeta^4=0$이고, $1+\omega+\omega^2+\cdots+\omega^{198}=0$이므로 위의 합은 0이다.

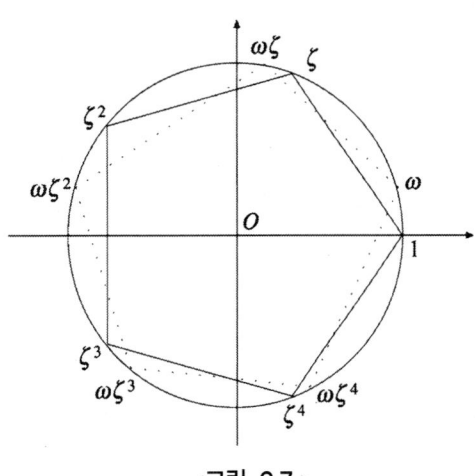

<그림 6.7.>

문제 13. 점 A와 점 E는 정팔각형에서 마주 보는 꼭짓점이다.

경로 $(P_0, P_1, \cdots, P_n)$에 대하여 a_n은 길이가 n인 경로의 개수다. 이것은 다음 규칙을 따른다. P_i는 정팔각형의 꼭짓점이고, $P_0 = A$, $P_n = E$, P_i와 P_{i+1}은 인접한 꼭짓점이고, $P_i \neq E$인 규칙을 사용해서 경로를 만든다(단, $i = 0, \cdots, n-1$)[133].

$a_{2n-1} = 0$, $a_{2n} = \dfrac{1}{\sqrt{2}}(x^{n-1} - y^{n-1})$ (단, $x = 2 + \sqrt{2}$, $y = 2 - \sqrt{2}$)임을 증명하시오.

(21회 IMO 문제[134])

풀이. 편의를 위하여 정팔각형의 꼭짓점을 다음과 같이 원에 내접하는 꼭짓점으로 정하자.

$$A = A_0, A_1, A_2, A_3, A_4 = E, A_{-3}, A_{-2}, A_{-1}$$

원에 내접하는 정팔각형에서 원점을 중심으로 하고, $\dfrac{2\pi}{8} = \dfrac{\pi}{4}$만큼 회전하는 경로를 떠올려 보자. 이 같은 방법으로 경로는 회전의 수열이 되고, 특정한 조건을 준다. 만약에 회전이 시계 반대 방향이면, $\dfrac{\pi}{4}$만큼 더한다. 시계 방향이면 $\dfrac{\pi}{4}$만큼 빼면 된다. 출발하는 점이 A_0이면 복소평면에서 $z_0 = \cos 0 + i \sin 0$을 나타낸다. 각 정팔각형에서 각 꼭짓점 A_k는 $z_k = \cos \dfrac{2k\pi}{8} + i \sin \dfrac{2k\pi}{8}$을 나타낸다. 각 $\dfrac{2k\pi}{8}$의 범위를 $-4 \leq k \leq 4$로 설정하는 것이 편리하다. 그러나 정수 k는 8의 나머지로 고려되기 때문에, $z_4 = z_{-4}$이고, $A_4 = A_{-4}$이다.(《그림 6.8》)

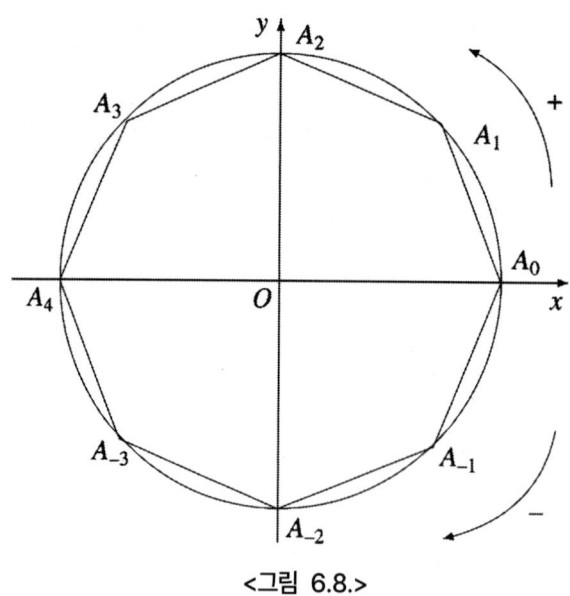

<그림 6.8.>

---

[133] (역자주) 시작점은 A이고 종점은 E이다. 그리고 점 A에서 E 사이에 변의 개수가 네 개이므로 $n \leq 3$일 때 $a_n = 0$일 수 밖에 없다.

[134] (역자주) https://prase.cz/kalva/imo/isoln/isoln796.html 참조

길이가 n인 경로를 $(P_0P_1 \cdots P_n)$라고 할 때, 이것을 다음과 같은 조건을 만족하는 정수의 수열과 결부시켜 생각할 것이다.

(a) $u_k = \pm 1$, $k = 1, 2, \cdots, n$, 더 정확하게 호 $\widehat{P_kP_{k+1}}$의 크기가 $\frac{\pi}{4}$이면 $u_k = 1$이고, 호 $\widehat{P_kP_{k+1}}$의 길이가 $-\frac{\pi}{4}$이면 $u_k = -1$이다.

(b) $u_1 + u_2 + \cdots + u_k \in \{-3, -2, -1, 0, 1, 2, 3\}$, $k = 1, 2, \cdots, n-1$

(c) $u_1 + u_2 + \cdots + u_n = \pm 4$

예를 들어 경로 $(A_0A_{-1}A_0A_1A_2A_3A_4)$은 $(-1, 1, 1, 1, 1, 1)$이다. (a)에서 (c)의 조건을 만족하는 수열을 생각할 것이다. 이때, 경로의 집합과 수열의 집합이 일대일 대응임은 명백하다.

수열 $u_1, u_2, \cdots, u_n$에서 모든 k $(1 \leq k \leq n)$에 대하여 $s_k = u_1 + u_2 + \cdots + u_k$는 수열의 부분합이라고 부른다. s_k가 짝수일 필요충분조건은 k가 짝수임은 명백하다. 따라서 $a_{2n-1} = 0$이다. 따라서 우리는 짝수에 대하여 공식을 증명해야 한다. n이 작을 때, $a_2 = 0$, $a_4 = 2$이고, 예를 들어, 길이 4인 $(1, 1, 1, 1)$과 $(-1, -1, -1, -1)$은 조건 (a)~(c)를 만족한다.

이제 n이 짝수일 때, a_n의 점화식을 증명할 것이다. 첫 번째 단계는 $s_n = \pm 4$이면 $s_{n-2} = \pm 2$이다. 더구나 조건 (c)를 만족하는 경우는 $(u_1, u_2, \cdots, u_{n-2}, -1, -1)$과 $(u_1, u_2, \cdots, u_{n-2}, 1, 1)$뿐이다. 그러므로 우리는 조건 (a), (b)를 만족하고 $s_n = \pm 2$를 만족하는 수열의 개수를 x_n이라고 하자. 그러면 n은 짝수이고, $a_n = x_{n-2}$이다.

y_n은 조건 (a), (b)를 만족하고 $s_n = 0$을 만족하는 수열의 개수라고 하자. 그러면 n은 짝수이고, 다음과 같은 등식이 성립한다.

$$y_n = x_{n-2} + 2y_{n-2} \tag{1}$$

위의 등식은 다음과 같은 등식을 만들 수 있다.

수열 $(u_1, u_2, \cdots, u_{n-2})$에서 $s_{n-2} = \pm 2$는 길이가 n이고 부분합이 0인 수열 $(u_1, u_2, \cdots, u_{n-2}, 1, 1)$과 $(u_1, u_2, \cdots, u_{n-2}, -1, -1)$을 떠올린다. 또, $(u_1, u_2, \cdots, u_{n-2})$이고, $s_{n-2} = 0$인 수열은 $(u_1, u_2, \cdots, u_{n-2}, 1, -1)$과 $(u_1, u_2, \cdots, u_{n-2}, -1, 1)$을 떠올린다. 최종적으로 길이가 n이고 $s_n = 0$인 수열은 끝 모양이 다음 중 하나가 된다.

$(-1, -1)$, $(1, 1)$, $(1, -1)$, $(-1, 1)$ 따라서 다음 등식이 성립한다.

$$x_n = 2x_{n-2} + 2y_{n-2} \tag{2}$$

이것은 길이가 $n-2$이고 $s_{n-2} = \pm 2$인 수열에서 $(1, -1)$과 $(-1, 1)$을 추가해서 길이가 n이고, $s_n = \pm 2$인 수열을 만드는 경우와 같은 방법으로 길이가 $n-2$이고 $s_{n-2} = 0$인 수열에서 $(-1, -1)$과 $(1, 1)$을 추가해서 길이가 n이고, $s_n = \pm 2$인 수열을 만드는 것과 일치한다.

지금 $a_n = x_{n-2}$에서 (1)과 (2)를 적용해야 한다. (2)에서 (1)을 빼면, $x_{n-2} = x_n - y_n$을 얻는다. 따라서 $n \geq 4$인 경우에, $y_{n-2} = x_{n-2} - x_{n-4}$이다. 여기에 (2)를 대입하면 $x_n = 4x_{n-2} - 2x_{n-4}$이다. 단, $n \geq 4$이고 n은 짝수이다. 여기에 $a_n = x_{n-2}$을 대입하면 다음과

같은 수열의 귀납적 정의를 얻는다.
$$a_{n+2} = 4a_n - 2a_{n-2}, \ (\text{단}, \ n \geq 4) \tag{3}$$
단, $a_2 = 0, \ a_4 = 0$이다.

수열 (a_n)은 $a_2 = 0, \ a_4 = 0$와 (3)에 의하여 유일하게 결정된다. 따라서 수열의 귀납적 정의 $a_{2n} = \frac{1}{\sqrt{2}}((2+\sqrt{2})^{n-1} + (2-\sqrt{2})^{n-1})$를 얻는다.

문제 14. 점 A, B, C는 원에 내접하는 정다각형의 세 꼭짓점이라고 하자. 길이가 긴쪽의 호(major arc) AC의 중점을 M이라고 할 때, 다음을 증명하시오.
$$\overline{MA} \cdot \overline{MC} = \overline{MB}^2 - \overline{AB}^2$$

풀이. 정다각형의 중심을 복소평면의 원점이라고 하자. 논리적 일반성을 잃지 않고 점 A, B, C의 복소좌표를 각각 $1, \ \varepsilon, \ \varepsilon^2$이라고 하자. 단, $\varepsilon = \cos\frac{2\pi}{n} + i\sin\frac{2\pi}{n}$이다.

점 M의 복소 좌표를 $z_M = \cos t + i\sin t, \ t \in [0, \ 2\pi)$라고 하자. 문제의 가정에 의하여 $t > \frac{4\pi}{n}$임을 추론할 수 있다. 그러므로

$$\overline{MA} = |z_M - 1| = \sqrt{(\cos t - 1)^2 + \sin^2 t} = \sqrt{2 - 2\cos t} = 2\sin\frac{t}{2},$$

$$\overline{MB} = |z_M - \varepsilon| = \sqrt{2 - 2\cos\left(t - \frac{2\pi}{n}\right)} = 2\sin\left(\frac{t}{2} - \frac{\pi}{n}\right),$$

$$\overline{MC} = |z_M - \varepsilon^2| = \sqrt{2 - 2\cos\left(t - \frac{4\pi}{n}\right)} = 2\sin\left(\frac{t}{2} - \frac{2\pi}{n}\right),$$

$$\overline{AB} = |\varepsilon - 1| = \sqrt{2 - 2\cos\frac{2\pi}{n}} = 2\sin\frac{\pi}{n}$$

이를 계산하면

$$\overline{MB}^2 - \overline{AB}^2 = 4\sin^2\left(\frac{t}{2} - \frac{\pi}{n}\right) - 4\sin^2\frac{\pi}{n}$$

$$= 2\left(\cos\frac{2\pi}{n} - \cos\left(t - \frac{2\pi}{n}\right)\right)$$

$$= -2 \cdot 2\sin\frac{\frac{2\pi}{n} - \left(t - \frac{2\pi}{n}\right)}{2}\sin\frac{\frac{2\pi}{n} + \left(t - \frac{2\pi}{n}\right)}{2}$$

$$= 2\sin\frac{t}{2} \cdot 2\sin\left(\frac{t}{2} - \frac{2\pi}{n}\right) = \overline{MA} \cdot \overline{MC}$$

이다. 이것은 원하는 결과이다.

문제 15. $A_1 A_2 \cdots A_n$은 반지름이 1인 원 C에 내접하는 정다각형이다. 원 C 위의 임의의 점을 P

라고 할 때, $\prod_{j=1}^{n} \overline{PA_j}$의 최댓값을 구하시오.

(루마니아 수학 지역대회 "Grigore Moisil, 1992")

풀이. 정다각형 $A_1 A_2 \cdots A_n$을 회전하면 꼭짓점의 복소좌표는 1의 n제곱근인 $\varepsilon_1, \varepsilon_2, \cdots, \varepsilon_n$과 같다. 다각형이 내접하는 원 위에 놓인 점 P의 복소좌표를 z라고 하면 $|z|=1$이다. 등식

$$z^n - 1 = \prod_{j=1}^{n}(z - \varepsilon_j)$$

으로부터 다음을 얻는다.

$$|z^n - 1| = \prod_{j=1}^{n}|z - \varepsilon_j| = \prod_{j=1}^{n}\overline{PA_j}$$

$|z^n - 1| \leq |z^n| + 1 = 2$이므로 $\prod_{j=1}^{n}\overline{PA_j}$의 최댓값은 2이다. 이때, $z^n = -1$이다. 즉, 호 $A_j A_{j+1}$의 중점이다. $j = 1, 2, \cdots, n$이고, $A_{n+1} = A_1$이다.

문제 16. $A_1 A_2 \cdots A_{2n}$은 반지름이 1인 원 C에 내접하는 정다각형이다. 원 C 위의 임의의 점을 P라고 할 때, 다음을 증명하시오.

$$\sum_{k=0}^{n-1} \overline{PA_{k+1}}^2 \cdot \overline{PA_{n+k+1}}^2 = 2n$$

풀이. 일반성을 잃지 않고, A_k의 복소좌표를 ε^{k-1}라 하자. 단,

$$\varepsilon = \cos\frac{\pi}{n} + i\sin\frac{\pi}{n} \quad (단, \; k = 1, \ldots, 2n)$$

이다. α는 점 P의 복소좌표라 하고, $|\alpha| = 1$이다. 그리고

$$|\overline{PA_{k+1}}| = |\alpha - \varepsilon^k|$$

따라서

$$|\overline{PA_{n+k+1}}| = |\alpha - \varepsilon^{n+k}| = |\alpha + \varepsilon^k|$$

(단, $k = 0, \ldots, n-1$이다.) 그러므로

$$\sum_{k=0}^{n-1} \overline{PA_{k+1}}^2 \cdot \overline{PA_{n+k+1}}^2 = \sum_{k=0}^{n-1} |\alpha - \varepsilon^k|^2 \cdot |\alpha + \varepsilon^k|^2$$

$$= \sum_{k=0}^{n-1} [(\alpha - \varepsilon^k)(\overline{\alpha} - \overline{\varepsilon}^k)] \cdot [(\alpha + \varepsilon^k)(\overline{\alpha} + \overline{\varepsilon}^k)]$$

$$= \sum_{k=0}^{n-1} (2 - \alpha\overline{\varepsilon}^k - \overline{\alpha}\varepsilon^k)(2 + \alpha\overline{\varepsilon}^k + \overline{\alpha}\varepsilon^k)$$

$$= \sum_{k=0}^{n-1}(2-\alpha^2\overline{\varepsilon}^{2k}-\overline{\alpha}^2\varepsilon^{2k}) = 2n - \alpha^2\sum_{k=0}^{n-1}\overline{\varepsilon}^{2k} - \overline{\alpha}^2\sum_{k=0}^{n-1}\varepsilon^{2k}$$

$$= 2n - \alpha^2\frac{\overline{\varepsilon}^{2n}-1}{\overline{\varepsilon}^2-1} - \overline{\alpha}^2\frac{\varepsilon^{2n}-1}{\varepsilon^2-1} = 2n$$

문제 17. $A_1 A_2 \cdots A_n$ 은 반지름이 R 이고 중심이 O 인 원에 내접하는 정n 각형이다. 정다각형이 있는 평면 위의 임의의 점 M 에 대하여 다음 부등식이 성립함을 증명하시오.

$$\prod_{k=1}^{n}\overline{MA_k} \leq \left(\overline{OM}^2+R^2\right)^{\frac{n}{2}}$$

(Mathmatical Reflections, 2009)

풀이. 일반성을 잃지 않고, 점 O 를 원점으로 생각하고, 반지름 $R=1$ 이라고 하자.

$$\omega = \cos\frac{2\pi}{n} + i\sin\frac{2\pi}{n}$$

라고 하자. $\omega, \omega^2, \ldots, \omega^n, x$ 는 점 $A_1, A_2, \cdots, A_n, M$ 의 복소좌표라고 하자. $|\alpha|=1$ 이다. 그러면 다음 부등식은 명백하다.

$$\prod_{k=1}^{n}|x-\omega^k| \leq \sqrt{(|x|^2+1)^n}$$

왜냐하면 $\omega, \omega^2, \ldots, \omega^n$ 는 $z^n - 1 = 0$ 의 근이므로 다음이 성립한다.

$$\prod_{k=1}^{n}|x-\omega^k| = |x^n - 1| \leq |x^n| + 1$$

삼각부등식에 의하여 다음이 성립한다.

$$(|x|^n+1)^2 \leq (|x|^2+1)^n \Leftrightarrow 2|x|^n \leq \sum_{k=1}^{n-1}{}_nC_k|x|^{2k}$$

$n \geq 3$ 일 때, 산술기하 평균의 부등식에 의하여 다음이 성립한다.

$$\sum_{k=1}^{n-1}{}_nC_k|x|^{2k} \geq n|x|^2 + n|x|^{2n-2} \geq 2n|x|^n + 2|x|^n$$

등호는 $|x|=0$, 즉, $M=O$ 일 때 성립한다.

5.8 복소수와 조합론

문제 11. 합 $s_n = \sum_{k=0}^{n}({}_nC_k)^2\cos kt$ 을 계산하시오(단, $t \in [0, \pi]$ 이다).

풀이. 복소수 $z = \cos t + i \sin t$이고 합 $t_n = \sum_{k=0}^{n} (_nC_k)^2 \sin kt$라 하자. 다음을 살펴보자.

$$s_n + i t_n = \sum_{k=0}^{n} (_nC_k)^2 (\cos kt + i \sin kt) = \sum_{k=0}^{n} (_nC_k)^2 (\cos t + i \sin t)^k$$

이다. 곱셈 $(1+X)^n(1+zX)^n = (1 + (z+1)X + zX^2)^n$에서 양변의 계수끼리 같다고 하면 다음을 얻는다.

$$\sum_{\substack{0 \leq k, s \leq n \\ k+s=n}} {}_nC_k \cdot {}_nC_s \cdot z^s = \sum_{\substack{0 \leq k, s, r \leq n \\ k+s+r=n \\ s+2r=n}} \frac{n!}{k!s!r!}(z+1)^s z^r \tag{1}$$

위의 관계식은 다음과 동치이다.

$$\sum_{k=0}^{n} (_nC_k)^2 z^k = \sum_{k=0}^{\left[\frac{n}{2}\right]} {}_nC_{2k} \cdot {}_{2k}C_k (z+1)^{n-2k} \cdot z^k \tag{2}$$

복소수 $1+z$를 삼각함수로 표현하면 다음과 같이 주어진다.

$$1 + \cos t + i \sin t = 2\cos^2 \frac{t}{2} + 2i \sin \frac{t}{2} \cos \frac{t}{2} = 2\cos \frac{t}{2}\left(\cos \frac{t}{2} + i \sin \frac{t}{2}\right)$$

이때, $t \in [0, \pi]$이다. 식 (2)로부터

$$s_n + i t_n = \sum_{k=0}^{\left[\frac{n}{2}\right]} {}_nC_{2k} \cdot {}_{2k}C_k \left(2\cos \frac{t}{2}\right)^{n-2k} \left(\cos \frac{nt}{2} + i \sin \frac{nt}{2}\right)$$

이다. 결국

$$s_n = \sum_{k=0}^{\left[\frac{n}{2}\right]} {}_nC_{2k} \cdot {}_{2k}C_k \left(2\cos \frac{t}{2}\right)^{n-2k} \cos \frac{nt}{2},$$

$$t_n = \sum_{k=0}^{\left[\frac{n}{2}\right]} {}_nC_{2k} \cdot {}_{2k}C_k \left(2\cos \frac{t}{2}\right)^{n-2k} \sin \frac{nt}{2}$$

이다.

참고. 식 (2)의 특별한 경우 몇 가지가 있다.

(1) $z=1$이면 $\sum_{k=0}^{n} (_nC_k)^2 = \sum_{k=0}^{\left[\frac{n}{2}\right]} {}_nC_{2k} \cdot {}_{2k}C_k 2^{n-2k} = \binom{2n}{n}$

(2) $z=-1$이면 $\sum_{k=0}^{n} (-1)^k (_nC_k)^2 = \begin{cases} 0 & , n \text{이 홀수} \\ (-1)^{\frac{n}{2}} {}_nC_{\frac{n}{2}} & , n \text{이 짝수} \end{cases}$

(3) $z=-\frac{1}{2}$이면 $\sum_{k=0}^{n} (-1)^k (_nC_k)^2 2^{n-k} = \sum_{k=0}^{\left[\frac{n}{2}\right]} (-1)^k {}_nC_{2k} \cdot {}_{2k}C_k \cdot 2^k$

문제 12. 다음 등식이 성립함을 보이시오.

(1) $\,_nC_0 + \,_nC_4 + \,_nC_8 + \cdots = \dfrac{1}{4}\left(2^n + 2^{\frac{n}{2}+1}\cos\dfrac{n\pi}{4}\right)$

(루마니아 수학 경시대회-2차전, 1981)

(2) $\,_nC_0 + \,_nC_5 + \,_nC_{10} + \cdots = \dfrac{1}{5}\left(2^n + \dfrac{(\sqrt{5}+1)^n}{2^{n-1}}\cos\dfrac{n\pi}{5} + \dfrac{(\sqrt{5}-1)^n}{2^{n-1}}\cos\dfrac{2n\pi}{5}\right)$

풀이.

(1) 문제 4에서 $p=4$ 라 두면, 다음을 얻는다.
$$_nC_0 + \,_nC_4 + \,_nC_8 + \cdots = \dfrac{2^n}{4}\left(1 + 2\left(\cos\dfrac{\pi}{4}\right)^n\cos\dfrac{n\pi}{4}\right) = \dfrac{1}{4}\left(2^n + 2^{\frac{n}{2}+1}\cos\dfrac{n\pi}{4}\right)$$

(2) 문제 4에서 $p=5$ 라 두면, 다음을 얻는다.
$$_nC_0 + \,_nC_5 + \,_nC_{10} + \cdots = \dfrac{2^n}{5}\left(1 + 2\left(\cos\dfrac{\pi}{5}\right)^n\cos\dfrac{n\pi}{5} + 2\left(\cos\dfrac{2\pi}{5}\right)^n\cos\dfrac{2n\pi}{5}\right)$$

관계식 $\cos\dfrac{\pi}{5} = \dfrac{\sqrt{5}+1}{4}$ 와 $\cos\dfrac{2\pi}{5} = \dfrac{\sqrt{5}-1}{4}$ 을 이용하면 주어진 등식을 얻는다.

문제 13. 아래와 같이 정수 A_n, B_n, C_n을 정의하자.
$$A_n = \,_nC_0 - \,_nC_3 + \,_nC_6 - \cdots$$
$$B_n = -\,_nC_1 + \,_nC_4 - \,_nC_7 + \cdots$$
$$C_n = \,_nC_2 - \,_nC_5 + \,_nC_8 - \cdots$$

다음 등식이 성립함을 보이시오.

(1) $A_n^2 + B_n^2 + C_n^2 - A_nB_n - B_nC_n - C_nA_n = 3^n$

(2) $A_n^2 + A_nB_n + B_n^2 = 3^{n-1}$

풀이.

(1) 1이 아닌 1의 세제곱근을 ε이라 하면 다음이 성립한다.
$$(1-\varepsilon)^n = A_n + B_n\varepsilon + C_n\varepsilon^2, \quad (1-\varepsilon^2)^n = A_n + B_n\varepsilon^2 + C_n\varepsilon$$

따라서 주어진 등식이 성립한다.
$$A_n^2 + B_n^2 + C_n^2 - A_nB_n - B_nC_n - C_nA_n = (A_n + B_n\varepsilon + C_n\varepsilon^2)(A_n + B_n\varepsilon^2 + C_n\varepsilon)$$
$$= (1-\varepsilon)^n(1-\varepsilon^2)^n = (1-\varepsilon-\varepsilon^2+1)^n = 3^n$$

(2) $A_n + B_n + C_n = 0$ 임은 명백하므로 $C_n = -(A_n + B_n)$라 놓고, 위의 식에 대입하면 $A_n^2 + A_nB_n + B_n^2 = 3^{n-1}$를 얻는다.

문제 14. p는 2보다 큰 소수이고 m, n은 p를 약수로 갖는 양의 정수라 하자(단, n은 홀수). 성분의 개수가 m인 순서쌍 $(c_1, c_2, \cdots, c_m)$, $c_i \in \{1, 2, 3, \cdots, n\}$이 $p \Big| \sum_{i=1}^{m} c_i$를 만족할 때, 곱 $c_1 c_2 \cdots c_m$을 생각해보자. 이 곱을 모두 더한 값은 $\left(\dfrac{n}{p}\right)^m$으로 나누어 떨어짐을 보이시오.

풀이. $k \in \{0, 1, \cdots, p-1\}$, $c_i \in \{1, 2, 3, \cdots, n\}$에 대하여 $\sum_{i=1}^{m} c_i \equiv k \pmod{p}$를 만족할 때, 모든 곱 $c_1 c_2 \cdots c_m$의 합인 $x_k = \sum_m c_1 \cdots c_m$를 생각하자.

$\varepsilon = \cos\dfrac{2\pi}{p} + i\sin\dfrac{2\pi}{p}$라 하면, 다음이 성립한다.

$$\left(\varepsilon + 2\varepsilon^2 + \cdots + n\varepsilon^n\right)^m = \sum_{c_1, \cdots, c_m \in \{1, 2, \cdots, n\}} c_1 c_2 \cdots c_m \varepsilon^{c_1 + \cdots + c_m} = \sum_{k=0}^{p-1} x_k \varepsilon^k$$

관계식(5.5절의 문제 13 또는 5.4절의 문제 9 참고)

$$\varepsilon + 2\varepsilon^2 + \cdots + n\varepsilon^n = \frac{n\varepsilon^{n+2} - (n+1)\varepsilon^{n+1} + \varepsilon}{(\varepsilon - 1)^2} = \frac{n\varepsilon}{\varepsilon - 1}$$

을 이용하면

$$\frac{n^m}{(\varepsilon - 1)^m} = \sum_{k=0}^{p-1} x_k \varepsilon^k \tag{1}$$

를 얻는다. 반면 $\varepsilon^{p-1} + \cdots + \varepsilon + 1 = 0$으로부터 다음을 얻는다.[135]

$$\frac{1}{\varepsilon - 1} = -\frac{1}{p}\left(\varepsilon^{p-2} + 2\varepsilon^{p-3} + \cdots + (p-2)\varepsilon + p-1\right)$$

따라서 다음이 성립한다.

$$\frac{n^m}{(\varepsilon - 1)^m} = \left(-\frac{n}{p}\right)^m \left(\varepsilon^{p-2} + 2\varepsilon^{p-3} + \cdots + (p-2)\varepsilon + p-1\right)^m$$

거듭제곱 전개식의 계수를 아래와 같이 두면,

$$\left(X^{p-2} + 2X^{p-3} + \cdots + (p-2)X + p-1\right)^m = b_0 + b_1 X + \cdots + b_{m(p-2)} X^{m(p-2)}$$

다음 식이 성립한다.

---

[135](역자주) $S = \varepsilon^{p-2} + 2\varepsilon^{p-3} + \cdots + (p-2)\varepsilon + p-1$라 하자.
$(\varepsilon - 1)S = \varepsilon^{p-1} + \varepsilon^{p-2} + \cdots + \varepsilon + 1 - p$이다.
양변에 $(\varepsilon - 1)$을 곱하면 $(\varepsilon - 1)^2 S = \varepsilon^p - 1 - p(\varepsilon - 1)$이다.
ε이 1의 p제곱근이라서 $\varepsilon^p - 1 = 0$이므로 $(\varepsilon - 1)^2 S = -p(\varepsilon - 1)$이다. 따라서 $S = \dfrac{-p}{\varepsilon - 1}$이다.
결국 $\dfrac{1}{\varepsilon - 1} = -\dfrac{1}{p}\left(\varepsilon^{p-2} + 2\varepsilon^{p-3} + \cdots + (p-2)\varepsilon + p-1\right)$이 성립한다.

$$\frac{n^m}{(\varepsilon-1)^m} = \left(-\frac{n}{p}\right)^m (y_0 + y_1\varepsilon + \cdots + y_{p-1}\varepsilon^{p-1}) \qquad (2)$$

단, $y_j = \sum_{k \equiv j \pmod{p}} b_k$ 이다. 식 (1)과 (2)로부터 다음 식이 성립한다.

$$x_0 - ry_0 + (x_1 - ry_1)\varepsilon + \cdots + (x_{p-1} - ry_{p-1})\varepsilon^{p-1} = 0, \text{ (단, } r = \left(-\frac{n}{p}\right)^m\text{)}$$

2.2.2절의 성질 4로부터 $x_0 - ry_0 = x_1 - ry_1 = \cdots = x_{p-1} - ry_{p-1} = k$. 이제 $r|k$임을 보이면 된다. 그런데

$$pk = x_0 + \cdots + x_{p-1} - r(y_0 + \cdots + y_{p-1})$$
$$= (1 + 2 + \cdots + n)^m - r(b_0 + \cdots + b_{m(p-2)})$$
$$= (1 + 2 + \cdots + n)^m - r(1 + 2 + \cdots + (p-1))^m$$

이고 다음 식을 얻는다.

$$pk = \left(\frac{n(n+1)}{2}\right)^m - r\left(\frac{p(p-1)}{2}\right)^m$$

우변이 pr을 약수로 가지므로 $r|k$를 만족한다.

문제 15. 양의 정수 k에 대하여, $a = 4k - 1$이라 하자. 임의의 양의 정수 n에 대하여 정수 $s_n = {}_nC_0 - {}_nC_2 a + {}_nC_4 a^2 - {}_nC_6 a^3 + \cdots$은 2^{n-1}으로 나누어떨어짐을 증명하시오.

(루마니아 수학 올림피아드-2차 시험, 1984)

풀이. 이항정리에 따라 $(1 + i\sqrt{a})^n$을 전개하고 홀수 차수 항과 짝수 차수 항으로 나누어 정리하면 다음을 얻는다.

$$(1 + i\sqrt{a})^n = s_n + i\sqrt{a}\, t_n \qquad (1)$$

(1)의 켤레 복소수는 다음과 같다.

$$(1 - i\sqrt{a})^n = s_n - i\sqrt{a}\, t_n \qquad (2)$$

(1)과 (2)로부터 다음이 성립한다.

$$s_n = \frac{1}{2}\left[(1 + i\sqrt{a})^n + (1 - i\sqrt{a})^n\right] \qquad (3)$$

$z_1 = 1 + i\sqrt{a}$와 $z_2 = 1 - i\sqrt{a}$를 두 근으로 갖는 이차방정식은 $z^2 - 2z + (a+1) = 0$이다. 임의의 양의 정수 n에 대하여 다음 식이 성립함은 쉽게 알 수 있다.

$$s_{n+2} = 2s_{n+1} - (1+a)s_n \qquad (4)$$

이제 수학적 귀납법을 적용하면 $s_1 = 1$, $s_2 = 1 - a = 2 - 4k = 2(1 - 2k)$이므로 주어진 식이 성립한다. $2^{n-1}|s_n$이고 $2^n|s_{n+1}$이라 가정하면 $1 + a = 4k$이므로 $2^{n+1}|(1+a)s_n$를 만족한다. 따라서 식 (4)로부터 $2^{n+1}|s_{n+2}$이 성립한다.

5.8 복소수와 조합론

문제 16. 1보다 큰 정수 m, n에 대하여 다음을 증명하시오.

$$\sum_{\substack{k_1+k_2+\cdots+k_n=m \\ k_1, k_2, \cdots, k_n \geq 0}} \frac{1}{k_1!k_2!\cdots k_n!}\cos(k_1+2k_2+\cdots+nk_n)\frac{2\pi}{n} = 0$$

(Mathematical Reflection, 2009)

풀이. 주어진 등식의 좌변을 L이라 하자. L이 다음 복소수 Z의 실수부임을 보이겠다.

$$Z = \sum_{\substack{k_1+k_2+\cdots+k_n=m \\ k_1, k_2, \cdots, k_n \geq 0}} \frac{\omega^{k_1+2k_2+\cdots+nk_n}}{k_1!k_2!\cdots k_n!} = \sum_{\substack{k_1+k_2+\cdots+k_n=m \\ k_1, k_2, \cdots, k_n \geq 0}} \frac{\omega^{k_1}(\omega^2)^{k_2}\cdots(\omega^n)^{k_n}}{k_1!k_2!\cdots k_n!}$$

(단, $\omega = \cos\frac{2\pi}{n} + i\sin\frac{2\pi}{n}$이다.)

다항정리를 적용하면 $\omega^n = 1$이므로 다음이 성립한다.

$$Z = (\omega + \omega^2 + \cdots + \omega^{n-1} + 1)^m = \left(\frac{\omega^n - 1}{\omega - 1}\right)^m = 0$$

따라서 $L = \mathrm{Re}(Z) = 0$가 성립하므로 주어진 등식이 성립한다.

문제 17. 주어진 정수 $n \geq 2$에 대하여, a_n, b_n, c_n은 다음 조건을 만족하는 정수라 하자.

$$(\sqrt[3]{2} - 1)^n = a_n + b_n\sqrt[3]{2} + c_n\sqrt[3]{4}$$

$c_n \equiv 1 \pmod{3}$과 $n \equiv 2 \pmod{3}$은 서로 동치임을 보이시오.

(루마니아 IMO 팀 선정 문제, 2013)

풀이. $(\sqrt[3]{2} - 1)^n$를 전개하면 다음과 같다.

$$c_n = \sum_{k \equiv 2 \pmod{3}} (-1)^{n-k} 2^{\frac{k-2}{3}} \cdot {}_n C_k \equiv (-1)^n \sum_{k \equiv 2 \pmod{3}} {}_n C_k \pmod{3}$$

$1 + \varepsilon + \varepsilon^2 = 0$일 때

$$\sum_{k \equiv 2 \pmod{3}} {}_n C_k = \frac{1}{3}\left((1+1)^n + \varepsilon(1+\varepsilon)^n + \varepsilon^2(1+\varepsilon^2)^n\right) = \frac{1}{3}\left(2^n + 2\cos(n+3)\frac{\pi}{3}\right)$$

가 성립하므로 조건 $n \equiv 2 \pmod{3}$은 다음과 같이 나타낼 수 있다.

$$3c_n = (-1)^n\left(2^n + 2\cos(n+2)\frac{\pi}{3}\right) \equiv 3 \pmod{9}$$

n을 6으로 나눌 때, $n \equiv 2 \pmod{6}$ 또는 $n \equiv 5 \pmod{6}$이면 $3c_n \equiv 3 \pmod{9}$이고 그렇지 않으면 $3c_n \equiv 0 \pmod{9}$이다. 따라서 주어진 등식이 성립한다.

5.9 다양한 문제들

문제 12. 다음 연립방정식을 풀어라.
$$\begin{cases} x|y|+y|x|=2z^2 \\ y|z|+z|y|=2x^2 \\ z|x|+x|z|=2y^2 \end{cases}$$

풀이. 삼각부등식을 이용하면 다음을 얻는다.
$$2|z|^2 = |x|y|+y|x|| \leq |x||y|+|y||x|,$$
그러므로 $|z|^2 \leq |x| \cdot |y|$ 이다. 같은 방법으로
$$|y|^2 \leq |x| \cdot |z| \text{ 이고 } |z|^2 \leq |y| \cdot |z|$$
위의 부등식을 모두 더하면
$$|x|^2 + |y|^2 + |z|^2 \leq |x||y| + |y||z| + |z||x|$$
이것은 다음을 의미한다.
$$|x| = |y| = |z| = a$$
$a=0$이면 $x=y=z=0$은 연립방정식의 근이다.
이제 $a>0$인 경우를 생각하자. $a>0$인 경우 연립방정식은 다음과 같다.
$$\begin{cases} x+y=\dfrac{2}{a}z^2 \\ y+z=\dfrac{2}{a}x^2 \\ z+x=\dfrac{2}{a}y^2 \end{cases}$$
위의 식에서 마지막 두 식을 빼면 다음을 얻는다.
$$x-y=\frac{2}{a}(y^2-x^2), \text{ 즉, } (y-x)\left(y+x+\frac{2}{a}\right)=0$$

(경우 1) $x=y$이면, $x=y=\dfrac{z^2}{a}$ 이고 위의 연립방정식의 마지막 식은 다음을 의미한다.
$$z+\frac{z^2}{a} = 2\frac{z^4}{a^3}$$
이것은 다음과 같다.
$$2\left(\frac{z}{a}\right)^3 = \frac{z}{a} + 1$$
따라서
$$\frac{z}{a}=1 \text{ 또는 } \frac{z}{a}=\frac{-1\pm i}{2}$$

만약 $z = a$이면, $x = y = z = a$는 연립방정식의 근이 된다. $\dfrac{z}{a} = \dfrac{-1 \pm i}{2}$이면

$$1 = \left|\dfrac{z}{a}\right| = \left|\dfrac{1 \pm i}{2}\right| = \dfrac{\sqrt{2}}{2}$$

이것은 모순이다.

(경우 2) $x + y = -\dfrac{2}{a}$이면, $-\dfrac{2}{a} = \dfrac{z^2}{a}$에서 $z = \pm i$를 얻고, $a = |z| = 1$.
$z = i$인 경우를 생각해보자.

$$x = (x+y) - (y+z) + z = 2z^2 - 2x^2 + z = -2 + i - 2x^2$$

따라서

$$2x^2 + x + 2 - i = 0$$

이므로 $x = i$ 또는 $x = -\dfrac{1}{2} - i$이다. 그런데 $|x| = a = 1$이고 $x = i$이므로 $y = 2x^2 - z = -2 - i$이고, $|y| = \sqrt{5} \neq a = 1$이므로 연립방정식은 근을 가지지 않는다. $z = -i$인 경우에도 같은 결론이다. 따라서 $x = y = z = a$가 연립방정식의 해이고, 단 $a \geq 0$인 실수이다.

문제 13. 다음 조건을 만족하는 복소수 해를 구하시오.

$$\begin{cases} x(x-y)(x-z) = 3 \\ y(y-x)(y-z) = 3 \\ z(z-x)(z-y) = 3 \end{cases}$$

(루마니아 수학 올림피아드 2차, 2002)

풀이. 모든 해 (x, y, z)에서 $x \neq 0$, $y \neq 0$, $z \neq 0$이고, $x \neq y$, $y \neq z$, $z \neq x$이다. 위의 연립방정식을 나누어 다음과 같은 방정식을 얻을 수 있다.

$$\begin{aligned} x^2 + y^2 &= yz + zx, \\ y^2 + z^2 &= xy + zx, \\ z^2 + x^2 &= xy + yz \end{aligned} \quad (1)$$

위의 식을 모두 더 하여 다음 식을 얻는다.

$$x^2 + y^2 + z^2 = xy + yz + zx \tag{2}$$

연립방정식 (1)에서 첫 번째 식과 두 번째 식을 빼면 $x + y + z = 0$을 얻는다. 이 식을 제곱하여 (2)를 대입하면 다음을 얻는다.

$$x^2 + y^2 + z^2 = xy + yz + zx = 0 \tag{3}$$

(3)과 (1)을 이용하면 다음을 얻는다.

$$x^2 = yz, \ x^2 = zx, \ z^2 = xy, \tag{4}$$

$$x^2 = yz, \ x^3 = y^3 = z^3 = xyz$$

이것은 x, y, z는 복소수 $a = xyz$의 서로 다른 근임을 의미한다.
$x^3 = y^3 = z^3 = xyz = a$에서 우리는 다음을 얻는다.
$$x = \sqrt[3]{a}, \ y = \varepsilon\sqrt[3]{a}, \ z = \varepsilon^2\sqrt[3]{a} \tag{5}$$
여기서 $\varepsilon^2 + \varepsilon + 1 = 0$이고, $\varepsilon^3 = 1$이다. (5)를 (1)의 첫 번째 식에 대입하면
$a(1-\varepsilon)(1-\varepsilon^2) = 3$이다. 그런데 계산을 해보면
$$(1-\varepsilon)(1-\varepsilon^2) = 1 - \varepsilon - \varepsilon^2 + 1 = 3$$
따라서 $a = 1$이다. (5)를 이용하면 (x, y, z)는 집합 $\{1, \varepsilon, \varepsilon^2\}$으로 이루어진 순열임을 알 수 있다.

문제 14. X, Y, Z, T는 평면에 있는 네 개의 점이다. 평면 상에 어떤 점 O가 존재해서 삼각형 OXY와 삼각형 OZT가 직각이등변삼각형일 때 선분 $\overline{XY}$, $\overline{ZT}$가 연결되었다고 한다. 볼록 육각형 ABCDEF에서 $\overline{AB}$와 $\overline{CE}$, $\overline{BD}$와 $\overline{EF}$가 연결되었다. 점 A, C, D, F가 평행사변형의 꼭짓점이고, $\overline{BC}$와 $\overline{EA}$가 연결되었음을 보여라.

(루마니아 수학 올림피아드 최종회, 2002)

풀이. 삼각형 OXY와 삼각형 OZT가 시계방향이라고 가정하자. x, y, z, t가 점 X, Y, Z, T의 복소좌표라고 하고, m은 O의 좌표라고 하자. 이 삼각형이 직각 이등변삼각형이므로 $x - m = i(y - m)$이고, $z - m = i(t - m)$이다. 이것은 $m(1-i) = x - iy = z - it$와 동치이다. 따라서 $x - z = i(y - t)$이다.

역으로 만약, $x - iy = z - it$이면, 점 O의 복소좌표 $m = \dfrac{x - iy}{1 - i}$이므로 삼각형 OXY와 삼각형 OZT는 직각 이등변삼각형이다. 주어진 육각형의 꼭짓점의 좌표를 순서대로 a, b, c, d, e, f라고 하면 $a - ib = c - ie$, $b - id = e - if$이다. 이것은 $a + d = c + f$를 의미한다. 즉, 사각형 ACDF는 평행사변형이다.

바로 위의 첫 번째 등식의 양변에 i를 곱하여 정리하면, $b - ic = e - ia$, 즉 선분 BC와 선분 AE는 서로 연결되었다.

문제 15. ABCDE는 중심이 O인 원에 내접하는 오각형이고, $\angle B = 120°$, $\angle C = 120°$, $\angle B = 130°$, $\angle E = 100°$이다. 대각선 BD와 대각선 CE는 지름 AO에서 만남을 보이시오.

(루마니아 IMO, 팀선발 시험, 2002)

풀이. 원에 내접하는 도형의 성질을 이용하여 우리는 오각형의 변에 대응하는 호의 각을 계산하면 다음과 같다. $\overset{\frown}{AB} = 80°$, $\overset{\frown}{BC} = 40°$, $\overset{\frown}{CD} = 80°$, $\overset{\frown}{DE} = 20°$, $\overset{\frown}{EA} = 140°$이다. 이것은 $20°$의 배수이고, 1의 18제곱근과 관련시켜 생각하는 것은 매우 자연스러운 일이다. $\omega = \cos\dfrac{2\pi}{18} + i\sin\dfrac{2\pi}{18}$라고 하자. 우리는 $A(1)$에서 출발하여 $B(\omega^4)$, $C(\omega^6)$, $D(\omega^{12})$, $E(\omega^{11})$과 같이 좌표를 부여할 것이다.(《그림 6.9》)

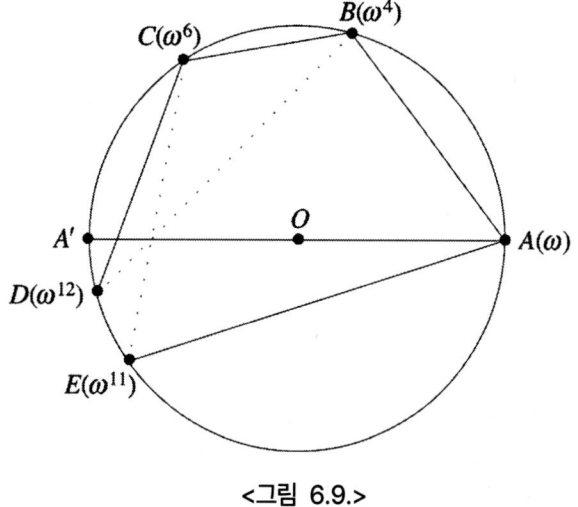

<그림 6.9.>

다음과 같은 ω 의 조건을 이용할 것이다.
$$\omega^{18}=1,\ \omega^9=-1,\ \overline{\omega}^{-k}=\omega^{18-k},\ \omega^6-\omega^3+1=0 \tag{A}$$

증명을 위하여 대각선 BD 와 대각선 CE 의 교점의 좌표가 실수임을 보일 필요가 있다. 직선 BD 의 방정식은 다음과 같다.

$$\begin{vmatrix} z & \overline{z} & 1 \\ \omega^4 & \overline{\omega}^4 & 1 \\ \omega^{10} & \overline{\omega}^{10} & 1 \end{vmatrix}=0 \tag{1}$$

직선 CE 의 방정식은 다음과 같다.

$$\begin{vmatrix} z & \overline{z} & 1 \\ \omega^6 & \overline{\omega}^6 & 1 \\ \omega^{11} & \overline{\omega}^{11} & 1 \end{vmatrix}=0 \tag{2}$$

방정식은 다음과 같이 쓸 수 있다.
$$z(\omega^{14}-\omega^8)-\overline{z}(\omega^4-\omega^{10})+(\omega^{12}-\omega^6)=0$$

또는
$$z\omega^8(\omega^6-1)+\overline{z}\omega^4(\omega^6-1)+\omega^6(\omega^6-1)=0$$

ω 의 조건을 이용하여 (1)식을 단순하게 만들면 다음과 같다.
$$z\omega^4+\overline{z}+\omega^2=0 \tag{1\ensuremath{'}}$$

같은 방법으로 (2)도 간단히 하면 다음과 같다.
$$z\omega+\overline{z}-\omega^3(\omega^4-1)=0 \tag{2\ensuremath{'}}$$

(1$'$)과 (2$'$)에서 다음과 같은 z 에 관한 식을 얻을 수 있다.

$$z = \frac{-\omega^7 + \omega^3 - \omega^2}{\omega^4 - \omega} = \frac{-\omega^6 + \omega^2 - \omega}{\omega^6} = -1 + \frac{\omega - 1}{\omega^5}$$

z가 실수임을 보이기 위하여 켤레복소수와 복소수가 같음을 보일 것이다. 다음은 명백하다.

$$\frac{\omega - 1}{\omega^5} = \frac{\overline{\omega} - 1}{\overline{\omega}^5}$$

위의 식은 다음과 동치이다.

$$\overline{\omega}^4 - \overline{\omega}^5 = \omega^4 - \omega^5$$

즉, $\omega^{14} - \omega^{13} = \omega^4 - \omega^5$ 이것은 (A)에서 제시한 ω의 성질에 의해서 참이다.[136]
따라서 z는 실수이므로 실수축(원의 지름) 위에 있다.

문제 16. 양의 실수 a, b에 대하여 복소함수 f를 다음과 같이 정의하자.

$$f(z) = (a + bi)z$$

이 함수는 복소평면에서 각 점의 상(image)에서 그 점 사이에 이르는 거리와 원점에 이르는 거리가 서로 같다. $|a + bi| = 8$이고 $b^2 = \dfrac{m}{n}$이라 할 때 $m + n$을 구하시오(단, m, n은 서로소인 양의 정수이다).

(1999 AIME, 문제 9)

풀이 1. 복소평면에서 임의의 점으로 $(1, 1)$를 선택하자. 주어진 함수의 정의에 따라

$$f(x) = f(1 + i) = (a + bi)(1 + i) = (a - b) + (a + b)i$$

이고, 이 함수의 상은 $(1, 1)$와 $(0, 0)$에서 같은 거리에 있어야만 한다. 결과적으로 이 상은 기울기가 -1이고 점 $\left(\dfrac{1}{2}, \dfrac{1}{2}\right)$을 지나는 직선위의 점이다. 그러므로 이 그래프는 $x + y = 1$이다.[137]

$$x = (a - b),\ y = (a + b)\text{라 두면 } 2a = 1 \Rightarrow a = \frac{1}{2}$$

이다. 피타고라스의 정리에 의해서 $\left(\dfrac{1}{2}\right)^2 + b^2 = 8^2 \Rightarrow b^2 = \dfrac{255}{4}$이고 답은 259이다.

풀이 2. $(a + bi)z$은 z와 원점에서 같은 거리에 있으므로

$$|(a + bi)z - z| = |(a + bi)z|,$$
$$|z(a - 1) - bzi| = |az + bzi|,$$
$$|z||(a - 1) - bi| = |z||a + bi|,$$
$$(a - 1)^2 + b^2 = a^2 + b^2 \Rightarrow a = \frac{1}{2}$$

---

136) (역자주) $\omega^9 = -1$이다.
137) (역자주) 점 $(a - b, a + b)$와 $(1, 1)$사이의 거리와 $(a - b, a + b)$와 $(0, 0)$상의 거리가 같으므로 $(a - b)^2 + (a + b)^2 = (a - b - 1)^2 + (a + b - 1)^2$이다. 이 식을 정리하면 $a + b = 1$이다.

이때, $|a+bi|=8$이고 $a^2+b^2=64$이다. 그러나 $a=\frac{1}{2}$이고 결과적으로 $b^2=\frac{255}{4}$이다. 답은 259이다.

풀이 3. 점 P, Q의 복소평면에서의 좌표를 z와 $(a+bi)z$라 하자. 그러면 $|a+bi|=8$이므로 $\overline{OQ}=8\overline{OP}$이다. 또한 $\overline{OQ}=\overline{OP}$이므로 삼각형 OPQ은 밑면이 $\overline{OP}$인 이등변삼각형이다.[138] 이등변삼각형의 밑변과 이루는 각은 복소수 $a+ib$의 편각 θ와 같다. 왜냐하면 $(a+bi)z$와 z사이의 각의 크기가 θ이기 때문이다. 점 Q에서 밑변 OP에 내린 중선(높이)에 의해 생성된 직각 삼각형에 의해서

$$\cos\theta = \frac{\frac{1}{2}\overline{OP}}{8\overline{OQ}} = \frac{\frac{1}{2}|z|}{8|z|} = \frac{1}{16}$$

이다. 이때 a, b는 양수이고, z는 제 1사분면에 있고 $\theta < \frac{\pi}{2}$이다. 결국 직각 삼각형의 삼각비에 의해서,

$$\sin\theta = \frac{\sqrt{255}}{16}$$

이다. 마침내, $b=|a+bi|\sin\theta = 8\frac{\sqrt{255}}{16} = \frac{\sqrt{255}}{2}$이고 $b^2 = \frac{255}{4}$이므로 답은 259이다.

문제 17. $z\neq i$인 모든 복소수 z에 대하여 $F(z)=\dfrac{z+i}{z-i}$이고 모든 양의 정수 n에 대하여

$$z_n = F(z_{n-1})$$

라 하자. $z_0 = \dfrac{1}{137}+i$이고 $z_{2002}=a+i$로 주어질 때 $a+b$를 구하시오(단, a, b는 실수이다).

(2022 AIME I, 문제12)

풀이. F의 합성을 통해 다음을 얻는다.

---

[138](역자주)

$$F(z) = \frac{z+i}{z-i},$$

$$F(F(z)) = \frac{\frac{z+i}{z-i}+i}{\frac{z+i}{z-i}-i} = \frac{(z+i)+i(z-i)}{(z+i)-i(z-i)} = \frac{z+i+zi+1}{z+i-zi-1} = \frac{(z+1)(i+1)}{(z-1)(1-i)}$$

$$= \frac{(z+1)(i+1)^2}{(z-1)(1^2+1^2)} = \frac{(z+1)(2i)}{(z-1)(2)} = \frac{z+1}{z-1}i,$$

$$F(F(F(z))) = \frac{\frac{z+1}{z-1}i+i}{\frac{z+1}{z-1}i-i} = \frac{\frac{z+1}{z-1}+1}{\frac{z+1}{z-1}-1} = \frac{(z+1)+(z-1)}{(z+1)-(z-1)} = \frac{2z}{2} = z$$

이것으로부터 모든 k에 대하여 $z_{k+3} = z_k$를 따른다. 결과적으로,

$$z_{2002} = z_{3 \cdot 667 + 1} = z_1 = \frac{z_0+i}{z_0-i} = \frac{\left(\frac{1}{137}+i\right)+i}{\left(\frac{1}{137}+i\right)-i} = \frac{\frac{1}{137}+2i}{\frac{1}{137}} = 1+274i$$

이다. 결국 $a+b = 1+274 = 275$이다.

문제 18. 양의 정수 n이 주어지면, 모든 복소수 $r+si$은 기저 $-n+i$이 정수 $1, 2, \cdots, n^2$을 자릿수로 가지는 특별한 수로 표현할 수 있다(단, r, s는 정수). 이 방정식

$$r+is = a_m(-n+i)^m + a_{m-1}(-n+i)^{m-1} + \cdots + a_1(-n+i) + a_0$$

이 유효한 경우는 음이 아닌 정수 m과 자릿수 $a_0, a_1, \cdots, a_m$을 집합 $\{0, 1, 2, \cdots, n^2\}$에서 선택하고 $a_m \neq 0$이다.

$$r+si = (a_m a_{m-1} \cdots a_1 a_0)_{-n+i}$$

라고 적고 $r+si$의 기저 $(-n+i)$ 표현이라고 정의한다.

오직 유한개의 정수 $k+0i$는 네 개의 자리수로 다음과 같이 표현된다.

$$k = (a_3 a_2 a_1 a_0)_{-3+i}, \; a_3 \neq 0$$

모든 k의 합을 구하시오. (1989 AIME, 문제 14)

풀이. 우선 $-3+i$의 거듭제곱을 구하자.

$$(-3+i)^1 = -3+i, \; (-3+i)^2 = 8-6i, \; (-3+i)^3 = -18+26i$$

이제 다음 디오판투스의 방정식을 풀자.

$$a_1 - 6a_2 + 26a_3 = 0 \Rightarrow a_1 - 6a_2 = -26a_3$$

좌변의 최솟값은 -54이므로[139] $a_3 \leq 2$이다. 다음 경우를 시도하자.

(경우 1) $a_3 = 2$인 경우 유일한 풀이는 $(a_1, a_2, a_3) = (2, 9, 2)$이다.

(경우 2) $a_3 = 1$인 경우 유일한 풀이는 $(a_1, a_2, a_3) = (4, 5, 1)$이다.

(경우 3) $a_3 = 0$인 경우는 불가능하다. a_3이 0이면 네자리수가 되지 않는다.

그래서 네자리 정수 $(292a_0)_{-3+i}$과 $(154a_0)_{-3+i}$을 가진다. 구해야 하는 정수 k의 모든 합은 이것들의 표현 중에 하나에 의해서 표현된다.

$(292a_0)_{-3+i}$로부터 첫 번째에 있는 세 개의 숫자는 고정되므로 10개의 값을 $30 + a_0$으로부터 얻는다. 정수 k의 모든 합은 345이다.

$(154a_0)_{-3+i}$로부터 첫 번째에 있는 세 개의 숫자는 고정되므로 10개의 값을 $10 + a_0$으로부터 얻는다. 정수 k의 모든 합은 145이다. 답은 $345 + 145 = 490$이다.

문제 19. 복소수 z의 허수부분이 164이고 정수 n에 대하여

$$\frac{z}{z+n} = 4i$$

라 할 때 n을 구하시오. (2009 AIME, 문제 2)

풀이. $z = a + 164i$라 하자. 그러면

$$\frac{a + 164i}{a + 164i + n} = 4i \text{이고 } a + 164i = (4i)(a + n + 164i) = 4i(a+n) - 656$$

계수끼리 비교하면, 맨 시작의 좌변과 맨 끝의 우변이 서로 같으므로 $a = -656$임을 알 수 있다. 양변의 허수를 비교하면

$$164i = 4i(a + n) = 4i(-656 + n)$$

이다. n에 관한 방정식

$$4i(-656 + n) = 164i$$

이고 이를 풀면 $n = 679$이다.

문제 20. u, v, w는 절댓값이 1인 복소수라 하자. 다음을 만족하는 $+$ 와 $-$ 가 존재함을 보이시오.

$$|\pm u \pm v \pm w| \leq 1$$

(루마니아 수학 올림피아드, 지역 선발전, 2007)

풀이. 소문자로 주어진 복소수를 좌표로 갖는 점을 해당 문자의 대문자로 나타내기로 하자. $u + v + w$는 삼각형 UVW의 수심 H의 복소 좌표임을 알고 있다.

UVW가 예각삼각형 또는 직각삼각형일 때, 수심은 UVW의 내부에 존재하므로 모든 부호를 $+$로 선택하면 주어진 부등식을 만족한다. 그렇지 않고 한 각, 예를 들어 W를 둔각이라 하자. 여기서

---

139) (역자주) a_0, a_1, a_2, a_3은 집합 $\{0, 1, \cdots, 9\}$에서 선택하므로 $a_1 - 6a_2$의 최솟값은 $a_1 = 0, a_2 = 9$일 때이므로 -54이다.

$w' = -w$로 두면 예각삼각형 UVW'를 얻게 되므로 첫 번째의 경우와 같은 방법으로 문제를 해결할 수 있다.

문제 21. 0이 아닌 복소수 z에 대하여 실수인 수열 a_n을 다음과 같이 정의하자.
$$a_n = \left| z^n + \frac{1}{z^n} \right|, \quad n \geq 1$$

(a) 모든 $n \in \mathbb{N}^*$에 대하여 $a_1 > 2$이면
$$a_{n+1} < \frac{a_n + a_{n+2}}{2}$$
임을 보이시오.

(b) $a_k \leq 2$를 만족하는 $k \in \mathbb{N}^*$가 존재하면 $a_1 \leq 2$임을 보이시오.

(루마니아 수학 올림피아드, 지역 선발전, 2010)

풀이 1.
(a) 다음 등식이 성립한다.
$$2\left| z^{n+1} + \frac{1}{z^{n+1}} \right| < \left| z + \frac{1}{z} \right| \cdot \left| z^{n+1} + \frac{1}{z^{n+1}} \right|$$
$$= \left| z^n + \frac{1}{z^n} + z^{n+2} + \frac{1}{z^{n+2}} \right| \leq \left| z^n + \frac{1}{z^n} \right| + \left| z^{n+2} + \frac{1}{z^{n+2}} \right|$$

(b) $a_1 > 2$라 가정하고 모순임을 보이자. 그러면 (a)로부터 수열 $a_{n+1} - a_n$은 단조증가이므로 $a_{n+1} - a_n > a_2 - a_1$이다. 그런데
$$a_2 = \left| z^2 + \frac{1}{z^2} \right| = \left| \left(z + \frac{1}{z} \right)^2 - 2 \right| \geq \left(z + \frac{1}{z} \right)^2 - 2 = a_1^2 - 2 > a_1$$
이므로 수열 $\{a_n\}$은 단조증가한다. 따라서 임의의 k에 대하여 $a_k \geq a_1 > 2$이므로 모순이다.

풀이 2. $n \geq 1$에 대하여 수열 $\{\alpha_n\}$을 다음과 같이 정의하자.
$$\alpha_n = z^n + \frac{1}{z^n}$$

$\alpha_0 = z^0 + \frac{1}{z^0} = 2$, $\alpha = \alpha_1$이라 하자. $a_n = |\alpha_n|$이므로 임의의 $n \geq 1$에 대하여 다음 식이 성립한다.
$$\alpha \alpha_n = \left(z + \frac{1}{z} \right)\left(z^n + \frac{1}{z^n} \right) = \left(z^{n+1} + \frac{1}{z^{n+1}} \right) + \left(z^{n-1} + \frac{1}{z^{n-1}} \right) = \alpha_{n+1} + \alpha_{n-1}, \text{ (단, } n \geq 1\text{)}$$

따라서 $n \geq 0$에 대하여 수열 $\{\alpha_n\}$은 점화식
$$\alpha_{n+1} = \alpha \alpha_n - \alpha_{n-1}, \text{ (단, } n \geq 1\text{)}$$
을 만족한다. 이제 $|\alpha| > 2$에 대하여 다음 식이 성립한다.

$$a_n = |\alpha_n| = \left|\frac{\alpha_{n+1}+\alpha_{n-1}}{\alpha}\right| \le \frac{|\alpha_{n+1}|+|\alpha_{n-1}|}{|\alpha|} < \frac{a_{n+1}+a_{n-1}}{2}$$

즉 $n \ge 0$에 대하여 수열 $\{\alpha_n\}$은 아래로 볼록하다.

그런데 만약 $a_1 = |\alpha| > 2 = a_0$ 이면 모든 볼록 수열은 (단조) 증가하고, $a_n > a_{n-1}$ 이므로 다음이 성립한다.

$$a_{n+1} > 2a_n - a_{n-1} = a_n + (a_n - a_{n-1}) > a_n$$

수학적 귀납법에 의하여 주어진 식이 만족함을 보일 수 있다.

역으로 $a_k \le 2$를 만족하는 $k \in \mathbb{N}^*$ 가 존재하면, $a_1 \le 2$이다. 따라서 (b)는 (a)를 이용하여 보일 수 있다.

문제 22. 집합 $M = \{z \in \mathbb{C} \mid |z| = 1, \, \mathrm{Re}\,z \in \mathbb{Q}\}$에 대해 복소 평면에 집합 M의 원소를 꼭짓점으로 갖는 정삼각형은 무한히 많이 존재함을 보이시오.

(루마니아 수학 올림피아드 결승전, 2012)

풀이. $z = a + bi$는 $a \in \mathbb{Q}$ 이고 크기가 1인 복소수라 하자.
$$a^2 + b^2 = 1$$
주어진 조건을 만족하는 z를 한 꼭짓점으로 갖는 정삼각형의 나머지 두 꼭짓점의 좌표는 $z\left(-\frac{1}{2} \pm i\frac{\sqrt{3}}{2}\right)$ 이다.

이 수들의 실수부는 $-\frac{a}{2} \pm \frac{b\sqrt{3}}{2}$ 이다. $a \in \mathbb{Q}$ 이므로 $b\sqrt{3} \in \mathbb{Q}$ 와 $-\frac{a}{2} \pm \frac{b\sqrt{3}}{2} \in \mathbb{Q}$ 는 서로 동치이다. $q = b\sqrt{3} \in \mathbb{Q}$ 라 하자. 문제를 해결하기 위하여 방정식
$$a^2 + 3q^2 = 1$$
의 해 $(a, q) \in \mathbb{Q} \times \mathbb{Q}$ 가 무한히 많음을 보이면 된다. 즉, 방정식 $m^2 + 3n^2 = p^2$ 이 무한히 많은 해 $(m, n, p) \in \mathbb{N} \times \mathbb{N} \times \mathbb{N}$ 를 가짐을 보이면 된다.

$3n^2 = (p-m)(p+m)$ 이므로 $p - m = 3$, $p + m = n^2$ 을 만족하는 해를 구하자. $n^2 = 2m + 3$ 이므로 n 은 홀수이다. $n = 2k + 1$, $k \in \mathbb{N}^*$ 라 두면 $m = 2k^2 + 2k - 1$ 이고 $p = 2k^2 + 2k + 2$ 이다. 따라서
$$a = \frac{2k^2+2k-1}{2k^2+2k+2}, \quad b = \frac{(2k+1)\sqrt{3}}{2k^2+2k+2}$$
이고 $z = a + bi$, $a, b > 0$ 의 크기는 1 이다. 따라서 z 를 한 꼭짓점으로 하는 삼각형은 유일하게 결정된다. $k \in \mathbb{N}$ 은 임의의 수이므로 주어진 정삼각형은 무한히 많이 존재한다.

문제 23. $n \ge 1$에 대하여 수열 $\{a_n\}$은 $a_n \le n$ 이고 $n \ge 2$ 에 대하여 $\sum_{k=1}^{n-1} \cos\frac{\pi a_k}{n} = 0$ 를 만족

하는 음이 아닌 수열이라 하자. 이 수열의 일반항을 구하시오.

(루마니아 수학 올림피아드 - 지역선발전, 2012)

풀이. $a_1 = 1$이고 $\cos\dfrac{\pi a_1}{3} + \cos\dfrac{\pi a_2}{3} = 0$이면 $a_2 = 2$이다. n에 대한 수학적 귀납법을 이용하여 $n \geq 1$일 때, $a_n = n$임을 증명하겠다. 모든 $k = 1, 2, \cdots, n-1$에 대하여 $a_k = k$라 하자. 주어진 관계식은 다음과 같이 표현할 수 있다.

$$\cos\frac{\pi a_n}{n+1} = -\sum_{k=1}^{n-1}\cos\frac{\pi k}{n+1}$$

$$z = \cos\frac{\pi}{n+1} + i\sin\frac{\pi}{n+1}$$

라 두면 다음 식이 성립한다.

$$z + z^2 + z^3 + \cdots + z^n = \frac{z - z^{n+1}}{1-z} = \frac{1+z}{1-z}$$

$\bar{z} = \dfrac{1}{z}$라 두면

$$\overline{\left(\frac{1+z}{1-z}\right)} = -\frac{1+z}{1-z}$$

이므로 $\operatorname{Re}\dfrac{1+z}{1-z} = 0$이다. 따라서 다음 식이 성립한다.

$$\sum_{k=1}^{n}\cos\frac{\pi k}{n+1} = 0$$

$\cos\dfrac{\pi a_n}{n+1} = \cos\dfrac{\pi n}{n+1}$이고 $a_n \leq n$이므로 $a_n = n$을 얻는다.

문제 24. a와 b는 복소수 $z = a + bi$의 절댓값이 1이 되도록 하는 유리수라 하자. 임의의 홀수 n에 대하여 복소수 $z_n = 1 + z + z^2 + \cdots + z^{n-1}$은 유리수임을 증명하시오.

(루마니아 수학 올림피아드 - 지역선발전, 2012)

풀이. $z = \cos t + i\sin t$, $t \in [0, 2\pi)$라 하고 $\sin t$, $\cos t$가 모두 유리수인 경우를 살펴보자. $z = 1$이면 주어진 명제는 항상 성립한다.

$z \neq 1$이면, 다음과 같이 나타낼 수 있다.

$$|z_n| = |1 + z + z^2 + \cdots + z^{n-1}| = \left|\frac{z^n - 1}{z - 1}\right|$$

$n = 2k + 1$, $k \in \mathbb{N}$이라 하면 다음 식이 성립한다.

$$\left|\frac{z^n-1}{z-1}\right| = \left|\frac{\sin\frac{(2k+1)t}{2}}{\sin\frac{t}{2}}\right|$$

이제 $x_k = \dfrac{\sin\frac{(2k+1)t}{2}}{\sin\frac{t}{2}}$ 가 유리수임을 보이면 된다. $k \in \mathbb{N}$ 에 대하여 $x_{k+1} - x_k = 2\cos(k+1)t$ 이고 $x_0 = 1 \in \mathbb{Q}$ 이다.

$$\cos(k+1)r = \operatorname{Re} z^{k+1} = \operatorname{Re}(a+bi)^{k+1} \in \mathbb{Q}$$

가 성립하므로 수학적 귀납법에 의하여 임의의 $k \in \mathbb{N}$ 에 대하여 x_k 는 유리수임을 얻는다.

용어 정리

점 M에 반대편에 있는 수선의 발 삼각형(Antipedal triangle of point M): 삼각형 ABC의 꼭짓점 A, B, C에서 세 선분 MA, MB, BC에 각각 내린 세 수선의 발을 꼭짓점으로 하는 삼각형

삼각형 넓이: 복소수 z_1, z_2, z_3을 세 꼭짓점으로 하는 삼각형의 넓이 $\triangle$는 다음과 같다.

$$\triangle = \frac{i}{4} \begin{vmatrix} z_1 & \overline{z_1} & 1 \\ z_2 & \overline{z_2} & 1 \\ z_3 & \overline{z_3} & 1 \end{vmatrix}$$

복소수 편각: 복소수 z를 극형식 $z = r(\cos t^* + i \sin t^*)$로 나타내었을 때, $\arg z = t^*$이다.

집합 $\{A_1, A_2, \cdots, A_n\}$의 가중치(무게)가 각각 $m_1, m_2, \cdots, m_n$일 때, 집합의 무게중심: 무게중심을 G라 할 때, 무게중심 좌표는 $z_G = \frac{1}{m}(m_1 z_1 + m_2 z_2 + \cdots + m_n z_n)$이다(단, $m = m_1 + m_2 + \cdots + m_n$).

무게중심 좌표: 삼각형 ABC에서,

$$z_P = \mu_a a + \mu_b b + \mu_c c, \quad \mu_a + \mu_b + \mu_c = 1$$

을 만족하는 유일한 실수 μ_a, μ_b, μ_c가 존재한다.

삼각형의 기본 불변량: 둘레길이 s, 내접원의 반지름 r, 외접원의 반지름 R

이항 방정식(Binomial equation)
대수적 방정식 $Z^n + a = 0$을 말한다. 단, $a \in \mathbb{C}$
대수적 방정식 $Z^n + a = 0$을 말한다. 단, $a \in \mathbb{C}$

블런던 부등식(Blundon's inequalities): 삼각형의 기본 불변량 즉, 둘레길이 s, 외접원의 반지름 R, 내접원의 반지름 r에 대하여, $s \leq 2R + (3\sqrt{3} - 4)r$이다.

체바 정리(Ceva's theorem): 세 선분 AD, BE, CF를 삼각형 ABC의 체바 선분들이라 하자. 그러면 세 선분 AD, BE, CF이 한 점에서 만날 필요충분조건은
$$\frac{\overline{AF}}{\overline{FB}} \cdot \frac{\overline{BD}}{\overline{DC}} \cdot \frac{\overline{CE}}{\overline{EA}} = 1$$
이다.

체바 선분(Cevian of a triangle): 삼각형의 꼭짓점에서 반대편의 변 위의 한 점을 연결한 선분이다. (주로 세 선분이 한점에서 만날 때, 사용하는 용어이므로 공점선으로 번역한 경우도 있다.)

동일한 원주 위에 놓일 조건: 한 직선 위에 있지 않은 서로다른 네 점 $M_k(z_k)$, ($k = 1, 2, 3, 4$)이 한 원의 원주 위에 있을 필요충분조건은
$$\frac{z_3 - z_2}{z_1 - z_2} \times \frac{z_1 - z_4}{z_3 - z_4} \in \mathbb{R}^*$$
이다.

한 직선 위에 놓일 조건: 서로 다른 세 점 $M_1(z_1)$, $M_2(z_2)$, $M_3(z_3)$이 한 직선 위에 놓일 필요충분조건은
$$\frac{z_3 - z_1}{z_2 - z_1} \in \mathbb{R}^*$$
이다.

점 A의 순서쌍 (x, y)의 복소좌표: 복소수 좌표는 $z = x + yi$이고 A(z)로 표현한다.

선분 AB의 중점의 복소좌표: 두 점 A(a), B(b)의 중점좌표 z_M는 $z_M = \dfrac{a+b}{2}$이다.

삼각형의 중요한 점들의 복소좌표: 삼각형 ABC의 세 꼭짓점의 복소좌표를 a, b, c라 하고, $\overline{BC} = \alpha$, $\overline{CA} = \beta$, $\overline{AB} = \gamma$라 하자. 그러면 다음이 성립한다. (원점이 어디에 있어도 관계없다. 외접원의 중심을 원점으로 잡는 경우가 많은데 이는 계산의 편리성 때문이다.)

용어 정리

- 무게중심 G의 복소좌표 z_G는 $z_G = \dfrac{a+b+c}{3}$ 이다.

- 내접원 I의 복소좌표 z_I는 $z_I = \dfrac{\alpha a + \beta b + \gamma c}{\alpha + \beta + \gamma}$ 이다.(단, α, β, γ는 각각 ABC의 꼭짓점 A, B, C의 반대편에 있는 변이다.)

- 수심 H의 복소좌표 z_H는 $z_H = a+b+c$ 이다.

- 제르곤(Gergonne) 점 J의 복소좌표 z_J는 $z_J = \dfrac{r_\alpha a + r_\beta b + r_\gamma c}{r_\alpha + r_\beta + r_\gamma}$ 이다. 단, r_α, r_β, r_γ는 각각 삼각형 ABC의 세 방심원의 반지름이다.

- 레모네(Lemoine) 점 K의 복소좌표 z_K는 $z_K = \dfrac{\alpha^2 a + \beta^2 b + \gamma^2 c}{\alpha^2 + \beta^2 + \gamma^2}$ 이다.

- 나겔(Nagel) 점 N의 복소좌표 z_N은 $z_N = \left(1 - \dfrac{\alpha}{s}\right)a + \left(1 - \dfrac{\beta}{s}\right)b + \left(1 - \dfrac{\gamma}{s}\right)c$ 이다.

- 구점원(nine point circle)의 중심 O_9의 복소좌표 z_{O_9}는 $z_{O_9} = \dfrac{1}{2}(a+b+c)$ 이다.

복소수: 복소수 $z = a + bi$에서 a, b는 실수이고 $i = \sqrt{-1}$ 이다.

두 복소수 a, b의 외적: $a \times b = \dfrac{1}{2}(\overline{a}b - a\overline{b})$

켤레복소수: 복소수 $z = a + bi$의 켤레복소수 $\overline{z}$는 $\overline{z} = a - bi$ 이다.

순환합(Cyclic sum): 양의 정수 n에 대하여, n개의 변수를 갖는 함수 f는 변수 $(x_1, x_2, \cdots, x_n)$의 순환합으로 다음과 같이 정의한다.
$$\sum_{cyc} f(x_1, x_2, \cdots, x_n) = f(x_1, x_2, \cdots, x_n) + f(x_2, x_3, \cdots, x_n, x_1) + \cdots + f(x_n, x_1, x_2, \cdots, x_{n-1})$$

드 므와브르 공식: 각 α와 정수 n에 대하여,
$$(\cos\alpha + i\sin\alpha)^n = \cos n\alpha + i\sin n\alpha$$
이 성립한다.

두 점 $M_1(z_1)$, $M_2(z_2)$ 사이 거리:
$$\overline{M_1(z_1)M_2(z_2)} = |z_2 - z_1|$$

원의 방정식:
$$z \cdot \overline{z} + \alpha \cdot z + \overline{\alpha} \cdot \overline{z} + \beta = 0, \; (\alpha \in \mathbb{C}, \; \beta \in \mathbb{R})$$

직선의 방정식:
$$\overline{\alpha} \cdot \overline{z} + \alpha z + \beta = 0, \ (\alpha \in \mathbb{C}^*, \ \beta \in \mathbb{R}, \ z = x + yi \in \mathbb{C})$$

두 점을 지나는 직선의 방정식: 서로 다른 두 점 $P_1(z_1)$, $P_2(z_2)$를 지나는 직선 P_1P_2를 지나는 직선의 방정식은 다음과 같다.

$$\begin{vmatrix} z_1 & \overline{z_1} & 1 \\ z_2 & \overline{z_2} & 1 \\ z & \overline{z} & 1 \end{vmatrix} = 0$$

오일러 공식: 점 O, I는 각각 삼각형의 외심과 내심이라 하고, 외접원 반지름을 R, 내접원 반지름을 r이라 할 때,

$$\overline{OI}^2 = R^2 - 2Rr$$

이 성립한다.

삼각형의 오일러 직선: 삼각형의 외심 O, 무게중심 G, 수심 H를 지나는 직선

사인법칙: 삼각형 ABC의 외접원 반지름을 R, 세 꼭짓점 A, B, C와 마주보는 변의 길이를 각각 α, β, γ라 할 때, 다음 식이 성립한다.

$$\frac{\alpha}{\sin A} = \frac{\beta}{\sin B} = \frac{\gamma}{\sin C} = 2R$$

헤론 공식: 세 변이 α, β, γ인 삼각형 ABC의 넓이 $area[ABC] = \sqrt{s(s-a)(s-b)(s-c)}$ 이다. (단, $s = \frac{1}{2}(\alpha + \beta + \gamma)$로 삼각형 둘레길이의 절반이다.)

등거리 변환(Isometric transformation): 사상 $f : \mathbb{C} \to \mathbb{C}$은 거리가 보존되는 함수이다.

라그랑주 정리: 점 A_1, A_2, A_3, $\cdots$, A_n과 $m = m_1 + m_2 + m_3 + \cdots + m_n \neq 0$인 0이 아닌 실수 m_1, m_2, m_3, $\cdots$, m_n에 대하여, 임의의 점 M은

$$\sum_{j=1}^{n} m_j \overline{MA_j}^2 = m\overline{MG}^2 + \sum_{j=1}^{n} m_j \overline{GA_j}^2$$

을 만족한다. 단, G는 각각 가중치 m_1, m_2, $\cdots$, m_n을 갖는 집합 $\{A_1, A_2, \cdots, A_n\}$의 무게중심이다.

복소수 크기: 복소수 $z = a + bi$의 크기는 실수 $|z| = \sqrt{a^2 + b^2}$ 이다.

용어 정리

몰리의 정리(Morley's theorem): 임의의 삼각형에서 각을 삼등분하는 두 선분이 이웃하는 각의 삼등분선과 만나는 세 개의 교점은 정삼각형의 꼭짓점이 된다.

삼각형의 나겔 직선(Nagel line): 삼각형의 내심 I, 무게중심 G, 네갈 점 N을 지나는 직선

복소수 z_0의 n 제곱근: 방정식 $Z^n - z_0 = 0$을 만족하는 Z를 z_0의 n 제곱근이라 한다.

1의 n 제곱근: 1의 n 제곱근은 복소수

$$\varepsilon_k = \cos\frac{2k\pi}{n} + i\sin\frac{2k\pi}{n} \quad (\text{단, } k = 0, 1, 2, \cdots, n-1)$$

이다. 주어진 n에 대하여 이들 복소수 집합을 U_n이라고 나타낸다.

두 직선의 수직: 점 $M_k(z_k)$ ($k=1, 2, 3, 4$)에 대하여, 직선 M_1M_2와 직선 M_3M_4가 수직일 필요충분조건은 $\dfrac{z_1 - z_2}{z_3 - z_4} \in i\mathbb{R}^*$이다.

수직극(Orthopolar) 삼각형: 삼각형 ABC와 세 점 X, Y, Z는 외접원 위의 점이다. 삼각형 ABC에 대하여 X의 심슨-왈리스 직선과 직선 YZ가 수직일 때, 삼각형 ABC와 삼각형 XYZ는 수직극 삼각형이라고 부른다.

점 X의 페달 삼각형: 점 X에서 삼각형 ABC의 세 변 위에 내린 수선의 발이 세 꼭짓점인 삼각형

복소수 $z = x + yi$의 극형식:

$$z = r(\cos t^* + i\sin t^*), \quad \text{단, } r \in [0, \infty), \ t^* \in [0, 2\pi)$$

단위원 위의 1의 n 제곱근(단위의 원시근): 모든 양의 정수 $m < n$에 대하여 $\varepsilon^m \neq 1$을 만족하는 1의 n 제곱근 $\varepsilon \in U_n$

이차 방정식: 대수 이차방정식 $ax^2 + bx + c = 0$ ($a, b, c \in \mathbb{C}, a \neq 0$)

두 복소수 a, b 내적:

$$a \cdot b = \frac{1}{2}(\overline{a}\,b + a\overline{b})$$

점 대칭:

$$s_{z_0}(z) = 2z_0 - z \text{ 인 사상 } s_{z_0} : \mathbb{C} \to \mathbb{C}$$

실수축 대칭:
$$s(z) = \overline{z} \text{ 인 사상 } s : \mathbb{C} \to \mathbb{C}$$

회전:
$$r_a(z) = ax \text{ 인 사상 } r_a : \mathbb{C} \to \mathbb{C}, \text{ (단, } a\text{는 주어진 복소수)}$$

회전 공식: 세 점 A(a), B(b), C(c)에 대하여, 점 B를 점 A를 중심으로 각 α 만큼 회전한 점을 C라 하자. 그러면 $c = a + (b-a)\varepsilon$이다. (단 $\varepsilon = \cos\alpha + i\sin\alpha$)

닮은 삼각형: 같은 방향인 두 삼각형 $A_1A_2A_3$, $B_1B_2B_3$이 닮음일 필요충분조건은
$$\frac{a_2 - a_1}{a_3 - a_1} = \frac{b_2 - b_1}{b_3 - b_1}$$
이다.

심슨–왈리스 직선: 삼각형 ABC의 외접원 위의 점 M에 대하여, 점 M에서 변 BC, CA, AB에 내린 수선의 발들이 지나는 직선

평행이동:
$$t_{z_0}(z) = z + z_0 \text{ 인 사상 } t_{z_0} : \mathbb{C} \to \mathbb{C}$$

삼각함수 항등식:
$$\sin^2 x + \cos^2 x = 1,$$
$$1 + \cot^2 x = \csc^2 x,$$
$$\tan^2 x + 1 = \sec^2 x.$$

합·차 공식:
$$\sin(a \pm b) = \sin a \cos b \pm \cos a \sin b,$$
$$\cos(a \pm b) = \cos a \cos b \mp \sin a \sin b,$$
$$\tan(a \pm b) = \frac{\tan a \pm \tan b}{1 \mp \tan a \tan b},$$
$$\cot(a \pm b) = \frac{\cot a \cot b \mp 1}{\cot a \pm \cot b}.$$

용어 정리

배각 공식:

$$\sin 2a = 2\sin a \cos a = \frac{2\tan a}{1+\tan^2 a},$$

$$\cos 2a = 2\cos^2 a - 1 = 1 - 2\sin^2 a = \frac{1-\tan^2 a}{1+\tan^2 a},$$

$$\tan 2a = \frac{2\tan a}{1-\tan^2 a}.$$

삼배각 공식:

$$\sin 3a = 3\sin a - 4\sin^3 a,$$

$$\cos 3a = 4\cos^3 a - 3\cos a,$$

$$\tan 3a = \frac{3\tan a - \tan^3 a}{1 - 3\tan^2 a}.$$

반각 공식:

$$\sin^2 \frac{a}{2} = \frac{1-\cos a}{2},$$

$$\cos^2 \frac{a}{2} = \frac{1+\cos a}{2},$$

$$\tan \frac{a}{2} = \frac{1-\cos a}{\sin a} = \frac{\sin a}{1+\cos a}.$$

합을 곱으로 변환하는 공식:

$$\sin a + \sin b = 2\sin \frac{a+b}{2} \cos \frac{a-b}{2},$$

$$\cos a + \cos b = 2\cos \frac{a+b}{2} \cos \frac{a-b}{2},$$

$$\tan a + \tan b = \frac{\sin(a+b)}{\cos a \cos b}.$$

차를 곱으로 변환하는 공식:

$$\sin a - \sin b = 2\sin \frac{a-b}{2} \cos \frac{a+b}{2},$$

$$\cos a - \cos b = -2\cos \frac{a-b}{2} \cos \frac{a+b}{2},$$

$$\tan a - \tan b = \frac{\sin(a-b)}{\cos a \cos b}.$$

곱을 합으로 변환하는 공식:
$$2\sin a \cos b = \sin(a+b) + \sin(a-b),$$
$$2\cos a \cos b = \cos(a+b) + \cos(a-b),$$
$$2\sin a \sin b = -\cos(a+b) + \cos(a-b).$$

비에타(Viéte) 정리:
x_1, x_2, $\cdots$, x_n이 다항식
$$P(x) = a_n x^n + a_{n-1} x^{n-1} + \cdots + a_1 x + a_0$$
의 근이라고 하자. (단, $a_n \neq 0$, a_0, a_1, $\cdots$, $a_n \in \mathbb{C}$)
근 x_i들의 k번 곱한 것의 합을 s_k하자. 그러면
$$s_k = (-1)^k \frac{a_{n-k}}{a_n}$$
이다. 즉,
$$x_1 + x_2 + \cdots + x_n = \frac{a_{n-1}}{a_n},$$
$$x_1 x_2 + x_2 x_3 + \cdots + x_i x_j + x_{n-1} x_n = \frac{a_{n-2}}{a_n},$$
$$\cdots$$
$$x_1 x_2 \cdots x_n = (-1)^n \frac{a_0}{a_n}$$

참고문헌

[1] Andler, I., *A New Look at Geometry*, John Day, New York, 1966.
[2] Andreescu, T., editor, *Mathematical Reflections–The First Two Years*, XYZ Press, Dallas, 2011.
[3] Andreescu, T., editor, *Mathematical Reflections–The Next Two Years*, XYZ Press, Dallas, 2012.
[4] Andreescu,T.,Andrica,D., *360 Problems for Mathematical Contests*, GIL Publishing House, Zalău, 2003.
[5] Andreescu, T., Andrica, D., *Proving some geometric inequalities by using complex numbers*, Mathematical Education, Vol. 1, No. 2(2005), 19–26.
[6] Andreescu, T., Dospinescu, G., *Problems from the Book*, XYZ Press, Dallas, 2010.
[7] Andreescu, T., Dospinescu, G., *Straight from the Book*, XYZ Press, Dallas, 2012.
[8] Andreescu, T., Enescu, B., *Mathematical Treasures*, Birkhäuser, Boston, 2003.
[9] Andreescu,T.,Feng,Z., *Mathematical Olympiads 1998–1999, Problems and Solutions from Around the World*, The Mathematical Association of America, 2000.
[10] Andreescu, T., Feng, Z., *Mathematical Olympiads 1999–2000, Problems and Solutions from Around the World*, The Mathematical Association of America, 2002.
[11] Andreescu, T., Feng, Z., Lee, G. Jr., *Mathematical Olympiads 2000–2001, Problems and Solutions from Around the World*, The Mathematical Association of America, 2003.
[12] Andreescu, T., Gelca, R., *Mathematical Olympiad Challenges*, Birkh äuser, Boston, 2000.
[13] Andreescu, T., Kedlaya, K., *Mathematical Contests 1996–1997, Olympiads Problems and Solutions from Around the World*, American Mathematics Competitions, 1998.
[14] Andreescu, T., Kedlaya, K., *Mathematical Contests 1997–1998, Olympiads Problems and Solutions from Around the World*, American Mathematics Competitions, 1999.
[15] Andrica, D., Barbu, C., *A geometric proof of Blundon's inequalities*, Mathematical Inequalities & Applications, Vol. 15, No. 2(2012), 361–370.
[16] Andrica, D., Barbu, C., Minculete, N., *A geometric way to generate Blundon type in-*

equalities, Acta Universitatis Apulensis, No. 31/2012, 93-106.

[17] Andrica, D., Bișboacă, N., *Complex Numbers from A to Z* (Romanian), Millennium, Alba Iulia, 2001.

[18] vndrica, D., Bogdan, I., *A formula for areas in terms of complex numbers* (Romanian), Revista de Matematică Transylvania, 3(1999), 3-14.

[19] Andrica, D., Nguyen, K.L., *A note on the Nagel and Gergonne points*, Creative Math. & Inf., 17(2008).

[20] Andrica, D., Varga, C., Văcăre,tu, D., *Selected Topics and Problems in Geometry* (Romanian), PLUS, Bucharest, 2002.

[21] Baptist, Peter, *Die Entwicklung der Neueren Dreiecksgeometrie*, Wissenschaftsverlag, Mannheim, 1992.

[22] Baker, H. F., *Principles of Geometry*, Vol. 1-3, University Press, Cambridge, 1943.

[23] Băluna, M., Becheanu, M., *Romanian Mathematical Competitions*, Romanian Mathematical Society, Bucharest, 1997.

[24] Becheanu, M., *International Mathematical Olympiads 1959-2000. Problems. Solutions. Results*, Academic Distribution Center, Freeland, USA, 2001.

[25] Berger, M., *Géométrie*, CEDUC Nathan Paris, 1977-1978.

[26] Berger, M. et al., *Problémes de géométrie commentés et redigés*, Paris, 1982.

[27] Brâzei, D., *Notes on Geometry*, Paralela 45, Pite,sti, 1999.

[28] Brumfiel, C. E. et al., *Geometry*, Addison-Wesley, Reading, MA, 1975.

[29] Coxeter, H. S. M., *Introduction to Geometry*, John Wiley & Sons, New York, 1969.

[30] Coxeter, H. S. M., Greitzer, S. L., *Geometry Revisited*, Random House, New York, 1967.

[31] Ceaux, R., *Introduction to the Geometry of Complex Numbers*, Ungar, New York, 1956. (Deaux, R., *Introduction à lagéométrie des nombres complexes*, Brussels, 1947.)

[32] Dincă, M., Chiriță, M., *Complex Numbers in High School Mathematics* (Romanian), All Educational, Bucharest, 1996.

[33] Dunham, William, *Euler: The Master of Us All*, Mathematical Association of America, 1999.

[34] Engel, A., *Problem-Solving Strategies*, Springer-Verlag, New York, 1998.

[35] Fano, G., *Complementi di geometria*, Felice Gilli, Turin, 1935.

[36] Fenn, R., *Geometry*, Springer-Verlag, New York, 2001.

[37] Gleason, A. M., Greenwood, R. E., Kelly, L. M., *The William Lowell Putnam Mathematical Competition. Problems and Solutions: 1938-1964*, The Mathematical Association of America, 1980.

[38] Gelca, R., Andreescu, T., *Putnam and Beyond*, Springer, New York, 2007.

[39] Hahn, L., *Complex Numbers & Geometry*, The Mathematical Association of America, 1994.

[40] Johnson, R. A., *Advanced Euclidean Geometry*, New York, 1960.

[41] Kedlaya, K. S., Poonen, B., Vakil, R., *The William Lowell Putnam Mathematical Competition 1985-2000*, The Mathematical Association of America, 2002.

[42] Kutepov, A., Rubanov, A., *Problems in Geometry*, MIR, Moscow, 1975.

[43] Lalescu, T., *La géométrie du triangle*, Librairie Vuibert, Paris, 1937.

[44] Lozansky, E., Rousseau, C., *Winning Solutions*, Springer-Verlag, New York, 1996.

[45] Mihalca, D. et al., *Quadrilateral Geometry* (Romanian), Teora, Bucharest, 1998.

[46] Mihalescu, C., *The Geometry of Remarkable Elements* (Romanian), Editura Tehnică, Bucharest, 1957.

[47] Mihăileanu, N. N., *Using Complex Numbers in Geometry* (Romanian), Editura Tehnică, Bucharest, 1968.

[48] Modenov, P. S., *Problems in Geometry*, MIR, Moscow, 1981.

[49] Modenov, P. S., Parkhomenko, A. S., Geometric Transformations, Academic Press, New York, 1965.

[50] Moisotte, L., *1850 exercices de mathématique*, Bordas, Paris, 1978.

[51] Nahin, P. J., *An Imaginary Tale. The Story of $\sqrt{-1}$* (Romanian), Theta, Bucharest, 2000.

[52] Nicula, V., *Complex Numbers* (Romanian), Scorpion 7, Bucharest, 1999.

[53] Pedoe, D., *A Course of Geometry for Colleges and Universities*, Cambridge University Press, Cambridge, 1970.

[54] Pompeiu, D., *The Mathematical Works* (Romanian), Academiei, Bucharest, 1959.

[55] Prasolov, V. V., *Problems of Plane Geometry*, 2 volumes, Nauka, Moscow, 1986.

[56] Retali, V., Biggiogero, G., *La geometria del triangolo* (cap. XXIV din Enciclopedia delle matematiche elementari, vol. II, parte I, Milan, 1937).

[57] Sălăgean, Gr. S., *The Geometry of the Complex Plane* (Romanian), Promedia-Plus, Cluj-Napoca, 1997.

[58] Schwerdtfeger, H., *Geometry of Complex Numbers*, University of Toronto Press, Toronto, 1962.

[59] Sergyeyev, I. N., *Foreign Mathematical Olympiads*, Nauka, Moscow, 1987.

[60] Stanilov, G., Kuchnov, Y., Gjorgjev, V., *Vectors and Plane Geometrical Transformations*, Narodna Prosveta, Sofia, 1979.

[61] Tomescu, I. et al., *Problems from High School Mathematical Olympiads (1950-1990)* (Romanian), Editura Științifică, Bucharest, 1992.

[62] Tomescu, I. et al., *Balkan Mathematical Olympiads 1984-1994* (Romanian), Gil, Zalău, 1996.

[63] Tonov, I. K., *Complex Numbers* (Bulgarian), Narodna Prosveta, Sofia, 1979.

[64] Yaglom, I. M., *Complex Numbers in Geometry*, Academic Press, New York, 1968.